高等学校"十三五"规划教材

化工工艺学

杜春华　闫晓霖　主编

化学工业出版社
·北京·

《化工工艺学》是适应高等学校化工类专业教学改革、培养应用创新型人才需要的一本新教材。全书共13章：绪论、绿色化工、化学工艺基础、合成氨、纯碱与氯碱、烃类热裂解、芳烃转化、催化加氢与脱氢、烃类选择性氧化、氯化、聚合物生产工艺、天然产物提取工艺、化工过程强化与微反应工艺。本书以介绍典型产品的生产工艺为主线，以绿色化工原理与方法为辅线，涵盖了无机化工、有机化工、高分子化工等领域，突出了对过程强化及微化工技术的阐述，系统性和实用性强，具有一定深度，并引入了一些新技术和新资料，可帮助读者掌握重要的化工过程和技术方法、了解现代化工的全貌、增强业务发展和适应能力。

本书为普通高等学校化工类专业教材，尤其适合化学工程与工艺专业的教学，同时可供化学、化工类专业的研究生以及从事化工生产、管理、科研和设计的工程技术人员参考。

图书在版编目（CIP）数据

化工工艺学/杜春华，闫晓霖主编．—北京：化学工业出版社，2016.9（2025.2重印）
高等学校"十三五"规划教材
ISBN 978-7-122-27506-6

Ⅰ.①化… Ⅱ.①杜… ②闫… Ⅲ.①化工过程-工艺学-高等学校-教材 Ⅳ.①TQ02

中国版本图书馆 CIP 数据核字（2016）第 149799 号

责任编辑：陶艳玲　　　　　　　　　　　文字编辑：余纪军
责任校对：吴　静　　　　　　　　　　　装帧设计：张　辉

出版发行：化学工业出版社（北京市东城区青年湖南街 13 号　邮政编码 100011）
印　　装：北京天宇星印刷厂
787mm×1092mm　1/16　印张 27½　字数 710 千字　2025 年 2 月北京第 1 版第 7 次印刷

购书咨询：010-64518888　　　　　　　　售后服务：010-64518899
网　　址：http://www.cip.com.cn
凡购买本书，如有缺损质量问题，本社销售中心负责调换。

定　　价：68.00 元

本书编写人员名单

主　　编：杜春华　青岛农业大学
　　　　　闫晓霖　内蒙古农业大学

副主编：金士威　中南民族大学
　　　　　黄延春　内蒙古师范大学
　　　　　王　菊　青岛农业大学

参　　编：（按姓名汉语拼音排序）
　　　　　白凤华　内蒙古大学
　　　　　杜春华　青岛农业大学
　　　　　黄延春　内蒙古师范大学
　　　　　金士威　中南民族大学
　　　　　李常艳　内蒙古大学
　　　　　李丽霞　内蒙古农业大学
　　　　　王　菊　青岛农业大学
　　　　　吴现力　青岛农业大学
　　　　　闫晓霖　内蒙古农业大学
　　　　　张　昱　内蒙古工业大学

前言 FOREWORD

为满足教学的需要，根据国家关于化学工程与工艺相关专业学生的培养要求，青岛农业大学、内蒙古农业大学、中南民族大学、内蒙古大学、内蒙古师范大学、内蒙古工业大学等院校多位长期从事化工工艺学教学的教师在已有工艺学讲义的基础上，经过整理与修改，编写了这本《化工工艺学》，总结了参编院校的教学经验，凝结了多位化工教育工作者的心血。本书参考学时 32～64 学时。本书各章均有导引、习题与思考，有利于读者对本书内容的掌握和应用。

化工工艺学是以产品为目标，研究化工生产过程的学科，目的是为化学工业提供技术上先进、经济上合理的方法、原理、设备、流程，强调化学工艺与化学工程相配合，从而科学解决化工过程开发、流程组织、装置设计、操作原理及方法等方面的问题。本书以介绍无机化工、有机化工、高分子化工等领域典型产品的生产工艺为主线，以绿色化工原理与方法为辅线，突出了对过程强化及微化工技术的阐述，专门探讨了天然产物提取的化学工程与工艺问题，突出了工程特色，注重应用能力培养。本书内容丰富，有一定的深度，力求适应技术进步，具有较强的系统性，实用性，教育、启迪功能突出。

本书由杜春华、闫晓霖主编，金士威、黄延春、王菊任副主编。参加编写的人员有青岛农业大学杜春华（第 1、6、11 章）、青岛农业大学王菊（第 2、12 章）、青岛农业大学吴现力（第 3 章）、内蒙古农业大学闫晓霖（第 4 章）、中南民族大学金士威（第 5 章）、内蒙古师范大学黄延春（第 7 章、10 章）、内蒙古大学白凤华（第 8 章）、内蒙古大学李常艳（第 9 章）、内蒙古工业大学张昱（第 13 章）、内蒙古农业大学李丽霞（第 13 章）。

中科院过程工程研究所张懿院士、郑诗礼研究员、青岛科技大学陈学玺教授在编写思路及结构框架方面给予了细致的指导，郑诗礼研究员还亲自绘制了铬盐清洁工艺的系统图，先生们的谆谆教诲和严谨的治学态度使编者受益匪浅，是本书能够成功出版的关键。内蒙古农业大学高学艺对本书提出了宝贵的意见和建议。齐鲁工业大学张文郁博士审阅了全部书稿，提出了宝贵修改意见。青岛农业大学许洁博士通读了全部书稿，并提出宝贵建议。研究生孙迎姣、刘晓彤参与了文稿校对，在此深表感谢。

本书得到山东省应用型特色名校建设项目的资助、参编院校精品课程建设项目资助。得到青岛农业大学教务处、青岛农业大学化学与药学院的鼎力相助，在此一并表示深深的感谢！

同时参考和借鉴了国内外公开出版、发表的文献，在此一并致谢！

由于作者水平所限，书中不妥之处在所难免，恳请得到广大读者的指正，以便再版时修正。请将您的宝贵意见发至 dch1218@163.com。

编者

2016.4

目录 CONTENTS

第3章 化学工艺基础

第4章 合成氨

第6章　烃类热裂解

第7章 芳烃转化

第8章　催化加氢与脱氢

第9章　烃类选择性氧化

第10章 氯化

第11章 聚合物生产工艺

第1章 绪 论

导引

　　所谓"化工"，实际是化学工业、化学工艺和化学工程的统称。在不同的场合，"化工"有不同的含义。如化学工程与工艺专业或应用化工技术专业常简称化工专业；化学工程与技术学科简称化工学科。"化工"的范围不断扩充，形成了化工工艺学、化工自动化、化工技术经济、化工安全等新名词。那么化学工业有什么属性？化学工艺、化学工程有什么区别和联系？化工工艺学的任务是什么？

1.1 化学工业

1.1.1 过程工业及其特点

　　过程工业（Process Industry）也称流程工业，是指通过物理变化和化学变化进行的生产过程。过程工业包括化工、制药、食品加工、造纸、冶金、建材、核能、生物技术等工业。其特点如下。

　　（1）原料和产品多为均一相（固、液或气体）的物料，而非由零部件组装成的物品，其产品主要用作产品（如电视、空调、汽车、飞机等）生产工业的原料。

　　（2）产品质量多由纯度和各种物理、化学性质表征。

　　（3）产量的增加主要靠扩大工业生产规模来达到。

　　（4）传统的过程工业污染较严重，治理较困难，需通过发展新的生产过程从根本上减免污染。

1.1.2 化学工业及其分类

　　化学工业（Chemical Industry）是指生产过程中化学方法占主要地位的过程工业。化学工业是利用化学反应改变物质结构、成分、形态等生产化学产品，如：无机酸、碱、盐、合成纤维、塑料、合成橡胶、染料、油漆、化肥、农药等。

　　化工生产的原料可来源于自然界，也可人工合成。例如，由食盐生产纯碱、烧碱、氯气和盐酸；由硫铁矿生产硫酸及其他含硫化合物；由煤或焦炭生产氨、硝酸、乙炔和芳烃；由石油和天然气生产低级烯烃、芳烃、乙炔、甲醇和合成气；由含淀粉的谷类、薯类、植物果实生产乙醇；由农林废料（甘蔗渣、玉米芯、秸秆、木屑等）生产乙醇、糠醛等。由结构简单的小分子化工原料经各种反应途径，可衍生出丰富多样的无机、有机、高分子，以及精细化工产品。

到目前为止，已发现和人工合成的无机和有机化合物品种在 2000 万种以上。有的产品产量极大，年产亿吨以上的有硫酸、化肥和塑料等。有的则很小，每年仅需几吨甚至几千克，例如医药、染料工业中的干扰素、引发剂等。

化学工业分类方法很多，不同国家或不同部门，其分类方法不尽相同。如按生产原料可分为煤化工、石油化工、核化工、农产化工、海洋化工等；按产品用途可分为医药、农药、肥料、燃料、染料、颜料、涂料、炸药等；按反应类型通常分为无机化工、有机化工、高分子化工、精细化工和生物化工等工业部门。

无机化工常指利用无机化学反应生产化工产品的工业部门。例如各类无机酸、无机碱、无机盐、无机肥料、电化学产品和稀有元素等的制造。

有机化工常指生产有机小分子化合物的工业部门。进行的主要反应有裂解、氧化、加氢、脱氢、羰基化、氯化等。产品有低级烯烃、醇、酸、酯和芳烃等。

高分子化学工业是利用低分子的单体通过连锁聚合、逐步聚合反应，生产高分子化合物的工业部门，其常见的产品有合成橡胶、塑料、纤维等。

精细化工产品常指具有特定功能和特定用途、生产数量小、生产技术较复杂和产品质量要求甚高的一类化工产品。利用的主要反应有硝化、磺化、重氮化、氨化、羟基化、环合等。产品有：医药、农药、染料、颜料、涂料、表面活性剂、添加剂、炸药、助剂和催化剂等。

生物化工是利用生物化学反应制取生化制品的工业部门。主要反应有微生物发酵和酶催化等。产品有：医用和农用抗生素、有机溶剂、调味剂、食品及饲料添加剂、加酶洗涤剂等。

1.1.3 化学工业的地位

化工产品在国民经济产业链中占有举足轻重的地位。化学工业的发展速度和规模对社会经济的各个部门有着直接影响。它为农业生产提供化肥、农药和塑料薄膜等农用化学品，满足作物营养、病虫害防治、调节生长、高效栽培等需要；为能源工业（电力、交通、冶金和居民生活）提供天然气、液化气等原燃料，是二次能源的主要生产者，是未来能源的开拓者；为机械工业（航天、汽车、船舶、机械等）提供合成材料、涂料和胶粘剂等配套产品；为建筑业提供保温材料、建筑涂料、防火材料等建筑原材料；为军事工业提供炸药、推进剂、防化学武器和防细菌武器的化学品；为人民生活提供医药，以及衣、食、住、行、用等各种化学品。

化学工业是应人类生活和生产的需要发展起来的，与人类生存、国计民生及文明发展息息相关。促进化学工业的可持续发展，对于发展农业生产、扩大原料和能源供应、巩固国防、发展尖端科学技术、改善人民生活意义重大。化学工业的发达程度已经成为衡量国家工业化、现代化水平和文明程度的重要标志之一。

1.1.4 化学工业的发展简史

化学工业的发展与保障人类社会生活必需品的供应，战争对酸、碱、炸药、医药等的大量使用，以及有计划地革新技术、发展生产力等密不可分。

（1）古代的化学加工 化学加工可以追溯到远古时期人类能运用化学加工方法制作一些生活必需品，如制陶、酿造、染色、冶炼、制漆、造纸，以及制造医药、火药和肥皂。

公元前 50 世纪左右仰韶文化时，已有红陶、灰陶、黑陶、彩陶等出现。战国时代（公元前 475～前 221）漆器工艺已十分精美。在公元前 21 世纪，中国已进入青铜时代，周朝已设有掌盐政之官。公元前 20 世纪，夏禹以酒为饮料并用于祭祀。公元前 5 世纪，进入铁器时代，用冶炼之铜、铁，制作武器、耕具、炊具、餐具、乐器、货币等。公元 1 世纪中国东汉时，造纸工艺已相当完善。

公元前后，中国和欧洲进入炼丹术、炼金术时期。中国于秦汉时期完成的最早的药物专著《神农本草经》，载录了动、植、矿物药品 365 种。在宋初时火药已作为军用物资装备被使用。15～17 世纪，为配制药物，欧洲的实验室制得了一些化学品，如硫酸、硝酸、盐酸和有机酸等，为 18 世纪中叶化学工业的建立，准备了条件。

（2）早期的化学工业 从 18 世纪中叶至 20 世纪初是化学工业的初级阶段。在这一阶段无机化工已初具规模，有机化工正在形成，高分子化工处于萌芽时期。

无机化工：第一个典型的化工厂是 1749 年英国人劳伯克（Roebuck）建立的用铅室法生产硫酸的工厂。该事件常被认为是近代化学工业的开端。1791 年路布兰获得制碱专利，同年建成第一个以食盐为原料的路布兰法碱厂；生产中产生的氯化氢用以制盐酸、氯气、漂白粉等为产业界所急需的物质，纯碱又可苛化为烧碱，把原料和副产品都充分利用起来，这是当时化工企业的创举；用于吸收氯化氢的填充装置、煅烧原料和半成品的旋转炉以及浓缩、结晶、过滤等用的设备，逐渐运用于其他化工企业，为化工单元操作打下了基础。路布兰法于 20 世纪初逐步被索尔维法取代。1890 年，德国建成世界上第一个工业规模的隔膜电解槽制烧碱装置并投入运行。这样，整个化学工业的基础—酸、碱的生产已初具规模。

有机化工：1856 年，英国人帕金发现一种紫色染料-苯胺紫，1857 年苯胺紫获得工业化，这标志着合成染料工业的开端。1871 年以煤焦油中的蒽为原料批量生产与天然茜素完全相同的产物二羟基蒽醌获得成功。制药工业，香料工业也相继合成与天然产物相同的化学品。1867 年，瑞典人诺贝尔发明代那迈特炸药，大量用于采掘和军工。1895 年美国建立以煤与石灰石为原料用电热法生产电石的第一个工厂，电石再经水解发生乙炔，以此为起点生产乙醛、醋酸等一系列基本有机原料。

高分子材料：1839 年美国人固特异用硫磺硫化天然橡胶，使其交联成弹性体，应用于轮胎及其他橡胶制品，这是第一个人工加工的高分子产品，是高分子化工的萌芽。1869 年，美国用樟脑增塑硝酸纤维素制成塑料。1891 年，法国建成第一个人造丝（硝酸酯纤维）厂。1909 年，美国贝克兰制成酚醛树脂，为第一个热固性树脂。这些萌芽产品，在品种、产量、质量等方面都远不能满足社会的要求。

（3）化学工业的大发展时期 19 世纪后期，世界上已建设许多炼油装置，主要生产照明用的煤油，直到 19 世纪 80 年代，汽油和柴油逐渐随汽车工业的发展成为主要炼油产品。化学工业的大发展时期从 20 世纪初至 60～70 年代，这是化学工业真正成为大规模生产的主要阶段。合成氨和石油化工得到了发展，高分子化工、精细化工逐渐兴起。

1908 年，德国物理学家哈勃用物理化学的反应平衡理论，提出氮气和氢气直接合成氨的催化方法，以及原料气与产品分离后经补充再循环的设想。1912 年，BASF 公司研制出铁催化剂，工程师博施进一步解决了设备问题。1913 建成世界上第一座日产 30 吨的合成氨装置，成为化学工业史上的一个里程碑。合成氨原来用焦炭为原料，20 世纪 40 年代以后改为石油或天然气，使化学工业与石油工业两大部门更密切地联系起来，合理地利用原料和能量。

石油化工在 20 世纪 20～40 年代蓬勃发展。1920 年，美国用丙烯生产异丙醇，这是大规模发展石油化工的开端。1923 年，美国联合碳化学公司建立第一个以乙烷和丙烷裂解生产乙烯的石油化工厂，拉开了乙烯为原料的石油化工生产的序幕。1939 年，美国标准油公司开发了临氢催化重整技术，开辟了芳烃来源的重要途径。1941 年，美国建成第一套以炼厂气为原料用管式炉裂解制乙烯的装置。随着化工生产技术的发展，石油化工体系逐步形成。如氯乙烯过去以电石乙炔为原料，改用氧氯化法可以乙烯为原料生产，成为典型的石油化工产品。1951 年，以天然气为原料，用蒸汽转化法得到一氧化碳及氢，使一碳化学得到重视，目前用于生产氨、甲醇等。

高分子材料在战时用于军事，战后转为民用，成为新的材料工业。1937 年德国开发丁苯橡胶获得成功。以后各国又陆续开发了顺丁、氯丁、丁腈、异戊、乙丙等多种合成橡胶。合成纤维方面，1937 年美国卡罗瑟斯成功地合成尼龙 66（聚酰胺-66）。以后涤纶、维尼纶、腈纶等陆续投产。塑料方面，继酚醛树脂后，又生产了脲醛树脂、醇酸树脂等热固性树脂。20 世纪 30 年代后，热塑性树脂品种不断出现，如聚氯乙烯迄今仍为塑料中的大品种。这一时期还出现耐高温、抗腐蚀的材料，如有机硅树脂、氟树脂，其中聚四氟乙烯有"塑料王"之称。

精细化工产品日趋丰富。在染料方面，发明了活性染料，使染料与纤维以化学键相结合。在农药方面，20 世纪 40 年代瑞士米勒发明第一个有机氯农药滴滴涕之后，又开发一系列有机氯、有机磷杀虫剂。20 世纪 60 年代，杀菌剂、除草剂发展极快，出现了一些性能很好的品种，如吡啶类除草剂、苯并咪唑杀菌剂等。医药方面，1928 年，英国弗莱明发现青霉素，开辟了抗菌素药物的新领域。以后研究成功治疗生理上疾病的药物，如治心血管病、精神病等的药物。涂料工业用醇酸树脂、环氧树脂、丙烯酸树脂等合成树脂为原料，以适应汽车工业等高级涂饰的需要。

（4）现代化学工业　20 世纪 60～70 年代以来，由于对反应过程和传递过程的深入了解，可以使一些传统的基本化工产品的生产装置日趋大型化、智能化。1963 年，美国凯洛格公司设计建设第一套日产 540t 合成氨单系列装置，是化工生产装置大型化的标志。20 世纪 80 年代初新建的乙烯装置最大生产能力达年产 680kt。其他化工生产装置如硫酸、烧碱、基本有机原料、合成材料等均向大型化发展。不断创新的化工技术在复合结构材料、信息材料、纳米材料、高温超导材料、生理相容性材料等新材料的制备中发挥了关键作用。为满足人类生活的更高需求，产品批量小、品种多、功能优良的精细化工很快发展起来。化工与生物技术相结合，形成了以生物酶催化、细胞工程、基因工程等高新技术为代表的具有宽广发展前景的生物化工产业。

1.1.5　化学工业的发展趋势

从全球化工产业发展看，随着市场逐步成熟和产业技术进步，世界化学工业正进行新一轮的产业结构调整，主要呈现以下特点。

一是化工产业在兼并重组中走向集约化，大公司核心产业向专业化和特色化方向发展。国际大型化工企业加快在全球范围内调整布局，大多都已收缩经营范围，放弃非核心业务，加强核心产业，使其在某一领域的垄断地位得以进一步加强。目前形成了以埃克森美孚、壳牌、BP 等为代表的综合性石油石化公司，以巴斯夫、亨茨曼、韦伯公司等为代表的专用化学品公司，以及杜邦、拜耳、孟山都、罗纳普朗克等从基础化学品转向以制药、保健、农业等现代生物技术为主要发展方向的跨国集团公司。

二是发展模式呈现大型化、基地化和一体化趋势。随着工艺技术、工程技术和设备制造技术的不断进步，全球石化装置加速向大型化和规模化方向发展，产业链条不断延伸，基地化建设成为必然，化工园区成为产业发展的主要模式。

三是化学工业原料来源逐步多元化。目前，石油化工仍是现代化工的主导产业。但随着石油价格的上涨和关键技术的不断突破，以天然气、煤、生物质资源为原料的替代路线在成本上具有竞争力，原料多元化成为化工产业发展的新趋势。新兴的非常规化工原料正在重塑全球的化工产业，煤制烯烃、丙烷脱氢制丙烯、煤制乙二醇、页岩气制乙烯等技术的应用逐步扩大。

四是注重发展高新技术和高附加值产业。环视世界化工界，以信息化技术、生物技术、纳米技术、催化技术、新能源利用技术、新材料技术、外场强化等为代表的新技术，将为世界化工产业在新经济时代的升级换代提供巨大的动力和强有力的支持，促进世界化工技术产生新的重大突破，使世界化工行业在 21 世纪有更广阔的发展空间。

五是向综合化、精细化发展。生产的综合化可以使资源和能源得到充分合理的利用，可以就地利用副产物和废料，做到零排放或少排放。综合化不仅局限于相同的化工厂联合体，也应该是化工厂与其他工厂联合的横向联合体。精细化不仅是指生产小批量的精细化产品，更主要的是指生产技术含量高、附加值高、具有优异性能和功能的产品，并能适应市场需求改变产品品种和型号。化学工艺和化学工程也要精细化，深入到分子内部的原子水平上进行化学合成，使产品的生产更加高效、节能。

六是绿色化工、循环经济和清洁生产成为重要趋势。采用绿色过程工程技术推动绿色化工、循环经济和清洁生产，实现工业生产的源头污染控制与生产可持续发展是大势所趋。这不是科学家自由思维的产物，而是全球污染加剧和资源危机的震撼下，人类反思和重新选择的结果。

七是生物化工是化学工业重点发展方向。生物化工，是化学工程与生物技术相结合的产物。与传统化学工业相比，生物化工有其突出特点：主要以可再生资源作原料；反应条件温和，多为常温、常压，生产过程能耗低、选择性好、效率高；环境污染较少；投资较小；能生产目前不能生产或用化学法生产较困难的性能优异的产品。随着基因重组、细胞融合、酶固定化等现代生物技术的发展，已出现一批生物技术工业化成果。

八是信息技术的应用越来越广泛。化学工业将更多地借助信息技术进行化工开发、设计，在计算分子科学、计算流体力学、过程模拟、操作最佳化控制等方面均可发挥更重要的作用，给传统化工的研发、生产、管理方式带来巨大变革。

九是微化工技术将成为新的发展方向。微化工研究和应用特征尺度在数百微米以下的微型设备和系统，包括微传热系统、微反应系统、微分析系统、微分离系统、微制造等。微化工技术的基本特征有线性尺寸减小、物理量梯度提高、高表面积、流动通常为层流等，其优点是可通过并行单元来实现柔性生产、快速放大等。这些特点决定了它在医药、有机等行业的广阔发展前景。

1.1.6 我国化学工业的发展

新中国建立以来，中国的化学工业也取得了举世瞩目的成绩。1949 年，中国的化学工业总产值仅有 3.2 亿元。据中国石油和化学工业联合会统计，2010 年，我国石油化工行业实现总产值 8.88 万亿元，2013 年，达到 13.3 万亿元。目前，中国化肥、合成氨、染料、硫酸、纯碱、农药、烧碱、醋酸、涂料、轮胎、乙烯、合成材料的产量等居世界较前位次，我国的化学工业已成为世界化学工业的最重要组成部分。近年来，我国化学工业呈现高效益增长，已有一批大型有机原料和精细化工装置达到或接近国际先进水平。在现代煤化工领域，煤制油、煤制气、煤制烯烃、煤制乙二醇等方面的开发应用水平处于国际领先水平。采用自主知识产权的乙烯成套技术建立的 800kt/a 乙烯装置于 2013 年 8 月 12 日正式投入运行，打破了国外乙烯专利商长期垄断的局面。

中国化学工业的发展速率位居世界前列，已建立比较完整的化学工业，但总体上与发达国家之间还存在差距。具体表现在：生产规模尤其是单套装置产能较小，生产成本较高；大型装置成套工艺技术和大型工业生产设备主要依靠进口，自给率低；高端产品品种少、功能化和差别化率低；环境污染严重和能耗较高；小型精细化工装置智能化水平低等。

1.2 化工工艺学

1.2.1 化工生产过程

化工生产从原料开始到制成目标产物要经过一系列物理或化学的加工处理步骤，这一系列加工处理步骤总称为化工生产过程（Chemical Production Process）。

通常，成套化工装置的原料、中间体、产品，以及反应过程都有多个。典型生产过程一般由原料预处理、化学反应、分离与精制三个步骤交替组成，将不同的功能单元按加工顺序有机地组合起来，就构成了工艺流程。

下面以合成氨为例介绍化工生产过程。氨合成的核心反应是将氮气和氢气在一定的条件下反应生成氨。首先必须制备氢、氮原料气。氮气来源于空气，氢气来源于水或含烃类的各种燃料。现在工业上普遍采用以焦炭、煤、天然气、石脑油、重质油等原料与水蒸气作用的气化方法。

典型的是以煤或焦炭为原料制氨的流程示意见图 1-1。生产过程简述如下。

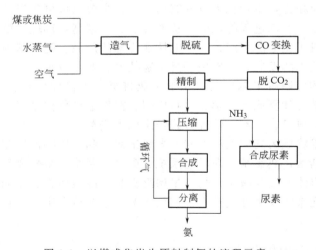

图 1-1 以煤或焦炭为原料制氨的流程示意

（1）原料气的制备 以水蒸气和空气为气化剂，固体煤或焦炭气化制得含氮气、氢气、一氧化碳、二氧化碳、硫化氢等的气体混合物。

（2）原料气的净化 粗原料气通过电除尘器、洗涤等方法去除机械杂质；通过干法（活性碳法、钴钼加氢法、氧化锌法等）、湿法（蒽醌二磺酸钠法、栲胶法等）"脱硫"；将一氧化碳"变换"为二氧化碳和氢气，采用碳酸丙烯酯法、低温甲醇洗涤法、热碳酸钾法等"脱碳"；采用铜氨液洗涤法、甲烷化法、液氮洗涤法等对原料气进行"精制"以脱除残余的一氧化碳、二氧化碳、硫化氢等。副产的 CO_2 可用于生产尿素等产品。

（3）氨合成 在较高压力和催化剂存在的条件下进行，由于反应后气体中氨含量一般只有 $10\% \sim 20\%$，故采用未反应氢、氮气循环的流程。

1.2.2 化学工程

化工生产的部门和产品的种类繁多，生产流程更是千差万别。但是，统观这些化工生产过程就不难看出，它们都是由诸如破碎、混合、加热、冷却、蒸发、干燥、蒸馏等单元操作以及各种化学反应过程以不同形式排列组合而成的。将不同化工生产部门中所共有的单元操作和化学反应过程集中起来，进行研究，便逐渐形成了一种学科体系——化学工程。

化学工程（Chemical Engineering）研究化学工业和其他过程工业生产过程中有关化学过程和物理过程的一般原理和共性规律，解决过程及装置的开发、设计、操作及优化的理论和方法问题。其重要任务就是研究有关工程因素对过程和装置的效应，特别是在放大中的效应，以解决关于过程开发、装置设计和操作的理论和方法等问题。它以物理学、化学和数学原理为基础，与化学工艺相配合，去解决工业生产问题。

回顾化学工程的发展史，对认清化学工程的研究对象、理解化学工程与化学工艺的区别与联系具有重要作用。

（1）化学工程的萌芽 到 19 世纪 70 年代，制碱、硫酸、化肥、煤化工等都已有了相当的规模，化学工业出现了许多杰出的成就。例如：索尔维法制碱中所用的纯碱碳化塔，高达 20 余米，在其中同时进行化学吸收、结晶、沉降等过程，即使今天看来，也是一项了不起的成就。化学工业生产从小型间歇操作向大型连续操作过渡，在实践中培养了既熟悉化学又懂工程的技术人员。工程与化学融合，孕育着化学工程的诞生。

（2）化学工程概念的提出 英国曼彻斯特地区的制碱业污染检查员 G. E. 戴维斯指出：化学工业发展中所面临的许多问题往往是工程问题；各种化工生产工艺，都是由为数不多的基本操作如蒸馏、蒸发、干燥、过滤、吸收和萃取组成的，可以对它们进行综合的研究和分析，使化学工程将成为继土木工程、机械工程、电气工程之后的第四门工程学科。戴维斯的观点当时在英国没有被普遍接受。1887～1888 年，他在曼彻斯特工学院作了 12 次演讲，系统阐述了化学工程的任务、作用和研究对象。并在此基础上写成了《化学工程手册》，于 1901 年出版。这是世界上第一本阐述各种化工生产过程共性规律的著作。

戴维斯的这些活动在美国却引起了普遍的注意，化学工程这一名词在美国很快获得了广泛应用。1888 年，麻省理工学院开设了世界上第一个定名为化学工程的四年制学士学位课程，标志着培养化学工程师的最初尝试。但这些课程的主要内容是由机械工程和化学构成的，还未具有今天化学工程专业的特点。这样培养出来的化学工程师虽然具有制造各种化工产品的工艺知识，但仍不懂化工生产的内在规律。

戴维斯的工作偏重于对以往经验的总结和对各种化工基本操作的定性叙述，而缺乏创立一门独立学科所需要的理论深度。

（3）单元操作概念的提出 A. D. 利特尔曾长期从事化学工业方面的咨询工作，1908 年参与发起成立美国化学工程师协会。根据他的建议，麻省理工学院建立化学工程实用学校，让学生接受各种化工基本操作的实际训练。1915 年，他在给麻省理工学院的一份报告中提出：任何化工生产过程，无论其规模大小都可以用一系列称为单元操作的技术来解决；只有将纷杂众多的化工生产过程分解为单元操作来进行研究，才能使化学工程专业具有广泛的适应能力。这些意见对化学工程产生了深远的影响。

1920 年，在麻省理工学院，化学工程脱离化学系而成为一个独立的系。W. H. 华克尔、

W. K. 刘易斯和 W. H. 麦克亚当斯于 1923 年正式出版了《化工原理》，阐述了各种单元操作的物理化学原理，提出了定量计算方法，并从物理学等基础学科中吸取了对化学工程有用的研究成果（如雷诺关于湍流、层流的研究）和研究方法（如因次分析和相似论），奠定了化学工程作为一门独立工程学科的基础。

继《化工原理》后，一批论述各种单元操作的著作，如 C. S. 鲁宾逊的《精馏原理》（1922）和《蒸发》（1926）、麦克亚当斯的《热量传递》（1933）、T. K. 舍伍德的《吸收和萃取》（1937）相继问世。

（4）化工热力学的诞生　在阐述单元操作的原理时，华克尔等曾利用了热力学的成果。但是化学工程面临的许多问题，例如许多化工过程中都会遇到的高温、高压下气体混合物的 P-V-T 关系的计算，经典热力学并没有提供现成的方法。麻省理工学院的 H. C. 韦伯教授等人提出了一种利用气体临界性质的计算方法。并于 1939 年写出了第一本化工热力学教科书《化学工程师用热力学》。1944 年耶鲁大学的 B. F. 道奇教授取名为《化工热力学》的著作出版了，于是化学工程的一个新的分支学科——化工热力学诞生了。

（5）"三传一反"概念的提出　20 世纪 40 年代前期，在重大化工过程的开发中，即碳四馏分的分离和丁苯橡胶的乳液聚合、粗柴油的流态化催化裂化等，化学工程发挥了重要作用。例如：流态化催化裂化的设想就是由麻省理工学院的刘易斯教授和 E. R. 吉利兰教授提出的。在他们的指导下，几所大学同时进行了流化床性能的研究，确定了颗粒尺寸、密度和使颗粒床层膨胀以造成气固间良好接触和颗粒运动所需的气速间的关系，证实了在催化裂化反应器和再生器之间连续输送大量固体催化剂的可能性。人们认识到要顺利实现过程放大，必须对过程的内在规律有深刻的了解。实践证明单元过程的概念没有抓住反应过程开发中所需解决的工程问题的本质，反应器的工程放大对化工过程开发的重要性显得更为突出。20 世纪 50 年代初，随着石油化工的兴起，在对连续反应过程的研究中，提出了一系列重要的概念。如返混、停留时间分布、宏观混合、微观混合、反应器参数敏感性等。1957 年在阿姆斯特丹举行的第一届欧洲化学反应工程讨论会上，宣布了化学反应工程学科的诞生。

如果说单元操作概念的提出是化学工程发展过程中的第一个里程碑的话，那么在第二次世界大战后，化学工程又经历了其发展过程中的第二个里程碑，即"三传一反"（动量传递、热量传递、质量传递和反应工程）概念的提出。

到 50 年代，化学工程师更清楚地认识到从本质上看，所有单元操作都可以分解成动量传递、热量传递、质量传递这三种传递过程或它们的结合。对单元操作和反应过程的深入研究，都离不开对传递过程规律的探索。1960 年，R. B. 博德、W. E. 斯图尔德和 E. N. 莱特富特的《传递现象》正式出版，标志着化学工程发展进入"三传一反"新时期。

（6）化工系统工程的诞生　50 年代中期，电子计算机开始进入化工领域，对化学工程的发展起了巨大的推动作用，化工过程数学模拟迅速发展。由对一个过程或一台设备的模拟，很快发展到对整个工艺流程甚至联合企业的模拟，在 50 年代后期出现了第一代化工模拟系统。在计算机上进行模拟试验，使得研究化工系统的整体优化成为可能，形成了化学工程研究的一个新领域——化工系统工程。

至此，单元操作、化工热力学、化学反应工程、传递工程、化工系统工程等分支学科的发展促成了化学工程比较完整而成熟的学科体系。

实践需要推动着化学工程的学科发展。近年来，化学工程更引人注目的发展是在与邻近学科的交叉渗透中已经或正在形成的一些充满希望的新领域。如化学工程与医学、物理、结晶化学、材料科学等相结合，孕育着新的学科。化学工程学的应用对象涵盖了所有物质的物理、化学加工过程，使化学工程学实际上发展成为过程工程学。

1.2.3 化学工艺

化学工艺（Chemical Technology）即化学生产技术，是指将原料主要经过化学反应转变为具体化学产品的方法和过程，包括实现这种转变的全部化学的和物理的措施。

化学工艺具有过程工业的特点，即生产不同的化学品要采用不同的化学工艺；同一原料可以生产多种产品；相同原料生产同一产品也有多种化学工艺。

1.2.4 化工工艺学

化学生产技术通常是对一定的产品或原料提出的，例如氯乙烯、甲醇、苯乙烯的生产等。因此，化学工艺具有个别生产的特殊性，但其所涉及的范畴是相同的，一般包括原料的选择和预处理、生产方法的选择、设备的结构和操作、催化剂的选择和使用、操作条件及其他影响因素、流程的组织及生产控制、产品规格和副产物的分离和利用、能量的回收和利用，以及对不同工艺路线和流程的技术经济评价等。不同化学工艺的形成过程所涉及的技术方法具有一定的相似性。

化学工程学科为化学工艺开发提供了解决工程问题的基础，化学工艺为化学工程技术开发、应用提供了平台。现代化工生产的实现，除了应用化学、化学工程的原理和方法外，还用到物理、自动化以及其他有关工程学科的知识和技术。

化工工艺学（Chemical Engineering Technology）是根据化学、化学工程、物理、自动化和其他工程学科的成就，研究由化工原料加工成化工产品的一门科学，内容包括生产方法的评估、过程原理的阐述、工艺流程的组织、设备的选用和控制，以及生产过程的节能、环保和安全问题。概言之，化工工艺学就是研究怎样运用各学科的知识和技能，创立技术上先进、经济上合理、生产上安全、环境上友好的化学工艺的学科。

化工工艺学研究任务：以产品为目标，解决生产具体化工产品的工艺流程的组织、优化，将各个单元操作合理匹配、衔接，在确保产品质量的前提下实现全系统的能流、物流及安全环保诸因素的最优化，为化学工业提供技术上最先进、经济上最合理的方法、原理、设备及流程。

本章小结

本章介绍了过程工业、化学工程、化学工艺、化工工艺学等相关概念。

熟悉现代化工的发展趋势对化工产品和技术开发具有重要指导作用，熟悉化学工程发展史对理解化学工程的研究对象、化学工程与化学工艺的区别具有重要意义。

化工工艺学就是研究怎样运用化学、化学工程和其他工程学科的知识和技能，创立技术上先进、经济上合理、生产上安全、环境上友好的化学工艺的学科，其任务是为化学工业提供技术上最先进、经济上最合理的方法、原理、设备及流程。

习题与思考

1. 试述过程工业的特点。
2. 试述化学工程的学科体系。
3. 分析化学工业的发展趋势及其对科研开发、人才培养的影响。
4. 什么是化工工艺学？其研究任务是什么。
5. 试述化学工程和化学工艺的区别与联系。

参 考 文 献

[1] 邓建强主编. 化工工艺学. 北京：北京大学出版社，2009.

[2] 中国科学院化学学部. 国家自然科学基金委员会化学科学部. 展望 21 世纪的化学工程. 北京：化学工业出版社，2004.

[3] 黄仲九，房鼎业主编. 化学工艺学. 第 2 版. 北京：高等教育出版社，2008.

[4] 张秀玲，邱玉娥主编. 化学工艺学. 北京：化学工业出版社，2012.

[5] 戴道元. 化工概论. 北京：化学工业出版社，2012.

[6] 米镇涛. 化学工艺学. 第 2 版. 北京：化学工业出版社，2012.

[7] 王福安，任保增. 绿色过程工程引论. 北京：化学工业出版社，2002.

[8] 张懿. 绿色过程工程. 过程工程学报，2001，1 (1)：10-15.

[9] 赵志平. 2010 年中国石油和化工行业经济运行情况及 2011 年预测. 当代石油石化，2011，19 (2)：1-5，14.

[10] 中国石油和化学工业联合会. 2013 年中国石油和化工行业经济运行回顾与展望. 国际石油经济，2014，(2)：44-49.

第2章 绿色化工

导引

在全球污染加剧和资源危机的震撼下，可持续发展已成为世界化学工业发展的大势所趋，成为推进化工产品和技术更新换代的主要动力。要实现化学工业的可持续发展，就必须采用绿色过程工程技术推动绿色化学、循环经济和清洁生产的大力发展，实现工业生产的源头污染控制。那么，什么是绿色化学？绿色化学与循环经济、清洁生产之间又有什么样的关系呢？

2.1 绿色化学与清洁生产

20世纪是化学工业蓬勃发展的世纪。抗生素的发现，合成氨化学肥料的生产，合成纤维、合成橡胶、合成塑料的成功开发极大地推动了世界经济发展和社会进步，对人类作出了巨大的贡献。然而，从20世纪50年代开始，随着化学品产量的剧增，化工产品种类的增多，人类加速了对自然资源的掠夺性开发利用，化学工业对人类健康的危害性和对环境、生态的破坏也逐渐暴露出来。

1990年美国通过了《污染防治条例》，宣称环境保护的首选对策是在源头防止废物的生成，这样就可避免对化学废物的进一步处理与控制，之后不久学术界就提出"绿色化学"的概念。绿色化学倡导人，原美国绿色化学研究所所长 P. T. Anastas（阿纳斯塔斯）教授提出绿色化学的定义是"The design of chemical products and processes that reduce or e-liminate the use and generation of hazardous substances."。也就是说，绿色化学是运用化学原理和新化工技术来减少或消除化学产品的设计、生产和应用中有害物质的使用与产生，使所研究开发的化学产品和过程更加环境友好。绿色化学是将传统的"先污染、后治理"的模式改变为应用良性设计避免污染，从源头上治理污染，利用创新的化学化工科技同时实现经济和环境目标。

绿色化学的学科基础首先是化学，它是以物质的转化为核心；接着是绿色，它是以环境友好作为前提；最后是化工技术，它以实施作为最终目的。从科学的观点看，绿色化学是化学和化工科学基础内容的更新，是基于环境友好约束下化学和化工的融合和拓展；从环境观点看，它从源头上消除污染；从经济观点看，它要求合理地利用资源和能源、降低生产成本，符合经济可持续发展的要求。

2.1.1　绿色化学的原则及内容

（1）绿色化学的原则　1998 年，P. T. Anastas 和 J. C. Waner 提出了绿色化学的 12 条原则。这 12 条原则现在已经被国际化学界公认，反映了近年来在绿色化学领域中多方面研究工作的内容，也指明了未来发展绿色化学的方向。绿色化学的 12 条原则是：①防止废物的生成比在其生成后再处理更好；②设计的合成方法应使生产过程中所采用的原料最大量地进入产品之中；③设计合成方法时，只要可能，不论原料、中间产物和最终产品，均应对人体健康和环境无毒、无害（包括极小毒性和无毒）；④化工产品设计时，必须使其具有高效的功能，同时也要减少其毒性；⑤应尽可能避免使用溶剂、分离试剂等助剂，如不可避免，也要选用无毒无害的助剂；⑥合成方法必须考虑过程中能耗对成本与环境的影响，应设法降低能耗，最好采用在常温常压下的合成方法；⑦在技术可行和经济合理的前提下，原料要采用可再生资源代替消耗性资源；⑧在可能的条件下，尽量不用不必要的衍生物，如限制基团、保护/去保护作用、临时调变物理/化学工艺；⑨合成方法中采用高选择性的催化剂比使用化学计量助剂更优越；⑩化工产品要设计成在其使用功能终结后，它不会永存于环境中，要能分解成可降解的无害产物；⑪进一步发展分析方法，对危险物质在生成前实行在线监测和控制；⑫要选择化学生产过程的物质，使化学意外事故（包括渗透、爆炸、火灾等）的危险性降低到最小程度。

绿色化学是对传统化学思维方式的更新和发展。绿色化学的理想在于不再使用有毒有害物质，不再产生废物，是一门从源头上阻止污染的化学。图 2-1 概括了上述 12 条绿色化学的关键内容。

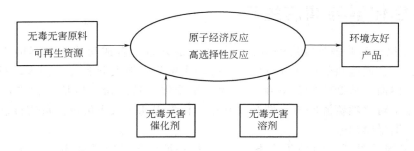

图 2-1　绿色化学示意图

从绿色化学的这十二原则来看，化学过程从原料、工艺到成为产品的绿色化均已涉及，而且还涉及成本、能耗和安全等方面的问题，至今仍然是关注的热点。当然，随着对绿色化学研究的深入，社会发展又对化学化工提出了新要求，相应的原则也应作适当的调整。

（2）绿色化学的研究内容　绿色化学的研究内容主要是围绕化学反应、原料、催化剂、溶剂和产品的绿色化来进行的。2004 年，英国 Crystal Faraday 协会提出了绿色化学的 8 个关键技术领域。

① 绿色产品设计　绿色产品设计要求对环境的影响最小化，包括设计过程中的生命周期分析和循环回收、回用设计等。如果一个产品本身对环境有害，仅仅降低其成本和改进其生产工艺对环境的影响是不够的。设计产品过程中要考虑：高效的制造和循环回收；降低质量和能量强度；设计可降解和可堆肥的产品；设计固有的低毒产品；设计在制造和使用当中能储存能量的材料，如控制热量吸收和损失的温室涂料、纳米材料等。

② 原料　为了满足可持续发展的要求，原料的可再生性是很重要的指标。选择原料时，应尽量使用对人体和环境无害的材料，避免使用枯竭或稀有的材料，尽量采用可回收再生和环境可降解的原材料，如使用农作物、生物质作为制造基本化工产品乙烯、丙烯等的原料。另外，用于合成的传统原料的绿色化也得到广泛的研究。在传统化工生产中，经常要使用到有毒、有刺激并对生态不利的用于合成的原料，对于这些原料的绿色化是提升化工工艺和技术绿色程度的重要手段。例如碳酸二甲酯是近年来受到广泛关注的用途极广的基本有机合成原料，由于其分子中含有甲氧基、羰基和羰甲基，具有很好的反应活性，有望在许多重要化工产品的生产中替代光气、硫酸二甲酯、氯甲烷及氯甲酸甲酯等剧毒或致癌物。绿色氧化剂如氧气、双氧水等其最终的氧化产物为水，已经在多类反应过程中替代传统的金属盐或金属氧化物氧化剂以及有机过氧化物，并且使反应条件更加温和，选择性更高。

③ 新型反应　尽管化学家已经建立了非常庞大的新型反应库，但是针对所需产品的特殊功能，开发新的反应路线仍有空间，如生物和化学过程的结合；转基因方法生产功能分子；单分子操作；膜反应等。另外，由于许多传统有机合成反应用到有毒试剂和溶剂，这些有毒试剂和溶剂的绿色替代物的开发给这些传统反应的重新构筑提供了机遇。

④ 新型催化剂　高效无害催化剂的设计和使用是绿色化学研究的重要内容。目前有关绿色化学的研究中有相当数量的是应用新型催化剂对原有的化学反应过程进行绿色化改进，如均相催化剂的高效性、固相催化剂的易回收和反复使用等。另外，以手性金属配合物为催化剂的不对称催化反应一直是研究的核心。酶催化剂和仿生催化剂由于其在温和条件下的高效性和高度专一性也引起了广泛的重视。需要注意的是催化剂制备时的绿色化问题，如催化剂制备过程中废液的处理、催化剂焙烧过程中 NO_x 的排放，催化剂中活性成分的原子经济性、催化剂制备过程中的环境因子和环境熵等。

⑤ 溶剂　大量的与化学品制造相关的污染问题不仅来源于原料和产品，而且源自在其制造过程中使用的物质。最常见的是在反应介质、分离和配方中所用的溶剂。目前广泛使用的溶剂是挥发性有机化合物，在其使用过程中有的会引起臭氧层的破坏，有的会引起水源和空气污染，因此需要限制这类溶剂的使用。采用无毒无害的溶剂代替挥发性的有机化合物已成为绿色化学的重要研究方向。

⑥ 工艺改进　为了实现绿色化工技术，许多工艺的改进，如反应器的设计、单元过程的耦合强化，成为这些技术得以实现的基础，可极大地提高原子效率并降低能耗。

⑦ 分离技术　在美国各种分离技术耗费了工业所消耗能源总量的 6%，占工厂花费的 70%。开发新型分离技术是解决能源危机和缓解"三废"污染的有效途径。目前超临界流体萃取、分子蒸馏、膜分离以及生物分子和大分子的分离是研究的焦点。

⑧ 支撑技术　一些支撑绿色化学开发的技术，包括新的测量技术、信息学和模拟技术等。模拟是绿色化工技术开发的重要工具，它是在计算机上快速建立试验模型，具有比实验室及工厂成本低和快速的特点。随着计算机的不断进步及其应用越来越广泛，研究原料、反应器设计、过程开发、经济和商业模型模拟等复杂问题的解决将成为可能。以后对绿色化工技术的成功应用，将需要开发更多的对原料、生产过程和商业过程集成的计算方法。

2.1.2　原子经济性

原子经济性是绿色化学的核心之一，它最早是由美国 Stanford 大学的 B. M. Trost 教授在 1991 年提出的。Trost 针对长期以来只看重化学反应的高选择性和高产率，而忽略了反应物分子中原子的有效利用率的问题，提出化学合成时应考虑原料分子中的原子进入最终所希望产品中的数量。原子经济性的目标就是在设计化学合成时使原料分子中的原子更多或全部地变成最终希望的产品中的原子。理想的原子经济反应是原料分子中的原子百分之百地转化为产物，不产生副产物或废物，实现废物"零排放"（Zero emission）。原子经济性的概念目前已被普遍承认。B. M. Trost 因此获得了 1998 年美国"总统绿色化学挑战奖"的学术奖。

化学过程的原子经济性一般用原子利用率来衡量：

原子利用率＝（目的产物的分子量/反应物的分子量总和）×100％

化工生产上常用的产率则是用下式表示：

产率＝（目的产物的质量/理论上原料变为目的产物所应得的产物的质量）×100％

可以看出原子经济性与产率是两个不同的概念。产率是从传统宏观量上来看化学反应，是决定化学过程经济性的重要因素。原子经济性则是从原子水平上来看化学反应，更多考虑化学反应对环境的影响。经常会有这种情况出现，尽管一个化学反应的产率很高，但反应排放出大量的废弃物，即原子经济性很差。

原子经济性反应在一些大宗化工产品的生产中得到了较好的应用。比如用于合成高分子材料的各种单体的聚合反应，在基本有机化工原料生产中的丙烯氢甲酰化制丁醛、甲醇羰基化制乙酸、丁二烯与 HCN 合成乙二腈等均为原子经济反应。还有一些基本有机原料的生产所采用的反应，已由两步反应，改变为采用一步反应的原子经济反应，如环氧乙烷的生产，原来是通过氯醇法两步制备的，方程式如下。

$$CH_2 \!=\! CH_2 + Cl_2 + H_2O \longrightarrow HOCH_2CH_2Cl + HCl$$

$$HOCH_2CH_2Cl + Ca(OH)_2 + HCl \longrightarrow H_2C\!\!-\!\!CH_2 + CaCl_2 + 2H_2O$$
$$\overset{\diagdown}{O}\diagup$$

总反应为：
$$CH_2 \!=\! CH_2 + Cl_2 + Ca(OH)_2 \longrightarrow H_2C\!\!-\!\!CH_2 + CaCl_2 + H_2O$$
$$\overset{\diagdown}{O}\diagup$$

相对分子质量　28　　　71　　74　　　　44　　　111　　18

假定每一步反应的产率、选择性均为 100％，原子利用率＝$44/(28+71+74)\times100\% = 25\%$，即生产 1kg 环氧乙烷（目的产物）就会产生 3kg 副产物氯化钙和水。同时，该方法还存在使用有毒有害氯气做原料，对设备要求严格，产品需要分离提纯等问题。为了克服这些缺点，人们采用了一个新的催化氧化法，即以银为催化剂，用氧气直接氧化乙烯一步合成环氧乙烷，反应的原子利用率达到了 100％，方程式为：

$$CH_2 \!=\! CH_2 + 1/2O_2 \longrightarrow H_2C\!\!-\!\!CH_2$$
$$\overset{\diagdown}{O}\diagup$$

但是原子经济反应在精细化工合成中尚未引起充分重视。例如，Wittig 反应是一个在精细合成中非常有用的反应，被广泛地用于合成带有烯键的天然有机化合物，如胆固醇母体、角鲨烯、番茄红素和 β-胡萝卜素等，Wittig 因此于 1979 年获得诺贝尔化学奖。Wittig 反应过程为：

$$Ph_3P^+MeBr^- \xrightarrow{\text{碱}} Ph_3P\!=\!CH_2 \longrightarrow \overset{R_1}{\underset{R_2}{C}}\!=\!CH_2 + Ph_3PO$$

　　该反应的收率可达80%以上，但是溴化甲基三苯基膦分子中仅有亚甲基被利用到产物中，即357份质量中只有14份质量被利用。从原子经济性角度考虑，原子利用率仅有4%，而且还产生了278份质量的"废物"氧化三苯膦。这是一个典型的传统反应，具有较理想的收率，但原子利用率很低，原子经济性很差。

　　需要注意的是，原子经济反应是最大限度利用资源，减少污染的必要条件，但不是充分条件。可能有一些化学反应，从计量式看，它是原子经济的，但若反应平衡转化率很低，而反应物与产物分离又有困难，反应物难以循环使用。这些未使用的反应物就会被当作废物排放到环境中，造成环境污染及资源的浪费。也有一些反应，反应本身是原子经济的，但反应物还能同时发生其他平行反应，生成不需要的副产物，这也会造成资源浪费和环境污染。因此，原子经济的反应、高的反应物转化率、高的目的产物的选择性，是实现资源合理利用、避免污染缺一不可的。

2.1.3　环境因子和环境系数

　　环境因子（E-因子）是荷兰有机化学教授 R. A. Sheldon 在1992年提出的一个量度指标，用以衡量生产过程对环境的影响。环境因子定义为每产出1kg目的产物所产生的废弃物的总质量，即将反应过程中废弃物的总质量除以产物的质量。它不仅针对副产物，还包括了在纯化过程中所产生的各类物质，如中和反应时产生的无机盐等。E-因子越大意味着废弃物越多，对环境的负面影响越大。E因子为零是最理想的。

　　Sheldon 根据 E-因子的大小对化工行业进行划分，其中石油化工业的环境因子约为0.1，是各行业中较小的，制药工业和精细化工的环境因子较大，如表2-1所示。可见，从石油工业到医药化工，E-因子逐渐增大，其主要原因是精细化工和医药化工中涉及了较多的原子利用率低的反应，反应步骤多，原辅材料消耗大。

表 2-1　不同化工行业的 E-因子比较

化工行业	产量/(t/a)	E-因子
石油炼制	$10^6 \sim 10^8$	约 0.1
大宗化工产品	$10^4 \sim 10^6$	$1 \sim 5$
精细化工	$10^2 \sim 10^4$	$5 \sim 50$
医药化工	$10 \sim 10^3$	$25 \sim 100$

　　环境因子仅仅体现了废物与目的产物的相对比例，废物排放到环境中后，其对环境的影响和污染程度还与相应废物的性质以及废物在环境中的毒性行为有关。例如1kg氯化钠和1kg铬盐对环境的影响并不相同。因此，环境因子还不是真正评价环境影响的合理指标。R. A. Sheldon 将环境因子 E 乘以一个对环境不友好因子 Q，得到一个参数称为环境系数，即：

$$环境系数 = E \times Q$$

　　将无害的氯化钠的 Q 值定为1，重金属盐、一些有机中间体和含氟化合物等的 Q 值为 $100 \sim 1000$，具体视其毒性半数致死量（LD_{50}）而定。尽管有时对不同地区、不同部门、不同生产领域而言，同一物质的环境系数可能不相同，但EQ值仍然是化学化工工作者衡量和选择环境友好生产过程的重要因素。

2.1.4　化学品的生命周期评价

　　随着绿色产品日益成为市场的主流，绿色产品生产企业需要对其产品在整个生命周期中的活动进行评价研究。生命周期是指某一产品从原材料开采，经原料提炼、加工、产品制造与包装、运输、销售、为消费者服务、回收或循环使用，最终被废弃并处理的全过程。

生命周期评价（Life Cycle Assessment，LCA）是 20 世纪 60 年代末发展起来的评估某一产品在整个生命周期中对生态环境的影响及其减少这些影响的一种方法。1969 年美国中西部资源研究所（MRI）针对可口可乐公司的饮料包装瓶进行的评价研究是生命周期评价研究开始的标志。该研究使可口可乐公司采用塑料瓶代替玻璃瓶包装。

按国际标准化组织（ISO）定义，"生命周期评价是对一个产品系统的生命周期中输入、输出及其潜在的环境影响的综合评估"，需要考虑的环境影响信息包括资源利用、人体健康和生态后果。化学品生产的生命周期评估的基本概况如图 2-2 所示。

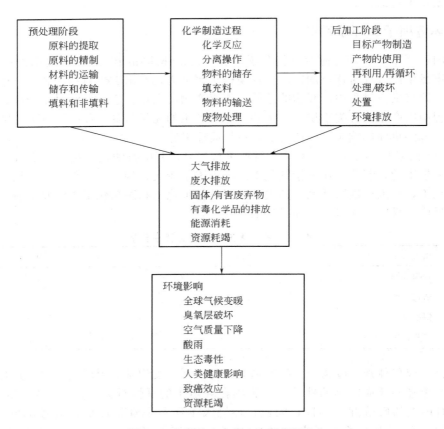

图 2-2　化学品生产的生命周期评价

LCA 是一种对产品、生产工艺及活动所造成的环境影响进行客观评价的过程，是通过对物质和能量的利用，以及由此造成的环境废弃物进行辨别和量化而进行的。其具体是通过收集相关的资料和数据，应用科学计算的方法，从资源消耗、人类健康和生态环境影响等方面对产品的环境影响作出定性和定量的评估，并寻求改善产品等环境性能的机会和途径。

生命周期评价作为一种环境管理工具，不仅对当前的环境冲突进行有效的定量化分析和评价，而且对产品"从摇篮到坟墓"的全过程所涉及的环境问题进行评价。它既可用于企业产品开发与设计，又可以有效地支持政府环境管理部门的环境政策制定，同时也可以提供明确的产品改进标志，从而指导消费者的消费行为。

2.1.5 绿色过程工程

过程工业是进行物质转化的所有工业过程的总称，化学工业、石油炼制、能源、环境、冶金、材料、医药、农药等都属于过程工业。化学工程学在发展过程中不断向其他科学技术领域渗透拓展，应用对象涵盖了所有物质的物理、化学加工过程，使化学工程学上升至过程工程学。过程工程学是过程工业的科学基础，研究对象是物质的化学、物理转化过程，研究内容是物质的运动、传递、化学反应及其相互间的关系，任务是从原理上研究如何提高生产率、降低投资费用及操作成本。

绿色过程工程涵盖绿色化学化工，是综合运用环境与资源、材料、能源、生化工程与计算信息学等多学科知识，研究物质转化过程绿色化的综合性科学与工程。它依据环境-经济两种尺度对过程进行综合优化，包括反应-分离等多序列的综合，物质集成与能量集成，通过质量、热量交换网络-环境影响最小化的模拟设计来实现。从科学观点看，它是过程工程内容的更新和提升；从环境观点看，它从源头上消除污染，符合可持续发展的生态工业发展模式；从经济观点看，它合理利用资源、能源，降低成本，符合经济可持续发展的要求。绿色过程工程是人类和过程工业可持续发展的客观要求。

绿色过程的开发为过程工程学研究开辟了新的内涵，层面关系见图 2-3。

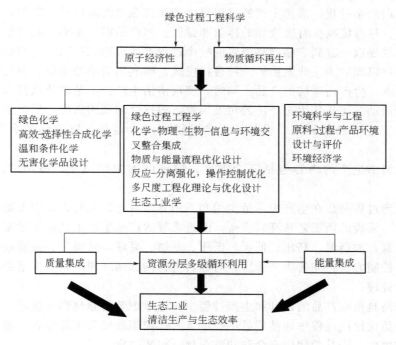

图 2-3　绿色过程工程科学内涵层面图

应指出的是"绿色"的提法是动态的概念，当一个相对于传统过程的绿色过程已被广泛接受，纳入正常生产的成熟阶段之后，就成为常规技术，又要去追求更理想的绿色新过程。

过程工业的绿色化提升为多学科综合交叉和工程学的新发展开辟了广阔的空间。绿色过程工程的整体运行框架示意图见图 2-4。

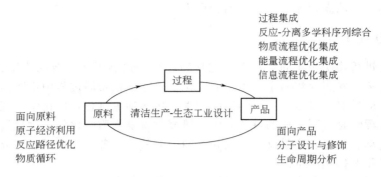

图 2-4　绿色过程工程整体运行框架示意图

用生物质资源或绿色化的原料，在绿色化溶剂或无溶剂条件下，采用绿色能源、绿色催化剂和高新技术，以最经济、最清洁、最安全、最优化的过程，进行原子经济性反应，实现废物零排放，是绿色过程工程研究的基础。

2.1.6　清洁生产概要

清洁生产是绿色化学在生产中的实施，是将污染预防战略持续地应用于生产全过程和产品中，以便减少对人类和环境的风险性。定义包含了两个全过程的控制，即生产全过程和产品整个生命周期的全过程。清洁生产的过程对生产而言是节约原材料、能源，尽可能不使用有毒的原材料，尽可能减少有害废物的排放和毒性；对产品而言是沿产品的整个生命周期也就是从原材料的提取一直到产品最终处置的整个过程都尽可能减少对环境的影响。

清洁生产可以理解为工业发展的一种目标模式，即利用清洁的能源、原材料，采用清洁生产的工艺技术，生产出清洁的产品。同时，实现清洁生产，不是单纯从技术、经济角度出发来改进生产活动，而是从生态经济的角度出发，根据合理利用资源，保护生态环境这样一个原则，考察工业产品从研究、设计、生产到消费的全过程，以协调社会和自然的相互关系。

化工行业清洁生产的内容包括三个方面，即清洁的生产过程、清洁的产品、清洁的能源。

清洁的生产过程是指在生产中尽量少用和不用有毒有害的原料；采用无毒无害的中间产品，采用少废、无废的新工艺和高效设备，改进常规的产品生产工艺；尽量减少生产过程中的各种危险因素，如高温、高压、低温、低压、易燃、易爆、强噪声、强震动等；采用可靠的生产操作和控制方法；完善生产管理；对物料进行内部循环使用，对少量必须排放的污染物进行有效的处理。

清洁的产品是指在产品的设计和生产过程中，应考虑节约原材料和能源，少用昂贵和紧缺的原料；产品在使用过程中和使用后不会危害人体健康和成为破坏生态环境的因素，易于回收、复用和再生，产品的使用寿命和功能合理，包装适宜。

清洁的能源是指常规能源的清洁利用、可再生能源的利用、新能源的开发、各种节能技术的推广以及提高能源的利用率。

当前，清洁生产作为一套系统而完整的可持续发展战略，已为社会各界所认可和接受，并在世界各个国家和地区都有了一定程度的推广及应用。需要注意的是，清洁生产是相对的，即清洁工艺和清洁产品只是与现有的工艺和产品相比较而言。推行清洁生产是一个不断完善的过程，要与时俱进，随着经济的发展和科学技术的进步还需要不断提出新目标，以达到更高的水平。同时，清洁生产与末端治理两者并非互不相容，并不是说推行清洁生产就不需要末端治理。这是由于工业生产无法完全避免污染的产生，先进的生产工艺也不可避免地会有少量污染物的产生，用过的产品也必须进行处理、处置，因此清洁生产和末端治理会长期共存。只有共同努力，实施生产过程和治污过程的双重控制，才能实现社会、经济和环境的和谐发展。

2.2　循环经济与生态工业

在自然界的生态系统中，高、低级生物之间，非生物与生物之间组成了一个由低到高、由简单到复杂的生物链。每一个非生物或生物都是这个生物链中的一个环节，能量与物质逐级传递，由低级到高级，又由高级到低级循环往复，形成一个互相关联和互动的生物链，维持自然界各物质间的生态平衡，保证了自然界持续不断的发展。

循环经济运用生态学规律建立"资源-生产-产品-消费-废弃物再资源化"的物质清洁闭环流动模式和"低开采、高利用、低排放"的循环经济模式，使得经济系统和谐地纳入自然生态系统的物质循环过程中，从而实现经济活动的生态化，达到消除环境破坏、提高经济发展规模和质量的目的。发展循环经济是保护环境和减少污染的根本手段，同时也是实现可持续发展的一个重要途径。生态工业是按照循环经济原理组织起来的、基于生态系统的承载能力、具有高效经济过程及和谐生态功能的工业组织模式。

2.2.1　循环经济

20 世纪 90 年代以来，在实施可持续发展战略的旗帜下，许多学者认识到，当代资源环境问题日益严重的原因在于过去的工业社会发展是以效率和效益为最重要的追求目标，采取的单向发展模式，一方面不断扩大挖掘开采矿物资源和化石能源的规模，一方面在加工和使用过程中，不断废弃造成污染。这种单向发展的经济模式规模越大，造成的资源匮乏，化石能源的短缺和环境的污染越严重。只有效仿自然生态系统循环法则，建立循环经济模式，发展生态农业、生态工业和生态消费体系，以"效率效益"、"珍惜资源"和"环境质量"多重指标重新审视过去工农业生产技术与过程并加以改造，自然资源才能得到有效合理的利用，污染物排放才能大大减少，人们的生活质量才能够得到持续改善，人类地球家园及地球所孕育的整个生态体系才能够持续地生存下去。

循环经济（Circular Economy）是物质闭环流动型经济的简称，按照国内著名学者吴季松的观点，"循环经济就是在人、自然资源和科学技术的大系统内，在资源投入、企业生产、产品消费及废弃的全过程中，实现废物的减量化、再利用和资源化，不断提高资源利用效率，把传统的、依赖资源消耗线性增加的发展，转变为依靠生态型资源循环来发展的经济"。依照物质循环层次深度的不同，循环经济可以分为以下几类。

①　初级资源循环利用型　可再生资源的简单回用，这在 20 世纪初已经工业化，如废钢铁的回收利用，废纸张、废玻璃的再生利用，都已有相当规模。

②　由"生产者-分解者"构成的循环利用型　20 世纪末由于家电产业、汽车产业的发展，出现了把废家电及废汽车分解，把热塑性塑料部件重新造粒复用，热固性塑料粉碎作填料，铜、银、汞等金属分别浸出回收，即把复杂产品的物质分别拆分成原料再利用。

③　由生态产业链组成的资源循环利用型　以我国已成功开发的"硫酸厂-磷肥厂-水泥厂"大型生态产业链为例，把硫酸厂的硫酸用于磷肥厂生产磷肥，磷肥厂所副产的石膏

经过加热分解成二氧化硫与生石灰，生石灰用于水泥厂生产水泥，而二氧化硫送硫酸厂生产硫酸，硫酸再循环用于磷肥生产。既解决了大量石膏堆弃污染问题，又使硫元素得到循环利用。这种模式通过物质在产业链间发生的分子水平变化，深层次地实现了物质循环利用。

④ 由"生态工业系统"与"自然生态系统"相耦合的资源循环利用型　这是处于开发中的一种最新模式。例如，当前工业生产过程中二氧化碳排放量巨大，通过生物转基因技术培育速生树种，如含油藻类，其大量繁殖会把空气中的二氧化碳固定成生物质，生物质再加工成生物质油作为能源，这种生物质能源的利用不会净增加工业二氧化碳排放。

循环经济是国际社会推进可持续发展战略的一种优化模式，是运用生态学和经济学规律，按照"减量化（Reduce）、再利用（Reuse）、再循环（Recycle）"的原则（简称 3R 原则）实现经济发展过程中物质和能量循环利用的一种新型经济发展模式。它以物质、能量梯次和闭路循环使用为特征，在环境方面表现为污染低排放甚至零排放，把清洁生产、资源综合利用、生态设计和可持续消费等融为一体，是一种生态经济。

2.2.2　生态工业

（1）生态工业的理论基础　生态工业是指仿照自然界生态过程物质循环的方式来规划工业生态系统的一种工业模式，在生态工业系统中各生产过程不是孤立的，而是通过物料流、能量流和信息流相互关联，一个过程的废物可以作为另一过程的原料。生态工业追求的是系统内各生产过程从原料、中间产物、废物到产品的物质循环，达到资源、能源、投资的最优利用。生态工业与传统工业的区别主要在于生态工业力求把工业生产过程纳入生态化的轨道中，把生态环境的优化作为衡量工业发展质量的标志。其内涵与传统工业相比有以下特点。

① 工业生产及其资源开发利用由单纯追求利润目标向追求经济与生态相统一的生态经济目标转变，工业生产经营由外部不经济的生产经营方式向内部经济性与外部经济性相统一的生产经营方式转变。

② 生态工业在工艺设计上十分重视废物资源化，废物产品化，废热、废气能源化，形成多层次闭路循环、无废物、无污染的工业系统。

③ 生态工业要求把生态环境保护纳入工业的生产经营决策要素之中，重视研究工业的环境对策，并严格按照生态经济规律进行现代工业的生产和管理，根据生态经济学原理规划、组织、管理工业区的生产和生活。

④ 生态工业是一种低投入、低消耗、高产出、高质量和高效益的生态经济协调发展的工业生产模式。

工业生态经济系统存在着类似于自然生态系统中食物链那样的加工链（称为"工业生态链"），它既是一条能量转换链，也是一条物质传递链。物质流和能量流沿着"工业生态链"逐级逐层次流动，原料、能源、"三废"和各种环境要素之间形成立体环流结构，能源、资源在其中往复循环获得最大限度的利用，使废弃物资源实现再生增值。

（2）生态工业园区　生态工业园区是生态工业的实践，是依据清洁生产要求、循环经济理念和工业生态学原理而设计建立的一种新型工业园区。它通过物流或能流传递等方式把不同工厂或企业连接起来，形成共享资源和互换副产品的产业共生组合，使一家工厂的废弃物或副产品成为另一家工厂的原料或能源，模拟自然系统，在产业系统中建立"生产者-消费者-分解者"的循环途径，寻求物质闭环循环、多级利用和废物产生最小化。

按照生态工业园区的形成形态，可以分为三种类型，即改造型、全新型和虚拟型。改造型园区是对已存在的工业企业通过适当的技术改造，在区域内成员间建立起废物和能量的交换关系；全新型园区是在区域良好规划和设计基础上，从无到有进行开发建设，使得企业间建立起废物和能量的交换关系；虚拟型园区并不严格要求其成员在同一地区，它是利用现代信息技术，通过园区信息系统，首先在计算机上建立成员间的物能交换，然后再付诸实施。

发达国家在 20 世纪 90 年代就开始重视生态工业园的建设，欧美、日本有上百个不同类型的生态工业园区。丹麦卡伦堡工业园在世界环境保护界知名度极高，是世界上最早和目前国际上运行最为成功的生态工业园。卡伦堡工业生态系统的主体企业是发电厂、炼油厂、制药厂和石膏板生产厂。燃煤发电厂是这个工业生态系统的中心，通过对热能进行多级使用，分别向炼油厂和制药厂供应生产过程中的蒸汽，并通过地下管道为卡伦堡镇的民众供热。电厂除尘脱硫的副产品是工业石膏，年产量 8 万多吨，全部出售给附近的石膏板厂，替代了该厂从西班牙进口的原料。20 万吨粉煤灰出售供修路和生产水泥之用。炼油厂通过管道向石膏厂供气，用于石膏板的干燥，同时减少了常见的火焰气排空。此外，炼油厂还建了一个车间用于酸气脱硫生产稀硫酸，再用罐车运到附近的硫酸厂生产硫酸。炼油厂脱硫气则通过管道供给电厂燃烧，从而使电厂每年节煤 3 万吨、节油 19 万吨。炼油厂的废水经过生物净化处理，通过管道每年向电厂输送 70 万立方米的冷却水，作为锅炉的补充水和洁净水。制药厂的原料是农产品，经过微生物发酵生产胰岛素、酶和青霉素等产品，残渣经热处理后作为有机肥向附近的农户销售，相当于节约氮素 800 吨、磷 400 吨。通过这种"从副产物到原料"的交换，不仅减少了废物产生量和处理费用，还产生了显著的经济效益和环境效益，形成经济发展与资源和环境的良性循环。

在我国，生态工业园的概念已经被接受，并进行了一些富有成效的实践。我国自 1999 年开始启动生态工业示范园区建设试点工作，建立了第一个国家级生态工业示范园区-广西贵港生态工业示范园区。该生态工业系统由蔗田、制糖、酒精、造纸、热电联产和环境综合处理六个子系统组成，形成了具有两条主链的生态工业雏形：甘蔗制糖，废糖蜜制酒精，酒精废液制复合肥；甘蔗制糖，蔗渣制浆造纸。物流中没有废物概念，只有资源概念，充分实现资源共享。此外，大连、烟台、天津和苏州等地的开发区也已经开展了生态规划和改造的实践。

2.3 绿色化工过程实例

2.3.1 醋酸合成过程绿色化

醋酸是一种重要的基本有机化工原料，可衍生出几百种下游产品，如醋酸乙烯、醋酸纤维、醋酐、对苯二甲酸、氯乙酸、聚乙烯醇、醋酸酯及金属醋酸盐等。由于醋酸广泛用于基本有机合成、医药、农药、印染、轻纺、食品、造漆、黏合剂等部门。因此，醋酸工业的发展与国民经济各部门息息相关。醋酸生产与消费日益引起各国普遍重视，生产技术不断得到改进。

醋酸的工业生产方法有甲醇羰基氧化法（分为高压法、低压法）、醋酸醋酐联产法、乙醛氧化法（有乙炔、乙醇、乙烯三种原料路线）、乙烯直接氧化法、正丁烷或轻油氧化法。

乙醛氧化法是以液态乙醛为原料，采用空气或氧气为氧化剂，在 50～80℃、0.6～

1.0MPa 下，以醋酸锰为催化剂，在鼓泡塔式反应器中进行。该法主要副产物有甲烷、二氧化碳、甲酸、醋酸甲酯等，乙醛转化率 97%，醋酸收率 98%，反应介质对设备有腐蚀性。乙醛氧化法工业化最早，技术成熟。根据乙醛来源不同，又可分为三种路线：①乙炔原料路线。乙炔法是比较老的方法，该法设备多、流程长、技术落后、能耗高、生产成本高，由于严重的汞污染，已基本淘汰。②乙醇原料路线。该法是我国最早采用的醋酸生产工艺。目前国内几乎所有小型企业，大部分中型企业均采用此法。此法生产成本高，但因技术成熟、建设费用低、建设速度快，在目前仍能维持。但是，该法不可能解决醋酸的大量需求问题。③20世纪 60 年代，Hoechst-Wacker 公司成功开发乙烯直接氧化制乙醛工艺，由于当时该工艺在技术经济上极具竞争力，故乙烯-乙醛-醋酸装置在 60～70 年代获得快速发展。但随着甲醇羰基化工艺的发展，乙烯法在技术经济上不能与之竞争，加之乙烯直接氧化制醋酸技术已成功开发，新建装置一般不再考虑发展此法。

甲醇高压羰基化工艺由德国 BASF 公司于 1960 年开发成功，反应压力 65.0MPa，温度 210～250℃，以羰基钴和碘组成催化体系。其收率以甲醇计为 90%，以 CO 计为 70%。该法存在操作压力高、副产物多及精制复杂等缺点。目前世界上只有极少数几套装置。

甲醇低压羰基化合成醋酸工艺于 1968 年由美国 Monsanto 公司在 BASF 技术基础上开发成功。该技术以甲醇和 CO 为原料，以铑的络合物为催化剂，甲基碘或碘化氢为助催化剂，在一带有搅拌装置的特殊材料（哈氏合金）制成的反应器内进行汽液连续反应生产醋酸。反应温度 185℃，压力 2.8MPa。反应方程式如下。

主反应

$$CH_3OH + CO \xrightarrow{\text{RhCl(CO)PPh}_3 + HI(\text{或 } CH_3I)} CH_3COOH$$

副反应

$$CH_3COOH + CH_3OH \longrightarrow CH_3COOCH_3 + H_2O$$

$$2CH_3OH \longrightarrow CH_3OCH_3 + H_2O$$

$$CO + H_2O \longrightarrow CO_2 + H_2$$

此外，尚有甲烷、丙酸等副产物。

该工艺开发以来，经英国 BP 化学公司和美国 Celanese 公司不断改进，具有生产能力大、转化率高、选择性好、能耗低、产品质量稳定等优点，现已成为世界上最具竞争力的醋酸生产方法。目前，世界上甲醇低压羰基化合成法的装置能力约占醋酸总生产能力的 60%。

下面介绍该工艺取得的主要进展如下。

（1）催化剂研究及改进

① 铑基催化剂载体的改进　针对现有铑系均相催化剂存在的不稳定而需要频繁再生导致昂贵铑的流失，采用将铑键联到聚乙烯基吡啶（PVPy）树脂上的非均相催化剂，可使铑的流失大大减少，并可提高产率 3～5 倍。

② 铑系均相催化剂的稳定化　当系统中 CO 供应不足或分布不均时，有催化活性的羰基铑 $[Rh(CO)_2I_2]^-$ 母体不稳定，会被反应液中的碘离子缓慢氧化为 RhI_3 而失活。采用向系统中添加含卤素的羧酸衍生物和碱金属碘化物稳定剂后，不但使催化剂寿命显著延长，而且使时空产率提高 2～3 倍。

③ 新催化剂体系开发　英国 BP 公司 1986 年从美国 Monsanto 公司购买了低压甲醇羰基化生产醋酸专利权后，经过几年研究，成功开发了新型铱基催化剂（亦称为 Cativa 催化剂）。新催化剂的制备由羰基铱 $[Ir(CO)_{12}]$、氢碘酸和醋酸水溶液于 120℃ 下回流反应而

成。由于铱的价格明显低于铑，故在经济上更有竞争力。与铑基催化剂相比，Cativa 催化剂具有以下优点：稳定性好，投资费用节省 10%～30%；公用工程费用降低 20%～40%。此外，采用 Cativa 催化剂生产醋酸还有节能和环境友好的优点，与铑催化剂相比，仅产生较少量的丙酸，纯化产品所需能量也少得多。Cativa 体系能在较低的水浓度（小于5%）下操作，在干燥蒸馏产品时能耗、蒸汽和冷却水比铑体系降低 30%。Cativa 过程对一氧化碳利用率较高，总过程每吨产品释放二氧化碳量比铑过程减少 30%，减少了温室效应。

④ 无碘羰基化　在 Monsanto 工艺中，碘的助催化作用不可缺少。但因甲基碘、碘化氢具有强烈腐蚀性，故对反应区材质要求很高，需选用锆材和哈氏合金等造价极高的贵金属。因此，无碘羰基化的研究具有实际意义。采用 Ru-Sn 杂核催化体系可在无碘助催化剂存在下，一步将甲醇羰基化合成醋酸。

（2）工艺改进

① UOP/Chiyoda 开发的新工艺　美国 UOP 公司和日本 Chiyoda 公司在 Monsanto 公司甲醇低压羰基化法基础上联合开发了醋酸新工艺。其工艺技术关键在于将铑催化剂固定在特殊的树脂上，成为固体催化剂，它对甲醇的收率为 99%，对 CO 收率为 92%。

这种固体催化剂在类似于流化床的泡沫塔式反应器中流化操作，致使甲醇与 CO 羰基化反应由典型的釜式带搅拌的均相反应器，变为不需要搅拌的非均相反应。该工艺对原料 CO 的纯度要求不苛刻，一般在 90%～98.5% 即可，从而可减少 CO 的精制处理投资及运行费用。反应器材质还可降价为钛材。

② 双反应器串联工艺　BP 公司开发的该工艺由两个反应器组成：第一反应器为普通搅拌釜式，第二反应器为泡罩塔式。塔器的作用是将釜中未反应完的 CO（约 20%）基本上转化完（约 93%）。该工艺特点是塔温比釜温高 30℃，以利于提高反应效率；可向第二塔追加新鲜的 CO，提高醋酸收率，减少尾气处理量。

③ 气相甲醇羰基化工艺　液相法甲醇羰基化制醋酸工艺存在着催化剂流失、设备腐蚀、产物与催化剂分离复杂等问题。为此，世界主要醋酸生产国家在完善液相法工艺的同时，竞相开发能克服上述缺点的气相法工艺。韩国科技研究院采用 Rh-Li/C 催化剂，在240℃、1.4MPa 和 GHSV 660～1379h^{-1} 的条件下，甲醇转化率达 99% 以上，醋酸选择性达 84%～92%。通过调节工艺条件和变更催化剂，还可以选择性生产醋酸甲酯和醋酐产品。

2.3.2　环己酮肟的绿色生产工艺

环己酮肟是生产 ε-己内酰胺的重要中间体。己内酰胺是重要的有机化工原料之一，主要用于制造聚酰胺纤维和树脂。聚酰胺则广泛用于纺织、电子和汽车及食品包装薄膜等行业。

环己酮肟目前多采用传统的环己酮-羟胺工艺合成，它约占世界己内酰胺装置总生产能力的 91%。在我国，大多数己内酰胺的生产厂家，都是采用环己酮-羟胺路线来合成环己酮肟，如燕山石化、鹰山石化、南化公司等。但环己酮-羟胺工艺大多会产生大量低值副产物硫酸铵，有的还会产生有害气体，原子经济性和环境友好性较差。为此，有些工艺在实际操作过程中进行了一些改进，来限制这些废物的产生。随着环己酮肟的需求量日益增加，简单易行的一步法工艺越来越受到人们的关注。该法由环己酮一步合成肟，又分为气相氨肟化法和液相氨肟化法两种。一步法工艺的副产物极少，且绿色环保，符合社会对绿色化工的要求。下面对各种工艺作一些简单介绍。

（1）传统工艺

① 拉西法（Raschig） 拉西法是传统的制造羟胺硫酸盐的方法。国内 20 世纪 60 年代建设的己内酰胺工厂多采用拉西法。该法主要用亚硫酸氢铵、二氧化硫还原亚硝酸钠以制造羟胺硫酸盐，其主要反应如下。

羟胺合成

$$NaNO_2 + NH_4HSO_3 + SO_2 \longrightarrow HO-N\genfrac{}{}{0pt}{}{SO_3Na}{SO_3NH_4}$$

$$HO-N\genfrac{}{}{0pt}{}{SO_3Na}{SO_3NH_4} + H_2O \longrightarrow HO-N\genfrac{}{}{0pt}{}{SO_3Na}{H} + 0.5H_2SO_4 + 0.5(NH_4)_2SO_4$$

$$HO-N\genfrac{}{}{0pt}{}{SO_3Na}{H} + H_2O \longrightarrow NH_2OH \cdot 0.5H_2SO_4 + 0.5Na_2SO_4$$

肟化

$$NH_2OH \cdot 0.5H_2SO_4 + \bigcirc=O \longrightarrow \bigcirc=NOH + 0.5H_2SO_4 + H_2O$$

$$0.5H_2SO_4 + NH_4OH \longrightarrow 0.5(NH_4)_2SO_4 + H_2O$$

对于羟胺合成这一步反应，现在大多改用亚硝酸铵代替亚硝酸钠，称为改良的拉西法。

② NO 催化还原法 德国 BASF、瑞士 Iventa、波兰 Zaklady Azotowe 等公司采用此法生产羟胺硫酸盐，主要反应如下。

$$4NH_3 + 5O_2 \longrightarrow 4NO + 6H_2O$$

$$2NO + 3H_2 + H_2SO_4 \xrightarrow{Pt} [NH_3OH]_2SO_4$$

$$[NH_3OH]_2SO_4 + 2\bigcirc=O \longrightarrow 2\bigcirc=NOH + H_2SO_4 + 2H_2O$$

该法合成羟胺时不副产硫酸铵，但在肟化时游离出的硫酸需要用氨中和，造成生产每吨己内酰胺仍有 0.7 吨副产物硫酸铵生成。为了进一步减少硫酸铵量，BASF 公司开发出来了酸式肟化法。该法在 Pt/S 石墨催化剂作用下，在硫酸氢铵溶液中进行 NO 的催化加氢还原，生成硫酸铵羟铵，硫酸铵羟铵再与环己酮发生肟化反应。

反应混合物中分离出环己酮肟后，硫酸氢铵可直接返回羟胺合成过程。酸式肟化法每生产 1 吨环己酮肟，仅副产 0.1 吨硫酸铵。

$$NO + 1.5H_2 + (NH_4)HSO_4 \longrightarrow (NH_3OH)(NH_4)SO_4$$

$$(NH_3OH)(NH_4)SO_4 + \bigcirc=O \longrightarrow \bigcirc=NOH + H_2O + (NH_4)HSO_4$$

③ 磷酸羟胺合成法（HPO） 荷兰国家矿业公司开发的磷酸羟胺法（HPO 法），是以木炭或氧化铝为载体的负载钯催化剂，催化羟胺盐与环己酮肟发生肟化反应，其中羟胺盐是在磷酸盐的缓冲溶液中，由硝酸根离子加氢生成。

$$NH_4NO_3 + 2H_3PO_4 + 3H_2 \xrightarrow{Pt-Pd} (NH_3OH)H_2PO_4 + 2H_2O + (NH_4)H_2PO_4$$

$$(NH_3OH)H_2PO_4 + \bigcirc=O \xrightarrow{Toluene} \bigcirc=NOH + H_3PO_4 + H_2O$$

$$(NH_3OH)H_2PO_4 + H_3PO_4 + 3H_2O + HNO_3 \longrightarrow 2H_2PO_4 + NH_4NO_3 + 4H_2O$$

HPO 法合成环己酮肟，可以避免大量低值硫酸铵的产生，而且可以循环利用硝酸铵。但是，制备磷酸羟胺需要用到昂贵的 Pt 和 Pd 金属，成本高，工艺复杂，而且反应最后需要用到强酸，对工艺设备腐蚀严重。

（2）绿色工艺

① 气相氨肟化法　20 世纪 80 年代初，美国 Allied Chemical 的研究人员 Armor 等首先提出了气相氨肟化法，采用高表面积的无定型氧化硅为催化剂，分子氧为氧化剂（空气或纯氧气），反应温度 200℃左右，其反应主要为：

$$\text{⬡}=O + NH_3 + 0.5O_2 \xrightarrow{SiO_2} \text{⬡}=NOH + H_2O$$

从工业应用角度来看，该工艺非常合理，但因结焦严重，环己酮肟的收率较低，而且催化剂快速失活，使该工艺的进一步开发受到影响。

② 液相氨肟化法　环己酮与 NH_3/H_2O_2 直接肟化生成环己酮肟的思想是德国的 Toa Gosei 公司于 1967 年首先提出的，最初采用的催化剂是磷酸钨。其后，意大利 Montedipe 公司（现称 Enichem 公司）的 Roffia 等对此工艺作了进一步开发，并在 1990 年进行了年产 1.2 万吨的工业示范装置。该工艺以钛硅分子筛 TS-1 为催化剂，将环己酮、氨、过氧化氢置于同一反应器中，一步合成环己酮肟。

$$\text{⬡}=O + NH_3 + H_2O_2 \xrightarrow{TS-1} \text{⬡}=NOH + 2H_2O$$

与传统的工艺相比，用 TS-1 分子筛催化环己酮合成环己酮肟进而最终合成己内酰胺反应步骤减少，反应温度低，降低了能耗，实现了零排放，合乎绿色化工发展的要求。近年来，由于钛硅分子筛催化剂和过氧化氢生产技术的改进，使该工艺具备了工业化的经济可行性。中国石化股份公司和意大利 Enichem 公司大力开展该工艺的研究，各自拥有相关专利和技术，并且都完成了中间试验，在 2003 年分别用于日本住友公司的 60kt/a 装置和中国石化巴陵分公司的 70kt/a 装置。

2.3.3　铬盐生产的绿色过程工程

铬盐是一种重要的无机化学品，在我国国民经济中占有重要地位。常见的铬盐产品包括重铬酸钠、铬酸酐、碱式硫酸铬、氧化铬、重铬酸钾等。铬盐具有非常广泛的用途，可用于仪表、仪器、机床和日用五金的电镀，在纺织印染行业中作为媒染剂和氧化剂，在制革工业中用作鞣革，另外在塑料、油墨和医药等行业中也需要铬盐。据统计，铬盐与国民经济 15% 的商品品种有关。

铬铁矿是铬盐生产的主要原料，铬铁矿中的铬以非水溶性的三价铬形式存在。三价铬容易在碱性条件下被氧化为水溶性六价铬，因此铬盐生产工艺一般思路都是将铬铁矿中的非水溶性三价铬氧化成水溶性六价铬，然后再制备相应的铬盐产品。在铬盐发展初期，铬盐生产工艺主要是用硝酸钾高温氧化分解铬铁矿，再进一步得到铬酸钾、重铬酸钾产品。稍后对生产工艺改进为以价格相对较低的碳酸钾代替硝酸钾，通过氧化焙烧分解铬铁矿，并制备铬酸钾、重铬酸钾。再后来通过在铬铁矿和碳酸钾的基础上加入石灰，再经过氧化焙烧生产铬盐，该方法至今仍被普遍应用。随着纯碱工业的发展，用碳酸钠替代碳酸钾，进行钠化氧化焙烧，产品也从铬酸钾及重铬酸钾变为相应的钠盐产品，所用的焙烧设备也由回转窑所替代。此后，该工艺没有太大的改进，只是在填料类型和填料循环利用方式上作了一些改进，从而达到降低填料量和排渣量的目的。

为防止回转窑结窑，在焙烧过程中一般需添加矿量两倍的钙质惰性填料，目前我国大部分铬盐生产厂家均采用添加石灰质等填料进行焙烧，即有钙焙烧工艺的传统铬盐生产方法。该工艺的总铬回收率仅为 76% 左右，并且由于在生产过程中添加了钙质填料，所以会产生大量的高致癌性铬酸钙、不易处理的铬渣，对环境造成了极大的破坏。目前国外已用无钙焙烧工艺取代了传统的有钙焙烧工艺。无钙焙烧工艺用经过分选的铬渣代替石灰填料进入铬铁矿氧化焙烧过程，这样可将总铬回收率提高到90%左右，提高了铬铁矿的资源利用率，并且产生的铬渣量也大幅降低，减轻了对环境的压力，但该工艺铬铁矿中仍有10%的铬未被转化，铬渣产生量也较大，因此还存在一定的改进空间。

中国科学院过程工程研究所开拓的低温亚熔盐液相氧化-反应/分离耦合强化-介质再生循环-资源全组分 Cr-Al-Mg-Fe 深度利用的铬盐清洁工艺，实现了资源高效-洁净-循环利用，大幅度提高了资源-能源利用率，在国内外首次实现了铬化工生产的零排放，技术经济-环境指标达世界领先水平。

张懿、李佐虎等通过研究高浓电解质溶液的性质，分析常规电解质溶液以及熔盐介质之间在流体力学、热力学、化学动力学上的共同特征及差异，提出了亚熔盐介质的概念。在全浓度范围内，多元盐水流动体系可根据体系中水的含量不同，划分为四个区域：①熔盐区，体系中不含水，通常温度较高，黏度较大；②亚熔盐区，体系中水的含量小于50%；③常规电解质溶液体系，体系中水的含量大于50%；④纯水。

铬铁矿在钾系亚熔盐介质中，被空气氧化，发生如下气-液-固三相反应：

$$FeO \cdot Cr_2O_3(s) + 4KOH(l) + 7/4O_2(g) \longrightarrow 2K_2CrO_4(s) + 1/2Fe_2O_3(s) + 2H_2O(l)$$

亚熔盐介质中主反应热力学趋势和反应放热量大大高于传统过程，反应可以在相对低温下进行；氧化还原反应的 O^{2-} 离子交换与溶剂中一样，遵守化学平衡定律，可定量控制反应；高浓亚熔盐区大幅度提高了反应物的活度系数和活度；亚熔盐介质为离子化溶剂，反应/流动/传递特性优越，可大幅度提高化学转化率。

亚熔盐液相氧化铬盐清洁生产工艺的创新之处在于其温和的反应条件、较高的总铬转化率及少量的铬渣排放。该工艺在反应温度为300℃左右的亚熔盐流动介质中，无需添加钙质等填料，仅通入空气对原料铬铁矿进行氧化分解，并且可使总铬的转化率达到99%以上。反应条件相比传统工艺更温和，能耗更低。同时，由于该工艺未添加任何填料，因此其产生的铬渣量也大幅减少，仅为传统工艺的四分之一左右，对于缓解铬盐生产对环境的压力具有重大意义。

清洁工艺的开发将温室气体 CO_2 高效利用作为重要的设计目标。由铬酸钾中间体制备红矾钾产品为酸化过程，传统工艺采用硫酸酸化，生成含铬芒硝污染物，碱金属原子利用率只有50%。清洁工艺使用二氧化碳作酸化剂，可实现铬酸钾到红矾钾的重铬酸转化，生成的 $KHCO_3$ 经热解、苛化实现钾碱的再生与循环，利用二氧化碳循环可使碱金属原子利用率接近100%。热解产生的二氧化碳返回碳化单元。

氧化铬是铬盐四大产品之一，传统氧化铬制备流程很长，包括铬铁矿氧化焙烧制铬酸盐-铬酸盐酸化制重铬酸盐-重铬酸盐浓硫酸酸化制铬酸酐-铬酸酐热解制备氧化铬等多个生产环节，且生产过程中将产生大量含铬芒硝及含铬硫酸氢钠等含铬污染物。清洁工艺采用氢气作为还原剂可由铬酸钾中间体直接制备氧化铬，并同步将钾离子再生为氢氧化钾，返回用于铬铁矿的分解，实现碱金属离子的完全循环，并避免了传统过程的含铬污染物的产生。

该工艺主要反应式为：

$$2K_2CrO_4 + 2CO_2(g) + H_2O \Longleftrightarrow K_2Cr_2O_7(s) + 2KHCO_3$$

$$2KHCO_3 \longrightarrow K_2CO_3 + CO_2(g) + H_2O$$

$$K_2CO_3 + Ca(OH)_2 \longrightarrow 2KOH + CaCO_3(s)$$

$$2K_2CrO_4 + 3H_2 \longrightarrow Cr_2O_3 + 4KOH + H_2O$$

由于铬盐清洁工艺中未添加任何辅料，产生的铬渣（新工艺称为富铁渣）成分简单，更利于综合利用。该富铁渣经充分洗涤后，脱除附着的大量 KOH 和少量 Cr，对这部分滤液进行浓缩提高其 KOH 浓度后，返回铬盐清洁工艺流程中的主反应工序。该富铁渣物理化学性能优异，可用于炼铁和制备高值脱硫剂等。

铬盐清洁新工艺技术系统如图 2-5 所示。

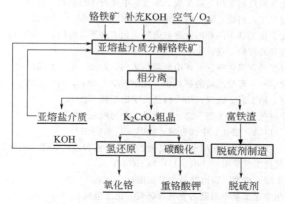

图 2-5　铬盐清洁工艺技术系统图

亚熔盐液相氧化铬盐清洁生产新工艺，原料只包括矿石、空气、KOH，其中 KOH 还可以循环利用，反应条件温和，铬转化率高，所产生的铬渣中仅含有微量的铬，从源头上消除了铬污染，同时降低了原料和能源的消耗，是绿色化学理论的重要实践。

本章小结

本章介绍了绿色化学、清洁生产、循环经济、生态工业的相关概念及其内涵。

绿色化学是具有明确的社会需求和科学目标的新兴交叉学科。

清洁生产是绿色化学在生产中的实施。体现了技术先进性、经济效益、环境效益和社会效益的统一。

循环经济把清洁生产、资源综合利用、可再生能源开发、产品的生产设计和生态消费等融为一体，是运用生态学规律来指导人类社会经济活动的模式。

生态工业是基于生态系统的承载能力、具有高效经济过程及和谐生态功能的工业组织模式。

习题与思考

1. 什么是绿色化学？绿色化学与环境治理的根本区别是什么？

2. 什么是原子经济性？提高化学反应的原子经济性有什么意义？

3. 下列反应分别是以不同原料生产己二酸，从绿色化学角度（原料、溶剂、原子经济性等）对这三个反应过程进行分析、讨论。

反应①：以苯为原料加氢制得环己烷，环己烷氧化得到环己酮或环己醇，再用硝酸氧化得到己二酸。

反应②：用环己烯与过氧化氢直接发生氧化反应，生成己二酸。

反应③：以葡萄糖为原料直接转化生成己二酸。

4. 什么是生命周期评价？有何重要应用？

5. 生态工业与传统工业有何不同？

6. 什么是循环经济？阐述循环经济的基本原则。

7. 查找你所在地区企业的毒物排放清单（或类似刊物及相关网页）并与其他地区的企业情况进行比较。是否可以找到减少毒物排放的方法？是否能找到同时可以消除排放物的替代过程？可能的话，对某企业进行实地考察，通过与员工的交谈了解一些减少排放的方法。

参 考 文 献

[1] 李汝雄．绿色化学中的环境因子与危险化学品．化学教育，2004，6：1-3，7.
[2] 胡常伟，李贤均．绿色化学原理和应用．第 1 版．北京：中国石化出版社，2006.
[3] 王福安，任保增．绿色过程工程引论．第 1 版．北京：化学工业出版社，2002.
[4] 纪红兵，佘远斌．绿色化学化工基本问题的发展与研究．化工进展，2007，（26）5：605-614.
[5] 贡长生．绿色化学化工过程的评估．现代化工，2005，（25）2：67-69.
[6] 叶向群．绿色化学设计过程的定量化方法．环境污染与防治，2002，4：54-55.
[7] 赵丽萍，王麟生．绿色化学——环境战略的新认识．化学教学，2000，7：28-32.
[8] 贡长生，张龙．绿色化学．第 1 版．武汉：华中科技大学出版社，2008.
[9] 闵恩泽，吴巍．绿色化学与化工．第 1 版．北京：化学工业出版社．2000.
[10] 霍礼江．生命周期评价（LCA）综述．中国包装，2003，1：61-65.
[11] 杜春华，白玉兰，张懿．在教学中强化绿色过程工程教育的思考和尝试．化工高等教育，2011，（6）：64-66，73.
[12] 张懿．绿色过程工程．过程工程学报，2001，1（1）：10-15.
[13] 吴辉禄．绿色化学．第 1 版．成都：西南交通大学出版社．2010.
[14] 纪红兵，佘远斌．绿色化学化工基本问题的发展与研究．化工进展，2007，26（5）：605-614.
[15] 陈和平，包存宽．我国化学工业中清洁生产技术的研究进展．化工进展，2013，32（6）：1407-1414.
[16] 金涌，魏飞．循环经济与生态工业工程．中国有色金属学报，2004，14：1-12.
[17] 沈玉龙，曹文华．绿色化学．第 2 版．北京：中国环境科学出版社，2009.
[18] 冯之浚，刘燕华，周长益，罗毅，于丽英．我国循环经济生态工业园发展模式研究．中国软科学，2008，（4）：1-10.
[19] 李好管．合成醋酸新工艺进展．化学工业与工程技术，2001，22（2）：10-13.
[20] 王洪波，傅送保，吴巍．环己酮氨肟化新工艺与 HPO 工艺技术及经济对比分析．合成纤维工业，2004，27（3）：40-42.

第3章 化学工艺基础

导引

化学矿物、煤、石油、天然气、生物质是最主要的化工原料。在本章中首先介绍了如何对这些基本原料进行初步加工，以获取众多的无机、有机原料和产品。不同类型的化工生产过程，工艺流程不同。如何表述、组织和评价工艺流程是化工工艺设计的重要内容。催化剂技术是化工技术的核心，绝大多数的化工生产均需采用催化工艺，本章对工业催化剂类型、制备及使用方法进行了介绍。最后介绍了工艺计算中物性数据获取方法，物料衡算、能量衡算的基本方法和步骤。

3.1 化工原料及其初步加工

化工原料种类很多，用途很广。全世界化学品有 $500\sim700$ 万种之多，在市场上出售流通的已超过 10 万种，而且每年还有 1000 多种新的化学品问世。这些化学品中，很多既是产品，也是生产其他产品的原料。

化工原料根据物质来源一般可以分为无机原料和有机原料两大类，无机原料主要包括空气、水、盐、化学矿物等。有机原料主要包括煤、石油、天然气和生物质等。这些自然资源来源丰富、价格低廉，可以经过一系列的化学加工获得有价值的化工基本原料和化工产品。

3.1.1 化学矿物

我国共有 20 多个矿种，包括硫铁矿、自然硫、硫化氢气藏、磷矿、钾盐、钾长石、明矾石、蛇纹石、化工用石灰岩、硼矿、芒硝、天然碱、石膏、钠硝石、镁盐、沸石盐、重晶石、碘、溴、砷、硅藻土、天青石等。其中：硫铁矿、重晶石、芒硝、磷矿及稀土矿储量居世界前列。

3.1.1.1 磷矿

我国磷矿储量居世界第四，但品位较低，主要分布在西南和中南地区。具有工业价值的磷矿为磷块岩与磷灰石 $[Ca_5F(PO_4)_3]$，其中 85% 的磷矿用于制造磷肥，其他用于生产磷酸、单质磷、磷化物与磷酸盐等。

磷灰石通过分级、水洗脱泥、浮选等方法除去杂质得到商品磷矿，然后生产磷肥。主要工艺有酸法（湿法）和热法两种。

酸法磷肥（湿法）是用无机酸（硫酸、盐酸、磷酸等）来分解磷矿制造磷肥，产品包括普通过磷酸钙、重过磷酸钙、富过磷酸钙和磷酸氢钙以及氨化过磷酸钙等多种。

制造普通过磷酸钙是用硫酸分解磷矿粉，经过混合、化成、熟化工序完成的。其主要化学反应为：

$$2Ca_5(PO_4)_3F + 7H_2SO_4 + 3H_2O \longrightarrow 3Ca(H_2PO_4)_2 \cdot H_2O + 7CaSO_4 + 2HF\uparrow$$

实际上，上述反应是分两个阶段进行的。第一阶段是硫酸分解磷矿生成磷酸和半水硫酸钙：

$$Ca_5(PO_4)_3F + 5H_2SO_4 + 2.5H_2O \longrightarrow 3H_3PO_4 + 5CaSO_4 \cdot 0.5H_2O + HF\uparrow$$

这是一个快速的放热反应，一般在半个小时或更短时间即可完成，反应物料温度迅速升高到 100℃ 以上，随着反应的进行，磷矿不断被分解，硫酸逐渐减少，CO_2、SiF_4 和水蒸气等气体不断逸出，固体硫酸钙结晶大量生成，使反应料浆在几分钟内就可以变稠，离开混合器进入化成室后，便很快固化。

第二阶段是当硫酸完全消耗以后，生成的磷酸继续分解磷矿而形成磷酸一钙：

$$Ca_5(PO_4)_3F + 7H_3PO_4 + 5H_2O \longrightarrow 5Ca(H_2PO_4)_2 \cdot H_2O + HF\uparrow$$

在化成室的后期随着分解反应的进行，从溶液中不断析出 $Ca(H_2PO_4)_2 \cdot H_2O$ 结晶。接着还要在仓库堆放 7~15 天（称为"熟化"），达到规定标准后才能作为产品出厂。

热法磷肥是指在高温（高于 1000℃）下加入（或不加入）某些配料分解磷矿制得的可被农作物吸收的磷酸盐。此类肥料均为非水溶性的缓效肥料，但肥效持续时间长，不易被土壤固定或流失，故肥料的总效果及利用率比较高，所以在一些硫资源缺乏、能源充足的地方，发展不需要硫酸的热法磷肥是非常合适的。热法磷肥的生产方法有熔融法和烧结法两种，主要品种有：钙镁磷肥、脱氟磷肥、烧结钙钠磷肥、偏磷酸钙及钢渣磷肥等。

3.1.1.2 硫铁矿

硫矿是一种基本化工原料。在自然界，硫是分布广泛、亲合力非常强的非金属元素，它以自然硫、硫化氢、金属硫化物及硫酸盐等多种形式存在，并形成各类硫矿床。中国硫资源十分丰富，储量排在世界前列。当前，国外硫主要来自天然气、石油和自然硫。中国在目前及今后相当一段时期内，仍将以硫铁矿和伴生硫铁矿为主要硫源。

硫铁矿最主要的用途是生产硫酸和硫磺。硫酸是耗硫大户，中国约有 70% 以上的硫用于硫酸生产。而化肥生产，尤其是磷肥耗硫酸最多，增幅也最大。

硫铁矿生产硫酸的过程如图 3-1 所示。

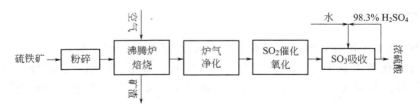

图 3-1　硫铁矿生产硫酸工艺框图

3.1.1.3 硼矿

硼矿，是一种用途广泛的化工原料矿物。它主要用于生产硼砂（四硼酸钠，$Na_2B_4O_7 \cdot 10H_2O$）、硼酸和硼的各种化合物以及单质硼。目前中国除了西藏和青海就地利用粗硼砂和钠硼解石生产以外，内地大多数以硼镁石为原料生产硼砂和硼酸。采用的主要工艺有碳碱法加工硼镁矿制硼砂、盐酸分解萃取分离和硫酸分解盐析制硼酸。

我国矿产资源比较丰富，但分布不均，高品位矿储量比较少。多数矿产属于两种以上矿物伴生，选矿比较困难。实施科学的矿物开发技术，提高矿石的综合利用率，是提高矿场经济效益和减少环境破坏的必由之路。

3.1.2　煤炭

煤是植物遗体经过生物化学作用，又经过物理化学作用而转变成的沉积有机矿产，是多种高分子化合物和矿物质组成的混合物。它是极其重要的能源和工业原料。

3.1.2.1　煤的化学组成

煤的化学组成很复杂，但归纳起来可分为有机质和无机质两大类，以有机质为主体。煤中的有机质主要由碳、氢、氧、氮和有机硫五种元素组成。其中，碳、氢、氧占有机质的95%以上。此外，还有极少量的磷和其他元素。

煤中有机质的元素组成，随煤化程度的变化而有规律地变化。一般来讲，煤化程度越深，碳的含量越高，氢和氧的含量越低，氮的含量也稍有降低。硫的含量则与煤的成因类型有关。

碳和氢是煤炭燃烧过程中产生热量的重要元素，氧是助燃元素，三者构成了有机质的主体。煤炭燃烧时，氮不产生热量，常以游离状态析出，但在高温条件下，一部分氮转变成氨及其他含氮化合物，可以回收制造硫酸铵、尿素及氮肥。硫、磷、氟、氯、砷等是煤中的有害元素。含硫多的煤在燃烧时生成硫化物气体，不仅腐蚀金属设备，与空气中的水反应形成酸雨，污染环境，危害植物生产，而且将含有硫和磷的煤用作冶金炼焦时，煤中的硫和磷大部分转入焦炭中，冶炼时又转入钢铁中，严重影响焦炭和钢铁质量，不利于钢铁的铸造和机械加工。用含有氟和氯的煤燃烧或炼焦时，各种管道和炉壁会遭到强烈腐蚀。将含有砷的煤用于酿造和食品工业作燃料，砷含量过高，会增加产品毒性，危及身体健康。

煤中的无机质主要是水分和矿物质，它们的存在降低了煤的质量和利用价值，其中绝大多数是煤中的有害成分。

另外，还有一些稀有、分散和放射性元素，例如，锗、镓、铟、钍、钒、钛、铀等，它们分别以有机或无机化合物的形态存在于煤中。其中某些元素的含量，一旦达到工业品位或可综合利用时，就是重要的矿产资源。

3.1.2.2　常用的煤质指标

（1）水分　水分指单位重量的煤中水的含量。煤中的水分有外在水分、内在水分和结晶水三种存在状态。一般以煤的内在水分作为评定煤质的指标。煤化程度越低，煤的内部表面积越大，水分含量越高。水分对煤的加工利用是有害物质。在煤的贮存过程中，它能加速风化、破裂，甚至自燃；在运输时，会增加运量，浪费运力，增加运费；炼焦时，消耗热量，降低炉温，延长炼焦时间，降低生产效率；燃烧时，降低有效发热量；在高寒地区的冬季，还会使煤冻结，造成装卸困难。只有在压制煤砖和煤球时，需要适量的水分才能成型。

（2）灰分　灰分是指煤在规定条件下完全燃烧后剩下的固体残渣。它是煤中的矿物质经过氧化、分解而来。灰分对煤的加工利用极为不利。灰分越高，热效率越低；燃烧时，熔化的灰分还会在炉内结成炉渣，影响煤的气化和燃烧，同时造成排渣困难；炼焦时，全部转入焦炭，降低了焦炭的强度，严重影响焦炭质量。煤灰成分十分复杂，成分不同直接影响到灰分的熔点。灰熔点低的煤，燃烧和气化时，会给生产操作带来许多困难。为此，在评价煤的工业用途时，必须分析灰成分，测定灰熔点。

（3）挥发分　挥发分指煤中的有机物质受热分解产生的可燃性气体。它是对煤进行分类的主要指标，并被用来初步确定煤的加工利用性质。煤的挥发分产率与煤化程度有密切关系，煤化程度越低，挥发分越高，随着煤化程度加深，挥发分逐渐降低。

（4）发热量（或称热值）　煤的发热量是指单位质量的煤完全燃烧后所释放的热量，单位为 kJ/kg。若包含烟气中水蒸气凝结时放出的热量则称为高位发热量，反之则称为低位发热量。我国的有关锅炉计算均以低位发热量为准。煤发热量因煤种不同而不同，含水分、灰分多的煤发热量较低，通常称为劣质煤。实际上，如考虑煤利用过程中可能对环境造成的影响，含硫量高的煤也可归于劣质煤之列。褐煤的低位发热量 10000～17000kJ/kg，烟煤为 20000～33000kJ/kg，无烟煤为 26000～33000kJ/kg。

3.1.2.3　煤的综合利用

目前，我国煤炭的主要利用方式是直接燃烧获取热能，不但效率低，排放的污染物也是中国大气环境污染物的主要来源。为了合理高效利用，应该根据区域、热值、灰分、硫含量、危害元素含量（如汞和砷）等多种指标，科学区分各种煤炭的使用范围（包括行业与地区），规范煤炭资源管理，指导煤炭的开采、使用与运输。

煤的综合利用主要包括煤的净化加工技术、煤的洁净燃烧技术、煤的洁净转化技术（热解、气化和液化）等。

（1）净化加工技术　净化加工技术主要是洗选、型煤加工和水煤浆技术。

煤炭洗选是利用煤和杂质（矸石）的物理、化学性质的差异，通过物理、化学或微生物分选的方法使煤和杂质有效分离，并加工成质量均匀、用途不同的煤炭产品的一种加工技术。按选煤方法的不同，可分为物理选煤、物理化学选煤、化学选煤及微生物选煤等。选煤可以提高煤炭质量，减少燃煤污染物排放。

洁净型煤是指将粉煤经过加入一定的特殊添加剂，经压制成一定形状和经改性的煤球、煤块，使煤的燃烧特性发生的变化，使本来不适于使用的粉煤、煤泥达到工业或民用的洁净煤技术。主要表现在燃烧更加充分、烟尘和二氧化硫的排放减少。

水煤浆是由煤、水和化学添加剂按一定的要求配制成的混合物，具有较好的流动性和稳定性，易于储存，可雾化燃烧，是一种燃烧效率较高和低污染的较廉价的洁净燃料，可代重油缓解石油短缺的能源安全问题。

（2）煤炭洁净燃烧技术　目前煤炭洁净燃烧技术主要包括低 NO_x 燃烧技术、循环流化床、增压流化床和煤气化联合循环发电等先进的洁净煤高效、低污染燃烧技术。

NO_x 的生成与燃烧温度和氧含量有很大关系。低 NO_x 燃烧技术通过改变燃烧条件，降低燃烧室内火焰的峰值温度、减少气体在火焰区的停留时间、降低火焰区的氧气浓度、加入 NO_x 还原剂等方式减少在煤燃烧过程中 NO_x 生成量。

循环流化床燃烧技术是应用流态化原理来组织燃烧的一种燃烧技术，是目前最成熟、最经济、应用最为广泛的一种清洁燃烧技术。物料在炉膛内流态化燃烧，在循环燃烧中从烟气中分离出来的物料通过返料口返回炉膛内，一方面使未燃尽的碳再次燃烧放热；另一方面维持炉膛的低温燃烧条件方便脱硫。循环流化床燃烧技术具有燃料适应性广，燃烧效率高，燃烧污染排放量低的优点。

流化床燃烧可以在常压下工作，也可以在增压下工作，后者称为增压流化床燃烧。增压流化床燃烧技术从原理上基本同常压流化床燃烧大体一致。采用增压（0.6～2.0MPa）燃烧后，燃烧效率和脱硫效率得到进一步提高。燃烧室热负荷增大，改善了传热效率，锅炉容积紧凑。除了可在流化床锅炉中产生蒸汽使汽轮机做功外，从增压流化床燃烧室出来的增压烟气，经过高温除尘后，可进入燃气轮机膨胀做功。通过燃气/蒸汽联合循环发电，发电效率得到提高，目前可比相同蒸汽参数的单蒸汽循环发电提高 3%～4%。因此，采用增压流化床燃烧联合循环（PFBC-CC）发电能较大幅度地提高发电效率，并能减少由于燃煤对环境的污染。

整体煤气化联合循环（IGCC-Integrated Gasification Combined Cycle）发电系统，是将煤气化技术和高效的联合循环相结合的先进动力系统。IGCC 的工艺过程如下：煤经气化成为中低热值煤气，经过净化，除去煤气中的硫化物、氮化物、粉尘等污染物，变为清洁的气体燃料，然后送入燃气轮机的燃烧室燃烧，加热气体工质以驱动燃气透平做功，燃气轮机排气进入余热锅炉加热给水，产生过热蒸汽驱动蒸汽轮机做功。IGCC 技术既有高发电效率，又有极好的环保性能，是一种有发展前景的洁净煤发电技术。

（3）煤的热解　煤在隔绝空气的条件下加热至较高温度而发生的一系列物理变化和化学反应的复杂过程，称为煤的热解或干馏（或称炼焦、焦化）。与煤直接燃烧相比，煤热解可生产气、液、固三种不同形态的产品，实际上是对煤中不同成分进行分质利用，是煤洁净高效综合利用的有效方法，既可减少燃煤造成的环境污染，又能提高低阶煤资源综合利用率和产品的附加值，具有显著的经济效益和环保效益。

按加热温度的不同，煤的热解可分为三种：500～600℃ 为低温干馏，700～900℃ 为中温干馏，900～1100℃ 为高温干馏。低温干馏固体产物为结构疏松的黑色半焦，煤气产率低而焦油产率高；高温干馏固体产物为结构致密的银灰色焦炭，煤气产率高而焦油产率低；中温干馏产物的产率则介于低温干馏和高温干馏之间。高温干馏主要用于生产冶金焦炭，所得的焦油为芳烃、杂环化合物的混合物，是工业获得芳烃的重要来源；低温干馏焦油比高温干馏焦油含有较多的烷烃，是人造石油的重要来源之一。煤干馏过程中生成的煤气主要成分是氢气和甲烷，可作为燃料或化工原料。

（4）煤气化　煤气化是在煤气发生炉中，原料煤在高温条件下，与气化剂作用，生成煤气的过程。煤气化的实质将煤由高分子固态物质转化为低分子气态物质，也是改变燃料中碳氢比的过程。

煤气化的主要反应：

空气和氧气为气化剂的反应：

$$2C + O_2 \longrightarrow 2CO + 231.4 kJ/mol$$

该反应是放热反应，可以对外提供热量。

水蒸气为气化剂的反应：

$$C + H_2O\ (g) \longrightarrow CO + H_2 - 131.5 kJ/mol$$

为提高煤气中 CO 和 H_2 的含量，增加煤气热值，用水蒸气作气化剂，是吸热反应。

煤气化工艺主要包括原煤准备、煤气生产、净化及脱硫、煤气变换、煤气精制和甲烷化 6 个单元。流程图如图 3-2 所示。

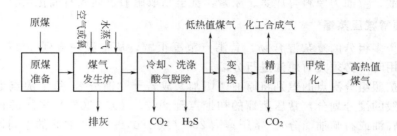

图 3-2　煤炭气化工艺的原则流程图

（5）煤炭液化　煤炭液化是把固体煤炭通过化学加工过程，使其转化成为便于运输和使用的液体形态的液体燃料、化工原料和产品的先进洁净煤技术。煤炭液化的实质就是破坏有机大分子结构，脱除各种杂质并提高 H/C 比的过程。煤炭液化一方面将煤炭转化为油品，另一方面也可提供大量的化工原料。煤炭液化分为直接液化和间接液化。

直接液化是在高温（400℃以上）、高压（10MPa 以上），催化剂和溶剂作用下使煤的分子进行裂解加氢，直接转化成液体燃料，再进一步加工精制成汽油、柴油等燃料油，又称加氢液化。

煤的间接液化技术是先将煤全部气化成合成气，然后以煤基合成气为原料，在一定温度和压力下，将其催化合成为烃类燃料油及化工原料和产品的工艺，包括煤炭气化制取合成气、气体净化与交换、催化合成烃类产品以及产品分离和改制加工等过程。

3.1.3 石油

石油又称原油，是从地下深处开采的棕黑色可燃黏稠液体。石油是古代海洋或湖泊中的生物经过漫长的演化形成的混合物，与煤一样属于化石燃料。石油的性质因产地而异，密度为 0.8～1.0g/cm³，黏度范围很宽，凝固点差别很大（30～－60℃），沸点范围为常温到500℃以上，可溶于多种有机溶剂，不溶于水，但可与水形成乳状液。

组成石油的化学元素主要是碳（83%～87%）、氢（11%～14%），其余为硫（0.06%～0.8%）、氮（0.02%～1.7%）、氧（0.08%～1.82%）及微量金属元素（镍、钒、铁等）。由碳和氢化合形成的烃类构成石油的主要组成部分，约占 95%～99%，含硫、氧、氮的化合物对石油产品有害，在石油加工中应尽量除去。

不同产地的石油中，各种烃类的结构和所占比例相差很大，但主要属于烷烃、环烷烃、芳香烃三类。通常以烷烃为主的石油称为石蜡基石油；以环烷烃、芳香烃为主的称环烃基石油；介于二者之间的称中间基石油。我国主要原油含蜡较多，凝固点高，硫含量低，镍、氮含量中等，钒含量极少。除个别油田外，原油中汽油馏分较少，渣油占 1/3。组成不同类的石油，加工方法有差别，产品的性能也不同，应当物尽其用。

石油化工指以石油和天然气为原料，生产石油产品和石油化工产品的加工工业。石油产品又称油品，主要包括各种燃料油（汽油、煤油、柴油等）和润滑油以及液化石油气、石油焦炭、石蜡、沥青等。生产这些产品的加工过程常被称为石油炼制，简称炼油。石油化工产品以炼油过程提供的原料油进一步化学加工获得。生产石油化工产品的第一步是对原料油和气（如丙烷、汽油、柴油等）进行裂解，生成以乙烯、丙烯、丁二烯、苯、甲苯、二甲苯为代表的基本化工原料。第二步是以基本化工原料生产多种有机化工原料（约 200 种）及合成材料（塑料、合成纤维、合成橡胶）。这两步产品的生产属于石油化工的范围。有机化工原料继续加工可制得更多品种的化工产品，习惯上不属于石油化工的范围。在有些资料中，以天然气、轻汽油、重油为原料合成氨、尿素，甚至制取硝酸也列入石油化工。

3.1.3.1 原油常减压蒸馏

原油是一个多组分的复杂混合物，其沸点范围很宽，从常温一直到 500℃以上。所以，在原油加工利用时，必须先对原油进行分馏。

分馏就是按照组分沸点的差别将原油"切割"成若干"馏分"，每个沸点范围简称为馏程或沸程。一般的馏分划分：常压蒸馏的初馏点到 200℃（或 180℃）之间的轻馏分称为汽油馏分（也称轻油或石脑油馏分）。常压蒸馏 200（或 180）～350℃之间的中间馏分称为煤柴油馏分或称常压瓦斯油（简称 AGO）。相当于常压下 350～500℃的高沸点馏分称为减压馏分或称润滑油馏分或称减压瓦斯油（简称 VGO）。减压蒸馏后残留的＞500℃的油称为减压渣油（简称 VR）。同时，我们也将常压蒸馏后＞350℃的油称为常压渣油或常压重油（简称

AR）。需要注意的是馏分并不是石油产品，石油产品要满足油品规格的要求，还需要将馏分进行进一步加工才能成为石油产品。

原油蒸馏装置一般包括电脱盐、初馏塔（或闪蒸塔）、常压塔、减压塔、炉、泵、换热器等设备。典型流程见图 3-3。

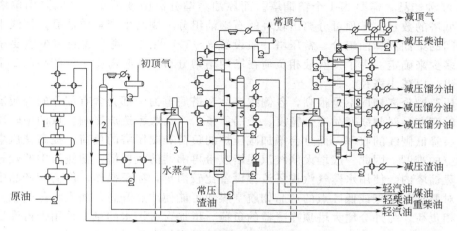

图 3-3　原油蒸馏的典型流程

1—电脱盐；2—初馏塔；3—常压炉；4—常压塔；5—汽提塔；6—减压炉；7—减压塔；8—汽提塔

从油田送往炼油厂的原油往往含盐（主要是氯化物）、水（溶于油或呈乳化状态）。原油中的水会增加燃料消耗和蒸馏塔冷凝器的负荷；NaCl 等无机盐受热后易水解成盐酸，在低温处腐蚀设备，还在换热器和加热炉管壁上结垢，影响传热效果；重馏分油和渣油中残留的盐类还会影响油品二次加工过程催化剂活性及其产品的质量。为了减少原油含盐、含水对加工的危害，目前对设有重油催化裂化装置的炼油厂提出了深度电脱盐的要求：脱后原油含盐量要小于 3mg/L，含水量小于 0.2%；对不设重油催化裂化的炼油厂，仅为满足设备不被腐蚀时可以放宽要求，脱后原油含盐量应小于 5mg/L，含水量小于 0.3%。

原油脱水脱盐的原理是：向原油中注入一定量不含盐的清水，充分混合，使颗粒盐溶于水中，然后在破乳剂和高压电场的作用下，使微小水滴聚集成较大水滴，借重力从油中分离，达到脱盐、脱水的目的，这通常称为电化学脱盐、脱水过程。

原油经过电脱盐脱水后，继续加热，一般加热到 220～240℃进入初馏塔。初馏塔或闪蒸塔的主要作用，在于将原油在换热升温过程中已经气化的轻油及时蒸出，使其不进入常压加热炉，以降低炉的热负荷和降低原油换热系统的操作压力，从而节省装置能耗和操作费用；此外，初馏塔或闪蒸塔还具有使常压塔操作稳定的作用，原油中的气体烃和水在其中全部被除去，而使常压分馏塔的操作平稳，有利于保证多种产品特别是煤油、柴油等侧线产品的质量。初馏塔是一个简单（一般不出侧线）的常压蒸馏塔。

初底油用泵加压后与高温位的中段回流、产品、减渣进行换热，一般能达到 260℃以上，再进入常压炉进一步加热，然后进入常压塔进行分离。

常压塔是常减压装置的核心设备，蒸馏产品主要从常压塔获得。原油中的重油在高温时易于发生热裂化。热裂化产生的焦炭，尤其是胶质所产生的胶状积碳易于阻塞塔设备，从而引起生产事故。为了减少重质油在塔底的停留时间，原油常压塔和减压塔都采用了无再沸器和提馏段的加热炉加热一次汽化工艺，相当于原料从蒸馏塔塔底进入，因此常压塔和减压塔都是一个仅有精馏段及塔顶冷凝系统的不完整精馏塔。

为了保证产品的收率，要求加热炉中原油裂化程度极低，也要保证原油进入蒸馏塔后的汽化率达到各侧线产品的收率。因此常压塔和减压塔的产品方案制定都是按照常压炉和减压炉的最高不生焦加热温度制定的。根据目前生产的经验，一般常压炉的最高炉出口温度在360～370℃，减压炉的最高炉出口温度在410～420℃之间。

原油经过常压塔分离后得到石脑油、汽油、柴油、重油等产品。若采用常规精馏塔分离，分离 N 种产品，需要 N-1 个精馏塔。而原油蒸馏分离精度不高，可以采用单塔抽侧线的方式降低塔的数量。塔顶可分离出较轻的石脑油组分，塔底生产重质油品，侧线生产介乎这两者之间的柴油或蜡油组分。常压塔一般设置 3～5 个侧线，侧线数的多少主要是根据产品种类的多少来确定。为了使气液相负荷在塔内均匀分布，有时需将一种产品从 2 个或 3 个侧线中抽出，以减小塔径。

常减压蒸馏分离精度不是很高，各侧线产品和塔底重油中都会含有部分的轻质馏分。这些馏分油的存在会对侧线产品馏分宽度、产品质量、产品收率造成影响。重油中轻质馏分的存在不仅会降低侧线的收率，而且会增加减压炉的负荷和减压塔的负荷，提高减压塔分离难度和抽真空的难度。因此一般增设侧线汽提塔或带再沸器的汽提塔，把侧线中的较轻馏分汽化而返回蒸馏塔内。使用水蒸气汽提塔流程设备比较简单，易于操作，但会使产品中溶解微量水分，对要求低凝点或低冰点的产品如航空煤油可能使冰点升高，加入水蒸气也会增大常压塔的气相负荷，另外会增大塔顶冷凝器的负荷，增加含有污水的量。采用带再沸器的汽提塔，可以避免上述问题，但设备比较复杂，对于容易裂解的侧线产品不适用。

汽提塔塔板数较少，为了减少占地面积，常常采用各侧线汽提塔重叠起来，相互之间隔开的型式。

为了降低塔底重油中轻质油的含量，也通常在塔底设置 4～6 层的汽提段。塔底吹入的过热蒸汽一般为原油质量的 2%～4%。

初馏塔和常压塔一般都采用板式塔。这是因为压力变化对常压蒸馏的分离效果影响不大，而常压塔追求的是较大的分离效率、较高的处理能力。这些都是板式塔所擅长的。

原油中的 350℃ 以上的高沸点馏分是减压柴油、馏分润滑油和催化裂化、加氢裂化的原料，但是由于在高温下会发生分解反应，所以在常压塔的操作条件下不能获得这部分馏分，只能在减压和较低的温度下通过减压蒸馏取得。减压蒸馏的核心设备是减压精馏塔和它的抽真空系统。

减压塔要求尽量提高收率的同时还要避免产生裂化反应。减压塔进料段真空度是提高收率和避免裂化的关键。为了提高进料段的真空度，减压塔顶需要使用高效稳定的抽真空设备，提高塔顶真空度。而一方面，塔内使用压降较小的塔板或填料，尽量减少进料段到塔顶的压降。

减压塔的外形一般为两头细中间粗。塔顶只剩下不凝气、汽提蒸汽和携带上来的少量油气，气相负荷较小，故塔径较小。塔底减压渣油如果在高温下停留时间过长，则其分解、缩合等反应会进行的比较显著。其会使不凝气增多，塔真空度降低，还会造成塔内的结焦。因此，减压塔底部的直径常常缩小以缩短渣油在塔内的停留时间。

3.1.3.2 原油的二次加工

从原油中直接得到的轻馏分是有限的，而且质量也达不到要求，大量的重馏分和渣油需要进一步加工，将重质油进行轻质化，以得到更多的轻质油品，这就是石油炼制的第二部分，即原油的二次加工。包括热裂化、催化裂化、加氢裂化、催化重整、延迟焦化、减粘和加氢处理等。

（1）热裂化　热裂化是在不使用催化剂的情况下，单纯依靠加热提高反应温度而使重质烃裂化生产汽油和柴油的方法。该方法已被催化裂化工艺所取代。在现代炼油工业中，热裂化主要用于：烃类的高温裂解，生产乙烯、丙烯等烯烃原料；用于减粘裂化，生产汽柴油和残渣燃料油；用于延迟焦化，得到焦化气、焦化汽油、焦化柴油、焦化蜡油和石油焦。

烃类热裂解反应相当复杂，主要是高碳烷烃裂解生成低碳烯烃和二烯烃，同时伴有脱氢、芳构化和缩合结焦等反应。裂解的原料主要是乙烷、丙烷和石脑油。为了拓展原料的来源，目前已经发展到用煤油、柴油和常减压瓦斯油作为原料的裂解工艺。裂解气经过冷却、分离，得到各种烯烃产品。其详细内容将在第 6 章中阐述。

减粘裂化（简称减粘）实质上是一种以渣油为原料的浅度热裂化（转化率小于 10％）。减粘的目的是将重质高黏度石油原料通过浅度热裂化转化为较低黏度和较低凝固点的燃料油，主要是适用于原油浅度加工和大量需要燃料油的情况。

延迟焦化是重质油在管式炉中加热，采用高的流速（在炉管中注水）及高的热强度（炉出口温度 500℃），使油品在加热炉中短时间内达到焦化反应所需的温度，然后迅速进入焦炭塔，使焦化反应不在加热炉中而延迟到焦炭塔中去进行，因此，称之为延迟焦化。焦化所得的气体烃和液体油品中含较多的烯烃，安定性较差，故往往作为其他装置的原料或经加氢精制等处理后成为产品。

（2）催化裂化　催化裂化是在热裂化工艺上发展起来的，是提高原油加工深度，生产优质汽油、柴油最重要的工艺操作。在我国大约 70％汽油和 30％的柴油来自该工艺。催化裂化原料主要是原油蒸馏或其他炼油装置的 350～540℃馏分的重质油。

原料油在催化剂上进行催化裂化时，一方面通过裂化等反应生成气体、汽油等较小分子的产物，另一方面同时发生缩合反应生成焦炭。这些焦炭沉积在催化剂的表面使催化剂的活性下降。因此，经过一段时间的反应后，必须烧去沉积在催化剂上的焦炭以恢复催化剂的活性。这种用空气烧去积碳的过程叫做"再生"。由此可见，一个工业催化裂化装置必须包括反应和再生两个部分。

裂化反应是吸热反应，在一般工业条件下，对每千克新鲜原料的反应大约需吸热400kJ；而再生反应是强放热反应，每千克焦炭燃烧约放出热量 33500kJ。因此，一个工业催化裂化装置必须解决周期性地反应和再生，同时又周期性地供热和取热这个问题。

最先在工业上采用的反应器型式是固定床反应器。预热后的原料油进入反应器内进行反应，通常只经过几分钟到十几分钟，催化剂的活性就因表面积碳而下降，这时，停止进料，用水蒸气吹扫后，通入空气进行再生。因此，反应和再生是轮流间歇地在同一个反应器内进行。为了在反应时供热及在再生时取热，在反应器内装有取热管束，用一种熔盐做介质循环取热。为了使生产连续化，可以将几个反应器组成一组，轮流地进行反应和再生。

固定床催化裂化的设备结构复杂，生产连续性差，因此，在工业上已被其他型式所代替，但是在实验室研究中它还有一定的使用价值。

在 20 世纪 40 年代，移动床催化裂化和流化床催化裂化几乎同时发展起来。移动床催化裂化的反应和再生是分别在反应器和再生器内进行的。原料油与催化剂同时进入反应器的顶部，它们互相接触，一面进行反应，一面向下移动。当它们移动至反应器的下部时，催化剂表面上已沉积了一定量的焦炭，于是油气从反应器的中下部导出而催化剂从底部下来，再由气升管用空气提升至再生器的顶部，然后，在再生器内向下移动的过程中进行再生。再生过的催化剂经另一根气升管又提升至反应器。为了便于移动和减少磨损，催化剂做成 3～6mm直径的小球。由于催化剂在反应器和再生器之间循环，起到热载体的作用。

因此，移动床反应器内可以不设加热管。但是在再生器中，由于再生时放出的热量很大，虽然循环催化剂可以带走一部分热量，但仍不能维持合适的再生温度，因此，在再生器内还需分段安装取热管束，用高压水进行循环以取走过剩热量。

流化床催化裂化的反应和再生也是分别在两个设备中进行，其原理与移动床相似，只是在反应器和再生器内，催化剂与油气或空气形成与沸腾的液体相似的流化状态。为了便于流化，催化剂制成直径为 $20\sim100\mu m$ 的微球。由于在流化状态时，反应器或再生器内温度分布均匀，而且催化剂的循环量大，可以携带的热量多，减小了反应器和再生器内温度变化的幅度，因而不必再在设备内专设取热设施，从而大大简化了设备结构。

同固定床催化裂化相比较，移动床和流化床催化裂化都具有生产连续、产品性质稳定及设备简化等优点。在设备简化方面，流化床的优点更突出，特别是流化床更适用于大处理量的生产装置。由于流化床催化裂化的优越性，它很快就在各种催化裂化型式中占据了主导地位。自 20 世纪 60 年代以来，为配合高活性的分子筛催化剂，流化床反应器又发展为提升管反应器。目前，在全世界催化裂化装置的总加工能力中，提升管催化裂化已占绝大部分。图 3-4 示出了催化裂化反应再生系统的几种主要型式。

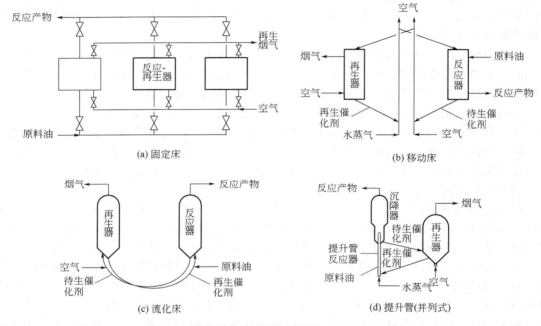

图 3-4　催化裂化反应再生系统的几种主要型式

流化床催化裂化工艺由三部分组成：反应-再生系统、分馏系统和吸收稳定系统。其中反应-再生系统是全装置的核心，现以高低并列式提升管催化裂化为例，介绍其工艺流程。如图 3-5 所示。

新鲜原料（减压馏分油）经过一系列换热后与回炼油混合，进入加热炉预热到 370℃ 左右，由原料油喷嘴以雾化状态喷入提升管反应器下部，油浆不经加热直接进入提升管，与来自再生器的高温（约 650～700℃）催化剂接触并立即汽化，油气与雾化蒸汽及预提升蒸汽一起携带着催化剂以 7～8m/s 的高线速通过提升管，经快速分离器分离后，大部分催化剂被分出落入沉降器下部，油气携带少量催化剂经两级旋风分离器分出夹带的催化剂后进入分馏系统。

积有焦炭的待生催化剂由沉降器进入其下面的汽提段，用过热蒸汽进行汽提以脱除吸附在催化剂表面上的少量油气。待生催化剂经待生斜管、待生单动滑阀进入再生器，与来自再生器底部的空气（由主风机提供）接触形成流化床层，进行再生反应，同时放出大量燃烧

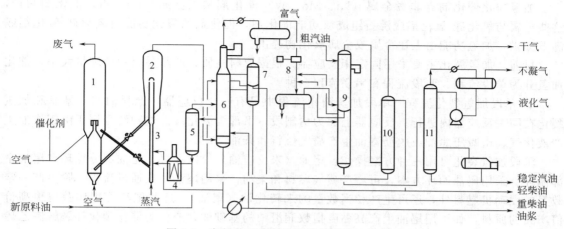

图 3-5　高低并列式提升管催化裂化工艺流程

1—再生器；2—沉降器；3—提升管反应器；4—加热炉；5—回炼油罐；6—主分馏塔；
7—轻重柴油汽提塔；8—气压机；9—吸收解析塔；10—再吸收塔；11—稳定塔

热，以维持再生器足够高的床层温度（密相段温度约 650～680℃）。再生器维持 0.15～0.25MPa（表压）的顶部压力，床层线速约 0.7～1.0m/s。再生后的催化剂经淹流管、再生斜管及再生单动滑阀返回提升管反应器循环使用。烧焦产生的再生烟气，经再生器稀相段进入旋风分离器，经两级旋风分离器分出携带的大部分催化剂，烟气经集气室和双动滑阀排入烟囱。再生烟气温度很高而且含有约 5%～10% CO，为了利用其热量，不少装置设有 CO 锅炉，利用再生烟气产生水蒸气。对于操作压力较高的装置，常设有烟气能量回收系统，利用再生烟气的热能和压力做功，驱动主风机以节约电能。

分馏系统的作用是将反应-再生系统的产物进行分离，得到部分产品和半成品。由反应-再生系统来的高温油气进入催化分馏塔下部，经装有挡板的脱过热段脱热后进入分馏段，经分馏后得到富气、粗汽油、轻柴油、重柴油、回炼油和油浆。富气和粗汽油去吸收稳定系统；轻、重柴油经汽提、换热或冷却后出装置，回炼油返回反应-再生系统进行回炼。油浆的另一部分经换热后循环回分馏塔。为了取走分馏塔的过剩热量以使塔内气、液相负荷分布均匀，在塔的不同位置分别设有 4 个循环回流：顶循环回流，一中段回流、二中段回流和油浆循环回流。

催化裂化分馏塔底部的脱过热段装有约十块人字形挡板。由于进料是 460℃以上的带有催化剂粉末的过热油气，必须先把油气冷却到饱和状态并洗下夹带的粉尘以便进行分馏和避免堵塞塔盘。因此由塔底抽出的油浆经冷却后返回人字形挡板的上方与由塔底上来的油气逆流接触，一方面使油气冷却至饱和状态，另一方面也洗下油气夹带的粉尘。

从分馏塔顶油气分离器出来的富气中带有汽油组分，而粗汽油中则溶解有 C3、C4 甚至 C2 组分。吸收-稳定系统利用吸收和精馏的方法将富气和粗汽油分离成干气（≤C2）、液化气（C3、C4）和蒸汽压合格的稳定汽油。

（3）加氢裂化　加氢裂化在催化剂、高压氢气存在下进行，把重质原料，如重柴油、减压柴油、减压渣油等，转化成汽油、煤油、柴油和润滑油。它与催化裂化不同的是在进行催化裂化反应时，同时伴随有烃类加氢反应。加氢裂化实质上是加氢和催化裂化过程的有机结合，能够使重质油品通过催化裂化反应生成汽油、煤油和柴油等轻质油品，又可以防止生成大量的焦炭，还可以将原料中的硫、氮、氧等杂质加氢脱除，并使烯烃饱和。加氢裂化具有轻质油收率高、产品质量好的突出特点，特别适于生产航空煤油。

加氢裂化催化剂有非贵金属（Ni、Mo、W）催化剂和贵金属（Pd、Pt）催化剂两种，这些金属与氧化硅-氧化铝或沸石组成双功能催化剂，催化剂的裂化功能由氧化硅-氧化铝或沸石提供，加氢功能由上述金属或金属氧化物提供。

目前，加氢裂化主要采用固定床反应器。根据原料性质、产品要求和处理量大小，催化加氢分为单段流程、两段流程和串联流程三种。

① 单段加氢裂化流程　单段加氢裂化流程中只有一个反应器，原料油加氢精制和加氢裂化在同一反应器内进行。反应器上部为精制段，下部为裂化段。这种流程用于由粗汽油生产液化气、由减压蜡油或脱沥青油生产喷气燃料和柴油。

单段加氢裂化可用三种方案操作：尾油（未反应油）一次通过、尾油部分循环和尾油全部循环。采用尾油循环方案，可增产喷气燃料和柴油；采用尾油一次通过流程，除生产一定数量的发动机燃料外，还可生产相当数量的未转化油（尾油）。这些尾油可用作获得更高价值产品的原料，如可用尾油生产高黏度指数润滑油的基础油，或作为催化裂化和裂解制乙烯的原料。其工艺流程图见图 3-6。

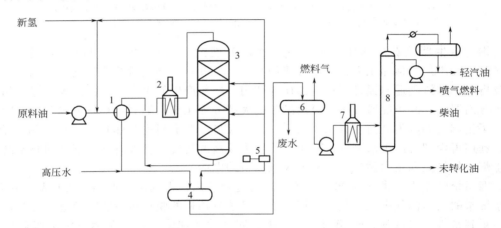

图 3-6　单段一次通过加氢裂化工艺流程

1—换热器；2—加热炉；3—加氢裂化反应器；4—高压分离器；5—循环氢压机；
6—低压分离器；7—分馏加热炉；8—分馏塔

② 两段加氢裂化流程　两段加氢裂化流程中有两个反应器，分别装有不同性能的催化剂。第一个反应器中主要进行原料油的精制；第二个反应器中主要进行加氢裂化反应，形成独立的两段流程体系。汽提塔的作用：脱去 NH_3 和 H_2S 以及残留在油中的气体。该流程对原料适应性强，操作灵活，产品分布可调，但流程复杂，投资操作费用较高。如图 3-7 所示。

③ 串联流程　串联流程是两段流程的发展，其主要特点在于：使用了抗硫化氢抗氨的催化剂，因而取消了两段流程中的汽提塔（即脱氨塔），使加氢精制和加氢裂化两个反应器直接串联起来，省掉了一整套换热、加热、加压、冷却、减压和分离设备。因此该流程既具有一段工艺流程简单的特点，而且操作灵活，广泛应用于新建的加氢裂化装置。如图 3-8 所示。

（4）催化重整　催化重整是在催化剂和氢气存在下，将常压蒸馏所得的轻汽油转化成含芳烃较高的重整汽油的过程。如果以 80～180℃馏分为原料，产品为高辛烷值汽油；如果以 60～145℃馏分为原料油，产品主要是苯、甲苯、二甲苯等芳烃，重整过程副产氢气，可作为炼油厂加氢操作的氢源。重整的反应条件是：反应温度为 490～525℃，反应压力为 1～

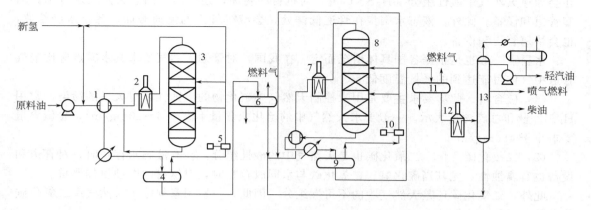

图 3-7　两段加氢裂化工艺流程

1——一段换热器；2——一段加热炉；3——一段反应器；4——一段高压分离器；5——一段循环
氢压机；6——一段低压分离器；7——二段加热炉；8——二段反应器；9——二段高压分离器；
10——二段循环氢压缩机；11——二段低压分离器；12——分馏加热炉；13——分馏塔

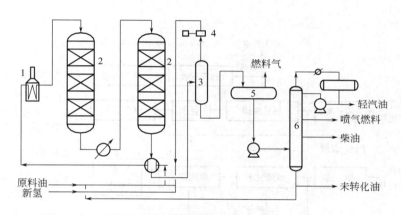

图 3-8　串联加氢裂化工艺流程图

1—加热炉；2—加氢裂化反应器；3—高压分离器；4—循环氢压缩机；5—低压分离器；6—分馏塔

2MPa。重整的工艺过程可分为原料预处理、催化重整和芳烃抽提三部分。

在催化重整中，主要发生环烷烃脱氢、烷烃脱氢环化等生成芳烃的反应，还有烷烃的异构化和加氢裂化等反应。加氢裂化会降低液体油的收率，在生产中应严格控制。

3.1.4　天然气

天然气是各种碳氢化合物为主的气体混合物。主要成分为甲烷、乙烷、丙烷、异丁烷、正丁烷、戊烷和微量的重碳氢化合物及少量非烃类的气体，如氮、硫化氢、二氧化碳、氦气等。

3.1.4.1　天然气质量指标

（1）热值　热值是燃料在完全燃烧时释放出来的热量。

（2）烃露点　天然气在输送过程中，受环境温度的变化，其中的烃可能会部分析出，析出的液烃聚集在管道低洼处，会减少管道流通截面。

（3）水露点　此项要求是用来防止在输气管道中有液态水（游离水）析出。液态水的存在会加速天然气中酸性组分（H_2S、CO_2）对钢材的腐蚀，还会形成固态天然气水合物，堵塞管道和设备。此外，液态水聚集在管道低洼处，会减少管道的流通截面。冬季水会结冰，也会堵塞管道和设备。

水露点一般也是根据各国具体情况而定。在我国，对管输天然气要求其水露点应比输气管道中气体可能达到的最低温度低5℃。

（4）硫含量　此项要求主要是用来控制天然气中硫化物的腐蚀性和对大气的污染，常用 H_2S 含量和总硫含量表示。一般要求天然气中的硫化氢含量不高于 $6\sim20mg/m^3$，总硫含量要求小于 $480mg/m^3$。

（5）二氧化碳含量　二氧化碳也是天然气中的酸性组分，在有液态水存在时，对管道和设备也有腐蚀性。尤其当硫化氢、二氧化碳与水同时存在时，对钢材的腐蚀更加严重。

此外，二氧化碳还是天然气中的不可燃组分。因此，一些国家规定了天然气中二氧化碳的含量不高于 $2\%\sim3\%$。

3.1.4.2　天然气净化

天然气采出后，需要经过净化处理，才能输送给用户。净化工艺由原料气预处理、脱硫脱碳、脱水、硫磺回收及尾气处理、轻烃回收等几个单元构成。气田气和油田气净化工艺框图如图 3-9 所示。

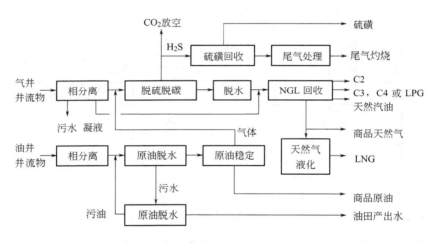

图 3-9　气田气和油田气净化工艺框图

从集气站送至净化厂的天然气中含有三类杂质：固体杂质（岩屑、金属腐蚀产物）、液体杂质（水、凝析油）、气体杂质（硫化氢、有机硫、二氧化碳、水汽）。通过相分离，除去其中的固相和液相组分。

天然气脱硫脱碳目的是脱除 H_2S、部分 CO_2 和有机硫（COS，硫醇，硫醚，噻吩）。这是天然气净化工艺的核心部分，其脱硫方法类别特别多，但主导工艺是醇胺法。醇胺法是一种化学吸收法。该方法利用碱性脱硫剂溶液在常温下与 H_2S、CO_2 等酸性气反应生成盐来脱硫，所得吸收富液再通过升温分解盐来释放出 H_2S、CO_2，从而实现脱硫剂溶液的循环使用。该方法工艺比较简单，适用于规模大、重烃含量高的脱硫装置，但对有机硫脱除效果差。脱除有机硫可以采用物理化学吸收法，如砜胺法。

硫磺回收通常是采用克劳斯工艺。通过该工艺，可以把天然气中脱除下来的酸气通过克劳斯反应，使 H_2S 转化为单质硫，从而充分回收利用了宝贵的硫资源，同时也达到了保护环境的目的。

硫磺回收装置排出的尾气有时可能含高达百分之几的含硫物，直接外排导致环境污染，因此必须建设尾气处理装置，把尾气中硫化物吸收掉，达到环境排放标准。

与天然气脱硫脱碳相比，脱水工艺要简单得多。脱水目的是为了防止天然气在输送、加工处理过程中有水冷凝出来进而带来腐蚀问题，同时也可防止水合物、冰生成堵塞管线和设备。脱水方法包括低温脱水、溶剂吸收法脱水、固体吸附法脱水和化学反应脱水。

天然气中除了含有甲烷外，还含有一定数量的乙烷、丙烷、丁烷及其他烃类。为了满足管输气对烃露点的质量要求，回收宝贵的化工资源，需将天然气中除甲烷以外的其他烃类成分加以回收，由天然气中回收的液烃混合物称为天然气凝液（NGL），组成上覆盖 C2～C6＋，又称为轻烃。现在主要采用冷凝分离工艺。利用在一定压力下天然气中各种组分的挥发度不同，将天然气冷却至露点温度以下，得到一部分富含较重烃类的 NGL，并使其与气体分离。

3.1.4.3　天然气用途

天然气中的甲烷等低碳烷烃燃烧时热值高污染少，是一种高效环保的清洁能源。作为能源，主要用于以下几个方面。

（1）天然气发电。这是缓解能源紧缺、降低燃煤发电比例，减少环境污染的有效途径。

（2）城市燃气事业，特别是居民生活用气。随着人民生活水平的提高及环保意识的增强，大部分城市对天然气的需求明显增加。据统计，在用做城市燃气的天然气中，50％将用于居民生活，30％供工业窑炉，20％供城市商业及其他用户。

（3）压缩天然气汽车。天然气氢含量高，容易完全燃烧，CO、CO_2、碳氢化合物和氮氧化物排放低。目前我国开始有计划地加大天然气汽车的发展力度，以节约用油和减少城市汽车尾气污染。

天然气不仅是一种清洁能源，而且是一种优质的化工原料。近年非常规天然气的大量开发改变了世界天然气的供求态势，天然气化工在一些天然气丰富价廉的地区受关注程度正在提高。天然气化工主要产品包括合成氨（尿素）、甲醇、乙烯（丙烯）、氢气和合成气、乙炔、卤代烷烃、氢氰酸、硝基烷烃、二硫化碳、炭黑等 20 多种产品及大量衍生物。

（1）天然气制合成气　天然气生产清洁燃料和有机化学品通常由制备合成气、产品合成和产品后处理三部分组成。工业制备合成气主要采用天然气水蒸气转化方法，天然气和水蒸气在催化剂作用下生成 CO 和 H_2。

（2）天然气制甲醇　甲醇是重要的基础化工原料，广泛应用于有机合成、染料、医药、涂料和国防等工业。随着科技发展，甲醇的燃料用途也越来越受重视。与轻油或煤炭为原料相比，天然气制甲醇具有流程简单、投资省、成本低等优点。

（3）天然气制二甲醚　天然气制二甲醚是天然气制甲醇的下游产品。但是，二甲醚不仅是重要的化工原料，可用于许多精细化学品的合成、用作气雾剂推进剂，而且具有优良的燃烧性能，十六烷值高（55～60），污染小，是良好的汽车替代燃料。因此，在国外被誉为"21 世纪的燃料"。二甲醚工业生产技术有甲醇脱水和合成气直接合成两种。

（4）天然气制烯烃　甲醇或二甲醚制烯烃路线是以石油化工原料制备乙烯和丙烯的替代路线，具体是以煤或天然气为主要原料，经合成气转化为甲醇或二甲醚，然后再转化为烯烃的路线。

（5）天然气经合成气制合成油　天然气制合成油（GTL）正成为天然气高效利用的途径脱颖而出，近几年来一直是业内广泛关注的热点。天然气制合成油属于清洁燃料，其优点在于不含硫、氮、镍杂质和芳烃等非理想组分，完全符合现代发动机的严格要求和日益苛刻的环境法规，从而为生产清洁能源开辟了一条新的途径。

3.1.5 生物质

生物质能是太阳能以化学能的形式储存在生物质中，以生物质为载体的能量。它直接或间接来源于绿色植物的光合作用，可转化为常规的固态、液态和气态燃料，是一种取之不尽、用之不竭的可再生能源。

生物质的主要来源有两大部分：为了获取生物质能而专门种植的农作物，称为能源作物；还有就是废弃物，包括农林业、工业和人们生活中的废弃物。

3.1.5.1 生物质作为能源

生物质作为能源转化利用途径主要包括燃烧、热化学法、生化法、化学法和物理化学法等（见图3-10），可转化为二次能源，分别为热量或电力、固体燃料（木炭或颗粒燃料）、液体燃料（生物柴油、甲醇、乙醇和植物油等）和气体燃料（氢气、生物质燃气和沼气等）。

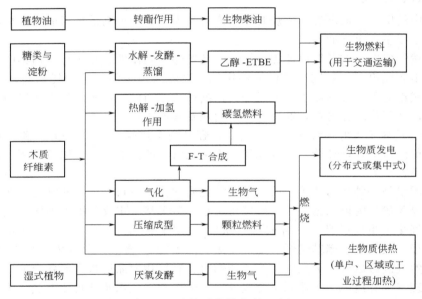

图 3-10　生物质能转化利用途径

（1）直接燃烧　生物质直接燃烧是最普通的生物质能转换技术。直接燃烧的过程可以简单地表示为：

$$有机物质 + O_2 \longrightarrow CO_2 + H_2O + 能量$$

此过程是光合作用的逆反应过程。生物质燃烧所释放出的 CO_2 大体相当于其生长时通过光合作用所吸收的 CO_2，因此燃烧过程是 CO_2 零排放过程。生物质中含氮硫极少，燃烧产物对环境无污染，燃烧后的灰分中含有植物生长所必需的多种营养元素，可作为良好的农用肥料。

但生物质燃料密度小，含碳量低，结构比较松散，挥发分含量高，在燃烧过程中，若空气供应不当，挥发分就会不被燃烬而排出。挥发分燃烬后，燃料剩余物为焦炭，气流运动会将炭粒带入烟道，并且固定碳受到灰分包裹，燃烧比较困难。由此可见，生物质燃烧设备的设计和运行方式的选择应从不同种类生物质的燃烧特性出发，才能保证生物质燃烧设备运行的经济性和可靠性，提高生物质开发利用的效率。

（2）生物质能物理转换技术：固化　生物质物理转换主要是指将生物质固化。所谓生物质固化就是将生物质粉碎成一定的颗粒，添加一定的胶黏剂，或不添加胶黏剂，在高压条件下，挤压成一定形状。其黏结力主要靠挤压过程中所产生的热量，使生物质中的木质素产生塑化黏结。生物质固化解决了生物质能形状各异、堆积密度小且较松散，运输和储存不方便的问题。

生物质压缩成型燃料可广泛应用于各种类型的家庭取暖炉、小型热水锅炉、热风炉，也可用于小型发电设施，是我国充分利用秸秆等生物质资源替代煤炭的重要途径，具有良好的发展前景。

（3）生物质能化学转换技术：热化学过程　热化学过程主要有三大类：气化、低温分解（生产木炭）和直接催化液化法（利用生物质生产液体燃料和化学物质的方法）。

气化技术是一种常规技术。气化是为了增加气体产量而在高温状态下进行的热解过程。理论上讲，气化和燃烧都是有机物与氧反应，但燃烧的主要产物是二氧化碳和水，并放出大量的热，所以燃烧是将原料的化学能转换成热能；气化反应放出的热量要少得多，气化主要是将化学能的载体由固体变为气体，气化后的气体燃烧时再释放出大量的热量。

炭化可提高单位质量的能量密度，降低运输成本。由于木炭燃烧不冒烟，因此成为一种适合于家庭使用的燃料，在工业方面被用于一些对燃料有特殊要求的部门。与气化一样，炭化过程也是在隔绝空气或只通入少量空气的条件下使生物质受热发生分解反应。

液化是液体状态下低温、高压热化学转化过程，通常具有较高的氢分压并加入催化剂，以提高反应速度（或改善过程的选择性）。同无催化热解方法相比，这种方法可以生产出物理稳定性和化学稳定性都更好的液体产品，只需稍作改进就可以生产适合市场需求的碳氢化合物产品。由生物质热解生成的油含硫少，燃烧时不增加大气中二氧化碳含量，对环境影响比石油燃料小得多。

（4）生物质能生物转换技术　生物转换过程是利用原料的生物化学作用和微生物的新陈代谢作用生产气体和液体燃料，如生物乙醇、沼气等。

面对全球性的能源问题和环境问题，减少化石能源消耗、控制温室气体排放已是大势所趋，生物能源燃料来源丰富，清洁环保，既有助于促进能源多样化，帮助我们摆脱对传统化石能源的依赖，还能缓解对环境的压力，具有广阔的发展前景。

3.1.5.2　生物质作为化工原料

利用生物质除了获得热、电、燃料外，另一个重要的方向是建立以生物质为原料的新型化学工业。

生物质通过热化学转化过程可以得到大量含甲烷、一氧化碳、氢气及烯烃等的可燃性气体。通过控制转化条件，则可以得到组成主要是一氧化碳和氢气的合成气，合成气在一定的条件下转化为甲醇、二甲醚等。甲醇既可以直接作为燃料，也可以作为基本化工原料合成酯、醚、醛、酸、醇及聚合物等。生物质也可通过热解或液化得到生物质油，再经分离转化，合成各种化学品及燃料。

生物质转化的另外一个重要途径就是化学水解，水解的初级产物主要为木质素和糖类。而后经过进一步化学转化，可以得到各式各样的有机化合物。

在生物质转化合成乙醇等化学品的过程中，生物转化具有重要的价值。生物发酵技术结合膜技术和基因工程为生物质转化合成有机化学品提供了新的可能。目前，通过生物转化得到的生物基化学品有乙酸、乳酸、丙酮、丁醇、吡啶、乙醛、乙烯、丙烷、丙烯、甘油、丁二烯、丁二醇、琥珀酸等。

尽管现在生物基化工研究仍处于初级阶段，但其发展态势强劲。2000 年生物基产品占石化产品总额不到1％，到2008年增加到6％。OECD预测到2030年，将有35％的化学品和其他工业产品来自生物制造。相信不久的将来，生物质化工必有一个大的发展。

3.2 化工生产工艺及流程

3.2.1 化工生产过程

化工生产过程一般可概括为原料预处理、化学反应和产品分离及精制三大步骤。

（1）原料预处理主要目的是使初始原料达到反应所需要的状态和规格。例如固体需破碎、过筛；液体需加热或气化；有些反应物要预先脱除杂质，或配制成一定的浓度。在多数生产过程中，原料预处理本身就很复杂，要用到许多物理的和化学的方法和技术，有些原料预处理成本占总生产成本的大部分。

（2）通过化学反应完成由原料到产物的转变，是化工生产过程的核心。反应温度、压力、浓度、催化剂（多数反应需要）或其他物料的性质以及反应设备的技术水平等各种因素对产品的数量和质量有重要影响，是化学工艺学研究的重点内容。

化学反应类型繁多，若按反应特性分，有氧化、还原、加氢、脱氧、歧化、异构化、烷基化、脱基化、分解、水解、水合、偶合、聚合、缩合、酯化、磺化、硝化、卤化、重氮化等众多反应；若按反应体系中物料的相态分，有均相反应和非均相反应（多相反应）；若根据是否使用催化剂来分，有催化反应和非催化反应。

实现化学反应过程的设备称为反应器。工业反应器的类型众多，不同反应过程，所用的反应器形式不同。反应器若按结构特点分：有管式反应器（装填催化剂，也可是空管）、床式反应器（装填催化剂，有固定床、移动床、流化床及沸腾床等）、釜式反应器和塔式反应器等；若按操作方式分，有间歇式、连续式和半连续式三种；若按换热状况分，有等温反应器、绝热反应器和变温反应器，换热方式有间接换热式和直接换热式。

（3）产品的分离及精制目的是获取符合规格的产品，并回收、利用副产物。在多数反应过程中，由于诸多原因，致使反应后产物是包括目的产物在内的许多物质的混合物，有时目的产物的浓度甚至很低，必须对反应后的混合物进行分离、提浓和精制才能得到符合规格的产品。同时要回收剩余反应物，以提高原料利用率。

分离和精制的方法和技术是多种多样的，通常有冷凝、吸收、吸附、冷冻、闪蒸、精馏、萃取、渗透膜分离、结晶、过滤和干燥等，不同生产过程可以有针对性地采用相应的分离和精制方法。分离出来的副产物和"三废"也应加以利用或处理。

3.2.2 化工生产工艺流程

（1）工艺流程和流程图　原料需要经过包括物质和能量转换的一系列加工，方能转变成所需产品实施这些转换需要有相应的功能单元来完成，按物料加工顺序将这些功能单元有机地组合起来，则构筑成工艺流程。将原料转变成化工产品的工艺流程称为化工生产工艺流程（或将一个过程的主要设备、机泵、控制仪表、工艺管线等按其内在联系结合起来，实现从原料到产品的过程所构成的图）。

化工生产中的工艺流程是丰富多彩的，不同产品的生产工艺流程固然不同，同一产品用不同原料来生产，工艺流程也大不相同；有时即使原料相同，产品也相同，若采用的工艺路线或加工方法不同，在流程上也有区别。

工艺流程多采用图示方法来表达，称为工艺流程图（flowsheet 或 process flowsheet）。

在化学工艺学教科书中主要采用工艺流程示意图，它简明地反映出由原料到产品过程中各物料的流向和经历的加工步骤，从中可了解每个操作单元或设备的功能以及相互间的关系、能量的传递和利用情况、副产物和三废的排放及其处理方法等重要工艺和工程知识。

（2）化工生产工艺流程的组织　工艺流程的组织或合成是化工开发和设计中的重要环节。组织工艺流程需要有化学、物理的理论基础以及工程知识，要结合生产实践，借鉴前人的经验。同时，要运用推论分析、功能分析、形态分析等方法论来进行流程的设计。

推论分析法是从"目标"出发，寻找实现此"目标"的"前提"，将具有不同功能的单元进行逻辑组合，形成一个具有整体功能的系统。

功能分析法是缜密地研究每个单元的基本功能和基本属性，然后组成几个可以比较的方案以供选择。因为每个功能单元的实施方法和设备型式通常有许多种可供选择，因而可组织出具有相同整体功能的多种流程方案。

形态分析法是对每种可供选择的方案进行精确的分析和评价，择优汰劣，选择其中最优方案。评价需要有判据，而判据是针对具体问题来拟定的，原则上应包括：①是否满足所要求的技术指标；②技术资料的完整性和可信度；③经济指标的先进性；④环境、安全和法律等。

3.3　化工过程的效率指标及影响因素

3.3.1　生产能力和生产强度

3.3.1.1　生产能力

生产能力是指化工装置在单位时间内生产的产品量或处理的原料量。其中原料的处理量也称加工能力。常用的单位有千克/时（kg/h），吨/天（t/d），万吨/年（10kt/a）等。

生产能力的大小一方面受到设备大小、套数、流程结构影响；另一方面还受到工艺操作条件的影响。化工过程有化学反应以及热量、质量和动量传递等过程，在许多设备中可能同时进行上述几种过程，需要分析各种过程各自的影响因素，然后进行综合和优化，找出最佳操作条件，使总过程速率加快，才能有效地提高设备生产能力。另外，生产技术的组织管理水平和操作人员的操作水平的高低等人为因素也会影响化工装置的生产能力。

生产能力又分为设计能力、查定能力和现有能力。设计能力是根据设计任务书和技术文件规定的生产能力，其数值由工厂设计规定的产品方案和各种数据来确定。查定能力是指老企业在经过产品方案调整，生产技术改造后，原有的设计能力已不能反映企业的实际生产能力，此时重新调整或核定的生产能力。现有能力又称计划能力，指在计划年度内，依据现有生产装置的技术条件和组织管理水平能够实现的生产能力。这三种能力在生产中用途各不相同。设计能力和查定能力主要作为企业长远规划编制的依据，而计划能力是编制年度计划的重要依据。

3.3.1.2　生产强度

生产强度为设备的单位体积的生产能力，或单位面积的生产能力。其单位为 $kg/(h \cdot m^3)$，$kg/(h \cdot m^2)$ 等。生产强度指标主要用于比较那些相同反应过程或物理加工过程的设备或装置的优劣。设备中进行的过程速率高，其生产强度就高。

带有催化反应装置的生产强度一般用单位时间内，单位体积催化剂或单位质量催化剂所获得的产品量来表示，又称为时空收率，单位为 $kg/(h \cdot m^3)$，$kg/(h \cdot kg)$。

3.3.2　化学反应速率

化学反应是将某种化合物或某几种化合物转化为其他化合物的过程，通常用化学反应速率（chemical reaction rate）表示反应进行的快慢。常用单位反应体积单位时间内物质转化量的多少来描述。

$$\bar{r} = -\frac{1}{V}\frac{\Delta n}{\Delta t} \tag{3-1}$$

$\bar{r}$ 为平均生成或消耗速率。

但在很多情况下，反应速率随反应时间或反应条件的不同而不断变化。因此，某一瞬间的反应物的消耗速率可以表示为：

$$r = -\frac{1}{V}\frac{\mathrm{d}n}{\mathrm{d}t} \tag{3-2}$$

用不同的反应物或产物表示的反应速率是不同的。如在氢和氧的反应中，用氢消耗速率表示的反应速率要比用氧表示的反应速率快一倍。

反应方程式的一般形式可以写为：

$$aA + bB \Longleftrightarrow pP + sS$$

式中，a、b、p、s 为化学计量数。则各速率之间的关系为

$$\frac{r_A}{a} = \frac{r_B}{b} = \frac{r_P}{p} = \frac{r_S}{s} \tag{3-3}$$

3.3.3　转化率、选择性和收率

化工过程的核心是化学反应，提高反应的转化率、选择性和产率是提高化工过程效率的关键。

3.3.3.1　转化率（conversion）

转化率反映了反应进行的程度，是指某一反应物参加反应而转化的数量占该反应物起始量的分率或百分率，用符号 X 表示。其定义式为

$$X = \frac{某一反应物的转化量}{该反应物的起始量} \tag{3-4}$$

对于同一反应，若反应物不止一个，那么不同反应组分的转化率在数值上可能不同。对于反应

$$aA + bB \Longleftrightarrow pP + sS$$

反应物 A 和 B 的转化率分别是

$$X_A = (n_{A,0} - n_A)/n_{A,0} \tag{3-5}$$

$$X_B = (n_{B,0} - n_B)/n_{B,0} \tag{3-6}$$

式中　X_A、X_B——分别为组分 A 和 B 的转化率。

人们常常对关键反应物的转化率感兴趣，所谓关键反应物指的是反应物中价值最高的组分，为使其尽可能转化，常使其他反应组分过量。对于不可逆反应，关键组分的转化率最大为 100%；对于可逆反应，关键组分的转化率最大为其平衡转化率。

对于采用循环流程（见图 3-11）的过程来说，则有单程转化率和全程转化率之分。

单程转化率是指原料每次通过反应器的转化率，例如原料中组分 A 的单程转化率为

$$X_A = \frac{组分\ A\ 在反应器中的转化量}{反应器进口物料中组分\ A\ 的量} \tag{3-7}$$

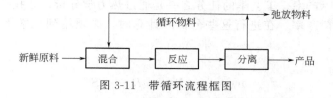

图 3-11　带循环流程框图

式中，反应器进口物料中组分 A 的量＝新鲜原料中组分 A 的量＋循环物料中组分 A 的量。

全程转化率又称总转化率，系指新鲜原料进入反应系统到离开该系统所达到的转化率。例如，原料中组分 A 的全程转化率为

$$X_A = \frac{\text{组分 } A \text{ 在反应器中的转化量}}{\text{新鲜原料中组分 } A \text{ 的量}} \qquad (3\text{-}8)$$

3.3.3.2　选择性（selectivity）

对于复杂反应体系，同时存在有生成目的产物的主反应和生成副产物的许多副反应，只用转化率来衡量是不够的。因为，尽管有的反应体系原料转化率很高，但大多数转变成副产物，目的产物很少，意味着许多原料浪费了。所以需要用选择性这个指标来评价竞争反应过程的效率。选择性是指体系中转化成目的产物的某反应物量与参加所有反应而转化的该反应物总量之比，用符号 S 表示，其定义式如下

$$S = \frac{\text{转化为目的产物所消耗反应物的量}}{\text{该反应物的转化总量}} \qquad (3\text{-}9)$$

在复杂反应体系中，选择性是个很重要的指标，它表达了主、副反应进行程度的相对大小，能确切反映原料的利用是否合理。

3.3.3.3　收率（产率，yield）

收率亦称为产率，是从产物角度来描述反应过程的效率。符号为 Y，其定义式为

$$Y = \frac{\text{转化为目的产物所消耗某一反应物的量}}{\text{进入反应器该反应物的量}} \qquad (3\text{-}10)$$

$$\text{收率＝转化率×选择性} \qquad (3\text{-}11)$$

有循环物料时，也有单程收率和总收率之分。与转化率相似，对于单程收率而言，式(3-10) 中的分母是指反应器进口处混合物中的该原料量，即新鲜原料与循环物料中该原料量之和。而对于总收率，式(3-10) 中分母是指新鲜原料中该原料量。

3.3.4　化学平衡

3.3.4.1　化学平衡

化学研究和生产中关心的问题一个是反应的快慢，即化学反应速率大小；另一个就是反应能达到的程度，即化学平衡。前者直接影响化工生产的设备大小和生产规模，后者则影响原料的利用率和分离的难易程度。在一定条件下的可逆反应，正反应和逆反应的速率相等，反应混合物中各组分的浓度保持不变的状态称为化学平衡。可逆反应达到平衡时的转化率称为平衡转化率，此时所得产物的产率为平衡产率。平衡转化率和平衡产率是可逆反应所能达到的极限值（最大值），但是，反应达平衡往往需要相当长的时间。随着反应的进行，正反应速率降低，逆反应速率升高，所以净反应速率不断下降直到零。在实际生产中应保持高的净反应速率，不能等待反应达平衡，故实际转化率和产率比平衡值低。若平衡产率高，则有

可能获得较高的实际产率。工艺学的任务之一是通过热力学分析，寻找提高平衡产率的有利条件，并计算出平衡产率。在进行这些分析和计算时，必须用到化学平衡常数，其定义式如下。

对于反应

$$\upsilon_A A + \upsilon_B B \Leftrightarrow \upsilon_R R + \upsilon_S S$$

若为气相反应体系，其标准平衡常数表达式为

$$K_p = \frac{\left(\dfrac{p_R}{p^\ominus}\right)^{\upsilon_R} \left(\dfrac{p_S}{p^\ominus}\right)^{\upsilon_S}}{\left(\dfrac{p_A}{p^\ominus}\right)^{\upsilon_A} \left(\dfrac{p_B}{p^\ominus}\right)^{\upsilon_B}} \tag{3-12}$$

式中，p_A、p_B、p_R、p_S分别为反应物组分 A、B 和产物 R、S 的平衡分压（其单位与 $p^\ominus$ 相同）（纯固体或液体取 1）；υ_A、υ_B、υ_R、υ_S 分别为组分 A、B、R、S 在反应式中的化学计量系数；$p^\ominus$ 为标准态压力，为 100kPa。

理想气体的 K_p 只是温度的函数，与反应平衡体系的总压和组成无关；在低压下、或压力不太高（3MPa 以下）和温度较高（200℃以上）的条件下，真实气体的性质接近理想气体，此时可用理想气体的平衡常数及有关平衡数据，即可忽略压力与组成的影响。

在高压下，气相反应平衡常数应该用逸度来表达，即

$$K_f = \frac{\left(\dfrac{f_R}{p^\ominus}\right)^{\upsilon_R} \left(\dfrac{f_S}{p^\ominus}\right)^{\upsilon_S}}{\left(\dfrac{f_A}{p^\ominus}\right)^{\upsilon_A} \left(\dfrac{f_B}{p^\ominus}\right)^{\upsilon_B}} \tag{3-13}$$

式中　f_A、f_B、f_R、f_S——分别为反应达平衡时组分 A、B、R、S 的逸度。

若为理想溶液反应体系，其平衡常数 K_C 的表达式为

$$K_C = \frac{\left(\dfrac{C_R}{C^\ominus}\right)^{\upsilon_R} \left(\dfrac{C_S}{C^\ominus}\right)^{\upsilon_S}}{\left(\dfrac{C_A}{C^\ominus}\right)^{\upsilon_A} \left(\dfrac{C_B}{C^\ominus}\right)^{\upsilon_B}} \tag{3-14}$$

式中　C_A、C_B、C_R、C_S 分别为组分 A、B、R、S 的平衡浓度，mol/dm^3（纯溶剂取 1）；$C^\ominus$ 为标准浓度，统一规定为 $1mol/dm^3$。

真实溶液反应体系的平衡常数式形式与（3-14）相似，但式中各组分浓度应该用活度来代替。只有当溶液浓度很稀时，才能用式(3-14)来计算平衡常数。

平衡常数可通过实验测定，现在许多化学、化工手册、文献资料及计算机有关数据库中收集有相当多反应体系的平衡常数，或具有温度的关系图表，有的也给出了相应的活度计算公式。而且也有许多物质的逸度系数或它们的曲线、表格等。但查找时一定要注意适用的温度、压力范围及平衡常数的表达形式。

3.3.4.2　影响化学平衡的因素

反应平衡主要受反应温度、压力、浓度的影响。

（1）温度对化学平衡的影响对于可逆反应，其平衡常数与温度的关系为

$$\log K = -\frac{\Delta H^\ominus}{2.303RT} + C \tag{3-15}$$

式中，$\Delta H^\ominus$ 为标准反应焓差；R 为气体常数；T 为反应温度；C 为常数。

对于吸热反应，$\Delta H^\ominus > 0$，K 值随着温度升高而增大，有利于反应，产物的平衡产率

增加；

对于放热反应，$\Delta H^{\ominus} < 0$，K 值随着温度生高而减小，平衡产率降低。故只有降低温度才能使平衡产率增高。

（2）浓度对化学平衡的影响　根据反应平衡移动原理，反应物浓度越高，越有利于平衡向产物方向移动。当有多种反应物参加反应时，往往使价廉易得的反应物过量，从而可以使价贵或难得的反应物更多地转化为产物，提高其利用率。

提高溶液浓度的方法有：对于液相反应，采用能提高反应物溶解度的溶剂，或者在反应中蒸发或冷冻部分溶剂等；对于气相反应，可适当压缩或降低惰性物的含量等。

对于可逆反应，反应物浓度与其平衡浓度之差是反应的推动力，此推动力愈大则反应速率愈高。所以，在反应过程中不断从反应区域取出生成物，使反应远离平衡，既保持了高速率，又使平衡不断向产物方向移动，这对于受平衡限制的反应，是提高产率的有效方法之一。近年来，反应-精馏、反应-膜分离、反应-吸附（或吸收）等新技术、新过程应运而生，这些过程使反应与分离一体化，产物一旦生成，立刻被移出反应区，因而反应始终是远离平衡的。

（3）压力的影响　一般来说，压力对液相和固相反应的平衡影响较小。气体的体积受压力影响大，故压力对有气相物质参加的反应平衡影响很大，其规律为：

① 对分子数增加的反应，降低压力可以提高平衡产率；

② 分子数减少的反应，压力升高，产物的平衡产率增大；

③ 分子数没有变化的反应，压力对平衡产率无影响。

在一定的压力范围内，加压可减小气体反应体积，且对加快反应速率有一定好处，但效果有限，压力过高，能耗增大，对设备要求高，反而不经济。

惰性气体的存在，可降低反应物的分压，对反应速率不利，但有利于分子数增加的反应的平衡。

3.4　工业催化剂

催化剂是一种能够改变化学反应速率而在反应过程中自身不被消耗掉的物质，它可使化学反应速度增大几个到十几个数量级。只要有化学反应，就有如何加快反应速度的问题，就会有催化剂的研究。在化工生产（如石油化工、天然气化工、煤化工等）、能源、农业（光合作用等）、生命科学、医药等领域均有催化剂的作用和贡献。每种新催化剂和新催化工艺的研制成功，都会引起包括化工、石油加工等重大工业在内的生产工艺上的改革，生产成本的大幅度降低，并提供一系列新产品和新材料。如合成氨铁催化剂的发明，推动了煤化工的发展；而 Ziegler-Natta 聚合催化剂的发现，带动了石油化工工业的兴起。

3.4.1　催化剂基本知识

3.4.1.1　催化反应的分类

催化反应通常根据体系中催化剂和反应物的相分类。当催化剂和反应物形成均一的相时，反应称为均相催化反应（homogeneous catalysis reaction）。包括气相均相催化反应，例如由 I_2（gas），NO（gas）等气体分子催化的一些热分解反应；液相均相催化反应，例如由酸、碱催化的加水分解反应。

当催化剂和反应物处于不同相时，反应称为多相催化反应（heterogeneous catalysis reaction)。在多相催化反应中，催化剂通常为固体。由气体反应物和固体催化剂组成的体系称为气-固多相催化反应。这是最常见并且是最重要的一类反应。例如，氨的合成，乙烯氧化合成环氧乙烷。反应物是液体，催化剂是固体的反应称为液-固多相催化反应。如在Ziegler-Natta 催化剂作用下的烯烃聚合反应（Ti，Cr→高密度聚乙烯；Ti→聚丙烯；Ti，Co，Ni→聚丁二烯橡胶），油脂的加氢反应等。

酶催化反应更具有特点。酶本身呈胶体均匀分散在水溶液中（均相），但反应却从反应物在其表面上积聚开始（多相），因此同时具有均相和多相的性质。

按反应类别分，有加氢、脱氢、氧化、裂化、水合、聚合、烷基化、异构化、芳构化、羰基化、卤化等众多催化剂。

按反应机理分，有氧化还原型催化剂、酸碱催化剂等。

按使用条件下的物态分：有金属催化剂、氧化物催化剂、硫化物催化剂、酸催化剂、碱催化剂、络合物催化剂和生物催化剂等。金属催化剂、氧化物催化剂和硫化物催化剂等是固体催化剂，它们是当前使用最多最广泛的催化剂，在石油炼制、有机化工、精细化工、无机化工、环境保护等领域中广泛采用。

3.4.1.2　催化剂的组成

一些有实际用途的催化剂，不管是多相的、还是均相的，总是由多种成分组成；由单一物质组成的催化剂为数不多。根据各组分在催化剂中的作用，可分别定义如下。

（1）主催化剂（main catalyst）　又叫活性成分（active components），这是起催化作用的根本性物质。活性组分对催化剂的活性起着主要作用，没有它，催化反应几乎不发生。例如，在合成氨催化剂中，无论有无 K_2O 和 Al_2O_3，金属铁总是有催化活性的，只是活性稍低，寿命稍短而已。相反，如果催化剂中没有铁，催化剂就一点活性也没有。因此，铁在合成氨催化剂中是主催化剂。

（2）共催化剂（cocatalyst）　又叫协同催化剂。有的催化剂，其活性组分不止一个，而且能和主催化剂同时起催化作用，这种催化剂叫做共催化剂。例如，脱氢催化剂 Cr_2O_3-Al_2O_3，单独的 Cr_2O_3 就有较好的活性，而单独的 Al_2O_3 活性则很小，因此，Cr_2O_3 是主催化剂。但在 MoO_3-Al_2O_3 型脱氢催化剂中，单独的 MoO_3 和 γ-Al_2O_3 都只有很小的活性，但把两者组合起来，却可制成活性很高的催化剂，所以 MoO_3 和 γ-Al_2O_3 互为共催化剂。

（3）助催化剂（promoter）　这是催化剂中具有提高主催化剂的活性、选择性，改善催化剂的耐热性、抗毒性、机械强度和寿命等性能的组分。简言之，在催化剂中只要添加少量助催化剂，即可明显达到改进催化剂催化性能的目的。

（4）载体（support or carrier）　这是固体催化剂所特有的组分。载体最初使用是用来节省贵重材料的。载体有多种功能，最重要的是分散活性组分，作为活性组分的基底。它可以起增大表面积、提高耐热性和机械强度的作用，有时还能担当共催化剂和助催化剂的角色。与助催化剂不同之处，一般是载体在催化剂中的含量大于助催化剂的。

3.4.2　工业催化剂的制备及使用

3.4.2.1　工业催化剂的制备

工业催化剂的性能，不仅取决于它的化学组成，也与其物理性质有关。在许多情况下，催化剂的各种物理性能会影响催化剂的催化活性，使用寿命，影响反应动力学和流体力学行为。因此，工业催化剂应该有特定的化学组成，而且还应有适宜的物理结构。催化剂的化学结构包括催化剂的元素种类、组成、化合状态、化合物间的反应深度等；催化剂的物理结构包括催化剂的结晶构造（如晶粒大小、晶型、晶格缺陷）、物相、比表面积、孔结构、表面构造及相对密度、形状构造等。

要满足化学和物理两方面的要求，天然矿物或工业化学品一般都不能直接用作催化剂，必须经过一系列化学和物理加工，才能变成符合要求的，具有规定组成、结构和形状的催化剂。

催化剂的制备方法和制备条件会影响催化剂成品的化学组成、晶相、杂质种类与数理、组成间相互作用程度、活性组分分布情况、晶粒聚集方式及粒度大小、孔径分布、机械强度等，从而使催化剂的特性显著不同。应选择合适的制备方法，使制得的产品能满足生产上的使用要求。

（1）浸渍法 将含有活性组分（或连同助催化剂组分）的液态（或气态）物质浸载在固态载体表面上。此法的优点为：可使用外形与尺寸合乎要求的载体，省去催化剂成型工序；可选择合适的载体，为催化剂提供所需的宏观结构特性，包括比表面、孔半径、机械强度、热导率等；负载组分仅仅分布在载体表面上，利用率高，用量少，成本低。广泛用于负载型催化剂的制备，尤其适用于低含量贵金属催化剂。

（2）沉淀法 在含有金属盐类的溶液中加入沉淀剂，将可溶性的催化剂组分转化为难溶或不溶化合物，经分离、洗涤、干燥、煅烧、成型或还原等工序，制得成品催化剂。广泛用于高含量的非贵金属、金属氧化物、金属盐催化剂或催化剂载体。

（3）混合法 多组分催化剂在压片、挤条等成型之前，一般都要经历混合步骤。此法设备简单，操作方便，产品化学组成稳定，可用于制备高含量的多组分催化剂，尤其是混合氧化物催化剂，但此法分散度较低。

混合可在任何两相间进行，可以是液-固混合（湿式混合），也可以是固-固混合（干式混合）。混合的目的：一是促进物料间的均匀分布，提高分散度；二是产生新的物理性质（塑性），便于成型，并提高机械强度。

混合法的薄弱环节是多相体系混合和增塑的程度。固-固颗粒的混合不能达到像两种流体那样的完全混合，只有整体的均匀性而无局部的均匀性。为了改善混合的均匀性，增加催化剂的表面积，提高丸粒的机械稳定性，可在固体混合物料中加入表面活性剂。由于固体粉末在同表面活性剂溶液的相互作用下增强了物质交换过程，可以获得分布均匀的高分散催化剂。

（4）离子交换法 此法用离子交换剂作载体，以反离子的形式引入活性组分，制备高分散、大表面的负载型金属或金属离子催化剂，尤其适用于低含量、高利用率的贵金属催化剂制备，也是均相催化剂多相化和沸石分子筛改性的常用方法。

（5）热熔融法 凭借高温条件将催化剂的各个组分熔合成为均匀分布的混合体、氧化物固体溶液或合金固体溶液，再经冷却等后处理制取特殊性能的催化剂。一些需要高温熔炼的催化剂多用这种方法，如氨合成熔铁催化剂、费-托合成催化剂、兰尼骨架催化剂等的制备。

3.4.2.2 工业催化剂的使用

（1）催化剂的运输、贮存和装卸 催化剂一般价格较贵，要注意保护。在运输和贮藏中应防止其受污染和破坏，严禁摔、碰、滚、撞击，以免催化剂破碎；固体催化剂在装填于反应器中时，装填要均匀，避免出现"架桥"现象，装填好的催化剂床层气流分布均匀，床层阻力小，能有效地发挥催化剂的效能。许多催化剂使用后在停工卸出之前，需要进行钝化处理，尤其是金属催化剂一定要经过低含氧量的气体钝化后，才能暴露于空气，否则遇空气剧烈氧化自燃，烧坏催化剂和设备。

（2）催化剂还原　具有催化活性的催化剂暴露于空气中容易失活，某些甚至会引起燃烧，所以催化剂厂家常以未活化的催化剂包装作为成品。使用前需先活化才能使用，这称为催化剂的还原。如烃类水蒸气转化反应及其逆反应甲烷化反应，其催化剂的活性状态为金属镍，而非其氧化物，因此使用前可以用 H_2、CO、CH_4 等还原气进行还原；CO 变换催化剂出厂时以 Fe_2O_3 的形式存在，而具有活性的成分是 Fe_3O_4，因此在使用前需在水蒸气条件下，用 H_2 或 CO 进行还原；用于烃类加氢脱硫的钼酸钴催化剂 $MoO_3 \cdot CoO$，其活性状态为硫化物，而不是氧化物或单质，所以使用前需进行硫化处理。在还原过程中，催化剂的化学组成和物理结构都会发生变化。

催化剂的还原必须到达一定的温度后才能进行。从室温到还原开始以及从开始到还原终点，催化剂床层都需要逐渐升温，并随温度而缓慢的进行，从而不断脱除催化剂表面所吸附的水分。升温还原的好坏将直接影响到催化剂的使用性能。

（3）开停车与钝化　催化反应器点火开车时，首先用纯 N_2 或惰性气体置换整个系统，然后用气体循环加热到一定温度，再通入工艺气体（或还原性气体）。对于某些催化剂还需通入一定量的蒸汽进行升温还原。当催化剂不是用工艺气还原时，则在还原后期逐步加入工艺气体。如果是停车后再开车，催化剂只是表面钝化，就可以工艺气直接升温开车，不需要再进行长时间还原处理。

临时性的短期停车，只需关闭催化反应器的进出口阀门，保持催化剂床层温度，维持系统正压即可。当短时停车检修时，为了防止空气漏入引起已还原的催化剂的剧烈氧化，可用纯 N_2 充满床层，保护催化剂不与空气接触。如果停车时间较长，催化剂又是具有活性的金属或低价金属氧化物，为防止催化剂与空气中 O_2 反应，则需要对催化剂进行钝化处理。

（4）催化剂的失活与再生　在恒定反应条件下进行的催化反应，反应转化率随生产时间增长而下降的现象叫催化剂失活。催化剂失活的过程大致可分为三个类型：催化剂结焦失活，催化剂中毒失活，催化剂烧结失活。下面就三种失活方式做简要解释。

以有机物为原料的固体多相催化反应过程几乎都可能发生含碳物质和/或其他物质在催化剂孔中沉积，造成孔径减小（或孔口缩小），使反应物分子不能扩散进入孔中，这种现象称为结焦失活。它是催化剂失活中最普遍和常见的失活形式。通常含碳沉积物可与水蒸气或氢气作用经气化除去，所以结焦失活是个可逆过程。与催化剂中毒相比，引起催化剂结焦和堵塞的物质要比催化剂毒物多得多。

催化剂所接触的流体中的少量杂质吸附在催化剂的活性位上，使催化剂的活性显著下降甚至消失，称之为催化剂中毒。使催化剂中毒的物质称为毒物。极少量的毒物就可以导致大量的催化剂中毒失活。

烧结失活是催化剂活性下降的另外一个重要原因。由于催化剂长期处于高温下操作，金属会融结而导致晶粒的长大，减少了活性金属的比表面，使活性下降。温度是影响烧结过程的一个最重要参数。反应过程中要把反应热及时的移出反应器，并保持床层温度的均匀分布，防止局部温度过热，而引起催化剂的烧结失活。

催化剂再生是在催化剂活性下降后，通过适当处理使其活性恢复的操作。工业上常用的再生方法有：对于积碳失活，用水蒸气或空气进行氧化或燃烧，使催化剂表面的炭或类焦反应，生产 CO、CO_2 放出。中毒失活可以通入 H_2 或不含毒物的还原性气体，或用酸、碱液处理，除去毒物。催化剂再生后，活性可以恢复，但再生次数是有限制的。

3.5　化工工艺计算

在化工过程开发和设计中，化工工艺计算是最基本的计算之一。过程的工艺计算主要包括物料衡算和能量衡算两部分。而要进行物料衡算和能量衡算，还需要用到大量物性数据，如密度、沸点、蒸汽压、焓、热容及生成热等。这些物性数据的准确性直接影响化工工艺计算的准确性和可靠性。

3.5.1　物性数据及获取方法

3.5.1.1　物性数据

物性数据又称为物化数据或化工基础数据，是由物料本身的物理化学性质所决定的。化工物性数据内容很多，数量庞大，常用的一般可以归纳为以下几类。

（1）基本物性数据，如临界常数（临界压力、临界温度、临界体积）、密度或比容、状态方程参数、压缩系数、蒸汽压、气液平衡关系等。

（2）热力学物性数据，包括内能、焓、熵、热容、相变热、自由能、自由焓等。

（3）化学反应和热化学数据，包括反应热、生成热、燃烧热、反应速率常数、活化能、化学平衡常数等。

（4）传递参数，包括黏度、扩散系数、热导率等。

3.5.1.2　物性数据获取方法

物性数据可以通过查询文献资料、数据库、实验或通过估算来获得。

（1）查手册或文献资料　目前世界范围内，物性数据被大量的测定着，这是人类一种宝贵的"资源"。国外有很多物性数据的收集、评选团体和机构，与化工有关的 CODATA（科学与技术数据委员会）、IUPAC（国际理论化学和应用化学联合会）、JANAF（陆海空三军联合会）、TPRC（热物理性质研究中心）等。在国内，天津大学的马沛生、郑州大学的王福安、兰州化学工业公司设计院卢焕章等在这方面做了大量的工作。物性数据经过整理、评选后，编制了相应的数据手册，可以查阅使用。国外的如 Perry 手册、Beilstein 手册、API（美国石油协会）的手册、Timmermans 手册、Dreisbach 的手册、Landolt-Bornstein 手册等。我国最常用的卢焕章《石油化工基础数据手册》，马沛生等《石油化工基础数据手册-续编》，汪文虎、秦延龙《烃类物理化学数据手册》，王箴主编的《化工辞典》及其他有关设计、理化数据手册等。

（2）估算　物质的临界参数、沸点、饱和蒸汽压、密度、汽化焓、热容、热导率等参数在工程设计、研究、生产等领域中应用较多。这些数据除查图表获得外，也可以通过数学关联法、对应状态法、参考物质法、基团贡献法等来估算得到。

如恒压比热容，可用式（3-16）进行估算。

$$C_{p,m} = A + BT + CT^2 + DT^3 + ET^4 \tag{3-16}$$

式中　A、B、C、D、E——物质热容随温度变化的拟合参数，温度 T，单位 K。

当缺乏数据时，可用基团贡献法进行估算。

$$C_{p,m} = \sum_{k=1}^{k} n_k a_k + \sum_{k=1}^{k} n_k b_k T + \sum_{k=1}^{k} n_k c_k T^2 + \sum_{k=1}^{k} n_k d_k T^3 \tag{3-17}$$

式中，n_k 为基团 k 的数目，a_k、b_k、c_k、d_k 为基团 k 对常数 a、b、c、d 的贡献值。

实际化工过程的物料多是两个或多个组分的混合物，在求取混合物物性的计算中，一般先计算在一定温度和压强条件下的纯物质组分的物性，然后按混合规则计算混合物的物性。

（3）实验直接测定　物性数据从手册或文献中查得最方便，但往往有时数据不够完整，也会出现一些错误。直接用实验测定得到的数据最可靠，只是实验成本比较高，而且费时费力。但是如果查不到有关数据，而用公式估算得到的结果精度又不够时，则必须用实验进行测定。用实验测定物性数据的方法可查阅相关文献，此处不再赘述。

（4）计算机检索　近年来，随着电子计算机的迅速发展，一些大型化工企业、研究部门和高等院校都建立了物性数据库，以便于通过计算机自动检索或估算所要求的数据，而不必自行查找或计算，大大节省了时间和精力。如由美国国家标准技术研究院开发的数据库：标准参考数据库化学网上工具书（http：//webbook. nist. gov/chemistry/）和美国标准技术研究所物理网上工具书（http：//physics. nist. gov/），可检索到的数据包括气相热化学数据、凝聚相热化学数据、液态常压热容、固态常压热容、相变数据、汽化焓、升华焓、燃烧焓、燃烧熵、各种反应的热化学数据、溶解数据、气相离子能数据、气相红外光谱、质谱、紫外/可见光谱、振动/电子能及其参考文献。Chemfinder 化学搜索器（http：//www. chemfinder. com/）是免费注册使用的数据库，是目前网上化合物性质数据最全面的资源。可检索 75 000 种化合物的数据熔点、沸点、蒸发速率、闪点、折射率、CAS 登记号、相对密度、蒸汽密度、水溶性质及特征等性质。

3.5.2　物料衡算

在化工设计时，确定了生产流程之后就可以进行物料衡算。通过物料衡算可以确定原材料的消耗和损耗量、各种产品、中间产品、副产品"三废"的生产量，判断是否能达到设计的规模要求；确定各设备的输入及输出物流量及其组成，在此基础上进行设备的选型和设计，并确定三废的排放位置、数量和组成，有利于进一步提出三废的治理方法；通过确定各个物流组成、状态的变化也为热量衡算提供了数据；作为管路设计及材质选择，仪表及自控设计的依据。

3.5.2.1　物料衡算基本原理

（1）物料衡算基本方程式　物料衡算的理论依据是质量守恒定律，按此定律写出衡算系统的物料衡算通式为

$$\begin{bmatrix} 系统 \\ 内的积累量 W \end{bmatrix} = \begin{bmatrix} 进入系统 \\ 的物料质量 F_i \end{bmatrix} - \begin{bmatrix} 离开系统 \\ 的物料质量 F_o \end{bmatrix} + \begin{bmatrix} 反应生成 \\ 的物料质量 D_p \end{bmatrix} - \begin{bmatrix} 反应消耗 \\ 的物料质量 D_r \end{bmatrix}$$

$$\text{(3-18)}$$

对于任意流动反应器的任意组分：

$$W = F_i - F_o + D_p - D_r \tag{3-19}$$

物料衡算在下列情况下可以简化。

（a）稳定流动过程的物料衡算　生产中绝大多数化工过程为连续式操作，设备或装置可连续运行很长时间，除了开工和停工阶段外，在绝大多数时间内是处于稳定状态的流动过程。物料不断地流进和流出系统。其特点是系统中各点的参数例如温度、压力、浓度和流量等不随时间而变化，系统中没有积累。当然，设备内不同点或截面的参数可相同，也可不同。稳定过程的物料衡算式为

$$F_i - F_o + D_p - D_r = 0 \tag{3-20}$$

（b）系统内无化学反应的物料衡算

$$W = F_i - F_o \tag{3-21}$$

（c）系统内无化学反应的稳定操作过程

$$F_i - F_o = 0 \tag{3-22}$$

（2）物料衡算步骤　化工生产的许多过程是比较复杂的，在对其做物料衡算时应该按一定步骤来进行，才能给出清晰的计算过程和正确的结果，通常遵循以下步骤。

第一步，绘出流程的方框图，以便选定衡算系统。

衡算范围可以是一个总厂，一个分厂或车间，一套设置，一个设备，甚至一个节点等等。图形表达方式宜简单，但代表的内容要准确，进、出物料不能有任何遗漏，否则衡算会造成错误。

第二步，写出主副化学反应方程式。

如果反应过于复杂，或反应不太明确写不出反应式，此时应用原子衡算法来进行计算，不必写反应式。

第三步，收集或计算必要的各种数据，要注意数据的适用范围和条件。

一般包括如下内容。

生产规模和生产时间。生产规模在设计任务书中已有，若是中间车间根据消耗定额来确定生产规模，要考虑物料在车间回流的情况。生产时间大型连续化工厂可按 300～350 天，间歇生产按 200～250 天计算。

相关技术指标。如原料消耗量、各设备损失量、配料比、循环比、回流比、转化率、单程收率、回收率等，要注意可靠性和准确性，并了解其单位和基准。

质量标准。如原料、助剂、中间产物和产品规格、组成及相关物理化学常数等。

化学变化及物理化学变化的变化关系，如密度、蒸汽压、相平衡常数等。

第四步，选定衡算基准。

衡算基准是为进行物料衡算所选择的起始物理量，包括物料名称、数量和单位，衡算结果得到的其他物料量均是相对于该基准面言的。衡算基准的选择以计算方便为原则，可以选取与衡算系统相关的任何一股物料或其中某个组分的一定量作为基准。对于连续生产过程，整套生产装置的操作状态不随时间的变化而变化，属于定态操作过程，一般选时间为计算基准，对应计算单位为 kg/h、kmol/h、m³/h 等。间歇生产过程物料都是一批批加入生产装置进行加工处理的，属于非定态操作过程，一般选批为计算基准，对应计算单位为 kg/B、kmol/B、m³/B。对于原料消耗计算、成本核算可以单位产品数量作为计算基准。基准选择恰当，可以使计算大为简化。

第五步，确定计算顺序。

对于已有生产装置进行的标定或挖潜改造做的物料衡算，可直接采用顺流程计算。对于待建生产装置的工艺设计，先将产量换算成单位时间处理原料量，然后采用顺流程计算。对于复杂的生产过程，可先将生产过程分解到工序并对各工序进行物料衡算，然后将各个工序分解到各个设备并进行物料衡算。对于简单的生产过程可直接对整套装置中的各个设备进行物料衡算。

第六步，计算和核对。

根据所收集的数据资料及选择的计算基准和单位，按照确定的计算顺序运用化学、化工及物化知识，逐个工序、逐台设备建立物料平衡关系式，进行物料平衡计算，设未知数，列方程式组，联立求解。有几个未知数则应列出几个独立的方程式，这些方程式除物料衡算式外，有时尚需其他关系式，诸如组成关系约束式、化学平衡约束式、相平衡约束式、物料量比例等。

进行物料衡算后必须立即根据约束条件对计算结果进行校核，确保计算结果正确无误。当计算全部结束后必须及时整理、编写物料衡算说明书（包括数据资料、计算公式、全部计算过程及计算结果等）。

第七步，绘制物料流程图，编写物料平衡表。

物料流程图及物料平衡表是说明物料衡算结果的一种简捷而清晰的表示方法，它们能够清楚地表示出各种物料在流程中的位置、数量、组成、流动方向、相互之间的关系等。

物料衡算结束后，必须利用计算结果对全流程进行经济分析与评价、考查生产能力、生产效率、生产成本等是否符合预期的要求，物料消耗是否合理，工艺条件是否合适等，同时及时发现和解决流程设计中存在的问题。

3.5.2.2 一般反应过程的物料衡算

化学反应过程的物料衡算，与无化学反应过程的物料衡算相比要复杂些。这是由于化学反应，原子与分子重新形成了完全不同的新物质，因此每一化学物质的输入与输出的摩尔或质量流率是不平衡的。此外，在化学反应过程中，还涉及化学反应速率、转化率、产物的收率等因素。为了有利于反应的进行，往往某一反应物需要过量，因此在进行反应过程物料衡算时，应考虑以上因素。化学反应过程物料衡算的方法如下。

（1）直接计算法　直接计算是对反应比较简单或仅有一个反应且只有一个未知数的情况，根据化学反应方程式，运用化学计量系数，直接由初始反应物组成计算反应产物组成，或由产物组成去反算所要求的原料组成，从而完成物料衡算；对反应比较复杂，物料衡算应依物料流动顺序分步进行。

（2）利用反应速率进行物料衡算　若已知或能够计算某一反应物或生成物的反应速率，可以根据此速率、化学计量数计算其他组分的消耗和生成量。

（3）元素衡算　反应过程物料衡算，如化学计量式，使用物流中各个组分衡算比较方便，但反应前后的摩尔衡算和总摩尔衡算一般不满足守恒关系。总质量衡算在反应前后虽可保持守恒，但不同组分的质量在反应前后又是变化的。进行元素衡算时，由于元素在反应过程中具有不变性，用元素的摩尔数或质量进行衡算都能保持守恒关系，且计算形式比较简单，校核较方便，尤其对反应过程比较复杂，组分间计量关系难以确定的情况，多用此法。衡算式为：

$$输入某元素的量＝输出同元素量 \tag{3-23}$$

（4）以化学平衡进行衡算　若反应过程中，某步反应的反应速率较快，可以认为该步达到了化学平衡，可以利用它的平衡常数计算物料平衡关系。

（5）以结点进行衡算　以流程中物流的汇集或分支处的交点（即结点）进行衡算。结点可以认为是一个混合器或分流器，对这个混合器或分流器进行物料衡算，可以使计算简化。

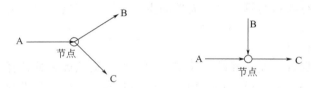

（6）利用联系组分进行衡算　生产过程中常有不参加反应的物料，即惰性物料。由于这种惰性物料数量在反应器的进出物料中不变化，因此可利用它与其他物料在反应前后组分中的比例关系求取其他物料的数量，此惰性物料为衡算联系物。

3.5.2.3　具有循环过程的物料衡算

在生产过程中常出现物流返回到上一级的情况。特别是在反应过程中，转化率受平衡转化率的限制，出反应器的物流中还有部分未反应的反应物。为了充分利用原料，降低原料消耗定额，在工厂生产中一般将未反应的原料与产品进行分离，然后循环返回原料进料处，与新鲜原料一起再进入反应器。在无化学反应过程中，精馏塔塔顶的回流、过滤结晶过程的滤液返回都是循环过程的例子。

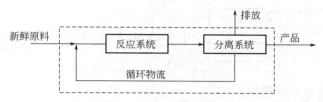

在没有循环时，物料平衡可以按照流程顺序序贯计算。但是如果有循环物流的话，由于循环返回处的流量尚未计算，因此循环量并不知道。所以在不知道循环量时，逐次计算并不能计算出循环量。这类问题通常可采用两种解法。

（1）试差法　先估计一循环量，计算至回流的那一点，将计算值与估算值比较，并重新假定一估计值，直至估计值与计算值在一定误差范围内。

（2）代数法　当原料、产品及再循环流的组成是已知的，采用此法。根据已知条件确定已知项和未知项后，列物料衡算式，联立求解来求循环物料量。

一般对于仅有一个或两个循环物流的简单情况，只要计算基准及体系边界选取得当，可简化计算。通常衡算时，先对总体系进行衡算（可不考虑循环物料）再对循环体系列式求解。

【例 3-1】　苯直接加氢转化为环己烷，如下图，苯转化率为 95%，进入反应器的物流的组成为 80% H_2 和 20% 的苯（mol%）。产物中环己烷为 100kmol/h，产物中含 3%（mol）的氢。试计算（1）产物物流的组成；（2）苯和氢的进料速率；（3）氢的循环速率。

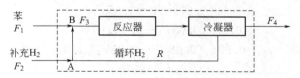

解：取产物物流中环己烷为 100kmol/h 作计算基准

（1）取整个过程为衡算体系，对苯列衡算式：

$$F_1 - 0.95F_1 = F_4 x_{4,\text{苯}}$$

因过程中无副反应，反应的苯与生成的环己烷摩尔数相等

$$F_1 = 100/0.95 = 105.26\text{kmol/h}$$

$$F_{4,\text{苯}} = 105.26 \times (1-0.95) = 5.26\text{kmol/h}$$

$$x_{4,\text{环己烷}} = (100/105.26) \times 0.97 = 0.9215$$

$$x_{4,\text{苯}} = (5.26/105.26) \times 0.97 = 0.0485$$

$$x_{4,H_2} = 0.03$$

$$F_4 = 100/0.9215 = 108.52\text{kmol/h}$$

（2）苯和氢的进料速率

苯进料速率

$$F_1 = 105.26\text{kmol/h}$$

氢进料速率（取整个过程为衡算体系）

$$F_2 = 3F_1 \times 0.95 + F_4 \times 0.03 = 303.26 \text{kmol/h}$$

（3）H_2的循环速率 R

以节点 B 作为衡算对象

$$F_2 + R = F_3 \times 0.80$$

$$R = 0.80F_3 - F_2 = (105.26 \times 0.80)/0.20 - 303.26 = 117.78 \text{kmol/h}$$

【例 3-2】 乙烯与氯气反应生产氯乙烯的过程如下图。

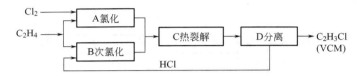

在各反应器中发生如下反应。

（A）氯化反应 $C_2H_4 + Cl_2 \rightarrow C_2H_4Cl_2$（DCE：二氯乙烷），$C_2H_4$ 和 Cl_2 的进料摩尔比为 1:1，DCE 收率 98%

（B）次氯化　　　$C_2H_4 + 2HCl + 0.5O_2 \rightarrow C_2H_4Cl_2 + H_2O$

DCE 以乙烯为基准的收率为 95%，以 HCl 为基准的收率为 90%

（C）热裂解 $C_2H_4Cl_2 \rightarrow C_2H_3Cl$（VCM）$+ HCl$，转化率为 100%

分离工序，VCM 的收率为 99%，HCl 的收率为 99.5%

设 VCM 产量为 12500kg/h，试求 Cl_2、C_2H_4 流量及 HCl 的循环量。

解（1）联立代数方程法

已知：VCM、DCE、HCl 分子量分别为 62.5、 99.0、 36.5

设 C_2H_4 进入（A）的流量为 x_1，进入（B）的流量为 x_2，

HCl 的循环量为 x_3　　VCM $= 12500/62.5 = 200 \text{kmol/h}$

则：　　　　　　　　　$x_3 = 0.995(0.98x_1 + 0.95x_2)$　　　　　　（1）

　　　　　　　　　　　$0.90x_3/2 = 0.95x_2$　　　　　　　　　　　（2）

　　　　　　　　　　　$0.99(0.98x_1 + 0.95x_2) = 200$　　　　　　（3）

联立（1）、（2）得　$x_2 = 0.995(0.98x_1 + 0.95x_2) \times 0.9/1.9$

　　　　　　　　　　　$x_2 = 0.837x_1$　　　　　　　　　　　　　（4）

联立（3）、（4）　　$x_1 = 113.8 \text{kmol/h}$，$x_2 = 95.3 \text{kmol/h}$

因此：　　　　　　　Cl_2 流量 $= x_1 = 113.8 \text{kmol/h}$

　　　　　　　　　　C_2H_4 流量 $= x_1 + x_2 = 209.1 \text{kmol/h}$

　　HCl 循环量 $x_3 = 0.995 \times (0.98 \times 113.8 + 0.95 \times 95.3) = 201.1 \text{kmol/h}$

（2）直接迭代法

设以 HCl 的循环量 x_3 作为迭代变量迭代步骤为：

1）假设 x_3

2）用式　　　　　　　$0.9x_3/2 = 0.95x_2$

　　　　　　　　$0.99(0.98x_1 + 0.95x_2) = 200$　　求出 x_1, x_2

3）将 x_1, x_2 代入　$x_3 = 0.995(0.98x_1 + 0.95x_2)$ 方程

求出 x_3'，与初值比较，若误差已经达到收敛指标，则结束计算。

现设 $x_3 = 150 \text{kmol/h}$，迭代过程各变量值如下

迭代次数	x_3	x_2	x_1	x_3'
1	150	71.055	137.2877	201.034

2	201.034	95.2298	113.8623	201.043
3	201.043	95.234	113.858	201.043
4	201.043			

由此可知，迭代 3 次即可收敛。

3.5.3 热量衡算

化工生产过中往往伴随着能量的变化。在分离过程中，能量是一种重要的分离剂；在反应过程中，为维持一定温度下进行反应，常有能量的加入或放出。因此能量衡算也是化工计算中的重要组成部分。能量衡算一般在物料衡算之后进行，但对于一些复杂过程，物料衡算和能量衡算要同时进行。能量衡算是以热力学第一定律即能量守恒定律为依据。其中能量包括热能、电能、化学能、动能、辐射能、原子能多种形式。在化工生产中最常用的能量形式是热能，所以化工设计中经常把能量衡算简化为热量衡算。

通过热量衡算可以确定传热设备的热负荷、反应器的换热量，公用工程用量和品位，为设计传热设备的形式、尺寸、传热面积和公用工程设计等提供参数。

3.5.3.1 热量衡算方程

如果已知标准反应热，则可选反应的标准温度和标准压力为反应物和产物的衡算基准，对非反应物可以另选适当的温度基准。反应放出或加入的热量 ΔH 按照下式计算：

$$\Delta H = \frac{n_A \Delta H_r^{\ominus}}{\mu_A} + \sum_{输出} n_i H_i - \sum_{输入} n_i H_i \tag{3-24}$$

式中，n_A、μ_A 为反应物（或产物）A 消耗（或生成）的物质的量和化学计量数；$\Delta H_r^{\ominus}$ 为标准反应热，可由标准生成热 $\Delta H_f^{\ominus}$ 或标准燃烧热 $\Delta H_c^{\ominus}$ 求取。n_i 和 H_i 为进出口流股中组分 i 的流率和焓值。

$$\Delta H_r^{\ominus} = \sum_{产物} \mu_i \Delta H_f^{\ominus} - \sum_{反应物} \mu_i \Delta H_f^{\ominus} \tag{3-25}$$

$$\Delta H_r^{\ominus} = \sum_{反应物} \mu_i \Delta H_c^{\ominus} - \sum_{产物} \mu_i \Delta H_c^{\ominus} \tag{3-26}$$

$$H_i = \int_{T_0}^{T} c_{p,i} \, dT \tag{3-27}$$

式中，T_0 为基准温度；$c_{p,i}$ 为组分 i 的定压热容。如果有相变，式（3-27）还需要加入相变焓。

3.5.3.2 热量衡算基本步骤

（1）明确衡算的目的，如通过热量衡算确定某设备或装置的换热量、加热剂或冷却剂的消耗量等数据。

（2）明确衡算对象，划定衡算范围，并绘制热量衡算示意图。

为了计算方便，常结合物料衡算结果，将进出衡算范围内的各股物料的数量、组成和温度等数据标在热量衡算示意图中。

（3）收集与热量衡算有关的热力学数据，如定压热容、相变热、反应热等。

（4）选定衡算的基准。

热量衡算计算的基准包括数量基准和相态基准。数量基准要和物料衡算的基准保持一致，以单位物料量或单位时间内处理量为计算基准。相态基准又称为基准态。热量衡算中的焓值没有绝对值，只有相对某一基准态的相对值，所以需要规定一个基准态，一般，把 0℃，100kPa 下的某一相态作为基准态。对反应过程，常以 25℃ 和 100kPa 为计算基准。基准态可以任意规定，不同物料可以使用不同的基准态，但对同一种物料其进口和出口只能使用相同的基准态。以进口状态为基准态，可以简化计算。

（5）列出热量平衡方程，进行热量衡算。

（6）编制热量平衡表。

【例 3-3】 氨氧化反应式为：

$$4NH_3(g)+5O_2(g)\longrightarrow 4NO(g)+6H_2O(g)$$

此反应在 25℃、1atm 的反应热为 $\Delta H_r=-904.6kJ/mol$。现有 25℃ 的 100molNH₃/h 和 200molO₂/h 连续进入反应器，氨在反应器内全部反应，产物于 300℃ 呈气态离开反应器。查得物料的热容为：$C_{p,O_2}=30.80J/(mol \cdot K)$，$C_{p,H_2O}=34.80J/(mol \cdot K)$，$C_{p,NO}=29.5+0.8188\times10^{-2}T-0.2925\times10^{-5}T^2+0.3652\times10^{-9}T^3$ [J/(mol·K)，T 单位为℃]

如操作压力为 1atm，计算反应器应输入或输出的热量。

NH₃ 100mol/h
O₂ 200mol/h ——→ | 反应器 | ——→ NO 100mol/h
25℃   H₂O 150mol/h
                                       O₂ 75mol/h
               ↑Q   300℃

解： 计算焓时的参考态：25℃ 1atm NH₃（气），O₂（气），NO（气），H₂O（气）。各物料的焓变：

O₂：$H_1=nC_{p,O_2}(300-25)=635.25kJ/h$

NO：

$$H_2=n\int_{25}^{300}C_{p,NO}dT$$

$$=100\times\int_{25}^{300}(29.5+0.8188\times10^{-2}T-0.2925\times10^{-5}T^2+0.3652\times10^{-9}T^3)dT$$

$$=845.2kJ/h$$

H₂O：$H_3=nC_{p,H_2O}(300-25)=1435.5kJ/h$

过程的焓变

$$\Delta H=\frac{n_A\Delta H_r^{\ominus}}{\upsilon_A}+\sum_{输出}n_iH_i-\sum_{输入}n_iH_i$$

$$=\frac{100\times(-904.6)}{4}+(635.25+845.3+1435.5)-0$$

$$=-19700kJ/h$$

所以，反应器应输出 19700kJ/h 的热量。

3.5.3.3 系统热量衡算

系统热量衡算是对一个换热系统、一个车间（工段）和全厂（或联合企业）的热量衡算。其依据的基本原理仍然是能量守恒定律，即进入系统的热量等于离开系统的热量和损失热量之和。

通过对整个系统能量平衡的计算求出能量的综合利用率。由此来检验流程设计时提出的能量回收方案是否合理，按工艺流程图检查重要的能量损失是否都考虑到了回收利用，有无不必要的交叉换热，核对原设计的能量回收装置是否符合工艺过程的要求。

通过各设备加热（冷却）负荷计算，把各设备的水、电、汽、燃料的用量进行汇总。求出每吨产品的动力消耗定额，每小时、每昼夜的最大用量以及年消耗量等。

本章小结

本章介绍了主要化工原料资源及其加工利用过程、化工生产过程及流程、化工过程的主要效率指标、工业催化、化工过程计算的内容。现代化工是建立在无机矿物、煤、石油、天然气、生物质这些主要化工原料之上的，要对其初步加工过程有所了解。化工生产过程可以用流程图的形式来表示。如何组织生产流程，需要有化学、物理的理论基础以及工程知识，结合工程经验，运用推论分析、功能分析、形态分析等方法论来进行流程的设计。不同流程工艺之间可以用一些效率指标来比较其优劣。而要把某一工艺从定性到定量，还要进行物料衡算和能量衡算等工艺计算。

习题与思考

1. 简述磷灰石制磷肥的两种工艺。

2. 比较硫铁矿和硫磺生产硫酸的过程。

3. 简述煤的化学组合。

4. 简述煤常用的质量指标。

5. 简述煤的净化加工技术、煤的洁净燃烧技术、煤的洁净转化技术（热解、气化和液化）主要内容。

6. 简述原油常、减压蒸馏工艺流程。

7. 催化裂化装置如何解决周期性地反应和再生，同时又周期性地供热和取热这个问题？

8. 对于多反应体系，为什么要同时考虑转化率和选择性两个指标？

9. 哪些反应条件对化学平衡有较大影响？

10. 催化剂有哪些基本特征？它在化工生产中起到什么作用？有哪些常用的制备方法？在生产中如何正确使用催化剂？

11. 拟将某原料油中的有机硫通过催化加氢转变成 H_2S 脱除，并把不饱和烃加氢饱和。若原料油的进料速率为 $80m^3/h$，密度为 $0.9g/ml$，氢气（标态）的进料速率为 $5400m^3/h$。原料油和产品油的摩尔分数为：

组分	$C_{11}H_{23}SH$	$C_{11}H_{24}$	$C_{11}H_{22}$
原料油	5%	70%	25%
产品油	0.1%	96.8%	3.1%

求：（1）消耗的氢气总量；（2）分离后气体的摩尔分数。

12. 在银催化剂作用下，乙烯可被空气氧化成环氧乙烷（C_2H_4O），副反应是乙烯完全氧化生产 CO_2 和 H_2O。已知离开氧化反应器的气体干基组成为：C_2H_4 3.22%，N_2 79.64%，O_2 10.81%，C_2H_4O 0.83%，CO_2 5.5%（均为体积分数）。该气体进入水吸收塔，其中的环氧乙烷和水蒸气全部溶解于水中，而其他气体不溶于水，由吸收塔顶逸出后排放少量至系统外，其余循环回氧化反应器。

计算：（1）乙烯的单程转化率；（2）生成环氧乙烷的选择性；（3）循环比；（4）新鲜原料中乙烯和空气量之比。

13. 在反应器中进行乙醇脱氢生成乙醛的反应：

$$C_2H_5OH(g) \longrightarrow CH_3CHO(g) + H_2(g)$$

标准反应热为 $\Delta H_r^{\ominus} = 68.95kJ$。原料含乙醇 90mol% 和乙醛 10mol%，进料温度 300℃，当加入反应器的热量为 5300kJ/100mol，产物出口温度为 265℃。计算反应器中乙醇的转化率。已知热容值为

$C_2H_5OH(g)$，0.110kJ/(mol·K)

$CH_3CHO(g)$：0.080kJ/(mol·K)

$H_2(g)$：0.029kJ/(mol·K)

参 考 文 献

［1］ 邓建强主编．化工工艺学．北京：北京大学出版社，2009.

［2］ 黄仲九，房鼎业主编．化学工艺学．第2版．北京：高等教育出版社，2008.

［3］ 张秀玲，邱玉娥主编．化学工艺学．北京：化学工业出版社，2012.

［4］ 米镇涛．化学工艺学．第2版．北京：化学工业出版社，2012.

［5］ 张结喜．煤间接液化技术的现状及工业应用前景．化学工业与工程技术．2006，27（01）：56-60.

［6］ 徐春明，杨朝合．石油炼制工程．第4版．北京：石油工业出版社，2009.

［7］ 张爱明．天然气化工利用与发展趋势．天然气化工．2012，37（3）：69-72.

［8］ 董澍．天然气化工技术的现状与发展．浙江化工．2005，37（6）：25-27.

［9］ 张明，袁益超，刘聿拯．生物质直接燃烧技术的发展研究．能源研究与信息．2005，21（1）：15-20.

［10］ 陈建省，张春庆，田纪春等．生物质能源发展的趋势及策略．山东农业科学．2008（4）：120-124.

［11］ 闫立峰，朱清时．以生物质为原材料的化学化工．化工学报．2004，55（12）：1938-1943.

［12］ 黄仲涛．工业催化．第4版．北京：化学工业出版社，2014.

［13］ 唐晓东，王豪，汪芳．工业催化．北京：化学工业出版社，2010.

第4章 合成氨

▷ **导引**

　　合成氨工业是基础化学工业的重要组成部分，氨是重要的无机化工产品之一，是无机化工和有机化工重要的生产原料。几乎所有的氮肥和复合肥都离不开氨，除农业外，还广泛用于制药、炼油、合成纤维、合成树脂和炸药等工业。世界生产的合成氨约有80％的氨用来生产化学肥料，20％作为其他化工产品的原料。本章按照合成氨生产工序，从各工序反应的热力学和动力学分析着手，介绍合成气的生产、合成气的净化和氨的合成等工艺的基本原理、生产设备和组织流程。

4.1 合成氨工业概述

4.1.1 氨的发现与工业化

　　氨气是1727年英国的化学家S. 哈尔斯（Hales），将氯化铵与石灰石混合物在以水封闭的曲颈瓶中加热，发现水被吸入瓶中，说明有气体产生。1774年化学家普利斯德里（Priestley）重做此实验，采用汞代替水来密闭曲颈瓶，制得了氨，并发现氨易溶于水、可以燃烧；该气体中通以电火花时，其容积增加很多，而且为两种气体，一种是可燃的氢气；另一种是不可燃的氮气，证实了氨是由氮和氢元素构成的化合物。其后英国H. 戴维（Davy）等化学家继续研究，进一步证实了2体积的氨通过火花放电之后，分解为1体积的氮气和3体积的氢气，为证实1个氨分子是由1个氮原子与3个氢原子构成提供了依据。

　　1898年，德国的A. 富兰克（Frank）和N. 卡罗（Caro）发现碳化钙加热时与氮气反应生成氰氨化钙，氰氨化钙在碱性介质中水解成氨。

$$CaC_2 + N_2 \longrightarrow CaCN_2 + C \tag{4-1}$$

$$CaCN_2 + 3H_2O \longrightarrow CaCO_3 + 2NH_3 \tag{4-2}$$

　　利用氰氨化钙制氨的方法称为氰化法。1905年在德国建成第一套工业装置。吨氨能耗190GJ，能量利用率太低，被后来的直接合成法取代。

　　氮气和氢气直接合成氨的化学反应式为

$$N_2 + 3H_2 \Longleftrightarrow 2NH_3 \tag{4-3}$$

　　德国的物理学家、化工专家哈伯（Haber）在1908年提出，在铁催化剂存在下，氮气和氢气在17.5～20MPa、500～600℃条件下可直接合成氨，奠定了合成氨的理论基础，并于 1909 年在卡尔斯鲁厄大学建成 80g/h 氨的实验装置。

1910 年巴登苯胺纯碱公司（BASF）建立了直接法合成氨试验工厂，1913 年建立了世界上第一个大型工业规模的合成氨工厂，以铁和碱金属作催化剂，日产合成氨 30t。此后，合成氨工业迅速发展，本世纪初，日产合成氨 1000t、2000t 的装置遍布全球。

早期的合成氨技术主要有德国的哈伯-博施法（Haber-Bosch）、法国的克劳特法（Claude）、意大利的卡塞莱（Casale）及美国的氮气工程公司法（NEC），合成氨操作压力全部大于 10MPa，像克劳特法合成压力高达 100MPa。

目前世界上合成氨的操作压力和能耗都大幅降低，主要专利供应商有丹麦哈德尔-托普索公司、美国凯洛格布朗路特公司和德国伍德公司。

4.1.2 合成氨生产工艺

Haber-Bosch 建立的世界上第一座合成氨装置是用氯碱电解制氢，氢气与空气燃烧后剩余氮气作为原料合成氨。现代合成氨工业以各种化石能源和空气作为原料制取氢气和氮气。制气工艺因原料不同而各异。传统型合成氨工艺以 Kellogg 工艺为代表，以两段天然气蒸汽转化为基础，包括如下工艺单元：合成气制备（有机硫转化和 ZnO 脱硫＋两段天然气蒸汽转化）、合成气净化（高温变换和低温变换＋湿法脱碳＋甲烷化）、氨合成（合成气压缩＋氨合成＋冷冻分离）。以天然气、油田气等气态烃为原料，空气、水蒸气为气化剂的蒸汽转化法制氨工艺的原则工艺流程图见图 4-1；以渣油、煤为原料，在加压或常压条件下，以氧、水蒸气为气化剂采用部分氧化法，制合成气生产合成氨。其中，合成气的净化采用低温甲醇洗，制氨工艺原则流程图见图 4-2。

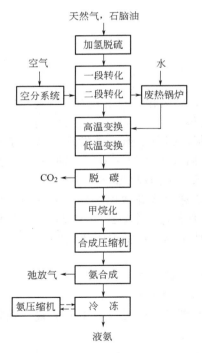

图 4-1　天然气、石脑油制氨工艺流程方框图

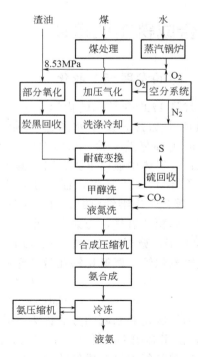

图 4-2　渣油、煤制氨工艺流程方框图

现代合成氨工艺中，原料气的净化大致分为两类：①烃类蒸汽转化法的原料气经 CO 变换、脱碳和甲烷化最终净化，称为热法净化流程；②渣油部分氧化和煤加压气化的原料气，

CO 变换采用耐硫变换催化剂，低温甲醇洗脱硫、脱碳，液氮洗最终净化，称为冷法净化流程。

制气工艺和净化工艺的不同组合构成各种不同的制氨工艺流程，其代表性的大型合成氨工艺有丹麦 Topsoe、美国 Kellogg 和英国 Braun、德国伍德（UHDE）工艺、瑞士卡萨利（Casale）工艺和 ICI-AMV 低能耗工艺流程等。这几种氨合成工艺流程类似，主要差别在于合成塔内件结构形式，其设计理念都是围绕着提高氨净值和节能为最终目的。

4.2 煤气化制合成气

合成氨工业煤气化所用的煤质，依据气化剂及气化炉的类型不同而不同。

4.2.1 基本原理

煤气化泛指以煤或煤焦为原料，以氧气（空气、富氧或纯氧）、水蒸气或氢气等做气化剂，在高温条件下通过化学反应将煤或煤焦中的可燃部分转化为气体燃料的过程，气化产物称为工业煤气。因不同的气化剂，不同的用途又分为空气煤气、水煤气、混合煤气和半水煤气。主要成分为 CO、H_2 和 CH_4，其中，空气煤气不含 CH_4。

煤气化技术在工业发展史上有两次重大突破，一次是大型工业制氧装置的开发，用氧气代替空气进行煤气化；第二次是加压气化技术。煤在气化炉进行的过程包括：干燥干馏、热解以及碳与气化剂反应三个阶段。主要反应有：

$$C + \frac{1}{2}O_2 \Longrightarrow CO \qquad \Delta_r H_m^{\ominus} = -110.595 \text{kJ} \cdot \text{mol}^{-1} \qquad (4\text{-}4)$$

$$C + O_2 \Longrightarrow CO_2 \qquad \Delta_r H_m^{\ominus} = -393.77 \text{kJ} \cdot \text{mol}^{-1} \qquad (4\text{-}5)$$

$$C + H_2O(g) \Longrightarrow CO + H_2 \qquad \Delta_r H_m^{\ominus} = 131.39 \text{kJ} \cdot \text{mol}^{-1} \qquad (4\text{-}6)$$

$$C + 2H_2O(g) \Longrightarrow CO_2 + 2H_2 \qquad \Delta_r H_m^{\ominus} = 90.2 \text{kJ} \cdot \text{mol}^{-1} \qquad (4\text{-}7)$$

$$CO + H_2O(g) \Longrightarrow CO_2 + H_2 \qquad \Delta_r H_m^{\ominus} = -41.19 \text{kJ} \cdot \text{mol}^{-1} \qquad (4\text{-}8)$$

$$C + CO_2 \Longrightarrow 2CO \qquad \Delta_r H_m^{\ominus} = 172.6 \text{kJ} \cdot \text{mol}^{-1} \qquad (4\text{-}9)$$

$$C + 2H_2 \Longrightarrow CH_4 \qquad \Delta_r H_m^{\ominus} = -74.9 \text{kJ} \cdot \text{mol}^{-1} \qquad (4\text{-}10)$$

以上反应均为可逆反应，总过程为强吸热的。气化反应中，碳与水蒸气反应的意义最大，它参与各种煤气化过程。同时，碳与二氧化碳的还原反应也是重要的气化反应，碳燃烧反应放出的热量与上述的吸热反应相匹配，对自热式气化过程有重要的作用。

4.2.1.1 煤气化反应的热力学平衡

（1）以空气或氧气为气化剂，系统中碳与氧的主要反应为：

$$C + \frac{1}{2}O_2 \Longrightarrow CO \qquad \Delta_r H_m^{\ominus} = -110.595 \text{kJ} \cdot \text{mol}^{-1} \qquad (4\text{-}4)$$

$$C + O_2 \Longrightarrow CO_2 \qquad \Delta_r H_m^{\ominus} = -393.77 \text{kJ} \cdot \text{mol}^{-1} \qquad (4\text{-}5)$$

$$C + CO_2 \Longrightarrow 2CO \qquad \Delta_r H_m^{\ominus} = 172.6 \text{kJ} \cdot \text{mol}^{-1} \qquad (4\text{-}9)$$

$$CO + \frac{1}{2}O_2 \Longrightarrow CO_2 \qquad \Delta_r H_m^{\ominus} = -283.2 \text{kJ} \cdot \text{mol}^{-1} \qquad (4\text{-}11)$$

忽略惰性气体氮，则此体系中共有 C、O_2、CO、CO_2 四种物质，均由碳和氧两种元素构成，由热力学可知，此系统的独立反应数应为 $4-2=2$。但达到平衡时氧含量甚微，这样实际计算时仅考虑一氧化碳歧化逆反应即可。碳的氧化反应和一氧化碳歧化逆反应的平衡常数参见表 4-1。温度升高，达到平衡时体系中 CO 的含量越高，CO_2 含量降低。

表 4-1　反应在不同温度下的平衡常数

温度/K	$C+O_2 \Longleftrightarrow CO_2$ $K_p = p_{CO_2}/p_{O_2}$	$C+CO_2 \Longleftrightarrow 2CO$ $K_p = p_{CO}^2/p_{CO_2}$	温度/K	$C+O_2 \Longleftrightarrow CO_2$ $K_p = p_{CO_2}/p_{O_2}$	$C+CO_2 \Longleftrightarrow 2CO$ $K_p = p_{CO}^2/p_{CO_2}$
298	1.233×10^{69}	1.010×10^{-21}	1100	6.345×10^{18}	1.220×10
600	2.516×10^{34}	1.867×10^{-6}	1200	1.737×10^{17}	5.696×10
700	3.182×10^{29}	2.673×10^{-4}	1300	8.251×10^{15}	2.083×10^2
800	6.708×10^{25}	1.489×10^{-2}	1400	6.048×10^{14}	6.285×10^2
900	9.257×10^{22}	1.925×10^{-1}	1500	6.290×10^{13}	1.622×10^3
1000	4.751×10^{20}	1.898			

（2）用水蒸气作气化剂，系统中主反应为：

$$C+H_2O(g) \Longleftrightarrow CO+H_2 \qquad \Delta_r H_m^\ominus = 131.39 \text{kJ} \cdot \text{mol}^{-1} \qquad (4-6)$$
$$C+2H_2O(g) \Longleftrightarrow CO_2+2H_2 \qquad \Delta_r H_m^\ominus = 90.2 \text{kJ} \cdot \text{mol}^{-1} \qquad (4-7)$$
$$CO+H_2O(g) \Longleftrightarrow CO_2+H_2 \qquad \Delta_r H_m^\ominus = -41.19 \text{kJ} \cdot \text{mol}^{-1} \qquad (4-8)$$
$$C+2H_2 \Longleftrightarrow CH_4 \qquad \Delta_r H_m^\ominus = -74.9 \text{kJ} \cdot \text{mol}^{-1} \qquad (4-10)$$

组成体系的主要物质有 C、H_2O、CO、CO_2、H_2、CH_4，组成组分的元素为 C、H、O，系统中独立反应数为 3。通常选择式（4-6）、式（4-8）、式（4-10）为研究反应式。不同温度下反应平衡常数见表 4-2。图 4-3、图 4-4 为温度和压力对平衡组成的影响。

当温度和压力已知时，可以根据平衡常数计算平衡组成。调整反应温度和压力可以得到组成不同的合成气。

表 4-2　反应在不同温度下的平衡常数

温度/K	$C+H_2O \Longleftrightarrow CO+H_2$ $K_p = p_{CO}p_{H_2}/p_{H_2O}$	$C+2H_2 \Longleftrightarrow CH_4$ $K_p = p_{CH_4}/p_{H_2}$	温度/K	$C+H_2O \Longleftrightarrow CO+H_2$ $K_p = p_{CO}p_{H_2}/p_{H_2O}$	$C+2H_2 \Longleftrightarrow CH_4$ $K_p = p_{CH_4}/p_{H_2}$
298	1.001×10^{-16}	7.916×10^8	1100	1.157	3.677×10^{-2}
600	5.050×10^{-5}	1.000×10^2	1200	3.994	1.608×10^{-2}
700	2.407×10^{-3}	8.972	1300	1.140×10^2	7.932×10^{-3}
800	4.398×10^{-2}	1.413	1400	2.795×10^2	4.327×10^{-3}
900	4.248×10^{-1}	3.250×10^{-1}	1500	6.480×10^2	2.557×10^{-3}
1000	2.619	9.829×10^{-2}			

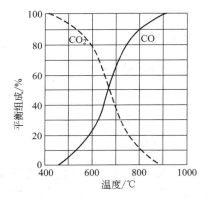

图 4-3　温度对煤气平衡组成影响

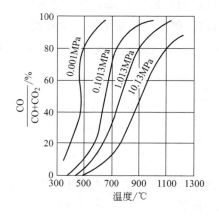

图 4-4　不同压力、温度煤气平衡组成

4.2.1.2　煤气化反应动力学

煤气化反应过程是一个极其复杂的反应过程，既包括均相反应也有非均相反应，以非均相反应为主。煤气化反应速度以总反应速度来衡量，即单位时间单位反应表面所产生的反应物质量来表示。总反应速率取决于反应历程中速度最慢的一步。

研究证明，碳与氧气的反应速率可用式(4-12)来表示：

$$r_c = k_s \cdot p_{O_2}^n \tag{4-12}$$

式中　r_c——碳与氧气反应速率；

$p_{O_2}^n$——反应气体 O_2 的分压；

反应级数 n 由实验数据确定；

k_s——反应速率常数，可利用修正阿累尼乌斯公式求得；

$$k_s = A\, T^N\, \mathrm{e}^{\frac{-E}{RT}}$$

式中　N——指数，通常取 0；

A——指前因子由实验确定；

E——活化能，由于煤种的差别而不同。

如果在高温下反应，k_s 值较大，此时反应速率 r_c 用式(4-13)来表示。

$$r_c = \frac{D}{z} F(y_o - y_s) = k_g F \Delta Y \tag{4-13}$$

式中　D——扩散系数；

z——气膜厚度；

F——气固相接触表面；

y_o，y_s——分别是反应气体中和碳表面气化剂氧的含量；

k_g——气膜传质系数。

研究表明，当温度处于 775℃ 以下时，碳与氧的反应属于动力学控制；当温度高于 900℃ 时，反应属于扩散控制。

碳与水蒸气的反应属于非均相反应，反应两步进行。第一步为水蒸气在碳表面的物理吸附，第二步为吸附的水蒸气与碳作用，生成碳氧配合物，吸附态氢，为化学吸附过程，吸附态的氢脱附成为氢气。反应中间产物既可在高温下分解，也可以与水蒸气反应生成 CO。反应遵循 Langmuir-Hinshewood 动力学机理，反应速率表达式(4-14)。

$$r_{H_2O} = \frac{k_1\, p_{H_2O}}{1 + k_2\, p_{H_2} + k_3\, p_{H_2O}} \tag{4-14}$$

式中　r_{H_2O}——反应速率；

p_{H_2}，p_{H_2O}——氢和水蒸气分压；

k_1，k_2，k_3——分别为碳表面水蒸气吸附速率常数、氢的吸附和解吸平衡常数、碳与吸附水蒸气分子间的反应速度常数。

当温度在 400～1100℃ 时，反应速度较慢，反应为动力学控制；当温度超过 1100℃ 时，反应速率较快，总反应受扩散反应控制。

4.2.2　煤气化的分类

煤气化工艺的分类方法很多，在学术上，按照煤在气化炉中的流体力学行为，可分为移动床（固定床）气化、流化床气化、气流床气化、熔融床气化四种方法。它们都已经工业化或已建示范装置。前三种是比较成熟的工业技术。技术上的分类原则是以气化原料的形态为基础的,即粉煤、块煤、煤浆等。用于水煤浆的气化工艺基本上也能用于油煤浆、焦煤浆等形式。技术上分类的另一个特点是将煤气化技术开发公司或单位的名字冠于这个技术的前面,例如 Shell 气化、Texaco 气化等。国内外主要煤气化技术及分类见图 4-5。

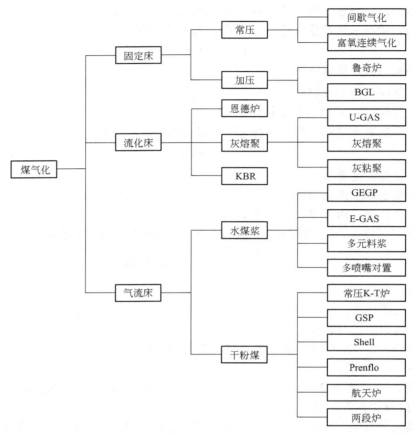

图 4-5 煤气化技术及分类

气化技术的关键设备是气化炉,目前单台气化炉煤处理量已超过 2000t/d。成熟的煤气化炉有 Texaco、Shell 高速气固并流床气化炉,Lurgi 固定床气化炉以及我国华东理工大学的四喷嘴对撞式气化炉、水冷壁式航天炉等。

(1) 固定床(移动床)气化 固定床气化一般以块煤或煤焦为原料。煤由气化炉顶加入,气化剂由炉底送入。流动气体的上升力不致使固体颗粒的相对位置发生变化,即固体颗粒处于相对固定的状态,床层高度亦基本维持不变,故而称为固定床气化。另外,从宏观角度看,由于煤从炉顶加入,含有残炭的灰渣自炉底排出,气化过程中,煤粒在气化炉内逐渐并缓慢往下移动。因而又称为移动床技术,属于逆流操作。可分为常压与加压两种。常压法比较简单,但要求用块煤,低灰熔点的煤种难以使用。加压法是常压法的改进和提高,常以氧气与水蒸气为气化剂,对煤种适应性提高。

移动床气化最常用的方法是 Lurgi 加压气化法,生产的煤气中甲烷含量高,适合于灰分高,水分高的块状褐煤。煤或煤焦由气化炉顶部加入,自上而下经过干燥层、干馏层、还原层和氧化层,最后形成灰渣排出炉外。气化炉原料层示意图见图 4-6。

气化剂自下而上经过灰渣层预热后进入氧化层和还原层(气化区),生成的煤气显热用于煤的干馏和干燥。为保证气化过程的正常进行,必须保证床层的均匀性和透气性。因此,要求入炉煤具有一定的粒度及均匀性。同样，煤的机械强度、热稳定性、黏结性和结渣性等都与透气性有关，因此对入炉煤作很多限制。有代表性的固定床气化炉是常压 UGI 炉和加压 Lurgi 炉两种，均为干法排灰。前者用空气和水蒸气为气化剂进行间歇气化，主要用于小型化工企业，用于制取城市煤气或合成气。加压 Lurgi 炉气化技术发展分为三个阶段，第一阶段：1930～1954 年，主要为生产城市煤气，验证加压气化理论和在工业上实现固定床加压气化；第二阶段：1954～1969 年，为了气化弱黏结性的烟煤和生产合成气、提高单炉生产能力；第三阶段：1969 年以后，为提高气化强度，扩大对煤种的适应范围。Lurgi 炉各个阶段结构示意图如图 4-7 所示。

（2）流化床气化　流化床又称沸腾炉。流化床气化以 8mm 以下的小颗粒煤为原料，气化剂同时作为流化剂。气化剂由炉底部吹入，使细颗粒煤在气化炉内呈流态化（沸腾）状态，即在炉内锥体部分呈并流运动，炉上部筒体部分呈并逆流运动。流化床的气体经过分布板自下而上通过床层，为维持炉内"沸腾"状态，气化温度控制在煤灰的灰软化温度以下。由于流化床内气、固相之间良好的返混和接触，其传热和传质速率均很高，故流化床的温度和组成比较均匀。为防止煤颗粒"软化"和相聚变大而破坏流态，这种气化炉不适用于黏结性煤。流化床技术典型的代表是 Winkler（温克勒）煤气化工艺，适用于褐煤、不粘煤、弱黏性煤直至中等黏结性的烟煤。煤粒的允许粒度范围较宽，气化炉的结构简单，造价低，高温温克勒气化（HTW）炉见图 4-8。我国中科院山西煤化所开发的灰熔聚气化

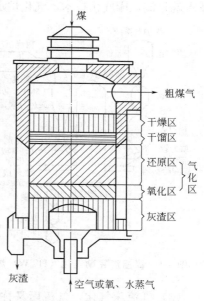

图 4-6　气化炉原料层示意图

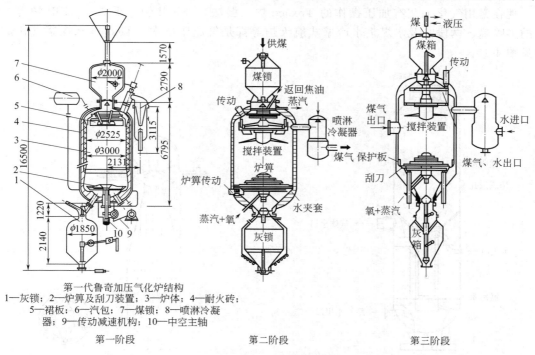

第一代鲁奇加压气化炉结构
1—灰锁；2—炉箅及刮刀装置；3—炉体；4—耐火砖；
5—裙板；6—汽包；7—煤锁；8—喷淋冷凝器；9—传动减速机构；10—中空主轴

第一阶段　　　　　第二阶段　　　　　第三阶段

图 4-7　Lurgi 气化炉示意图

技术就是流化床气化技术，气化炉示意图见图4-9。

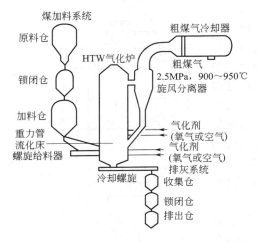

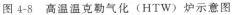

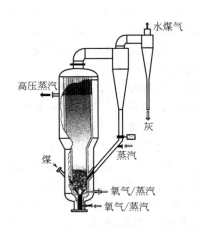

图4-8 高温温克勒气化（HTW）炉示意图　　图4-9 灰熔聚流化床粉煤气化炉示意图

（3）气流床气化　气流床又称并流气化或活塞流气化，在固体燃料气化过程中，气化剂将煤粉或煤浆夹带进入气化炉，进行并流气化和燃烧。粉煤气化具有较大的反应表面积。气流床气化的特点在于煤粒各自被气流隔开，燃料的黏结性对气化过程没有影响。燃料在气流床气化炉的反应区停留时间极短，燃料与气化剂的反应速率很快，受反应区空间的限制，气化反应必须在瞬间完成。为了维持较高的反应温度，采用氧气和一定量的水或蒸汽作为气化剂。为弥补停留时间短，严格控制入炉煤的粒度（＜0.1mm），以保证有足够的反应面积。为增加反应推动力，必须提高反应温度，加快反应速度。并流气化火焰中心温度在2000℃以上，灰渣以液态形式排出。

现在常用气化工艺有加压操作的Texaco炉（湿法）、Shell炉（干法）、GSP炉等。国内的多喷嘴、两段法及水煤浆水冷壁式航天炉等都是气流床技术。Texaco水煤浆气化炉结构见图4-10。

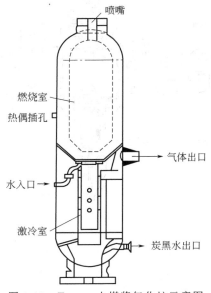

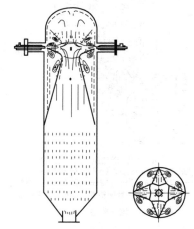

图4-10 Texaco水煤浆气化炉示意图　　　图4-11 多喷嘴对置式水煤浆气化流场结构示意图

多喷嘴对置式气化炉通过喷嘴配置、优化炉型结构及尺寸,在炉内形成撞击流,以强化混合(热质传递)过程,同时延长了停留时间,从而达到良好的工艺与工程效果,有效气成分高、碳转化率高、耐火砖寿命长。流场结构见图 4-11。

复合床洗涤冷却室多喷嘴对置式水煤浆气化技术创新点在于:①多喷嘴进料在炉内形成撞击流场,强化混合和热质传递;②喷淋和鼓泡复合型的合成气初步洗涤冷却系统,避免了合成气带水带灰;③采用分级净化的合成气经初步净化系统净化效果好,系统能耗低,设备不易结垢堵灰;④热回收与除渣单元采用蒸汽与返回灰水直接接触工艺,换热效果好,灰水温度高,蒸汽利用充分。

4.2.3 煤气化工艺

以煤或焦、炭为原料的现代各种合成氨工艺的区别主要在于煤气化过程。典型的大型煤气化工艺主要包括德士古水煤浆加压气化工艺、壳牌干煤粉加压气化工艺、加压气流床气化工艺(GSP)以及 Lurgi 固定床加压气化工艺等。在大量引进国外技术的同时,国内一直在进行煤气化的研究,并且也有一定的成效。主要有西安热工研究院的干煤粉加压两段气化技术;山西煤化所的灰熔聚煤气化技术;华东理工大学的多喷嘴对置式水煤浆气化技术;清华大学的非熔渣分级气化技术;中国航天科技集团公司的航天炉;西北化工研究院的多元料浆气化技术。

按照气化过程中热能回收方式的不同,分为激冷工艺与废热锅炉工艺,这两种工艺,基本流程相同,只是在操作压力和热能回收方式上有所不同。选择激冷工艺还是废热锅炉工艺,关键因素取决于后续的产品。例如,目前国内 Texaco 工艺主要生产合成氨,净化的合成气中 CO 要与 H_2O 生成 CO_2,需要大量的水蒸气,选择激冷流程既增湿又除尘,是比较合适的配置。

按照原料投料是否连续又分为间歇式制气和连续式制气工艺。大型煤化工工艺全部为连续化生产工艺。

(1)间歇式固定床法制半水煤气 间歇式煤气化过程是在固定床气化炉中进行。煤从炉顶间歇加入,空气和水蒸气分别送入煤层,先送空气入炉燃烧煤,提高煤层温度,将气化所需的热量蓄存在整个煤层,所以也称为蓄热法制气。燃烧煤的同时生成吹风气,回收热量后大部分放空,而后气化剂从炉底进入燃料层进行气化反应,所得的水煤气配入部分吹风气即成半水煤气。

在稳定的气化条件下,燃料层可分为以下几个区域。参见图 4-6。

干燥区,利用下层高温燃料和高温炉壁的辐射热,以及由下而上的高温气流的热传导作用,使新入炉煤中的水分蒸发。

干馏区,当干燥后的煤温度达到 300℃以上时,煤开始进行热解,逸出以烃类为主的挥发份,而燃料本身也逐渐碳化,该区即为干馏层。

气化区,煤气化的主要反应在气化区进行。当气化剂为空气时,该区分为两层:下部主要进行碳的燃烧,称氧化层,上部主要进行 C 与 CO_2 的还原反应,称还原层。

以水蒸气为气化剂时,在气化区进行碳与水蒸气反应,不再分氧化层和还原层。

灰渣区,该区位于气化炉底部。灰渣由此区域出炉,同时可预热从底部进入的气化剂,并可保护炉算不致因过热而变形。

间歇式制半水煤气,工业上将自上一次开始送入空气至下一次再送入空气时为止,称为一个工作循环,每个工作循环包括下列五个阶段。

① 吹风阶段。空气从炉底吹入,自下向上以提高煤层温度,然后将吹风气经回收热量

放空。

②蒸汽一次上吹。水蒸气自下而上送入煤层进行气化反应，此时煤层下部温度下降而上部温度升高，从而被煤气带走的显热增加。

③蒸汽下吹。此时水蒸气自上而下吹入煤层继续进行气化反应。这样可使煤层温度趋于均匀，制得的煤气从炉底引出系统。

④蒸汽二次上吹。蒸汽下吹制气后煤层温度已显著下降，且炉内尚有煤气，如果立即吹入空气势必引起爆炸。为此，先以蒸汽进行二次上吹，将炉子底部煤气排净，为下一步吹风做准备。

⑤空气吹净。目的是回收气化炉上部及管道中残余的煤气，此部分吹风气回收，作为半水煤气中 N_2 的来源。

(2) Texaco 水煤浆气化　Texaco（德士古）水煤浆加压气化工艺简称 TCGP，是美国德士古石油公司在重油气化基础上开发的。1945 年德士古公司在洛杉矶近郊蒙特贝洛建成第一套中试装置。并提出了水煤浆的概念，水煤浆采用柱塞隔膜泵输送，克服了煤粉输送困难及不安全的缺陷。20 世纪 70 年代开发并推出具有代表性的第二代煤气化技术，即加压水煤浆气化工艺，80 年代初完成示范工作并实现工业化。

TCGP 技术包括煤浆制备、灰渣排除、水煤浆气化等技术，其核心和关键设备是气化炉。该气化炉主要结构是采用单喷嘴下喷式的进料方式，壁炉为耐火砖。反应后的气体采用激冷流程进行净化除尘处理，同时也起到增湿的作用。在 IGCC 发电项目中，也采用废锅流程。

在 Texaco（德士古）激冷工艺中，加压后的水煤浆与纯度大于 98% 的高压氧气经过喷嘴混合后呈雾状，分别经喷嘴中心管及外环隙喷入气化炉燃烧室，在燃烧室发生剧烈反应，反应温度 $1350\sim1450\,℃$，反应压力 $4.0\sim6.0\,MPa$，出燃烧室的高温气体在气化炉底部激冷室与一定温度的碳黑水液相接触，达到激冷和洗涤的双重作用，然后于碳黑洗涤塔中进一步清除微量的碳黑到 $1\,mg/kg$，并控制水气比，合成气进入后工序。

落入激冷室底部的固态熔渣，经破渣机破碎后进入锁斗系统，锁斗系统设置自动循环控制系统，用于定期收集炉渣。排渣时，锁斗和气化炉隔离。锁斗系统的循环分为减压、清洗、排渣、充压四部分，每个循环约 30min，保证在不中断气化炉运行的状态下定期排渣。

气化炉和碳黑洗塔排出的含固体杂质较多的黑水，送往水处理系统循环使用。首先碳黑水送入高压、真空闪蒸系统，进行减压闪蒸，以降低温度，释放不溶性气体及浓缩碳黑水，经闪蒸后的碳黑水含固量进一步提高，送往沉降槽澄清，澄清水循环使用。Texaco 气化激冷工艺流程如图 4-12 所示。

(3) 壳牌（Shell）干煤粉加压气化工艺　自 20 世纪 50 年代起，壳牌公司就开始了气化技术的开发。最初开发了以油为原料的 Shell 气化技术（SGP），至今有 150 套以上的装置采用该技术。在积累油气化经验的基础上，1972 年该公司开始在阿姆斯特丹研究院（KSLA）进行煤气化技术研究。2001 年，Shell 煤气化工艺（SCGP）商业化。Shell 煤气化技术在可靠性、原料灵活性、负荷可调性和环保方面都达到了极高水准。

Shell 煤气化炉主要由内筒和外筒两部分构成，外筒只承受静压而不承受高温，内件形成气化空间、炉渣收集空间、气体输送空间。气化工艺由气化炉反应器、输送系统（激冷管、导管、气体返向室）、炉渣处理及废热锅炉四个部分组成。

Shell 煤气化过程是在高温、加压条件下进行的，煤粉、氧气及少量蒸汽在加压条件下并流进入气化炉内，在极短时间内完成升温、挥发分脱除、裂解、燃烧及转化等一系列物理和化学过程。气化炉内温度很高，在有氧存在的条件下，碳、挥发分及部分反应产物（H_2

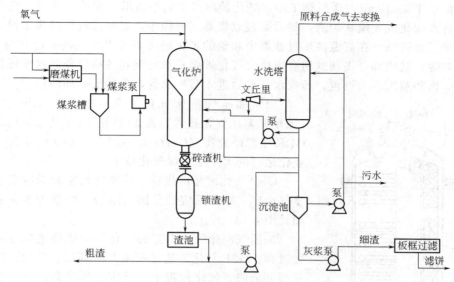

图 4-12 Texaco 激冷工艺流程

和 CO 等）以燃烧反应为主，在氧气消耗殆尽之后进入到气化反应阶段，最终形成以 CO 和 H_2 为主要成分的煤气离开气化炉。Shell 气化废热锅炉工艺如图 4-13 所示。

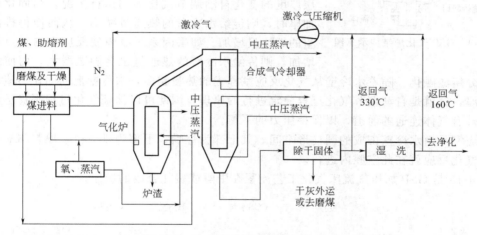

图 4-13 Shell 气化废热锅炉工艺流程

　　来自煤场的煤和助溶剂称重后，通过给料机按一定比例混合后进入磨煤机混磨，粒度达到一定要求后，通过热风干燥带走煤中的水，干燥的煤粉进入煤粉仓中贮存。出煤粉仓的煤粉通过锁斗装置，由输送气体 N_2 加压至 4.2MPa，并以输送气体作为动力送至烧嘴，与来自空分的加压预热氧气、中压过热蒸汽混合后导入烧嘴，煤粉、蒸汽、氧气一起进入气化炉内反应，反应温度 1500～1600℃，反应压力 3.5MPa。

　　出气化炉的气体先在气化炉顶部被激冷压缩机送来的冷煤气激冷至 900℃，进入输气管换热器、合成气冷却器（即废热锅炉）回收热量，温度降至 350℃，再进入高温高压陶瓷过滤器除去合成气中 99% 的飞灰。出高温高压过滤器的气体分为 2 股，一股进入激冷气压缩机压缩后作为激冷气返回气化炉上部的气体返回室。另一股进入文丘里洗涤器和洗涤塔，经高压工艺水除去其中剩余的灰分并将温度降至 150～300℃后去气体净化装置。处理后的煤

气粉尘含量小于 $1mg/m^3$，送后续工序。气化炉内产生的熔渣沿气化炉炉壁流入气化炉底部的渣池，遇水固化成玻璃状炉渣，然后通过收集器、渣锁斗，定时排放至渣脱水槽，再通过捞渣机捞出送至渣场。在高温高压过滤器中收集的飞灰经飞灰气提塔气提并冷却至 100℃ 后进入飞灰贮罐，其中部分飞灰返回磨煤机。气化炉膜式水冷壁和各换热器的水循环使用，副产 5.4MPa 饱和蒸汽进入汽包，经汽水分离后进入蒸汽总管，冷凝水循环使用。

（4）加压气流床气化工艺（GSP）　GSP 工艺技术（加压气流床气化技术）是 20 世纪 70 年代末由前民主德国 GDR 燃料研究所（German Fuel Institute）开发并投入商业化运行的大中型粉煤气化技术。

GSP 气化炉是由烧嘴、冷壁气化室和激冷室组成的加压气流床，整个反应器呈圆筒结构，外壁为水夹套。示意图见图 4-14。

加压气流床气化工艺的气化反应机理是典型的粉煤气化过程。GSP 气化工艺过程主要由备煤、气化、洗涤除渣三部分组成。气化过程中，反应温度较高，产生的熔渣被烧嘴以小液滴的形式甩至水冷壁，然后在水冷壁上形成一个固化熔渣层。该固化熔渣层的厚度取决于反应室内的火焰温度和熔渣的温度-黏度特性。水冷壁可以通过固化熔渣层厚度的变化自动调节气化炉的运行工况，当固化熔渣层加厚时，则传给水冷壁的热通量减小，从而使得排出反应室的熔渣量增加。如果因系统故障使反应室内热负荷突然增加，则传给水冷壁的热通量也会随之增大，而使水冷壁

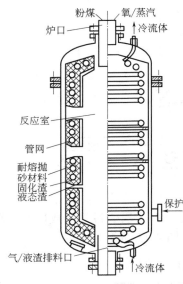

图 4-14　GSP 气化炉结构示意图

上的部分熔渣融化。随着水冷壁从气化反应室移走的热量越多，水冷壁上的固化熔渣层又会逐渐加厚，这就是自动调节气化过程稳定进行的原理，因此可以保证气化过程平稳运行。水冷壁内外有气体连通的通道，以保持压力的平衡。

反应室是由水冷壁围成的圆柱形空间，其上部为烧嘴，下部为排渣口，原料与氧气、水蒸气的气化反应就在此空腔内进行。

图 4-15 是 GSP 加压气流床气化工艺流程在甲醇或费托合成的应用。

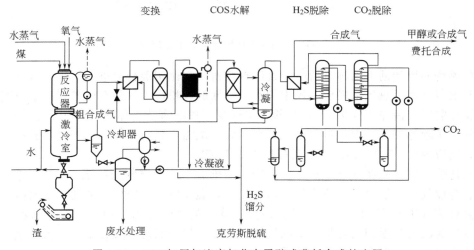

图 4-15　GSP 加压气流床气化在甲醇或费托合成的应用

气化原料煤被磨煤机加工成粒度小于 0.5mm 的煤粉，干燥，然后通过气流输送系统送至烧嘴。与其他气化剂（氧气、水蒸气）经烧嘴同时喷入气化炉内的反应室，反应温度（1400～1600℃）、反应压力（2.5～4.0MPa）下发生快速气化反应，产生 CO 和 H_2。气化原料中的矿物部分形成熔渣。粗煤气和熔渣一起通过反应室底部的排渣口进入下部的激冷室。冷却后的粗煤气去洗涤系统，使渣粒固化成玻璃状，通过锁斗系统排出，激冷水送至污水处理系统。气化温度的选择取决于原料煤的物理化学性质，气化压力取决于后续生产工艺。

（5）Lurgi 固定床加压气化工艺　固定床加压煤气化炉是 Lurgi 公司所开发的煤气化技术，其主要特点是带有夹套锅炉固态排渣的加压煤气化炉，原料是碎煤，煤和气化剂（蒸汽和氧气）在炉中逆流接触，煤在炉中停留时间 1～3h，压力 2.0～3.0MPa。适宜于气化活性较高，块度 5～50mm 的褐煤、弱黏结性煤等。因此，通常又将这种气化技术称为 Lurgi 碎煤气化工艺。

Lurgi 气化炉的固定床层由上而下可分为干燥区、干馏区、气化区、燃烧区和灰渣区五部分。在实际反应过程中，除了燃烧区和气化区之间是以 O_2 浓度为零来划分外，其余各区并无明确的边界定义。工艺流程见图 4-16。原料煤由煤锁斗加入气化炉，在 3.0MPa 压力下，自上而下依次经过干燥、干馏、气化层（或称还原层）后到达燃烧层。在此，煤中的残留碳与气化剂中的氧发生燃烧反应，灰渣将热量传递给气化剂后由炉箅排入灰锁。气化剂中的氧自下而上在燃烧层全部参与反应，然后进入气化层，在此水蒸气与碳、CO_2 与碳分别反应，生成了 CO、H_2、CH_4、焦油、苯和酚等组分。粗煤气从气化炉出来，首先经过洗涤冷却器，用水激冷煤气，同时粗煤气被蒸汽饱和，除去大部分的粒状物，并被冷却到 204℃，进入废热锅炉，煤气-蒸汽混合物由 204℃ 冷却到 181℃，显热和潜热被回收。副产 0.6MPa 低压蒸汽。粗煤气从顶部离开废热锅炉，经分离器分离水分后，进入后工序。

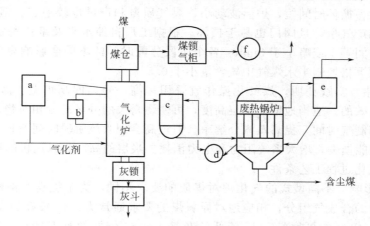

图 4-16　Lurgi 固定床加压气化工艺流程
a—液滴分离器；b—夹套水强制循环泵；c—洗涤冷却器；
d—循环泵；e—煤气液滴分离器；f—风机

4.2.4　煤气化工艺条件

（1）间歇式制半水煤气气化工艺条件　气化过程的工艺条件随燃料的性能的差异而不同，例如燃料的反应活性、粒度、灰熔点、机械强度、热稳定性等。尤其间歇式制半水煤气过程燃料层温度与气体组成呈周期性变化，影响工艺过程的因素很多，主要工艺条件如下。

① 温度 煤气化炉中燃料层温度沿轴向而变，以氧化层温度为最高。工业上所称的操作温度，一般是指氧化层温度，简称炉温。

从化学平衡来看，高温反应时，煤气中 CO 和 H_2 含量高，而水蒸气含量低。而从反应速度来看，温度升高反应速度加快。这样总的表现是蒸汽分解率高，煤气产量高，质量好。但是高炉温将导致吹风气温度高，而且 CO 含量高，造成热损失大，若在燃烧室和采用二次空气的情况下，这部分热量在燃烧室部分得到回收，气化强度相应提高。气化过程，在不致使炉内结疤的前提下，应尽量在较高温度下进行。固定床气化炉操作温度应低于灰分的软化温度 50℃。

对流化床气化过程，为防止颗粒粘结，气化炉操作极限温度不应超过灰分的变形温度。对于液体排渣的任何气化炉，气化温度都必须大于灰分的熔融温度。

② 吹风速度 碳在氧化层燃烧属于扩散控制，因此，提高吹风速度可使氧化层反应加速，同时可使 CO_2 在还原层的停留时间减少，相应地降低吹风气中 CO 含量及其热量损失。但吹风气过量时，为了防止结疤，势必要增大蒸汽消耗。若吹风气大量过量时，非但不能提高气化层温度反而甚至可能吹翻燃料层，导致气化过程严重恶化，加大随飞灰带走的燃料损失。适宜的吹风量应由工业试验确定。

③ 蒸汽用量 煤气的质量与产量随着蒸汽流速的增大和加入的时间的延续而改变。蒸汽用量是控制生产的重要手段之一。蒸汽一次上吹制气时，炉温较高，煤气质量好，产气量高。但随着制气过程的进行，气化区温度迅速下降并上移，导致出口煤气温度升高，带出的热量相应增大，所以上吹时间不宜过长。蒸汽下吹时，使气化区恢复正常位置。若下吹蒸汽经过预热，制气情况更好。故下吹时间比上吹长。在工业生产中，吹蒸汽时间与蒸汽流速是根据制气末期炉温不低于 950~1000℃ 来确定的。

④ 循环时间分配 每一工作循环时间不宜过长和过短。如过长，气化层温度和煤气质量、产量波动大。循环时间短，炉温波动小，煤气质量和产量也较稳定，但阀门开关频繁，占时间多，影响产气量，且阀门也易于损坏。根据工厂自控水平及维持稳定操作条件为原则，一般循环时间等于或略小于 3min。各个阶段分配时间的不同会影响煤气的组成，为防止爆炸事故必须严格控制半水煤气中氧含量小于 0.5%。

⑤ 其他条件 实践证明，煤气化操作宜采用三高一短，即高炉温、高风量、高炭层、短循环是行之有效的。适当地增加炭层高度，可使燃料层的分区高度相对稳定，燃料层储存更多热量，延长制气时间，提高蒸汽分解率。但过高会因吹风阶段时间增长，增大吹风气中的 CO 含量和热能损失，增大系统阻力和电力消耗。炭层的高度是以风机的风压为限度的。

（2）连续气化过程工艺条件

① 煤质的影响 不同型式的气化炉对煤质的要求不同，为了提高经济性，得到较高的气化效率及较好的合成气组分，相应地对原料煤的要求通常为：a. 较好的反应活性；b. 较高的发热量；c. 较好的可磨性；d. 较低的灰熔点；e. 较好的黏温特性；f. 较低的灰分；g. 合适的煤粒度等。

② 氧煤比、反应温度的影响 氧煤比在生产中是指氧气和原料煤的体积比，理论上一般用氧、碳原子比表示，它是控制炉温即反应温度的重要参数。氧煤比增加，气化炉温度升高，能提供更多的热量，对气化反应有利，若氧煤比进一步增大，碳转化率增加不大。因为过量氧气进入气化炉，会导致合成气中 CO_2 含量增加，同时高温将缩短炉耐火砖的使用寿命，因此氧煤比有一适宜值。

③ 助熔剂的影响 前已述及，凡是液态出渣的气化工艺，气化炉是在煤的灰熔点以上操作，灰熔点高，操作温度就会相应提高，氧耗增大，对耐火材料的要求更加苛刻。因此对

灰熔点高的煤种适当添加助熔剂（一般采用石灰石）可以降低煤的灰熔点。

④ 反应压力的影响　气化反应是体积增大的反应，提高压力对化学平衡不利。但提高压力：a. 增加反应物密度，加快了反应速度，提高了气化效率；b. 加压气化有利于提高原料的雾化质量；c. 设备体积减小，单炉产气量增大，便于实现大型化；同时，可以降低后工序气体压缩功耗。基于上述原因在工业生产中广泛采用加压操作。

4.3　烃类转化制合成气

用来生产合成气的烃类原料主要指天然气、炼厂气、焦炉气、油田气和煤层气等。它们的主要成分可以表示为 C_nH_m。烃类水蒸气转化过程中主反应可表示为：

$$C_nH_m + nH_2O \Longrightarrow nCO + \left(n + \frac{m}{2}\right)H_2 \tag{4-15}$$

反应为强吸热反应。无论何种烃类与水蒸气反应过程中都要经过甲烷生成阶段，因此烃类蒸汽转化可以用甲烷转化反应来代替。

目前工业上由天然气制合成气主要有水蒸气转化法和部分氧化法。蒸汽转化法是在催化剂和高温条件下，使甲烷等烃类与水蒸气反应，生成 H_2、CO 等混合气，其主反应为：

$$CH_4 + H_2O \Longrightarrow CO + 3H_2 \qquad \Delta_rH_m^{\ominus} = 206kJ \cdot mol^{-1} \tag{4-16}$$

该反应是强吸热的，需要外界供热。此法技术成熟，目前广泛应用于生产合成气、纯氢气和合成氨原料气。

部分氧化法是由甲烷等烃类与氧气进行不完全氧化生成合成气，该过程可自热进行，无需外界供热，热效率较高。但若用传统的空分装置制取氧气，能耗较高。主反应为：

$$CH_4 + \frac{1}{2}O_2 \Longrightarrow CO + 2H_2 \qquad \Delta_rH_m^{\ominus} = -35.7kJ \cdot mol^{-1} \tag{4-17}$$

蒸汽转化法 1mol CH_4 可生成 1mol CO 和 3mol H_2，合成气中 H_2/CO 比值为 3。适宜生产纯氢和合成氨，其中 CO 可和水蒸气反应转化出更多的 H_2。对于合成某些有机化合物而言，H_2/CO 为 3 则太高了，例如甲醇理论氢碳比为 2，醋酸为 1。目前国内外都在研究和开发既节能又可灵活调节 H_2/CO 比值的新工艺。

4.3.1　天然气蒸汽转化反应原理

天然气中甲烷含量达 90% 以上，而甲烷在烷烃中是热力学最稳定的，其他烃类较易反应，因此讨论天然气转化过程时，只需考虑甲烷与水蒸气的反应。

甲烷水蒸气转化反应必须在催化剂条件下才有足够的反应速率，主要反应有：

$$CH_4 + H_2O \Longrightarrow CO + 3H_2 \qquad \Delta_rH_m^{\ominus} = 206kJ \cdot mol^{-1} \tag{4-16}$$

$$CH_4 + 2H_2O \Longrightarrow CO_2 + 4H_2 \qquad \Delta_rH_m^{\ominus} = 165kJ \cdot mol^{-1} \tag{4-18}$$

$$CO + H_2O \Longrightarrow CO_2 + H_2 \qquad \Delta_rH_m^{\ominus} = -41.2kJ \cdot mol^{-1} \tag{4-19}$$

可能发生的副反应主要是析碳反应：

$$CH_4 \Longrightarrow C + 2H_2 \qquad \Delta_rH_m^{\ominus} = 74.9kJ \cdot mol^{-1} \tag{4-20}$$

$$2CO \Longrightarrow CO_2 + C \qquad \Delta_rH_m^{\ominus} = -172.5kJ \cdot mol^{-1} \tag{4-21}$$

$$CO + H_2 \Longrightarrow C + H_2O \qquad \Delta_rH_m^{\ominus} = -131.4kJ \cdot mol^{-1} \tag{4-22}$$

反应体系中物质数是 6，组成物质的元素为 C、H、O，因此体系独立反应数为 3。不考虑炭黑时，独立反应数为 2。通常以反应式(4-16)和式(4-19)作为研究对象。

4.3.1.1 甲烷蒸汽转化反应化学平衡

$$CH_4 + H_2O \Longrightarrow CO + 3H_2 \qquad \Delta_r H_m^\ominus = 206 \text{kJ} \cdot \text{mol}^{-1} \qquad (4\text{-}16)$$

$$CO + H_2O \Longrightarrow CO_2 + H_2 \qquad \Delta_r H_m^\ominus = -41.2 \text{kJ} \cdot \text{mol}^{-1} \qquad (4\text{-}19)$$

上述两个反应均为可逆反应，反应式 (4-16) 吸热，热效应随温度增加而增大，反应式 (4-19) 放热，热效应随温度增加而减小。反应的平衡常数分别表示为：

$$K_{p16} = \frac{p_{CO} \cdot p_{H_2}^3}{p_{CH_4} \cdot p_{H_2O}} \qquad (4\text{-}23)$$

$$K_{p19} = \frac{p_{CO_2} \cdot p_{H_2}}{p_{CO} \cdot p_{H_2O}} \qquad (4\text{-}24)$$

式中　　　　　　　K_{p16}、K_{p19}——反应式 (4-16)、式 (4-19) 的平衡常数；

p_{CH_4}、p_{H_2O}、p_{H_2}、p_{CO_2}、p_{CO}——系统处于平衡时 CH_4、H_2O、H_2、CO_2、CO 组分的平衡分压。

平衡常数与温度的经验公式为式 (4-25) 和式 (4-26)。可以计算平衡组成。

$$\lg K_{p16} = \frac{-9864.75}{T} 8.3666 \lg T - 2.0814 \times 10^{-3} T + 1.8737 \times 10^{-7} T^2 - 11.894 \qquad (4\text{-}25)$$

$$\lg K_{p19} = \frac{2.183}{T} - 0.09361 \lg T + 0.632 \times 10^{-3} T - 1.08 \times 10^{-7} T^2 - 2.298 \qquad (4\text{-}26)$$

表 4-3 是两个反应在不同温度下平衡常数。

表 4-3　反应在不同温度下平衡常数

温度/℃	$K_{p16} = \dfrac{p_{CO} \cdot p_{H_2}^3}{p_{CH_4} \cdot p_{H_2O}}$	$K_{p19} = \dfrac{p_{CO_2} \cdot p_{H_2}}{p_{CO} \cdot p_{H_2O}}$	温度/℃	$K_{p16} = \dfrac{p_{CO} \cdot p_{H_2}^3}{p_{CH_4} \cdot p_{H_2O}}$	$K_{p19} = \dfrac{p_{CO_2} \cdot p_{H_2}}{p_{CO} \cdot p_{H_2O}}$
500	9.694×10^{-5}	4.878	800	1.68	1.015
550	7.948×10^{-4}	3.434	850	5.237	8.552×10^{-1}
600	5.163×10^{-3}	2.527	900	14.78	7.328×10^{-1}
650	2.758×10^{-2}	1.923	950	38.36	6.372×10^{-1}
700	1.246×10^{-1}	1.519	1000	92.38	5.610×10^{-1}
750	4.880×10^{-1}	1.228			

注：分压单位 MPa。

平衡组成是反应的极限，实际反应距平衡总是有一定距离的，通过对比一定条件下实际组成与平衡组成，可以判断反应速率的快慢和催化剂活性的高低。相同的反应时间内，催化剂活性越高，实际组成越接近于平衡组成。

平衡组成与温度、压力及反应组成有关，图 4-17 表示出 CH_4、CO 及 CO_2 的平衡组成与温度、压力及水碳比（H_2O/CH_4 摩尔比）的关系，H_2 的平衡组成根据组成约束式 $\sum x_i = 1$（x_i 为平衡组成各物质的摩尔分数）求出。

甲烷水蒸气转化的反应机理复杂，不同研究者采用各自的催化剂和试验条件，提出了各自的反应机理和动力学方程，时至今日仍没有公认的甲烷蒸汽转化反应动力学方程，但甲烷蒸汽转化反应公认的是一级反应。

4.3.1.2 甲烷水蒸气转化过程中析碳反应

甲烷水蒸气转化反应若操作条件不当则会发生式 (4-20)、式 (4-21)、式 (4-22) 的三个析碳反应，生成的碳会覆盖在催化剂内外表面，致使催化活性降低，反应速率下降，严重时，床层堵塞，阻力增加，催化剂毛细孔内的碳遇水蒸气会剧烈汽化，导致催化剂崩裂或粉化，因此，对于烃类蒸汽转化过程要特别注意防止析碳。

三个析碳反应也是可逆的，平衡常数分别为：

$$K_{p20} = \frac{p_{H_2}^2}{p_{CH_4}}$$ （4-27）

$$K_{p21} = \frac{p_{CO_2}}{p_{CO}^2}$$ （4-28）

$$K_{p22} = \frac{p_{H_2O}}{p_{CO} \cdot p_{H_2}}$$ （4-29）

式中　　　　K_{p20}、K_{p21}、K_{p22}——反应式(4-20)、式(4-21)、式(4-22) 的平衡常数；

p_{CH_4}、p_{H_2O}、p_{H_2}、p_{CO_2}、p_{CO}——系统处于平衡时 CH_4、H_2O、H_2、CO_2、CO 组分的平衡分压。

平衡常数与温度的关系见表 4-4。反应式(4-22)在不同温度下的平衡常数见表 4-5。

表 4-4　反应式(4-20)、式(4-21) 在不同温度下平衡常数

温度/℃	K_{p20}	K_{p21}	温度/℃	K_{p20}	K_{p21}
327	0.01	5.35×10^5	827	27.20	0.082
427	0.1116	3.74×10^3	927	62.19	0.0175
527	0.7087	9.108×10	1027	126.1	0.0048
627	3.077	5.193	1127	231.1	0.0016
727	10.17	0.5264			

注：分压单位 atm。

表 4-5　反应式(4-22) 在不同温度下的平衡常数

温度/℃	600	800	1000	1200	1400
K_{p22}	17370	21.4	0.354	0.0224	0.00316

注：分压单位 atm。

由表 4-4 可知，高温有利于甲烷裂解析碳，不利于一氧化碳歧化析碳；由表 4-5 可知，高温不利于一氧化碳还原析碳，有利于碳被水蒸气氧化生成一氧化碳和氢气，即高温下式(4-22)逆向进行，温度越高，水蒸气越多，越有利于消碳。

甲烷水蒸气转化体系中，水蒸气是重要组分，由各析碳反应生成的碳与水蒸气之间存在式(4-22)的平衡，通过热力学计算，可求得开始析碳时所对应的 H_2O/CH_4 摩尔比，称为热力学最小水碳比。不同温度、压力下有不同的热力学最小水碳比。

4.3.1.3　甲烷水蒸气转化影响因素

影响甲烷水蒸气转化反应平衡的主要因素有温度、水碳比和压力。图 4-17 为甲烷水蒸气转化平衡组成与温度、压力和水碳比的关系。

(1) 温度的影响　甲烷与水蒸气反应生成 CO 和 H_2 是吸热的可逆反应，高温对平衡有利，H_2 及 CO 的平衡产率高，CH_4 平衡含量低。一般情况下，当温度升高 10℃，平衡含量中甲烷可降低 1%～1.3%。高温对一氧化碳变换反应的平衡不利，而且高温也会抑制一氧化碳歧化和还原析碳的副反应。但是，温度过高，会发生甲烷裂解，当高于 700℃时，会大量析出碳，并沉积在催化剂和器壁上。

(2) 水碳比的影响　水碳比对于甲烷转化影响重大，高的水碳比有利于甲烷的转化反应。在 800℃、2MPa 条件下，水碳比由 3 提高到 4 时，甲烷平衡含量由 8% 降到 5%。同时，高水碳比有利于抑制析碳反应。

(3) 压力的影响　甲烷蒸汽转化反应是体积增大的反应，低压有利平衡，当温度

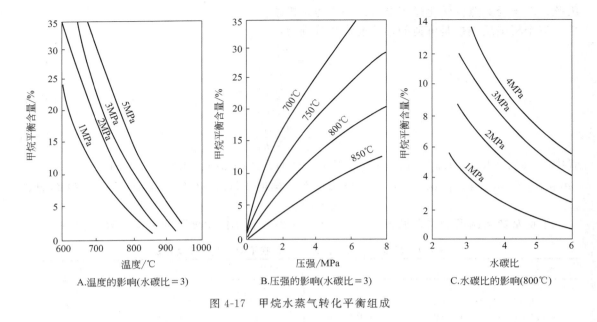

图 4-17　甲烷水蒸气转化平衡组成

800℃、水碳比 4 时，压力由 2MPa 降低到 1MPa 时，甲烷平衡含量由 5％降至 2.5％。低压同时抑制一氧化碳的两个析碳反应，但是低压对甲烷裂解析碳反应平衡有利，适当加压可抑制甲烷裂解。压力对一氧化碳变换反应平衡无影响。

　　综上所述，从反应平衡考虑，甲烷水蒸气转化过程应采用适当的高温、稍低的压力和高水碳比。

4.3.1.4　甲烷水蒸气转化反应催化剂

　　甲烷水蒸气转化反应，在无催化剂时，只有在 1300℃以上才具有实际意义的反应速率。但是，高温下大量甲烷裂解，能耗升高没有工业生产价值，所以必须采用催化剂。研究表明，一些贵金属和镍均对甲烷蒸汽转化反应具有活性，其中金属镍最便宜，又具有足够高的活性，所以工业上一直采用镍催化剂，并添加助催化剂以提高活性或改善诸如机械强度、活性组分分散、抗结碳、抗烧结、抗水合等性能。转化反应催化剂的促进剂有铝、镁、钾、钙、钛、镧、铈等金属氧化物。甲烷与水蒸气反应是在固体催化剂活性表面上进行的，所以催化剂应该具有较大的活性表面。提高镍表面最有效的方法是采用大比表面的载体，来支承、分散活性组分，并通过载体与活性组分间的强相互作用而使镍晶粒不易烧结。载体还应具有足够机械强度。为了抑制烃类在催化剂表面酸性中心上裂解析碳，通常在载体中添加碱性物质中和表面酸性。

　　催化剂在长期使用过程中，由于经受高温和气流作用，镍晶粒逐渐长大、聚集甚至烧结，致使表面积降低，或某些促进剂流失，导致活性下降，此现象称为催化剂老化。

　　许多物质，例如硫、砷、氯、溴、铅、钒、铜等的化合物，都是转化催化剂的毒物。极少量的硫化物就会使催化剂中毒，使活性明显降低，短时间内就完全失活。硫化物是原料气中经常存在的杂质，主要有硫化氢和有机硫化物，催化剂表面吸附硫化氢后反应生成硫化镍。

$$x\mathrm{Ni} + \mathrm{H_2S} \Longrightarrow \mathrm{Ni_xS} + \mathrm{H_2} \qquad (4\text{-}30)$$

　　反应式(4-30)是可逆的，称为暂时性中毒，在轻微中毒后，当原料气中清除了硫化物后，硫化镍会逐渐分解释放出硫化氢，催化剂得到再生，但若频繁的反复中毒和再生，镍晶粒长大，活性降低。所以，烃类蒸汽转化过程要求原料气中总硫的体积分数不得超过 $0.5mL/m^3$。

砷中毒是不可逆的，气体中的砷化物体积分数达 1×10^{-9} 时，就能使催化剂中毒，而且砷化物易沉积到反应器壁上，如不铲除这些污物，即使更换了新催化剂也会很快中毒。

卤素会使镍催化剂烧结而造成永久性失活，原料气中氯的体积分数应该小于 5×10^{-9}。铜、铅的影响类似于砷，它们在催化剂中的含量也应严格控制。

4.3.2　天然气部分氧化法制合成气反应原理

天然气部分氧化法是指在高温条件下，天然气中的轻质烃类与氧气进行不完全氧化反应，得到氢气和一氧化碳的方法。其中甲烷平衡转化率达 90% 以上，CO 和 H_2 的选择性高达 95%，生成合成气中的 H_2 和 CO 摩尔比接近 2。

4.3.2.1　天然气部分氧化反应原理

从理论上看，其反应可以分为 3 个步骤进行，首先是部分烃类与氧气进行完全燃烧反应，生成二氧化碳和水蒸气，并伴有大量的热产生，然后未燃烧的烃类与二氧化碳和水蒸气进行转化反应，生成一氧化碳和氢气，最后各组分按变换反应达到平衡，理想状态 25℃ 时，各反应式为：

$$CH_4+2O_2 \Longrightarrow CO_2+2H_2O \qquad \Delta_r H_m^{\ominus}=-802.8kJ \cdot mol^{-1} \qquad (4\text{-}31)$$

$$CH_4+H_2O \Longrightarrow CO+3H_2 \qquad \Delta_r H_m^{\ominus}=206kJ \cdot mol^{-1} \qquad (4\text{-}16)$$

$$CH_4+2H_2O \Longrightarrow CO_2+4H_2 \qquad \Delta_r H_m^{\ominus}=165kJ \cdot mol^{-1} \qquad (4\text{-}18)$$

$$CH_4+CO_2 \Longrightarrow 2CO+2H_2 \qquad \Delta_r H_m^{\ominus}=247.5kJ \cdot mol^{-1} \qquad (4\text{-}32)$$

$$CO+H_2O \Longrightarrow CO_2+H_2 \qquad \Delta_r H_m^{\ominus}=-41.2kJ \cdot mol^{-1} \qquad (4\text{-}19)$$

以上各反应速度取决于反应过程、反应温度及气体在炉内的停留时间等。工程设计上通常用平衡温距来表示反应的程度。部分氧化的目的是在天然气转化过程中，尽可能降低氧耗和蒸汽消耗，转化为较多的有效气体 CO 和 H_2。对于不同的最终产品，还要尽可能地满足转化气中 H_2/CO 的比例要求。

近几十年来，由于天然气蒸汽转化法的发展，国外已很少选用天然气部分氧化法。国内由于渣油价格上涨，环保要求提高，原先以渣油为原料的合成氨装置被迫进行改造。在温度 1300～1400℃、压力较宽的条件下，采用天然气部分氧化法比较合适。利用原有的空分装置，停掉碳黑回收，后处理工艺基本不变，可以做到投资少、见效快，是重质烃气化改造的主要路径之一。

4.3.2.2　天然气部分氧化工艺的工艺条件

温度、压力、蒸汽天然气比、氧气天然气比等条件对气化炉出口合成气的组成、产气率都有影响，同时也是主要操作因素，下面分别加以讨论。

（1）温度　影响化学反应的主要因素是温度与浓度，以及反应的时间，从本质上讲，天然气的气化过程是将天然气中的 C 和 H 转变为合成气的过程。该过程是吸热过程，为了避开动力学控制区，使整个气化反应具有较高的速率，气化炉温度应维持在较高的水平，一般气化炉出口气体的温度应不低于 1200℃，一般控制在 1250～1350℃。

气化炉出口温度主要与氧气天然气比、蒸汽用量、气化反应进行的深度以及热损失有关。气化反应进行的深度一方面与温度水平有关，另一方面又同浓度和反应时间有关。在气化炉型式一定的情况下，影响气化炉出口气组成主要是氧气天然气比、蒸汽用量。

（2）压力　从化学平衡的观点看，提高压力对反应是不利的，但提高压力可以使反应物的浓度增加，加快反应的速度，这是有利的。而且加压气化有利于节省动力，但气化炉的高压操作需要好的耐高温衬里材料。

（3）氧气天然气比　进入气化炉的氧气对气化反应的影响主要表现在温度、有效气产量、气体成分和出口原料气中的炭黑含量上。气化炉出口温度随氧气天然气比的增加而升高，随蒸汽用量的增加而降低；气化炉的温度越高，天然气的转化越充分，出口甲烷含量降低，同时生成的二氧化碳就增多。氧气的作用主要有两方面：一是提供氧化反应的氧原子；二是提高气化炉内的反应温度，加快耗碳反应的速度。但过量的氧气又会导致气化炉出口的有效气体成分降低。因此，氧气天然气比的选择存在最佳值。

（4）蒸汽天然气比　进入气化炉的蒸汽有两方面的作用：一是提供转化反应的氧原子，这是有利的；二是降低气化炉反应的温度，对整个气化反应不利，故进入气化炉的蒸汽量不宜过多。对于天然气的部分氧化反应，在氧气天然气比一定的情况下，加入蒸汽对有效气产量和气化炉出口甲烷含量无明显的影响，但为了维持气化炉一定的反应温度，反应的耗氧量将会上升。

（5）停留时间　停留时间是指生成的煤气在气化炉内停留的时间，它是气化反应所需时间的一种表示方法。可用下式表示：

$$停留时间＝炉膛容积/煤气流量$$

甲烷与蒸汽的转化反应是整个气化反应过程的控制步骤，因此甲烷高度转化所需时间即为整个气化反应所需的停留时间。在温度、压力相同的条件下，停留时间长，生成气中甲烷含量低，炭黑的生成量减少，但气化炉生产强度低。实际生产中，在反应的压力基本保持不变，且反应炉的容积一定，停留时间主要是受投料负荷的影响。

4.3.3　天然气转化工艺流程

工业上天然气蒸汽催化转化法制取转化气为提高转化率通常分为一段转化和二段转化。对合成氨生产而言，均采用二段转化流程。

首先，在较低温度下于外热式的转化管中进行烃类的蒸汽转化反应，温度控制 780～820℃。然后，一段转化气进入耐火砖衬里的钢制二段转化炉中，通入适量空气在较高温度下进行部分氧化反应，利用反应热继续进行甲烷转化反应。

各公司开发的蒸汽转化法流程，除一段转化炉炉型，烧嘴结构，是否与燃气轮机匹配等方面各具特点外，在工艺流程上均大同小异，都包括有一、二段转化炉，原料气预热，余热回收与利用。图 4-18 是以天然气为原料，日产 1000t 合成氨凯洛格（Kellogg）传统工艺流程。

天然气具有原料及燃料两种用途。天然气经脱硫后，总硫含量小于 $0.5 cm^3/m^3$，压力 3.6MPa、温度 380℃下配入中压蒸汽达到一定的水碳比（约为 3.5），进入对流段加热到 500～520℃，然后送到辐射段顶部，分配进入各反应管，气体自上而下流经催化剂，边吸热边反应，离开反应管底部的转化气温度为 800～820℃，压力为 3.1MPa，甲烷含量约为 9.5%，汇合于集气管，再沿着集气管中间的上升管上升，继续吸收热量，使温度升到 850～860℃，经输气总管送往二段转化炉。

工艺空气经压缩机加压到 3.3～3.5MPa，也配入少量蒸汽，然后进入对流段的工艺空气加热盘管预热到 450℃左右，进入二段炉顶部与一段转化气汇合，在顶部燃烧区燃烧、放热，温度升到 1200℃左右，再通过催化剂床层时继续反应并吸收热量，离开二段转化炉的气体温度约为 1000℃左右，压力为 3MPa，残余甲烷含量在 0.3%左右。

二段转化气进入两台并联的第一废热锅炉，接着又进入第二废热锅炉，这三台锅炉都产高压蒸汽。从第二废热锅炉出来的气体温度约 370℃左右送往变换工序。

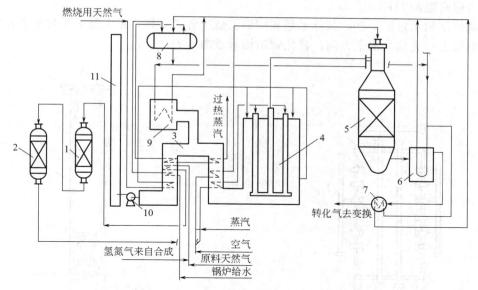

图 4-18　天然气蒸汽转化工艺流程

1—钴钼加氢反应器；2—氧化锌脱硫罐；3—对流段；4—辐射段（一段炉）；5—二段转化炉；
6—第一废热锅炉；7—第二废热锅炉；8—汽包；9—辅助锅炉；10—排风机；11—烟囱

　　燃料天然气先经一段炉对流段预热后，进入到辐射段的烧嘴，助燃空气由鼓风机送预热器后也送至烧嘴，在喷射过程中混合均匀并在一段炉内燃烧，产生的热量通过反应管壁传递给催化剂和反应气体。离开辐射段的烟道气温度高于 1000℃，在炉内流至对流段，依次流经排列在此段的天然气～水蒸气混合原料气的预热器、二段转化工艺空气预热器和助燃空气预热器，温度降至 150～200℃，由排风机送至烟囱而排往大气。

　　流程充分合理地利用不同温度的余热（二次能源）加热各种物料、产生动力及工艺蒸汽。由转化系统回收的余热约占合成氨厂总需热量的 50%，因而降低了合成氨的能耗和生产成本。

4.3.4　转化炉

　　一段转化炉由辐射段和对流段组成，外壁用钢板制成，炉内壁衬耐火层。转化管竖直排列在辐射段炉膛内，总共有 300～400 根内径约 70～120mm、总长 10～12m 的转化管，每根管可装催化剂 15.3m³。多管型式能提供大的比传热面积（单位体积的传热面积），而管径越小横截面上温度越均匀，提高了反应效率。反应炉管的排布要着眼于辐射传热的均匀性，故应有合适的管径、管心距和排间距，此外，还应形成工艺期望的温度分布，要求烧嘴有合理布置及热负荷的恰当控制。反应炉管的入口温度 500～520℃，出口温度 800～820℃。对流段有回收热量的换热管。天然气一段转化炉的炉型主要有两大类，一类是以美国凯洛格公司为代表所采用的顶烧炉，另一类是以丹麦托普索公司为代表的侧烧炉。

　　顶烧炉见图 4-19，其外形呈方箱形。烧嘴安装在炉顶，分布在转化管的两侧，向下喷燃料燃烧放热。转化炉

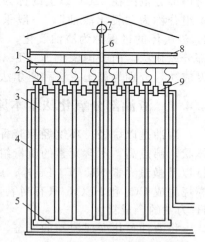

图 4-19　顶烧炉示意图

1—原料气管；2—上猪尾管；3—转化管；
4—辐射段；5—下集气管；6—上升管；
7—集气总管；8—燃料气管；9—烧嘴

管材质为耐高温的 HK-40。

侧烧炉结构示意图 4-20。其外形呈长方形。烧嘴分成多排，由上至下平均布置在辐射段两侧的炉墙上，火焰为水平方向。转化管结构示意图 4-21。

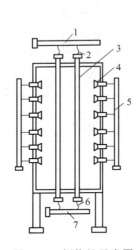

图 4-20　侧烧炉示意图

1—原料气管；2—上猪尾管；3—转化管；

4—烧嘴；5—燃料气管；6—下猪尾管；

7—下集气管

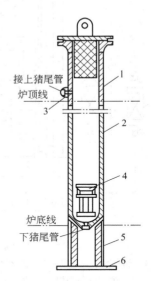

图 4-21　转化管示意图

1—接管；2—转化管；3—加强节；4—催化

剂托盘；5—转化管支撑架；6—支撑钢梁

4.4　渣油部分氧化法制合成气

原油在炼油厂经过常压蒸馏，残留在塔底的馏分称为"常压渣油"，再经过减压蒸馏，所得馏分范围在 520℃以上的称为"减压渣油"，将减压渣油进行热裂化或催化裂化后的残留组分称为"裂化渣油"，一般采用减压渣油作为生产合成氨的原料。由渣油转化为 CO、H_2 等气体的过程称为渣油气化。气化技术有部分氧化法和蓄热炉深度裂解法，常用技术是部分氧化法，由美国德士古（Texaco）公司和荷兰谢尔（Shell）公司在 20 世纪 50 年代开发成功，分别为德士古法和谢尔法。

4.4.1　渣油部分氧化法基本原理

渣油是以烷烃、环烷烃和芳香烃为主的大分子烃类混合物，在常温下呈黏稠、黑色半固体状，沸点高，所含元素的质量组成大致为 C 84%～87%、H 10%～13%，其余有 S、N、O 以及微量元素 Ni、V、Fe 等。虚拟分子式为 $C_m H_n$。当氧化剂氧气充分时，渣油会完全燃烧生成 CO_2 和 H_2O，只有当氧量低于完全氧化理论值时，发生部分氧化，生成以 CO 和 H_2 为主的合成气。

将渣油预热变成流动的液态，进入气化烧嘴雾化，与氧气、蒸汽均匀混合，在高温、高压下发生气化反应，主要有：

气态烃与氧气发生的反应：

$$C_m H_n + \left(m + \frac{n}{4}\right)O_2 \Longrightarrow m CO_2 + \frac{n}{2} H_2O \tag{4-33}$$

$$C_m H_n + \left(\frac{m}{2} + \frac{n}{4}\right) O_2 \rightleftharpoons m CO + \frac{n}{2} H_2 O \qquad (4-34)$$

$$C_m H_n + \frac{m}{2} O_2 \rightleftharpoons m CO + \frac{n}{2} H_2 \qquad (4-35)$$

气态烃热裂解发生的反应：

$$C_m H_n \rightleftharpoons \left(m - \frac{n}{4}\right) C + \frac{n}{4} CH_4 \qquad (4-36)$$

$$CH_4 \rightleftharpoons C + 2H_2 \qquad (4-37)$$

气态烃与水蒸气发生的反应：

$$C_m H_n + m H_2 O \rightleftharpoons m CO + \left(m + \frac{n}{2}\right) H_2 \qquad (4-38)$$

$$C_m H_n + 2m H_2 O \rightleftharpoons m CO_2 + \left(2m + \frac{n}{2}\right) H_2 \qquad (4-39)$$

其他反应：

$$C_m H_n + m CO_2 \rightleftharpoons 2m CO + \frac{n}{2} H_2 \qquad (4-40)$$

$$CH_4 + H_2 O \rightleftharpoons CO + 3H_2 \qquad (4-41)$$

$$CH_4 + 2H_2 O \rightleftharpoons CO_2 + 4H_2 \qquad (4-42)$$

$$CH_4 + CO_2 \rightleftharpoons 2CO + 2H_2 \qquad (4-43)$$

$$C + H_2 O \rightleftharpoons CO + H_2 \qquad (4-44)$$

$$C + CO_2 \rightleftharpoons 2CO \qquad (4-45)$$

$$CO + H_2 O \rightleftharpoons CO_2 + H_2 \qquad (4-8)$$

渣油部分氧化法的反应过程十分复杂，整个过程都在火焰中进行，渣油中的少量元素 S、O、N 等以可能的各种化合物形式存在于气体中，例如 H_2S、COS、HCN、NH_3 等。最终生成的水煤气中主要有 4 种组分 CO、H_2O、H_2、CO_2，4 种产物之间的平衡关系最终由变换反应式 (4-8) 平衡来决定。

4.4.2　渣油部分氧化法影响因素

渣油部分氧化法的优化工艺条件是在尽可能低的氧气和蒸汽消耗下，提高碳的转化率，得到更多的有效成分 CO 和 H_2。

渣油升温气化、裂解以及与水蒸气的反应均为吸热反应，与氧气的反应为放热反应，而气化反应总体上看是摩尔数增加的反应。以下分别讨论温度、压力、氧油比等对于渣油气化反应的影响。

(1)温度　烃类的完全燃烧和部分氧化反应为不可逆反应，不存在平衡限制问题。温度越高反应速率越快，故氧气很快消耗殆尽。烃类转化和焦炭气化是吸热的，高温对反应平衡和速率均有利。所以，渣油气化过程的温度应尽可能高，但是，操作温度受材质的约束，一般控制反应器出口温度为 1300～1400℃，反应器内温度最高的燃烧区温度高达 1800～2000℃。

(2)氧油比　操作温度不是独立变量，它与氧气、蒸汽的用量有关。氧油比对反应产物煤气中有效成分影响很大,氧油比是气化炉重要的控制指标之一,氧油比常用的单位是 m^3(氧)/ kg(油)。当要求只生成 CO 和 H_2 时,根据渣油部分氧化反应式可知,氧分子数与碳原子数比为 0.5(摩尔比),即

$$O_2/\sum C=0.5$$

大于 0.5,按照反应式会产生 CO_2 和水蒸气。理论氧油比的计算式为:

$$氧/油=22.4\times0.5\times\frac{w_c}{12} \tag{4-46}$$

式中　w_c——为渣油中碳元素的质量 kg。

实际生产中氧/油比要高于此理论值。因为添加了水蒸气,烃类蒸汽转化反应为吸热反应,需要提高氧油比,以维持高温,降低炭黑含量。具体比值要根据渣油中碳含量、原料预热温度、水蒸气量以及反应器散热损失等因素来确定。

(3) 蒸汽油比　水蒸气量是一个可调控的变量,它的加入可抑制烃类热裂解,加快消碳反应速率,同时水蒸气与烃类的转化反应可提高 CO 和 H_2 含量,有利于渣油的雾化,使油与氧、水蒸气的接触面积增大。所以蒸汽油比高一些较好,但水蒸气参与反应会降低温度,为了保持高温,又需要提高氧油比,因此蒸汽油比不能过高,一般控制在 0.3～0.6kg (蒸汽)/kg (油),加压气化时用低限。

(4) 压力　渣油气化过程总体上看是体积增加的反应,从平衡角度看,低压有利。但加压可以缩小设备尺寸和节省后工序的气体输送和压缩动力消耗,有利于消除炭黑、脱除硫化物和二氧化碳。渣油部分氧化过程的操作压力一般为 2.0～4.0MPa,加压对反应平衡的影响可用提高温度的措施来补偿,蒸汽油比也用低限值。

(5) 原料的预热温度　充分利用工厂内的余热来预热原料,可以节省氧耗,提高转化气的有效组分。预热渣油可降低黏度和表面张力,便于输送和雾化,但预热温度不可过高,以防渣油在预热器中气化和结焦。一般控制在 120～150℃。氧的预热温度一般在 250℃ 以下,蒸汽过热最高温度 400℃。

4.4.3　渣油部分氧化法工艺流程

渣油部分氧化法制合成气的工艺流程由四部分组成:原料油和气化剂的预热;油的气化;出口高温合成气的热能回收;碳黑清除与回收。

按照热能回收方式的不同,分为 Texaco 公司开发的激冷工艺与 Shell 公司开发的废热锅炉工艺。这两种工艺的基本流程相同,只是在操作压力和热能回收方式上有所不同,也有以清除合成气中炭黑工艺不同而分为水洗、油洗和石脑油、重油萃取等多种流程。后部气体净化采用低温甲醇洗流程、液氮洗涤流程,氨合成方法选择性较大,与以煤为原料的合成氨生产工艺相似。

4.4.3.1　德士古激冷流程

图 4-22 为典型的德士古渣油部分氧化激冷工艺流程。

原料渣油及由空气分离装置来的氧气与水蒸气经预热后进入气化炉燃烧室,渣油通过喷嘴雾化在燃烧室与气化剂发生剧烈反应,火焰中心温度可高达 1600～1700℃。由于有烃类蒸汽转化反应的调节,出燃烧室气体温度为 1300～1350℃,含有未转化的碳和原料油中灰分的气体在气化炉底部激冷室与一定温度的碳黑水相接触,在此达到激冷和洗涤的双重目的。在后续的各洗涤器进一步清除微量的碳黑到 1mg/kg 后直接去一氧化碳变换工序。洗涤黑水送石脑油萃取工序,使未转化的碳循环回到原料油中实现碳的 100% 转化。

热水在激冷室迅速蒸发,获得大量饱和蒸汽,可满足一氧化碳变换之需,这就必须要求

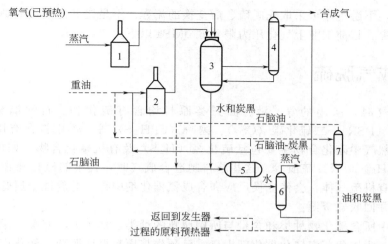

图 4-22　德士古激冷工艺流程

1—蒸汽预热器；2—重油预热器；3—气化炉；4—水洗塔；

5—石脑油分离器；6—气提塔；7—油分离器

原料油为低硫重油，以使合成气中硫含量为常规变换催化剂所允许。如硫含量较高，可采用耐硫变换催化剂。激冷流程不允许因脱硫而在变换前继续降温，否则在激冷室中以蒸汽回收的大量热能，将在降温过程中转化为冷凝水。

4.4.3.2　谢尔废热锅炉流程

图 4-23 是谢尔渣油部分氧化废热锅炉工艺流程。

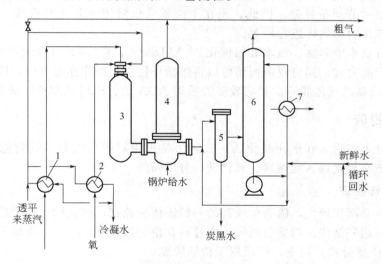

图 4-23　谢尔废热锅炉工艺流程

1—渣油预热器；2—氧预热器；3—气化炉；4—废热锅炉；5—炭黑捕集器；6—冷凝洗涤塔；7—水冷却器

原料油经高压油泵后压力升至 6.9MPa，预热至 260℃ 左右与预热后的高压氧和过热蒸汽混合，混合气约 310℃ 的进入喷嘴，进入气化炉进行气化反应，生成 CO 与 H_2 气。气化炉出来的高温气体进入火管式废热锅炉回收热量后，温度由 1300℃ 降至 350℃ 通过炭黑捕集器、洗涤塔将大部分炭黑洗涤和回收后离开气化工序去脱硫装置。废热锅炉壳程产10.5MPa 蒸汽。废热锅炉流程具有如下特点：①利用高温热能产出高压蒸汽；②对原料油含硫量无限制，下游工序可采取先脱硫、后变换的流程。不足之处是废热锅炉结构复杂、材料及制作要求高，目前工业上气化压力限于 6.0MPa 以下。

4.5　合成气脱硫

制造合成气时，所用的气、液、固三类原料均含有硫化物。石油馏分中含有硫醇 (RSH)、硫醚（RSR）、二硫化碳（CS_2）、噻吩（C_4H_4S）等。煤中常含有羰基硫（COS）和硫铁矿。天然气中硫化合物主要包括硫化氢（H_2S）及有机硫化合物，如羰基硫、硫醇、硫醚（CH_3SCH_3）以及二硫醚等。这些原料制造合成气时，其中的硫化物在气化反应中转化成硫化氢和有机硫气体，会使变换反应和合成氨催化剂中毒，并腐蚀金属管道和设备，因此必须脱除，并回收硫资源。

粗合成气中所含硫化物种类和含量与所用原料的种类、加工方法有关。用天然气或轻油制造合成气时，为避免蒸汽转化催化剂中毒，已预先将原料彻底脱硫，转化产物体系中无硫化物；用煤或重质油制合成气时，气化过程不用催化剂，故不需对原料预脱硫，因此产生的气体中含有硫化氢和有机硫化物，在后续工艺进行脱硫。不同用途或不同加工过程对气体脱硫净化度要求不同，采用的脱硫方法要根据硫化物的含量、种类和要求的净化度来选定，同时考虑具体的技术条件和经济性，有时可用多种脱硫方法组合来达到对脱硫净化度的要求。按脱硫剂的状态分为干法脱硫和湿法脱硫两大类。

干法脱硫以固体物质做脱硫剂，而湿法脱硫则以溶液作为脱硫剂。当含硫气体通过脱硫剂时，硫化物即与脱硫剂产生物理或化学变化，分别被固体物质所吸附或被溶液所吸收。

干法脱硫有氢氧化铁法，活性炭法和氧化锰法、氧化锌法等。特点是：脱硫效率高，但设备庞大，检修时劳动条件差。因此，现在干法脱硫仅限用于脱除有机硫，与湿法脱硫并用，对含少量硫化物的气体进行精脱。

湿法脱硫有氨水中和法、氨水液相催化法、ADA 法、栲胶法、PDS 法等。特点是：吸收速率快、生产能力大，同时脱硫剂还可以再生循环使用，操作连续方便，因此，用于原料气中 H_2S 含量较高的气体脱硫。目前较多的采用 ADA 法、PDS 法加栲胶法脱硫。

4.5.1　干法脱硫

干法脱硫分为吸附法和催化转化法。吸附法是采用对硫化物有强吸附能力的固体来脱硫，吸附剂主要有氧化锌、活性炭、氧化铁、分子筛等。

4.5.1.1　氧化锌脱硫

氧化锌是内表面积较大，硫容量较高的一种固体脱硫剂，在脱除气体中硫化氢及部分有机硫的过程中，速率极快。净化后的气体中总硫含量一般在 3×10^{-6}（质量分数）以下，最低可达 10^{-7}（质量分数）以下，广泛用于精细脱硫。

氧化锌脱硫剂以氧化锌为主组分，添加少量 CuO、MnO_2 和 MgO 等作为促进剂，以矾土水泥作黏结剂，制成直径 $3.5 \sim 4.5$mm 的球形或 4mm$\times(4 \sim 10)$ mm 的长条形。在一定条件下 H_2S、RSH 与 ZnO 发生反应生成稳定的 ZnS 固体，并放出热量。当 H_2 存在时，COS、CS_2 转化为 H_2S 与 ZnO 反应生成 ZnS。由于 ZnS 难解离，净化气总硫含量可降到 0.1×10^{-6}（体积分数）以下。该脱硫剂的硫容量质量高达 25% 以上，但不可再生，一般只用于低含硫气体的精脱硫。而且，它不能脱除硫醚和噻吩。对含有硫醚和噻吩等有机硫的气体需要用催化加氢方法将其转化为 H_2S 后，再用氧化锌脱除。

（1）氧化锌法脱硫工艺影响因素

① 温度　温度升高，反应速率加快，脱硫剂硫容量增加。但温度过高，氧化锌的脱硫能力反而下降。工业生产中，操作温度在 200～400℃ 之间。脱除硫化氢时可在 200℃ 左右进行，脱除有机硫时必须在 350～400℃。

② 压力　氧化锌脱硫属于内扩散控制过程，因此，提高压力有利于加快反应速率。生产中，操作压力取决于原料气的压力和脱硫工序在合成氨生产中的部位。

③ 硫容量　硫容量是指单位质量氧化锌脱硫剂吸收硫的量。如 25% 硫容量是指 100kg 新脱硫剂可以吸收 25kg 的硫。硫容量与脱硫剂性能有关，同时也与操作条件有关。温度降低，气体空间速度和水蒸气量增大，硫容量则降低。

(2) 氧化锌法脱硫工艺流程　工业上为了能提高和充分利用硫容，采用了双床串联倒换法。如图 4-24 所示，一般单床操作硫容仅为 13%～18%。而采用双床操作第一床硫容可达 25% 或更高。当第一床更换 ZnO 脱硫剂后，则应将原第二床改为第一床操作。

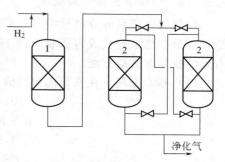

图 4-24　加氢转换串联氧化锌流程
1—加氢反应器；2—氧化锌脱硫槽

4.5.1.2　活性炭脱硫

活性炭脱硫常用于脱除天然气、油田气以及湿法脱硫后气体中的微量硫。

(1) 活性炭脱硫反应机理　活性炭吸附 H_2S 和 O_2，两者在炭表面反应，生成单质硫。活性炭也能脱除有机硫，吸附方式对噻吩最有效，CS_2 次之，而 COS 要在氨及氧存在下才能转化而被脱除。

$$COS + \frac{1}{2}O_2 \Longrightarrow CO_2 + S \tag{4-47}$$

$$COS + 2O_2 + 2NH_3 + H_2O \Longrightarrow (NH_4)_2SO_4 + CO_2 \tag{4-48}$$

在活性炭上浸渍铁、铜等金属盐，可催化有机硫转化为 H_2S，然后被吸附脱除。活性炭可在常压或加压下使用，温度不宜超过 50℃，属于常温精脱硫方法。

活性炭氧化法脱硫反应分两步进行，第一步是活性炭表面化学吸附氧，形成表面氧化物，这步反应速率极快；第二步是气体中的硫化氢分子与化学吸附态的氧反应生成硫与水，速率较慢，是反应速率的控制步。由于硫化氢与硫醇在水中有一定的溶解度，故要求进气的相对湿度大于 70%，使水蒸气在活性炭表面形成薄膜，有利于活性炭吸附硫化氢及硫醇，增加它们在表面上氧化反应的机会。适量碱性物质氨的存在使水膜呈碱性，有利于吸附呈酸性的硫化物，显著提高脱硫效率与硫容量。反应过程强放热，当温度维持在 20～40℃ 时，对脱硫过程无影响；如超过 50℃，气体将带走活性炭中水分，使湿度降低，脱硫过程恶化，同时水膜中氨浓度下降，使氨的催化作用减弱。

(2) 活性炭再生　脱硫剂再生有过热蒸汽法和多硫化铵法。

① 多硫化铵法是采用硫化铵溶液多次萃取活性炭中的硫，硫与硫化铵反应生成多硫化铵，反应式为：

$$H_2O + (NH_3)_2S + (n-1)S \Longrightarrow (NH_4)_2S_n + \frac{1}{2}O_2 \tag{4-49}$$

此法包括硫化铵溶液的制备、用硫化铵溶液浸取活性炭上的硫磺、再生活性炭和多硫化溶液的分解以及硫磺回收、硫化铵回收溶液等步骤。此方法流程比较复杂，设备繁多，系统庞大。

② 过热蒸汽或热惰性气体（热氮气或煤气燃烧气）再生法，由于这些气体不与硫反应，可用燃烧炉或电炉加热，调节温度至 350～450℃，通入活性炭脱硫器内，活性炭上硫磺发

生升华，硫蒸气被热气体带走，活性炭得到再生。

4.5.1.3 氧化铁法脱硫

氧化铁法脱硫是一种古老的方法，脱硫温度有常温、中温和高温。氧化铁吸收硫化氢后生成硫化铁，再生时用氧化法使硫化铁转化氧化铁和单质硫或二氧化硫。近年研制出铁锰脱硫剂，主要成分是氧化铁和氧化锰，添加氧化锌等促进剂，具有转化和吸收双功能，可使 RSH、RSR、COS 和 CS_2 等有机硫发生氢解，转化 H_2S 后被吸收，分别生成硫化铁、硫化锰和硫化锌，使气体得到净化，操作温度为 $380\sim400℃$。

4.5.1.4 铁钼加氢催化转化法

经湿法脱硫后的原料气中含有 CS_2、C_4H_4S、RSH 等有机硫，在铁钼催化剂的作用下，绝大部分能加氢转化成容易脱除的 H_2S，然后再用氧化锰脱除之，所以铁钼加氢转化法是有效的脱除有机硫方法。

（1）基本原理　在铁钼催化剂的作用下，有机硫加氢转化为 H_2S 的反应如下：

$$R\text{-}SH+H_2\Longrightarrow RH+H_2S \tag{4-50}$$

$$R\text{-}S\text{-}R+2H_2\Longrightarrow RH+H_2S+RH \tag{4-51}$$

$$C_4H_4S+4H_2\Longrightarrow C_4H_{10}+H_2S \tag{4-52}$$

$$CS_2+4H_2\Longrightarrow CH_4+2H_2S \tag{4-53}$$

上述反应平衡常数都很大，在 $350\sim430℃$ 的操作温度范围内，有机硫转化率很高，其转化反应速率对不同种类的硫化物而言差别很大，其中噻吩加氢反应速率最慢，故有机硫加氢反应速率取决于噻吩的加氢反应速率。加氢反应速率与温度和氢气分压也有关，温度升高，氢气分压增大，加氢反应速率加快。

在转化有机硫的过程中，也有副反应发生，其反应式为

$$CO+3H_2\Longrightarrow CH_4+H_2O \tag{4-54}$$

$$CO_2+4H_2\Longrightarrow CH_4+2H_2O \tag{4-55}$$

转化反应和副反应均为放热反应，所以生产当中要很好地控制催化剂层的温升。

（2）铁钼催化剂　铁钼催化剂的主要化学成分是铁（Fe）和三氧化钼（MoO_3），以 Al_2O_3 为载体，外观呈黑褐色。氧化态的铁钼催化剂是以 FeO、MoO_3 的形态存在，对加氢转化反应活性不高，只有经过硫化后才具有较高的活性，其硫化反应如下

$$MoO_3+2H_2S+H_2\Longrightarrow MoS_2+3H_2O \tag{4-56}$$

$$9FeO+8H_2S+H_2\Longrightarrow Fe_9S_8+9H_2O \tag{4-57}$$

铁钼催化剂操作温度为 $350\sim450℃$。铁钼转化器最容易出现的事故就是催化剂超温与结炭。超温一般是因为前工序送来的原料气中氧含量增高所致，另外气体成分变化，负荷过大也易造成超温。结炭的原因，是因为发生了副反应，如

$$CS_2+2H_2\Longrightarrow 2H_2S+C \tag{4-58}$$

$$2CO\Longrightarrow CO_2+C \tag{4-59}$$

若出现结炭现象，则催化剂活性降低。处理的方法是将转化器与生产系统隔离。将转化器内可燃气体用氮气或蒸汽置换干净，然后缓慢向转化器内通入空气进行再生，在严格控制催化剂温升（最高不超过 $450℃$）的情况下，通入空气后床层温度不继续上升，且有下降趋势时，分析出入口氧含量相等时，再生结束。

4.5.2 湿法脱硫

干法脱硫净化度高，并能脱除各种有机硫。但干法脱硫剂不能再生或者再生非常困难，

并且只能周期性操作，设备庞大，劳动强度高。因此，干法脱硫仅适用于气体硫含量较低和净化度要求高的场合。

对于含大量无机硫的原料气，通常采用湿法脱硫。湿法脱硫首先脱硫剂为液体，便于输送；其次，脱硫剂容易再生并能回收富有价值的化工原料硫磺，可以实现脱硫系统连续操作。因此，湿法脱硫广泛应用于以煤为原料及以含硫较高的重油、天然气为原料的制氨工艺流程中。当气体净化度要求很高时，可在湿法脱硫之后串联干法脱硫，使脱硫在工艺上和经济上更合理。

按脱硫机理的不同湿法脱硫又分为化学吸收法、物理吸收法、物理-化学吸收法和湿式氧化法。

(1) 化学吸收法 化学吸收法是常用的湿式脱硫工艺。有一乙醇胺法（MEA）、二乙醇胺法（DEA）、二甘醇胺法（DGA）、二异丙醇胺法（DIPA）及改良的甲基二乙醇胺法（MDEA），这几种方法统称为烷醇胺法或醇胺法。

醇胺吸收剂与 H_2S 反应并放出热量，例如一乙醇胺和二乙醇胺吸收 H_2S 反应如下。

$$HO\text{-}CH_2\text{-}CH_2\text{-}NH_2 + H_2S \Longrightarrow (HO\text{-}CH_2\text{-}CH_2\text{-}NH_3)HS \qquad (4\text{-}60)$$

$$(HO\text{-}CH_2\text{-}CH_2)_2NH + H_2S \Longrightarrow [(HO\text{-}CH_2\text{-}CH_2)_2NH_2]HS \qquad (4\text{-}61)$$

低温有利于吸收，一般为 20～40℃。因上述反应是可逆的，将溶液加热到 105℃ 或更高些，生成的化合物分解析出 H_2S 气体，可将吸收剂再生，循环使用。

如果待净化的气体含有 COS 和 CS_2，它们与乙醇胺生成降解产物，不能再生，因此需预先将 COS 和 CS_2 经催化水解或催化加氢转化为 H_2S 后，才能用醇胺法脱除。氧的存在也会引起乙醇胺的降解，故含氧气体的脱硫不宜用乙醇胺法。

(2) 物理吸收法 物理吸收法是利用有机溶剂在一定压力下进行物理吸收脱硫，然后减压而释放出硫化物气体，溶剂得以再生。主要有低温甲醇法（Rectisol）和碳酸丙烯酯法（Fluar）及 N-甲基吡啶烷酮法（Purisol）等。

低温甲醇法可以同时或分段脱除 H_2S、CO_2 和各种有机硫，还可以脱除 HCN、C_2H_2、C3 及 C3 以上气态烃、水蒸气等，能达到很高的净化度，总硫的体积分数可降低至小于 0.2×10^{-6}，CO_2 降至 $10 \times 10^{-6} \sim 20 \times 10^{-6}$。甲醇对氢、一氧化碳、氮等气体的溶解度很小，所以在净化过程中有效成分损失少，是一种经济的优良净化方法。其工业装置最初是由德国的林德（Linde）公司和鲁奇（Lurgi）公司研制开发的，现在常用于以煤或重烃为原料制造合成气的净化过程。甲醇吸收硫化物和二氧化碳的温度为 $-54 \sim -40$℃，压力 $5.3 \sim 5.4MPa$，吸收后，甲醇经减压放出 H_2S 和 CO_2，再生甲醇经加压循环使用。

(3) 物理-化学吸收法 物理-化学吸收法是将具有物理吸收性能和化学吸收性能的两类溶液混合在一起，脱硫效率高。常用的吸收剂为环丁砜-烷基醇胺（例如甲基二乙醇胺）混合液，前者对硫化物是物理吸收，后者是化学吸收。

(4) 湿式氧化法 湿式氧化法脱硫的基本原理是利用含催化剂的碱性溶液吸收 H_2S，以催化剂作为载氧体，使 H_2S 氧化成单质硫，催化剂本身被还原。再生时通入空气将还原态的催化剂氧化复原，如此循环使用。总反应式为

$$H_2S + \frac{1}{2}O_2 \Longrightarrow H_2O + S \qquad (4\text{-}62)$$

湿式氧化法一般只能脱除硫化氢，不能或只能少量脱除有机硫。最常用的湿式氧化法有蒽醌法（ADA 法），吸收剂为碳酸钠水溶液并添加蒽醌二磺酸钠（催化剂）和适量的偏钒酸钠（缓蚀剂）及酒石酸钾钠，硫容量低，只适合于脱除低 H_2S 气体。其他脱硫的方式有萘醌法（Na_2CO_3 加萘醌磺酸钠）、配位铁盐法（EDTA 法）及砷碱法等。

目前湿式氧化法脱硫主要采用纯碱液相催化氧化法，根据氧化还原反应机理，要使硫氢根 HS^- 中的 S 氧化成单质硫而又不发生深度氧化，选择氧化剂的电极电位应位于 0.2V～0.75V 范围内，通常选栲胶、PDS、ADA。

4.6　一氧化碳变换

一氧化碳（CO）与水蒸气（H_2O）作用生成氢气（H_2）和二氧化碳（CO_2）的反应称为 CO 变换反应，反应后的气体称为变换气。从脱硫工段来的合成气因气化工艺不同而含有的 CO 量不同，一氧化碳不是合成氨的原料，而且对氨合成催化剂有毒害，所以在送往合成工序之前必须彻底清除。CO 变换反应一方面是原料气的净化过程，同时又制得了等体积的 H_2，是制造合成气的继续。

CO 变换反应是在催化剂作用下进行的。以三氧化二铁为主体的变换催化剂，使用温度范围为 350～550℃，气体经变换后仍含有 3%～4% 的 CO，称为中温变换（或高温变换）。以氧化铜为主要成分的变换催化剂，操作温度为 180～260℃，残余 CO 可降至 0.3%～0.4%，称为低温变换。两种催化剂分别称为中温变换（或高温变换）催化剂与低温变换催化剂。

4.6.1　CO 变换反应的化学平衡

变换反应式见式（4-8）。

$$CO + H_2O(g) \Longrightarrow CO_2 + H_2 \qquad \Delta_r H_m^{\ominus} = -41.19 \text{kJ} \cdot \text{mol}^{-1} \tag{4-8}$$

变换反应可能发生的副反应有：

$$2CO \Longrightarrow CO_2 + C \tag{4-63}$$

$$CO + 3H_2 \Longrightarrow CH_4 + H_2O \tag{4-64}$$

$$CO_2 + 4H_2 \Longrightarrow CH_4 + 2H_2O \tag{4-65}$$

由反应式（4-8）可知，变换反应是可逆、放热、等体积的反应，无催化剂时反应较慢。只有在催化剂作用下反应速率才能加快。在一定条件下，当变换反应的正、逆反应速率相等时，反应达到平衡状态，其平衡常数。

$$K_p = \frac{p_{CO_2} \times p_{H_2}}{p_{CO} \times p_{H_2O}} = \frac{y_{CO_2} \times y_{H_2}}{y_{CO} \times y_{H_2O}} \tag{4-66}$$

式中　　p_{CO_2}、p_{H_2}、p_{CO}、p_{H_2O}——各组分的平衡分压，kPa；

y_{CO_2}、y_{H_2}、y_{CO}、y_{H_2O}——各组分的平衡组成，摩尔分数。

平衡常数 K_p 表示反应达到平衡时，生成物与反应物之间的数量关系，是衡量化学反应进行完全程度的标志。K_p 值越大，说明 CO 反应越完全，反应达到平衡时变换气中 CO 含量越少。

变换反应是放热反应，因此，降低温度则利于平衡向右移动，因此，平衡常数随温度的降低而增大。在 360～520℃ 温度范围内，平衡常数与温度的关系通常用下列简化式表示：

$$\lg K_p = \frac{1914}{T} - 1.782 \tag{4-67}$$

$$\lg K_p = \frac{4575}{T} - 4.33 \tag{4-68}$$

不同温度下 CO 变换反应的平衡常数值见表 4-6。若已知温度，就能求出 K_p 值，从而算出不同温度、压力和气体成分下的平衡组成。

表 4-6　CO 变换反应的平衡常数

温度/℃	$K_p = \dfrac{p_{CO2} \times p_{H2}}{p_{CO} \times p_{H2O}}$	温度/℃	$K_p = \dfrac{p_{CO2} \times p_{H2}}{p_{CO} \times p_{H2O}}$
250	86.51	650	1.923
300	39.22	700	1.519
350	20.34	750	1.228
400	11.7	800	1.015
450	7.311	850	0.855
500	4.878	900	0.762
550	3.434	950	0.637
600	2.527	1000	0.561

CO 的变换反应完成程度通常用变换率来表示，它定义为反应后变换了的 CO 量与反应前气体中 CO 量之比，即

$$X\% = \frac{n_{CO}^0 - n_{CO}}{n_{CO}^0} \times 100 \tag{4-69}$$

式中　$X\%$——CO 变换率；

　　　n_{CO}^0、n_{CO}——分别为变换反应前后 CO 的摩尔数。

在实际生产中，变换气中除含有 CO 外，还有 H_2，CO_2，N_2 等成分，其变换率可根据反应前后的气体的成分来计算。由变换反应式（4-8）可知，每反应一体积的一氧化碳，就生成一体积的二氧化碳和一体积的氢气，因此，变换气的体积（干基）等于变换前气体的体积（干基）加上被变换掉的一氧化碳的体积。设 V_{CO}，V_{CO}^* 分别为变换反应前后气体中 CO 在干气中的体积百分数（干基），则变换气的体积为 $(1 + V_{CO} \cdot X)$，变换气中的 CO 含量为：

$$V_{CO}^* = \frac{V_{CO} - V_{CO} \cdot X}{1 + V_{CO} \cdot X} \times 100\% \tag{4-70}$$

在一定条件下，变换反应达到平衡时的变换率称为平衡变换率，它是在该条件下最大变换率。以 1mol 干原料气为基准，平衡常数与平衡变换率的关系式为：

$$K_p = \frac{(c + a X^*)(d + a X^*)}{(a - a X^*)(b - a X^*)} \tag{4-71}$$

式中　a、b、c、d——反应前气体中 CO、$H_2O(g)$、CO_2、H_2 的摩尔数；

　　　　X^*——平衡变换率，%。

由式（4-71）可计算出不同温度和组成条件下的平衡变换率，然后再根据式（4-70）可求出变换气中残余的 CO 平衡浓度。平衡变换率越高，说明反应达到平衡时变换气中一氧化碳残余含量越少。

4.6.2　变换反应机理及动力学方程

目前提出 CO 变换反应机理很多，公认的有两种，一种观点认为是 CO 和 H_2O 分子先吸附到催化剂表面上，两者在表面进行反应，然后生成物脱附；另一观点认为是被催化剂活性位吸附的 CO 与晶格氧结合形成 CO_2 并脱附，被吸附的 H_2O 解离脱附 H_2，而氧补充到晶格中，这就是有晶格氧转移的氧化还原机理。不同机理可推导出不同的动力学方程；不同催化剂，其动力学方程亦不同，下面介绍三种常用变换催化剂的本征动力学方程。

（1）铁铬系 B110 中温变换催化剂本征动力学方程

$$r = k_1 \, p^{0.5} \left[y(CO) y(H_2O) - \frac{y(CO_2) y(H_2)}{K_p} \right] \tag{4-72}$$

95

式中 r——反应速率；

k_1——正反应速率常数；

p——总压；

K_p——平衡常数；

$y(CO)$、$y(CO_2)$、$y(H_2O)$、$y(H_2)$——CO、CO_2、H_2O、H_2 的摩尔分数。

（2）铜基低温变换催化剂本征动力学方程

$$r = k_1 \left[p(CO)p(H_2O) - \frac{p(CO_2)p(H_2)}{K_p} \right] \tag{4-73}$$

式中，$p(CO)$、$p(CO_2)$、$p(H_2O)$、$p(H_2)$ 分别为 CO、CO_2、H_2O、H_2 的分压；其他字母含义同式（4-71）。

（3）钴钼系宽温耐硫变换催化剂宏观动力学方程（包括扩散因素）

$$r = k_1 \, y^{0.6}(CO)y(H_2O) \, y^{-0.3}(CO_2) \, y^{-0.8}(H_2) \left[1 - \frac{y(CO_2)y(H_2)}{K_y y(CO)y(H_2O)} \right] \tag{4-74}$$

式中 r——反应速率；

k_1——正反应速率常数；

p——总压；

K_y——以摩尔分数表示的平衡常数；

$y(CO)$、$y(CO_2)$、$y(H_2O)$、$y(H_2)$——CO、CO_2、H_2O、H_2 的摩尔分数。

在工艺计算中，较常用的动力学方程式是幂函数型。大多数变换反应动力学方程式都属此类，使用比较方便，可用于工程计算。它可完整地表达变换反应的速度，动力学方程可统一表示为：

$$r_{CO} = k_1 \, p^{\delta} \, y_{CO}^l \, y_{H_2O}^m \, y_{CO_2}^n \, y_{H_2}^q (1 - \beta) \tag{4-75}$$

或 $$r_{CO} = k_1 \, p_{CO}^l \, p_{H_2O}^m \, p_{CO_2}^n \, p_{H_2}^q (1 - \beta) \tag{4-76}$$

式中 r_{CO}——以 CO 表示的变换反应速率，$COmol/(g \cdot h)$；

k_1——变换反应速率常数，$COmol/(g \cdot h \cdot MPa)$；

K_p——平衡常数；

$$\delta = l + m + n + q$$

$$\beta = \frac{y(CO_2)y(H_2)}{K_p y(CO)y(H_2O)} \quad \text{或} \quad \frac{p(CO_2)p(H_2)}{K_p p(CO)p(H_2O)}$$

$y(CO)$、$y(CO_2)$、$y(H_2O)$、$y(H_2)$——CO、CO_2、H_2O、H_2 的摩尔分数；

$p(CO)$、$p(CO_2)$、$p(H_2O)$、$p(H_2)$——CO、CO_2、H_2O、H_2 的分压。

4.6.3 影响 CO 变换反应的因素

变换反应的平衡受温度、水碳比（原料气中 H_2O/CO 的摩尔比）、原料气中 CO_2 含量等因素的影响。根据变换反应式可知，低温和高水碳比有利于平衡向右移动，压力对反应无影响。图 4-25(a)、(b) 分别给出了两种不同组成原料气中 CO 平衡转化率与温度和水碳比的关系曲线。

（1）温度   当原料气组成一定时，由式（4-8）及 CO 变换反应平衡常数表可知，温度降低，平衡常数增大，变换反应正向移动，平衡变换率增大，变换气中 CO 含量减少。从动力学方程式可以看出，式中包含着速率常数 k_1 和平衡常数 K_p。温度开始升高时，k_1 值增加的影响大于对 K_p 的影响，故对反应速度有利。继续增加温度，二者的影响互相抵消，反应速度不再随温度的增加而增大。再提高温度时，K_p 的不利影响大于 k_1 值的提高影响，此时反

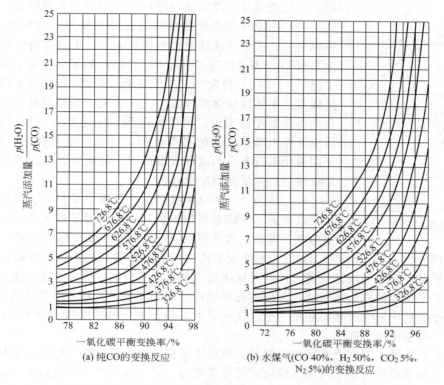

图 4-25　CO 平衡转化率与温度和 H_2O/CO 比的关系曲线

应速度会随温度升高而下降。对某种类型的催化剂和一定组成的气体而言，必将出现最大反应速度，与其对应的温度，称为最适宜温度，或称最佳反应温度。

对于一定的气体组成，其最适宜温度 T_m 与相应于此气体组成的平衡温度 T_e 之间关系为：

$$T_m = \frac{T_e}{1 + \dfrac{R\,T_e}{E_1 - E_2}\ln\dfrac{E_2}{E_1}} \tag{4-77}$$

式中　T_m，T_e——分别为最适宜温度及平衡温度，K；

　　　　R——气体常数，kJ/(kmol·K)；

　　E_1，E_2——正、逆反应活化能，kJ/(kmol·K)。

从式(4-76)可知，最佳反应温度 T_m 总比平衡温度 T_e 低。由于平衡温度随系统组成而改变，不同催化剂活化能也不相同，因此，最适宜温度 T_m 随系统组成和不同的催化剂而变化。图 4-26 表明，反应初期，转化率低，最佳反应温度高；反应后期，转化率高，最佳温度低。对一定初始组成的反应系统随着 CO 变换率 X 的增加，平衡温度 T_e 及最适宜温度 T_m 均降低。平衡温度和最适宜温度的关系，使反应沿最适宜温度曲线进行时，反应效率最大、催化剂用量最少。对同一变换率，最适宜温度一般比相应的平衡温度低几十度。在实际生产中变换反应按最适宜温度进行反应，则反应速度最大，即在相同生产能力下催化剂用量最小。

为了尽可能接近最佳反应温度线进行反应，可采用分段冷却方式。段数越多，则越接近最佳反应温度线，但流程越复杂。根据原料气中的 CO 含量，一般多将催化剂床层分为一

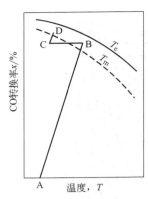

图 4-26 一氧化碳变换
过程 T-X 图

段、二段或多段，段间进行冷却。冷却的方式有两种：一是间接式换热，用原料气或饱和蒸汽进行间接换热；二是直接冷激式，用原料气、水蒸气或冷凝水直接加入反应系统进行降温。图 4-26 中 ABCD 线表示反应过程随 CO 变换率的增加，系统温度变化的情况 AB、CD 分别为一、二段绝热反应线，BC 表示段间间接换热降温。ABCD 线称操作线。实际应用中操作温度必须控制在催化剂活性温度范围内，低于此范围，催化剂无活性或活性太低，反应速率太慢；高于此温度范围，催化剂过热烧结，失去活性。不同催化剂有各自的活性温度范围，只能在其范围内使温度尽可能地接近最佳反应温度曲线。

（2）压力　一氧化碳变换反应是等分子反应。反应前后气体分子数相同，气体总体积不变，故压力对平衡无影响。但从动力学角度，提高压力可使反应速度加快，生产能力增加。

（3）汽气比　汽气比是指 H_2O 与 CO 或水蒸气与干基原料气的比值（摩尔比）。从 CO 变换反应平衡看，增加水蒸气量，即汽气比增加，加大了反应物浓度，平衡向生成物方向移动，提高了平衡变换率，同时抑制了析碳与甲烷化反应的发生，过量的水蒸气还起载热体的作用，使催化剂床层温升相对较小。但汽气比过大，将使催化剂床层阻力增大，CO 停留时间变短，变换率反而下降。

（4）空间速度　空间速度指单位时间、单位体积催化剂上通过的反应器标准状态下气体的体积。空间速度的大小，既决定催化剂的生产能力，又关系到变换率的高低。在保证一定变换率的前提下，催化剂活性好，反应速度快，可以采用较大的空速，充分发挥设备的生产能力。如果催化剂活性减弱，反应速度慢，空速太大，气体会因在催化剂层的停留时间太短，来不及反应而降低变换率，同时催化剂床层的温度也难以维持。加压变换空间速度一般为 $600\sim1500m^3/h$。

4.6.4　CO 变换反应催化剂

4.6.4.1　高（中）温铁铬系催化剂

高温变换催化剂按组成可分为铁铬系和钴钼系两大类，前者活性高，机械强度好，耐热性能好，能耐少量硫化物，使用寿命长，成本低，工业生产中得到了广泛应用。钴钼催化剂的突出优点是有良好的抗硫性能，适用于含硫化物较高的煤气，但价格较贵。

（1）铁铬系催化剂组成　铁铬系催化剂的主要组分为三氧化二铁和助催化剂三氧化二铬。一般含三氧化二铁 $70\%\sim90\%$，含三氧化二铬 $7\%\sim14\%$。此外，还含有少量氧化镁、氧化钾、氧化钙等物质。三氧化二铁还原成四氧化三铁后，能加速变换反应；三氧化二铬的作用抑制四氧化三铁再结晶，使催化剂形成更多的微孔结构，提高催化剂的耐热性和机械强度，延长催化剂的使用寿命；氧化镁的作用提高催化剂的耐热和耐硫性能；氧化钾和氧化钙均可提高催化剂的活性。

固体催化剂的催化活性除与催化剂的化学组成及使用条件有关外，还与催化剂的物理参数有关。催化剂的主要物理参数如下。

A 颗粒外形与尺寸，一般制成圆柱体粒或片状。

B 堆密度，指单位堆体积（包括催化剂颗粒内孔及颗粒间空隙）的催化剂的质量。

$$堆密度=\frac{催化剂质量}{催化剂堆积体积}$$

C 真密度，指单位骨架体积（不包括催化剂颗粒内孔和颗粒间空隙）的催化剂的质量。

$$真密度＝\frac{催化剂质量}{催化剂骨架体积}$$

D 比表面积，指 1 克催化剂具有的总表面积（包括外表面积和内表面积）。

E 孔隙率，指单位催化剂颗粒体积（包括微孔体积和骨架体积）含有微孔体积的百分数，即：

$$孔隙率＝\frac{催化剂微孔体积}{催化剂颗粒体积}×100\%$$

一般中温变换催化剂的孔隙率为 $40\%\sim50\%$。

铁铬系催化剂是一种棕褐色的圆柱体或片状固体颗粒。在空气中容易受潮，活性下降。经还原后铁铬催化剂若暴露在空气中则迅速燃烧，失去活性烧结。硫、氯、硼、磷、砷的化合物及油类等物质均会使催化剂暂时或永久中毒。各类铁铬催化剂都有一定的活性温度和使用条件。国产铁铬系中温变换催化剂的主要性能如表 4-7 所示。

表 4-7　国产铁铬系中温变换催化剂的性能

型号	B104	B106	B109	B110-2
成分	Fe_2O_3,MgO,Cr_2O_3 少量 K_2O	Fe_2O_3,Cr_2O_3,MgO $SO_2<0.7\%$	Fe_2O_3,Cr_2O_3,K_2O_2 $SO_2<0.18\%$	Fe_2O_3,Cr_2O_3,K_2O $S<0.06\%$
颜色及形状	棕褐色圆柱体	棕褐色圆柱体	棕褐色圆柱体	棕褐色圆柱体
尺寸/mm	$\Phi7×5\sim15$	$\Phi9×7\sim9$	$\Phi9×7\sim9$	$\Phi9×6$
堆积密度/(g/cm³)	$0.9\sim1.2$	$1.4\sim1.5$	$1.4\sim1.6$	$1.4\sim1.6$
400℃还原后孔隙率/%	$40\sim50$	40	53	—
400℃还原后比表面积/(m²/g)	$30\sim40$	$40\sim5$	36	35
使用温度/℃	$350\sim550$	$350\sim500$	$350\sim500$	—
最佳活性温度	$450\sim500$	$380\sim460$	$380\sim450$	$325\sim530$
H_2O/CO/摩尔比	$3\sim5$	$3\sim4$	$2.5\sim3.5$	—
常压下干气空速/h⁻¹	$300\sim400$	$300\sim500$	$300\sim500$	—

（2）催化剂还原与钝化　铁铬系催化剂中的三氧化二铁对一氧化碳变换反应无催化作用，需要还原成四氧化三铁后才具有活性，这个过程称为催化剂的还原。通常用煤气中的氢和一氧化碳进行还原，其反应如下：

$$3Fe_2O_3＋CO \Longrightarrow 2Fe_3O_4＋CO_2 \tag{4-78}$$

$$3Fe_2O_3＋H_2 \Longrightarrow 2Fe_3O_4＋H_2O \tag{4-79}$$

还原反应的起始温度在 200℃ 左右。由于还原反应为放热反应，因此，在还原过程要严格控制氢气和一氧化碳的加入量，避免温度急剧上升，影响催化剂的活性和使用寿命。在还原过程要加入适量水蒸气，如果还原气中水蒸气含量过少，四氧化三铁将被进一步还原为元素铁，发生过度还原现象；当催化剂中含有硫酸根时，会被还原成硫化氢并随气体带出，这一过程称为催化剂放硫。

钝化反应是将四氧化三铁氧化成三氧化二铁，反应式如下：

$$4Fe_3O_4＋O_2 \Longrightarrow 6Fe_2O_3 \tag{4-80}$$

式（4-80）热效应很大，如果原料气中的氧含量过高，氧化反应放出的大量热将使催化剂超温，甚至烧结，因此在生产过程中应严格控制原料气中的氧含量。在系统停工拆开检修时，要先通入少量氧气使催化剂缓慢氧化，在表面形成一层三氧化二铁保护膜后，才能与空气接触，这一过程称为催化剂的钝化。钝化的方法是用蒸汽或氮气以 $30\sim50$℃/小时的速度将催化剂的温度降至 $150\sim200$℃，然后配入少量空气进行钝化。在温升不大于 50℃/小时的情况下逐渐提高氧的浓度，直到炉温不再上升，进出口氧含量相等时，钝化过程即告结束。

（3）中毒和衰老　硫、磷、砷、氟、氯、硼的化合物及氢氰酸等物质，均能引起铁铬系催化剂中毒，使活性显著下降。磷和砷的中毒是不可逆的。氯化物的影响比硫化物严重，但当氯含量小于 1×10^{-6} 时，影响是不显著的。硫化氢与催化剂的反应如下：

$$Fe_3O_4 + 3H_2S + H_2 \Longrightarrow 3FeS + 4H_2O \tag{4-81}$$

原料气中含硫化氢愈多，催化剂层温度愈低，催化剂的活性降低愈大。该反应是可逆的，当提高温度、降低气体中硫化氢含量和增加气体中水蒸气时，可使已被硫化氢毒害的催化剂逐渐恢复活性。这种暂时性的中毒如果反复进行，也会引起催化剂晶体结构发生变化，导致活性下降。

原料气中的灰尘和水蒸气中的无机盐等物质，均会使催化剂的活性显著下降，造成永久中毒。

促使催化剂活性下降的另一个重要因素是催化剂的衰老。所谓催化剂的衰老是指催化剂经过长期使用后活性逐渐下降的现象。催化剂衰老的原因主要是长期处在高温下逐渐变质；温度波动大，使催化剂过热或熔结；气流不断冲刷，破坏了催化剂的表面状态。

（4）制备方法　活性、选择性及使用寿命是催化剂的重要性能，这些性质与物理和化学结构有着密切关系，而催化剂的物理和化学结构是由制备条件所控制。目前，国内外 Fe-Cr 系催化剂制备方法有三种：机械混合法、混沉法和共沉淀法。

为了解决催化剂本体含硫高的问题，国内已研究成功采用铁的硝酸盐代替 $FeSO_4$ 作为原料，采用共沉淀法工艺生产高变催化剂。例如 B113 型高变催化剂本体含硫量仅 200×10^{-6} 左右，这样可以大大缩短升温还原时的放硫时间。

4.6.4.2　耐硫钴-钼系催化剂

钴钼催化剂的突出特点是有良好的抗硫性能，强度好，适用于重油部分氧化法和以煤为原料含硫化物较高的流程；活性高，且起始活性温度比铁铬系催化剂的低 130℃以上，而且具有较宽的活性温度 180～500℃，因而被称为宽温变换催化剂。

（1）主要组成　钴钼催化剂主要成分是氧化钴（CoO）和氧化钼（MoO_3），活性组分是硫化钴、硫化钼，载体是三氧化二铝、氧化镁或稀土氧化物，助剂是碱金属。

（2）硫化　钴钼催化剂出厂时成品是以氧化物状态存在的，但真正的活性组分是 Co_9S_8 和 MoS_2，因此必须经过硫化才具有变换催化活性。硫化的目的还在于防止钴钼氧化物被还原成金属态，而金属态的钴钼又可促进 CO 和 H_2 发生甲烷化反应。反应所用的硫化剂常用 H_2S、CS_2 或 CS_2 与 RSH 的混合气。硫化剂用量及其硫化温度与该硫化物释放出硫的化学稳定性有关。用硫化氢硫化的温度可以低一些，150～250℃就可开始，其反应式为：

$$MoO_3 + 2H_2S + H_2 \Longrightarrow MoS_2 + 3H_2O \tag{4-82}$$

$$MoO_3 + H_2 \Longrightarrow MoO_2 + H_2O \tag{4-83}$$

$$9CoO + 8H_2S + H_2 \Longrightarrow Co_9S_8 + 9H_2O \tag{4-84}$$

硫化开始时 H_2S 含量应控制低些，因还原和硫化反应均为放热反应，如果反应过于剧烈会烧毁催化剂。随着反应的进行，温度升高，H_2S 的含量逐步提高，否则，当 H_2S 分压低时，已硫化的催化剂又会把硫放出来。这就是通常所谓的反硫化。硫化结束的标志是：床层进出口的硫含量基本相等，床层无温升，床层各点温度≥350℃，并在此温度下恒温 5～6h。

（3）催化剂的氧化和再生　钴钼催化剂在使用一段时间后，因为变换副反应会产生结碳。结碳不仅降低催化剂活性，而且使催化剂床层阻力增加，此时应对催化剂进行烧碳以再生；通常用含 O_2 为 0.4%（即空气 2%）的蒸汽来烧碳，温度控制在 350～450℃之间，若超过 500℃将会损害催化剂。

压力对烧碳过程无大影响，但从气体分布均匀考虑，气体压力以 1 到 3 个大气压为宜。烧碳过程的气流方向与正常变换反应的流向相反，气体由反应器底部通入，自顶部排出，这可减少高温对催化剂的损害同时将粉尘吹出。

烧碳过程也会将催化剂中的硫烧去，而使催化剂变成氧化态。烧碳过程应密切观测床层温度，调节空气或氧的浓度来控制床层温度。当床层中不出现明显温升，出口温度下降，气体中 O_2 上升，意味着烧碳结束。最后用空气冷却至 50℃以下。

烧碳后的催化剂需重新硫化方能使用。若需将催化剂卸出，应先在反应器内冷却至大气温度，卸时准备水龙头喷水降温熄火。因为使用过的催化剂在 70℃以上具有自燃性。除了一个卸出孔外，不要再特意开孔，以免因"烟囱效应"导致催化剂床层温度飞升。

4.6.4.3 低温变换催化剂

（1）组成　目前工业上采用的低温变换催化剂均以氧化铜为主体，经还原后具有活性组分的是细小的铜结晶。铜对 CO 具有化学吸附作用，故能在较低温度下催化 CO 变换反应。铜微晶愈小其比表面愈大，活性也愈高。但铜微晶耐温性能差，易烧结，寿命短。向催化剂中加入氧化锌、氧化铝和氧化铬等稳定剂，将铜微晶有效地分隔开来，防止铜微晶长大，提高了催化剂的活性和热稳定性。按组成不同，低温变换催化剂分为铜锌、铜锌铝和铜锌铬三种。其中铜锌铝型性能好，生产成本低，对人体无毒。

（2）催化剂的还原与氧化　低温变换催化剂出厂时是铜的氧化态产品，对变换反应无催化活性，使用前要用氢或 CO 还原成具有活性的单质铜，其反应式如下：

$$CuO+H_2 \Longleftrightarrow Cu+H_2O(g) \qquad \Delta_r H_m^{\ominus} = -86.7kJ \cdot mol^{-1} \qquad (4-85)$$

$$CuO+CO \Longleftrightarrow Cu+CO_2 \qquad \Delta_r H_m^{\ominus} = -127.7kJ \cdot mol^{-1} \qquad (4-86)$$

在还原过程中，催化剂中的氧化锌、氧化铝、氧化铬不会被还原。氧化铜的还原是强烈的放热反应，且低温变换催化剂对热比较敏感，因此，必须严格控制还原条件，将床层温度控制在 230℃以下。还原后的催化剂若与空气接触会产生下列反应：

$$Cu+\frac{1}{2}O_2 \Longleftrightarrow CuO \qquad \Delta_r H_m^{\ominus} = -155.078kJ \cdot mol^{-1} \qquad (4-87)$$

式（4-86）是放热反应，与大量空气反应，其反应热会将催化剂烧结。因此，更换催化剂时，还原态的催化剂应通少量空气进行慢慢氧化，在其表面形成一层氧化铜保护膜，这就是催化剂的钝化。钝化的方法是用氮气或蒸汽将催化剂层的温度降至 150℃左右，然后在氮气或蒸汽中配入 0.3%的氧，在升温不大于 50℃的情况下，逐渐提高氧的含量，直到全部切换为空气时，钝化即告结束。

（3）催化剂的中毒　硫化物、氯化物是低温变换催化剂的主要毒物，硫对低温变换催化剂中毒最明显，各种形态的硫都可与铜发生化学反应造成永久性中毒。当催化剂中硫含量达 0.1%（质量分数）时，变换率下降 10%；当含量达 1.1%时，变换率下降 80%。因此，在中温变换串低温变换的流程中，在低温变换前设氧化锌脱硫槽，使总硫精脱至 1×10^{-6}（质量分数）以下。

氯化物对低温变换催化剂的毒害比硫化物大 5～10 倍，能破坏催化剂结构使之严重失活。氯主要来自水蒸气或脱氧软水中，要求蒸汽或脱氧软水中氯含量小于 3×10^{-8}（质量分数）。

4.6.5　CO 变换工艺与流程

（1）段间间接冷却式多段绝热反应器　段间间接冷却式多段绝热反应器与外界无热交

换，变换炉内反应气体出变换炉与段间冷却器进行间接换热降温，工艺流程如图 4-27（a）所示，实际操作温度变化线示于图 4-27（b）。图中 E 点是入口温度，一般比催化剂的起活温度高 20℃。在第 I 段中为绝热反应，温度直线上升，当穿过最佳温度曲线后，离平衡曲线越来越近，反应速率明显下降，若继续反应到平衡 F'，需要很长时间，而且此时的平衡转化率并不高。所以当反应进行到 F 点时，将反应气体引出进入段间冷却器进行冷却，反应停止。FG 为水平冷却线，转化率不变，G 点温度不应低于催化剂活性温度下限。然后再进入第 II 段反应，可以接近最佳温度曲线，以较高的温度达到较高的转化率。当段数增多时，操作温度更接近最佳温度曲线，如图 4-27（b）所示。

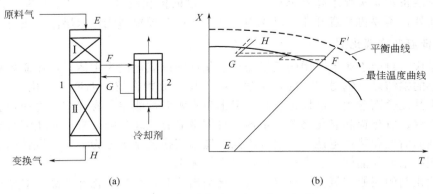

图 4-27　段间冷却式两段绝热反应器
1—反应器；2—段间冷却器

反应器分段太多，流程和设备太复杂，工程上并不合理，也不经济。具体段数由水煤气中 CO 含量、要求的转化率、催化剂活性温度范围等因素决定，实际生产中一般 2～3 段即可满足高转化率的要求。

（2）原料气冷激式多段绝热反应器　原料气冷激式多段绝热反应器是在反应过程中直接加入冷原料气进行冷却，流程示意图见图 4-28（a），温度操作曲线见图 4-28（b）。图中 FG 是冷激线，冷激过程无反应，但因添加了冷原料气，反应物 CO 浓度增加，转化率相对降低，因此，在相同转换率要求条件下，需要增加催化剂用量。

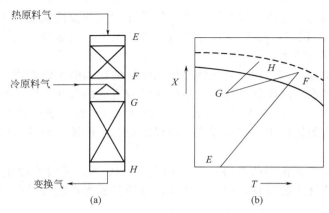

图 4-28　原料气冷激式两段绝热反应器

（3）水蒸气或冷凝水冷激式多段绝热反应器　变换反应中水蒸气是反应物，故可以用水蒸气作冷激剂。水蒸气热容大，降温效果好。若用系统中冷凝水作冷激剂，水气化吸热，潜热大于显热，冷却效果更好。用冷凝水或水蒸气作冷激剂，系统水碳比增高，对反应平衡和速率都有影响，因此，第Ⅰ段和第Ⅱ段床层的平衡曲线和最佳反应温度曲线不相同。冷激前后反应物 CO 的量没有改变，转化率不变，所以冷激线 FG 是一水平线。图 4-29（a）、（b）是该反应器和操作线图。

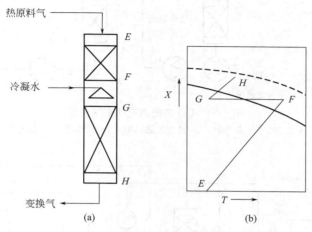

图 4-29 水冷激式两段绝热反应器及操作线示意图

（4）一氧化碳变换工艺流程 一氧化碳变换流程有许多种，设计的依据，首先是原料气中 CO 含量。CO 含量高则应采用中（高）温变换，中（高）变催化剂操作温度范围较宽，价廉易得，寿命长，大多数合成氨原料气中 CO 均高于 10%，故都先通过中（高）变除去大部分 CO。对 CO 含量高于 15%者，一般考虑将反应器分为二段或三段。其次，是根据进入系统的原料气温度及水蒸气含量，当温度及水蒸气含量低，则应考虑气体的预热和增湿，合理利用余热。第三是将 CO 变换与脱除残余 CO 的方法结合考虑。如脱除方法允许残余CO 含量较高，则仅采用中（高）变即可，否则，可将中变与低变串联，以降低变换气中CO 含量。典型变换工艺流程有两段中温变换（简称高变）、三段中温变换（简称高变）、高-低变串联等。

① 高低变串联工艺流程 以天然气或石脑油为原料制造合成气时，水煤气中 CO 含量仅 10%～13%（体积分数），只需采用一段高温变换和一段低温变换的串联流程，就能将CO 含量降至 0.3%。图 4-30 是该流程示意图，天然气与水蒸气转化生成的高温转化气进入转换器废热锅炉 1 回收热量产生高压蒸汽，降温后的转化气与水蒸气混合达到水碳比 3∶5，温度 370℃，进入到装填有铁铬系中温变换催化剂的反应器 2 中进行绝热反应，高温变换出口气中 CO 含量降至 0.3%，温度 430℃，进入高温变换废热锅炉 3 和热交换器 4，使温度降至 220℃左右，再送入装填有铜基低温变换催化剂的反应器 5 中进行绝热反应。高温变换废热锅炉产生的水蒸气可供给反应所需，通过热交换器可以利用高温变换气余热来预热后续工段的进气。出低温变换反应器的气体中，CO 含量只有约 0.3%，温度 240～250℃，经热交换器 6 回收其余热，降温后送 CO_2 脱除工段。

② 一氧化碳三段中温变换流程 以渣油为原料制造合成气时，水煤气中 CO 含量高达40%（体积分数）以上，需要分三段进行变换。图 4-31 是该流程示意图，来自渣油气化工段的水煤气，先经换热 1 和 2 进行预热，然后进入装填有铁铬系中温变换催化剂的反应器，经第Ⅰ段变换后，进入换热器 2 和 4 进行间接换热降温，再进入第Ⅱ段，反应后再到换热器1 降温，后进入第Ⅲ段进行反应变换，最后变换气经过换热器 5 和 6 降温，再经冷凝分离器

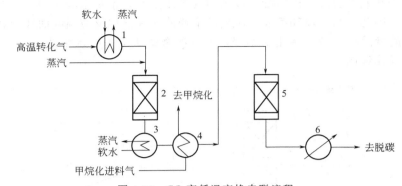

图 4-30　CO 高低温变换串联流程

1—转化器废热锅炉；2—高变炉；3—高变废热锅炉；4—换热器；5—低变炉；6—换热器

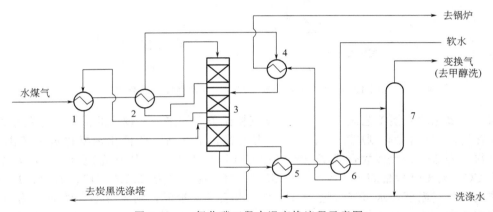

图 4-31　一氧化碳三段中温变换流程示意图

1,2,4,5,6—换热器；3—三段变换反应器；7—冷凝液分离器

7 脱除水分后送脱碳工段。

③ CO 全低变工艺流程　全低变工艺是指全部使用宽温区的钴钼系耐硫变换催化剂，不再用高（中）变催化剂，催化剂起始活性温度低，变换炉入口温度及床层内热点温度低于中变炉入口温度及热点温度 100～200℃，蒸汽消耗降低。我国全低变工艺流程有两种：一种是新设计的；另一种是在原有中小型装置加以改造的。图 4-32 是改造工艺流程。半水煤气首先进入系统的饱和热水塔，在饱和热水塔内气体与塔顶流下的热水逆流接触进行热量与质量传递，使半水煤气提温增湿。出塔气体进入气水分离器分离夹带的液滴，并补充从主热交换器来的蒸汽，使汽气比达到要求。补充了蒸汽的气体温度升至 180℃，进入变换炉的上段，反应后温度升至 350℃左右出变换炉，在段间换热器与热水换热，而后进入二段催化剂床层继续反应，反应后的气体在主热交换器与半水煤气换热，并在水加热器降温后进入第三段催化剂床层，反应后气体中 CO 含量降到 1%～1.5% 离开变换炉。变换气经第一水加热器后进入热水塔，最后经软水加热器换热，冷凝器冷却至常温。

饱和热水塔是变换工段的主要设备之一，目的是维持系统热平衡和水平衡。饱和热水塔为联合装置，饱和塔在上，热水塔在下、中间由弓形隔板分离开。塔内装填料，填料装在工字钢和算子板上，填料上有一圆形不锈钢喷管。饱和塔作用增热、增湿；热水塔作用减热、减湿。为防止饱和塔气体带水，在塔顶上有一层小瓷环分离段，作为气水分离，并设有不锈钢丝网除沫器。在热水塔为了防止破碎瓷环被气流带走，在气体出口管处设有不锈钢制的挡板。饱和热水塔结构示意图见图 4-33。

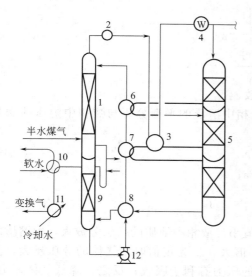

图 4-32　全低变工艺流程

1—饱和热水塔；2—分离器；3—主热交换器；

4—电加热器；5—变换炉；6—段间换热器；

7—第二水加热器；8—第一水加热器；9—热水

塔；10—软水加热器；11—冷凝器；12—热水泵

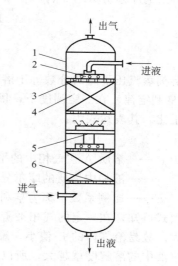

图 4-33　饱和热水塔结构示意图

1—塔壳体；2—液体分布器；3—填料压板；

4—填料；5—液体再分布器；6—填料支撑板

4.7　二氧化碳的脱除

各种原料制取的粗原料气，经 CO 变换后，变换气中主要成分为氢气和二氧化碳，少量的一氧化碳和甲烷等，其中以二氧化碳含量最高，二氧化碳是合成催化剂的有害物质，但也是生产尿素、碳酸氢铵等产品的重要原料。因此，对二氧化碳进行脱除分离是变换反应的后续工艺。工业生产中脱除二氧化碳方法一般采用溶液吸收法，根据吸收剂性能不同，分为两大类：物理吸收法和化学吸收法。变压吸附法和膜分离是近年来研制的固体吸收新工艺。

4.7.1　物理吸收法

物理吸收适用 CO_2 含量＞15％，无机硫、有机硫含量高的煤气，目前国内外工艺主要有：低温甲醇洗涤法、碳酸丙烯酯、聚乙二醇二甲醚吸收法等。吸收 CO_2 的溶液可减压再生，吸收剂重复利用。其中低温甲醇洗涤法由于需要大量的冷量，因此，多用于大型化肥装置；碳酸丙烯酯由于腐蚀较严重并且损失液量较大，适用于对净化度要求不高的场合。聚乙二醇二甲醚无毒、能耗低而被广泛采用。

拉乌尔定律和亨利定律是研究气液相平衡的两个重要定律。

① 拉乌尔定律　溶液中溶剂 A 的蒸气分压 P_A 等于纯溶剂的蒸气压 P_A^* 与其液相组成 x_A（摩尔分数）的乘积，该定律称为拉乌尔定律。

$$P_A = P_A^* x_A \tag{4-88}$$

式中　P_A^*——同温度下纯溶剂的饱和蒸气压，kPa；

P_A——溶液中溶剂 A 的蒸气分压，kPa；

x_A——溶液中溶剂 A 的摩尔分数。

设溶质的摩尔分数为 x_B，则 $x_A = 1 - x_B$，则：

$$P_A = P_A^* (1 - x_B)$$

或

$$x_B = \frac{P_A^* - P_A}{P_A^*}$$

即溶剂蒸汽压下降的分数等于溶质的摩尔分数。

② 亨利定律　在一定温度下，稀溶液上方气相中溶质的平衡分压与液相中溶质的摩尔分数成正比。其表达式为：

$$P_A^* = Ex \tag{4-89}$$

式中　P_A^*——溶质 A 在气相中的平衡分压，kPa；

x——液相中溶质的摩尔分数；

E——比例系数，称为亨利系数，kPa。

由上式可知，在一定的气相平衡分压下，E 值小，液相中溶质的摩尔分数大，即溶质的溶解度大。故易溶气体的 E 值小，难溶气体的 E 值大。E 为定值时，气体的分压越大，其溶质在溶液中的溶解度就越大，所以，增加气体的压力有利于吸收；反之，降低气体压力，有利于解吸。

4.7.1.1　低温甲醇洗涤法

低温甲醇法（Rectisol）是德国林德和鲁奇两家公司，在 20 世纪 50 年代共同开发的，以甲醇作为吸收剂，利用低温下甲醇优良特性脱除原料气中的轻烃、二氧化碳、硫化氢、硫的有机化合物、氧化物等物质。世界上第一套低温甲醇洗工业化装置于 1954 年建于南非萨索尔（Sasol）合成液体燃料工厂，处理气量 $1.9 \times 10^5 Nm^3/h$，净化气中残余 CO_2 为 1%，总硫为 $0.6 mg/Nm^3$。1964 年林德公司又设计了低温甲醇洗串液氮洗的联合装置，用以脱除变换气中 CO_2、硫化物和残余碳的氧化物，以制取合成氨所需的高纯度氢。该装置的处理能力为 $1.8 \times 10^4 Nm^3/h$，净化气中 CO_2 小于 5×10^{-6}，几乎不含硫化物。20 世纪 70 年代后，国外所建的以煤和重油为原料的大型氨厂，大部分采用该净化方法。目前运行装置 40 多套。我国在 80 年代初引进的四套大型合成氨厂［三套以重（渣）油为原料，一套以煤为原料］，其净化部分也采用该技术。

（1）低温甲醇洗涤基本原理　甲醇是一种极性物质，在低温、高压下，对 CO_2 和 H_2S 的溶解度不遵循亨利定律。必须进行校正。原料气中各组分在甲醇中的溶解度不同，酸性气体在甲醇中的溶解度很大，而非极性气体如氢气、氮气等的溶解度则很小。甲醇的这种选择性吸收的优势，使它成为一种优良的酸性气体净化溶剂。不同气体在甲醇中的溶解度如图 4-34 所示。

从图 4-34 中可以看出，在相同的条件下，CO_2 和 H_2S 等酸性气体在甲醇中的溶解度都比较大，H_2S 的溶解度比 CO_2 更大。在相同条件下，H_2S 溶解度是 CO_2 溶解度的 5～6 倍，CO_2 和 H_2S 的溶解度都随温度的降低和压力的提高而增大，因此，用甲醇液脱除酸性气体应在低温和高压下进行。相反，降低压力提高温度可使甲醇液得到再生。

COS 在甲醇中的溶解度虽然比 H_2S 小，但由于 COS 在气体中的含量很少，吸收 CO_2 和 H_2O 的甲醇循环量足以使 COS 完全被吸收。CS_2 在甲醇中的溶解度比 H_2S 的溶解度大，气体中 CS_2 的含量极少，因此，CS_2 也可被彻底脱除。

氢气、氮气、甲烷等气体在甲醇中的溶解度都不大，氮气和 CH_4 在原料气中的含量很低，因此它们的溶解量都很小。但氢气的浓度很大，因此，氢气在甲醇中的溶解量不容忽

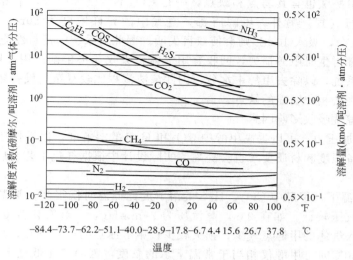

图 4-34　不同气体在甲醇中的溶解度

视。在设计流程时须选择适宜地点，将氢气从甲醇液中释放出来并加以回收。

同一压强，同一温度下各种气体在甲醇中溶解度的大小排列如下：

$$CS_2 > H_2S > CO_2 > H_2O > CH_4 > CO > N_2 > H_2$$

水右侧的甲烷、一氧化碳、氮和氢气体属于难溶气体。易溶解气体 CS_2、H_2S、CO_2、水蒸气，其溶解度随温度上升而急剧下降，所以采用低温吸收，高温解吸；难溶气体 CH_4、CO 温度升高溶解度稍有下降但不明显，原料气中主要成分氢气，溶解度随温度上升而升高，因而氢气解吸时，应在低温下进行。

根据吸收理论，溶解度大，吸收速度快；溶解度小，吸收速度慢。各种气体溶解度大小的排序，同时也是吸收速度的排序。按照化学平衡原理，吸收的逆过程即为解吸过程，必然是吸收速度快的气体其解吸速度慢，所以在溶有混合气体的富甲醇闪蒸时，最先最快解吸出来的依次是氢气、氮气、CO，利用这一原理采用多段解吸法把溶于甲醇中的氢与 CO_2、H_2S 分离开来。第一次减压闪蒸时，大量解吸出 H_2、N_2、CO，而 CO_2、H_2S 较少，这种气体叫闪蒸气，将它加压返回生产系统，可以降低解吸过程中原料氢的损失。

（2）低温甲醇洗法特点　在酸性气体脱除工艺中，低温甲醇法具有以下特点。

① 甲醇在低温高压下，对 CO_2、H_2S、COS 有极大的溶解度。在 6.0MPa 下操作，以渣油为原料制得的原料气，低温甲醇洗吸收 CO_2 的容量是 3.0MPa 的热钾碱液的 10 倍，是 1.8MPa 水洗的 80 倍。

② 有较强的选择性，甲醇对 CO_2、H_2S、COS 的溶解度大，但对 H_2、CO、CH_4 的溶解度小。这样，有效气 H_2 的损失就小。另外，甲醇对 H_2S 的溶解度和吸收速度比 CO_2 大得多。采用低温甲醇洗法同时脱除硫化物和二氧化碳。

③ 甲醇价廉易得，沸点较低，低温下的平衡蒸汽压很小，溶剂损失小。

④ 化学稳定性和热稳定性好，在吸收过程中不起泡，能与水互溶，可利用它来干燥原料气。

⑤ 黏度小，-30℃时甲醇的黏度相当于常温水的黏度；-55℃时，甲醇的黏度也只有常温水的两倍，动力消耗小。

⑥ 腐蚀性小，不需要特殊防腐材料。

当然，低温甲醇法也有其弱点和缺点，一是 CO_2 不能全部回收，甲醇液完全再生时必须用惰性气体进行气提。另外，甲醇有毒，空气中的允许浓度为 $50mg/Nm^3$，人体吸入 $30mL$ 甲醇就可致命，吸入 $10mL$ 则会使双目失明。因此对系统的密封性能要求很高。

为了减少甲醇再生时甲醇损失，回收有用气体，吸收和再生都采用多段吸收多段再生，设置甲醇水精馏系统，以除去甲醇中水分，因此该法流程比较复杂，设备多，这是该法与热钾碱法，加压水洗法相比明显的缺点。

（3）低温甲醇洗吸收影响因素

① 压力 增加压力，可以提高甲醇中 CO_2 和 H_2S 的溶解度，但操作压力过高，会增加输送动力，对设备强度和材质要求也会提高。实际设计中根据气化工艺和后续氨合成压力确定适宜压力。

② 温度 常温下，甲醇中 CO_2、H_2S 的溶解度比低温时低很多；常温下甲醇蒸汽压较高，低温下，蒸汽压较低。如在 $0℃$，蒸汽压为 $20mmHg$，$-40℃$ 仅为 $0.8mmHg$。因此，低温下吸收，带入气体的甲醇蒸气少，损失较少；甲醇冰点为 $-97.8℃$，且在低温下其黏度增加不大，在 $-30℃$ 时，甲醇仅相当于常温下水的黏度，因而，在低温下操作。Shell 流程中，送入脱硫塔的甲醇液温度为 $-34℃$，送入脱碳塔的甲醇液温度为 $-71℃$。脱碳塔吸收大量 CO_2 而放热，甲醇液温度将升高，因此，脱碳塔温度控制低些，至少要保持在 $-60℃$ 以下。

4.7.1.2　聚乙二醇二甲醚法（Selexol 或 NHD 法）

聚乙二醇二甲醚是美国 Allied 化学公司在 1965 年开发研制的，该溶剂对 H_2S、CS_2、C_4H_4S、CH_3SH、COS 等硫化物有较高的吸收能力，能选择性吸收 H_2S，也能脱除 CO_2，并能同时脱除水；溶剂本身稳定，不分解，不起化学反应，损失少，对普通碳钢腐蚀性小，无毒性，无环境污染。分子式为 $CH_3—O(C_2H_4O)n—CH_3(n=2\sim9)$，相对分子量 $250\sim280$；凝固点 $-29\sim-22℃$；闪点 $151℃$；$25℃$ 时，蒸汽压小于 $1.33Pa$，比热容 $2.05kJ/(kg \cdot ℃)$，密度 $1.03kg/L$，黏度 $5.8×10^{-3}Pa \cdot s$；溶解 CO_2 释放出热量 $374.30kJ/kg$。

该溶剂能与水任意比例互溶，不起泡，也不会因原料气中的杂质而引起降解，同时，溶剂的蒸气压低，损失非常少。

我国原南京化学工业公司研究院开发出的同类脱碳工艺，称为 NHD 净化技术。在中型氨厂试验成功。NHD 溶液吸收 CO_2 和 H_2S 的能力均优于国外的 Selexol 溶液，价格较之便宜，技术与设备全部国产化，目前在国内推广使用。

Selexol 法脱 CO_2 流程见图 4-35。粗合成气进入吸收塔 1 下部，由塔顶出来的净化气中 $CO_2 \leqslant 0.1\%$。从吸收塔底流出的富液先经过低温冷却器 2 降至低温，接着通过水力涡轮机 3 回收动力，再进入多级降压闪蒸罐 5 逐级降压，首先析出的是 H_2、CO、N_2 等气体，送回吸收塔。后几级解吸出来的 CO_2，其纯度达 99%。从最后一级闪蒸罐流出的聚乙二醇二甲醚溶液送至汽提塔 8 顶部，在塔底部通入空气以吹出溶液中 CO_2，贫液由汽提塔底流出，温度为 $2℃$，吸收能力 $22.4m^3CO_2/m^3$（溶液）。贫液由泵打至吸收塔顶部入塔。

4.7.1.3　碳酸丙烯酯法

碳酸丙烯酯法简称碳丙法（PC），该法适合于气体中 CO_2 分压高于 $0.5MPa$，温度较低，同时对净化度要求不高的场合。吸收温度低于 $38℃$，出口气中 CO_2 大于 1%。

碳酸丙烯酯分子式：$CH_3CHOCO_2CH_2$，$0.1MPa$ 时，沸点 $238.4℃$，冰点 $-48.89℃$，$15.5℃$ 时密度 $1.198g/cm^3$；$25℃$ 黏度：$2.09×10^{-3}Pa \cdot s$，$15.5℃$ 比热容 $1.40kJ/(kg \cdot ℃)$；$34.7℃$ 饱和蒸气压 $27.27Pa$；闪点 $128℃$，着火点 $133℃$，属中度挥发性有机溶剂。对二氧

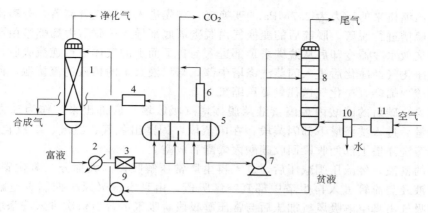

图 4-35　Selexol 法脱 CO₂ 流程图

1—吸收塔；2—低温冷却器；3—水力涡轮机；4—循环压缩机；5—多级
闪蒸罐；6—真空泵；7—汽提塔给料泵；8—CO₂汽提塔；
9—贫液泵；10—分离器；11—鼓风机

化碳溶解热 14.65kJ/mol。

　　碳酸丙烯酯对 CO₂ 吸收能力大，在相同条件下约为水的 4 倍。纯净时略带芳香味，无色，当使用一定时间后，由于水溶解 CO₂、H₂S、有机硫、烯烃等，且水使碳酸丙烯酯降解，溶液变成棕黄色。但对压缩机油难溶。吸水性极强，碳酸丙烯酯液吸收能力与压力成正比，与温度成反比，对材料无腐蚀性（无水解时），所以可用碳钢做材料投资少，但碳酸丙烯酯液降解后对碳钢有腐蚀，使碳酸丙烯酯颜色变成棕色。

　　未吸收 CO₂、H₂S、有机硫等被吸收物质的吸收剂称之为贫液，吸收了 CO₂、H₂S、有机硫等物质的吸收剂称为富液。

　　碳酸丙烯酯脱碳工艺流程见图 4-36。

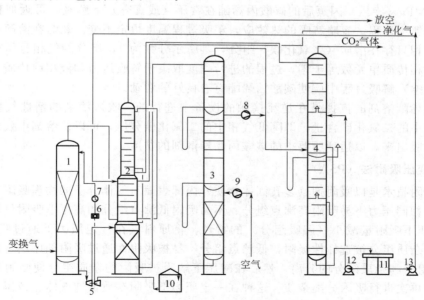

图 4-36　碳酸丙烯酯脱碳工艺流程

1—吸收塔；2—闪蒸洗涤塔；3—再生塔；4—洗涤塔；5—贫液泵涡轮机；6—过滤器；
7—贫液水冷器；8—真空解吸风机；9—汽提风机；10—循环槽；11—稀液槽；12,13—稀液泵

自氢氮压缩机来的压力为 2.7MPa 的变换气，首先进入变换气分离器，分离出油水后进入活性炭脱硫槽进行脱硫。脱硫后的变换气由脱碳塔底部导入，碳酸丙烯酯液由泵打入过滤器，溶剂经贫液水冷器冷却后从脱碳塔顶部进入与自下而上的气体进行逆流吸收，脱除二氧化碳气体的净化气经净化后进入闪蒸洗涤塔中部，与稀液泵来的稀液逆流接触，回收净化气中夹带的碳酸丙烯酯，净化气送往氢氮压缩机。

吸收二氧化碳后的碳酸丙烯酯富液从脱碳塔（吸收塔）底部出来，作为动力驱动涡轮机，回收能量后进入洗涤塔下部闪蒸段，在闪蒸段，闪蒸出氢气、氮气、二氧化碳等气体，闪蒸气经闪蒸洗涤塔上部回收段回收碳酸丙烯酯后放空。

闪蒸后的富液，经减压阀减压后，进入再生塔常压解吸段。大部分二氧化碳在此解吸。解吸后的富液经溢流管进入再生塔中部真空解吸段，由真空解吸风机控制真空解吸段真空度。真空解吸气由真空解吸风机加压后与常压解吸段解吸气汇合后依次进入洗涤塔中部，解吸气（CO_2）经进一步洗涤后，二氧化碳送往 CO_2 压缩工段。

真空解吸段的碳酸丙烯酯液经溢流管进入再生塔下段汽提段。汽提段由汽提风机抽吸空气形成负压，汽提碳酸丙烯酯液与自下而上的空气逆流接触，继续解吸碳酸丙烯酯液中残余二氧化碳，再生后的贫液进入循环槽，经贫液泵加压后，泵入贫液水冷器，去脱碳塔循环使用。

在碳酸丙烯酯脱除二氧化碳的生产工艺中，解吸过程就是碳酸丙烯酯的再生过程，它包括闪蒸解吸、常压真空解吸和汽提解吸三部分。解吸过程的气液平衡关系亦用亨利定律来描述。

吸收了二氧化碳的碳酸丙烯酯富液中亦含有少量的氢、氮，经减压到 0.4MPa（绝压）进行闪蒸几乎全部被解吸出来，另有少量的二氧化碳液随氢、氮气一起被解吸。这是多组分闪蒸过程，各个部分具有不同的解吸速率和不同的相平衡常数。闪蒸过程中各组分在闪蒸气中的浓度是随闪蒸压力、温度而异。在生产过程中，调节闪蒸压力，可调节闪蒸气各组分浓度。

经 0.4MPa（绝压）闪蒸后的碳酸丙烯酯在常压（或真空）下解吸。可近似作为单组分二氧化碳的解吸过程。忽略解吸的热效应，解吸过程温度恒定不变。忽略在溶解过程中的挥发因素，气相只存在溶质（二氧化碳）组分，其摩尔分数为 1，组分的气相分压也就等于解吸压力，气相传质单元数等于零，过程的进行程度取决于解吸压力和液相内传质。所以，在常压（或真空）解吸过程中应使碳酸丙烯酯有着良好的湍动。

碳酸丙烯酯溶剂的汽提是在逆流接触的设备中进行的。吹入溶剂的惰性气体（空气），降低了气相中的二氧化碳含量，即降低气相中的二氧化碳分压，可以使溶剂中残余的二氧化碳进一步解吸出来。以达到所要求的碳酸丙烯酯溶剂的贫度。

4.7.1.4　变压吸附法（PSA）

变压吸附技术是以吸附剂（多孔固体物质）内部表面对气体分子的物理吸附为基础，利用吸附剂在相同压力下易吸附高沸点组分、不易吸附低沸点组分和高压下吸附量增加（吸附组分）、低压下吸附量减小（解吸组分）的特性。将原料气在一定压力下通过吸附剂床层，相对高沸点杂质组分被选择性吸附，低沸点组分不易被吸附而通过吸附剂床层（作为产品输出），达到组分和杂质组分的分离。然后在减压下解吸被吸附的杂质组分使吸附剂再生，以利于下一次再次进行吸附分离杂质。这种在一定压力下吸附杂质提纯气体、减压下解吸杂质使吸附剂再生的循环便是变压吸附过程。

在变压吸附过程中，吸附床内吸附剂解吸是依靠降低杂质分压实现的，通常采用的方法是：常压解吸，降低吸附床压力（泄压）-逆放解吸-冲洗解吸。图 4-37 示意说明吸附床的吸附、解吸过程。

图中 A—B 为升压过程：经解吸再生后的吸附床处于过程的最低压力 P_1，床内杂质吸附量为 Q_1（A 点）。在此条件下用产品组分升压到吸附压力 P_3，床内杂质吸附量 Q_1 不变（B 点）。

B—C 为吸附过程：在恒定的吸附压力下原料气不断进入吸附床，同时输出产品组分。吸附床内杂质组分的吸附量逐步增加，当到达规定吸附量 Q_3（C 点）时停止进入原料气，吸附终止。此时吸附床内仍预留有一部分未吸附杂质的吸附剂（如吸附剂全部吸附杂质，吸附量可为 Q_4，C' 点）。

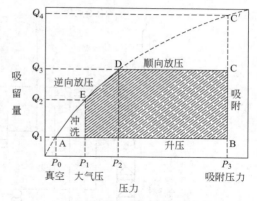

图 4-37　吸附床的吸附、解吸过程示意图

C—D 顺放过程：沿着进入原料气输出产品的方向降低压力，流出的气体仍为产品组分，用于别的吸附床升压或冲洗。在此过程中，随床内压力不断下降，吸附剂上的杂质被不断解吸，解吸的杂质又继续被未充分吸附杂质的吸附剂吸附，因而杂质并未离开吸附床，床内杂质吸附量 Q_3 不变。当吸附床降压至 D 点时，床内吸附剂全部被杂质占用，压力为 P_2。

D—E 逆放过程：开始逆着进入原料气输出产品的方向降低压力，直到变压吸附过程的最低压力 P_1（通常接近大气压力），床内大部分吸附的杂质随气流排出塔外，床内杂质吸附量为 Q_2。

E—A 冲洗过程：根据实验测定的吸附等温线，在压力 P_1 下吸附床仍有一部分杂质吸附量，为使这部分杂质尽可能解吸，要求床内压力进一步降低。在此利用顺放气冲洗床层不断降低杂质分压使杂质解吸。经一定程度冲洗后，床内杂质吸附量降低到过程的最低量 Q_1 时，再生终止。至此，吸附床完成一次吸附-解吸再生过程，再次升压进行下一次循环。

PSA 法可用于分离提纯 CO_2、H_2、N_2、CH_4、CO、C_2H_4 等气体。我国已有国产化的 PSA 装置，规模和技术均达到国际先进水平。

4.7.2　化学吸收法

利用 CO_2 的酸性特性可与碱性物质进行反应将其吸收，常用的吸收剂有热碳酸钾法、有机胺法和浓氨水法等，其中改良的热碳酸钾是目前常用工艺。浓氨水吸收最终产品为碳酸铵，该法逐渐被淘汰。

改良的热钾碱法，即在碳酸钾溶液中添加少量活化剂，以加快吸收 CO_2 的速率和解吸速率，活化剂作用类似于催化剂。在吸收阶段，碳酸钾与 CO_2 生成碳酸氢钾，在再生阶段，碳酸氢钾受热分解，析出 CO_2，溶液再生，循环使用。根据活化剂种类不同，改良热钾碱法又分为以下几种。

（1）本菲尔（Benfild）法　吸收剂为 25%～40%（质量）碳酸钾溶液中添加二乙醇胺活化剂（含量 2.5%～3%），还加有缓冲剂 KVO_3（含量为 0.6%～0.7%）、消泡剂（聚醚或硅酮乳液等，浓度约几十毫克/千克）。凯洛格公司开发的本菲尔法节能流程，见图 4-38。

在吸收塔 1 中脱碳时的操作压力约 2.5～2.8MPa。塔顶温度 70～75℃，塔底吸收液温度 110～118℃，净化气中残余 CO_2 含量低于 0.1%（体积分数），溶液吸收 CO_2 的能力为 23～24m^3 CO_2/(h·m^3)。吸收后的富（CO_2）液用泵 3 输送至再生塔 9，半贫液在再生塔中部引出至减压闪蒸器 6，产生水蒸气并析出 CO_2，溶液降温，然后送至吸收塔中部，这样

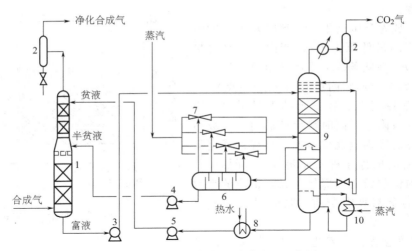

图 4-38　节能型本菲尔法脱碳流程示意图

1—吸收塔；2—气液分离器；3—富液泵；4—半贫液泵；5—贫液泵；6—闪蒸器；

7—蒸汽喷射器；8—锅炉给水预热器；9—再生塔；10—再沸器

可节省能源，蒸汽和 CO_2 送回再生塔。闪蒸方式有蒸汽喷射器法和热泵法。再生塔底部出来的是 CO_2 含量非常低的贫液，将其送至吸收塔顶，可保证净化气的高度净化。再生塔温度 120℃，由再沸器 10 加热。贫液和半贫液需降温后才能送至吸收塔，降温的传统方法是经过热交换器把热量传给其他物料。节能流程比原来的本菲尔法节约能量 25%～50%。

（2）复合催化法　实际上是在碳酸钾溶液中加入了双活化剂，这是中国的专利，其催化吸收速率、吸收能力和能耗与改进的本菲尔法相近，而再生速率比后者快，已在国内推广。

（3）空间位阻胺促进法　在碳酸钾溶液中添加有侧基的胺化合物（空间位阻胺）。它们在溶液中可促进吸收和再生速率，吸收能力和提高净化度，而且再生能耗较低，但溶剂价格较贵。

4.8　原料气的最终净化

经过变换和脱碳后的原料气中仍然存在少量的一氧化碳和二氧化碳，是氨合成催化剂的毒物，需要进一步净化。CO 既非酸性物质，又非碱性物质，在各种无机、有机液体中的溶解度又很小。最初从原料气中除去 CO 是引用铜氨盐溶液测定一氧化碳的方法，后来开发了深冷分离法和甲烷化法。目前在合成氨工业中广泛应用的清除 CO 的方法主要有三种：铜氨液吸收法、甲烷化法和液氮洗涤法。

4.8.1　铜氨液吸收法

铜氨液吸收法是在高压和低温下用铜氨配位化合物溶液吸收 CO 的方法。通常是先吸收 CO 并生成新的配位合物，然后已吸收 CO 的溶液在减压和加热条件下再生。通常把铜氨液吸收 CO 的操作称"铜洗"，铜盐氨溶液称为"铜氨液"或简称"铜液"，净化后的气体称为"铜洗气"或"精炼气"。

铜氨液是铜离子、酸根及氨组成的水溶液。为了避免设备遭受腐蚀，工业上不采用强酸，用蚁酸、醋酸或碳酸等弱酸的铜氨溶液。

蚁酸亚铜在氨溶液中溶解度较大，即在单位体积的铜液中吸收 CO 能力大。但蚁酸易挥发，再生时容易分解而损失，需经常补充。碳酸铜氨液容易取得，合成氨原料气中的 CO_2 被吸收后便成碳酸，与铜氨溶液结合即成吸收液，但缺点是溶液吸收能力差，而且净化后气体中残余的 CO 和 CO_2 较多。醋酸铜氨液的吸收能力与蚁酸铜氨液接近，而且铜液组成比较稳定，再生时损失较少。所以国内铜氨液吸收法大多采用醋酸铜。

(1) 铜氨液的组成　铜氨液组成比较复杂。以醋酸铜氨液为例，铜氨液由金属铜溶于醋酸、氨和不含氯化物和硫酸盐的水中而成。因为金属铜不易溶于醋酸和氨中，制备新铜氨液时必须加入空气，这样金属铜就被氧化为高价铜。其反应式如下：

$$2Cu+4HAc+8NH_3+O_2 \Longrightarrow 2Cu(NH_3)_4Ac_2+2H_2O \tag{4-90}$$

生成的高价铜再把金属铜氧化成低价铜。从而使铜逐渐溶解：

$$Cu(NH_3)_4Ac_2+Cu \Longrightarrow 2Cu(NH_3)_2Ac \tag{4-91}$$

铜液中各组分的作用如下。

① 铜离子　铜液中有低价铜与高价铜离子两种。低价铜以 $Cu(NH_3)_2^+$ 形式存在，是吸收 CO 的活性组分；高价铜以 $Cu(NH_3)_4^{2+}$ 形式存在，没有吸收 CO 的能力，但溶液中必须有，否则会有金属铜析出。

$$2Cu(NH_3)_2Ac \Longrightarrow Cu(NH_3)_4Ac_2+Cu \tag{4-92}$$

低价铜与高价铜离子浓度的总和称为"总铜"，用 T_{Cu} 表示，两者之比称为铜比，用 R 表示。从吸收 CO 角度来讲，低价铜浓度高一些好，若以 A_{Cu} 表示低价铜浓度，则

$$\frac{A_{Cu}}{T_{Cu}} = \frac{c[Cu^+]}{c[Cu^+]+c[Cu^{2+}]} = \frac{R}{R+1} \tag{4-93}$$

$$A_{Cu} = \frac{R}{R+1} T_{Cu} \tag{4-94}$$

极限铜比与总铜的关系见表 4-8。

表 4-8　极限铜比与总铜的关系

总铜/(mol/L)	0.5	1	1.5	2	2.5	3	3.5
极限铜比	37.4	18.5	12.6	9.69	8.06	6.17	5.88

总铜一般维持在 2.2～2.5mol/L。由表 4-9 可知，极限铜比应在 8～10 之间。但实际生产中为了提高吸收能力，同时又要防止金属铜的析出，铜比一般控制在 5～8 范围内。低价铜离子无色、高价铜离子呈蓝色。由于铜氨液中同时存在两种离子，所以铜氨液呈蓝色。高价铜离子越多，铜氨液颜色就越蓝。操作时可以从铜氨液颜色深浅来判断铜比的高低。

② 氨　氨也是铜氨液中的主要组分，它以配体氨、固定氨和游离氨三种形式存在。配体氨与低价铜、高价铜以配位键配合在一起的氨。所谓固定氨，就是与酸根结合在一起的氨，例如，NH_4Ac、$(NH_4)_2CO_3$ 中的铵离子。所谓"游离氨"，就是物理溶解状态的氨。这三种氨浓度之和称为"总氨"。由于配体氨和固定氨的值随铜离子及酸根而定，所以总氨增加，游离氨也增加。原料气中 CO_2 在溶液中与 NH_3 可建立下列反应的平衡

$$NH_3+CO_2+H_2O \Longrightarrow NH_4^+ + HCO_3^- \tag{4-95}$$

$$NH_3+HCO_3^- \Longrightarrow NH_2COO^- + H_2O \tag{4-96}$$

$$NH_3+HCO_3^- \Longrightarrow NH_4^+ + CO_3^{2-} \tag{4-97}$$

所以 CO_2 在溶液中存在的形式有三种，分别为 CO_3^{2-}、HCO_3^- 和 NH_2COO^-，但是何者为主，说法尚不一致。利用反应式(4-96)的平衡常数 K 可以计算体系中各物质的浓度。

$$K = \frac{[NH_2COO^-]}{[NH_3][HCO_3^-]} \tag{4-98}$$

不同温度下的 K 值列于表 4-9。

表 4-9　不同温度下的 K 值

温度/℃	20	40	60	80	90
K	3.4	2.2	1.5	1.1	0.95

③ 醋酸　铜氨液中，Cu 离子以配离子 $Cu(NH_3)_2^+$ 和 $Cu(NH_3)_4^{2+}$ 的形式存在，因此，溶液中需要酸根与之相结合。为了确保总铜含量，醋酸铜氨液中需有足够的醋酸。操作中醋酸含量以超过总铜含量 10%～15% 较为合适，一般为 2.2～3.0mol/L。

④ 残余的 CO 和 CO_2　铜液再生后，仍然有少量 CO 和 CO_2 存在。为了保证铜液吸收 CO 的效果，要求再生后的铜液中 CO 含量小于 $0.05m^3/m^3$ 铜液，CO_2 含量小于 1.5mol/L。

铜氨液的物理性质和其组成有关。铜氨液的密度、比热容、黏度等理化数据可参阅有关手册。

国内不同流程醋酸铜氨液组成见表 4-10。

表 4-10　醋酸铜氨液组成

组分	总铜	低价铜	高价铜	铜比	总氨	醋酸	二氧化碳	一氧化碳
范围	2.0～2.6	1.8～2.2	0.3～0.4	5～7	9～11	2.2～3.5	<1.5	<0.051
碳化流程	2.37	2.04	0.33	6.2	9.14	2.27	0.96	—
水洗流程	2.37	2.04	0.33	6.2	10.1	2.27	1.74	—

(2) 铜氨液吸收基本原理

① 铜氨液吸收 CO 的基本原理　无论何种铜氨液吸收 CO 反应如下：

$$Cu(NH_3)_2^+ + CO + NH_3 \Longleftrightarrow Cu[(NH_3)_3CO]^+ \qquad \Delta_r H_m^{\ominus} = -52754kJ \cdot mol^{-1} \quad (4\text{-}99)$$

这是一个包括气液平衡和液相中化学平衡的吸收反应，提高压力、降低温度，可以提高 CO 在铜氨液中的溶解度，有利于 CO 的吸收。同时 CO 与铜氨液的反应为可逆、放热和体积缩小的反应，降低温度、提高压力、增加铜氨液中低价铜及游离氨浓度，有利于吸收反应的进行。而在减压和加热的条件下放出 CO，使铜氨液得以再生。

铜氨液除能吸收一氧化碳外，还可以吸收二氧化碳、氧和硫化氢，所以铜洗是脱除少量 CO 和 CO_2 的有效方法之一，也可以进一步脱除残余硫化氢。

② 吸收二氧化碳的反应　由于有游离氨存在，吸收 CO_2 的反应如下：

$$2NH_3 + CO_2 + H_2O \Longleftrightarrow (NH_4)_2CO_3 \qquad \Delta_r H_m^{\ominus} = -41346kJ \cdot mol^{-1} \quad (4\text{-}100)$$

生成的碳酸铵继续吸收 CO_2 而生成碳酸氢铵

$$(NH_4)_2CO_3 + CO_2 + H_2O \Longleftrightarrow 2NH_4HCO_3 \qquad \Delta_r H_m^{\ominus} = -70128kJ \cdot mol^{-1} \quad (4\text{-}101)$$

上述反应进行时放出大量热量，使铜氨液温度上升，从而影响吸收能力，同时还要消耗游离氨。此外，生成的碳酸铵和碳酸氢铵在低温时易于结晶，甚至当醋酸和氨不足时，还会生成碳酸铜沉淀。因此，为了保证铜洗操作能正常进行，就需保持有足够的醋酸和氨含量。

③ 吸收氧的反应　铜液吸收 O_2 是依靠低价铜离子的作用。

$$4Cu(NH_3)_2Ac + 4NH_4Ac + 4NH_3 + O_2 \Longleftrightarrow 4Cu(NH_3)_4Ac_2 + 2H_2O$$

$$\Delta_r H_m^{\ominus} = -113729kJ \cdot mol^{-1} \qquad (4\text{-}102)$$

这是一个不可逆的氧化反应，能够很完全的把氧脱除，但在吸收氧后，低价铜氧化成高价铜，1mol 氧可以使 4mol 的低价铜氧化，因此铜比会下降，而且还消耗了游离氨。所以，当原料气中氧含量过高时，铜比会急速下降。

④ 吸收硫化氢的反应 铜液吸收 H_2S 是依靠游离氨的作用。

$$NH_3 + H_2S \Longleftrightarrow NH_4HS \tag{4-103}$$

而且溶解在铜液中的 H_2S，与低价铜进行反应生成溶解度很小的硫化亚铜沉淀。

$$2Cu(NH_3)_2Ac + 2H_2S \Longleftrightarrow Cu_2S + 2NH_4Ac + (NH_4)_2S \tag{4-104}$$

因此，在铜液除去 CO 的同时。也能脱除 H_2S。但当原料气中 H_2S 含量过高时，可生成 Cu_2S 沉淀，易于堵塞管道、设备，还会增大铜液黏度和使铜液发泡。既增加铜耗，又会造成带液事故。为此，要求进铜洗系统的 H_2S 含量越低越好。在正常生产情况下，铜液吸收 CO_2、O_2 及 H_2S 是辅助功能，其主要作用是脱除 CO。

（3）影响铜洗操作的主要因素 用铜液将 CO 脱除，在吸收操作中需要考虑的是既能脱除 CO_2 而又不影响 CO 的脱除，同时还要防止系统内产生沉淀。根据气液平衡原理，在铜液组成一定条件下，降低温度、增加压力，对铜液吸收是有利。

① 压力 铜液吸收能力与 CO 分压有关，见图 4-39。在 CO 含量一定时，提高系统压力，CO 分压也随之增加。从图中可以看出，在一定温度下，吸收能力随 CO 分压的增加而增加，但当超过 0.5MPa 后，吸收能力随 CO 分压升高而增加的效果已不显著。而过高压力会增加动力消耗，吸收设备的强度也要增大。所以在这种情况下脱除 CO 并不经济。在不采用低温变换的净化流程中，进塔气体中 CO 含量一般为 3%～4%，因此，实际生产大多在 12～15MPa 压力下操作。

② 温度 温度与铜洗气中 CO 含量的关系如图 4-39 所示，降低铜液吸收温度，既可以提高吸收能力，又可以降低铜洗气中 CO 的浓度。由图 4-40 可知，在一定的 CO 分压下，温度越低吸收能力越大。因为 CO 在铜液中的溶解度是随着温度的降低而增加。铜液上方 CO 的平衡分压是随着温度降低而降低的。由图可见，当温度超过 15℃ 以后，铜洗气中 CO 含量升高很快。

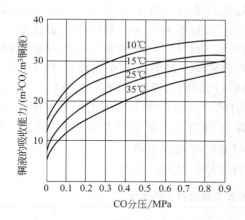

图 4-39 压力、温度与铜液吸收能力关系

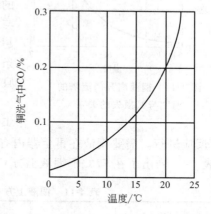

图 4-40 温度与铜洗气中 CO 含量的关系
（试验条件为：铜液中总氨与总铜之比为 3.83，
原料气中 CO 含量 2.88%，气液比
55.6～37.2，接触时间 3.94s）

铜液吸收 CO、CO_2 等气体的反应都是放热反应，所以，吸收塔中的铜液温度是随着吸收反应的进行而升高的，一般温升 15～20℃。理论上，铜液进塔的温度低好，但温度过低，铜液黏度将增加很多，同时还有可能析出碳酸氢铵堵塞设备，从而增加系统阻力。因此，有一适宜温度。一般为 8～12℃。但是，当进塔 CO_2 浓度增大时，温度应相应提高，以除去铜

液中的碳酸铵晶体，否则会发生带铜液现象。

（4）铜液的再生与还原　铜液吸收 CO、CO_2 后必须经过再生才能循环使用。再生过程不仅是解吸吸收的 CO、CO_2 的过程，而且是高价铜还原成低价铜的过程，以控制适宜的铜比。此外，氨的损失要控制到最少。

① 再生的化学反应　铜液再生是在低压和加热下按吸收反应的逆向进行

$$Cu[(NH_3)_3CO]^+ \Longleftrightarrow Cu(NH_3)_2^+ + CO + NH_3 \tag{4-105}$$

$$NH_4HCO_3 \Longleftrightarrow NH_3 + CO_2 + H_2O \tag{4-106}$$

除此以外，还有高价铜还原成低价铜，但不是低价铜氧化反应的逆过程，而是高价铜被溶解的 CO 还原的结果。由于 CO 在铜液内被氧化成易于放出的 CO_2，就像是 CO 的燃烧过程，所以也称式（4-107）反应为湿法燃烧反应。

$$Cu(NH_3)_3CO^{2+} + 2Cu(NH_3)_4^{2+} + H_2O \Longleftrightarrow 3Cu(NH_3)_2^+ + 2NH_4^+ + CO_2 + 3NH_3$$

$$\Delta_r H_m^{\ominus} = -128710kJ \cdot mol^{-1} \tag{4-107}$$

② 再生压力　降低再生系统压力对 CO、CO_2 气体解吸有利。但在减压下真空再生，流程与操作都比较复杂。因此多用常压再生。通常维持再生气体能够克服管路和设备阻力达到回收系统为适宜。

③ 再生温度　温度对于再生影响很大，提高温度，加快解吸反应，同时在较高的温度下湿法燃烧反应也加快，从而有利于 CO、CO_2 解吸。

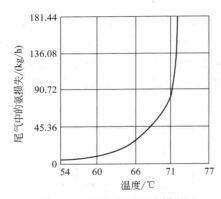

但是再生温度过高、氨和醋酸的蒸气压增大，将导致两者损失加大。同时，因为再生气中的氨是在回流塔内用冷铜液回收的，再生温度高时，回流塔底出口铜液温度也相应提高，这就使回流塔顶喷淋下来的铜液回收氨的能力减弱，氨的损失增大。铜液离开回流塔的温度与氨损失的关系如图 4-41 所示。再生温度高低与压力也有关。只要压力一定，最高再生温度就不会超过铜液的沸点。所以，在兼顾铜液再生与氨的损失条件上，接近沸腾情况的常压再生温度以 76～80℃ 为宜。而离开回流塔的铜液温度不应超过 60℃。

图 4-41　铜液离开回流塔的温度与氨损失的关系

④ 再生时间　铜液在再生器内的停留时间即为再生时间，为保证铜液再生反应按照式（4-105）和（4-106）反应进行，需要铜液在再生器内有一定的停留时间和蒸发面积。

表 4-11 列出了在 77℃ 下铜液上方 CO 分压与再生停留时间的关系。

表 4-11　铜液上方 CO 的分压与再生停留时间的关系

时间/min	0	10	20	30	60
CO 分压/kPa	3	2.5	0.8	0.2	0.1

由表可见，停留时间越长，铜液再生越完全。实际生产中，铜液在再生器内停留时间不应低于 20min。停留时间由再生器容积和铜液的循环量决定。在铜液循环量一定时，铜液的停留时间，用再生器的液位来控制，一般控制 1/2～2/3 高度比较合适。

⑤ 高价铜和液相中的 CO 含量　实验结果表明，湿式燃烧反应式（4-107）的速率与高价铜以及液相中的 CO 浓度乘积成正比，即属于二级反应。所以提高高价铜浓度及液相中的 CO 浓度都会加快还原速率，但在总铜浓度一定时，提高高价铜浓度，则意味着低价铜浓度

降低，这样就降低了铜液对 CO 的吸收能力。液相中 CO 含量是高价铜还原的一个重要因素，它与铜液还原前的温度，即离开回流塔的铜液温度有关。某工厂数据见表 4-12。

表 4-12　离开回流塔铜液温度与 CO 的含量关系（进塔时 CO 含量 10L/L）

温度/℃	52	54	56	58	60
CO 含量/(L/L)	5.2	4.3	3.4	2.6	1.7

由表 4-12 可知，随着回流塔出口铜液温度提高，铜液中 CO 含量减少。因此，回流塔中 CO 解吸量将直接影响铜比的高低，操作中可通过调节回流塔出口铜液温度来控制铜比，而浓度高低则与铜液再生温度有关。一般情况下，再生温度每提高 1℃，回流塔出口铜液温度可提高 2℃，所以控制再生温度是控制回流塔 CO 解吸和调节铜比的重要手段。在生产中有时会碰到高价铜还原过度、铜比过高的问题，为了使系统保持适宜的铜比，可加入空气直接使一部分低价铜氧化为高价铜。

（5）铜洗工艺流程　铜洗流程由吸收和再生两个部分组成。工艺流程如图 4-42、图4-43 所示。

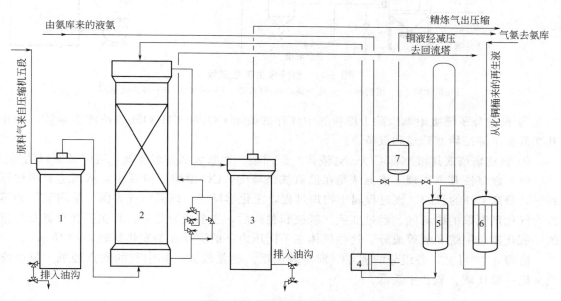

图 4-42　铜液吸收工艺流程

1—油分离器；2—铜洗塔；3—铜分离器；4—铜洗泵；5—氨冷却器；6—水冷器；7—氨计量槽

4.8.2　液氮洗涤法

液氮洗涤法是利用 CO、CH_4 和 Ar 可以溶解于液氮中的特性而开发的。该法必须配备空分装置以提供高纯氮气。若在低温甲醇洗脱除酸性气体组分之后采用液氮洗涤法脱除 CO，则具有以下显著特点。

① 精制后的合成气中所含惰性气体（CH_4 和 Ar）可减少至 $100×10^{-6}$ 以下，从而减少了合成回路的惰性气体的吹除，同时提高氮氢气的有效压力，相应可提高合成塔的生产强度和氨的单程合成率。

② 液氮洗的原料气来自于低温甲醇洗装置，对于深冷操作有害的物质已经大幅度减少，液氮洗和低温甲醇洗均属低温操作，相互匹配非常合理。

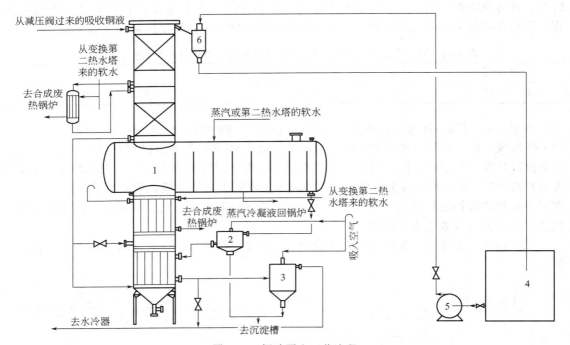

图 4-43　铜洗再生工艺流程

1—再生塔；2—沉淀槽；3—化铜桶；4—氨水槽；5—氨水泵；6—高位吸氨器

③ 设置分子筛吸附器以除去原料气中残存的微量 CO_2 和 CH_3OH 等高沸点杂质，防止其在低温下冻结堵塞管道和设备。

④ 氮洗塔塔底尾液（即 $CO+N_2$ 液体）经闪蒸，回收大部分溶解氢，可降低原料消耗。

（1）液氮洗基本原理　液氮洗是在液氮洗涤塔中，CO 溶解于液氮中，从而达到净化原料气，分离 CO 的目的。该过程属于物理过程，无化学反应。以天然气为例，采用氧气和蒸汽为气化剂制取的原料气，经过变换、脱硫和脱碳后，主要成分是氢，其次还含有氮及少量的一氧化碳、甲烷和氧等成分。这些气体在不同压力下的沸点和蒸发热如表 4-13 所示。

由表 4-13 可见，各组分的沸点（即冷凝温度）相差较大，其中氢的沸点最低，氮的沸点又比一氧化碳、氧和甲烷低。

表 4-13　气体在不同压力下的沸点和蒸发热、临界温度

气体名称	沸点				101.33kPa 的蒸发热/(kJ/kg)	临界温度/℃
	101.33kPa	101.33×10kPa	202.66×10kPa	303.99×10kPa		
二氧化碳	−78.2	−41	−20	−7	573.345	31
乙烯	−103.8	−56	−29	−13	482.949	99
甲烷	−161.4	−129	−107	−95	244.404	−83.2
氧	−182.9	−153	−140	−131	213.017	−118.4
氩	−185.7	−156	−243	−135	152.334	−122.4
一氧化碳	−191.5	−166	−149	−142	215.946	−140.2
氮	−195.8	−175	−158	−150	199.625	−146.9
氢	−252.7	−244	−238	−235	456.165	−239.6

从表 4-13 中可见，甲烷、氧气、CO 的沸点比氮气高，其大小顺序为

$$CH_4 > Ar > CO > N_2 > H_2$$

在深冷条件下，首先是甲烷液化，接着是氩气液化。相同压力下 CO 与氮气沸点接近。各种气体在液化产生的液体混合物中的含量与该气体所占分压有关，分压愈高，则液化的越多。因为当把混合液体中最大组分视作溶剂时，则其他组分相当于溶于其中的气体，根据亨利定律，一定温度时，某气体分压越高，溶解度也越高。当设备内保持低于氮的临界温度时，会产生以液氮为主的混合液体，氢不会液化，但由于主要成分为氢，所以氢分压很高。最易液化的甲烷，其 70% 以上为液态，其次是 Ar，大约 30% 左右成为液态，而 CO 仅有 20% 左右成为液态。在液氮洗涤之前，对这一部分进行分离，所得馏分称作甲烷馏分。将甲烷馏分分离掉能减少洗涤液氮的用量。

用液氮洗涤脱除 CO，是根据 CO 沸点比氮高，以及 CO 在液氮中能溶解这一特性。该法和利用甲醇吸收 CO_2 一样，在高压、低温条件下进行得较好。压力越高，温度越低，则 CO 在液氮中溶解度也越高。但 CO 在原料气中含量为 4.62%，分压低；为彻底脱除 CO，洗涤温度当然越低越好，但又必须高于氢的沸点和临界温度，防止氢大量溶解于液氮中。目前工业上所用液氮洗的最低温度大约在 −192℃。

氢的沸点和临界温度比氮低得多，在前述条件下，氢不会发生液化，但有相当量的氢溶解于液氮中，随着洗涤所得 CO 馏分排出。

为增大洗涤时气液两相的相界面，提高传质速度，洗涤塔中安装一定数目的筛板。在洗涤塔各块塔板上，原料气自下而上穿越塔板，与塔板上分布的自上而下的液氮接触。在气液两相接触中，气相中易液化的 CO 组分冷凝下来变成液体，同时放出 CO 冷凝潜热。液相中液氮受热而被气化，吸收热量称为氮的蒸发潜热。从表 4-13 可见，CO 的冷凝潜热为 216kJ/kg，而液氮的蒸发潜热为 199.62kJ/kg，两者数值很接近。考虑到在洗涤塔中会散失一些热量，可以认为，洗涤塔是在恒温下操作，每洗涤 1kg 的 CO 馏分会有 1kg 液氮被蒸发出来，这是液氮洗涤的又一个重要特性。

由于原料气中微量 CO_2 的沸点和凝固点较高，一旦进入系统就会变为固体，造成换热器的堵塞，所以工艺上要求先彻底清除易结晶的 CO_2（包括水、CH_3OH、乙烯等），然后再将原料气送入装置。

通过以上分析可知，液氮洗过程由原料气净化、深冷、分离液体和液氮洗涤四部分组成。

（2）液氮洗工艺条件

① 氮的纯度　氮由空分装置以气态或液态形式提供。氧能使氨合成催化剂中毒，由于液氮洗工段的另一任务是配氮，即将合成气制成 H_2/N_2 比为 3∶1 的合成气送往合成工序进行氨合成，所以液氮中氧含量应小于 20×10^{-6}。

② 原料气成分　在低温下甲醇、水和二氧化碳将凝结成固体，影响传热并堵塞管道及设备，因此进入液氮洗系统的原料气必须完全不含水蒸气和二氧化碳。原料气中的氮氧化物和不饱和烃在低温下形成的沉积物很容易爆炸，也必须完全除去，设置分子筛吸附器脱除这些微量杂质，以确保生产安全。

③ 液氮用量　液氮洗涤法脱除一氧化碳属于物理过程，是根据一氧化碳比氮的沸点高以及 CO 能溶解在液体氮中的特性，在洗涤塔中液体氮与原料气接触时，一氧化碳被冷凝下来，同时部分液氮蒸发。由于原料气中一氧化碳含量很少，且氮的蒸发热与一氧化碳的冷凝热相差很小，故可以将洗涤过程看作是恒温、恒压过程。

通过液氮洗涤塔的物料衡算，可以确定液氮用量。在液氮洗涤塔中所进行的洗涤过程中，含有一氧化碳的原料气 G 由塔底进入，洗涤用的纯液体氮 L 由顶部加入。洗涤后，从塔顶排出的气体是纯氢氮混合气 D，底部排出的液体是含一氧化碳的馏分 A。若以 X 表示各混合物中一氧化碳浓度（摩尔分数），对全塔作一氧化碳物料衡算可得：

$$AX_A + DX_D = LX_L + GX_G$$

因液氮中不含一氧化碳，故 $X_L = 0$。液氮洗涤过程可作恒温过程，也就是说一氧化碳的冷凝量和液氮的蒸发量基本相等，所以可近似地认为：

$$A = L, \quad D = G$$

则有：

$$X_A = \frac{G(X_G - X_D)}{L}$$

X_D 与 X_G 相比，$X_G \gg X_D$，故忽略 X_D，简化为：

$$X_A = \frac{G X_G}{L}$$

则：

$$L = \frac{G X_G}{X_A} \tag{4-108}$$

当其他条件一定时，可用式(4-108)计算液氮的理论用量。液氮的实际用量应大于理论用量。一般每吨合成氨所需液氮量以气态计为 700 标准立方米。

④ 操作压力　随着压力的提高，CO 沸点升高，虽然对吸收 CO 有利，但对设备要求也高，氢的损失将会增大。设计流程原则是原料气不再另行加压。

⑤ 温度　液氮洗涤装置中最低温度达 $-192℃$，送入液氮洗涤塔的原料气为 $-189℃$。冷量来源在开车阶段是从空分单元送来液氮；正常操作时，一方面回收送出装置的低温原料（合成气，甲烷馏分，CO 馏分）的冷量，另一方面当配氮时从高压氮节流膨胀获得部分冷量，不足的冷量依靠空分单元送来部分液氮补充；氮洗塔和各换热器装于特制的冷箱中，冷箱内填充有隔热材料，主要是热导率极低的珠光砂。冷箱保温性能越好，则需补充的液氮量越少。

(3) 液氮洗工艺流程　图 4-44 为法国液化空气公司的日产 1000t 氨的氮洗空分联合流程。经过除尘的空气由离心压缩机加压到 0.57MPa，经氨冷却器 17 预冷到 5℃，再通过装有分子筛和硅胶的吸附器 18 把残余的 CO_2 和水分除去进入冷箱内的换热器 14，然后去中压空分精馏塔。空气经过一次精馏后，塔顶可得压力为 0.51MPa、氧含量小于 $20cm^3/m^3$ 的纯氮，塔底为 35% 的富氧液体。

富氧液体经过节流膨胀后加入到低压空分精馏塔，在此，得到的一部分液氧用低压液氧泵送到冷凝蒸发器管间，吸收管内侧氮蒸气冷凝热而气化；另一部分液氧再经高压液氧泵加压到 10.7MPa 通过换热器 4 和 5 回收冷量后作为产品氧气送出。

已经预处理的原料气在 5℃和 8.28MPa 压力下进入冷箱，首先在换热器 1 内冷却到 $-190℃$，然后去氮洗塔。塔顶有液氮加入，将原料气中的 CO、CH_4 和 Ar 等脱除后，即可得到 CO 含量在 $5cm^3/m^3$ 以下的氢氮混合气，塔底为含有 CO 的液氮。

在这个流程中氮有三个作用：

① 作为除去 CO 等杂质的洗涤剂；

② 作为配制氢氮混合气的原料；

③ 补充冷冻量。

图 4-44 中可以看到从中压空分塔所得纯氮经过离心压缩机加压到 8.16MPa，除一部分作为洗涤剂以外，另一部分先经换热器 4 冷却，然后在透平膨胀机 8 内膨胀至 2.25MPa 而获得冷量，于换热器 4、5 中冷却另一部分氮。

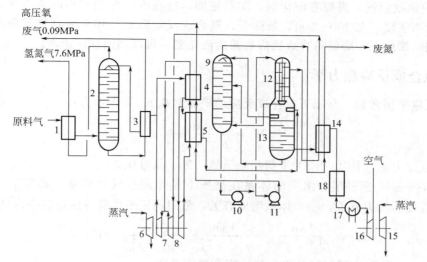

图 4-44　日产 1000t 氨法液空氮洗空分联合流程

1,3,4,5,14—换热器；2—氮洗塔；6,15—蒸汽透平；7,16—离心压缩机；8—透平膨胀机；
9—低压精馏塔；10,11—分别为低压和高压液氧泵；12—冷凝蒸发器；
13—中压精馏塔；17—氨冷却器；18—吸附器

4.9　氨的合成

氨的合成是在高压和催化剂存在下进行的，由于氨合成反应受到化学平衡限制，反应后气体氨含量只有 $10\% \sim 20\%$ NH$_3$，例如，日产 1000 氨的合成塔出口气中 NH$_3$ 只占有 16.18%，未反应的原料气必须进行分离，因此，氨合成流程均采用将氨分离后未反应的氢氮气进行循环的工艺流程。

4.9.1　氨合成反应原理

氨合成的化学反应方程如下：

$$3H_2 + N_2 \Longrightarrow 2NH_3 \qquad \Delta_r H_m^{\ominus} = -92.44 kJ \cdot mol^{-1} \qquad (4\text{-}109)$$

该化学反应具有如下特点。

① 放热反应。在一个大气压，298K 的状况下，1.5 摩尔氢气和 0.5 摩尔氮气反应生成 1 摩尔 NH$_3$ 时，放热 46.22kJ，这个数值称氨的标准反应热。实际放热值受温度、压力、混合气体的组分的影响。温度越高放热越多，近似成正比关系。300℃ 时，约为 52kJ；400℃ 时，约为 54kJ；500℃ 时，约为 56kJ。由于氨合成反应是放热的，催化剂床层的温度随反应的持续进行会越来越高，对催化剂寿命有很大影响。因此，氨合成塔结构，除了考虑传质还必须考虑传热，即如何移走反应热保持床层有适宜反应温度。

② 可逆反应。合成氨反应产物是氨、氮、氢的混合物。合成的工艺流程，必然由反应、反应物分离、未反应物重新反应三步组成，因而是氮氢原料气循环过程。其次，研究化学平衡及平衡时氨含量对工艺条件的确定是非常重要的。

③ 体积缩小的反应。提高压力有利于氨的合成。大型化肥装置多采用 11MPa 左右的压力进行合成反应。合成压力降低可以降低压缩合成气的能耗，但平衡氨含量会有所下降。为弥补氨含量的下降，采用较低的空速，增加催化剂的装填量，采用小颗粒催化剂。

④ 反应速度很慢，需要有催化剂。实践证明，在没有催化剂存在的条件下，生成氨的反应速度相当缓慢，在 300～500℃ 条件下，氨合成反应需要几年才能达到平衡状态。但在适当催化剂的作用下，降低氨合成反应所需的活化能，可以加快反应速度。

4.9.2 氨合成反应热力学

（1）反应平衡常数　常压下氨合成反应的平衡常数 K_p 可表示为：

$$K_p = \frac{p_{NH_3}}{p_{H_2}^{1.5} \cdot p_{N_2}^{0.5}} \tag{4-110}$$

式中　P_{NH_3}、P_{H_2}、P_{N_2} ——为平衡状态下氨、氢、氮分压。

H_2—N_2—NH_3 三种组分组成的体系在高压下是非理想气体体系，高压下的平衡常数 K_p 不仅与温度、压力有关，还与体系组成有关，需用逸度来代替分压进行平衡计算：

$$K_f = \frac{f_{NH_3}}{f_{H_2}^{1.5} \cdot f_{N_2}^{0.5}} = \frac{r_{NH_3}}{r_{H_2}^{1.5} \cdot r_{N_2}^{0.5}} \frac{p_{NH_3}}{p_{H_2}^{1.5} \cdot p_{N_2}^{0.5}} = K_r K_p \tag{4-111}$$

式中　f、r ——分别为平衡时各组分的逸度和逸度系数。

如将各反应组分的混合物视为真实气体的理想溶液，则各组分的 r 值可取"纯"组分在相同温度和总压下的逸度系数，由普遍化逸度系数图查出。研究者把不同温度、压力下 K_r 值算出并绘制成图，当压力很低时，K_r 接近于 1，此时 K_p 近似等于 K_f。因此 K_f 可看作压力很低时的 K_p。

由于氨合成反应是可逆、放热、体积缩小的反应，根据平衡移动定律可知，降低温度，提高压力，平衡向生成氨的方向移动，因此平衡常数增大。不同温度、压力下氨合成反应的平衡常数列于表 4-14。

表 4-14　不同温度、压力下氨合成反应的平衡常数

温度/℃	压力/atm					
	1	100	150	200	300	400
350	2.63053×10^{-2}	3.01909×10^{-2}	3.33693×10^{-2}	3.57370×10^{-2}	4.29073×10^{-2}	5.20378×10^{-2}
400	1.27059×10^{-2}	1.4937×10^{-2}	1.49937×10^{-2}	1.59677×10^{-2}	1.84157×10^{-2}	2.14261×10^{-2}
450	6.49356×10^{-3}	7.22552×10^{-3}	7.59316×10^{-3}	8.00360×10^{-3}	8.95211×10^{-3}	1.00935×10^{-2}
500	3.70392×10^{-3}	4.04102×10^{-3}	4.21204×10^{-3}	4.39331×10^{-3}	4.80901×10^{-3}	5.29510×10^{-3}
550	2.15846×10^{-3}	1.41867×10^{-3}	2.50341×10^{-3}	2.59694×10^{-3}	2.79843×10^{-3}	3.02791×10^{-3}

（2）平衡氨含量　反应达到平衡时氨在混合气体中的百分含量，称为平衡氨含量，或称为氨的平衡产率。平衡氨含量是给定操作条件下，合成反应能达到的最大限度。

当氢氮比为 3 时，不同温度、压力下的平衡氨含量如表 4-15 所示。影响平衡氨含量的因素有：

压力：氨的合成是一个缩小体积的反应，提高压力可使反应向体积缩小的方向进行，有利于提高平衡氨含量。从表 4-15 可以看出，在 500℃ 的反应温度下，压力为 150 大气压时，混合气中平衡氨含量为 14.87%，而当压力提高到 300 大气压时，平衡氨含量可达 25%。

温度：氨的合成反应是放热反应，降低温度对氨合成反应平衡有利。从表 4-15 可以看出，在 300 大气压、反应温度为 450℃ 时，混合气中平衡氨含量为 35.87%，而当温度升高到 500℃ 时，平衡氨含量下降到 25%。

表 4-15　氢氮比为 3 时的平衡氨含量（体积%）

温度/℃	压力/kPa					
	101.33	101.33×10²	151.995×10²	202.66×10²	303.99×10²	405.3×10²
350	0.84	37.86	46.21	52.46	61.61	68.23
380	0.54	29.95	37.89	44.08	53.50	60.59
400	0.41	25.37	32.83	38.82	48.18	55.39
420	0.31	21.36	28.25	33.93	43.04	50.25
440	0.24	17.92	24.17	29.46	38.18	45.26
460	0.19	15.00	20.60	25.45	33.66	40.49
480	0.15	12.55	17.51	21.91	29.52	36.03
500	0.12	10.51	14.87	18.81	25.80	31.90
520	0.10	8.82	12.62	16.13	22.48	28.14
550	0.07	6.82	9.90	12.82	11.23	23.20

气体成分：因为氨合成反应是由三个分子氢和一个分子氮化合成为二个分子氨，所以当混合气体中 H_2/N_2 比为 3：1 时，平衡氨含量最高，最有利于氨合成反应向右进行。由表 4-16可见，在 500℃及各种压力下，采用其他不同的氢氮比例，得到的氨平衡含量较 3：1 时为低。

表 4-16　500℃时氢氮比与平衡氨含量的数值

H_2：N_2	平衡氨含量/%（体积）			
	101.33×10²kPa	303.99×10²kPa	607.98×10²kPa	101.33×10³kPa
5：1	9.8	24.2	36.4	47.8
4：1	10.4	25.8	40.2	53.8
3：1	10.6	26.4	42.1	57.5
2：1	10.1	25.0	39.0	52.5
1：1	7.9	18.8	28.0	36.0

氢氮混合气体中所含的甲烷和氩等不参加氨合成反应的气体成分，称为惰性气体。它们的存在降低了氢氮气的有效分压，从压力对反应平衡的影响可知，会使平衡氨含量下降。例如，在 200 大气压、500℃和氢氮比为 3 的条件下，当惰性气体含量等于 0.095 和 0.2 时，平衡氨含量分别只是惰性气体等于零时的 82% 和 64.5%。因此，应该尽可能降低混合气中惰性气体的含量。

综上所述，提高平衡氨含量的措施为降低温度，提高压力，保持氢氮比等于 3，并减少惰性气体含量。

平衡氨含量与压力、平衡常数、惰性气体含量、氢氮比例的关系式如下：

$$\frac{y_{NH_3}}{(1-y_{NH_3}-y_i)^2}=K_p p \frac{R^{1.5}}{(1+R)^2} \tag{4-112}$$

式中　　　p——系统总压；

y_{NH_3}、y_i——分别为体系中 NH_3 和惰性气体的摩尔分数；

　　　　R——新鲜气的氢氮比。

4.9.3　氨合成反应动力学

（1）反应机理　在催化剂的作用下，氢与氮生成氨的反应属于气固相催化反应。关于氨合成的机理，历来有各种不同的说法。目前公认的理论是，首先气相反应物氮气和氢气由气相主体扩散到催化剂外表面，其绝大部分自外表面向催化剂的毛细孔的内表面扩散，并在表面进行活性吸附。吸附态氮气离解为氮原子，然后逐步加氢，发生化学反应依次生成 NH、NH$_2$、NH$_3$。后者自表面脱附后进入气相空间，整个过程如下。

$$N_2（气相）\longrightarrow N_2（吸附）\xrightarrow[\text{的}H_2]{\text{气相中}} 2NH（吸附）\xrightarrow{\text{气相中的}H_2}$$

$$2NH_2（吸附）\xrightarrow[\text{的}H_2]{\text{气相中}} 2NH_3（吸附）\xrightarrow{\text{脱吸}} 2NH_3（气相）$$

反应历程一般由以下七个步骤所组成：

① 气体反应物扩散到催化剂外表面；

② 反应物自催化剂外表面扩散到毛细孔内表面；

③ 气体被催化剂表面（主要是内表面）活性吸附；

④ 吸附状态的气体在催化剂表面上起化学反应，生成产物；

⑤ 产物自催化剂表面解吸；

⑥ 解吸后的产物从催化剂毛细孔向外表面扩散；

⑦ 产物由催化剂外表面扩散至气相主体。

以上七个步骤中①、⑦为外扩散过程；②、⑥为内扩散过程；③、④和⑤总称为化学动力学过程。其中最慢的一步是整个反应的控速步，反应速率的大小由过程的控速步决定。

在上述反应过程中，当气流速度相当大，催化剂粒度足够小时，外扩散和内扩散因素对反应影响很小，而在铁催化剂上吸附氮的速率在数值又接近于氨的合成的速率，即氮的活性吸附步骤进行得最慢，是决定反应速率的关键。这就是说氨的合成反应速率是由氮的活性吸附步骤所控制的。

由此推导出动力学方程如下：

$$r = \frac{d[NH_3]}{dt} = k_1 p(N_2)\left[\frac{p^3(H_2)}{p^2(NH_3)}\right]^{\alpha} - k_2\left[\frac{p^2(NH_3)}{p^3(H_2)}\right]^{\beta} \qquad (4\text{-}113)$$

式中 r——氨的生成速率；

         k_1、k_2——分别为正、逆反应速率常数；

           α、β——由实验测定，与催化剂和反应条件有关。$\alpha + \beta = 1$，对于铁系催化剂 $\alpha = \beta = 0.5$；

$p(N_2)$、$p(H_2)$、$p(NH_3)$——为 N$_2$、H$_2$ 和 NH$_3$ 的瞬时分压。

（2）影响氨合成反应速度的主要因素

① 压力 对气体反应来说，提高压力就提高了气体的浓度，增加了单位体积内反应物质的数量，缩短了分子间的距离，在同样温度下，分子之间碰撞次数增多，使反应速度加快。因此，提高压力可以加快氨的生成速度，使气体中氨含量迅速增加。

从氨合成的反应机理得知，氨合成反应速度取决于吸附氮的速度，当氨含量比平衡状态低很多时，氨的合成速度更依赖于氮的分压，所以在氨浓度低时，可以适当提高混合气中氮的比例。但从氢和氮全部合成为氨来考虑，它们的比例应该等于 3∶1。由于受反应平衡和速度的限制，氢氮气一次通过触媒不可能全部合成为氨，所以采用 H$_2$∶N$_2$＝2.5～2.9 的比例，在生产中认为是合理的。

② 温度 化学反应速度，随着温度的升高能显著加快。这是因为温度升高，反应物分子运动的速度加快，分子间碰撞次数增加，同时使分子化合时克服阻力的能力增大，从而增加了分子有效结合的机会。对于氨合成反应，温度升高，加速了氮的活性吸附，同时又增加了吸附氮与氢的接触机会，使氨合成反应速度加快。由于氨合成反应为可逆放热反应，温度对化学平衡和反应速度的影响是相互矛盾的，因此存在着最适宜温度。在最适宜温度下，反

应速度最大，氨产率最高。

③ 气体成分　原料气中惰性气体 CH_4、Ar 的存在降低了氢气和氮气的分压，从而降低了反应速度，因此惰性气体含量低对反应速度的提高有利。由于氮吸附是氨合成过程的控制步骤，只要提高氮的吸附速度就可以加快氨合成的速度，因此，在氨合成塔进口气中适当提高氮的含量。一般进塔气氢氮比控制在 2.7～2.9。

④ 催化剂的活性　催化剂的活性是影响氨合成反应速度的关键因素之一，催化剂衰老或中毒时，氨合成反应速度将大大减慢，甚至不能起到催化作用。

4.9.4　氨合成催化剂

对氨合成反应具有催化作用物质很多，如铁、铂、锰、钨和钠等。但由于以铁为主体的催化剂具有原料来源广，价格低廉，在低温下有较好的活性，抗毒能力强，使用寿命长等优点，因此目前国内外广泛用铁催化剂。

（1）催化剂的化学组成及作用　铁催化剂在还原之前，以铁的氧化物状态存在，其主要成分是三氧化二铁（Fe_2O_3）和氧化亚铁（FeO）。此外，催化剂中还加入各种促进剂。

① 氧化铁的组成　还原前氧化铁的组成，对铁催化剂还原后的活性影响很大。据试验结果表明，当 Fe^{2+}/Fe^{3+} 等于或接近 0.5 时，催化剂还原后的活性最好，这时 FeO/Fe_2O_3 的摩尔比为 1，相当于四氧化三铁的组成。加入促进剂后，氧化亚铁最佳含量不一定如此，可以根据不同条件在 24%～38% 的范围内变动，对催化剂活性影响不大，热稳定性和机械强度随低价铁含量的增加而增加。

② 促进剂的组成及作用　促进剂又称助催化剂，它本身没有催化活性，但加入催化剂中，可改善催化剂的物理结构，从而提高催化剂的活性。合成氨铁催化剂中，普遍采用的促进剂有三氧化二铝（Al_2O_3）、氧化钾（K_2O）和氧化钙（CaO）等。

催化剂中加入三氧化二铝后，能与三氧化二铁形成固熔体。当铁催化剂被还原时，氧化铁被还原为活性铁，而三氧化二铝不被还原，起到骨架作用，从而防止铁细晶长大，增大了催化剂的表面积，提高了活性。

催化剂中加入氧化钾后，有利于氮的活性吸附，从而提高了催化剂的活性。另外可以减少催化剂中三氧化二铝对氨的吸附作用。

催化剂中加入氧化钙后，能降低熔体的熔点和黏度，有利于 Al_2O_3 与 Fe_3O_4 固熔体的形成，此外还可以提高催化剂的热稳定性。

一般铁催化剂用熔融法制造，由于熔融态氧化铁黏度大，三氧化二铝不易分布进去。加入氧化钙后，可降低熔点和黏度，有利于三氧化二铝的均匀分布，使催化剂的活性、抗毒能力和热稳定性都有所提高。

（2）催化剂的主要性能　氨合成铁催化剂是一种黑色、有金属光泽、带磁性、外形不规则的固体颗粒。在空气中易受潮，引起可溶性钾盐析出，使活性下降。催化剂还原后，氧化铁被还原成细小的活性铁晶体，疏松地处在氧化铝的骨架上，成为多孔的海绵状结构，孔隙率很大，其内表面积约为 4～16m²/克。经还原的铁催化剂若暴露在空气中将迅速氧化，立即失去活性。一氧化碳、二氧化碳、水蒸气、油类、硫化物等均会使催化剂暂时或永久中毒。各类铁催化剂都有一定的起始活性温度、最佳反应温度和耐热温度。

（3）催化剂的还原

① 催化剂还原反应的原理　催化剂中的氧化铁不能催化氨合成反应，必须将其还原成 α-Fe 后才具有催化活性。在工业上最常用的还原方法是将制成的催化剂装在合成塔内，通入氢氮混合气，使催化剂中的氧化铁被氢气还原成金属铁。

主要反应式为：

$$FeO + H_2 \rightleftharpoons Fe + H_2O \tag{4-114}$$

$$Fe_2O_3 + 3H_2 \rightleftharpoons 2Fe + 3H_2O \tag{4-115}$$

催化剂还原过程生成的金属铁晶格愈小、表面积愈大，还原的愈彻底，还原后催化剂的活性愈高。

实践证明，催化剂的活性不仅与还原前的化学组成和制造方法有关，而且与还原过程的各种条件有关。还原温度对催化剂的活性影响很大，只有达到一定温度还原反应才开始进行，提高还原温度能加快还原反应的速度，缩短还原时间；但还原温度过高，生成的 α-Fe 晶体大、表面积小、活性低。实际还原温度一般不超过正常使用温度。还原反应为吸热反应，还原温度依靠塔内电加热炉或塔外加热炉维持。

提高还原气体中氢气浓度，降低水蒸气含量，对还原反应有利。尤其是水蒸气含量高，可以把已还原的催化剂反复氧化，造成晶粒变粗，活性降低，为此应及时除去还原反应生成的水分。

催化剂还原的程度，可用还原前催化剂中铁的氧化物被还原的百分率表示，称为还原度。在操作中，一般用实际还原出水量与理论出水量的比值来衡量。

② 催化剂还原时理论出水量的计算　设催化剂总重量为 W 公斤，其中 Fe^{2+} 所占的百分率为 $a\%$，Fe^{3+} 所占的百分比为 $b\%$，由式(4-114) 可知，FeO 还原时理论出水量 m_1 为：

$$m_1 = \frac{M_{H_2O}}{M_{Fe}} \times a\% \times w$$

由式(4-115) 可知，Fe_2O_3 还原时的理论出水量 m_2 为：

$$m_2 = \frac{3M_{H_2O}}{2M_{Fe}} \times b\% \times w$$

则总出水量 m 为：

$$m = m_1 + m_2 = w\left(\frac{M_{H_2O}}{M_{Fe}} \times a\% + \frac{3M_{H_2O}}{2M_{Fe}} \times b\%\right) \tag{4-116}$$

(4) 催化剂的钝化　还原后的活性铁遇到空气会发生强烈的氧化反应，放出的热量能使催化剂烧结失去活性。因此，已还原的催化剂与空气接触之前要进行缓慢的氧化，使催化剂表面形成一层氧化铁保护膜，这一过程称为钝化。经过钝化的催化剂，在一般温度下遇到空气就不易发生氧化燃烧反应了。钝化后的催化剂再次使用时，只需稍加还原即可投入生产操作，和钝化前相比，催化剂的活性基本不变。

(5) 催化剂的中毒与衰老

① 催化剂的中毒　进入合成塔的新鲜混合气，虽然经过了净化，但仍然含有微量的有毒气体，使催化剂缓慢中毒，活性降低。

能使氨合成催化剂中毒的物质有：水蒸气、一氧化碳、二氧化碳、氧、硫及硫化物、砷及砷化物、磷及磷化物等，其中水蒸气、一氧化碳、二氧化碳和氧等物质使催化剂中毒的原因，是因为氧和氧化物中的氧能和金属铁生成铁的氧化物，使催化剂失去活性。当用比较纯净的氢氮混合气通过催化剂时，氢气又能将铁的氧化物还原成金属铁。所以这种中毒现象称为暂时中毒。而硫、砷、磷和它们的化合物使催化剂中毒以后，不能再恢复活性，故称为永久中毒。永久性中毒是持续的，一旦中毒不可逆转。

此外，进塔气体中夹带的油雾，对催化剂也有毒害作用，一方面是由于油中的硫分能使催化剂中毒，另一方面油在高温下分解，难挥发物质覆盖在催化剂表面，使催化剂活性下降。

② 催化剂的衰老　催化剂经长期使用后，活性会逐渐下降，生产能力逐渐降低，这种现象称为催化剂的衰老。衰老到一定程度，就需要更换新的催化剂。

4.9.5　合成氨生成工艺条件

合成氨生产工艺条件必须满足产量高、消耗定额、工艺流程及设备结构简单、操作方便及安全可靠等要求。决定生产条件最主要的因素是压力、温度、空间速度、气体组成和催化剂等。

（1）压力　合成压力高，则反应速度快、平衡氨含量高，但气体压缩功也高，对设备材质和制造工艺的要求也高。气体压缩功是整个氨厂最大的一项能量消耗，为降低能耗，大型氨厂都趋向低合成压力。凯洛格内冷卧式合成塔的操作压力为 11.49MPa（压缩机出口）是目前工业上所采用的最低压力。

（2）空间速度　单位体积（每立方米）催化剂上流过的合成气标准体积流量，叫空间速度。空间速度简称空速，单位是时间$^{-1}$。当操作压力、温度及进塔气组成一定时，对于既定结构的合成塔，增加空间速度也就是增快气体通过催化剂床层的速度，气体与催化剂接触时间缩短，使出塔气中氨含量降低，即氨净值降低。但由于氨净值降低的程度比空间速度的增大倍数要少，所以当空间速度增加时，氨合成的生产强度有所提高，氨产量有所增加。在其他条件一定时，增加空间速度能提高催化剂生产强度。但空间速度增大，将使系统阻力增大，压缩循环气功耗增加，冷冻功也增大。同时，单位循环气量的产氨量减少，所获得的反应热也相应减少。当单位循环气的反应热降到一定程度时，合成塔就难以维持"自热"。

（3）气体成分　合成塔进口气体组成包括氢氮比、惰性气体含量与初始氨含量。当氢氮比为 3 时，可获得最大的平衡氨浓度，但从氨的反应机理可知，氮的活性吸附是氨合成反应过程中控制步骤，因此适当提高氮气浓度，对氨合成反应速率是有利的。在实际生产中，进塔循环气的氢氮比控制在 2.5～2.9 比较合适。由于合成氨时氢氮比是按 3∶1 消耗的，因此补充的新鲜气的氢氮比应控制在 3，否则循环系统中多余的氢或氮就会积累起来，造成循环气中氢氮失调。

惰性气体（CH_4、Ar）不参加反应，但由于它的存在会降低氢氮气的分压，对化学平衡和反应速率都是不利的，导致氨的生成率下降。同时，由于惰性气体不参与反应，当通过合成塔时，会将塔中的热量带走，造成催化剂层温度下降，而且，还会使压缩机做虚功。惰性气体来自新鲜气。随着合成反应的进行，惰性气体留在循环气中，新鲜气又不断补充到循环气中，这样循环气中的惰性气体会越来越多，因此必须将惰性气体排出。生产中采用不断排放少量循环气的办法来降低系统惰性气体含量。放空量增加，可使循环气中惰性气体含量降低，提高合成率，但是氢和氮也随之被排出，从而造成氢氮气的损失增大。因此，控制循环气中的惰性气体含量过高或过低都是不利的。

目前一般采用冷凝法分离反应后气体中的氨，由于不可能把循环气中的氨完全冷凝下来，所以返回合成塔进口的气体多少还含有一些氨。进塔气中的氨含量，主要取决于进行氨分离时冷凝温度和分离效率。冷凝温度越低，分离效果越好，进塔气中氨含量也就越低。降低进塔气中氨含量，可以加快反应速率，提高氨净值和催化剂的生产能力。但将进口氨含量降得过低。势必将循环气冷至很低的温度，使冷冻功耗增大。

合成塔进口氨含量的控制也与合成压力有关。压力高，氨合成反应速率快，进口氨含量可控制高些，压力低，为保持一定的反应速率，进口氨含量应控制得低些。当采用中压时进塔气中氨含量控制在 3.2%～3.8%。

（4）温度　氨合成反应必须在催化剂的存在下才能进行，而催化剂在一定的温度范围内才具有催化活性，所以氨合成反应温度必须维持在催化剂的活性温度范围内。通常，将某种催化剂在一定生产条件下具有最大氨反应速率的温度称为最适宜温度，不同的催化剂具有不同的最适宜温度，而同一催化剂在不同的使用时期，其最适宜温度也会改变。此外，最适宜温度还和空间速度、压力等有关。

空间速度对最适宜温度的影响。在一定空间速度下，开始时氨产率随着温度的升高而增加；达到最高点后，温度再升高，氨产率反而降低，不同的空间速度都有一个最高点，此点就是最适宜温度。所以为了获得最大的氨产率，合成氨的反应随空间速度的增加而相应的提高，在最适宜温度以外，无论是升高或降低温度，氨产率都会下降。

催化剂床层内温度分布的理想状况应该是降温状态，即进催化剂床层的温度高，出催化剂床层的温度比较低，这是一个高速反应（催化剂床层上部）与最大平衡（催化剂床层下部）相结合的方法，因为刚进入催化剂床层的气体中氨含量较低，距离平衡值又远，需要迅速地进行合成反应以提高氨含量，因此提高催化剂床层上部温度就能加快反应速率。当气体进入催化剂床层下部时，气体中氨含量已增大，降低催化剂床层温度就可以降低逆反应速率，从而提高气体中平衡氨含量。催化剂床层中温度分布是不均匀的，其中最高温度点称为热点温度。

（5）催化剂颗粒度　在工业条件下，催化剂的内扩散对氨合成的影响十分显著。减少催化剂的粒径，可提高其内表面利用率，但床层阻力降增大，对于轴向合成塔，由于床层高高，阻力大，应采用较大的颗粒，而对于径向流动的合成塔，气体阻力较小，可采用较小颗粒的催化剂，以提高其内表面利用率。采用球形催化剂最好，其效果会显著提高。

4.9.6　合成氨工艺流程

尽管世界各国的氨合成工艺流程各不相同，但有许多相同之处，它是由氨合成本身特性所决定的。

① 由于受平衡条件限制，合成率不高，有大量的 N_2、H_2 气体未反应，需循环使用，故氨合成本身是带循环的系统。

② 合成反应的平衡氨含量取决于反应温度、压力、氢氮比及惰性气体含量，当这些条件一定时，平衡氨含量就是一个定值，即不论进口气体中有无氨存在，出口气体中氨含量总是一个定值。因此反应后气体中所含的氨必须进行冷凝分离，使循环回合成塔入口的混合气体中氨含量尽量少，以提高氨净增值。

③ 由于循环，新鲜气体中带入的惰性气体在系统中不断积累，当其浓度达到一定值时，会影响反应的正常进行，即降低合成率和平衡氨含量。因此必须将惰性气体的含量稳定在要求的范围内，这就需定期或连续的放空一些循环气体，称为弛放气。

④ 整个合成氨系统是在高压下进行，必须用压缩机加压。除了管道、设备及合成塔床层压力降，还有氨冷凝等，使得循环气与合成塔进口气产生压力差，需采用循环压缩机来弥补压力降的损失。

（1）合成氨经典工艺流程　图 4-45 为传统中压氨合成流程。合成塔 1 出口气体经水冷器 2 冷却至 30℃左右，其中部分气氨被冷凝成液氨，液氨在氨冷器中分出，为降低惰性气体含量，循环气在氨冷器上部部分放空，大部分循环气经循环压缩机 4 压缩后进入油分离器，同时补入新鲜气。然后气体进入冷热交换器 6 的上部换热器的管内，回收氨冷器出口循环气的冷量后，再经氨冷器 7 冷却到 -10℃左右，使气体中绝大部分的氨冷凝下来，再在冷热交换器的下部氨分离段将氨分离下来。分离掉液氨的低温循环气经冷热交换器管间预冷进氨冷器的气体，自身被加热到 10～30℃进入氨合成塔，完成循环过程。

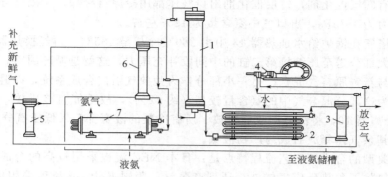

图 4-45　传统中压氨合成流程

1—氨合成塔；2—水冷器；3—氨分离器；4—循环压缩机；5—油分离器；6—冷热交换器；7—氨冷器

（2）大型合成氨装置氨合成工艺流程　图 4-46 是大型合成氨厂（1000t/d）合成氨流程示意图。

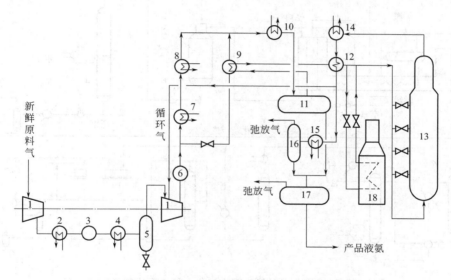

图 4-46　大型合成氨厂流程

1—离心式合成气压缩机；2,9,12—换热器；3,6—中间水冷却器；4,7,8,10,15—氨冷器；5—水分离器；
11—高压氨分离器；13—氨合成塔；14—锅炉给水的加热器；16—氨分离器；17—低压氨分离器；18—开工炉

净化后的新鲜合成气在 30℃和 2.5MPa 条件下进入合成压缩机 1，经由蒸汽透平机驱动的二缸离心式压缩机压缩，在离开第一缸进入第二缸之前，气体先经段间换热器 2 与原料气交换热量进行冷却，再经中间水冷却器 3 和氨冷器 4 除去水分，在水分离器 5 中将冷凝分离出的水排掉。然后进入压缩机第二缸继续提高压力，并在最后一段压缩时与循环气混合。由于循环气与新鲜气的混合，使循环气中氨含量由 12％降至 9.9％。

由压缩机出来的混合气先经水冷却器 6 冷却，然后分成平行的两路，一路进入两串联的氨冷器 7 和 8，得以冷却降温；另一路与高压氨分离器 11 出来的冷气体在换热器 9 中换热，以回收冷量。此后两路平行气混合。在第三个氨冷器 10 中进一步冷却至 −23℃，其中的氨气被冷凝成液氨，气～液混合物进入高压分离器 11，将液氨分离。由高压分离器出来的气体中氨含量降至 2％左右，该气体进入换热器 9 和 12，被压缩机出口气体和合成塔出口气体加热到 140℃左右，再进入合成塔 13。

合成塔中有四层催化剂，每层催化剂出口气体都用冷原料冷却，所以该合成塔是四段激冷式。合成压力为15MPa，出口气中氨含量为12%左右。

合成塔出塔气在锅炉给水加热器14中由280℃冷却至165℃，再经换热器12降至43℃左右，其中绝大部分送至压缩机第二缸的中间段补充压力，这就是循环回路，循环气在第二缸的最后一段与新鲜原料气混合。另一小部分作为弛放气引出合成系统，以避免系统中惰性气体积累，因为这部分混合气中的氨含量较高（约12%），故不能直接排放，而是先通过氨冷器15和氨分离器16，将液氨回收后排放。所有冷凝的液氨都汇入低压氨分离器17，将溶解在液氨中的其余气体释放后成为产物液氨。

国外比较典型的合成氨工艺流程特点是：日本NEC流程采用较高的合成压力，往复式压缩机，反应热除了预热反应气体外，还副产蒸汽；美国Kellogg流程采用离心式压缩机，用汽轮机驱动，副产高压蒸汽。还采用多级氨冷，多级闪蒸，设有释放气的氢回收装置；图4-47为凯洛格公司天然气蒸汽转化、热法净化制氨工艺流程。

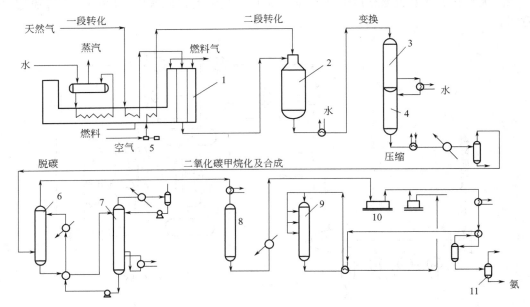

图 4-47 凯洛格公司天然气蒸汽转化、热法净化制氨工艺流程

1,2—分别为一段和二段转化炉；3,4—分别为高温变换炉和低温变换炉；5—空气压缩机；
6—CO₂吸收塔；7—再生塔；8—甲烷化炉；9—合成塔；10—压缩机；11—氨分离器

本章小结

本章介绍了以煤、烃类和渣油为原料制取合成气，合成气的脱硫，一氧化碳变换，二氧化碳脱除，合成气深度净化，氨的合成等各个工段的生产工艺流程；根据化学反应热力学和动力学特点，研究影响工艺操作因素；从节能、经济角度，研究实际生产中流程的配置和设备的选型和结构。

习题与思考

1. 生产合成气的原料有哪些？合成气的生产方法有哪些？

2. 煤生产合成气的工艺流程有哪些？我国近年来研究的煤气化工艺有哪些？

3. 以天然气为原料生产合成气的过程有哪些主要反应？从热力学和动力学角度考虑，影响反应的因素有哪些?

4. 如何根据化学热力学、化学动力学原理和工程实际来优化天然气-水蒸气转化制合成气的工艺?

5. 煤制合成气过程有哪些步骤? 为什么要预先脱硫才能进行一氧化碳变换? 脱硫的方法有哪些?

6. 为什么天然气转化炉的对流室内要设置许多热交换器? 转化反应器的显热是如何回收利用的?

7. 渣油制合成气过程包括哪几个步骤? 气化炉主要型式是什么,有何结构特点?

8. 一氧化碳变换反应是什么? 影响该反应的平衡和速度的因素有哪些? 如何影响? 为什么反应存在最佳反应温度? 最佳反应温度与哪些常数有关?

9. 为什么一氧化碳变换过程要分段进行,采用多段反应器? 段数的选定依据是什么? 反应器型式有哪些?

10. 一氧化碳变换催化剂有哪些类型? 各适用于什么场合? 主要毒物有哪些? 使用中注意事项有哪些?

11. 合成气脱碳方法主要有哪些? 各适用于哪些场合?

12. 影响氨合成反应的因素有哪些? 典型工艺流程有哪些? 各流程特点是什么?

参 考 文 献

[1] 陈五平主编. 无机化学工艺学. 第3版. 北京: 化学工业出版社, 2014.

[2] 米振涛主编. 化学工艺学. 第2版. 北京: 化学工业出版社, 2011.

[3] 唐宏青. 现代煤化工新技术.. 北京: 化学工业出版社, 2009.

[4] 化工百科全书编委会. 化工百科全书·第6卷. 北京: 化学工业出版社, 1994.

[5] 张子峰主编. 合成氨生产技术. 北京: 化学工业出版社, 2013.

[6] 刘镜远主编. 合成气工艺技术与设计手册. 北京: 化学工业出版社, 2002.

[7] Huazhang Liu. Ammonia synthesis catalyst 100 years: Practice, enlightenment and challenge. Chinese Journal of Catalysis. 2014, 35: 1619-1640.

[8] 韩红梅. 我国合成氨工业进展评述. 化学工业, 2010, 28: 1-4.

第5章 纯碱与氯碱

➲ 导引

纯碱在历史和当代都具有举足轻重的地位，其生产水平是衡量一个国家工业水平的重要指标。纯碱的制备原理和技术经典实用，在无机化工领域具有示范性。

氯碱工业是用电解食盐水溶液的方法制取烧碱、氯气和氢气以及由此衍生出一个庞大的下游产业体系，关乎国民经济和国防建设的健康发展。其生产技术堪称化学原理与材料科学、工程技术的典范。

纯碱与氯碱不仅是介绍无机化工领域通用技术方法的载体，还是培养人们工程观念的经典案例。

5.1 概述

纯碱是近现代化学工业的基本原料之一，也是食品发酵、洗涤等家庭生活的必需品。纯碱的用途十分广泛，最大用户是玻璃制品，其次是化学品和肥皂、洗涤剂。在 20 世纪，纯碱的生产水平是衡量一个国家工业水平的重要指标。纯碱的产量和用量可以反映一个国家化学工业的生产水平，在国民经济中占有重要地位。

氯碱工业是用电解食盐水溶液的方法制取烧碱、氯气和氢气以及由此衍生系列产品的基础化学工业。氯碱工业不仅为化学工业提供原料，也广泛用于国民经济各部门，对国民经济和国防建设起着重要的作用。

5.1.1 纯碱工业

5.1.1.1 纯碱的性质和用途

纯碱即碳酸钠（Na_2CO_3），也称为苏打或碱灰，为白色粉末。本应列为盐，因其水溶液呈强碱性而称为碱。我国因舶来品的合成碱比民间习惯用的内蒙古天然碱纯度高，故将合成碱称为纯碱。纯碱的相对分子质量 106.00，相对密度 2.533（20℃），熔点 851℃，易溶于水并能与水生成 $Na_2CO_3 \cdot H_2O$（商品名碳氧）、$Na_2CO_3 \cdot 7H_2O$ 和 $Na_2CO_3 \cdot 10H_2O$（又称晶碱或洗涤碱）3 种水合物。纯碱微溶于无水乙醇，不溶于丙酮。工业产品的纯度在99％左右，依颗粒大小、堆积密度的不同，可分为超轻质纯碱、轻质纯碱和重质纯碱。高温下纯碱可分解为 Na_2O 和 CO_2。另外，无水碳酸钠长期暴露于空气中能缓慢吸收空气中的水分和二氧化碳,生成碳酸氢钠。

纯碱的最大用户是玻璃制造业,其次用于制取各种钠盐和金属碳酸盐等化学制品,再次用于冶金、造纸、印染、陶瓷、合成洗涤剂、食品工业和日常生活。

5.1.1.2 纯碱工业发展简史

很早以前,人们用天然碱湖中的碱以及海草灰中的碱来洗涤和制造玻璃。到 18 世纪末,随着生产力的发展,天然碱的产量已远不能满足玻璃、肥皂、皮革等工业的需要,于是提出了人工制碱的问题。1775 年,法国科学院悬赏征求制碱方法。1791 年,医生路布兰(N·Lebelanc)研究成功人工制碱法,先用硫酸与食盐相互作用得到硫酸钠,再将硫酸钠与石灰石、煤炭在 $900 \sim 1000 ℃$ 共熔得到碳酸钠。

路布兰制碱法是化学工业兴起的重要标志之一,对化学和化学工业的发展以及人类对客观世界的认识都起了重要的作用,不仅为生产纯碱提供了工业方法,还促进了硫酸、盐酸、漂白粉等工业的发展。但是该法存在不少缺点,促使人们去研究新的制碱方法。

1861 年,比利时工人索尔维(E·Solvay)发现用食盐水吸收氨和二氧化碳时可以得到碳酸氢钠,当年获得以海盐和石灰石为原料制取纯碱的专利。此法被称为索尔维制碱法。因氨在生产过程中起媒介作用,故又称为氨碱法。1863 年建厂,1872 年获得成功。氨碱法可以连续生产,生产能力大;原料利用率高;产品的成本低、质量高。因此,在当时得到迅速的发展,到 20 世纪初期几乎完全取代了硫酸钠法。

1918 年,留日归来的范旭东在天津成立永利制碱公司,聘用留美博士侯德榜为技师,于 1926 年生产出含杂质不足 1% 的碳酸钠,被誉为"中国近代工业进步的象征"。1933 年在美国正式出版侯德榜的世界第一部纯碱工业技术专著《纯碱制造》,打破了比利时索尔维国际集团对索尔维法长达 70 年的保密和技术封锁,向世人完整、系统、全面地公布了索尔维法的全过程,使索尔维法制碱技术成为全人类的共同财富。

在 20 世纪初期,德国人 Schreib 提出将氨碱法的碳酸化母液中所含的氯化铵直接制成固体作为产品出售。1931 年德国人 Gland 和 Lüpmann 获得初步结果。1935 年德国 Zahn 公司据此在朝鲜兴南化学厂设计日产 50t 的纯碱装置。1938 年我国永利化学工业公司在侯德榜博士领导下从事这项研究,历经数年,终获成功,命名为"侯氏制碱法"。因与氨厂联合,以氨厂的 NH_3 和 CO_2 同时生产纯碱和氯化铵 2 种产品,故也称联合制碱法。又因在生产过程中 $NaHCO_3$ 母液用于制 NH_4Cl,NH_4Cl 母液又用于制 $NaHCO_3$,过程循环进行,故又称为循环制碱法。

氨碱法、联合制碱法和天然碱加工是目前世界上重要的纯碱生产方法。其他还有芒硝制碱法、霞石制碱法等,但比例很小。

5.1.2 氯碱工业

5.1.2.1 产品的性质和用途

(1) 烧碱的性质和用途 烧碱的化学名称为氢氧化钠(NaOH),又称苛性钠。无水纯氢氧化钠为白色半透明羽状结晶。烧碱的相对密度为 2.13,熔点为 318.4℃,沸点为 1394℃。烧碱易溶于水并放出大量热,溶液呈强碱性。烧碱极易潮解,易吸收空气中的 CO_2 生成 Na_2CO_3,能与某些金属作用放出氢气。烧碱能腐蚀玻璃,和 SiO_2 反应生成 Na_2SiO_3,会腐蚀皮肤,能溶解皮肤中的脂肪,使皮肤糜烂,甚至脱皮。其产品有固体烧碱(简称固碱)和液体烧碱(简称液碱)两种,固碱呈白色,用石墨阳极生产的液碱因石墨阳极中有机物被氯化而带紫红色。

烧碱是一种基本的无机化工产品，是重要的基础化工原料，广泛应用于轻工、化工、纺织、印染、医药、冶金、石油和军工等行业，在国民经济中占有重要地位。

（2）氯气的性质和用途　常温下氯气是黄绿色气体，在加压或冷却情况下容易液化。氯气具有强烈的刺激性气味，有毒。氯气略溶于水，溶解度随温度升高而降低，氯气溶于水的同时会部分与水反应生成盐酸和次氯酸。氯气在四氯化碳、氯仿等溶剂中溶解度较大。氯的化学性质非常活泼，除氮、溴、碘和惰性气体等少数元素外，在一定条件下氯可与所有的金属和大部分非金属直接反应，可作为强氧化剂。氯与氢化合力极强，曝于日光中或点燃氯与氢的混合物，发生剧烈化合甚至会发生爆炸。

氯气是塑料、合成纤维、合成橡胶、农药和染料等化工产品的基本原料。氯气还广泛用于纺织工业、造纸工业和医药卫生等领域。氯气最早用于制造漂白粉，以后拓展到一系列无机氯产品，其中主要有商品液氯、盐酸及漂白消毒剂和无机氯化物。有机氯方面，随着石油化工的发展，其主要用于制造氯乙烯系列，甲烷氯化物系列，环氧化合物系列。此外氯气还用于制造某些高效低毒的有机含氯农药，如速灭威、含氯菊酯等。

（3）氢气的性质和用途　氢气是一种无色、无味的易燃气体。难以液化，在水和各种溶液中的溶解度甚微。在所有的物质中氢的质量最轻。常压下氢气的密度是 0.089 87g/L，沸点为 -252.7℃，结晶温度 -259.1℃。在空气中爆炸范围为氢含量在 4%～74.2%（体积分数）之间。氢气具有可燃性，当它不纯净时燃烧则发生爆炸，但是纯度很高时能在空气中安静地燃烧。氢气具有还原性，它能与某些金属氧化物反应使金属还原。氢气具有稳定性，它在常温下的化学性质稳定。氢气在纯氧中燃烧的火焰可达 3000℃，可以使许多金属熔化，可以用于焊接和切割金属，熔化石英和加工石英制品。氢气可以产生氢氧焰、制氢氧电池，可以填充气球、冶炼金属钨和钼。

氢气是重要的化工原料，可用于合成氯化氢制取盐酸和聚氯乙烯等，用于合成甲醇、人造石油等，用于植物油加氢生产硬化油以及有机化合物的加氢等。液态氢气是一种高能燃料，可供发射火箭、宇宙飞船、导弹等使用。

5.1.2.2　氯碱工业发展简史

烧碱的生产具有悠久的历史，早在中世纪人们就发现了存在于盐湖中的烧碱，19 世纪初才研究烧碱生产的工业化问题。1884 年开始在工业上以纯碱和石灰乳为原料，通过苛化法制取 NaOH。由于苛化过程需要加热，因此将 NaOH 称为烧碱。直到 19 世纪末，苛化法一直是世界上生产烧碱的主要方法。

1807 年英国人 Davy 最早开始电解熔融食盐的研究，1867 年德国人 Siemenms 研究成功直流发电机，工业化电解食盐水得以实现。电解法分为隔膜法、水银法和离子交换膜法。1890 年，德国在格里斯海姆建成世界上第一个工业规模的隔膜电解槽制烧碱装置并投入生产。1892 年美国人卡斯勒（K·Y·Castner）发明水银法电解槽。第二次世界大战结束后，随着氯碱产品从军用生产转入民用生产，特别是石油工业的迅速发展，为氯产品提供了丰富而廉价的原料，氯气的需要量大幅度增加，促进了氯碱工业的发展，从而电解法取代苛化法成为烧碱的主要生产方法。

离子交换膜（简称离子膜）法电解制烧碱技术的研究始于 20 世纪 50 年代。1966 年美国杜邦公司开发出离子交换膜（Nafion 全氟膜）。1975 年世界上第一套离子交换膜法电解装置在日本旭化成公司开始工业化生产烧碱。20 世纪 80 年代以来，新建的氯碱厂普遍采用离子膜法制碱工艺，并将现有的隔膜法、水银法氯碱厂逐步转换为离子膜法氯碱厂。

5.2　氨碱法生产纯碱

原盐与石灰石不能直接反应得到纯碱，因为二氧化碳难被中性溶液吸收而易被氨化溶液吸收，必须通过碳酸氢铵和中间产品碳酸氢钠才可能得到纯碱。故以食盐、石灰石为原料，以氨作为中间媒介生产纯碱的方法称为氨碱法。氨碱法即索尔维法，是制造纯碱的主要方法，其工艺流程示意图如图 5-1 所示，生产过程主要分以下几个工序。

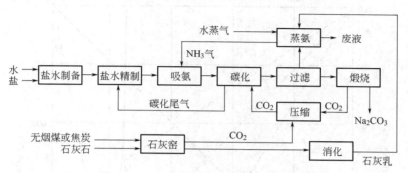

图 5-1　氨碱法工艺流程示意图

（1）石灰石的煅烧与石灰乳的制备　煅烧石灰石制得二氧化碳和氧化钙，二氧化碳作为制取纯碱的原料，氧化钙则与水反应生成石灰乳。

（2）盐水精制与吸氨　将原盐溶于水制得饱和食盐水溶液并除去其中 Ca^{2+}，Mg^{2+} 等杂质，盐水吸氨制成氨盐水。

（3）氨盐水碳酸化　氨盐水吸收二氧化碳，生成碳酸氢钠（重碱）结晶，用过滤法将重碱结晶从母液中分出。

（4）重碱煅烧　煅烧重碱获得纯碱成品，回收的二氧化碳供碳酸化使用。

（5）氨的回收　碳酸化后分离出来的母液中含有 NH_4Cl、NH_4OH、$(NH_4)_2CO_3$ 和 NH_4HCO_3 等，需要将氨回收循环利用。

5.2.1　氨碱法原理

5.2.1.1　氨碱法生产纯碱的主要化学反应

氨碱法生产纯碱的主要原料为食盐、石灰石、焦炭和氨，主要化学反应为：

$$CaCO_3 = CaO + CO_2 \uparrow$$
$$CaO + H_2O = Ca(OH)_2$$
$$NaCl + NH_3 + H_2O + CO_2 = NaHCO_3 \downarrow + NH_4Cl$$
$$2NaHCO_3 = Na_2CO_3 + CO_2 \uparrow + H_2O$$
$$2NH_4Cl + Ca(OH)_2 = CaCl_2 + 2NH_3 \uparrow + 2H_2O$$

5.2.1.2　氨碱法相图讨论

氨盐水碳酸化后是个多元物系，该物系在一般条件下没有复盐或带结晶水的盐生成，属于简单复分解类型。工业生产条件下，碳酸化后溶液中存在 Na^+，NH_4^+，Cl^-，HCO_3^- 和 CO_3^{2-}，物系可以用 Na^+，$NH_4^+ \parallel Cl^-$，HCO_3^-，$OH^- + H_2O$ 五元体系表示。原料食盐中虽有 SO_4^{2-} 等，由于体系碳酸化度达到 $190\% \sim 195\%$，CO_3^{2-} 在体系中含量很少，SO_4^{2-} 的量也不大，可以忽略。

（1）四元相图的组成及原料利用率　氨碱法生产纯碱的过程常用四元相图表示，见图 5-2。图上可以清楚地表示出体系中 4 个组分的平衡浓度关系。图中 P_1 是几种盐的共晶点。在共晶点处，盐的饱和溶液中含 4 种离子：Na^+，NH_4^+，Cl^-，HCO_3^-。阳离子的量与阴离子的量相等：$[Na^+]+[NH_4^+]=[Cl^-]+[HCO_3^-]$。故常用离子浓度表示体系中 4 个组分的浓度。

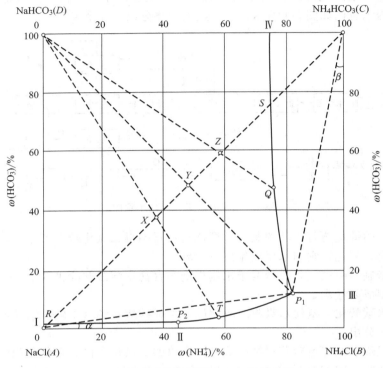

图 5-2　氨碱法中的原料配比和原料利用率

　　$NaCl$ 与 $NaHCO_3$ 的配比不同，对 NH_4HCO_3 的析出量有明显影响。根据相图中的杠杆规则和向量法则，由 $NaCl(A)$ 与 $NH_4HCO_3(C)$ 混合所得物系的总组成必然在 AC 线上。因为只要求析出 $NaHCO_3$，所以物系的总组成必须在 $NaHCO_3$ 的饱和面上，即在 AC 线的 RS 范围内。按 $NaCl$ 与 NH_4HCO_3 不同的配比，物系总组成可能在 X，Y，Z 等各点。这些点的平衡液相组成都在 $NaHCO_3$ 饱和面上，所以物系必然分成两相：固体 $NaHCO_3$ 和相应的饱和溶液。

　　以 X 点为例，要得到该组成的物系，$NaCl$ 对 NH_4HCO_3 的配比应为：$[NaCl]:[NH_4HCO_3]=CX:XA$。物系在平衡时分为两相：溶液的组成为 T 点组成，固相则为 D 点表示的纯 $NaHCO_3$，$NaHCO_3$ 结晶对溶液量之比为：$m_{固}:m_{液}=TX:XD$。显然，固液比越大，钠的利用率就越高。考察 AC 线上的 X，Y，Z 各点，可以明显地比较出，当物系的组成为 Y 时，钠利用率最大，此时溶液成分为 P_1。

　　P_1 点处钠利用率最高，还可以从以下分析得知：

$$U_{Na}=\frac{[Cl^-]-[Na^+]}{[Cl^-]}=1-\frac{[Na^+]}{[Cl^-]}=1-\tan\beta$$

$$U_{NH_3}=\frac{[NH_4^+]-[HCO_3^-]}{[NH_4^+]}=1-\frac{[HCO_3^-]}{[NH_4^+]}=1-\tan\alpha$$

从图中可明显看出，当 $\angle\beta$ 越小时，U_{Na} 越大。比较 Q，P_1，T 各点，可以看出，在 P_1 点，$\angle\beta$ 最小，U_{Na} 最大。同理，当 $\angle\alpha$ 越小时，U_{NH_3} 越大。在 P_2 点，$\angle\alpha$ 最小，U_{NH_3} 最大。在氨碱法中，氨是循环利用的，所以选择接近于 P_1 点的条件可以充分利用原料。

氨的溶入，降低了 NaCl 在饱和氨盐水中的含量，钠的利用率提高，但氨量过多时，单位体积氨盐水在碳酸化时生成的 $NaHCO_3$ 量反而下降。综合考虑原料利用率和产量，取 n (NH_3)：$n(NaCl)$ 略大于 1。

（2）温度对钠利用率的影响　温度对 NH_4Cl 的溶解度影响很大，平衡溶液中 $\omega(NH_4^+)$ 随温度升高而显著增大，Cl^- 含量则受 NaCl 溶解度变化不大的制约增加较少。这表明，若初始盐水中含足够的 NaCl，在碳酸化后不析出 NH_4Cl 的条件下，则可以生成更多的 NaH-CO_3。同时，$NaHCO_3$ 在平衡溶液中的溶解度在温度升高时增加不多，表现在平衡溶液中 HCO_3^- 含量的绝对值增加不大，氨盐水碳酸化后则有更多的 $NaHCO_3$ 析出。对照图 5-2 可见，钠的利用率随 $\angle\beta$ 变小而提高。然而，温度升高使钠的利用率提高的同时，要求初始氨盐水有高含量的 NaCl，这在实际中达不到。但是通过相图分析可以找出提高利用率的途径。例如吸氨后添加适当细粒精盐，当条件适当时，在碳酸化过程中精盐将会溶解，转化成 $NaHCO_3$ 析出。

在生产条件下，初始氨盐水的浓度是有限的。若氨盐水浓度固定，在碳酸化后降低温度，则可以减少 $NaHCO_3$ 在母液中的溶解度，提高钠的利用率，所以工厂里碳化塔的下半部要配置冷却系统。

5.2.2　石灰乳制备

氨碱法生产纯碱需要大量的 CO_2 和石灰乳，前者供氨盐水碳酸化之用，后者供蒸氨之用。石灰和 CO_2 可由石灰石煅烧而得，生石灰经消化即得石灰乳。

5.2.2.1　石灰石煅烧的原理

（1）反应的化学平衡与温度　石灰石的主要成分为 $CaCO_3$，高品位矿含量可以达到 95%，此外还有 2%～4% 的 $MgCO_3$ 以及少量的 SiO_2、Fe_2O_3、Al_2O_3 等。在自然界中碳酸钙矿有大理石、方解石和白垩 3 种。石灰石煅烧时的主要反应为：

$$CaCO_3 \longrightarrow CaO + CO_2 \uparrow \qquad \Delta H = 179.6 kJ/mol$$

这是一个体积增加的可逆吸热反应，当温度一定时，CO_2 的平衡分压为定值。此值即为石灰石在该温度下的分解压力。根据化学平衡移动原理，升高温度和降低 CO_2 分压可使平衡向右移动。通过计算可知理论上 CO_2 分压达 0.1MPa 时石灰石的分解温度为 907℃。

理论上石灰石的分解速度与其块状大小无关，只随温度的升高而增加。当温度高于 900℃ 时，分解速度急剧上升，有利于 $CaCO_3$ 迅速分解并分解完全。这是因为提高温度不仅加快了反应本身，还能使热量迅速传入石灰石内部并使其温度超过分解温度，达到加速分解的目的。但是温度过高可能出现熔融或半熔融状态，发生挂壁或结瘤，还会使石灰变成坚实不易消化的"过烧石灰"。生产中一般控制石灰石的煅烧温度为 950～1200℃。

（2）窑气中 CO_2 浓度　石灰石煅烧所需的热量通常由焦炭或无烟煤（也可用燃气或油）提供，再鼓入空气，使燃料充分燃烧，以提供更多的能量。石灰石煅烧后产生的气体统称为窑气。燃料燃烧和 $CaCO_3$ 的分解是窑气中 CO_2 的来源。两反应所产生的 CO_2 之和理论上可达 44.2%，但实际生产过程中，由于空气中氧气不能完全利用，即不可避免地有部分残氧（一般约为 0.3%），氮气和过量的氧气都将降低 CO_2 浓度。煤的不完全燃烧产生部分 CO（约 0.6%）和配焦率（煤中的 C 与矿石中 $CaCO_3$ 的配比）等原因，正常的窑气成分为 CO_2

$40\%\sim44\%$，$O_2<0.2\%$，不含 CO，其余为 N_2。温度为 $80\sim140℃$，带有粉尘、煤末和焦油。

产生的窑气必须及时导出，否则将影响反应的进行。在生产中，窑气经净化、冷却到 $40℃$ 以下才能进入压缩机，以实现石灰石的持续分解，冷却温度愈低，压缩机的抽气量和生产能力愈高。

5.2.2.2　石灰窑

石灰石和煤通入空气制生石灰的反应过程在石灰窑中进行。目前采用最多的是连续操作的竖式窑。窑身用普通砖砌或钢板卷焊制成，内衬耐火砖，两层之间填装绝热材料。空气由鼓风机从窑下部送入窑内，石灰石和固体燃料由窑顶装入，在窑内自上而下运动，反应自下而上进行，窑底可连续产出生石灰。

5.2.2.3　石灰乳的制备

石灰石煅烧所得生石灰遇水发生水合反应，此过程称为石灰的消化。石灰消化得到后续工序盐水精制和蒸氨过程所需的氢氧化钙，其化学反应式为：

$$CaO+H_2O=Ca(OH)_2 \qquad \Delta H=-64.9kJ/mol$$

石灰消化时因加水量不同可得到消石灰（细粉末）、石灰膏（稠厚而不流动的膏）、石灰乳和石灰水（氢氧化钙的水溶液）。完全消化所需的时间取决于石灰中的杂质含量、石灰石的煅烧温度和时间、消化用水温度、石灰粒度和气孔率等。杂质含量高，石灰石煅烧温度高和时间长，粒度大，气孔率小都是延长消化时间的因素。消化用水的温度高，消化速度就加快。最适宜在水的沸点进行消化，此时消化热量产生大量蒸汽，使石灰石变为松散而极细的粉末，一般用 $50\sim80℃$ 的温水进行消化。

$Ca(OH)_2$ 在水中的溶解度很低，且随温度的升高而降低。消石灰等使用不便，因此，工业上采用石灰乳，即消石灰固体颗粒在水中的悬浮液。石灰乳较稠，对生产有利，但是其黏度随稠度增加而升高，太稠时会沉降和堵塞管道及设备，一般工业上制取和使用的石灰乳相对密度约为 1.27。除石灰乳的含量要求外，还应使悬浮颗粒细小均匀，使其反应活性好，并防止其沉降。

5.2.3　盐水精制与吸氨

5.2.3.1 饱和盐水的制备与精制

由原盐在化盐桶中所制得的盐水称为粗盐水。原盐可以是海盐、池盐、岩盐、井盐或湖盐。粗盐水中杂质含量虽然不大，但是在后续盐水吸氨及碳酸化过程中会与 NH_3 和 CO_2 生成复盐或 $Mg(OH)_2$、$CaCO_3$ 沉淀，不仅会使设备和管道结垢甚至堵塞，阻碍气液流动，妨碍操作，还会增加氨和食盐的损失，影响产品质量。因此，粗盐水必须进行精制，除去 99% 以上的钙镁杂质。

常用的盐水精制方法有石灰-碳酸铵法和石灰-纯碱法。

(1) 石灰-碳酸铵法　也称石灰—塔气法，先在粗盐水中加入石灰乳，使 Mg^{2+} 成为 $Mg(OH)_2$ 沉淀：

$$Mg^{2+}+Ca(OH)_2==Mg(OH)_2\downarrow+Ca^{2+}$$

除镁后的盐水称为一次盐水，澄清后送往除钙塔。利用碳化塔顶部含 NH_3 和 CO_2 的尾气（称为塔气）再除去 Ca^{2+}，其化学反应式为：

$$2NH_3+CO_2+H_2O+Ca^{2+}==CaCO_3\downarrow+2NH_4^+$$

此法利用碳化塔的尾气精制盐水，既回收和利用了 NH_3 和 CO_2，使成本降低，又能达到精制盐水的目的，适合于含镁较高的海盐。此法的缺点是溶液中氯化铵含量较高，并使氨耗增大，氯化钠的利用率下降，工艺流程及操作复杂，精制度不高。

（2）石灰-纯碱法　先用石灰乳除去粗盐水的 Mg^{2+}，再用纯碱除去一次盐水中的 Ca^{2+}，化学反应式为：

$$Ca^{2+} + Na_2CO_3 \Longrightarrow CaCO_3 \downarrow + 2Na^+$$

用该法除钙时不生成铵盐而生成钠盐，因此不存在降低 NaCl 利用率的问题。

该法除钙、除镁的沉淀过程是一次完成的。所用的消石灰乳量相当于溶液中镁离子的含量，而纯碱的用量相当于钙镁离子含量之和。由于 $CaCO_3$ 在饱和盐水中的溶解度比在纯水中大，因此纯碱用量应大于理论用量。该法的优点是操作简单，劳动条件好，精制度高，但是要消耗纯碱。

除钙镁以后的盐水称为二次盐水，又称精盐水，经澄清后送往吸氨工序。盐水精制中生成的镁和钙的沉淀物分别称为一次泥和二次泥，可进一步加工成碳酸镁、氯化镁、高级镁砂、金属镁和轻质碳酸镁等化工原料。

5.2.3.2　盐水吸氨

粗盐水的吸氨操作称为氨化，目的是制备符合碳酸化过程所需浓度的氨盐水，以利于吸收 CO_2，同时起到最后除去盐水中钙镁等杂质的作用。盐水吸氨所用的气氨主要来自蒸氨塔，其次还有真空抽滤气和碳化塔尾气，气氨中含有少量的 CO_2 和水蒸气。

（1）吸氨的化学原理　盐水吸氨是一个伴有化学反应的吸收过程，主要化学反应为：

$$NH_3(g) + H_2O(l) \Longrightarrow NH_4OH(aq) \qquad \Delta H = -35.2kJ/mol$$
$$2NH_3(aq) + CO_2(g) + H_2O(l) \Longrightarrow (NH_4)_2CO_3(aq) \qquad \Delta H = -95.0kJ/mol$$

当有残余 Mg^{2+}、Ca^{2+} 存在时发生如下反应：

$$Ca^{2+} + (NH_4)_2CO_3 \Longrightarrow CaCO_3 \downarrow + 2NH_4^+$$
$$Mg^{2+} + (NH_4)_2CO_3 \Longrightarrow MgCO_3 \downarrow + 2NH_4^+$$
$$Mg^{2+} + 2NH_4OH \Longrightarrow Mg(OH)_2 \downarrow + 2NH_4^+$$

（2）工艺流程及主要设备　精盐水吸氨的工艺流程如图 5-3 所示。精制以后的二次饱和盐水经冷却水冷至 $35 \sim 40℃$ 后进入吸氨塔，盐水由塔上部淋下，与塔底上升的已冷至 50℃ 的氨气逆流接触，以完成盐水吸氨过程。此时放出大量热，使盐水温度升高，因此需将盐水从塔中抽出，送入冷却排管进行冷却后再返回中段吸收塔。同理，需从塔中部抽出吸氨后的盐水经过冷却排管降温后，返回吸收塔下段。由吸收塔下段出来的氨盐水经循环段贮桶、循环泵、冷却排管循环冷却，以提高吸收率。

精制后的盐水虽已除去 99% 以上的钙、镁，仍难免有少量残余杂质进入吸氨塔，形成碳酸盐和复盐沉淀。为保证氨盐水的质量，成品氨盐水经澄清桶沉淀，再经冷却排管后进入氨盐水贮槽，最后由氨盐水泵送往碳酸化系统。

用于精制盐水吸氨的含氨气体，导入吸氨塔下部和中部，与盐水逆流接触吸收后，尾气由塔顶放出，经真空泵送往二氧化碳压缩机入口。

（3）主要工艺条件

① 氨盐水中 NH_3 与 NaCl 物质的量比在吸氨过程中，随着氨溶解量的增加，氯化钠的溶解度减小，生产中要求所制备的氨盐水，既要有足够的氨浓度，又要保证较高的 NaCl 浓度。氨盐水或母液中的氨分为游离氨和结合氨。游离氨是指在水溶液中受热即分解出氨的铵化合物中的氨，如 NH_4OH，$(NH_4)_2CO_3$，NH_4HCO_3，$(NH_4)_2S$ 中的氨。结合氨也称为固定氨，是在水溶液中受热并不分解，需加入碱后才会分解出氨的铵化合物中的氨，如 NH_4Cl，$(NH_4)_2SO_4$ 中的氨。

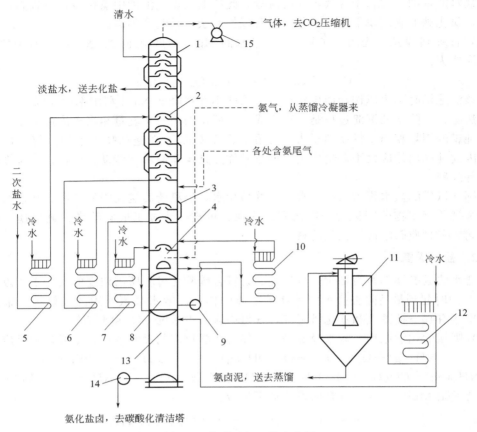

图 5-3 盐水吸氨工艺流程图

1—净氨塔；2—洗氨塔；3—中段吸氨塔；4—下段吸氨塔；5,6,7,10,12—冷却排管；8—循环段
贮桶；9—循环泵；11—澄清桶；13—氨盐水贮槽；14—氨盐水泵；15—真空泵

按碳酸化反应过程要求，理论计算中氨盐水碳酸化时 NH_3 与 $NaCl$ 物质的量比为 $1:1$。若此比值过高，则 NH_4HCO_3 和 $NaHCO_3$ 共同析出，降低了氨的利用率；若比值过低，又会降低钠的利用率，增加食盐的消耗。生产实践中取氨盐水中 NH_3 与 $NaCl$ 物质的量比为 $1.08\sim1.12$，即氨稍微过量，以补偿在碳化过程的氨损失。

② 盐水吸氨的温度由于吸氨是放热过程，盐水吸氨必须采用边吸收边冷却的工艺流程。低温有利于盐水吸氨，也有利于降低氨气夹带的水蒸气含量，以避免盐水过度稀释，温度过低却会产生 $(NH_4)_2CO_3 \cdot H_2O$、NH_4HCO_3、NH_4COONH_2 等结晶，堵塞管道和设备。实际生产中吸收塔中部的温度不超过 $60\sim65\,℃$。

③ 吸收塔内的压力 为防止和减少吸氨系统的泄漏，加速蒸氨塔中 CO_2 和 NH_3 的蒸出，提高蒸氨效率和塔的生产能力，减少水蒸气用量，吸氨操作是在微负压条件下进行的。其压力大小以不妨碍盐水下流为限。

5.2.4 氨盐水碳酸化

碳酸化是使溶液中的氨或碱性氧化物变成碳酸盐的过程，氨盐水碳酸化是氨盐水吸收 CO_2 的过程，它是氨碱法生产纯碱的核心工序，集吸收、结晶和传热等化工单元操作于一体。碳酸化的目的和要求在于获得产率高、质量好的碳酸氢钠结晶。要求结晶颗粒大而均匀，便于分离，以减少洗涤用水量，从而降低蒸氨负荷和生产成本；同时降低碳酸氢钠粗成品的含水量，有利于重碱的煅烧。

5.2.4.1　碳酸化的基本原理

（1）碳酸化的化学反应　氨盐水碳酸化是伴有化学反应的吸收，同时又有结晶析出的过程。氨盐水吸收二氧化碳的反应为：

$$NaCl+NH_3+CO_2+H_2O \Longrightarrow NaHCO_3\downarrow+NH_4Cl$$

$$NH_4HCO_3+NaCl \Longrightarrow NaHCO_3\downarrow+NH_4Cl$$

在碳酸化反应过程中，还会发生 CO_2 的水化反应：

$$CO_2+H_2O \Longrightarrow H_2CO_3$$

（2）原料利用率　在碳酸化过程中，$NaCl$ 转化为 $NaHCO_3$ 固体的转化率称为钠利用率，即生成碳酸氢钠结晶的氯化钠占原有氯化钠总量的百分比，以 U_{Na} 表示。NH_4HCO_3 转化为 NH_4Cl 的转化率称为氨利用率，即生成氯化铵结晶的碳酸氢铵占原有碳酸氢铵总量的百分比，以 U_{NH_3} 表示。钠利用率和氨利用率是氨碱法中的 2 个重要工艺指标，其中尤以钠利用率更为重要。它不仅关系到氯化钠的消耗定额，还关系到纯碱产量和各种原料的消耗定额。

反应终点的温度不同，钠利用率和氨利用率则有很大差别。实验证明，塔底温度为 32℃时是最佳操作温度，此时钠利用率 U_{Na} 为 84%，是氨碱法生产纯碱理论上的最高值。

（3）碳化度　工业上把氨盐水吸收 CO_2 时所饱和的程度定义为碳化度，即碳化液体系中全部 CO_2 物质的量与总 NH_3 物质的量之比。悬浮液的碳化度为：

$$R_s=\frac{溶液中全部\ CO_2\ 浓度}{总氨浓度}=\frac{[CO_2]+C(NH_3)}{T(NH_3)}$$

式中，$[CO_2]$、$C(NH_3)$、$T(NH_3)$ 分别为碳酸化清液中二氧化碳、结合氨、总氨的浓度。R_s 越大，总氨转变成 NH_4HCO_3 越完全，钠利用率 U_{Na} 也越高。实际生产中应尽量提高碳化液的碳化度以提高钠利用率。因受各种条件的限制，实际生产中碳化度一般只能达到 0.90%～0.95%。

5.2.4.2　氨盐水碳酸化工艺流程和主要设备

（1）工艺流程　氨盐水碳酸化过程在碳化塔中进行。如以氨盐水的流向区分，碳化塔分为清洗塔和制碱塔。清洗塔也称中和塔或预碳酸化塔，氨盐水先流经清洗塔进行预碳酸化，清洗附着在塔体及冷却壁管上的疤垢，然后进入制碱塔进一步吸收 CO_2，生成 $NaHCO_3$ 结晶。制碱塔和清洗塔周期性交替轮流作业。氨盐水碳酸化的工艺流程如图 5-4 所示。

由吸氨系统送来的 30～38℃氨盐水经泵送往清洗塔的顶部，来自石灰窑的窑气经清洗气压缩机后进入分离器，分出液滴后的清洗气送入清洗塔的底部。氨盐水在自上往下流动过程中，一边吸收 CO_2，一边将塔壁和冷却管上的疤垢溶解。从清洗塔底部出来的清洗液（也称中和水）用气升输卤器直接送入制碱塔的顶部。另一部分窑气经中段气压缩机及中段气冷却塔冷却至 45℃，称为中段气，送入制碱塔中部。煅烧重碱所得的炉气经下段气压缩机及下段气冷却塔冷却至 35℃，称为下段气，送入制碱塔底部，将清洗液继续碳酸化。含 $NaHCO_3$ 结晶的悬浮液送往真空过滤机过滤。

清洗塔和制碱塔顶部排出的尾气简称塔气，经尾气分离器送往吸氨系统的碳酸化尾气洗涤塔中或送往盐水精制系统的除钙塔中用盐水吸收，以回收其中的 NH_3 和 CO_2。尾气分离器底部的液体称为回卤，自流回到清洗塔中。

（2）碳化塔　碳化塔是氨碱法制碱的主要设备之一。它由许多铸铁塔圈组装而成，分

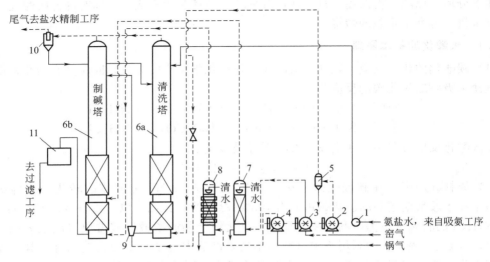

图 5-4　氨盐水碳酸化工艺流程

1—氨盐水泵；2—清洗气压缩机；3—中段气压缩机；4—下段气压缩机；5—分离器；
6a—碳酸化清洗塔；6b—碳酸化制碱塔；7—中段气冷却塔；8—下段气冷却塔；
9—气升输卤器；10—尾气分离器；11—碱液槽

为上、下两部分。一般塔高 24～25m，塔径 2～3m。塔上部是 CO_2 吸收段，每圈之间装有笠形泡帽，塔板是略为向下倾斜的中央开孔的漏液板，孔板和笠帽边缘有分散气泡的齿缝以增加气液接触面积，促进吸收。塔的中下部是冷却段，是析出 $NaHCO_3$ 的区域。区间内除了笠帽和塔板外，还设有列管式冷却水箱，间接冷却碳酸化母液以促进 $NaHCO_3$ 结晶析出。

5.2.4.3　影响 $NaHCO_3$ 结晶的因素

$NaHCO_3$ 的晶型对产品质量有很大影响。大粒的结晶不但有利于过滤、洗涤，而且夹带母液和水分少，煅烧后含盐量低，制得的纯碱质量高。$NaHCO_3$ 结晶的大小、快慢与溶液的过饱和度有关，过饱和度又与温度有关。因此，温度和过饱和度是影响 $NaHCO_3$ 结晶的重要因素。

（1）温度　$NaHCO_3$ 在水中的溶解度随温度降低而减少，因此低温有利于生成较多的 $NaHCO_3$ 结晶。

在碳化塔内进行的是放热反应，进塔溶液沿塔下降的过程中温度由 30℃ 逐步升高至 60～65℃。温度高，$NaHCO_3$ 的溶解度大，形成的晶核少，但是晶粒较大。当结晶析出后再逐步降温，有利于 CO_2 的吸收和提高平衡转化率，提高产率和钠利用率，更重要的是可使晶体长大，保证产品质量。

降温过程应特别注意降温速率。快速冷却时，晶核生成速率大于晶核成长速率，得到的是大量的细小结晶。缓慢冷却时，晶粒生长速度大于晶核的成长速率，得到的是大粒结晶。塔的中部，即 $NaHCO_3$ 开始析出的区域，因反应热使物系维持稍高温度而不被冷却，可使物系产生适量的晶核并逐步成长。随后在塔下部通水逐渐冷却，既使 CO_2 能充分吸收，又使晶体逐步成长。若冷却过快，则会形成结晶浆（又称浮碱），难于过滤分离。一般液体在塔内的停留时间为 1.5～2h，塔底的温度控制在 25～30℃。

（2）添加晶种当碳酸化过程中溶液达到饱和甚至稍过饱和时，并无结晶析出，此时若加入少量固体杂质，就可以使溶质以固体杂质为核心，长大而析出晶体。在 $NaHCO_3$ 生产中，就是采用向饱和溶液中添加晶种并使之长大的办法来提高产量和质量。

应用此法时应注意添加晶种的部位与时间以及晶种的添加量。晶种应加在饱和或过饱和溶液中，加入过早，晶种会被溶解，加入过迟则溶液自身已发生结晶，再加晶种便失去了作用。若加入晶种过多，则结晶中心过多，晶种长大的效果不明显，设备的生产能力反而下降；若加入的量过少，则不能起到晶种的作用，仍需溶液自身析出晶体作为结晶中心，因此质量难以提高。

5.2.5　重碱过滤与煅烧

5.2.5.1　重碱的过滤

从碳化塔取出的是含有 $45\% \sim 50\%$（体积）$NaHCO_3$ 的悬浮液，必须用过滤的方法将 $NaHCO_3$（俗称重碱）结晶浆与母液分离。分离后所得的湿重碱送往煅烧炉以制取纯碱，母液送往氨回收系统。过滤时必须对滤饼进行洗涤，以除去重碱晶间残留的母液，降低重碱中 $NaCl$ 和 NH_4Cl 的含量。洗水宜用软水，以免水中所含的 Ca^{2+}、Mg^{2+} 形成沉淀而堵塞滤布。同时，洗水温度和用量应适宜。洗水温度太高则 $NaHCO_3$ 的溶解损失大，温度太低则洗涤效果差。洗水用量过多，除增加 $NaHCO_3$ 的溶解损失外，还会使母液体积增大，增大蒸氨负荷；洗水用量过少，则洗涤不彻底，难以保证重碱的质量。滤饼的洗涤一般控制 $NaHCO_3$ 的溶解损失为 $2\% \sim 4\%$，所得纯碱成品中含 $NaCl$ 不应大于 1%。

重碱过滤分离方法经常采用离心分离和真空分离，相应的设备分别为离心机和真空过滤机。

5.2.5.2　重碱的煅烧

碳酸化得到的重碱，经过滤及洗涤以后，需经煅烧才能制得纯碱，同时回收二氧化碳以供碳酸化之用。重碱煅烧时，所含的铵盐也随之分解，因而煅烧也是精制过程。生产上对煅烧过程的要求是保证产品纯碱含盐量少，不含未分解的 $NaHCO_3$，产生的炉气含 CO_2 浓度高且损失少，应尽量降低煅烧过程的能耗。

（1）煅烧的基本原理　重碱是不稳定的化合物，在常温常压下即能部分分解，升高温度则加速其分解。化学反应式为：

$$2NaHCO_3(s) = Na_2CO_3(s) + CO_2\uparrow + H_2O\uparrow \qquad \Delta H = 128.5 kJ/mol$$

其平衡常数为

$$K_P = p_{H_2O} p_{CO_2} \tag{5-1}$$

式中，p_{H_2O}、p_{CO_2} 分别为水蒸气和 CO_2 的平衡分压，二者之和为分解压力，K_P 的数值随温度的升高而增大。纯净的 $NaHCO_3$ 煅烧分解时，p_{H_2O} 与 p_{CO_2} 应相等。不同温度下 $NaHCO_3$ 上方的 CO_2 平衡分压见表 5-1。

表 5-1　不同温度下 $NaHCO_3$ 上方的 CO_2 平衡分压

温度/℃	30	50	70	90	100	110	120
p_{CO_2}/kPa	0.83	4.00	16.05	55.23	97.47	167.00	263.44

由于重碱煅烧是吸热过程，因此随着温度的提高，CO_2 平衡分压增大。常压下温度 88℃ 时，CO_2 平衡分压为 50.6kPa，$NaHCO_3$ 可完全分解，实际上在此温度下反应进行得很慢。由表 5-1 可见，CO_2 平衡分压随温度升高而急剧上升，当温度在 $100 \sim 101$℃ 时，分解压力已达到 101.325kPa，即可使 $NaHCO_3$ 完全分解，但此时的分解速度仍较慢。生产实践中为提高分解速度，一般采用的煅烧温度为 $160 \sim 190$℃。在 160℃ 煅烧时，煅烧炉内的

$NaHCO_3$分解所需时间接近于 1h，当温度达到 190℃时，煅烧炉内的 $NaHCO_3$ 在 30min 内即可分解完全。

煅烧过程除了上述主反应外，部分杂质也会发生如下反应：

$$(NH_4)_2CO_3 = 2NH_3\uparrow + CO_2\uparrow + H_2O\uparrow$$
$$NH_4HCO_3 = NH_3\uparrow + CO_2\uparrow + H_2O\uparrow$$

当重碱中夹带有 NH_4Cl 时，会发生复分解反应：

$$NH_4Cl(s) + NaHCO_3(s) = NaCl(s) + NH_3\uparrow + CO_2\uparrow + H_2O\uparrow$$

以上副反应不仅增加热能消耗，还增大系统中氨的循环量，使纯碱中夹带氯化钠而影响产品质量。因此在重碱过滤时要适当用水洗涤除去 NH_4Cl。

煅烧时需要将一部分煅烧过的纯碱与湿 $NaHCO_3$ 混合，调节煅烧料的水分含量。当水分含量高时，会发生熔融粘壁和结块。这部分循环用碱称为返碱，返碱量与滤饼含水量及炉的结构有关，一般为成品纯碱量的 2～3 倍。通常湿滤饼混合后将水分调节到 8% 以下入炉，分解才能顺利进行。

重碱煅烧成为纯碱的效率用烧成率表示。即重碱经煅烧以后所得的纯碱质量与原重碱质量的比值。烧成率的大小与重碱组成及水分含量有关。理论上纯 $NaHCO_3$ 的烧成率应为 63%，实际生产中重碱的烧成率约为 50%～60%。

（2）重碱煅烧的工艺流程　重碱煅烧设备分为外热式回转煅烧炉、内热式蒸汽煅烧炉和沸腾煅烧炉。目前工业上一般采用内热式蒸汽煅烧炉，其工艺流程如图 5-5 所示。

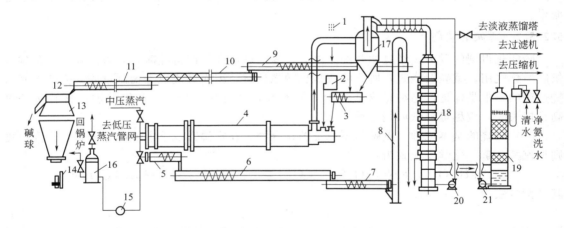

图 5-5　重碱煅烧工艺流程

1—重碱皮带运输机；2—圆盘加料器；3—返碱螺旋输送机；4—蒸汽煅烧炉；5—出碱螺旋输送机；6—地下螺旋输送机；7—喂碱螺旋输送机；8—斗式提升机；9—分配螺旋输送机；10—成品螺旋输送机；11—筛上螺旋输送机；12—回转圆筒筛；13—碱仓；14—磅秤；15—疏水器；16—扩容器；17—炉气分离器；18—炉气冷凝塔；19—炉气洗涤塔；20—冷凝泵；21—洗水泵

重碱由皮带输送机运来，经重碱溜口进入圆盘加料器控制加碱量，再经返碱螺旋输送机与返碱混合，与炉气分离器来的粉尘混合后被送入蒸汽煅烧炉，经中压水蒸气间接加热分解约 20min，由出碱螺旋输送机自炉内卸出，经地下螺旋输送机、喂碱螺旋输送机、斗式提升机、分配螺旋输送机后，一部分作返碱送至入口，一部分作为成品经成品螺旋输送机、筛上螺旋输送机后送回转圆筒筛筛分入仓。

煅烧炉分解出的炉气进入炉气分离器，回收的大部分碱尘返回炉内，少量碱尘随炉气进入总管，以循环冷凝液喷淋，洗涤后的循环冷凝液与炉气一起进入炉气冷凝塔塔顶，炉气在塔内被自上而下的冷却水间接冷却，使水蒸气和大部分氨气冷凝成为液体，称为炉气冷凝液，而气体再进入炉气洗涤塔内用精制盐水或软水洗净炉气中的余氨，处理后的炉气含 CO_2 可达 90% 以上，由压缩机送去碳酸化。

炉气中的水蒸气大部分冷凝成水。这部分冷凝水自塔底用泵抽出，一部分用泵送往炉气总管喷淋洗涤炉气，另一部分送往淡液蒸馏塔。冷却后的炉气由冷凝塔下部引出，进入洗涤塔的下部，与塔上喷淋的清水及自净氨塔来的净氨洗水逆流接触，洗涤炉气中残余的碱尘和氨，并进一步降低炉气温度。洗涤后的炉气自炉气洗涤塔顶部引出送入二氧化碳压缩机，经压缩后供碳酸化使用。洗涤液用洗水泵送到过滤机用作洗水。

5.2.6　氨的回收

氨碱法中的氨是循环使用的。生产上需回收氨的料液主要有过滤母液和淡液。由于母液含有游离氨和结合氨，故氨的回收采用 2 步进行，先将母液加热以蒸出游离氨和二氧化碳，然后再加入石灰乳与结合氨作用，使其转变为游离氨而蒸出。淡液是指各种洗涤液、冷凝液等含氨稀溶液，其中只含有游离氨，故直接加热蒸馏。

5.2.6.1　蒸氨的原理

过滤重碱后的母液含有多种化合物，受热时，游离氨即从液相蒸出，同时还发生以下反应：

$$NH_4OH \Longrightarrow NH_3 \uparrow + H_2O$$
$$(NH_4)_2CO_3 \Longrightarrow 2NH_3 \uparrow + CO_2 \uparrow + H_2O$$
$$NH_4HCO_3 \Longrightarrow NH_3 \uparrow + CO_2 \uparrow + H_2O$$

溶解于过滤母液中的 $NaHCO_3$ 和 Na_2CO_3 发生如下反应：

$$NaHCO_3 + NH_4Cl \Longrightarrow NaCl + NH_3 \uparrow + CO_2 \uparrow + H_2O \uparrow$$
$$Na_2CO_3 + 2NH_4Cl \Longrightarrow 2NaCl + 2NH_3 + CO_2 + H_2O$$

加入石灰乳时，结合氨转化为游离氨并受热逸出：

$$Ca(OH)_2 + 2NH_4Cl \Longrightarrow CaCl_2 + 2NH_3 \uparrow + 2H_2O$$

由于碳酸化母液中存在 CO_2，如果直接加入石灰乳就会由于下列反应：

$$Ca(OH)_2 + CO_2 \Longrightarrow CaCO_3 \downarrow + H_2O$$

而导致 CO_2 的损失和石灰乳用量的增加。故必须采用 2 段蒸馏：先将料液加热以逐出游离氨和 CO_2，再加入石灰乳使结合氨分解成为游离氨而蒸出。

5.2.6.2　蒸氨的工艺流程

蒸氨过程的工艺流程如图 5-6 所示。

来自重碱过滤工序的 25～32℃ 母液经泵送入蒸氨塔顶母液预热器的最下一个水箱，在管内曲折上流，从最上一个水箱出来进入分液槽，然后进入预热段，与蒸出的热气体换热，使温度升高至 70℃ 左右。同时，管外的热气体温度由 80～90℃ 降到 65～67℃ 后进入气体冷凝器，将其中的大部分水蒸气冷凝后，再把 NH_3 送入吸氨塔中用盐水吸收成为氨盐水。

经母液预热器预热后的母液进入预热段，母液由上部经分液槽加入，与下部上来的热气体直接接触，蒸出液体中的游离氨和 CO_2，母液中只剩下结合氨和盐。

从预热段出来的预热母液送入预灰桶，在搅拌下与石灰乳均匀混合，将结合氨转变成游离氨，生成的氨直接进入预热段，而液体进入石灰乳蒸馏段进行蒸馏。预灰桶出来的含石灰乳母液加入石灰乳蒸馏段的上部单菌帽泡罩板上，与塔底上升的蒸汽逆流接触。至此，99%

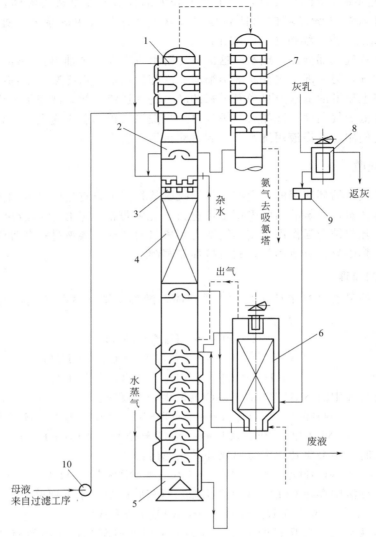

图 5-6 蒸氨过程的工艺流程

1—母液预热器；2—蒸馏段；3—分液槽；4—预热段；5—石灰乳蒸馏段；6—预灰桶；

7—气体冷凝器；8—加石灰乳罐；9—石灰乳流堰；10—母液泵

以上的氨被蒸出，含微量氨的废液由塔底排出。

5.2.6.3 蒸氨的工艺条件

（1）压力　较低的压力有利于蒸氨。蒸氨过程中塔的上、下部压力不同，塔下部压力与所用水蒸气压力相同或接近，一般维持为 0.15～0.17MPa，塔顶略呈真空。

（2）温度　塔底压力确定后，溶液的沸点为定值。由于母液中含有各种组分，其沸点高于纯水。在一定蒸汽压力下，用改变蒸汽用量及母液量调节温度。若蒸汽用量不足，将导致液体抵达塔底时尚不能将氨逐尽而造成损失；若蒸汽量过多，虽然能使氨蒸出完全，但是会使汽相中水蒸气分压大大增加，温度升高。蒸氨尾气中蒸汽量增加，带入吸氨工序会稀释氨盐水。另外，温度越高，母液中氯化铵的腐蚀性越强。因此塔底温度一般保持在 110～117℃，塔顶为 80～85℃。蒸出的氨气经冷凝器冷却，使大部分水汽冷凝下来，温度降至

55～60℃后送往吸氨工序。

（3）石灰乳浓度　用于蒸氨的石灰乳中活性氧化钙的浓度对蒸氨过程有影响。石灰乳浓度低，稀释了母液使水蒸气消耗增大，石灰乳浓度高又使石灰乳耗量增加。其用量一般应比化学计量过量些以保证蒸氨完全。

5.2.7　氨碱法生产纯碱的总流程

氨碱法生产纯碱的总流程包括 5 个主要部分，即石灰石的燃烧及石灰的消化、氨盐水的制备、氨盐水碳酸化及重碱过滤、重碱煅烧、氨的回收，总流程如图 5-7 所示。

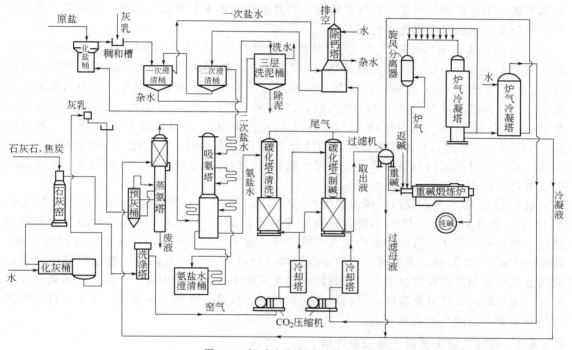

图 5-7　氨碱法生产纯碱总流程

石灰石在石灰窑中煅烧，含 CO_2 40％的窑气经洗涤、冷却和压缩后，送往碳酸化工序，作为清洗塔和制碱塔中段气气源，石灰窑排出的石灰在卧式化灰桶中加水消化生成石灰乳，用来蒸氨及盐水除镁。

原盐经化盐后，加入石灰乳除去盐水中的镁，然后在一次澄清桶分离。一次盐水进入除钙塔，吸收碳酸化尾气中的 CO_2，除去盐水中的钙。经二次澄清桶分离后的二次盐水去吸氨塔吸氨制淡盐水。二次澄清桶的 $CaCO_3$ 沉淀送入一次澄清桶，促进 $Mg(OH)_2$ 的沉降。钙镁沉淀在三层洗泥桶中用水洗涤后排出，洗涤水送去化盐。

氨盐水先进入洗涤塔，溶解塔中的疤垢，同时吸收窑气中的 CO_2，然后送入制碱塔，进一步吸收 CO_2，生成重碱结晶。碳化塔塔顶的尾气去盐水精制工序，塔底的取出液经过滤分离，所得重碱去煅烧炉，母液去蒸氨塔。

重碱煅烧生成纯碱，部分作为产品，部分作为返碱与重碱混合再次煅烧。煅烧炉排出的炉气，经冷却、洗涤后，CO_2 浓度达 90％左右，作为碳化塔的下段气气源。

碳化母液在蒸氨塔及预灰桶中分离出游离氨与结合氨后，成为废液排弃。塔顶回收的含二氧化碳的氨气送吸氨塔。

5.2.8 氨碱法生产纯碱新进展

5.2.8.1 氨碱法生产纯碱的基本情况

我国是世界上建立纯碱工业较早的国家，纯碱工业也是我国发展最早的化学工业之一，氨碱法在我国已有近百年历史。我国的纯碱工业创建于1917年，自1924年开始生产纯碱。目前，我国是世界上仅有的氨碱法、联碱法和天然碱法并存生产纯碱的国家，纯碱产量在国内化工产品中仅次于合成氨、化肥、硫酸，位列第4位。自2003年起我国的纯碱产量超过1100万吨，跃居世界首位，成为世界纯碱生产第一大国。近几年我国的纯碱工业得到了长足的发展，无论是产品产量、品种、质量，还是生产技术水平和设备水平，均取得了长足进步，部分工序已跻身世界先进行列。

21世纪以来，国内纯碱产能、产量持续高速增长：2002年，纯碱产能只有1100万吨，2013年已达到3100万吨，年均增速为10%。其中，联碱法产能1500万吨，占总能力的48%；氨碱法产能1420万吨，占46%；天然碱法产能180万吨，占6%。据中国纯碱工业协会统计，纯碱产量2010年为2100万吨，2014年2580万吨，年均增长5.7%。行业开工率2010年为79.5%，2014年约78.2%。自2005年以来，我国纯碱年出口量一直保持在150万吨以上，年进口量不足5万吨，出口量2009年最高达到230万吨，2010年回落到160万吨。对外出口最大的竞争对手是美国天然碱，与国内合成法纯碱相比，美国天然碱产品吨碱成本要便宜100美元。

截止2011年8月，我国纯碱装置生产能力2560万吨，生产企业45家，百万吨以上企业10家，合计总产能约1500万吨，占全行业总产能的57%，其中产能最大的为山东海化达到300万吨，其次为唐山三友产能为200万吨。按生产方法分类，氨碱法产能1200万吨，联碱法产能1200万吨，天然碱法产能160万吨。生产布局上，氨碱法产能主要集中在渤海湾周边靠近大型盐场及青海地区，联碱法产能主要集中在西南、华南等地区，天然碱主要集中在河南等地的天然碱资源区，国内除江西、吉林、西藏、海南、贵州外，其他省自治区都有纯碱企业，纯碱生产遍地开花。

5.2.8.2 纯碱工业工艺技术与设备进展

我国纯碱行业的工艺技术和装备经过不断的创新，正在接近或部分已达到国际先进水平。一些自主研发的新工艺、新技术和新设备，在纯碱企业老装置改造、搬迁和新装置建设过程中得到应用，取得了良好的节能、提效效果。

(1) 石灰石工序　采用具有生产能力大、热效率高等优点的大型竖式混装窑。上料采用PC机程序控制，大幅度降低了石灰石和焦炭的消耗。该装置是当前国内氨碱法纯碱生产企业采用的单台生产能力最大的混装窑。

(2) 盐水精制工序　采用一步法精制盐水，与传统的石灰—碳酸铵法相比，该法工艺流程短，设备结疤轻，盐水质量稳定，产品质量高，精制过程中不产生NH_3，有利于提高$NaCl$转化率。

(3) 吸氨工序　采用在吸氨塔中设置冷却水箱的内冷吸氨塔。实践证明，内冷吸氨塔流程简化，动力消耗少，运行费用低，生产能力大，操作弹性大，吸收效率高，尾气含氨低，冷却效率高，冷却水消耗少。

(4) 碳化工序　传统的索尔维碳化塔已有100多年的历史，随着科学技术的现代化及新材料、新技术的出现，我国的制碱工作者向传统的碳化塔提出了挑战。近年来研制开发了多种新型碳化塔，如目前许多大中型氨碱厂及联碱厂已采用的大型异径笠帽碳化塔、筛板碳化塔，适用于联碱厂的外冷碳化塔、不冷碳化塔等。

（5）过滤工序　过滤工序的操作质量、工艺指标的优劣，影响着纯碱工艺多相消耗指标的水平、制造成本的高低以及产品质量的好坏。已有 10 多家纯碱厂应用滤碱洗水添加助滤剂技术，可降低水分，提高烧成率，节省洗水量，且对纯碱成品无不良影响，得到用户好评；先后有几家碱厂分别引进离心机，将真空过滤机过滤洗涤后的湿重碱直接进离心机进行二次分离。

（6）煅烧工序　在纯碱生产中，重碱的煅烧技术一直是制碱行业的主要研究课题。国内外碱厂的重碱煅烧工序均采用蒸汽煅烧技术，蒸汽煅烧技术又分为外返碱煅烧炉和自身返碱炉。

① 外返碱煅烧炉　技术领先的 Φ3×30m 外返碱煅烧炉，是大化集团化机厂在吸收国内外同类产品的先进经验基础上研制出来的，适用于大中型碱厂。Φ3.6×30m 外返碱蒸汽煅烧炉，是目前生产能力最大的国产煅烧炉，生产能力 800t/d，采用变频调速控制其转速，可大大缓解前工序波动对后工序的影响。

② 自身返碱煅烧炉　小型联碱厂大多采用自身返碱蒸汽煅烧炉。近年来自身返碱蒸汽煅烧炉在技术上有了较大的改进：使用返碱连续进炉结构；炉头设预混段；改进了炉体密封结构、进气装置、排水装置等，使技术经济指标有了显著的提高。

（7）蒸氨工序　采用正压蒸馏流程，使用直径 3.2m，高 35m 的大型母液蒸馏塔。

5.2.8.3　我国纯碱工业存在的主要问题与困难

（1）规模效益差、劳动生产率低　我国纯碱企业数量过多，综合平均技术水平还比较落后。现有大中小企业 50 余家，占全球纯碱企业总数的 1/3，生产能力仅占 1/4，平均能力低于世界平均水平。20 世纪 80 年代，世界纯碱生产控制技术已进入微机综合控制阶段，90 年代国外碱厂的控制已实现全厂网络化，包括生产、销售、储运、公用工程、能源和管理等实现自动化和智能化。我国纯碱制造业的自动化水平一直很低，自控装置只作为集中显示仪表。

（2）产品质量差、结构不合理　目前我国纯碱仍以普通轻质纯碱和普通重质纯碱为主，产品粒度不均匀、盐分高，尤其是联碱法纯碱的 Ca、Mg 水不溶物含量比天然碱法和氨碱法纯碱都高，一些特殊行业的市场只能被进口碱取代。尚无低盐轻质纯碱，重质纯碱的比例较低，特别是低盐重质纯碱的比例更低，与先进国家相比仍有较大差距。

（3）环境治理问题严重　环保问题是许多纯碱企业，特别是氨碱企业发展面临的主要难题之一，已直接关系到某些氨碱企业的生死存亡。例如，主要产生于蒸氨工序和盐水精制过程的碱渣的处置已成为困扰氨碱法生产纯碱可持续发展的一个非常关键的问题，也是固废处理的难题。

我国纯碱工业要不断实行技术进步，练好内功，努力赶超世界先进水平。首先要解决好以下几个问题：①提高纯碱产品质量、增加产品品种、扩大重质纯碱尤其是低盐优质重碱的产量；②解决好纯碱生产过程中废液废渣的综合利用；③降低原材料动力消耗及成本；④全面提高自动化水平，提高劳动生产率。

5.3　联合法生产纯碱和氯化铵

5.3.1　概述

5.3.1.1　氯化铵的性质与用途

联碱法的产品氯化铵的分子式为 NH_4Cl，相对分子质量 53.5，常温下为白色晶体，理论含 N 量为 26.2%，相对密度 1.532，溶解热为 16.72kJ/mol，熔点 400℃。氯化铵易溶于水，不溶于酒精。氯化铵在水中的溶解度随温度的升高而显著增大。氯化铵水溶液呈弱酸性，加热时酸性增强，对金属有强烈的腐蚀作用，尤其是沸腾的溶液更甚。其饱和水溶液沸点为 115.6℃。氯化铵极易吸潮，其吸湿点一般在 76% 左右，当大气中相对湿度大于吸湿点时，氯化铵即产生吸潮现象，容易结块。氯化铵加热到 100℃ 开始挥发，加热到 337.8℃ 离解成氨及氯化氢（升华），离解的氨及氯化氢又迅速重新化合成氯化铵，而形成白色烟雾。

氯化铵是一种良好的农用氮肥，特别适用于生产复合肥料。氯化铵肥料适用于碱性土壤和中性土壤，特别适用于水稻、小麦、棉花、油菜、苎麻等农作物。氯化铵用于排灌良好的水稻田，不但增产显著，而且肥效快而持久，水稻抗病虫害强，在南方各省水稻产区使用比碳酸氢铵、硫酸铵更好。但是氯化铵不适用于糖类作物、淀粉作物（如薯类）和烟草，因为氯根易收容水分，因此使烟叶燃烧性差，使橙、桔、甘蔗等糖类作物保持水分稍多，影响其甜度。

氯化铵也应用于电镀、电池、金属焊接、染料、医药、印刷等工业。

5.3.1.2　氯化铵的生产方法

联碱法与氨碱法的主要不同之处在于分离碳酸氢钠过滤母液中的氯化铵，故联碱法的特点是同时生产纯碱和氯化铵 2 种产品。从过滤母液中分离得到氯化铵主要有两种方法。

（1）热法（蒸发法）　热法系将氨碱法生产中的重碱过滤母液加热，让其中的 NH_4HCO_3 和 $(NH_4)_2CO_3$ 分解，脱除游离 NH_3 和 CO_2，溶液中只留下 NaCl 和 NH_4Cl，再利用二者随温度变化时溶解度的变化差异加热蒸发析出氯化钠，分离氯化钠结晶后的母液经冷却降温析出氯化铵。由于脱氨和蒸发过程都在较高的温度下进行，因而称之为热法联碱。

（2）冷法　冷法是将过滤母液降温、加入固体氯化钠使氯化铵单独析出成为产品的方法，即联合制碱法。该法分两个过程：第一过程为生产纯碱的过程，简称制碱过程；第二过程为生产氯化铵的过程，简称制铵过程，两个过程构成一个循环系统。向循环系统中连续加入原料氨、氯化钠、二氧化碳和水，不断地生产出纯碱和氯化铵两种产品。

制碱过程与氨碱法相似。将精制盐水吸氨、碳酸化，使碳酸氢钠析出，过滤分离，再将碳酸氢钠结晶煅烧制得纯碱。重碱过滤母液内的碳酸氢钠、碳酸氢铵和氯化铵 3 种盐共饱和，当这种母液在制铵过程中进行冷却、加盐时，由于钠离子浓度增高，温度降低，则又将有一部分碳酸氢钠和碳酸氢铵与氯化铵同时析出，从而影响氯化铵产品的质量和消耗定额。联碱法的要点就是利用同离子效应，配合冷却或冷冻，以增大碳酸氢钠和碳酸氢铵的溶解度，降低氯化铵的溶解度，使氯化铵从母液中结晶析出；析出氯化铵后的母液循环利用。因此，生产中首先吸氨，然后降温、加入氯化钠，达到制铵过程中氯化铵单独析出的目的。

5.3.1.3　联碱法的基本工序

联合制碱法的基本工序如图 5-8 所示。

碳化塔塔底引出的悬浮晶浆经过滤滤出的母液Ⅰ（用 MⅠ 表示）含有相当数量的 NH_4Cl、未反应的 NaCl、一些溶解的 NH_4HCO_3 和 $(NH_4)_2CO_3$。母液先吸收少量氨气，使母液中的碳酸氢盐转化成溶解度大的碳酸盐，从而在随后冷却时不析出碳酸氢盐结晶。母液中残留的碳酸氢根不多，吸氨量只有母液量的 1%。吸收的氨在溶液中生成 NH_4^+，也产生同离子效应而有利于随后氯化铵的析出。

吸收少量氨的母液称为，氨母液Ⅰ（用 AⅠ 表示）。氨母液经过冷冻，部分氯化铵析出。

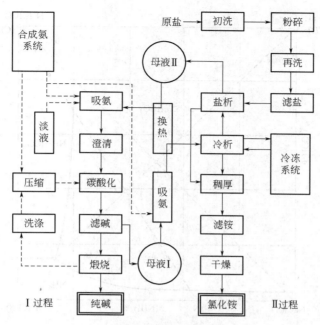

图 5-8　联合制碱法的工序

冷析后的母液（称为半母液）送往盐析结晶器，加入经过洗涤和研磨的食盐。半母液对氯化铵饱和而对氯化钠未饱和，加入氯化钠后，氯化钠逐渐溶解，因同离子效应，有部分氯化铵结晶析出。加入的食盐是盐粉，尽量使盐粉在结晶器中维持悬浮状态，与母液均匀接触，促进盐粉较快溶解，避免沉入结晶器底而与氯化铵混杂。氯化铵夹杂过多的食盐时不宜用作肥料。

　　冷冻结晶器和盐析结晶器引出的氯化铵浆液经增稠和离心分离，将滤饼甩干至水分降到 6%，送去流化干燥。

　　盐析结晶器溢流出的母液 II（用 M II 表示）与母液 I 换热后，送去大量吸氨成含游离氨约 62kg·m^{-3}，含总氨约 98kg·m^{-3}，含氯化钠约 200kg·m^{-3} 的氨母液（用 A II 表示），A II 送往碳化塔。由于氨和氯化钠的含量低，同时母液中存在的氯化钠也对反应平衡不利，因此，单位体积母液生成的碳酸氢钠量比氨碱法少。碳酸化生成的含重碱的晶浆经连续回转过滤分离、结晶后送去煅烧成纯碱，母液循环送回吸氨和冷析系统。

5.3.2　联碱法生产原理

　　联合制碱法制碱的吸氨和碳酸化原理与氨碱法基本相同。制铵过程的要点是尽量使氯化铵从母液中析出，主要是利用不同温度下氯化钠和氯化铵的互溶度关系，用冷析和盐析从母液中分离出氯化铵。

5.3.2.1　联合制碱过程的相图分析

　　制碱过程是使母液 II 吸氨及碳酸化，与氨碱法相同，需要考察 Na^+，$NH_4^+ \parallel CO_3^{2-}$，$Cl^- + H_2O$ 体系。30℃时的 Na^+，$NH_4^+ \parallel CO_3^{2-}$，$Cl^- + H_2O$ 干盐图（图 5-9）中，氨碱法的基本过程是 $NaCl(A)$ 与 $NH_4HCO_3(C)$ 作用，物系总组成为 Y，反应生成 P_1 母液和析出 $NaHCO_3$ 结晶。从图中读出，进料中 NH_3 对 $NaCl$ 的配比为 $AY:YC$ 接近于 1。对生成物来说，$n(NaHCO_3):n(P_1 母液)=P_1Y:YD$，其值约为 0.72。

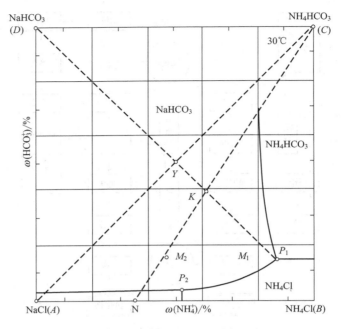

图 5-9 联合制碱法的制碱过程图析

联合制碱时，循环母液Ⅱ中含相当数量的 NH_4Cl，其量大于总 Cl^- 量的 $1/3$。母液Ⅱ中 $NaCl$ 对 NH_4Cl 量的关系在干盐图中近似地用 N 点表示。当混合盐 N 在溶液中与 $NH_4HCO_3(C)$ 作用时，反应生成母液 P_1 和 $NaHCO_3$ 结晶。对进料而言，NH_3 量对混合盐 N 量之比为 $NK:KC$，其值约为 $0.6\sim0.7$，即母液Ⅱ所需的吸氨量比氨盐水少得多。对生成物来说，$n(NaHCO_3):n(P_1 母液)=P_1K:KD$，其值约为 0.41。氨碱法生产 1t 纯碱约耗 $6m^3$ 的氨盐水，联碱法则用到 $10m^3$ 左右的氨母液Ⅱ。

联合制碱时，由于过程循环进行，理论上 $NaCl$ 和 NH_4HCO_3 的利用是充分的，所以不存在氨碱法生产中的钠利用率和氨利用率的高低问题。联碱法的重要工艺指标是每一次循环中所得到的 $NaHCO_3$ 和 NH_4Cl 产量。而循环产量的多少主要取决于母液Ⅰ和母液Ⅱ的组成。

对于平衡体系，理论上随着温度升高，P_1 溶液的 $[Cl^-]$ 含量显著增大，而 $[Na^+]$ 含量变化不大，使钠利用率升高，这一关系也符合联碱法的制碱过程。但实际的母液Ⅱ溶解氯化钠的量是受限的，若温度过高，溶液的二氧化碳和氨的分压增大，使损失增大，碳酸氢钠溶于母液的数量也增大，反而使钠利用率下降。为此，联碱法的碳化塔悬浮液出口温度常控制在 $32\sim38℃$。

5.3.2.2　联碱法析铵的相图及过程分析

氯化钠与氯化铵的互溶关系如图 5-10 所示。图 5-10（a）是纯的 $NaCl$-NH_4Cl 体系，图中 M_1 点是氨碱法中碳酸化后经过析碱的清液（母液Ⅰ）成分，因坐标限制，表达时只表示出其氯化钠和氯化铵的含量，不包括碳酸氢盐。M_1 点处于 0℃ 的不饱和区内，理论上不会析出结晶。实际上，母液所含的碳酸氢盐和碳酸盐对体系有影响。图 5-10（b）每 kg 水中含 0.12kg 碳酸铵的 $NaCl$-NH_4Cl 互溶关系，M_1 点在图中位于 NH_4Cl 饱和区。

由图 5-10（b）可见，冷却到 10℃ 时，溶液的组成从 M_1 移到 R，过程中析出氯化铵。R 位于氯化铵饱和线上，溶液对氯化铵饱和而对氯化钠未饱和。当氯化钠固体粉末加入 R 溶

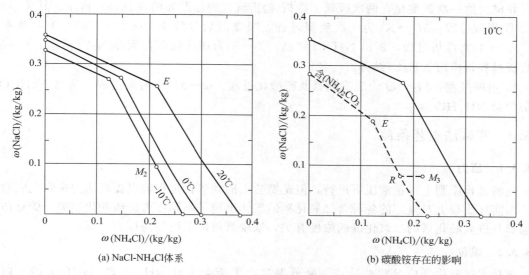

(a) NaCl-NH₄Cl体系   (b) 碳酸铵存在的影响

图 5-10 $NaCl\text{-}NH_4Cl\text{-}H_2O$ 体系与碳酸化母液的关系

液时，氯化钠溶解而氯化铵将析出，进行到溶液成分变化到共析点 E 为止。过程中，从 M_1 到 R 属于冷析，从 R 到 E 则属于盐析。从 M_1 到 E，析出的氯化铵约为溶液原含氯化铵的一半，这与从实际母液成分计算的结果基本相符。

5.3.2.3 联碱法的相图图解

联碱法在相图中的简化图解可用图 5-11(a) 所示，其过程为：

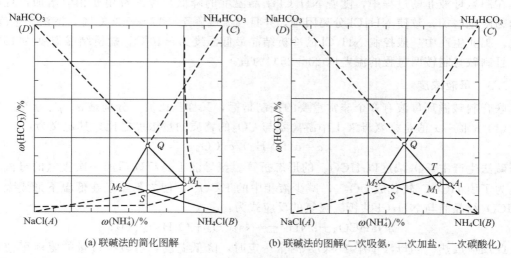

(a) 联碱法的简化图解   (b) 联碱法的图解(二次吸氨，一次加盐，一次碳酸化)

图 5-11   联碱法的相图图解

① 析铵过程用 M_1S-SM_2 表示。M_1 是析碱后的母液 I。M_1SA 是冷冻后的加盐过程，在 M_1 溶液中加入固体氯化钠 A，使体系总组成达到 S 点。BSM_2 是析铵过程，由 S 点的物系分出母液 M_2 和析出固体氯化铵 B。

② 制碱过程用 M_2Q-QM_1 表示。M_2 是析铵后的母液 II。M_2QC 是吸氨和碳酸化过程，DQM_1 是析碱过程。

从图中可见，与氨碱法对比，联碱法的析碱量和吸氨量都比氨碱法少得多。

联碱法的一次碳酸化，两次吸氨、冷析-盐析流程的相图如图 5-11(b) 所示，其关系为：

① 析铵过程：$M_1 \rightarrow A_1$ 为一次吸氨过程，吸氨前后母液中 $n(Cl^-) : n(CO_2)$ 基本不变。$A_1 \rightarrow T$ 为冷析过程，析出 NH_4Cl 结晶。$T \rightarrow S$ 为加盐过程，固体 $NaCl$ 溶解。$S \rightarrow M_2$ 为盐析过程，析出 NH_4Cl 结晶。

② 析碱过程：$M_2 \rightarrow Q$ 为二次吸氨及碳酸化过程。$Q \rightarrow M_1$ 为析碱过程，析出 $NaHCO_3$，夹杂少量 NH_4HCO_3。

5.3.3 联碱法工艺条件

5.3.3.1 压力

制碱过程原则上可在常压下进行，但是氨盐水的碳酸化过程应以提高压力来强化吸收效果。因而在流程上对氨厂的各种含二氧化碳的气体出现了不同压力的碳酸化制碱。碳化压力的选择与进入碳化塔的二氧化碳的浓度有关，浓度低可以采用较高压力。

5.3.3.2 温度

氨盐水碳酸化反应是放热反应，降低温度，平衡向生成 NH_4Cl 和 $NaHCO_3$ 的方向移动，可提高产率。但是温度降低，反应速度减慢，影响生产能力，实际操作中，联碱法碳化温度略高于氨碱法。这是由于氨母液 II 中含有一定的结合氨，造成碳化塔中吸收、析晶、冷却三者都与氨碱法略有不同，为了防止碳酸化过程析出结晶，故选取较氨碱法高的出塔温度。但是此温度又不宜过高，以免碳酸化取出液中 NH_3 的蒸汽压过大，导致制铵结晶困难，能耗提高，环境污染，并且温度过高时，$NaHCO_3$ 的溶解度增大，产量下降。故工业生产上一般控制碳化塔出塔温度为 $32 \sim 38℃$。

在制氨母液 II 的过程中，随着 NH_4Cl 结晶温度的降低，冷冻费用亦相应增加，且母液 II 的黏度也增加，致使 NH_4Cl 分离困难，并且当温度降至 $-17 \sim -30℃$ 时，溶液完全冻结。因此，工业生产中一般控制 NH_4Cl 的冷析结晶最低温度为 $-10℃$，盐析结晶温度为 $15℃$ 左右，且制碱与制铵两过程的温差以 $20 \sim 25℃$ 为宜。

5.3.3.3 母液浓度

联合制碱循环母液有 3 个非常重要的控制指标，又称三比值，分别是 α、β、γ 值。

（1）α 值　α 值是指氨母液 I 中游离氨与 CO_2 的物质的量浓度之比。其定义为：

$$\alpha = c(f\text{-}NH_3)/c(CO_2) \tag{5-2}$$

在联碱法生产中 CO_2 浓度以 HCO_3^- 的形态折算。氨母液 I 是析碱后第一次吸氨的母液，吸氨是为了使 HCO_3^- 转化成 CO_3^{2-}，减少液相中的 HCO_3^-，使之不至于在低温下形成太多的 $NaHCO_3$ 结晶而与 NH_4Cl 共析。吸氨的反应式为：

$$2NaHCO_3 + 2NH_3 = Na_2CO_3 + (NH_4)_2CO_3$$

此反应放热。当母液 I 中 HCO_3^- 的量一定时，降低温度，有较少过量的氨就可使反应完成，α 值可以较低。但无论温度如何，α 值总大于 2。若 α 值过高，则氨的分压增大，损失增大，同时恶化操作环境。

一般情况下，只要操作条件稳定，母液 I 中的 CO_2 浓度可视为定值，则 α 值只与 NH_4Cl 结晶温度有关，如表 5-2 所示。

表 5-2　结晶温度与 α 值的关系

结晶温度/℃	20	10	0	−10
α 值	2.35	2.22	2.09	2.02

由表 5-2 可知，结晶温度越低，要求维持的 α 值越小，即在一定的 CO_2 浓度条件下，要求的吸氨量越少。实际生产中结晶析出温度为 10℃ 左右，因此 α 值一般控制在 2.1～2.4 之间。

（2）β 值　β 值是指氨母液 Ⅱ 中游离氨与氯化钠的物质的量浓度之比，即相当于氨碱法中的氨盐比，其定义为：

$$\beta = c(\text{f-NH}_3)/c(\text{NaCl}) \tag{5-3}$$

制碱过程中的反应是可逆反应，提高反应物浓度有利于反应向生成物的方向进行。氨母液 Ⅱ 是吸氨后准备送去碳酸化的母液，在碳酸化开始之前，NaCl 应尽量达到饱和，同时溶液中游离氨的浓度也应适当提高，这样有利于碳酸化时 NH_4HCO_3 的生成，促进 $NaHCO_3$ 析出，以保证较高的钠利用率。

β 值可根据物料衡算求得。若碳酸化后得到的母液 Ⅰ 是相图中 30℃ 时的 P_1 点的成分，则可求得 $\beta=0.99$。15℃ 时，P_1 溶液的 β 值为 1.01。考虑到碳酸化时部分氨被尾气带走及其他损失，通常将氨母液 Ⅱ 中的 β 值控制在 1.04～1.12 之间。当 β 值到达 1.15～1.20 时，碳酸化时会有大量的 NH_4HCO_3 随 $NaHCO_3$ 结晶析出。

（3）γ 值　γ 值是指母液 Ⅱ 中钠离子与结合氨的物质的量浓度之比。其定义为：

$$\gamma = c(\text{Na}^+)/c(\text{c-NH}_3) \tag{5-4}$$

γ 值的大小标志着加入原料氯化钠的多少。母液 Ⅱ 是经过盐析析铵的母液，准备送去吸氨和碳酸化。析氨过程中加入的氯化钠越多，因为同离子效应，母液 Ⅱ 中结合氨浓度越低，γ 值越大，表示 NH_4Cl 析出多，残留的 NH_4Cl 少，单位体积溶液的 NH_4Cl 产率越大；也表示吸氨和碳酸化时会生成较多的 $NaHCO_3$。但是 NaCl 在溶液中的量与溶液的温度相关，即与该温度条件下 NaCl 的溶解度相关。生产中为了提高 NH_4Cl 的产率，避免过多的 NaCl 混杂于产品 NH_4Cl 中，一般盐析结晶器的温度为 10～15℃ 时，γ 值控制在 1.5～1.8 左右。

5.3.4　联碱法工艺流程

依原料加入方式及部位以及制冷方法等的不同，世界上联合制碱法有多种流程。目前生产上广泛采用一次碳酸化、二次吸氨、一次加盐、冰机制冷的联合制碱工艺流程，如图 5-12 所示。

原盐在洗盐机中用饱和氯化钠水溶液逆流洗涤，除去其中大部分钙、镁等杂质，再经球磨机粉碎、立洗桶分级、稠厚、滤盐机离心分离，制成符合规定纯度和粒度的洗盐。洗盐送往盐析结晶器，洗涤液循环使用，当其中杂质含量较高时则回收处理。

当原始开车时，在盐析结晶器中制备饱和盐水，经吸氨器吸氨制成氨盐水。氨盐水（正常生产时为氨母液 Ⅱ）在碳化塔内与合成氨系统所提供的 CO_2 气体进行反应，使其中的氯化钠和氨转化成碳酸氢钠和氯化铵，并且使碳酸氢钠析出成为碳酸氢钠悬浮液。碳酸氢钠悬浮液经滤碱机（真空过滤机）分离，所得固体碳酸氢钠（俗称重碱）煅烧炉加热分解成碳酸钠，包装即为纯碱产品。煅烧分解的炉气经冷凝塔、洗涤塔降温与洗涤，回收其中氨和碱粉，并使大部分水蒸气冷凝分离，CO_2 含量达 90% 左右的炉气经压缩机压缩后送回碳化塔制碱。

过滤重碱后的母液 Ⅰ，经吸氨器吸氨后制成氨母液 Ⅰ，去清洗外冷器结疤，然后经换热器与母液 Ⅱ 进行热交换，降温后送入冷析结晶器，通过外冷器与冰机系统送来的载冷体换热，冷却析出部分氯化铵。冷析后的母液为半母液 Ⅱ，由冷析结晶器溢流入盐析结晶器，加入洗盐再析出部分氯化铵。由冷析结晶器及盐析结晶器内取出的氯化铵悬浮液，经稠厚器、滤铵离心机，再干燥制得成品氯化铵，包装即为氯化铵产品。滤液送回盐析结晶器。

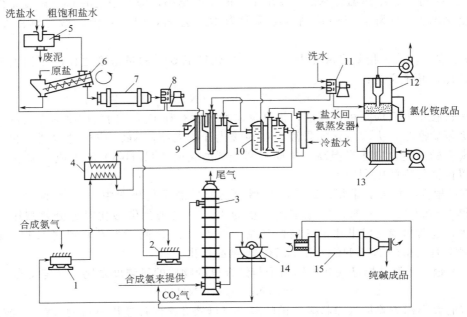

图 5-12　联合制碱法工艺流程

1,2—吸氨器（塔）；3—碳化塔；4—热交换器；5—澄清桶；6—洗盐机；7—球磨机；8,11—离心机；9—盐析
结晶器；10—冷析结晶器；12—沸腾干燥炉；13—空气预热器；14—真空过滤机；15—重碱煅烧炉

　　盐析结晶器的清液（母液Ⅱ）送入换热器与氨母液Ⅰ进行热交换，再经吸氨器吸氨制成氨母液Ⅱ，氨母液Ⅱ经澄清桶澄清除去杂质后送入碳化塔制碱。如此连续循环，不断地生产出纯碱和氯化铵两种产品。联碱生产过程中产生的淡液（含氨杂水）送入淡液蒸馏塔回收氨。

5.3.5　氯化铵结晶原理

　　氯化铵结晶是联碱法生产过程的一个重要工序。它包括加盐、外冷器换热和清洗、晶浆稠厚及分离操作，并与制碱过程密切联系，相互影响。

　　氨母液Ⅰ在结晶器中，通过冷冻和加入氯化钠产生同离子效应而发生盐析作用使氯化钠结晶析出，同时得到合乎制碱要求的母液Ⅱ。

　　为了优质高产，在氯化钠结晶过程中尽量降低结晶器温度，加盐量多而适可，使氯化铵尽量析出。并要制得较大而均匀的粒状结晶，这样有利于晶浆的稠厚、分离及干燥，可降低成品氯化铵水分，减轻氯化铵结块，便于运输及使用。因此，对结晶设备、工艺条件及其操作均有较严格的要求。

5.3.5.1　影响氯化铵结晶粒度的因素

　　过饱和溶液，即溶液中所含溶质超过该物质的溶解度的溶液。过饱和度即溶液呈过饱和的程度，是结晶过程的一种推动力。过饱和溶液是不稳定的，但在一定过饱和度内，不经摇动、无灰尘落入或无晶种投入，则很难引发结晶生成和析出。只要投入一小颗晶体，或落入灰尘，或震动溶液，都会引起结晶生成。溶液所处的这种状态称为介稳状态。从溶液中析出结晶，可分为过饱和的形成、晶核生成和晶粒成长 3 个阶段。为了得到较大粒度的结晶，必须避免大量析出晶核，并应使已有晶核不断成长。氯化铵颗粒的大小，取决于下列诸因素。

　　（1）溶液成分　不同母液组成具有不同的过饱和极限，溶液成分是影响结晶粒度的主要因素。氨母液 Ⅰ 的介稳区较宽，而母液 Ⅱ 的介稳区较窄。母液中氯化钠浓度愈小，介稳区愈宽。盐析结晶器中的母液 Ⅱ 氯化钠浓度较大，使氯化铵结晶介稳区缩小，操作易超出介稳区，造成晶核数量增多，粒度减小。

（2）搅拌强度 适当增加搅拌强度，可以降低溶液的过饱和度，从而减少大量晶核的析出。过分激烈的搅拌也会使介稳区缩小而易出现细晶，同时易使大粒结晶因互相摩擦、撞击而粉碎，因此搅拌强度要适当。

（3）冷却速度 冷却是使氯化铵溶液产生过饱和度的主要手段之一。冷却速度越快，过饱和度必然有很快的增大趋势，容易超出介稳区极限而析出大量晶核，难以获得大颗粒结晶。因此，冷却速度不能太快，工业上应避免骤冷。

（4）晶浆固液比 母液过饱和度的消失需要一定的结晶表面积。晶浆固液比高，结晶表面积大，过饱和度消失将较完全。这样不仅可使已有结晶长大，还可防止过饱和度积累，减少细晶出现，减轻设备管道结疤。故氯化铵结晶量浮层需要保持适当的晶浆固液比。

（5）结晶停留时间 结晶停留时间为结晶器内结晶盘存量与产量之比。结晶颗粒在结晶器内的停留时间长，有利于结晶颗粒长大。当结晶器内的晶浆固液比一定时，结晶盘存量也一定。因此当单位时间的产量小时，则停留时间长，从而可获得大颗粒结晶。

5.3.5.2 氯化铵结晶生产原理

重碱在碳化塔中析出是由于溶液连续不断地吸收 CO_2 而生成 $NaHCO_3$，当其浓度超过该温度下的溶解度即过饱和时便开始析出结晶。氯化铵在冷析结晶器中的析出并不是由于逐步增加浓度而使其超过溶解度，而是溶液在一定浓度条件下，不断降低温度形成所对应温度下的过饱和度而析出的结晶。

将氨母液 Ⅰ 冷却降温，使氯化铵溶解度降低而析出结晶的过程称为冷析结晶。冷却降温的母液（半母液 Ⅱ）加入氯化钠，由于盐析作用使氯化铵结晶析出的过程为盐析结晶。

（1）冷析结晶 母液 Ⅰ 吸收氨气后成为氨母液 Ⅰ，可使母液 Ⅰ 中溶解度小的碳酸氢钠和碳酸氢铵转化成溶解度较大的碳酸钠和碳酸铵，所以吸氨过程使氨母液 Ⅰ 在冷却时可以防止碳酸钠和碳酸铵与氯化铵共同析出。

氯化钠与氯化铵的单独溶解度随温度的变化并不相同。氯化铵的溶解度随温度的降低而显著下降，而氯化钠的溶解度随温度的降低变化不大。在 16℃ 以下时，氯化铵的溶解度比氯化钠的溶解度小。在 25℃ 以下时，氯化铵的溶解度随温度的降低而减小，而氯化钠的溶解度随温度的降低反而增加。所以，氨母液 Ⅰ 经过冷却降温，可以使氯化铵单独析出，纯度可达 99.5% 以上。冷析温度越低，氯化铵的析出量越多。

（2）盐析结晶 冷析结晶器出来后的半母液 Ⅱ 中氯化铵是饱和的，而氯化钠并不饱和。将氯化钠加入半母液 Ⅱ 中，由于氯化钠的溶解而降低了氯化铵的溶解度，因同离子效应使氯化铵结晶析出，这样不但制得了氯化铵产品，而且使母液 Ⅱ 中的氯化钠浓度增加，为制碱准备了条件。

在盐析结晶器里，氯化铵的结晶热、轴流泵的机械热及氯化钠的显热三者总和，远大于氯化钠的溶解热，所以盐析结晶器母液温度是回升的，一般比冷析结晶器温度高 5℃ 左右。

盐析结晶器析出氯化铵的量取决于结晶器内的温度和加入氯化钠的量。温度愈低析出量愈大，在一定的结晶温度下，加入氯化钠愈多，氯化铵的产量愈大，母液 Ⅱ 中氯化钠的浓度也越高。正常操作情况下，加入氯化钠的量主要受其在母液中溶解度的限制。

氯化钠在母液 Ⅱ 中的溶解度与温度有关，母液 Ⅱ 温度越低，达到平衡时母液 Ⅱ 中氯化铵含量越低，氯化钠的溶解度愈大。当二氧化碳浓度一定时，母液Ⅱ温度越低其氯化钠含量愈高。

（3）氯化铵结疤的清洗　氯化铵结晶过程中，母液过饱和度的消失促成结晶生成和长大，若过饱和度消失在器壁、管壁上则形成氯化铵结疤，加入的洗盐及其所含的泥砂同氯化铵结晶一起堆集在结晶器连接段斜面上和器底，使外冷器、结晶器结疤，堆积逐渐增多，造成生产能力的降低，甚至无法生产。因此，必须有计划地进行清洗除疤。

外冷器及结晶器氯化铵结疤的清除采用洗涤法。洗涤剂的合理选择很重要。显然，洗涤剂应选择联碱生产过程中的某种母液，可选择母液Ⅱ、半母液Ⅱ、氨母液Ⅰ，洗疤效果以半母液Ⅱ为最好，其次是母液Ⅱ和氨母液Ⅰ。然而用母液Ⅱ和半母液Ⅱ这2种母液洗涤消耗大量的蒸汽和冷量，并且流程复杂而不合理。因此，生产中采用热氨母液Ⅰ为洗涤剂。清洗后的氨母液Ⅰ连续送入母液换热器降温，供结晶工序使用。降温的同时加热母液Ⅱ。这样，工艺既合理，操作又方便。

5.3.6　氯化铵结晶的工艺流程及主要设备

5.3.6.1　工艺流程

氯化铵结晶的工艺流程，按所选用的生产方法、制冷手段等的不同而不同。

（1）并料流程　氯化铵由氨母液Ⅰ析出，一般分两步进行，先冷析后盐析，然后分别取出晶浆，再稠厚分离出氯化铵，此即并料流程。并料工艺流程如图5-13所示。

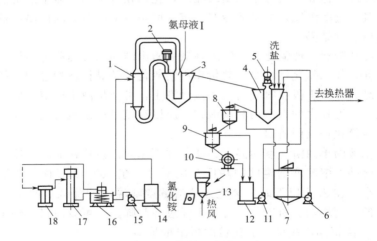

图5-13　并料工艺流程图

1—外冷器；2—冷析轴流泵；3—冷析结晶器；4—盐析结晶器；5—盐析轴流泵；6—母液Ⅰ泵；
7—母液Ⅰ桶；8—盐析稠厚器；9—混合稠厚器；10—滤铵机；11—滤液泵；12—滤液桶；
13—干铵炉；14—盐水桶；15—盐水泵；16—氨蒸发器；17—氨冷凝器；18—氨压缩机

从制碱过程送来的母液Ⅰ吸氨后成为氨母液Ⅰ，在换热器中与母液Ⅱ进行换热，经计量槽流入冷析结晶器中心循环管，与外冷器的循环母液一起到结晶器底部再折回上升。冷析结晶器上部的母液由冷析轴流泵送至外冷器，换热降温后产生过饱和度，呈过饱和状态的循环母液经集合槽、中心循环管返回冷析结晶器底部，通过晶浆层，消失其过饱和度，促使结晶生成和长大。如此连续循环冷却，析出氯化铵结晶。冷析结晶器的上部清液即半母液Ⅱ，溢流进入盐析结晶器。

由洗盐工序送来的精洗盐流入盐析结晶器中央循环管，与冷析结晶器来的半母液Ⅱ及滤液泵送来的滤液在中心循环管内,通过盐析轴流泵由结晶器底部均匀上升,逐渐溶解,借同离子效应析出 NH_4Cl 结晶。盐析轴流泵不断地将盐析结晶器内母液抽出,再压入中央循环管,使盐析晶浆与冷析结晶器中物料一样,呈悬浮状态。

盐析结晶器上部的清液流入母液 II 桶,用泵送至换热器与热氨母液 I 换热,再去吸氨制成氨母液 II 后,用以制碱,其中部分母液 II 作调盐用。沉积于母液 II 桶锥底的沉淀,用泵送至稠厚器。

盐析结晶器内的晶浆取出后先入盐析稠厚器,稠厚器内高浓度晶浆由下部自压流入混合稠厚器,与冷析结晶器取出晶浆混合、洗涤及稠厚。稠厚晶浆用滤铵机分离,固体 NH_4Cl 用皮带输送去干铵炉进行干燥。盐析稠厚器溢流液流入母液 II 桶。混合稠厚器溢流液、滤铵机过滤液及外冷器放空半母液 II 均流入滤液桶,用泵送回盐析结晶器中心循环管。

由氨蒸发器来的低温盐水,流入外冷器管间上端,借助盐析轴流泵在管间循环。经热交换后的盐水由外冷器管间下端流回盐水桶,并用泵送回氨蒸发器,在氨蒸发器中,利用液氨蒸发吸热使盐水降温。汽化后的氨气进氨压缩机,经压缩后进氨冷凝器,以冷却水间接冷却降温,使氨气液化,再回氨蒸发器,供盐水降温之用。工业上,将如此不断的循环称为冰机系统。

（2）逆料流程 将盐析结晶器的结晶借助于晶浆泵或压缩空气气升设备送回冷析结晶器的晶床中,而产品全部从冷析结晶器中取出的流程,工业上称为逆料流程。其流程简图如图5-14 所示。

半母液 II 由冷析结晶器溢流到盐析结晶器中,经加盐再析结晶,因此结晶须经过两个结晶器,停留时间较长,故加盐量可以接近饱和。盐析结晶器中的晶浆返回到冷析结晶器中,冷析器中的晶浆导入稠厚器,经稠厚后去

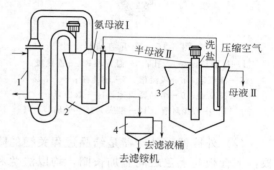

图 5-14 逆料流程简图
1—外冷器；2—冷析结晶器；3—盐析结晶器；4—稠厚器

滤铵机分离得 NH_4Cl 产品。在盐析结晶器上部溢流出来的母液 II,送去与氨母液 I 换热。

5.3.6.2 主要设备

（1）结晶器 结晶器是氯化铵结晶的主体设备。母液过饱和度的消失,晶核的生成及长大都在结晶器中进行。

结晶器的类型很多,可分为非增长型和增长型结晶器。增长型结晶器的特点是可以控制母液的过饱和度,从而获得较大均匀的粒状结晶,适合工业上大规模连续生产。按其析出氯化铵的原理可分为冷析结晶器和盐析结晶器,盐析结晶器又可分为内循环结晶器和外循环结晶器。图 5-15 为冷析结晶器。结晶器本体是用钢板卷焊而成的有锥底的圆筒型容器。按悬浮液在结晶器内的分级状况可分 4 部分：清液段、连接段、悬浮段及锥底。器内设有中心循环管用拉筋固定在结晶器中心。在悬浮段中部附近开有晶浆取出口。锥底部分开有母液放空口、排渣口及人孔等。结晶器内壁以漆酚树脂防腐或电化学保护,器外壁防腐后以软木或玻璃纤维保温。

图 5-16 为内循环盐析结晶器。结晶器本体亦用铜板卷焊而成有锥底的圆筒型容器。上部为清液段,中部为悬浮段,下部为锥底。中心循环管以拉筋固定在结晶器中心位置。结晶器顶盖下边设有套筒,套筒的圆周上开有进液口。半母液 II 由中心循环管上口进入,盐浆及滤液管由中心循环管中部插入。悬浮段的中部附近开有晶浆取出口,锥底部开有母液放空

口、排渣口及人孔等。清液段的上部设有母液Ⅱ溢流槽。结晶器内壁涂有过氯乙烯或漆酚树脂防腐层，器外壁防腐后以软木或玻璃纤维保温。

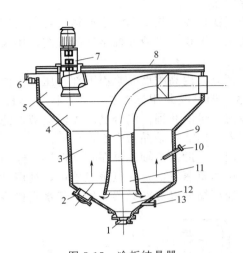

图 5-15　冷析结晶器

1—排渣口；2—人孔；3—悬浮段；4—连接段；

5—清液段；6—溢流槽；7—轴流泵；8—结晶

器顶盖；9—结晶器筒体；10—取出口；

11—中心循环管；12—锥底；13—放出口

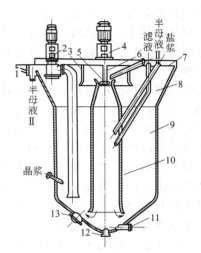

图 5-16　盐析结晶器

1—溢流槽；2—备用轴流泵；3—套筒；4—轴流泵；

5—轴流泵叶轮；6—轴流泵轴；7—结晶器盖；

8—清液段；9—悬浮段；10—中心循环管；

11—放出口；12—排渣口；13—人孔

（2）外冷器　外冷器是结晶过程关键的降温设备。外冷器壳体为钢制圆筒，两端焊接管板，上管板与上盖之间有加长圈，均以法兰和螺丝连接，在加长圈上开有热氨母液Ⅰ出口、液面计及人孔等。下管板与下盖连接，下盖开有人孔。无缝钢管以胀管法或焊接法固定在上下管板之间，管间交替安装有垂直于列管并彼此平行的圆缺形挡板，以使卤水流速增大，提高换热效率。

5.3.7　联碱法与氨碱法的比较

（1）原料　氨碱法以食盐、石灰石和焦炭或无烟煤为原料，食盐主要是海盐、部分为天然盐湖盐。联碱法由于氨不循环，原料是食盐、氨和二氧化碳。

（2）原料要求　氨碱法因有盐水精制过程，故对原盐质量要求不高，只要求 NaCl 的质量分数大于 85%，可用饱和盐卤或粗盐，甚至卤水做原料。联碱法因食盐既做原料，又起同离子效应，故必须用质量较高的固体盐为原料，要求 NaCl 的质量分数为 98%。若盐质较差，则需增设洗盐过程。氨碱法中氯化钠只利用一次，盐水中的杂质对生产过程影响较小。而联碱法中母液循环使用，硫酸根等杂质的积累会影响生产过程。

（3）原料利用率　氨碱法由于受化学平衡的限制，原料利用率较低，钠的利用率只有73%左右，氯离子则完全没有得到利用，钙也未加利用。联碱法由于母液循环及原料综合利用，原料利用率高，钠的利用率可达 95% 以上，氯也得到充分利用。

（4）附属设备　氨碱法需要石灰窑、蒸氨塔、化灰器等附属设备。联碱法与氨厂联合生产，减少了附属设备，只添加氯化铵结晶系统。氨碱法主要处理盐水，设备腐蚀较轻。联碱法循环母液中含氯化铵浓度高，严重腐蚀设备，不仅影响产品质量，还会缩短设备、厂房的使用寿命，增加钢材消耗。

（5）操作方面　氨碱法中氨盐水较纯，每生产 1t 纯碱只需用 5～6m³ 氨盐水，氨盐水中各成分越浓越好。联碱法母液含大量结合氨,每生产 1t 纯碱需用 9～10m³ 循环母液,为了避免其它盐的析出,要按各工序控制反应物浓度指标,严格控制母液平衡。氨碱法的母液送蒸氨塔回收,氨循环利用,联碱法有制铵过程,需要增设冷析、盐析工序。

(6) 废液废渣　氨碱法每生产 1t 纯碱约排出 10m³ 废液,150～300kg 废渣,含 $CaCl_2$、$NaCl$ 的蒸氨废液目前无法大量利用,处理困难,严重污染环境,因而限制在内地建厂。联碱法在生产过程中通过母液澄清、压滤将盐中夹带的杂质分离出系统,无大量的废液、废渣排出问题,厂址不受限制,为内地建厂创造了条件。

(7) 能耗　氨碱法需消耗焦炭或无烟煤等燃料,石灰石燃烧与蒸氨过程均属高能耗过程。联碱法利用合成氨副产的 CO_2 做原料,不需消耗石灰石和焦炭,但是冷析过程电能消耗大。可比单位综合能耗,氨碱法为 12000～14000MJ/t,联碱法为 7100～8200MJ/t。

(8) 基建投资　氨碱法装置建设规模大,联碱法不需要石灰石贮存场地,省去了石灰窑、窑气除尘设备、化灰机、蒸氨塔、预灰桶等设备,缩短了流程,节省了投资,虽然增设洗盐设备,但是制碱部分总投资仅为氨碱法的 56%。

(9) 生产成本　联碱法提高了食盐的利用率,利用合成氨厂的二氧化碳制碱,节省了石灰石、焦炭等原料,取消了石灰石煅烧和蒸氨 2 个过程,从而减少了原料贮存场地和动力消耗。因此联碱法生产纯碱的成本比氨碱法低。

(10) 产品质量　氨碱法比联碱法产品质量好。氨碱法的生产条件容易控制,产品纯度高,Na_2CO_3 的质量分数达 98%～99%。联碱法在生产纯碱的同时还生产等量的氯化铵。氯化铵主要用作氮肥,也可进一步加工成为工业用氯化铵。联碱法所产纯碱含氯化钠及水不溶物较高,Na_2CO_3 的质量分数为只有 93%～95%,但是仍符合国家一级品的要求。一般氨碱法纯碱平均粒度只有 90μm 左右,堆积密度约为 0.5 左右。由于联碱法用浓 CO_2 生产,纯碱的平均粒度大于 110μm,堆积密度大于 0.6。

5.3.8　联碱法新进展

5.3.8.1　联碱法生产纯碱的基本情况

2011 年全年,我国纯碱的产能约为 2700 万吨,占全球产能的 43% 左右,联碱产能占比从 2005 年的 42.62% 上升到了 2011 年的 48.30%。产能扩张主要集中在老厂扩能改造和搬迁,新建装置主要集中在西南地区。2013 年我国纯碱产能达到 3100 万吨,其中联碱法产能为 1500 万吨,占总能力的 48%。截止 2012 年 5 月,我国纯碱生产企业有 47 家,其中,氨碱企业 12 家,联碱企业 32 家。

5.3.8.2　联碱工业生产工艺与设备进展

中国的联碱工业在发展过程中不断改进生产工艺和设备。目前,中国的联碱技术与初期相比有了很大提高,联碱法设备规模水平已达到百万吨级,自行开发的联合制碱、变换气制碱、优质原盐制碱工艺均达到世界领先水平。我国已独立设计与制造了自然循环外冷式碳化塔、自身返碱煅烧炉、固相水合法及液相水合法重质纯碱设备,由原来引进技术装备转变为出口技术设备。

(1) 氯化铵冷析结晶循环系统的改进　氯化铵冷析结晶器设有外部冷却器,用以降低母液温度,析出氯化铵结晶。结晶器与外冷器之间设有循环泵及大直径循环管。由于外冷却器传热面会结疤,需定期切换清洗,因此在大直径循环管上须设切断阀。由于介质的腐蚀性以及存在结疤和晶浆冲刷等恶劣条件,循环轴流泵的轴瓦及循环管上的切断阀经常发生故障,成为影响连续生产的首要问题,后来设计了无底瓦轴流泵及无切断阀循环系统,问题得以解决。

（2）制冷系统的改进　由于氯化铵冷析过程要求精确控制温度，初期建设的联碱装置，冷析过程是通过液氨蒸发冷却卤水，再用冷卤水冷却母液，从而析出氯化铵结晶。后来改为液氨直接进入外冷器蒸发冷却母液的流程，解决了温度控制技术。液氨制冷不但缩短了流程，减少了设备及管线，而且由于减少换热次数，减少传热温差，从而提高了液氨的蒸发温度，降低了冷冻系统的能耗。

（3）吸氨设备的改进　联碱生产中有二次吸氨，原来采用与氨碱法相似的吸氨塔，塔高33m，重量超过100t。后来开发出喷射吸氨器，设备直径接近管道直径，每个吸氨器只有几十千克重，大大降低了设备造价。

（4）自身返碱蒸汽煅烧炉的应用及发展　$NaHCO_3$煅烧过程需要加入大量返碱，因此煅烧工序设置有多台返碱运输设备。20世纪60年代，在新建的冷水江联碱厂中采用了第一台自身返碱蒸汽煅烧炉。这种煅烧炉在炉体外设置了螺旋管，炉尾的纯碱通过螺旋管运至炉头作为返碱。这样省去了炉外的返碱运输设备，不但减少设备，降低建设费用，降低能耗，而且改善了环境。此后，新建的联碱厂大都采用这种煅烧炉，并不断进行改进，使各项指标更为先进。

（5）变换气制碱的开发　为了进一步降低联碱法能耗和减少建设费用，中国制碱专家们于20世纪60年代又开发出了变换气制碱新流程。这种流程将合成氨生产中的变换气直接送入联碱碳化塔，在脱除变换气中CO_2的同时，又生成$NaHCO_3$。这是中国继侯德榜发明联碱法后又一次在世界上创造出一种新的纯碱生产工艺。

变换气制碱将纯碱生产与合成氨生产进一步联合起来。纯碱生产的碳化工序同时又是合成氨生产的脱碳工序，它省掉了合成氨生产中的脱CO_2工序、联碱生产的CO_2压缩工序，同时还节省了合成氨脱CO_2溶液再生需要消耗的能量。变换气制碱比一般的联碱法缩短了流程，减少了设备，因而建设投资与运行能耗都显著降低，其节能效益和经济效益十分显著。

（6）外冷式碳化塔的开发　20世纪80年代，开发了一种自然循环外冷式碳化塔。这种碳化塔在塔的外部进行冷却，冷却器可定期切换进行清洗，塔体可连续作业1个多月。这种塔还具有吸收效率高、设备结构简单、重量轻等优点。2000年，中国成达工程公司与石家庄市联碱厂共同开发出适用于变换气制碱的外冷式碳化塔。目前已有40多台这种自然循环外冷式碳化塔在中国联碱厂使用，最大的单台纯碱生产能力达到300t/d。

5.3.8.3　氯化铵的出路问题

氯化铵的出路问题将是制约纯碱行业发展的重要瓶颈之一。2012年以来，氯化铵销售价格很长时间在980元/吨以上，大多数联碱企业只要维持纯碱价格在1000～1100元/吨就能保住成本，所以联碱企业的纯碱成了附属产品。国内纯碱消费不旺，受此影响国内联碱企业一直不愿意提高纯碱销售价格，导致纯碱市场一直都没有强劲的上涨动力，氯化铵成为影响中国纯碱市场的关键因素之一。

针对不断增加的氯化铵的产量，如何解决氯化铵的销路，成为各大联碱企业亟待解决的重大问题。应本着立足并稳定发展已有的应用成果，循序渐进地开发新的应用领域，达到最终解决氯化铵出路的目的。

（1）开发直接施肥　研究开发、推广氯化铵的造粒技术，增加氯化铵单独施肥量，是现阶段解决农业氯化铵销售的一大出路。

（2）努力扩大氯化铵出口　中国是世界上氯化铵的生产大国和消费大国，国外对于氯化铵的消费仍有很大的容量，扩大出口可有效降低国内产销压力。

（3）提高工业氯化铵的产品质量　生产专用氯化铵，如：干电池专用、钨钼选矿专用、试剂氯化铵等。作为专用氯化铵，对产品中的钾离子、钠离子含量要求很严格，要小于 $150×10^{-6}$，干电池专用氯化铵还要求产品粒径要小于现有工业氯化铵的产品粒径。

（4）开发药用氯化铵　药用氯化铵是一种原料药，其主要功效有利尿、祛痰、止咳的作用。

（5）开展对氯化铵分解、深加工的研究　氯化铵的转化最有前途的是直接分解为氨、氯化氢或氯气，将氯化铵转化生产硫酸氢铵和无水氯化氢，硫酸氢铵可作为复合肥原料，氯化氢则提供生产 PVC，目前已完成初步研究并取得一定进展。

5.4　氯碱生产

5.4.1　氯碱生产概述

烧碱又名苛性钠，学名氢氧化钠，广泛用于化工、轻工、纺织、冶金及石油化工等工业部门。烧碱产品有固碱和液碱 2 种，固碱又有块状、片状和粒状之分，液碱规格我国有质量分数 30%、40% 和 50%3 种，国际上通常为 50%。烧碱有化学法和电解法 2 种生产方法。化学法是纯碱水溶液与石灰乳通过苛化反应生成烧碱的方法，也称苛化法。电解法是电解食盐水溶液生产烧碱并联产氯气和氢气的方法，简称氯碱法，该工业部门通常称为氯碱工业，它是现代电化学工业中规模最大的部门之一，在国民经济中占有相当重要的地位。

5.4.1.1　苛化法生产烧碱

早在中世纪人们就发现了存在于盐湖中的纯碱，19 世纪初才研究烧碱生产的工业化问题。1884 年开始在工业上采用石灰乳苛化纯碱溶液生产烧碱。苛化法的反应式为：

$$Na_2CO_3 + Ca(OH)_2 \Longrightarrow 2NaOH + CaCO_3 \downarrow$$

这是一个可逆反应，反应得以从左向右进行，是因为 $Ca(OH)_2$ 的溶解度大于反应产物 $CaCO_3$ 的溶解度，且 $CaCO_3$ 的溶解度很小，能以固态从溶液中析出。实际生产中控制 Na_2CO_3 含量为 14% 左右，通常反应在 100℃ 左右进行。

苛化法生产过程为化碱、苛化、澄清、蒸发等 4 个工序。可得质量分数 30% 或 40% NaOH 的浓卤，经澄清后得到液体烧碱产品。亦可再经升膜蒸发和烧碱锅熬浓、装桶、冷却，得到 96%～97% 的固体烧碱产品。

在 19 世纪末电解法出现之前，苛化法一直是世界上生产烧碱的主要方法。第二次世界大战后，随着氯碱产品从军用生产转到民用生产，特别是石油工业的迅速发展，为氯气产品提供了丰富而廉价的原料，促进了氯碱工业的发展，从而电解法取代苛化法成为烧碱生产的主要方法。至今，在世界发达国家中已基本无苛化法烧碱的生产，我国苛化法烧碱的产量大约占总产量的 2%。

5.4.1.2　电解法及其发展概况

1807 年英国人 Davy 最早开始电解熔融食盐的研究，直到 1867 年德国人 Siemems 研究成功直流发电机之后才实现工业化电解食盐水溶液制烧碱。根据电解槽结构、电极材料和隔膜材料的不同，电解法分为隔膜法、水银法和离子交换膜（简称离子膜）法。隔膜法于 1890 年在德国首先出现，1892 年美国人卡斯勒（K·Y·Castner）发明水银法电解槽。水银法是通过生成钠汞齐使氯气分开。其特点是将电解槽分为电解室和解汞室，以汞为阴极，在石墨或金属阳极上析出氯，在阴极上 Na^+ 放电还原为金属钠并与汞生成钠汞齐。钠汞齐从电解室排出后，在解汞室中与水作用生成氢氧化钠和氢气。生成的汞送回电解室循环利用。因为在电解室中产生氯气，在解汞室中产生氢氧化钠和氢气，这样解决了将阳极产物和阴极产物隔开的关键难题。水银法的优点是浓度高、质量好、生产成本低，于19世纪末实现工业化后获得广泛应用。其最大缺点是汞对环境的污染，故水银法生产受到世界性的限制。

1966年美国杜邦公司开发出化学稳定性好、电流效率高和槽电压低的离子交换膜（Nafion全氟膜）。1975年日本旭化成公司建成世界上第一家离子膜氯碱厂，烧碱年生产能力达4万吨。离子交换膜法是用有选择透过性的阳离子交换膜将阳极室和阴极室隔开，只允许Na^+和水透过离子交换膜向阴极迁移，不允许Cl^-透过，所以离子交换膜法在阳极室得到氯气，在阴极室得到氢气和纯度较高的烧碱溶液。与隔膜法和水银法相比，离子交换膜法具有能耗低、产品质量高、装置占地面积小、生产能力大及适应电流波动等优点，还无石棉、水银对环境的污染。因此被公认为氯碱工业的发展方向，20世纪80年代以来，新建的氯碱厂普遍采用离子交换膜法制碱工艺，并且将现有的隔膜法、水银法氯碱厂逐步转换为离子交换膜法氯碱厂。

5.4.1.3 氯碱工业的特点

（1）原料易得　电解法制烧碱的原料食盐为工业原盐，可以是海盐、湖盐和井盐，也可直接采用卤水。

（2）能耗高　氯碱工业的主要能耗是电能，其用电量仅次于电解法生产铝。目前，我国采用隔膜法每生产1t 100%的烧碱需耗电约2580kW·h，蒸汽5t，总能耗折合标准煤约为1.815t。所以采用节能新技术，提高电解槽的电能效率和碱液蒸发时的热能利用率，始终是氯碱生产企业的核心技术工作。

（3）产品结构可调整性差　电解法制烧碱是按固定质量比（NaOH：Cl_2＝1：0.885）同时产出烧碱和氯气2种产品，而一个国家或地区对烧碱和氯气的需求量不一定符合这一比例，从而出现氯碱工业中烧碱与氯气的供需平衡问题。

（4）腐蚀和污染严重　氯碱工业的主要产品烧碱和氯气等均具有强腐蚀性，生产过程中使用的石棉、汞，以及所产生的含氯废气都会对环境造成污染。因此，防止腐蚀、保护环境也一直是氯碱工业努力改进的方向。

5.4.1.4 我国氯碱工业发展概况

我国氯碱工业是在20世纪20年代才开始创建的。到1949年止，全国共有氯碱厂9家，年产烧碱仅1.5万吨，氯产品也仅有盐酸、液氯和漂白粉等。

解放后，我国的氯碱工业得到迅速发展。烧碱产量50年代末达37.2万吨，到1999年达557万吨，仅次于美国，跃居世界第二位。1978年我国烧碱生产装置产能平均规模只有1万吨，5万吨以上企业只有8家。1988年，全国烧碱产量在5万吨以上的企业有13家，其中超过10万吨的有5家。2008年，全国烧碱产量达1852.1万吨，烧碱生产规模在10万吨/年以上的企业达101家，其中20万吨/年以上的39家，30万吨/年以上的21家。据不完全统计，目前全国共约有200家氯碱生产企业，并已形成科研、设计、制造和生产的完整工业体系。从上世纪末期开始到本世纪初的近十年间，是国内氯碱工业规模和实力成长最为迅速的时期，国内氯碱行业两大主要产品聚氯乙烯和烧碱的产能和产量增长迅速，双双在2005年跻身世界首位，成为了当今全球最重要的氯碱工业产品生产国和消费国之一。

在产量不断增加的同时氯碱生产技术也不断取得进步。50年代中期研制成功立式吸附隔膜电解槽。第一家水银法氯碱厂于1952年投产。70年代初我国成功开发金属阳极电解槽，1973年小试成功后，次年即投入工业化生产，在金属阳极领域接近当时的世界水平。

1986 年我国甘肃盐锅峡化工厂引进第一套离子交换膜法烧碱装置，离子交换膜法制碱技术迅猛发展。北京化工机械厂开发的复极式离子膜电解槽，使我国成为世界上除日本、美国、英国、意大利、德国等少数几个发达国家之外能独立开发、设计、制造离子膜电解槽的国家之一。此外，我国在金属扩张阳极、活性阴极、改性隔膜及固碱装置等方面都有很大进展。

5.4.2 食盐水溶液电解的基本原理

5.4.2.1 电解过程

（1）电解过程的主反应 食盐水溶液主要存在 4 种离子，即 Na^+、Cl^-、OH^- 和 H^+。电解槽的阳极通常使用石墨或金属涂层电极，阴极一般为铁阴极，阳极与阴极分别与直流电源的正、负极连接构成回路。当食盐水溶液通入直流电时，Na^+ 和 H^+ 向阴极移动，Cl^- 和 OH^- 向阳极移动，阴、阳离子分别在阳极、阴极上放电，进行氧化还原反应。

在电极上易放电的离子先放电，难放电的离子不放电。在铁阴极表面上，H^+ 首先放电还原成中性氢原子，结合成 H_2 分子后从阴极逸出。在阴极进行的主要电极反应为：

$$2H^+ + 2e \Longrightarrow H_2 \uparrow$$

而 OH^- 则留在溶液中，与溶液中的 Na^+ 形成 NaOH 溶液。随着电解反应的继续进行，在阴极附近的 NaOH 浓度逐渐增大。

在阳极表面上，Cl^- 首先放电氧化成中性氯原子，结合成 Cl_2 分子后从阴极逸出。在阳极进行的主要电极反应为：

$$2Cl^- - 2e \Longrightarrow Cl_2 \uparrow$$

电解食盐水溶液的总反应式为：

$$2NaCl + 2H_2O \Longrightarrow 2NaOH + Cl_2 \uparrow + H_2 \uparrow$$

（2）电解过程的副反应 在电解过程中，由于阳极产物的溶解以及通电时阴阳极产物的迁移扩散等原因，在电解槽内还会发生一些副反应。

① 阳极室和阳极上的副反应 阳极上产生的 Cl_2 部分溶解在阳极液中，与水反应生成次氯酸和盐酸：

$$Cl_2 + H_2O \Longrightarrow HCl + HClO$$

电解槽中虽然有隔膜，但是由于渗透和反向扩散的作用仍有少部分 NaOH 从阴极室进入阳极室，与次氯酸、氯气反应：

$$NaOH + HClO \Longrightarrow NaClO + H_2O$$

$$2NaOH + Cl_2 \Longrightarrow NaClO + NaCl + H_2O$$

生成的次氯酸钠在酸性条件下很快变成氯酸钠：

$$NaClO + 2HClO \Longrightarrow NaClO_3 + 2HCl$$

次氯酸钠离解为 Na^+ 和 ClO^-，当 ClO^- 离子聚积到一定量后，在阳极上放电生成氧气：

$$12ClO^- + 6H_2O - 12e \Longrightarrow 4HClO_3 + 8HCl + 3O_2 \uparrow$$

生成的 $HClO_3$ 及 HCl 又进一步与阴极扩散来的 NaOH 作用生成氯酸钠和氯化钠：

$$HClO_3 + NaOH \Longrightarrow NaClO_3 + H_2O$$

$$HCl + NaOH \Longrightarrow NaCl + H_2O$$

此外，阳极附近的 OH^- 浓度升高后也导致 OH^- 在阳极上放电生成新生态 [O]，然后生成氧气：

$$4OH^- - 4e \Longrightarrow O_2 \uparrow + 2H_2O$$

新生态氧极易腐蚀石墨电极并降低氯的浓度。

② 阴极室和阴极上的副反应　阳极液中次氯酸钠和氯酸钠也会由于扩散作用通过隔膜进入阴极室，被阴极上产生的新生态［H］还原为氯化钠：

$$NaClO+2[H]=\!\!=\!\!=NaCl+H_2O$$

$$NaClO_3+6[H]=\!\!=\!\!=NaCl+3H_2O$$

副反应不仅消耗产品 Cl_2、H_2 和 NaOH，还生成了次氯酸盐、氯酸盐和氧气等，降低了产品 Cl_2 和 NaOH 的纯度。既消耗了电解产品，又浪费了电能。在氯碱工厂中，为了减少副反应，保证获得高纯度的产品，提高电流效率，降低单位产品的电能消耗，首先必须采取各种措施，防止 NaOH 与阳极产物 Cl_2 发生反应，还应防止 H_2 与 Cl_2 混合而造成爆炸事故。

5.4.2.2　理论分解电压

理论分解电压是电解质开始分解时所必需的最低电压。电解食盐水溶液时，理论分解电压等于阳极析氯电位与阴极析氢电位之差。工业生产中，通常将隔膜法和离子膜法电解食盐水溶液的理论分解电压定为 2.3V。

5.4.2.3　过电压

过电压是电离时离子在电极上的实际放电电压与理论放电电压的差值，也称过电位、超电压或超电位。金属离子在电极上放电时的过电压一般并不大，可以忽略不计。但当电极上放出气体如 Cl_2、H_2、O_2 时，过电压就相当大，不能忽略。

过电压虽然消耗了一部分电能，但是在电解技术中有很重要的应用。利用过电压的性质选择适当的电解条件，可以使电解过程按照要求进行。由于氯在钌钛金属上的过电压比石墨阳极上低，因此金属阳极电解槽比石墨电解槽可节电约 $10\%\sim15\%$，这样每生产 1t 烧碱可节电约 150kW·h。由于氧气在石墨电极上的过电压比氯气高得多，因此在电极上获得的是氯气而非氧气。而在钌钛金属上氯和氧的过电压相差不大，所以在放氯的同时也有少量氧气放出。因此，如何改进金属涂层的配方，制备氧超电压高、氯超电压低的涂层，是目前金属阳极的一个重要课题。

5.4.2.4　槽电压和电压效率

（1）槽电压　槽电压是电解槽的实际操作电压。槽电压主要取决于电解运行条件如操作温度、压力、电解液浓度和电流密度等。此外，电解槽结构、隔膜材质及位置、两极间距、电极结构以及电解液的内部循环等对槽电压也有很大影响。槽电压是理论分解电压、过电压、电解液的电压降和电极、接点、电线等的电压降之和。

槽电压可通过实测的方法获得。隔膜法的槽电压一般为 $3.5\sim4.5V$；离子膜法的槽电压目前一般低于 3V。

（2）电压效率　工业生产中将理论分解电压与电解槽实际分解电压之比称为电压效率，即：

$$电压效率=\frac{理论分解电压}{实际分解电压}\times100\%=\frac{E_{理}}{E_{槽}}\times100\% \qquad (5-5)$$

可见，降低实际分解电压，可提高电压效率，进而可降低单位产品电耗。一般地，隔膜电解槽的电压效率约为 60%，离子膜电解槽的电压效率在 70% 以上。

5.4.2.5　电流效率和电能效率

（1）电流效率　实际生产中，由于电极上发生一系列的副反应，精制食盐水溶液中残余的杂质也在电极上放电以及电路漏电现象，电能不可能被完全利用，电解时氢氧化钠的实际产量总比理论产量低。实际产量与理论产量之比称为电流效率，用 η 表示：

$$\eta = \frac{实际产量}{理论产量} \times 100\% \tag{5-6}$$

电解食盐水溶液时，根据 Cl_2 产量计算的电流效率称为阳极效率，根据 $NaOH$ 产量计算的电流效率称为阴极效率。电流效率是电解生产中的重要技术经济指标之一，电流效率越高，意味着电能损失越小。现代氯碱工厂的电流效率一般为 $95\% \sim 97\%$。

（2）电能效率　电解是利用电能来进行化学反应以获得产品的过程，因此，产品电耗的多少，是工业生产中一个重要的技术经济指标。电能的消耗可通过下式计算：

$$W = \frac{QE}{1000} = \frac{IEt}{1000} \tag{5-7}$$

式中　W——电能，$kW \cdot h$；

Q——电量，Ah；

I——电流强度，A；

t——时间，h；

E——电压，V。

在电解过程中，实际消耗的电能值比理论上需要的电能值大，电解理论所需的电能值与实际消耗电能值的比值称为电能效率：

$$电能效率 = \frac{W_理}{W_实} \times 100\% = \frac{I_理}{I_实}\frac{E_理}{E_实} \times 100\% = 电流效率 \times 电压效率 \times 100\%$$

所以在工业生产中，欲降低电能消耗，应当设法提高电流效率和电压效率。

5.4.3　氯碱的生产

在金属阳极和改性隔膜电解槽基础上开发出的离子交换膜电解槽，被称为第 3 代电解槽。与隔膜法和水银法相比，离子交换膜电解法具有能耗低、投资少、产品质量好、生产能力大、没有汞污染等优点。

5.4.3.1　离子膜电解法的基本原理

电解槽的阳极室和阴极室用离子膜隔开，饱和精盐水进入阳极室，去离子纯水进入阴极室。通电时，Cl^- 在阳极表面放电生成 Cl_2 逸出；H_2O 在阴极表面不断被离解成 H^+ 和 OH^-，H^+ 放电生成 H_2；Na^+ 透过离子膜迁移进阴极室，与 OH^- 结合生成 $NaOH$。形成的 $NaOH$ 溶液从阴极室流出，其含量为 $32\% \sim 35\%$，经浓缩得成品液碱或固碱。电解时由于 $NaCl$ 被消耗，食盐水浓度降低成为淡盐水排出，$NaOH$ 的浓度可通过调节进入电解槽的去离子纯水量来控制。

5.4.3.2　离子膜电解槽

（1）电解槽的型式　目前，工业生产中使用的离子交换膜电解槽基本上可归纳为单极式和复极式两种供电方式。无论何种类型，每台电解槽均由若干电解单元组成，每个电解单元由阳极、离子交换膜与阴极组成。

图 5-17 是离子膜电解槽的结构示意图，其主要部件是阳极、阴极、隔板和槽框。在槽框的当中，有一块隔板将阳极室与阴极室隔开。两室所用材料不同，阳极由钛材制成，并涂有多种活性涂层，阴极有用软钢制成的，

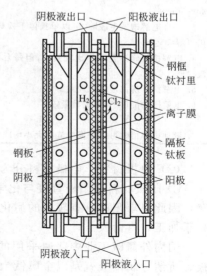

图 5-17　离子膜电解槽的结构示意图

也有用镍材或不锈钢制成的。阴极上有的有活性涂层，也有的无涂层。隔板一般是不锈钢或镍和钛板的复合板。隔板的两边还焊有筋板，其材料分别与阳极室和阴极室的材料相同。筋板上开有圆孔以利于电解液流通，在筋板上焊有阳极和阴极。

复极槽与单极槽之间的主要区别在于电槽的电路接线方法不同。两者的电路接线方式如图 5-18 所示。由图 5-18（a）可知，单极槽内部的各个单元槽是并联的，而各个电解槽之间的电路是串联的，在单极槽内通过各个单元槽的电流之和即为通过一台单极槽的总电流，而各个单元槽的电压则与单极槽的电压相等。因此，每台单极式电解槽运转的特点是低电压、高电流。复极槽则相反，如图 5-18（b）所示，槽内各个单元槽之间是串联，而电解槽之间为并联，通过各个单元槽的电流相等，电解槽的总电压是各个单元槽的电压之和。因此，每台复极式电解槽运转的特点是低电流、高电压。

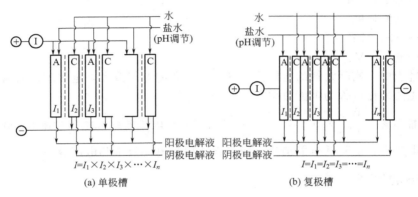

图 5-18 单极槽和复极槽的直流电接线方式

单极槽与复极槽的主要区别列于表 5-3。

表 5-3 单极槽与复极槽的特性比较

单 极 槽	复 极 槽
1. 单元槽并联,以高电流、低电压供电	单元槽串联,以低电流、高电压供电,变流效率较高
2. 电槽与电槽之间用铜排联接,耗铜量多,电压损失约 30~50mV	电槽与电槽之间不用连接铜排,一般用复合板或其他方式,电压损失约 3~20mV
3. 一台电解槽发生故障,可以单独停下检修,其余电解槽仍可继续运转	一台电解槽发生故障,需停下全部电解槽才能检修,影响生产
4. 电解槽检修拆装工作比较繁琐,但每台电解槽可以轮流检修	电解槽检修拆装工作比较容易
5. 电解槽厂房占地面积较大	电解槽厂房占地面积较小
6. 电解槽的配件、管件的数量较多	电解槽的配件、管件的数量较少,但一般复极槽需要油压机构装置
7. 设计电解槽时可以根据电流的大小增减单元槽的数量	单元槽数不能随意变动

（2）电极材料 电极材料分为阳极材料和阴极材料。

① 阳极材料 阳极直接与化学性质十分活泼的湿氯气、新生态氧、盐酸及次氯酸等接触，因此要求阳极具有较强的耐化学腐蚀性，对氯的过电压低，导电性良好，机械强度高且易于加工，寿命长。

国内外氯碱工业中普遍采用的阳极是金属阳极和石墨阳极，离子膜电解均采用金属阳极。所谓金属阳极就是以金属钛为基体，在钛的表面涂上一层其他金属氧化物的活化涂层所构成的阳极。金属钛具有较好的耐电化学腐蚀性能，表面容易形成钝化膜而本身导电性能良好。钛具有单向导电性，在盐水中作为阴极是导电的，若改作阳极就不导电。因此，在盐水电解时不能直接作为阳极使用。但当在它的表面涂上一层活化层后，就能成为导电性能良好的阳极。

根据钛基上活化涂层的组成，金属阳极可分为钌金属阳极（如钌-钛、钌-铱、钌-铱-钛、钌-锡-锑等）和非钌金属阳极（如锡-锑、锡-锑-钴等）两大类。前者的活化涂层中含有金属钌的氧化物，而后者不含金属钌的氧化物。在氯碱工业上目前使用最广泛的是钌钛（$RuO_2 + TiO_2$）金属阳极。与石墨阳极相比，金属阳极有如下优点：生产能力高，产品质量好，电能损耗小，使用奉命长，环境污染小。

② 阴极材料　阴极材料要耐氢氧化钠和氯化钠腐蚀，氢气在电极上的超电压低，具有良好的导电性、机械强度和加工性能。

阴极材料主要有铁、不锈钢、镍等，铁阴极的电耗比带活性层的阴极高，但镍材带活性层阴极的投资比铁阴极高。

5.4.3.3　电解工艺条件

离子膜对电解产品质量及生产效益很关键，而且价格昂贵。所以，电解工艺条件应保证离子膜不受损害，离子膜电解槽能长期、稳定运转。

(1) 食盐水的质量　盐水质量是离子膜电解槽正常运转的前提条件和关键，它对离子膜的寿命、槽电压和电流效率均有重要影响。盐水中的 Ca^{2+}、Mg^{2+}、Ba^{2+} 等重金属离子透过交换膜时，会与从阴极室反渗透来的少量 OH^- 或 SO_4^{2-} 结合生成难溶的沉淀物，堵塞离子膜，使膜电阻增加，槽电压上升，从而降低电压效率，缩短膜的寿命。因此，离子膜法电解用食盐水需经两级精制，应严格控制盐水中的 Ca^{2+}、Mg^{2+} 等杂质含量，使 Ca^{2+}、Mg^{2+} 总量（质量浓度）小于 $20\mu g/L$，SO_4^{2-} 浓度小于 $4g/L$。

(2) 阴极液中的 NaOH 质量浓度　阴极液中氢氧化钠的质量浓度与电流效率的关系存在极大值，随着 NaOH 质量浓度的升高，阴极一侧离子膜的含水率减少，固定离子含量增大，电流效率随之增加；若氢氧化钠质量浓度继续升高至超过 35%，由于 OH^- 的反渗透作用，膜中 OH^- 浓度增大的影响起决定作用，电流效率明显下降。

此外，阴极液中 NaOH 浓度对槽电压有影响，一般是浓度高槽电压也高，当碱浓度上升 1% 时，槽电压就要增加 0.014V。目前所使用离子膜的氢氧化钠质量浓度一般控制在 32%～35%。

(3) 阳极液中的 NaCl 质量浓度　若阳极液中的 NaCl 质量浓度太低，阴极室的 OH^- 易反渗透，导致电流效率下降，此外，阳极液中 Cl^- 也容易通过扩散迁移到阴极室，导致碱液的盐含量增加。如果离子膜长期在低盐浓度下运行，还会使膜膨胀，严重时可导致起泡，膜层分离，出现针孔使膜遭到永久性的损坏。阳极液中盐浓度也不宜太高，否则会引起槽电压升高。因此，通常在生产中宜将阳极液中的氯化钠质量浓度控制在 200～220g/L，至少不应低于 170g/L。

(4) 阳极液的 pH 值　在生产中常采用在阳极室内加盐酸调整阳极液 pH 值的方法，来提高阳极电流效率，降低阳极液中 $NaClO_3$ 的含量及氯气中的含氧量。如果膜的性能好，OH^- 几乎不反渗，那么在阳极液内不必加盐酸。阳极液的酸度也不能太高，一般控制 pH 值在 2～5 之间。因为当 pH 值小于 2 时，溶液中 H^+ 会将离子膜的阴极一侧羧酸层中的 Na^+ 取代，造成 Na^+ 的迁移能力下降而破坏膜的导电性，使槽电压急剧上升并造成膜的永久性损坏。

(5) 温度　各种离子膜在一定电流密度下，都有取得最高电流效率的温度范围。在此范围内，温度上升会使阴极一侧的膜的孔隙增大，从而提高 Na$^+$ 的迁移率，亦即提高电流效率。电流密度下降时，为了取得最高电流效率，电槽的操作温度也必须相应降低，但是不能低于 65℃，否则电槽的电流效率将会发生不可逆转的下降。

此外，如果在操作范围内适当升高温度，那么可以使膜的孔隙增大而有助于槽电压降低。在一般情况下，温度上升 10℃，槽电压可降低 50～100mV。但是槽温不能太高（92℃以上），否则会生产生大量水蒸气而使槽电压上升。因此，在生产中根据电流密度，常将槽温控制在 70～90℃ 之间。

（6）停止供水或供盐水的影响　阴极液中 NaOH 浓度由加入纯水的量来控制。若加水过多则会造成 NaOH 浓度太低，不符合产品质量要求；若加水太少则会造成 NaOH 浓度太高，电流效率下降。就目前工业化的离子膜而言，NaOH 的质量浓度长期超过 37%，会造成电流效率永久性下降。

如果对电解槽停止供应盐水，槽电压会上升很高，电流效率则下降很快。在重新供应盐水后，槽电压和电流效率则会逐渐恢复到原有水平。

5.4.3.4　离子膜法电解工艺流程

离子膜法电解工艺流程如图 5-19 所示。

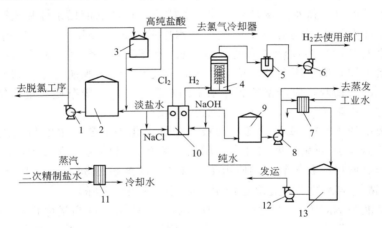

图 5-19　离子膜法电解工艺流程图

1—淡盐水泵；2—淡盐水贮槽；3—氯酸盐分解槽；4—氢气洗涤塔；5—水雾分离器；6—氢气鼓风机；
7—碱冷却器；8，12—碱液泵；9—碱液受槽；10—离子膜电解槽；11—盐水预热器；13—碱液贮槽

原盐溶解后，先对其进行一次精制，即用普通化学精制法使粗盐水中 Ca^{2+}、Mg^{2+} 含量降至 10～20mg/L。尔后送至螯合树脂塔进行吸附处理，使盐水中 Ca^{2+}、Mg^{2+} 含量低于 20μg/L，这一过程称为盐水的二次精制。

二次精制盐水经盐水预热器升温后送往离子膜电解槽阳极室进行电解。纯水由电解槽底部进入阴极室。通入直流电后，在阳极室产生的氯气和流出的淡盐水经分离器分离后，湿氯气进入氯气总管，经氯气冷却器与精制盐水热交换后，进入氯气洗涤塔洗涤，然后送往氯气处理工序。从阳极室流出来的淡盐水，一部分补充到精制盐水中返回电解槽阳极室，另一部分进入淡盐水贮槽，再送往氯酸盐分解槽，用高纯盐酸进行分解。分解后的盐水回到淡盐水贮槽，与未分解的淡盐水充分混合并调节 pH 在 2 以下，送往脱氯塔脱氯，最后送到一次盐水工序重新制成饱和盐水。

在电解槽阴极室产生的氢气和质量浓度为 32% 左右的高纯液碱，同样也经过分离器分离后，氢气进入氢气总管，经氢气洗涤塔洗涤后，送至氢气使用部门。32% 的高纯液碱一部

分作为商品碱出售或送到蒸发工序浓缩，另一部分则加入纯水后回流到电解槽的阴极室。

5.4.3.5　电解液的蒸发浓缩

电解槽出来的电解液不仅含有烧碱，还含有盐。若要提高电解液中 NaOH 的浓度，得到符合一定规格的烧碱，满足不同用户的要求，就需要浓缩除去一部分水。浓缩的同时将析出的盐进行分离，并回收送至化盐工序再使用。因此，电解液的蒸发是氯碱生产系统的一个重要环节。

(1) 电解液蒸发原理　目前，氯碱厂的蒸发工序均以蒸汽为热源，使电解液中的水分部分蒸发以浓缩氢氧化钠。

工业上，该过程是在沸腾状态下进行的。在电解液蒸发的全过程中，烧碱溶液始终是一种 NaCl 饱和的水溶液。NaCl 在 NaOH 水溶液中的溶解度随 NaOH 含量的增加而明显减小，随温度的升高而稍有增大。因而随着烧碱浓度的提高，NaCl 便不断从电解液中结晶出来，从而提高了烧碱的纯度。

(2) 电解液蒸发的工艺流程　电解液蒸发的工艺流程和操作控制指标，很大程度上取决于产品的规格。蒸发流程按电解液和蒸汽的走向分为逆流蒸发流程和顺流蒸发流程 2 大类。顺流蒸发流程是指进蒸发器的电解液和加热蒸汽的走向相同，逆流蒸发流程则相反。为了减少加热蒸汽的耗量、提高热能利用率，电解液蒸发常采用多效蒸发。随着效数的增加，单位质量的蒸汽所蒸发的水分增多，蒸汽利用的经济程度更好。

双效顺流蒸发流程如图 5-20 所示。从离子膜电解槽出来的电解液被送入 I 效蒸发器，在外加热器中由大于 0.5MPa 表压的饱和蒸汽进行加热，电解液达到沸腾后在蒸发室中蒸发，二次蒸汽进入 II 效蒸发器的外加热器。I 效蒸发器中的碱液浓度控制在 37%～39%，碱液依靠压力差进入 II 效蒸发器中，在加热室被二次蒸汽加热沸腾，蒸发浓缩至产品浓度分别为 42%、45% 或 50% 等。

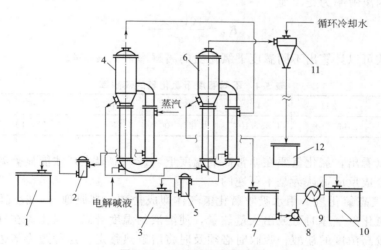

图 5-20　双效顺流蒸发流程

1—I 效冷凝水贮罐；2,5—气液分离器；3—II 效冷凝水贮罐；4—I 效蒸发器；6—II 效蒸发器；
7—热碱贮罐；8—浓碱泵；9—换热器；10—成品碱贮罐；11—水喷射冷凝器；12—冷却水贮罐

II 效蒸发器的二次蒸汽进入水喷射冷凝器后被冷却水冷凝，然后冷却水进入冷却水贮罐。达到产品浓度的碱液连续出料至热碱贮罐，然后由浓碱泵经换热器冷却后送入成品碱贮罐。

I 效蒸发器的蒸汽冷凝水经气液分离器进入 I 效冷凝水贮罐，II 效蒸汽冷凝水经气液分离器分离后进入Ⅱ效冷凝水贮罐。由于Ⅰ、Ⅱ效冷凝水的质量不同（Ⅱ效冷凝水温度较低，且可能含微量碱），应分别储存及使用。

5.4.4 盐酸的生产

盐酸的生产可分为气态氯化氢的制备和水吸收氯化氢2个阶段，吸收了气态氯化氢的水溶液即盐酸。盐酸是一种挥发性酸。纯净的盐酸是无色透明的溶液，但工业盐酸常因含有铁、氯和有机物质而呈黄色。

氯化氢的制备主要有两种方式：一种是直接合成法，即用电解食盐水溶液的产品 Cl_2 和 H_2，在合成炉内直接合成氯化氢气体。另一种是无机或有机产品生产的副产品。本节讨论用电解食盐水溶液的产品 Cl_2 和 H_2 直接合成氯化氢。

5.4.4.1 生产原理与工艺条件

（1）生产原理

① 气态氯化氢的制备　在氯碱厂均采用电解食盐水溶液的联产品 Cl_2 和 H_2，在合成炉内直接合成氯化氢气体，即：

$$Cl_2 + H_2 \Longrightarrow 2HCl$$

该反应为可逆反应，反应平衡常数

$$K_p = \frac{p_{HCl}^2}{p_{H_2} p_{Cl_2}} \tag{5-8}$$

可用下式计算平衡常数：

$$\lg K_p = 9954/T - 0.533 \lg T + 2.42 \tag{5-9}$$

式中，K_p 为反应平衡常数；T 为绝对温度，K。

若氯化氢的离解率为 x，则

$$K_p = \frac{4(1-x)^2}{x^2}$$

由以上二式可以计算出不同温度下氯化氢的离解率，见表5-4。

表 5-4　不同温度下氯化氢的离解率

温度/K	293	473	973	1473	1973	2473
x	2.95×10^{-17}	4.35×10^{-8}	0.95×10^{-5}	5.23×10^{-4}	3.77×10^{-3}	1.22×10^{-2}

由上表可以看出，氯化氢要在非常高的温度下（1700℃以上）才能显著离解。因此在较低的温度下其合成反应可认为是不可逆的。

② 水吸收气态氯化氢　用水吸收氯化氢气体即成盐酸，其原理与一般气体的吸收相同。用水吸收氯化氢气体时可放出大量热量，使溶液的温度升高，氯化氢在其中的溶解度降低。为了制得较高浓度的盐酸，吸收时必须及时将溶解热移走。这种边冷却边吸收氯化氢气体的方法，称为冷却吸收法。

在绝热条件下，利用吸收过程的热效应，将盐酸中的水分蒸发带走热量，致使溶液温度降低，氯化氢的溶解度增加，这样可再进一步吸收氯化氢，使溶液增浓。这种不采取冷却措施，而在沸腾温度下，不断因水分蒸发带走热量，并使盐酸浓缩的方法，称为绝热吸收法。以直接合成法制备氯化氢时，气体中氯化氢的含量较高，因此多采用绝热吸收法。

（2）工艺条件

① 温度　氯气和氢气在常温、常压、无光的条件下反应进行得很慢，当温度升高至

440℃以上时，即迅速化合；在有催化剂的条件下，150℃时就能剧烈化合，甚至爆炸。所以，高温可使反应完全。但是如果温度过高，会发生显著的热分解，因此，一般控制合成炉出口温度为 400~450℃。

② 水分　绝对干燥的氯气和氢气很难反应，而有微量水分存在时可以加快反应速率，水分是促进氯气与氢气反应的媒介。但是若水含量超过 0.005%，则对反应速率没有多大影响。

③ 氯氢配比　理论上，氯化氢合成的反应是氯和氢等摩尔反应。实际生产中，原料成分或操作条件稍有波动，就会造成氯气供应过量，这对防止设备腐蚀、提高产品质量、防止环境污染都不利。因此，工业上为使反应安全，一般均控制氢气适当过量，其摩尔比 Cl_2：$H_2=1$：（1.05~1.1）；若氢气过量太多，则有爆炸的危险。

5.4.4.2　工艺流程

目前，国内外合成炉的炉型主要采用石墨炉。石墨炉分二合一石墨炉和三合一石墨炉。二合一石墨炉是将合成和冷却集为一体的合成炉，三合一石墨炉则是将合成、冷却、吸收集为一体。一般来说，石墨合成炉是立式圆筒形石墨设备，由炉体、冷却装置、燃烧反应装置、安全防爆装置、吸收装置、视镜等附件组成。

三合一石墨炉法的工艺流程如图 5-21 所示。由氯氢处理工序来的氯气和氢气分别经过氯气缓冲罐、氢气缓冲罐、氯气阻火器、氢气阻火器和各自的流量调节阀，以一定的比例进入石墨合成炉顶部的石英灯头。氯气走石英灯头的内层，氢气走石英灯头的外层，二者在石英灯头前混合燃烧，化合成氯化氢。

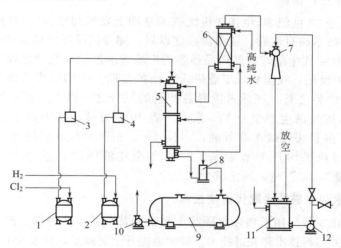

图 5-21　三合一石墨炉法工艺流程图

1—氯气缓冲罐；2—氢气缓冲罐；3—氯气阻火器；4—氢气阻火器；5—三合一石墨炉；6—尾气塔；
7—水力喷射器；8—液封罐；9—盐酸贮槽；10—酸泵；11—循环酸罐；12—循环泵

生成的氯化氢向下进入冷却吸收段，自尾气塔来的稀酸从合成炉顶部进入，经分布环呈膜状沿合成段炉壁下流至吸收段，经再分配流入块孔式石墨吸收段的轴向孔，与氯化氢一起顺流而下。同时，氯化氢不断地被稀酸吸收，气体中的氯化氢浓度变得越来越低，而酸浓度越来越高。最后未被吸收的氯化氢经石墨炉底部的封头进行气液分离，浓盐酸经液封罐流入盐酸储槽，未被吸收的氯化氢进入尾气塔底部。生成氯化氢的燃烧热及氯化氢溶解热由石墨炉夹套冷却水带走。

高纯水经转子流量计从尾气塔顶部喷淋，吸收逆流而上的氯化氢而成稀盐酸，并经液封进入石墨炉顶部。从尾气塔顶出来的尾气用水力喷射器抽走，经循环酸罐分离，不凝废气排入大气。下水经水泵输往水力喷射器，往复循环一段时间后可作为稀盐酸出售，或经碱性物质中和后排入下水道，或作为工业盐酸的吸收液。

5.4.4.3 吸收操作的基本要求

氯化氢溶于水形成盐酸是一个吸收过程，遵循吸收的规律，本质是氯化氢分子越过气液相界面向水中扩散的溶解过程。吸收操作应注意以下几点。

（1）吸收过程应在较低的温度下进行。氯化氢易溶于水，其溶解度与温度密切相关，温度越高溶解度越小；另外，氯化氢的溶解会产生大量溶解热，使溶液温度升高，从而降低氯化氢的溶解度，其结果是吸收能力降低，不能制备浓盐酸。因此，为确保酸的浓度和提高吸收氯化氢的能力，除加强冷却来自合成炉的氯化氢外，还应设法移出溶解热。

（2）保持一定的气流速率。根据双膜理论，氯化氢气体溶解于水，氯化氢分子扩散的阻力主要来自气膜，而气膜的阻力取决于气体的速率。流速越大，则气膜越薄，其阻力越小，氯化氢分子扩散的速率越大，吸收效率也就越高。

（3）保证有足够大的接触面积。气液接触的相界面越大，氯化氢分子向水中扩散的机会越多，应尽可能提高气液相接触面积。如膜式吸收器分配要均匀，不要使吸收液膜断裂；填料塔中的填料润湿状况应良好等。

5.4.5 氯碱工业的新进展

5.4.5.1 我国烧碱生产情况

我国氯碱工业是 20 世纪 20 年代在传统技术基础上发展起来的，当时装置生产规模小，生产厂家多，生产技术相对落后。新中国成立以后，随着国民经济的发展，氯碱工业逐步得到发展。20 世纪 90 年代中期，氯碱产品强劲的市场需求推动了我国氯碱工业进入高速增长期。特别是进入 21 世纪，我国烧碱工业进入急剧扩张期。中国已成为世界氯碱大国，烧碱的产能、产量已居世界之首，产量占世界总产量的三分之一以上。据中国氯碱工业协会统计，2014 年底，全国烧碱生产企业 175 家，产能 3910 万吨，其中离子膜法烧碱产能 3742 万吨，占比 96%，隔膜法烧碱 168 万吨，占比 4%。据国家统计局统计，2014 年全国烧碱产量 3180 万吨，行业平均开工率 81%。2014 年全年液碱出口量为 127 万吨，同比减少 2.3%；固碱出口量为 74 万吨，同比减少 3.9%。

5.4.5.2 高新技术和先进技术取代传统技术

建国初期，我国主要采用石墨阳极隔膜电解法和苛化法生产烧碱。改革开放 30 多年来，我国采用很多国内外高新技术和先进技术，极大地提升了氯碱工业技术水平（见表 5-5），尤其是在引进、消化、吸收的基础上再创新，实现了先进离子膜电解槽的国产化，并达到国外同类产品的先进水平，推动了我国离子膜法烧碱的迅猛发展，彻底淘汰了能耗高、规模小、工艺落后的石墨阳极隔膜法装置，大大提升了我国氯碱生产技术，并且促进了氯碱工业的节能减排。

表 5-5 电解法烧碱生产中高新技术取代传统技术的情况

高新技术和先进技术	传 统 技 术	显 著 效 果
①整流工序 节能型大功率可控硅晶闸管整流器	二极管硅整流器	功率因数≥0.9，整流效率≥99%，节电效果十分明显
有载调压—变压—整流"三合一"装置和计算机控制	有载调压—变压—整流等效分设装置	减少感抗，均流系数≥0.9，减少铜导板和占地面积，节电效果明显

续表

高新技术和先进技术	传　统　技　术	显　著　效　果
②盐水工序 颇尔/戈尔盐水过滤技术	重力作用沉降和砂滤技术	简化盐水精制流程，设备体积小，占地面积少，滤后 $\rho(SS)<0.5mg/L$
③电解工序 先进的离子膜法制碱技术	水银法、隔膜法制碱技术	产品质量高，无汞、石棉、铅等污染，1t 碱比水银法节电 1000kW·h，比石墨阳极隔膜法节电 400～500kW·h，比金属阳极隔膜法节电 300kW·h
扩张阳极与改性隔膜技术	金属阳极、普通石棉隔膜技术	理论上生产 1t 碱节约直流电 147kW·h
④氯氢处理工序 离心式氯气透平压缩机	纳氏泵输送氯气	单机能力大，效率高，输送压力高，运转平稳、安全，节电效果明显
西门子氢气压缩机	水环真空泵输氢	高流量，低功率，占地面积少，节电
⑤蒸发工序 液碱三效逆流蒸发技术	液碱三效顺流蒸发技术	更合理地利用加热蒸汽的热量，生产 1t 碱可节省蒸汽 1t
降膜蒸发器烧碱浓缩制片碱和造粒技术	大锅熬制固碱技术	具有环保、清洁、能耗低、粉尘少、技术先进等优点

离子膜法和隔膜法是我国目前烧碱的主要生产方法。无论是从技术先进性、工艺优越性还是产品质量、节约能源等方面来讲，离子膜法均优于隔膜法。2010 年，国产离子膜在万吨氯碱装置上应用成功，成为我国氯碱工业在"十一五"期间卓越的技术成就之一，打破了核心技术产品被国外公司垄断的局面。目前新建和拟建的烧碱生产项目，采用的都是离子膜生产工艺。近年来，氯碱工业的生产工艺，特别是在盐水处理、膜法脱硝技术、自动控制系统等方面有了很大的发展与改观。

（1）粗盐水的精制处理技术　膜法精制盐水技术的提出，使盐水的一次精制技术有了较大提升。其中戈尔膜过滤技术是最早引进行业内的一次盐水精制技术。戈尔膜的孔径一般为 $0.22\mu m$，能够更有效去除盐水中沉淀物，使其含量保证在 0.5mg/kg 以下，运用戈尔膜盐水处理技术，不仅缩短工艺流程，还因为去掉了澄清桶、砂滤器等装置，大大减少费用。

（2）膜法脱硝技术　膜法脱硝技术是针对国产盐及卤水中 SO_4^{2-} 含量较高而出现的一种脱除 SO_4^{2-} 的技术。该工艺采用内循环纳滤/反渗透膜法浓缩配合冷却技术，不仅将盐水中含量较高的 SO_4^{2-} 脱除掉，还最后产出芒硝（$Na_2SO_4·10H_2O$）副产品。该工艺无毒无害，不会产生二次污染，而且运行成本远低于普通的化学脱除法。

（3）自动控制系统　自动化控制水平是氯碱行业技术进步的一个集中体现。中银电化采用的 JX-300X DCS 控制系统，包括工程师站（ES）、操作站（OS）、控制站（CS）和通讯网络（Scent）几个部分。实现了稳定脱除淡盐水中的硫酸根，连续配水、自动中和、各工艺指标在线控制等操作。这种国产化的自动化控制装置可靠性强，可保证氯碱企业长周期、高负荷稳定运行，不仅提高了氯碱行业的工艺水平和生产能力，也大大减少了维修费用。

随着科技的进步，新的氯碱技术层出不穷，世界各国专家学者都在积极研发电解节能新技术，如 SPE（固体聚合物电解法）电解技术、熔融食盐电解法、氧（空气）阴极电解法、光解食盐水方法等。其中，氧（空气）阴极不久将工业化，将其与离子膜电解槽相结合，可进一步降低电耗 30%。

5.4.5.3 我国氯碱工业发展特点

(1) 向规模化、大型化发展 建国初期，我国氯碱企业生产规模大多为百吨级和千吨级水平。1988 年，全国烧碱产量在 5 万吨/年以上的企业有 13 家，其中超过 10 万吨/年的共 5 家企业。进入 21 世纪，我国氯碱企业生产规模迅速扩大，涌现出一批烧碱生产规模达数十万吨，并向百万吨级规模进军的企业。2008 年，全国烧碱产量达 1852.1 万吨，烧碱生产规模在 10 万吨/年以上的企业达 101 家，其中 20 万吨/年以上的 39 家，30 万吨/年以上的 21 家。据不完全统计，目前 40 万吨/年以上的有 9 家。

国外氯碱企业的集中度相对较高，日本、欧盟的前 5 家企业分别集中了它们烧碱生产能力的 50%，美国的 5 家大公司集中了美国烧碱生产能力的 80%，而我国前 5 家企业的生产能力不到全国总生产能力的 20%。目前我国一些企业规划建设百万吨级氯碱项目。通过规模化、大型化发展，众多规模小、技术落后的企业将逐步被淘汰，我国氯碱工业将更加集中，更加大型化，更加具有国际竞争力。

(2) 向化工园区集中 化工园区是现代化学工业顺应大型化、集约化、最优化、经营国际化和效益最大化发展趋势的产物。化工企业退离环境敏感区，进入化工园区，是实现可持续发展的重要理念，推进节能减排的重要途径，可促进循环经济模式在工业领域的应用，提高资源、能源的利用效率。

(3) 生产重心西移 我国 20 世纪建成的氯碱企业大都在东部沿海地区，依靠海盐为原料生产氯碱。进入 21 世纪，由于世界及我国经济的发展，中国正逐步成为世界工厂，由此带来对基础化工原材料的巨大需求，中国生产的高质量氯碱开始走向世界，成为最主要的氯碱产品输出地，推动着我国氯碱工业快速发展。

2007 年，我国政府对氯碱工业发展做出明确的规定，引导氯碱产业向广大的西部地区转移。随着西部大开发战略的推进，近年来，西部地区凭借丰富的煤炭资源和石灰石等原材料优势，新建了一批产能在 20～30 万吨/年以上的大型"PVC+烧碱"的配套氯碱项目，大大提升了西部地区氯碱工业的规模和实力。

(4) 行业资源重组 氯碱行业的上下游企业和其他有实力的企业凭借能源、原料、资金等优势大举涌入氯碱行业，而且规模大、势头猛，不仅为氯碱产业大发展提供了充足的原料、能源和资金，也拓宽了氯碱产品市场，增大了氯碱产品的消费量。当前中国氯碱行业内已经出现了资源优势型企业沿产业链纵向整合、市场优势型企业向上游生产领域延伸、规模优势型中央企业横向整合以及地方性优势企业强强联手等多种多样的行业资源重组和整合方式。与此同时，民营资本开始进入氯碱行业，实现了基础原材料工业的投资多元化。

5.4.5.4 最新节能技术展望

随着氯碱行业的快速发展，一些先进适用的节能技术和装备得到很好的推广应用。2008 年以来，隔膜法电解槽经过了普通阳极到扩张阳极＋改性隔膜技术改造，一次盐水过滤技术不断提高，离子膜膜极距电解槽及二次盐水等相关节能技术不断应用，隔膜法电解制烧碱技术逐渐退出市场，三效逆流降膜蒸发工艺开始广泛应用，促进了氯碱行业节能减排水平不断提高。

氯碱工业最新的节能技术主要如下。

(1) 氧阴极烧碱电解技术 氧阴极技术是近年来发展起来的一项新型电解技术，适用于不需要氢气的工艺和场所。该技术因节能效果明显受到氯碱生产企业的关注。

(2) 催化氧化制氯技术 催化氧化制氯技术是解决行业副产的大量氯化氢（或盐酸）无法有效利用的一项技术，同时也是实现氯在工业体系中循环利用、具有较大节能潜力的技术。催化氧化法是在催化剂存在下，以空气或氧气作为氧化剂氧化 HCl 生成 Cl$_2$ 的方法，其化学方程式可表述为：

$$4HCl(g) + O_2 \Longrightarrow H_2O + Cl_2 \uparrow$$

催化氧化法是目前最容易实现工业化的方法，具有代表性的催化氧化法主要有 Deacon 过程、MT-Chlor 过程和 Shell-Chlor 过程等。

（3）二氯乙烷催化重整制取聚氯乙烯技术　该技术是以乙炔和二氯乙烷为原料，在一种全新的非汞催化剂作用下，通过催化重整制得氯乙烯。该工艺与乙炔法相比省去了氯化氢的合成与精制工艺，采用了非汞催化剂；用二氯乙烷的消除反应，消耗了乙炔加成反应放出的大量热能。由于实现了能量的内部转换，反应能量变化温和，可大幅度提高反应强度，从而提高生产效率。

本章小结

本章内容丰富，涉及多种经典的无机化工单元操作。

在叙述氨碱法原理基础上，介绍了石灰石煅烧与石灰乳制备、盐水精制与吸氨、氨盐水碳酸化、重碱过滤、重碱煅烧、氨回收等氨碱法生产纯碱的主要工序、工艺条件和关键设备。

在叙述联碱法原理基础上，介绍了联合法生产纯碱和氯化铵的流程、工艺条件和冷析结晶器、盐析结晶器和外冷器等关键设备。

在叙述食盐水溶液电解过程的主副反应以及分解电压、电能效率等概念基础上，重点讲解了离子膜电解法的基本原理、离子膜电解槽的结构、阴阳极材料、电解工艺条件、电解工艺流程、电解液的蒸发浓缩原理及工艺流程及盐酸生产的流程与设备。

习题与思考

1. 写出氨碱法生产纯碱的主要化学反应式。

2. 盐水一次精制和二次精制的目的是什么？叙述一次精制和二次精制的工艺流程。

3. 试述氨盐水碳酸化过程的原理。其主要工艺条件如何控制？

4. 何谓重碱？试述重碱过滤的目的和方法。重碱过滤时应注意什么？

5. 简述重碱煅烧的基本原理与工艺流程。

6. 碱液蒸发的目的是什么？对其操作有哪些基本要求？

7. 试述联合法生产纯碱和氯化铵的基本原理。

8. 影响氯化铵结晶粒度的因素有哪些？

9. 简述氯化铵结晶生产原理。冷析结晶与盐析结晶有何区别？

10. 联碱法的主要工艺条件如何控制？

11. 比较氨碱法和联合制碱法的优点和缺点。

12. 写出电解制烧碱过程的主要副反应，如何影响产品质量？

13. 什么是理论分解电压？什么是槽电压？槽电压由哪几部分构成？

14. 什么是电压效率？什么是电流效率？它们与电能效率的关系是什么？

15. 导致离子膜性能下降的主要因素有哪些？

16. 离子膜电解槽的主要阴、阳极材料有哪些？

17. 如何选择电解的工艺条件？

18. 简述离子膜法电解工艺流程。

19. 为什么要对电解液进行蒸发？试述电解液蒸发的工艺流程。

20. 试阐述合成氯化氢的原理与工艺条件并简述盐酸生产的工艺流程。

参 考 文 献

[1]　陈五平．无机化工工艺学（下册）纯碱、烧碱．第 3 版．北京：化学工业出版社，2001.

[2]　薛荣书，谭世语．化工工艺学．第 2 版．重庆：重庆大学出版社，2004.

[3]　刘晓勤．化学工艺学．北京：化学工业出版社，2010.

[4]　张秀玲，邱玉娥．化学工艺学．北京：化学工业出版社，2012.

[5]　大连化工研究设计院．纯碱工学．第 2 版．北京：化学工业出版社，2003.

[6]　大连化工厂．联合法生产纯碱和氯化铵．北京：化学工业出版社，1986.

[7]　王月娥．我国纯碱行业的技术、市场现状及展望．化工科技市场，2006，29（9）：1-4.

[8]　杨润庭，张克强．我国纯碱行业发展现状及市场分析．纯碱工业，2012（1）：9-11.

[9]　王亮，张亮．我国纯碱行业的行业现状及发展趋势．山东化工，2013，42（11）：69-71，88.

[10]　张克强，刘秋艳，齐文玲等．纯碱产业"十二五"发展情况及未来走势分析．唐山师范学院学报，2015，37（2）：23-25.

[11]　周光耀．联合制碱法技术进展．纯碱工业，2006，（1）：3-5.

[12]　李瑞峰，胡显存．联碱工程清洁生产新技术概述．化工设计 2012，22（1）：34-36，45.

[13]　董文林，冯晶，姚亚欣．变换气制碱联碱发展方向．纯碱工业，2000，（1）：39-40.

[14]　翁贤芬，许昌黎，帅永康．联碱发展的展望．纯碱工业，2009，（1）：10-12.

[15]　陆忠兴，周元培．氯碱化工生产工艺：氯碱分册．北京：化学工业出版社，1995.

[16]　朱宝轩，霍琦．化工工艺基础．北京：化学工业出版社，2004.

[17]　张文雷．2014 年氯碱行业经济运行情况及 2015 年工作重点展望．中国氯碱，2015，（2）：1-3.

[18]　李军．中国氯碱工业的调整与变革——"十一五"发展回顾与"十二五"展望．中国氯碱，2011，（1）：1-4，22.

[19]　刘自珍，钱永纯，赵国军．我国氯碱工业节能技术的进展与发展方向．氯碱工业，2007，（5）：1-6，9.

[20]　李素改．氯碱行业能源消耗现状及节能技术应用进展．中国氯碱，2014，（3）：1-3，26.

[21]　张文雷．中国氯碱工业现状及新经济环境下的发展对策．石油和化工设备，2009，（2）：4-8.

[22]　刘自珍．氯碱工业 60 年发展变化与新格局．氯碱工业，2010，46（1）：1-6.

[23]　纪祥娟，王中伟，李倩茹等．氯碱工业生产新技术及未来发展建议．广州化工，2011，39（3）：43-45.

[24]　李军．中国氯碱工业结构调整与可持续发展之路．中国氯碱，2012，（1）：1-3，16.

第6章 烃类热裂解

导引

石油系烃类原料（天然气、炼厂气、轻油、柴油、重油等）在高温下发生碳链断裂或脱氢反应，生成分子量较小的烯烃、烷烃和其他分子量不同的轻质和重质烃类的过程称为热裂解。使用催化剂的热裂解称为催化热裂解。其主要目的是获得乙烯，同时可获得丙烯、丁二烯，它们具有活泼的双键，能发生加成、烷基化、自聚、共聚、偶联等反应，衍生出庞大的产业体系。裂解还可以获得苯、甲苯和二甲苯等产品，它们也是有机化学工业的基本有机原料。因而乙烯装置能力的大小实际反映了一个国家有机化学工业的发展水平。我国 2015 年乙烯总产量 1714.6 万吨。

目前，乙烯生产的主导技术是采用烃类热裂解制取烯烃的技术，其生产工艺主要由两部分组成：原料烃的热裂解和裂解产物的分离。裂解温度一般在 750～950℃，气态产物复杂。怎样才能更多地获得烯烃产品？裂解反应器具有什么结构特点？生产控制的要点在哪？裂解产物分离精制有何特点？节能措施有哪些？

6.1 烃类热裂解的理论基础

6.1.1 烃类热裂解的反应类型

在裂解原料中，主要烃类有烷烃、环烷烃和芳烃。各种烃的比例随原料的来源而异。烃类在高温下裂解，不仅原料发生多种反应，生成物也能继续反应，包括脱氢、断链、异构化、脱氢环化、脱烷基、聚合、缩合、结焦等反应类型。因此，烃类裂解过程的化学变化错综复杂，主要中间产物及其变化，可大致概括为图 6-1。

根据反应的前后顺序，将图 6-1 所示的反应简化归类为一次反应和二次反应。

6.1.1.1 烃类热裂解的一次反应

所谓一次反应是指生成目的产物乙烯、丙烯等低级烯烃为主的反应。

（1）烷烃裂解的一次反应

① 断链反应　断链反应是 C—C 链断裂反应，反应后产物有两个，一个是烷烃，一个是烯烃，其碳原子数都比原料烷烃减少。其通式为：$C_{m+n}H_{2(m+n)+2} \longrightarrow C_nH_{2n} + C_mH_{2m+2}$

② 脱氢反应　脱氢反应是 C—H 链断裂的反应，生成的产物是碳原子数与原料烷烃相

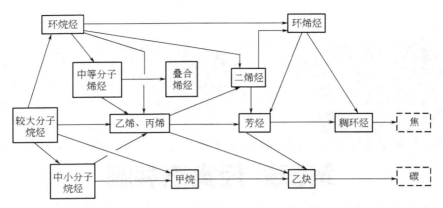

图 6-1　烃类裂解过程中的一些主要产物及其变化示意图

同的烯烃和氢气。其通式为：$C_nH_{2n+2} \longrightarrow C_nH_{2n} + H_2$

（2）环烷烃的断链反应　环烷烃的热稳定性比相应的烷烃好，热裂解时可以发生 C—C 链的断裂反应，生成乙烯、丁烯和丁二烯等烃类。

环烷烃的脱氢反应生成的是芳烃，芳烃缩合最后生成焦炭，所以不能生成低级烯烃，即不属于一次反应。

（3）芳烃的断侧链反应　芳香烃的芳环热稳定性很大，在裂解反应时不易发生开芳环反应，而易发生二种反应，一种是芳烃的脱氢缩合反应，另一种为烷基芳烃的侧链发生断裂反应生成苯、甲苯、二甲苯。

（4）烯烃的断链反应　常减压车间的直馏馏分中一般不含烯烃，但二次加工的馏分油中可能含有烯烃。大分子烯烃在热裂解温度下能发生断链反应，生成小分子的烯烃。

例如：
$$C_5H_{10} \longrightarrow C_3H_6 + C_2H_4$$

6.1.1.2　烃类热裂解的二次反应

所谓二次反应，就是一次反应生成的乙烯、丙烯、丁二烯、戊烯等烯烃继续反应并转化为炔烃、二烯烃、芳烃直至生碳或结焦的反应。

（1）低分子烯烃脱氢、加氢反应
$$C_2H_4 \longrightarrow C_2H_2 + H_2$$
$$C_3H_6 \longrightarrow C_3H_4 + H_2$$
$$C_4H_8 \longrightarrow C_4H_6 + H_2$$
$$C_2H_4 + H_2 \Longleftrightarrow C_2H_6$$

（2）二烯烃叠合芳构化反应
$$2C_2H_4 \longrightarrow C_4H_6 + H_2$$
$$C_2H_4 + C_4H_6 \longrightarrow C_6H_6 + 2H_2$$

（3）结焦反应　烃的生焦反应，要经过生成芳烃的中间阶段，芳烃在高温下发生脱氢缩合反应而形成多环芳烃，它们继续发生多阶段的脱氢缩合反应生成稠环芳烃，最后生成焦炭。

$$烯烃 \xrightarrow{-H_2} 芳烃 \xrightarrow{-H_2} 多环芳烃 \xrightarrow{-H_2} 稠环芳烃 \xrightarrow{-H_2} 焦$$

除烯烃外，环烷烃脱氢生成的芳烃和原料中含有的芳烃都可以脱氢发生结焦反应。

（4）生碳反应　在较高温度下，如高于 1000K，低分子烷烃、烯烃在热力学上有强烈分解为碳和氢的趋势。由于动力学阻力较大，并不能一步分解为碳和氢。这一过程是随着温度升高而分步进行的。如乙烯脱氢先生成乙炔,再由乙炔脱氢生成碳。

$$CH_2\!=\!\!CH_2 \longrightarrow CH\!\equiv\!CH \longrightarrow 2C+H_2$$

因此,实际上生碳反应只有在高温条件下才可能发生,并且乙炔生成的碳不是断链生成单个碳原子,而是脱氢稠合成几百个碳原子。

结焦和生碳过程二者机理不同,结焦是在较低温度下(<1200K)通过芳烃缩合而成,生碳是在较高温度下(>1200K),通过生成乙炔的中间阶段,脱氢为稠合的碳原子。

由此可以看出,一次反应是生产的目的,而二次反应既造成烯烃的损失,浪费原料又会生碳或结焦,致使设备或管道堵塞。因此,要尽力促进一次反应、抑制二次反应。

6.1.1.3　各族烃类的热裂解反应规律

各族烃类的热裂解反应的大致规律如下。

(1)烷烃　正构烷烃最利于生成乙烯、丙烯,是生产乙烯的最理想原料。分子量越小则烯烃的总收率越高。异构烷烃的烯烃总收率低于同碳原子数的正构烷烃。随着分子量的增大,这种差别减少。

(2)环烷烃　在通常裂解条件下,环烷烃脱氢生成芳烃的反应优于断链(开环)生成单烯烃的反应。含环烷烃多的原料,其丁二烯、芳烃的收率较高,乙烯的收率较低。

(3)芳烃　无侧链的芳烃不易裂解为烯烃;有侧链的芳烃,主要是侧链逐步断链及脱氢。芳烃倾向于脱氢缩合生成稠环芳烃,直至结焦。所以芳烃不是裂解的合适原料。

(4)烯烃　大分子的烯烃能裂解为乙烯和丙烯等低级烯烃,但烯烃会发生二次反应,最后生成焦和碳。

(5)各族烃的裂解难易程度(由易到难)　正构烷烃>异构烷烃>环烷烃(六元环>五元环)>芳烃。

6.1.2　烃类热裂解的反应机理

经过长期研究,烃类热裂解反应机理属自由基链式反应的观点已广为接受。包括链引发反应、链增长反应和链终止反应三个阶段。链引发反应是自由基的产生过程;链增长反应是自由基的转变过程,在这个过程中一种自由基的消失伴随着另一种自由基的产生,反应前后均保持着自由基的存在;链终止是自由基消亡生成分子的过程。

现以乙烷裂解为例,说明热裂解反应机理。

反应阶段	反应式	编号	动力学参数 A	动力学参数 E
			A/s	活化能 $E/(kJ/mol)$
链引发	$C_2H_6 \xrightarrow{k_1} \dot{C}H_3+\dot{C}H_4$	(1)	6.3×10^{16}	359.8
链传递	$\dot{C}H_3+C_2H_6 \xrightarrow{k_2} \dot{C}_2H_5+\dot{C}H_4$	(2)	2.5×10^{11}	45.1
	$\dot{C}_2H_5 \xrightarrow{k_1} C_2H_4+\dot{H}$	(3)	5.3×10^1	170.7
	$\dot{H}+C_2H_6 \xrightarrow{k_1} H_2+\dot{C}_2H_5$	(4)	3.8×10^{12}	29.3
链终止	$\dot{H}+\dot{C}_2H_5 \xrightarrow{k_3} C_2H_6$	(5)	7×10^{13}	0
	$\dot{H}+\dot{H} \longrightarrow H_2$			
	$\dot{C}_2H_5+\dot{C}_2H_5 \longrightarrow C_4H_{10}$			

研究表明乙烷裂解主产物是氢、甲烷、乙烯,这与反应机理是一致的。

6.1.3　烃类热裂解的反应热力学

(1)键能分析　表 6-1 给出了部分正、异构烷烃键能数据。

表 6-1　部分烃分子结构键能比较

碳氢键	键能/(kJ/mol)	碳氢键	键能/(kJ/mol)
H_3C—H	426.8	CH_3—CH_3	346
CH_3CH_2—H	405.8	CH_3—CH_2—CH_3	343.1
$CH_3CH_2CH_2$—H	397.5	CH_3CH_2—CH_2CH_3	338.9
$(CH_3)_2CH$—H	384.9	$CH_3CH_2CH_2$—CH_3	341.8
$CH_3CH_2CH_2CH_2$—H	393.2	H_3C—$\overset{\displaystyle CH_3}{\underset{\displaystyle CH_3}{\overset{\textstyle |}{\underset{\textstyle |}{C}}}}$—$CH_3$	314.6
$CH_3CH_2\overset{\displaystyle CH_3}{\overset{\textstyle |}{CH}}$—H	376.6		
$(CH_3)_3C$—H	364	$CH_3CH_2CH_2$—$CH_2CH_2CH_3$	325.1
C—H(一般)	378.7	$CH_3CH(CH_3)$—$CH(CH_3)CH_3$	310.9

从表 6-1 数据得出的大致规律如下。

① 同碳原子数的烷烃 C-H 键能大于 C-C 键能，断链比脱氢容易。

② 随着碳链的增长，其键能数据下降，表明热稳定性下降，碳链越长裂解反应越易进行。

③ 脱氢能力与分子结构有关，由易到难的顺序为叔碳氢＞仲碳氢＞伯碳氢。

④ 带支链的 C-C 键或 C-H 键的键能较直链烃的相应键能小，易断裂。

（2）从 $\Delta G^{\ominus}$ 和 $\Delta H^{\ominus}$ 分析　表 6-2 给出了部分正构烷烃裂解时一次反应的 $\Delta G^{\ominus}$、$\Delta H^{\ominus}$。

从表 6-2 数据，结合实践，可得出的大致规律如下。

① 裂解均为吸热反应。若裂解反应在管式炉中进行，热效应与传热的能力的匹配影响到沿管长的温度分布及产品分布，从而影响裂解气分离的工艺流程和技术经济指标。

② 断链反应更容易进行。

③ 断链反应 $\Delta G^{\ominus}$ 有较大的负值，接近不可逆反应，脱氢反应是可逆反应。

④ 要使脱氢反应的平衡转化率增大，要提高温度。

⑤ 随烷烃分子量增加，断链反应越易进行。

表 6-2　部分正构烷烃 1000K 裂解时一次反应的 $\Delta G^{\ominus}$、$\Delta H^{\ominus}$

	反　　应	$\Delta G^{\ominus}(1000K)/(kJ/mol)$	$\Delta H^{\ominus}(1000K)/(kJ/mol)$
脱氢	$C_nH_{2n+2} \rightleftharpoons C_nH_{2n}+H_2$		
	$C_2H_6 \rightleftharpoons C_2H_4+H_2(1)$	8.87	144.4
	$C_3H_8 \rightleftharpoons C_3H_6+H_2$	−9.54	129.5
	$C_4H_{10} \rightleftharpoons C_4H_8+H_2$	−5.94	131.0
	$C_5H_{12} \rightleftharpoons C_5H_{10}+H_2$	−8.08	130.8
	$C_6H_{14} \rightleftharpoons C_6H_{12}+H_2$	−7.41	130.8
断链	$C_{m+n}H_{2(m+n)+2} \longrightarrow C_nH_{2n}+C_mH_{2m+2}$		
	$C_3H_8 \longrightarrow C_2H_4+CH_4$	−53.89	78.3
	$C_4H_{10} \longrightarrow C_3H_6+CH_4(2)$	−68.99	66.5
	$C_4H_{10} \longrightarrow C_2H_4+C_2H_6(3)$	−42.34	88.6
	$C_5H_{12} \longrightarrow C_4H_8+CH_4$	−69.08	65.4
	$C_5H_{12} \longrightarrow C_3H_6+C_2H_6$	−61.13	75.2
	$C_5H_{12} \longrightarrow C_2H_4+C_3H_8$	−42.72	90.1
	$C_6H_{14} \longrightarrow C_5H_{10}+CH_4(4)$	−70.08	66.6
	$C_6H_{14} \longrightarrow C_4H_8+C_2H_6$	−60.08	75.5
	$C_6H_{14} \longrightarrow C_3H_6+C_3H_8(5)$	−60.38	77.0
	$C_6H_{14} \longrightarrow C_2H_4+C_4H_{10}$	−45.27	88.8

6.1.4 烃类热裂解的反应动力学

经研究，烃类热裂解的一次反应可视作一级反应：

$$r = \frac{-dc}{dt} = kc$$

式中 r——反应物的消失速率，$mol/L \cdot s$；

c——反应物浓度，mol/L；

t——反应时间，s；

k——反应速率常数，s^{-1}。

当反应物浓度由 $c_0 \rightarrow c$，反应时间由 $0 \rightarrow t$，将上式积分得，

$$\ln \frac{\alpha_v}{1-x} = kt$$

以转化率表示时，反应物浓度可表达为：

$$c = \frac{c_0(1-x)}{\alpha_v}$$

式中 α_v——体积增大率，它随转化率的变化而变化。

可将上列积分式表示为另一种形式：

$$\ln \frac{\alpha_v}{1-x} = kt$$

反应速率是温度的函数，可用阿累尼乌斯方程表示：

$$k = Ae^{-E/RT} \quad \text{或} \quad \lg k = \lg A - E/2.303RT$$

式中 A——反应的频率因子；

E——反应的活化能，kJ/mol；

R——气体常数，$kJ/kmol$；

T——反应温度，K。

裂解动力学方程可用来计算原料在不同工艺条件下裂解过程的转化率变化情况，但不能确定裂解产物的组成。

表 6-3 给出了某些烃的热解反应动力学数据。

表 6-3 某些烃的热解反应动力学数据

烃	lgA	$E/(kJ/mol)$	烃	lgA	$E/(kJ/mol)$
乙烷	14.6737	302.54	异丁烷	12.3173	239.23
丙烷	12.6160	250.29	正丁烷	12.2545	235.80
丙烯	13.8334	281.44	正戊烷	12.2479	232.07

据研究，二次反应中烯烃的裂解、脱氢和生碳、聚合等都不是一级反应，二次反应动力学的建立仍需做深入的研究。因此，按一级反应处理并不能反映出实际裂解过程。

6.2 烃类热裂解工艺条件

6.2.1 裂解原料选择与评价

6.2.1.1 裂解原料来源及选择

裂解原料的来源主要有两个方面，一是天然气加工厂的轻烃，如乙烷、丙烷、丁烷等；

二是炼油厂的加工产品，如炼厂气、石脑油、柴油、重油等，以及炼油厂二次加工油，如加氢焦化汽油、加氢裂化尾油等。

乙烯生产原料的选择是一个重大的技术经济问题。原料性质对裂解结果具有决定性影响。

6.2.1.2 裂解原料特性参数

表征裂解原料的特性参数主要有族组成、原料含氢量、芳烃指数等。

（1）族组成（PONA）表示法　PONA 法，P（paraffin）表示链烷烃，O（olefin）表示烯烃，N（naphthene）表示环烷烃，A（aromatics）表示芳香烃。该法适用于表征石脑油、轻柴油等轻质馏分油。对于科威特石脑油，其烷烃、环烷烃及芳烃典型含量（％）分别为 72、17、11；大庆石脑油为 53、43、4；大庆常压轻柴油约为 62、24、13。一般烷烃含量越大，芳烃越少，则乙烯产率越高。

（2）原料含氢量与碳氢比　原料含氢量是指原料中氢质量分数，碳氢比是指烃分子中碳质量与氢质量之比。一般原料含氢量愈低，乙烯收率愈低，裂解性能愈差。烷烃氢含量最高，芳烃则较低。乙烷的氢含量 20％，丙烷 18.2％，石脑油一般为 14.5％～15.5％，轻柴油一般为 13.5％～14.5％。

（3）芳烃指数 BMCI　芳烃指数 BMCI（U.S. Bureau of Mines Correlation Index），即美国矿务局关联指数，表示油品芳烃的含量，以及支链和直链的比例。芳烃指数愈大，油品的芳烃含量愈高。烃类化合物的芳香性按下列顺序递增：正构链烷烃＜带支链烷烃＜烷基单环烷烃＜无烷基单环烷烃＜双环烷烃＜烷基单环芳烃＜无烷基单环芳烃（苯）＜双环芳烃＜三环芳烃＜多环芳烃。烃类化合物的芳香性愈强，则 BMCI 值愈大，裂解时结焦趋势愈大，乙烯得率愈低。烃原料的 BMCI 值越小则乙烯潜在产率越高。

6.2.2 裂解过程的常用指标

（1）转化率、选择性、收率

$$转化率＝参加反应的原料量/通入反应器的原料量$$
$$选择性＝转化为目的产物的原料量/反应掉的原料量$$
$$收率＝转化为目的产物的原料量/通入反应器的原料量$$

对于混合烃原料裂解，用转化率表示其裂解进行的程度时，一定要选有代表性的组分。对于复杂的混合物如石脑油、轻柴油等，常选正戊烷为代表组分，以正戊烷的转化率表示石脑油、轻柴油等反应进行的程度。

（2）产气率

$$产气率＝气体产物总质量/原料质量$$

6.2.3 裂解工艺条件

烃类热裂解所得产品收率与裂解原料的性质密切相关。而对相同裂解原料而言，裂解产品收率取决于裂解过程的工艺条件。只有选择合适的工艺条件，并在生产中平稳操作，才能达到理想的裂解产品收率分布，保证合理的清焦周期。

（1）裂解温度　从热力学分析，热裂解是吸热反应，需要在高温下才能进行。按自由基链式反应机理分析，温度对一次产物分布的影响，是通过影响各种链式反应相对量实现的。裂解温度影响一次反应对二次反应的竞争。温度越高对生成乙烯、丙烯越有利，但对烃类分解成碳和氢的副反应也越有利。从动力学角度分析，升高温度，烃类热裂解生成乙烯的反应速度大于烃分解为碳和氢的反应速度，即提高反应温度，有利于提高一次反应对二次反应的相对速率，有利于乙烯收率的提高，所以一次反应在动力学上占优势。因此应选择一个最适宜的裂解温度，发挥一次反应在动力学上的优势，而克服二次反应在热力学上的优势，既可提高转化率也可得到较高的乙烯收率。

一般当温度低于750℃时，生成乙烯的可能性较小；在750℃以上生成乙烯的可能性增大，温度越高，反应的可能性越大，乙烯的收率越高。但当反应温度太高，特别是超过900℃时，甚至达到1100℃时，对结焦和生碳反应有利，同时生成的乙烯又会经历乙炔中间阶段而生成碳，这样原料的转化率虽有增加，产品的收率却大大降低。温度对乙烷转化率及乙烯收率的影响见表6-4。

表 6-4 温度对乙烷转化率及乙烯收率的影响

温度/℃	832	871
停留时间/s	0.0278	0.0278
乙烷单程转化率/%	14.8	34.4
按分解乙烷计的乙烯产率/%	89.4	86.0

所以理论上烃类热裂解制乙烯的最适宜温度一般在750～900℃。而实际裂解温度的选择还与裂解原料、产品分布、裂解技术、停留时间等因素有关。

不同的裂解原料具有不同最适宜的裂解温度，较轻的裂解原料，裂解温度较高，较重的裂解原料，裂解温度较低。如某厂乙烷裂解炉的裂解温度是850～870℃，石脑油裂解炉的裂解温度是840～865℃，轻柴油裂解炉的裂解温度是830～860℃；若改变反应温度，裂解反应进行的程度及一次产物的分布也会改变，所以可以选择不同的裂解温度，达到调整一次产物分布的目的。如裂解目的产物是乙烯，则裂解温度可适当地提高，如果要多产丙烯，裂解温度可适当降低。提高裂解温度还受炉管合金的最高耐热温度的限制。管材合金和加热炉设计方面的进展使裂解温度可从最初的750℃提高到900℃以上，目前某些裂解炉管，如Cr25Ni35耐热合金钢管，极限使用温度可提高到1150℃，但这不意味着裂解温度可选择1100℃以上，它还受到停留时间的限制。考虑炉管耐热程度及停留时间，管式裂解炉出口温度一般限制在950℃。

（2）停留时间　管式裂解炉中停留时间是指裂解原料由进入裂解辐射管到离开裂解辐射管所经过的时间。停留时间一般用 τ 来表示，单位为秒（s）。

从化学平衡的观点看，如使裂解反应进行到平衡，所得烯烃很少，最后生成大量的氢和碳。为获得尽可能多的烯烃，必须采用尽可能短的停留时间进行裂解反应。如果裂解原料在反应区停留时间太短，大部分原料还来不及反应就离开了反应区，原料的转化率很低，这样就增加了未反应原料的分离能耗；原料在反应区停留时间过长，对促进一次反应是有利的，故转化率较高，但二次反应更有时间充分进行，一次反应生成的乙烯大部分都发生二次反应而消耗，乙烯收率反而下降。同时，二次反应生成更多焦和碳，缩短了裂解炉管的运转周期。表6-5停留时间对乙烷转化率和乙烯收率的影响可以说明这一问题。

表 6-5 停留时间对乙烷转化率和乙烯收率的影响

温度/℃	832	832
停留时间/s	0.0278	0.0805
乙烷单程转化率/%	14.8	60.2
按分解乙烷计的乙烯收率/%	89.4	76.5

停留时间的选择主要取决于裂解温度。在一定的裂解温度下，当停留时间在适宜的范围

内，有一个最高的乙烯收率称为峰值收率。对给定裂解原料而言，在相同裂解深度条件下，高温-短停留时间可以获得较高的烯烃收率，并减少结焦。高温-短停留时间可以抑制芳烃生成的反应，故副产裂解汽油的收率相对较低。

停留时间的选择除与裂解温度有关外，也与裂解原料和裂解工艺技术等有关，在一定的反应温度下，每一种裂解原料，都有它最适宜的停留时间，如裂解原料较重，则停留时间应短一些，原料较轻则可选择稍长一些；目前停留时间一般为 0.15～0.25s（二程炉管），单程炉管可达 0.1s 以下，即以毫秒计。

（3）裂解反应的压力

① 压力对平衡转化率的影响　烃类裂解的一次反应是分子数增加的反应，降低压力对反应平衡向正反应方向移动是有利的，但是高温条件下，断链反应的平衡常数很大，几乎接近全部转化，反应是不可逆的，因此改变压力对断链反应的平衡转化率影响不大。对于脱氢反应，它是一可逆过程，降低压力有利于提高转化率。聚合、脱氢缩合、结焦等二次反应，都是分子数减少的反应，因此降低压力不利于平衡向产物方向移动，可抑制此类反应的发生。所以从热力学分析可知，降低压力对一次反应有利，而对二次反应不利。

② 压力对反应速度的影响　烃类裂解的一次反应多是一级反应，其反应速度可表示为：$r_{裂}=k_{裂} C$。

烃类聚合或缩合反应为多分子反应，其反应速度为：$r_{聚}=k_{聚} C^n$、$r_{缩}=k_{缩} C_A C_B$

压力不能改变速度常数 k 的大小，但能通过改变浓度的大小来改变反应速度 r 的大小。浓度的改变虽对三个反应速度都有影响，但降低的程度不一样，浓度的降低使双分子和多分子反应速度的降低比单分子反应速度要大得多。

所以从动力学分析得出：降低压力可增大一次反应对于二次反应的相对速度。

故无论从热力学还是动力学分析，降低裂解压力对增产乙烯的一次反应有利，可抑制二次反应，从而减轻结焦的程度。表 6-6 说明了压力对裂解反应的影响。

表 6-6　压力对一次反应和二次反应的影响

	反　　应	一次反应	二次反应
热力学因素	反应后体积的变化	增大	减少
	降低压力对平衡的影响	有利于提高平衡转化率	不利于提高平衡转化率
动力学因素	反应分子数	单分子反应	双分子或多分子反应
	降低压力对反应速度的影响	不利提高	更不利提高
	降低压力对反应速度的相对变化的影响	有利	不利

③ 稀释剂的降压作用　如果在生产中直接采用减压操作，当某些管件连接不严密时，有可能漏入空气，不仅会使裂解原料和产物部分氧化而造成损失，更严重的是空气与裂解气能形成爆炸性混合物而导致爆炸。另外如果在此处采用减压操作，就会增加后继分离部分的裂解气压缩操作的负荷。工业上常用的办法是在裂解原料气中添加稀释剂以降低烃分压，使设备在正压操作，安全性高。

稀释剂可以是惰性气体（例如氮）或水蒸气。工业上都是用水蒸气作为稀释剂，其优点如下。

一是易于从裂解气中分离　水蒸气在急冷时可以冷凝，很容易就实现了稀释剂与裂解气的分离。

　　二是可以抑制原料中的硫对合金钢管的腐蚀　裂解原料中的硫的来源有两方面,一方面是原料中存在杂质硫,另一方面是常在裂解原料中加入有机硫作结焦抑制剂。

　　三是可脱除炉管的部分结焦　水蒸气在高温下能与裂解管中沉淀的焦碳发生反应:$C+H_2O \rightarrow H_2+CO$,使固体焦碳生成气体随裂解气离开,延长炉管运转周期。

　　四是减轻炉管中铁和镍对烃类气体分解生碳的催化作用　水蒸气对金属表面起一定的氧化作用,使金属表面的铁、镍形成氧化物薄膜,可抑制这些金属对烃类气体分解生碳反应的催化作用。

　　五是稳定炉管裂解温度　水蒸气的热容大,水蒸气升温时耗热较多。稀释水蒸气的加入,可以起到稳定炉管裂解温度,防止过热和保护炉管的作用。

　　六是降低烃分压的作用明显　稀释蒸汽可降低炉管内的烃分压,水的摩尔质量小,同样质量的水蒸气其分压较大,在总压相同时,烃分压可降低较多。

　　加入水蒸气的量,不是越多越好,增加稀释水蒸气量,将增大裂解炉的热负荷,增加燃料的消耗量,增加水蒸气的冷凝量,从而增加能量消耗,同时会降低裂解炉和后部系统设备的生产能力。水蒸气的加入量随裂解原料而异,一般地说,轻质原料裂解时,所需稀释水蒸气量可以降低,随着裂解原料变重,为减少结焦,所需稀释水蒸气量将增大。将水蒸气与烃的质量比定义为稀释比。由图 6-2 可看出,对于不太容易结焦的丙烷裂解体系,水蒸气稀释比取 0.4~0.5 比较理想。

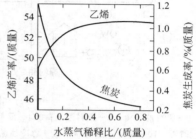

图 6-2　丙烷裂解水蒸气稀释比对乙烯产率和焦炭生成率的影响

　　综合上述讨论,石油烃类热裂解的操作条件宜采用高温、短停留时间、低烃分压,产生的裂解气要迅速离开反应区,因为裂解炉出口的高温裂解气在出口温度条件下将继续进行裂解反应,使二次反应增加,乙烯损失随之增加,故需将裂解炉出口的高温裂解气加以急冷,当温度降到 650℃ 以下时,裂解反应基本终止。

6.3　烃类热裂解的流程与反应器

6.3.1　热裂解的方法

　　热裂解最突出的工艺特征是强吸热和存在不利的二次反应,操作要点是高温、短停留时间。根据供热方式和载热体的不同,可采用以下方法。

　　(1) 间接加热　采用面积多组炉管构成传热面积大、管内流速大、返混小的管式裂解炉。

　　(2) 直接加热　可用蓄热式固定床反应器、高温砂载热的流化床反应器、用熔盐载热的熔盐炉、也可用高温蒸汽载热的反应器。到目前为止,管式炉裂解法仍是各国广泛采用的方法。

6.3.2　热裂解的工艺流程

　　以石脑油、直馏汽油、轻柴油等液态烃为原料裂解生产烯烃,是目前制备乙烯、丙烯等低级烯烃的主要方法。工艺流程包括原料油供给和预热系统、裂解和高压水蒸气系统、急冷油和燃料油系统、急冷水和稀释水蒸气系统。图 6-3 所示是轻柴油裂解工艺流程。

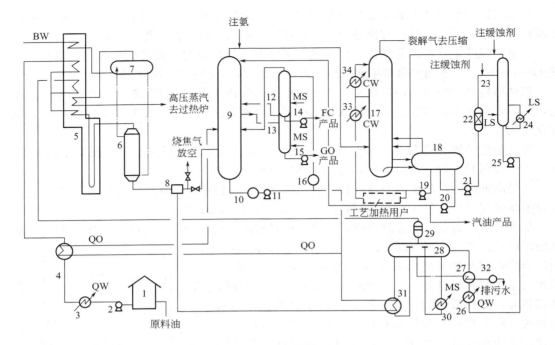

图 6-3　轻柴油裂解工艺流程

1—原料油贮罐；2—原料油泵；3,4—原料油预热器；5—裂解炉；6—急冷换热器；7—气包；8—急冷器；9—初分馏塔；10—急冷油过滤器；11—急冷油循环泵；12—燃料油汽提塔；13—裂解轻柴油汽提塔；14—燃料油输送泵；15—裂解轻柴油输送泵；16—燃料油过滤器；17—水洗塔；18—油水分离槽；19—急冷水循环泵；20—汽油回流泵；21—工艺水泵；22—工艺水过滤器；23—工艺水汽提塔；24—再沸器；25—稀释蒸汽发生器给水泵；26,27—预热器；28—稀释蒸汽发生器汽包；29—分离器；30—中压蒸汽加热器；31—急冷油换热器；32—排污水冷却器；33,34—急冷水冷却器；QW—急冷水；CW—冷却水；MS—中压水蒸气；LS—低压水蒸气；QO—急冷油；BW—锅炉给水；GO—轻柴油；FO—燃料油

① 原料油供给和预热系统　原料油从贮罐（1）经换热器（3）和（4）与过热的急冷水和急冷油热交换后进入裂解炉的预热段。原料油供给必须保持连续、稳定，否则直接影响裂解操作的稳定性，甚至有损毁炉管的危险。因此原料油泵须有备用泵及自动切换装置。

② 裂解和高压蒸汽系统　预热过的原料油入对流段初步预热后与稀释水蒸气混合，再进入裂解炉的第二预热段预热到一定温度，然后进入裂解炉（5）辐射段进行裂解。炉管出口的高温裂解气迅速进入急冷换热器（6）中，使裂解反应很快终止。

急冷换热器的给水先在对流段预热并局部汽化后送入高压气包（7），靠自然对流流入急冷换热器（6）中，产生 11MPa 的高压水蒸气，从汽包送出的高压水蒸气进入裂解炉预热段过热，过热后供压缩机的蒸汽透平使用。

③ 急冷油和燃料油系统　从急冷换热器（6）出来的裂解气再去油急冷器（8）中用急冷油直接喷淋冷却，然后与急冷油一起进入初分馏塔（9），塔顶出来的气体为氢、气态烃和裂解汽油以及稀释水蒸气和酸性气体。

裂解轻柴油从初分馏塔（9）的侧线采出，经汽提塔（13）汽提其中的轻组分后，作为裂解轻柴油产品。裂解轻柴油含有大量的烷基萘，是制萘的好原料，常称为制萘馏分。塔釜采出重质燃料油。自初分馏塔釜采出的重质燃料油，一部分经汽提塔（12）汽提出其中的轻组分后，作为重质燃料油产品送出，大部分则作为循环急冷油使用。循环急冷油分两股进行冷却，一股用来预热原料轻柴油之后，返回油洗塔作为塔的中段回流，另一股用来发生低压稀释蒸汽（31），急冷油本身被冷却后送至急冷器作为急冷介质，对裂解气进行冷却。

急冷油系统常会出现结焦堵塞而危及装置的稳定运转，结焦产生原因有二：一是急冷油与裂解气接触后超过 300℃ 时不稳定，会产生易于结焦的缩聚物；二是不可避免地由裂解管、急冷换热器带来焦粒。因此在急冷油系统内设置过滤器（10），并在急冷器油喷嘴前设置较大孔径的滤网和燃料油过滤器（16）。

④ 急冷水和稀释水蒸气系统　裂解气在初分馏塔（9）中脱除重质燃料油和裂解轻柴油后，由塔顶采出进入水洗塔（17），此塔的塔顶和中段用急冷水喷淋，使裂解气冷却，其中一部分的稀释水蒸气和裂解汽油就冷凝下来。冷凝下来的油水混合物由塔釜引至油水分离器（18），分离出的水一部分供工艺加热用，冷却后的水再经急冷水换热器（33）和（34）冷却后，分别作为水洗塔（17）的塔顶和中段回流，此部分的水称为急冷循环水，另一部分相当于稀释水蒸气的水量，由工艺水泵（21）经过滤器（22）送入汽提塔（23），将工艺水中的轻烃汽提回水洗塔（17）。此工艺水由稀释水蒸气发生器给水泵（25）送入稀释水蒸气发生器汽包（28），再分别由中压水蒸气加热器（30）和急冷油换热器（31）加热汽化产生稀释水蒸气，经气液分离器（29）分离后再送入裂解炉。这种稀释水蒸气循环使用系统，节约了新鲜的锅炉给水，也减少了污水的排放量。

油水分离槽（18）分离出的汽油，一部分由泵（20）送至初分馏塔（9）作为塔顶回流而循环使用，另一部分作为裂解汽油产品送出。

经脱除绝大部分水蒸气和裂解汽油的裂解气，温度约为 40℃ 送至裂解气压缩系统。

6.3.3　管式裂解炉

6.3.3.1　管式炉的基本结构

裂解炉，是乙烯装置的核心，也是挖掘节能潜力的关键设备。管式炉炉型结构简单，便于控制和连续生产，乙烯、丙烯收率较高，高温裂解气和烟道气的余热回收较充分。

尽管管式炉有不同型式，但从结构上看，总是包括对流段（或称对流室）和辐射段（或称辐射室）组成的炉体、炉体内布置的由耐高温合金钢制成的炉管、燃料燃烧器等三个主要部分。管式炉的基本结构如图 6-4 所示。

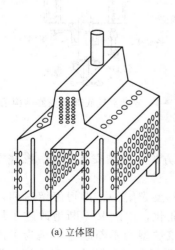
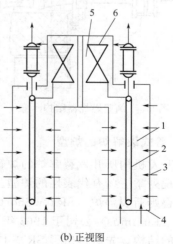

(a) 立体图　　　　　　　　　　(b) 正视图

图 6-4　裂解炉基本结构

1—辐射段；2—垂直辐射管；3—侧壁燃烧器；4—底部燃烧器；5—对流段；6—对流管

（1）炉体 炉体由对流段和辐射段两部分组成。对流段内设有数组水平放置的换热管用来预热原料、工艺稀释水蒸气、急冷锅炉进水和过热的高压蒸汽等；辐射段由耐火砖（内层）和隔热砖（外层）砌成，在辐射段炉墙或底部的一定部位安装有一定数量的燃烧器，所以辐射段又称为燃烧室或炉腔，裂解炉管垂直放置在辐射室中央。

（2）炉管 安置在对流段的炉管称为对流管，对流管内的裂解原料被管外的高温烟道气以对流方式进行加热并气化，达到裂解反应温度后进入辐射管，故对流管又称为预热管。安置在辐射段的炉管称为辐射管，通过燃料燃烧的高温火焰、产生的烟道气、炉墙辐射加热将热量经辐射管管壁传给物料，裂解反应在该管内进行，故辐射管又称为反应管。

燃料在燃烧器燃烧后，则先在辐射段生成高温烟道气并向辐射管提供大部分反应所需热量。然后，烟道气进入对流段，把余热提供给刚进入对流管内的物料。在经烟道从烟囱排放前，对流段通常还有锅炉给水加热设施，以进一步回收余热。

（3）燃烧器 管式炉所需的热量通过燃料在燃烧器燃烧得到。燃烧器又称为烧嘴，是管式炉的重要部件之一。性能优良的烧嘴不仅对炉子的热效率、炉管热强度和加热均匀性起着十分重要的作用，而且使炉体外形尺寸缩小，结构紧凑、燃料消耗低，烟气中NO_x等有害气体含量低。烧嘴因其所安装的位置不同分为底部烧嘴和侧壁烧嘴。管式裂解炉的烧嘴设置方式可分为三种：一是全部由底部烧嘴供热；二是全部由侧壁烧嘴供热；三是由底部和侧壁烧嘴联合供热。按所用燃料不同，又分为气体燃烧器、液体（油）燃烧器，和气、油联合燃烧器。裂解炉炉内过剩空气和负压控制是燃烧器操作好坏的关键。典型的燃烧器结构见图 6-5、图 6-6。

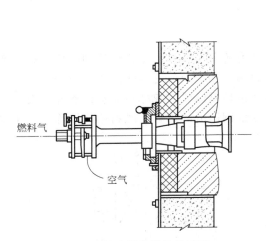

图 6-5 侧壁燃烧器结构示意

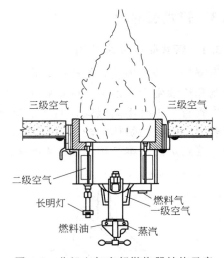

图 6-6 分级空气底部燃烧器结构示意

6.3.3.2 管式裂解炉的炉型

不同开发机构所开发裂解炉的炉管构型、炉管布置方式、烧嘴安装位置、燃烧方式等常有不同，现列举一些有代表性的炉型。

（1）鲁姆斯裂解炉 SRT（Short Residence Time）型裂解炉，即短停留时间炉，是美国鲁姆斯（Lummus）公司于 1963 年开发，1965 年工业化，以后又不断地改进了炉管的炉型及炉子的结构，先后推出了 SRT-Ⅰ～Ⅵ型裂解炉。该炉型的不断改进，是为了进一步缩短停留时间，改善裂解选择性，提高乙烯的收率，增加炉子的处理能力，对不同的裂解原料有较大的灵活性，延长炉子的使用周期。SRT-Ⅲ型裂解炉炉管布置示意见图 6-7。

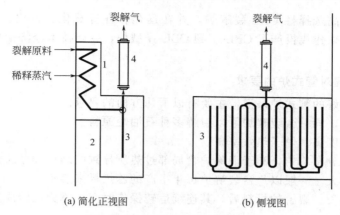

图 6-7 鲁姆斯 SRT-Ⅲ 型炉示意

1—对流室；2—辐射室；3—辐射段炉管组；4—急冷换热器

在众多改进措施中，依据反应特征的不同，在反应初期采用小管径，反应后期采用较大管径的方法是在充分考虑化学因素和工程因素的情况下做出的，分析见表 6-7。

表 6-7 炉管变径分析

项 目	反 应 前 期	反 应 后 期
管径	较小	较大
压力降	反应前期由于反应转化率尚低,管内流体体积增大不多,以致线速度增大不多,由于管径小而引起压力降不严重,不致严重影响平均径分压的增大	此时转化率较高,管内流体体积增大较多,以致线速度增大较多,由于管径小而引起压力降较严重,故采用较大管径为宜
热强度	由于原料升温,转化率增长快,需要大量吸热,所以要求热强度大,管径小可使比表面积增大,可满足此要求	转化率已较高,增长幅度不大了,对热强度要求不高了,管径大一些,对传热的影响不显著
结焦趋势	转化率尚低,二次反应尚不致发生,不致结焦,允许管径小一些	转化率已较高,二次反应已在发生,结焦可能性较大,用较大管径可延长操作周期
主要矛盾	加大热强度是主要矛盾,压力降和结焦是次要矛盾,故管径小是首位	避免压力降过大,防止结焦延长操作周期是主要矛盾,传热是次要矛盾,故用较大直径

（2）凯洛格毫秒裂解炉　超短停留时间裂解炉简称 USRT 炉，是美国凯洛格（Kellogg）公司研发的一种炉型。在高裂解温度下，使物料在炉管内的停留时间缩短到 0.05～0.1s（50～100ms），所以也称为毫秒裂解炉。

毫秒炉由于管径较小，所需炉管数量多，致使裂解炉结构复杂，投资相对较高。因裂解管是一程，没有弯头，阻力降小，烃分压低，因此乙烯收率比其他炉型高。典型毫秒炉炉管布置如图 6-8 所示。

目前，工业上采用的管式裂解炉还有美国斯通-韦伯斯特（Stone & Webster）公司超选择性裂解炉，简称 USC 炉；KTI 公司的 GK 裂解炉；Linde 公司的 LSCC 型裂解炉等十几种。

我国在 20 世纪 90 年代，北京化工研究院、中国石化工程建设公司、兰州化工机械研究院等单位对裂解炉技术进行深入研究和消化吸收，相继开发了多种具有同

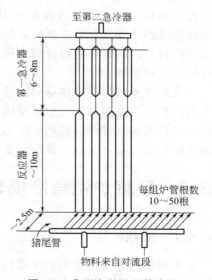

图 6-8 典型毫秒炉炉管布置

期世界先进水平的高选择性 CBL 裂解炉，并在辽化、齐鲁石化、吉化、抚顺石化、燕化、天津乙烯和中原乙烯建成投产了 CBL-Ⅰ 到 CBL-Ⅳ 型炉，主要技术经济指标与同期国际水平相当。

6.3.3.3 裂解过程对管式炉的要求

对一个性能良好的管式炉来说，主要有以下几方面的要求。

(1) 灵活性好，同一台裂解炉可以裂解多种石油烃原料。

(2) 炉管热强度高，炉子热效率高。

(3) 炉膛温度分布均匀，利于消除炉管局部过热所导致的结焦和延长炉管寿命。

(4) 生产能力大。一般以每台裂解炉每年生产的乙烯量来表示。

(5) 运转周期长。裂解炉投料后，其连续运转操作时间，称为运转周期。

6.4 裂解气急冷

从裂解炉出来的裂解气富含烯烃和大量的水蒸气，温度一般高于 800℃。烯烃反应性很强，若任它们在高温下长时间停留，仍会发生二次反应，引起结焦、烯烃收率下降及生成经济价值不高的副产物，因此需要将裂解炉出口高温裂解气尽快冷却，以终止其裂解反应。

急冷的方法有两种，一种是直接急冷，另一种是间接急冷。直接急冷用急冷剂与裂解气直接接触，急冷剂用油或水，急冷下来的油水密度相差不大，分离困难，污水量大，不能回收高品位的热量。采用间接急冷的目的是回收高品位的热量，产生高压水蒸气作动力能源以驱动裂解气、乙烯、丙烯的压缩机、汽轮机发电及高压水泵等机械，同时终止二次反应。

生产中一般都先采用间接急冷，即裂解产物先进急冷换热器，取走热量，然后采用直接急冷，即油洗和水洗来降温。

裂解原料不同，急冷方式有所不同，如裂解原料为气体，则适合的急冷方式为"水急冷"，而裂解原料为液体时，适合的急冷方式为"先油后水"。

间接急冷的关键设备是急冷换热器。急冷换热器与汽包所构成的水蒸气发生系统称为急冷废热锅炉。一般急冷换热器管内走高温裂解气，裂解气的压力约低于 0.1MPa，温度高达 800～900℃，进入急冷换热器后要在极短的时间（一般在 0.1s 以下）下降到 350～600℃。管外走高压热水，压力约为 11～12MPa，在此产生高压水蒸气，出口温度为 320～326℃。因此急冷换热器具有热强度高，操作条件极为苛刻、管内外必须同时承受较高的温度差和压力差的特点；同时在运行过程中还有结焦问题，生产中使用的不同类型的急冷锅炉都是依据这些特点研发的。

裂解气经过急冷换热器后，进入油洗和水洗。油洗的作用一是将裂解气继续冷却，并回收其热量；二是使裂解气中的重质油和轻质油冷凝洗涤下来回收，然后送去水洗。水洗的作用一是将裂解气继续降温到 40℃ 左右，二是将裂解气中所含的稀释水蒸气冷凝下来，并将油洗时没有冷凝下来的一部分轻质油也冷凝下来，同时也可回收部分热量。

6.5 裂解炉和急冷锅炉的结焦与清焦

6.5.1 结焦

在裂解和急冷过程中不可避免地会发生二次反应，最终会结焦，积附在裂解炉管的内壁上和急冷锅炉换热管的内壁上。

随着裂解炉运行时间的延长，焦的积累量不断地增加，有时结成坚硬的环状焦层，使炉管内径变小，阻力增大，使进料压力增加；另外由于焦层热导率比合金钢低，有焦层的地方局部热阻大，导致反应管外壁温度升高，一是增加了燃料消耗，二是影响反应管的寿命，同时破坏了裂解的最佳工况，故在炉管结焦到一定程度时即应及时清焦。

当急冷锅炉出现结焦时，除阻力较大外，还引起急冷锅炉出口裂解气温度上升，以致减少副产高压蒸汽的回收，并加大急冷油系统的负荷。

6.5.2　清焦

当出现下列任一情况时，应进行清焦。

① 当辐射段炉管某处出现光亮点。

② 裂解炉辐射段入口压力增加值超过设计值。

③ 废热锅炉出口温度超过设计允许值，或废热锅炉进出口压差超过设计允许值。

清焦方法有停炉清焦和不停炉清焦法（也称在线清焦）。停炉清焦法是将进料及出口裂解气切断（离线）后，将裂解炉和急冷锅炉停车拆开，分别进行除焦，用惰性气体和水蒸气清扫管线，逐渐降低炉温，然后通入空气和水蒸气烧焦。

由于燃烧反应是强放热反应，需加入水蒸气以稀释空气中氧的浓度，以减慢燃烧速度。烧焦期间，不断检查出口尾气的二氧化碳含量，当二氧化碳浓度降至 0.2% 以下时，可认为在此温度下烧焦结束。在烧焦过程中裂解管出口温度必须严格控制，不能超过 750℃，以防烧坏炉管。

不停炉清焦是对停炉清焦（需 3~4 天）的改进，有交替裂解法、水蒸气法、氢气清焦法等。交替裂解法是使用重质原料（如轻柴油等）裂解一段时间后有较多的焦生成，需要清焦时切换轻质原料（如乙烷）裂解，并加入大量的水蒸气，这样可以起到裂解和清焦的作用。当压降减少后（焦已大部分被清除），再切换为原来的裂解原料。水蒸气、氢气清焦是定期将原料切换成水蒸气、氢气，方法同上，也能实现不停炉清焦。

在裂解炉进行清焦操作时，废热锅炉均在一定程度上可以清理部分焦垢，管内焦炭不能完全用燃烧方法清除，所以一般需要在裂解炉 1~2 次清焦周期内对废热锅炉进行水力清焦或机械清焦。

6.6　裂解气的预分馏

6.6.1　裂解气的预分馏过程

裂解炉出口的高温裂解气经急冷换热器冷却，再经急冷器进一步冷却后，温度可以降到 200~300℃ 之间。将急冷后的裂解气进一步冷却至常温，并在冷却过程中分馏出裂解气中的重组分（如燃料油、裂解汽油、水分），这个环节称为裂解气的预分馏。经预分馏处理的裂解气再送至裂解气压缩并进一步进行深冷分离。

（1）轻烃裂解装置裂解气的预分馏过程　轻烃裂解装置所得裂解气的重质馏分甚少，尤其乙烷和丙烷裂解时，裂解气中的燃料油含量甚微。此时，裂解气的预分馏过程主要是在裂解气进一步冷却过程中分馏裂解气中的水分和裂解汽油馏分。

（2）馏分油裂解装置裂解气预分馏过程　馏分油裂解装置所得裂解气中含相当量的重质馏分，这些重质燃料油馏分与水混合后会因乳化而难于进行油水分离。因此，在馏分油裂解装置中，必须在冷却裂解气的过程中先将裂解气中的重质燃料油馏分分馏出来，分馏重质燃料油馏分之后的裂解气再进一步送至水洗塔冷却，并分馏其中的水和裂解汽油。其流程示意见图 6-9。

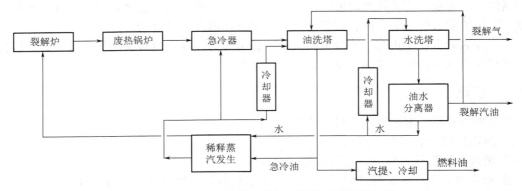

图 6-9　馏分油裂解装置裂解气预分馏过程示意图

如图所示，馏分油裂解装置中裂解炉出口高温裂解气，经急冷换热器回收热量后，再经急冷器用急冷油喷淋降温至 220～300℃ 左右。冷却后的裂解气进入油洗塔（或称预分馏塔），塔顶用裂解汽油喷淋，塔顶温度控制在 100～110℃ 之间，保证裂解气中的水分从塔顶带出油洗塔。塔釜温度则随裂解原料的不同而控制在不同水平。石脑油裂解时，塔釜温度大约 180～190℃，轻柴油裂解时则可控制在 190～200℃ 左右。塔釜所得燃料油产品，部分经汽提并冷却后作为裂解燃料油产品。另外部分（称为急冷油）送至稀释蒸汽系统作为稀释蒸汽的热源，回收裂解气的热量。经稀释蒸汽发生系统冷却的急冷油，大部分送至急冷器以喷淋高温裂解气，少部分急冷油进一步冷却后作为油洗塔中段回流。

油洗塔塔顶裂解气进入水洗塔，塔顶用急冷水喷淋，塔顶裂解气降至 40℃ 左右送入裂解气压缩机。塔釜约 80℃，在此可分馏出裂解气中大部分水分和裂解汽油。塔釜油水混合物经油水分离后，部分水（称为急冷水）经冷却后送入水洗塔作为塔顶喷淋，另一部分则送至稀释蒸汽发生器发生蒸汽，供裂解炉使用。油水分离所得裂解汽油馏分，部分送至油洗塔作为塔顶喷淋，另一部分则作为产品采出。

6.6.2　烃类裂解的副产物

（1）裂解汽油　烃类裂解副产的裂解汽油包括 C_5 至沸点 204℃ 以下的所有裂解副产物，作为乙烯装置的副产品。裂解汽油经一段加氢可作为高辛烷值汽油组分。如需经芳烃抽提分离芳烃产品，则应进行两段加氢，脱出其中的硫、氮、并使烯烃全部饱和。可以将裂解汽油全部进行加氢，加氢后分为加氢 C_5 馏分，C_6～C_8 中心馏分，C_9～204℃ 馏分。此时，加氢 C_5 馏分可返回循环裂解，而 C_6～C_8 中心馏分则是芳烃抽提的原料，C_9 馏分可作为歧化生产芳烃的原料。也可以将裂解汽油先分为 C_5 馏分、C_9 馏分、C_6～C_8 中心馏分。然后仅对 C_6～C_8 中心馏分进行加氢处理，由此，可使加氢处理量减少。

裂解汽油的组成与原料油性质和裂解条件有关。

（2）裂解燃料油　烃类裂解副产的裂解燃料油是指沸点在 200℃ 以上的重组分。其中沸程在 200～360℃ 的馏分称为裂解轻质燃料油，相当于柴油馏分，其中，烷基萘含量较高，可作为脱烷基制萘的原料。沸程在 360℃ 以上的馏分称为裂解重质燃料油，相当于常压重油馏分。除作燃料外，由于裂解重质燃料油的灰分低，是生产炭黑的良好原料。

轻烃和轻质油裂解时，裂解燃料油较少，通常不再对轻质燃料油和重质燃料油进行分离。一般在柴油裂解时，则需分出轻质燃料油，并以轻质燃料油作为裂解炉燃料，以此平衡柴油裂解气体燃料的不足。

裂解燃料油需要控制的规格主要是油品的闪点。

裂解燃料油的硫含量取决于裂解原料的硫含量。

6.7　裂解气的净化与分离

6.7.1　净化-分离系统概述

经预分馏后典型的裂解气组成见表 6-8。裂解气中含 H_2S、CO_2、H_2O、C_2H_2、CO 等气体杂质。这些杂质含量不大，但对深冷分离过程有害。若不脱除，它们会进入乙烯、丙烯产品，使产品达不到规定的标准。尤其是生产聚合级乙烯、丙烯，必须脱除这些杂质。

表 6-8　进入分离系统的典型裂解气组成

裂解原料	乙烷	轻烃	石脑油	轻柴油	减压柴油
转化率/%	65	—	中深度	中深度	高深度
H_2	34.00	18.20	14.09	13.18	12.75
$CO+CO_2+H_2S$	0.19	0.33	0.32	0.27	0.36
CH_4	4.39	19.83	26.78	21.24	20.89
C_2H_2	0.19	0.46	0.41	0.37	0.46
C_2H_4	31.51	28.81	26.10	29.34	29.62
C_2H_6	24.35	9.27	5.78	7.58	7.03
C_3H_4		0.52	0.48	0.54	0.48
C_3H_6	0.76	7.68	10.30	11.42	10.34
C_3H_8		1.55	0.34	0.36	0.22
$C_4'S$	0.18	3.44	4.85	5.21	5.36
$C_5'S$	0.09	0.95	1.04	0.51	1.29
$C_6\sim(204℃)$	—	2.70	4.53	4.58	5.05
H_2O	4.36	6.26	4.98	5.40	6.15
平均相对分子质量	18.89	24.90	26.83	28.01	28.38

目前，净化与分离流程均由三大系统组成。典型的系统图见图 6-10，表 6-8 中 $C_4'S$、$C_5'S$ 分别表示混合 C_4、混合 C_5 组分；$C_6\sim(204℃)$ 馏分中富含芳烃。

（1）气体的净化系统：排除对后操作的干扰和提纯产品，脱酸性气体、脱水、脱炔和脱

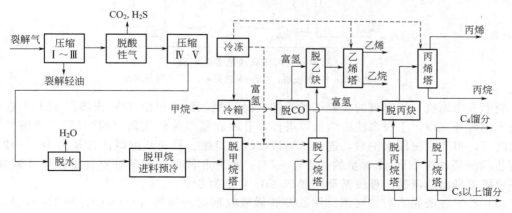

图 6-10　净化-分离系统图

CO 等。

（2）压缩和冷冻系统：将裂解气加压、降温，为分离创造条件。

（3）精馏分离系统：采用一系列精馏塔，以便分离出乙烯、丙烯等产品和其他烃馏分。

6.7.2　气体净化系统

6.7.2.1　脱酸性气体

（1）酸性气体杂质的来源和危害　裂解气中的酸性气体主要是 CO_2、H_2S 和其他气态硫化物。它们对裂解气分离装置，以及乙烯、丙烯衍生物加工装置都有很大危害。对裂解气分离装置而言，CO_2 会在低温下结成冰，造成深冷分离系统设备和管道堵塞，H_2S 将造成加氢脱炔催化剂和甲烷化催化剂中毒。对于下游加工装置而言，当氢气、乙烯、丙烯产品中酸性气体含量超标时，可使下游加工装置的聚合过程或催化反应过程的催化剂中毒，也可能严重影响产品质量。一般要求将裂解气中的 CO_2 和 H_2S 的摩尔分数含量分别脱除至 1×10^{-6} 以下。

（2）碱洗法脱除酸性气体　碱洗法是用 NaOH 为吸收剂，通过化学吸收脱除酸性气体。其反应如下：

$$CO_2 + 2NaOH \longrightarrow Na_2CO_3 + H_2O$$
$$H_2S + 2NaOH \longrightarrow Na_2S + 2H_2O$$

与 CO_2 相比，H_2S 和 NaOH 的反应速度快得多，因此在碱洗过程设计中，酸性气体的总含量（CO_2 和 H_2S）以 CO_2 计，并按 CO_2 的吸收速度进行设计。

目前乙烯装置多采用（两段或多段）碱洗。两段法流程如图 6-11 所示。

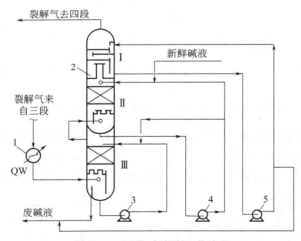

图 6-11　两段碱洗法工艺流程

1—加热器；2—碱洗塔；3,4—碱液循环；5—水洗循环泵

裂解气压缩机三段出口的裂解气经冷却并分离凝液后，再由 37℃ 预热至 42℃，进入碱洗塔，该塔分三段，Ⅰ段水洗塔为泡罩塔板，Ⅱ段和Ⅲ段为碱洗段（填料层），裂解气经两段碱洗后，再经水洗段水洗后，进入压缩机四段入口罐。补充新鲜碱液含量为 $18\% \sim 20\%$，保证Ⅱ段循环碱液 NaOH 含量约为 $5\% \sim 7\%$；部分Ⅱ段循环碱液补充到Ⅲ段循环碱液中，以平衡塔釜排出的废碱。Ⅲ段循环碱液 NaOH 含量为 $2\% \sim 3\%$。

（3）乙醇胺法脱除酸性气体　用乙醇胺做吸收剂除去裂解气中的 CO_2 和 H_2S，是一种物理吸收和化学吸收相结合的方法，所用的吸收剂主要是一乙醇胺（MEA）和二乙醇胺

（DEA）。以 MEA 为例，在吸收过程中，它能与 CO_2 和 H_2S 发生如下反应：

$$2HOC_2H_4NH_2 + H_2S \rightleftharpoons (HOC_2H_4NH_3)_2S$$
$$(HOC_2H_4NH_3)_2S + H_2S \rightleftharpoons 2HOC_2H_4NH_3HS$$
$$2HOC_2H_4NH_2 + CO_2 + H_2O \rightleftharpoons (HOC_2H_4NH_3)_2CO_3$$
$$(HOC_2H_4NH_3)_2CO_3 + CO_2 + H_2O \rightleftharpoons 2HOC_2H_4NH_3HCO_3$$
$$2HOC_2H_4NH_2 + CO_2 \rightleftharpoons HOC_2H_4NHCOONH_3C_2H_4OH$$

（4）醇胺法与碱洗法的比较　醇胺法对酸性气杂质的吸收不如碱洗法彻底。醇胺虽可再生循环使用，但由于挥发和降解，仍有一定损耗。醇胺水溶液呈碱性，但当有酸性气体存在时，溶液 pH 值急剧下降，从而对碳钢设备产生腐蚀。醇胺溶液可吸收丁二烯和其他双烯烃，吸收双烯烃的吸收剂在高温下再生时易生成聚合物，既造成系统结垢，又损失丁二烯。

因此，一般情况下乙烯装置均采用碱法脱除裂解气中的酸性气体，只有当酸性气体含量较高（例如：裂解原料硫体积分数超过 0.2%）时，为减少碱耗量以降低生产成本，可考虑采用醇胺法预脱裂解气中的酸性气体，但仍需要碱洗法进一步深度脱除。

6.7.2.2　脱水

裂解气经预分馏处理后进入裂解气压缩机，在压缩机入口裂解气中的水分为入口温度和压力条件下的饱和水含量。在裂解气压缩过程中，随着压力的升高，可在冷凝过程分离出部分水分。通常，裂解气压缩机出口压力约 $3.5 \sim 3.7MPa$，经冷却至 15℃ 左右即送入低温分离系统，此时，裂解气中饱和水含量约 $(600 \sim 700) \times 10^{-6}$。

这些水分带入低温分离系统会造成设备和管道的堵塞，除水分在低温下结冰造成冻堵外，在加压和低温条件下，水分尚可与烃类生成白色结晶水合物，如：$CH_4 \cdot 6H_2O$，$C_2H_6 \cdot 7H_2O$，$C_3H_8 \cdot 8H_2O$。这些水合物也会在设备和管路内积累而造成堵塞现象，因而需要进行干燥脱水处理。为避免低温系统冻堵，通常要求将裂解气中水含量（质量分数）降至 1×10^{-6} 以下，即进入低温分离系统的裂解气露点在 -70℃ 以下。已吸附干燥裂解气中的水含量不高，但要求脱水后物料的干燥度很高，因而，均采用吸附法进行干燥。

3A 分子筛是离子型极性吸附剂，对极性分子特别是水有极大的亲和性，易于吸附；而对 H_2、CH_4 和 C_3 以上烃类均不易吸附。因而，用于裂解气和烃类干燥时，不仅烃的损失少，也可减少高温再生时由于形成聚合物或结焦而使吸附剂性能劣化。目前，裂解气干燥脱水均采用 3A 分子筛，一般设置两个干燥剂罐，轮流进行干燥和再生，经干燥后裂解气露点低于 -70℃。

6.7.2.3　脱炔

（1）炔烃来源、危害及处理方法　在裂解气分离过程中，裂解气中的乙炔将富集于 C_2 馏分中，甲基乙炔和丙二烯（简称 MAPD）将富集于 C_3 馏分。乙烯和丙烯产品中所含炔烃对乙烯和丙烯衍生物生产过程带来麻烦。它们可能影响催化剂寿命，恶化产品质量，产生不希望的副产品。

乙烯生产中常采用脱除乙炔的方法是催化加氢法和溶剂吸收法。催化加氢法是将裂解气中乙炔加氢成为乙烯或乙烷，由此达到脱除乙炔的目的。溶剂吸收法是使用溶剂吸收裂解气中的乙炔以达到净化目的，同时也回收一定量的乙炔。溶剂吸收法和催化加氢法各有优缺点。目前，在不需要回收乙炔时，一般采用催化加氢法，当需要回收乙炔时，则采用溶剂吸收法。

（2）催化加氢脱炔

① 炔烃的催化加氢　在裂解气中的乙炔进行选择催化加氢时有如下反应发生。

$$C_2H_2 + H_2 \longrightarrow C_2H_4 + 174.75kJ$$
$$C_2H_2 + 2H_2 \longrightarrow C_2H_6 + 311.67kJ$$
$$C_2H_4 + H_2 \longrightarrow C_2H_6 + 136.92kJ$$
$$mC_2H_2 + nC_2H_4 \longrightarrow 低聚物（绿油）$$

在乙炔催化加氢过程中，催化剂的选择性是影响加氢脱炔效果的重要指标。

② 前加氢和后加氢　前加氢是在裂解气中氢气未分离出来之前，利用裂解气中的氢对炔烃进行选择性加氢，以脱除其中炔烃。所以，又称为自给氢催化加氢过程。

前加氢催化剂分钯系和非钯系两类，用非钯催化剂脱炔时，对进料中杂质（硫、CO、重质烃）的含量限制不很严，但其反应温度高，加氢选择性不理想。加氢后残余乙炔一般高于 10×10^{-6}。钯系催化剂对原料中杂质含量限制很严，通常要求硫含量低于 5×10^{-6}。钯系催化剂反应温度较低，乙烯损失小，加氢后残余乙炔可低于 5×10^{-6}。

后加氢过程是指裂解气分离出 C_2 馏分和 C_3 馏分后，再分别对 C_2 和 C_3 馏分进行催化加氢，以脱除乙炔、甲基乙炔和丙二烯。

前加氢利用裂解气中含有的氢进行加氢反应，流程简化，节省投资，但它的最大缺陷是操作稳定性差。后加氢过程所需氢气是根据炔烃含量定量供给，温度较易控制，不易发生飞温的问题。前加氢是在氢气大量过量的条件下进行加氢反应，当催化剂性能较差时，副反应剧烈，选择性差，不仅造成乙烯和丙烯损失，严重时还会导致反应温度失控，床层飞温。正因为如此，目前工业中以采用后加氢为主。

③ 加氢工艺流程　以后加氢过程为例，进料中乙炔的摩尔分数高于 0.7%，一般采用多段绝热床或等温反应器。图 6-12 为 Lummus 公司采用的两段绝热床加氢的工艺流程。如图所示，脱乙烷塔塔顶回流罐中未冷凝 C_2 馏分经预热并配注氢之后进入第一段加氢反应器，反应后的气体经段间冷却后进入第二段加氢反应器。反应后的气体经冷却后送入绿油塔，在此用乙烯塔抽出的 C_2 馏分吸收绿油。脱除绿油后的 C_2 馏分经干燥后送入乙烯精馏塔。

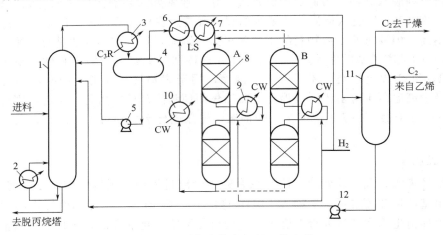

图 6-12　两段绝热床加氢工艺流程

1—脱乙烷塔；2—再沸器；3—冷凝器；4—回流罐；5—回流泵；6—换热器；7—加热器；8—加氢反应器；
9—段间冷却器；10—冷却器；11—绿油吸收塔；12—绿油泵

两段绝热反应器设计时，通常使运转初期在第一段转化乙炔 80%，其余 20% 在第二段转化。而在运转后期，随着第一段加氢反应器内催化剂活性的降低，逐步过渡到第一段转化 20%，第二段转化 80%。

（3）溶剂吸收法脱除乙炔　溶剂吸收法使用选择性溶剂将 C_2 馏分中的少量乙炔选择性

的吸收到溶剂中，从而实现脱除乙炔的方法。由于使用选择性吸收乙炔的溶剂，可以在一定条件下再把乙炔解吸出来，因此，溶剂吸收法脱除乙炔的同时，可回收得到高纯度的乙炔。

溶剂吸收法在早期曾是乙烯装置脱除乙炔的主要方法，随着加氢脱炔技术的发展，逐渐被加氢脱炔法取代。然而，随着乙烯装置的大型化，尤其随着裂解技术向高温短停留时间发展，裂解副产乙炔量相当可观，乙炔回收更具吸引力。因而，溶剂吸收法在近年又广泛引起重视，不少已建有加氢脱炔装置的，也纷纷建设溶剂吸收装置以回收乙炔。

选择性溶剂应对乙炔有较高的溶解度，而对其他组分溶解度较低，常用的溶剂有二甲基甲酰胺（DMF），N-甲基吡咯烷酮（NMP）和丙酮。

6.7.3　压缩与制冷系统

6.7.3.1　裂解气的压缩系统

裂解气中许多组分在常压下都是气体，其沸点很低，常压下进行各组分精馏分离，则分离温度很低，需要大量冷量。分离压力高时，分离温度也高；反之分离压力低时，分离温度也低。分离操作压力高，多耗压缩功，少耗冷量；分离操作压力低时，则相反。此外，压力高时，精馏塔塔釜温度升高，易引起重组分聚合，并使烃类的相对挥发度降低，增加分离困难。低压下则相反，塔釜温度低不易发生聚合，烃类相对挥发度大，分离较容易。两种方法各有利弊，工业上常用的深冷分离以高压法居多。

裂解气深冷分离系统所采用的气体压缩机主要有裂解气压缩机及乙烯、丙烯制冷压缩机，简称三机，是乙烯装置的关键设备。裂解气压缩机是用来提高裂解气的分离压力，后二机是用来获得分离低温（$-100℃$）制冷。

裂解气的压缩过程属于绝热压缩类型。绝热压缩比多变压缩、等温压缩消耗的压缩功都大，为了节省功，采用多级压缩，在段间设冷凝器，降低温度。

采用多级压缩的优点体现在以下方面。

① 节约压缩功耗　压缩机压缩过程接近绝热压缩，功耗大于等温压缩，若把压缩分为多段进行，段间冷却绝热，则可节省部分压缩功，段数愈多，愈接近等温压缩。

② 降低出口温度　裂解气重组分中的二烯烃易发生聚合，生成的聚合物沉积在压缩机内，严重危及操作的正常进行。而二烯烃的聚合速度与温度有关，温度愈高，聚合速度愈快。为了避免聚合现象的发生，必须控制每段压缩后气体温度不高于$100℃$。

③ 段间净化分离　裂解气经压缩后段间冷凝可除去其中大部分的水，减少干燥器体积和干燥剂用量，延长再生周期。同时还从裂解气中分凝部分 C_3 及 C_3 以上的重组分，减少进入深冷系统的负荷，相应节约了冷量。

根据工艺要求，可在压缩机各段间安排各种操作，如酸性气体脱除，前脱丙烷工艺中的脱丙烷塔等。图 6-13 给出凯洛格（Kellogg）一个年产 68 万吨乙烯五段压缩工艺流程。

6.7.3.2　裂解气的制冷系统

（1）制冷剂的选择　制冷是利用冷剂压缩和冷凝得到冷剂液体，再在不同压力下蒸发，则可获得不同温度级位的冷冻过程，包含压缩、冷凝、节流膨胀、蒸发四个过程。为保证分离制冷系统的安全，不使系统中渗漏空气，一般制冷循环是在正压下进行。

常用制冷剂见表 6-9。当制冷温度相同时，为节省功耗，不宜选择制冷温度范围低的冷剂制冷。当制冷温度和制冷量相同时，要选制冷剂蒸发潜热大的。乙烯和丙烯产品是深冷分离得到的，可以就地取材。

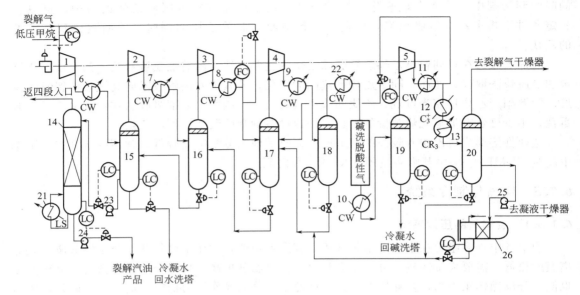

图 6-13　Kellogg 年产 68 万吨乙烯五段压缩工艺流程

1—压缩机一段；2—压缩机二段；3—压缩机三段；4—压缩机四段；5—压缩机五段；6~13—冷却器；
14—汽油汽提塔；15—二段吸入罐；16—三段吸入罐；17—四段吸入罐；18—四段出口分离罐；
19—五段吸入罐；20—五段出口分离罐；21—汽油汽提塔再沸器；22—急冷水加热器；
23—凝液泵；24—裂解汽油泵；25—五段凝液泵；26—凝液水分离器

表 6-9　常用制冷剂

制冷剂	分子式	沸点/℃	凝固点/℃	蒸发潜热/(kJ/kg)	临界温度/℃	临界压力/MPa	与空气的爆炸极限/%	
							下限	上限
氨	NH_3	−33.4	−77.7	1373	132.4	11.292	15.5	27
丙烷	C_3H_8	−42.07	−187.7	426	96.81	4.257	2.1	9.5
丙烯	C_3H_6	−47.7	−185.25	437.9	91.89	4.600	2.0	11.1
乙烷	C_2H_6	−88.6	−183.3	490	32.27	4.883	3.22	12.45
乙烯	C_2H_4	−103.7	−169.15	482.6	9.5	5.116	3.05	28.6
甲烷	CH_4	−161.5	−182.48	510	−82.5	4.641	5.0	15.0
氢	H_2	−252.8	−259.2	454	−239.9	1.297	4.1	74.2

（2）多级压缩多级节流蒸发　为降低冷量消耗，制冷系统应提供多个温度级别的冷量。为此，可在多级节流多级压缩基础上在不同压力等级设置蒸发器，形成多级压缩多级蒸发的制冷循环系统，用一个压缩机提供不同温度级别的冷量。

图 6-14 所示为制取四个温度级别冷量的丙烯制冷系统典型工艺流程。该流程中的丙烯冷剂从冷凝压力为 1.6MPa 逐级节流至 0.9MPa、0.5MPa、0.26MPa、0.14MPa，并相应制取 16℃、−5℃、−24℃、−40℃四个温度级别的冷量。

（3）复叠制冷　在压缩-冷凝-节流-蒸发的压缩制冷循环中，由于受乙烯临界点的限制，乙烯制冷剂不可能在环境温度下冷凝，其冷凝温度必须低于其临界温度（9.9℃）。为此，乙烯蒸气压缩制冷循环中的冷凝器需要使用制冷剂进行冷却。此时，如果采用丙烯制冷循环为乙烯制冷循环的冷凝器提供冷量，则构成的可制取−102℃低温冷量的乙烯-丙烯复叠制冷循环，称二元复叠制冷。其原理示意见图 6-15。

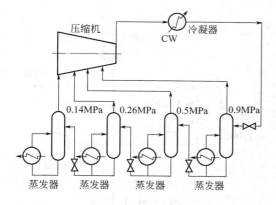

图 6-14 不同温度级别的丙烯制冷系统

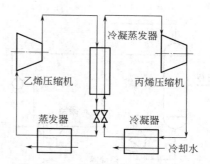

图 6-15 乙烯-丙烯复叠制冷循环

脱甲烷塔操作采用低压法，塔顶需更低温度（-140℃），则要选更低温度的制冷剂如甲烷，这样就构成了氨或丙烯的冷冻循环与乙烯的制冷循环、与甲烷的制冷循环复叠起来，构成三元制冷循环。其过程示意见图 6-16。

（4）热泵 热泵是通过做功将低温热源的热量传送给高温热源的供热系统。

在裂解气低温分离系统中，有些部位需要在低温下进行加热，例如低温分馏塔的再沸器。此时，如利用制冷循环中气相冷剂进行加热，不仅节省了压缩功，而且相应减少冷凝器热负荷，这种热泵方案中制冷剂处于密闭循环系统，自成体系，不与精馏物料相混，称为闭式热泵，也称为间接式热泵。过程示意见图 6-17。

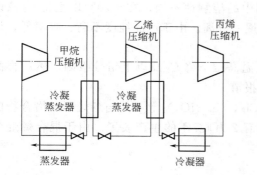

图 6-16 甲烷-乙烯-丙烯复叠制冷循环

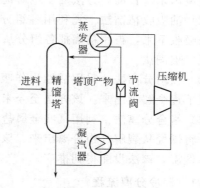

图 6-17 闭式热泵示意

开式热泵的特点是不用外来制冷剂，塔中物料为冷冻循环介质。以塔顶物料为冷冻循环介质的叫 A 型开式热泵，以塔底物料为冷冻循环介质的叫 B 型开式热泵。开式热泵制冷剂与物料合并，物料易被污染，对控制要求高。

图 6-18 为丙烯塔常规流程。该塔完成丙烯与丙烷的分离，由于丙烯/丙烷相对挥发度接近 1，因此难分离，是深冷分离中板数最多、回流比最大的塔。在实践中，当塔压为1.8MPa 时，塔顶与塔釜为 10℃左右，需要 160 块以上的塔板。塔顶采用直接压缩式热泵，即 A 型开式热泵，在精馏分离中应用广泛，缺点是压缩机操作范围较窄，控制性能不佳。由于塔压较高，丙烷本身是比较好的冷剂，可考虑采用再沸器液体闪蒸式热泵，即 B 型开式热泵，过程示意见图 6-19。塔釜液丙烷一部分作为产品直接采出，剩余部分经节流闪蒸，吸收塔顶气相丙烯冷凝潜热后转化为气相，气相丙烷经压缩机压缩后用作塔釜的热源。设置辅助冷凝器，为了实现更好的功、热平衡。

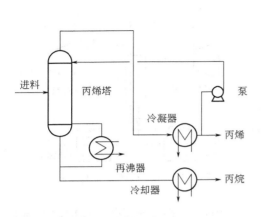

图 6-18 丙烯塔常规流程

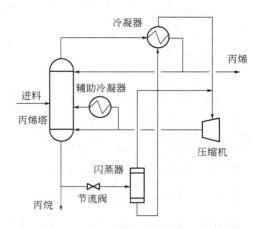

图 6-19 丙烯塔热泵流程（B 式）

6.7.4 精馏分离系统

预分馏后裂解产物的分离与精制方法有四种。

（1）深冷分离法 采用－100℃以下的冷冻温度，简称深冷。利用裂解气中各烃的相对挥发度不同，在低温下除了氢和甲烷外其余的烃都冷凝下来，然后利用不同精馏塔把各种烃逐个分离出来。目前该方法处于绝对优势地位。

（2）油吸收精馏法 先利用各组分在吸收剂中的溶解性不同，在－70℃以上将 C_2 及以上组分吸收下来，再用精馏把各组分从吸收剂中逐一分离。由于产品纯度不高、收率低，该方法现已被淘汰。

（3）吸附分离法 采用活性炭作吸附剂，低温高压下将 C_2 及以上组分吸附，然后再高温低压下逐个解吸出来。该方法至今未见工业化报道。

（4）络合分离法 利用某些金属盐［如 Cu_2Cl_2，$Cu(NO_3)_2$ 等］能与烯烃形成络合物的性质，将烯烃从裂解气中分离出来。该方法已建有 2 万吨/年的生产装置。由于混合烯烃分离仍需低温，该法没能得到推广。

6.7.4.1 深冷分离流程

由不同精馏分离和净化方案可组成不同的裂解气分离流程，代表性流程见图 6-20、表 6-10。

目前，工业上常用的深冷分离流程主要有顺序分离流程、前脱乙烷分离流程和前脱丙烷流程三种。根据加氢（脱炔）位置不同，又可分为前加氢和后加氢流程。

（1）顺序分离流程 按裂解气中各组分碳原子数由小到大的顺序进行分离，即先分离出甲烷、氢，其次是脱乙烷及乙烯的精馏，接着是脱丙烷和丙烯的精馏，最后是脱丁烷，塔底的 C_5 及比 C_5 更重馏分。

（2）前脱丙烷分离流程 以脱丙烷塔为界限，将物料分为两部分，一部分为丙烷及比丙烷更轻的组分；另一部分为 C_4 及比 C_4 更重的组分，然后再将这两部分各自进行分离，获得所需产品。

（3）前脱乙烷分离流程 以脱乙烷塔为界限。将物料分成两部分。一部分是轻馏分，即甲烷、氢、乙烷和乙烯等组分；另一部分是重组分，即丙烯、丙烷、丁烯、丁烷以及碳五以上的烃类。然后再将这两部分各自进行分离，获得所需的烃类。

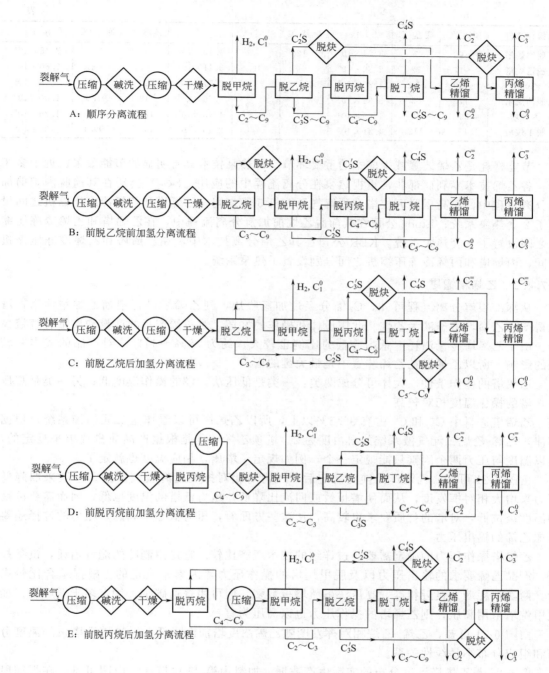

图 6-20　裂解气分离流程示意

表 6-10　典型深冷分离流程工艺操作特征比较

项目	顺序流程	前脱乙烷流程	前脱丙烷流程
代表方法	鲁姆斯法	林德法	三菱油化法
流程顺序	压缩→脱甲烷→甲烷化→脱乙烷→加氢→乙烯塔→脱丙烷→加氢→丙烯塔→脱丁烷	压缩→脱乙烷→加氢→脱甲烷→乙烯塔→脱丙烷→丙烯塔→脱丁烷	压缩→脱丙烷→脱丁烷→压缩→加氢→脱甲烷→脱乙烷→丙烯塔→乙烯塔

续表

操作条件	顶温/℃	底温/℃	p/Pa	顶温/℃	底温/℃	p/Pa	顶温/℃	底温/℃	p/Pa
脱甲烷塔	−96	7	3.04×10^6	−120		1.16×10^6	−96.2	7.4	3.15×10^6
脱乙烷塔	−11	72	2.32×10^6		10	3.11×10^6	−74	68	2.80×10^6
乙烯塔	−30	−6	1.86×10^6			2.17×10^6	−28.6	−5	2.06×10^6
脱丙烷塔	17	85	8.34×10^6			1.76×10^6	−19.5	97.8	1.00×10^6
丙烯塔	39	48	1.65×10^6			1.15×10^6	44.7	52.2	1.86×10^6
脱丁烷塔	45	112	4.41×10^5			2.40×10^6	45.6	109.1	5.34×10^6

　　节能降耗是乙烯装置减少成本的重要环节，而热泵技术具有明显的节能效果。近十多年来，各乙烯技术专利商都非常重视热泵在分离流程中的应用。S&W公司在其前脱丙烷前加氢分离流程中，在高压脱丙烷塔和裂解气压缩机5段之间，乙烯塔和乙烯冷冻压缩机之间设置了2套热泵系统；Linde公司在其前脱乙烷前加氢分离流程中，在乙烯塔和乙烯冷冻压缩机之间设置了1套热泵系统。KBR公司在其乙烯分离技术中，在乙烯塔和乙烯冷冻压缩机之间、丙烯塔和丙烯冷冻压缩机之间分别设置了热泵系统。

6.7.4.2　乙烯精馏塔

　　从深冷裂解分离流程可知，C_2馏分经过加氢脱炔，到乙烯塔进行精馏乙烯精馏塔，塔顶得产品乙烯，塔釜液为乙烷。此塔设计和操作的好坏，对乙烯产品的产量和质量有直接关系。由于乙烯塔冷量消耗占总制冷量的比例也较大，约为 $38\%\sim44\%$，对产品的成本有较大的影响。所以乙烯塔在乙烯装置中是最关键的塔。

　　乙烯塔的操作条件，大体可分成两类：一类是低压法，塔的操作温度低；另一类是高压法，塔的操作温度相对较高。

　　乙烯塔进料中 $C_2^=$ 和 C_2^0 占有 99.5% 以上，所以乙烯塔可以看作是二元精馏系统。根据相律，乙烯-乙烷二元气液系统的自由度为2。塔顶乙烯纯度是根据产品质量要求来规定的，所以温度与压力两个因素只能规定一个，例如规定了塔压，相应温度也就定了。

　　由图6-21可知，乙烯产品纯度规定后，压力对相对挥发度有较大影响。一般采取降低压力来增大相对挥发度，从而使塔板数或回流比降低，压力低塔的温度也低，因而需要冷剂的温度级位低，对塔的材质要求也较高，从这些方面看，压力低是不利的。压力的选择还要考虑乙烯的输出压力。

　　乙烯塔操作压力的确定需要经过详细的技术经济比较。它是由制冷的能量消耗，设备投资，产品乙烯要求的输出压力以及脱甲烷塔的操作压力等因素来决定的。根据综合比较看，两法消耗动力接近相等，高压法虽然塔板数多，但可用普通碳钢，优点多于低压法，如脱甲烷塔采用高压，则乙烯塔的操作压力也以高压为宜。

　　由图6-21可知，乙烯/乙烷相对挥发度随乙烯浓度增加而降低，乙烯塔沿塔板的温度分布和组成分布不是线性关系。

　　图6-22是乙烯塔温度分布的实际生产数据。加料为第29块塔板。由图可见，在提馏段温度变化很大，即乙烯在提馏段中沿塔板向下，乙烯的浓度下降很快。而在精馏段沿塔板向上温度下降很少，即乙烯浓度增大较慢。因此乙烯塔精馏段塔板数较多，回流比大。

　　较大的回流比对提馏段来说并非必要。近年来采用中间再沸器的办法来回收冷量，这是乙烯塔的一个改进。例如乙烯塔压力为1.9MPa，塔底温度为−5℃。可在接近进料板处提馏段设置中间再沸器引出物料的温度为−23℃，它用于冷却分离装置中某些物料，相当于回收了−23℃温度级的冷量。

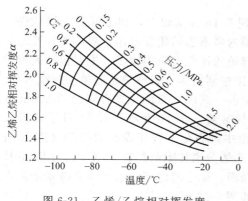

图 6-21 乙烯/乙烷相对挥发度

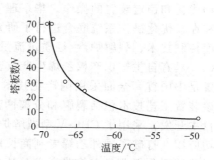

图 6-22 乙烯塔温度分布

乙烯进料中常含有少量乙烷，分离过程中甲烷几乎全部从塔顶采出，必然要影响塔顶乙烯产品的纯度，所以在进入乙烯塔之前要设置第二脱甲烷塔，脱去少量甲烷，再作为乙烯塔进料。近年来，深冷分离流程不设第二脱甲烷塔，在乙烯塔塔顶脱甲烷，在精馏段侧线出产品乙烯。一个塔起两个塔的作用，由于乙烯塔的回流比大，所以脱甲烷作用的效果比设置第二脱甲烷塔还好。既节省了能量，又简化了流程。

6.8 乙烯工业的新动向

（1）裂解原料的多样化 为了改变乙烯生产原料过分依赖于石油资源的状况，各国积极开展了对原油、生物资源、煤和甲烷等原料制乙烯新工艺的研究开发，乙烯生产原料多样化的趋势日渐明朗。

在我国，乙烯原料多样化也是发展的趋势。神华集团有限责任公司 0.6Mt/a 煤制烯烃项目是全球首套大型煤制烯烃装置，典型的甲醇制烯烃技术有清华大学 FMTP 工艺、中国石化公司 SMTO 工艺和中国科学院大连化学物理研究所 DMTO 工艺。

2015 年 4 月，美国 Siluria Technoligies 公司甲烷制乙烯示范装置投入使用，产能为每天 1t，标志着世界首个以天然气为原料的甲烷氧化偶联制乙烯项目获得成功。

页岩气开发已对全球石化工业产生重大影响，尤其是美国和加拿大等国家，这种影响将在更多国家成功开发页岩油气资源后进一步加强。它为北美化工业提供了大量廉价的乙烷和凝析液。预计 2018 年前后美国将有 8 套世界级规模的乙烷裂解装置投入运行。

相应于裂解原料多样化，新型催化裂解技术已成为重要的研发方向。

（2）节能技术不断开发 采用中间再沸器和中间冷凝器促进节能已成为精馏分离节能的基本思路之一。

应用炉管强化传热技术不仅可以提高炉管的传热效率，节省燃料消耗，而且使炉管内气体流动状态得到改善，炉管管壁温度下降，有利于延长裂解炉运转周期。目前国内普遍使用的是由中科院沈阳金属所和北京化工研究院合作开发的扭曲片构件。它是通过安装在炉管不同部位的内扭曲片改变物料流动状态，起到增强传热的效果。

应用结焦抑制技术可以大幅减少辐射段炉管结焦速率，延长裂解炉运转周期；同时提高炉管传热效率，减少燃料消耗。主要技术包括在炉管内表面涂覆一层对结焦催化效应少的物质（如氧化硅、氧化铬等），在裂解原料中加入一种钝化炉管表面金属的物质（如有机硫化物、亚磷化合物等）。扬子石化 650kt/a 乙烯装置 2 台乙烷炉使用一种含硫结焦抑制剂后，运行周期由原来 45d 延长至 120d 以上。

（3）先进控制技术获得应用　先进控制是在现有 DCS 基础上，加上部分上层软件，使其自动优化和稳定装置的操作。华东理工大学与国内多家乙烯装置合作，对乙烯装置的先进控制和在线优化操作系统联合进行了研究，在裂解炉的操作上应用较多，主要包括裂解炉出口温度控制技术、裂解炉汽/烃质量流量比在线校正控制技术、裂解炉总通量控制技术等。

（4）具有自主知识产权乙烯生产成套技术　中韩（武汉）石油化工有限公司 800kt/a 乙烯装置是中国首套全面采用国产化技术的大型乙烯装置，于 2013 年 8 月 12 日正式投入运行。该装置工艺技术包括裂解和分离两部分，均由中国石化工程建设有限公司（简称 SEI）为主自主开发，采用了 CBL-Ⅴ型裂解炉及低能耗乙烯分离技术（简称 LECT）。LECT 技术的成功应用，打破了国外乙烯专利商长期垄断的局面，标志着国产化乙烯成套技术步入产业化，对我国石化行业具有战略意义。其分离过程如图 6-23 所示。

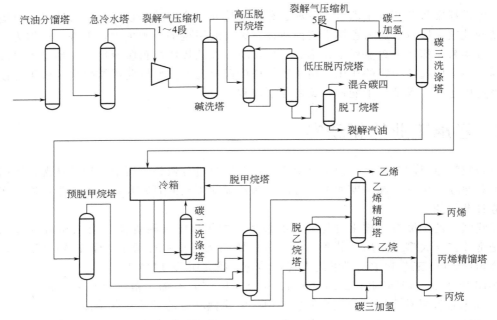

图 6-23　LECT 分离技术示意

本章小结

　　乙烯的生产技术、产量及应用标志着一个国家石油化工的水平。烃类热裂解制烯烃在工艺学上具有鲜明的特点：高温裂解、低温分离。本章介绍了烃类热裂解的理论基础，包括反应类型、反应机理、反应热力学及动力学，在此基础上探讨了热裂解工艺条件、工艺流程及热解反应器。裂解气经急冷和预分馏，进入到净化和深冷分离工序，涉及压缩制冷原理及相关的节能技术。应注意应用热力学、动力学原理分析工艺条件，从上下游通盘考虑工艺流程，从热力学和工程角度分析节能技术。

习题与思考

1. 何为一次反应？不同烃类热裂解的一次反应规律如何？
2. 试从热力学和动力学两方面分析裂解温度和停留时间的关系以及对裂解结果的影响。
3. 裂解炉温度对烃的转化率有何影响？为什么说提高裂解温度更有利于一次反应和二次反

应的竞争?

4. 裂解供热方式有哪些?

5. 裂解过程中为何加入水蒸气? 水蒸气的加入原则是什么?

6. 结焦与生碳的区别有哪些?

7. 为了提高烯烃收率裂解反应条件应如何控制?

8. 为什么要对裂解气急冷, 怎样急冷?

9. 管式裂解炉结焦的现象有哪些, 如何清焦?

10. 裂解气分离的目的是什么? 工业上采用哪些分离方法?

11. 裂解气中含有哪些酸性气体? 其来源、危害及脱除方法分别是什么?

12. 裂解气中的炔烃有哪些? 其危害如何? 工业上的脱炔方法有哪些?

13. 水在裂解气深冷分离中有什么危害? 工业上常采用什么方法脱除水分?

14. 为什么裂解气要进行压缩? 为什么要采用分段压缩?

15. 什么是热泵? 试举例说明在乙烯装置中的应用。

16. 目前工业上常用的深冷分离流程有哪三类?

17. 查阅文献后分析: 脱甲烷塔在深冷分离中的地位和作用是什么? 脱甲烷塔的特点是什么?

18. 查阅文献后分析: 乙烯塔在深冷分离中的地位是什么? 乙烯塔的节能措施有哪些?

19. 查阅文献后分析: 丙烯塔在深冷分离中的地位和作用是什么? 丙烯塔的特点是什么? 改进措施有哪些?

参 考 文 献

[1] 米镇涛. 化学工艺学. 第 2 版. 北京: 化学工业出版社, 2012.

[2] 邓建强主编. 化工工艺学. 北京: 北京大学出版社, 2009.

[3] 黄仲九, 房鼎业主编. 化学工艺学. 第 2 版. 北京: 高等教育出版社, 2008.

[4] 张秀玲, 邱玉娥主编. 化学工艺学. 北京: 化学工业出版社, 2012.

[5] 傅承碧, 沈国良. 化学工艺学. 北京: 中国石油出版社, 2014.

[6] 吴指南. 基本有机化工工艺学. 修订版. 北京: 化学工业出版社, 2012.

[7] 李昌力. 裂解炉供热与燃烧器. 乙烯工业. 2010, 22 (3) 61-64.

[8] 张建. 裂解燃烧器的操作维护. 化工机械. 2013, 40 (2): 257-260.

[9] 董碧军, 王煤, 罗橙. 热泵精馏在气体分馏装置丙烯塔中的应用分析, 化学工业与工程技术, 2008, 29 (2): 58-60.

[10] 郑聪, 宋爽, 穆钰君等. 热泵精馏的应用形式研究进展. 现代化工, 2008, 28 (增刊): 114-117.

[11] 何英华, 朱丽娜, 邢光等. 乙烯装置节能技术现状及进展. 化工技术与开发, 2015, 44 (10): 38-41, 55.

[12] 刘罡, 王振维, 盛在行. 浅谈国产化武汉乙烯分离技术. 乙烯工业, 2015, 27 (3) 10-14.

[13] 贺久长, 韩洁. 甲烷制乙烯技术研究进展. 工业催化, 2015, 23 (9): 674-676.

[14] 瞿国华. 世界乙烯工业发展新动向. 石油化工技术与经济, 2015, 31 (1): 1-5.

[15] 朱传宝. 烃类裂解技术研究进展. 江西化工, 2014 (3): 69-71.

第7章 芳烃转化

导引

芳烃，是含苯环结构的碳氢化合物的总称。苯、甲苯及二甲苯（简称 BTX）是产量和规模仅次于乙烯和丙烯的重要有机化工原料。其他的重要芳烃有乙苯、异丙苯、十二烷基苯等。主要用于生产三大合成材料、医药、农药、染料、香料、洗涤剂、增塑剂等，也直接作为溶剂。那么芳烃来源有哪些途径？芳烃转化合成和生产丰富多彩的芳烃化合物有何重要意义？芳烃转化的生产工艺技术有何特点、有哪些注意事项？芳烃异构体的分离技术在工艺学上有何普遍的借鉴意义？

7.1 概述

7.1.1 芳烃的重要性及用途

芳烃是重要的化工原料，其中苯、甲苯、二甲苯、乙苯、异丙苯、十二烷基苯和萘最为重要。芳烃主要应用于合成树脂、纤维、橡胶工业、洗涤剂及染料、农药、医药、香料、助剂、专用化学品（涂料、油漆）、有机溶剂、有机合成中间体等，对改善人民生活、发展国民经济具有重要作用。

苯的最大用途是生产乙苯、苯乙烯、异丙苯、苯酚、环己烷、环己醇、己二酸和尼龙66，占苯消费总量的 $80\%\sim90\%$。甲苯大部分用作提高辛烷值汽油的调合组分，其次是用作脱烷基制苯和歧化制苯与二甲苯的原料；二甲苯中用量最大的对二甲苯，是生产聚酯纤维和薄膜的主要原料；邻二甲苯是合成增塑剂、醇酸树脂、不饱和聚酯树脂、邻二苯甲酸酐的原料；大部分间二甲苯异构化制成对二甲苯，也可氧化为间二苯甲酸。乙苯可用于制备聚苯乙烯泡沫塑料、不饱和聚酯树脂、氯苯乙烯。萘广泛用于生产苯酐、α-萘酚、合成纤维、橡胶、树脂等。

7.1.2 芳烃的来源及生产技术

工业上芳烃最初主要来源于煤的炼焦产品和煤焦油。随着石油化学工业的迅速发展，芳烃的主要来源从煤转化为石油，生产芳烃的石油原料主要是石油馏分的催化重整生成油和烃裂解生产乙烯副产的裂解汽油。从催化重整油及裂解汽油这两大来源所产生的 BTX 芳烃占全部芳烃来源的 90% 左右。芳烃的来源构成如表 7-1 所示。

表 7-1　芳烃来源构成 ％

分布	石　油		煤焦化
	催化重整油	裂解汽油	
美国	79.6	16.1	4.0
西欧	49.4	44.8	5.9
日本	37.8	52.2	10.0

7.1.2.1　炼焦副产芳烃

炼焦是煤在焦炉炭化室内经过高温干馏转化为焦炭、焦炉煤气及煤焦油的工艺过程。焦炉煤气中含有水蒸气、焦油气、粗苯、氨、萘、硫化氢等。焦炉煤气经初冷、脱氨、脱萘、终冷后，再经煤焦油洗涤，吸收其中的芳烃，得到的洗涤油称为富油，富油利用水蒸气蒸馏出溶解在其中的芳烃，得粗苯（如图 7-1 所示）。粗苯的沸点低于 200℃，主要有苯、甲苯、二甲苯等芳烃，此外，还有不饱和化合物及少量含硫、氮、氧的化合物。其中，苯、甲苯和二甲苯含量约占 90％以上。粗苯组成如表 7-2 所示。

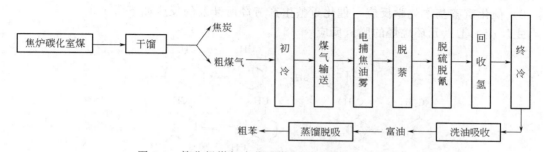

图 7-1　简化粗煤气净化及煤焦油洗油吸苯工艺流程

表 7-2　粗苯的组成

组成	含量/%（质量）	组成	含量/%（质量）	组成	含量/%（质量）
苯	55～75	环戊烯	0.6～1.0	二硫化碳	0.3～1.4
甲苯	11～22	苯乙烯	0.5～1.0	噻吩	0.2～1.6
C_8芳烃	2.5～6	苯并呋喃	1.0～2.0	饱和烃	0.6～1.5
C_9芳烃	1～2	茚类	1.5～2.5	酚类	0.1～1.0

粗苯经过如图 7-2 所示的流程得到 BTX 混合馏分。BTX 混合馏分利用酸洗精制法和催化加氢精制法可得到纯的苯、甲苯和二甲苯产品。由于酸洗精制法存在产品纯度低，回收率低及环境污染严重等问题，其应用受到限制。催化加氢精制法是用于粗苯精制的重要方法。

图 7-2　简化粗苯分馏生产 BTX 芳烃工艺流程

7.1.2.2　石油芳烃生产

石油中含有多种芳烃，但含量不多，且其组分与含量也因产地而异。不同国家的石油芳烃生产模式有所不同。

（1）催化重整生产 BTX 芳烃　催化重整是以 $C_6 \sim C_{11}$ 石脑油馏分为原料，在一定操作条件和铂催化剂的作用下，烃类分子结构发生重排的过程。

石脑油催化重整的目的是由低辛烷值的汽油馏分制取高辛烷值的车用汽油调和组分，或者是制取石油化工所需的芳烃原料，特别是苯、甲苯、乙苯和二甲苯等轻质芳烃，同时副产大量氢气。

1）催化重整原料　重整原料有直馏石脑油、加氢裂化石脑油、焦化石脑油、催化裂化石脑油、乙烯裂解石脑油及抽余油等。重整原料中的主要成分是环烷烃、芳烃和链烷烃。不同原油及生产工艺得到的重整原料的组成有很大的差别，一般尽可能选用含环烷烃多的石脑油作为原料。生产 $C_6 \sim C_8$ 轻质芳烃时，适宜的馏程是 $60 \sim 145$℃。

直馏石脑油中除了生成芳烃的组分外，还有微量含硫、氮、氧等的有机化合物，金属化合物（含 As、Cu、Pb 等）、烯烃和水等，这些化合物对重整催化剂均有毒害作用。因此，直馏石脑油在重整之前，必须经过加氢预处理除去这些有害物质。

加氢裂化重整石脑油中的硫含量和氮含量均在 $0.5 \mu g/g$ 以下，其他杂质含量也能够满足重整进料的要求，因此，可不需经过预加氢，直接作为催化重整进料。

2）催化重整基本化学反应　催化重整生产芳烃所涉及的反应如下所示。

主反应：①六元环烷烃的脱氢反应

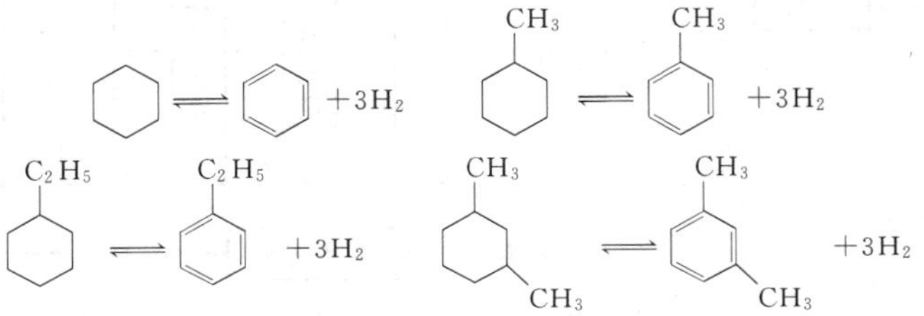

② 五元环烷烃的脱氢异构反应

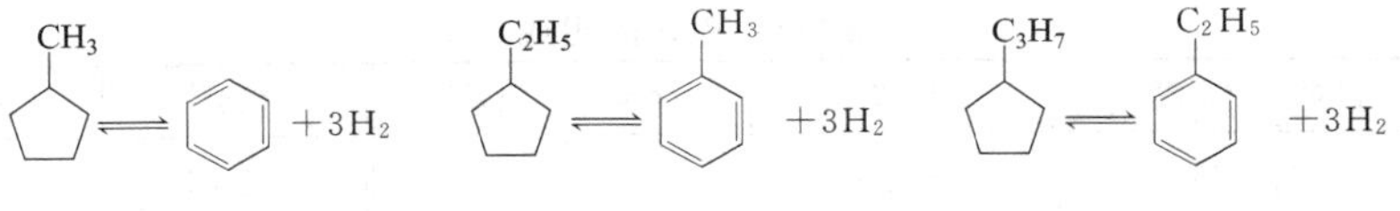

③ 链烷烃的脱氢环化反应

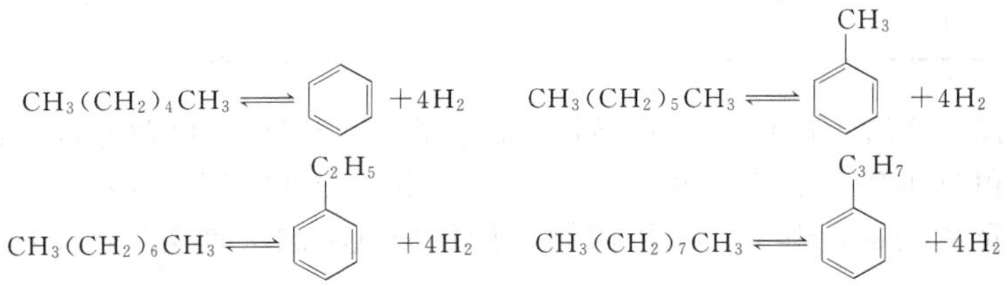

$$CH_3(CH_2)_4CH_3 \Longrightarrow \text{(苯)} + 4H_2 \qquad CH_3(CH_2)_5CH_3 \Longrightarrow \text{(甲苯)} + 4H_2$$

$$CH_3(CH_2)_6CH_3 \Longrightarrow \text{(乙苯)} + 4H_2 \qquad CH_3(CH_2)_7CH_3 \Longrightarrow \text{(丙苯)} + 4H_2$$

副反应：④烷烃的加氢裂化和氢解

$$CH_3(CH_2)_5CH_3 + H_2 \Longrightarrow CH_3(CH_2)_2CH_3 + CH_3CH_2CH_3$$

$$CH_3(CH_2)_5CH_3 + H_2 \Longrightarrow CH_3(CH_2)_4CH_3 + CH_4$$

3）催化重整催化剂　重整催化剂是由一种或多种金属元素高度分散在多孔载体上制成的。工业催化重整催化剂是双功能型催化剂，既有金属催化加氢、脱氢的功能，又有异构化、裂解等酸性功能。目前已经工业化的双功能催化剂的金属主要有铂铼、铂锡与铂铱双金属组元，其中铂含量一般在 $0.1\% \sim 0.7\%$（质量分数），催化剂的酸性功能由卤素及载体提供，卤素主要有氟氯型和全氯型，若是全氯型，氯含量一般在 $0.6\% \sim 1.5\%$（质量分数）。催化剂载体有 $\eta\text{-}Al_2O_3$ 和 $\gamma\text{-}Al_2O_3$。

4）催化重整工艺　催化重整过程是在临氢条件下进行的，一般反应温度 480～530℃，反应压力 0.35～1.5MPa，体积空速 1～3h⁻¹，氢油摩尔比 2～8，重整油的辛烷值（RON）可高达 100。

1949 年 UOP 公司第一套铂重整装置工业化以后，催化重整技术不断发展，由于所用原料、催化剂类型、设备、催化剂再生方式的不同而开发了许多不同的催化重整工艺。主要催化重整工艺过程如表 7-3 所示。

表 7-3　催化重整主要生产工艺

名称（公司）	催化剂	典型数据		
		操作条件	C_5^+ 收率/%（体积计）	RON
铂重整（UOP）	双金属，R-86 R-274	半再生，1.4MPa 连续再生，0.35MPa	84.8 91.6	100 100
IFP 重整（Axens）	双金属，RG582 RG682	半再生，1.2～2.5MPa 连续再生	83（质量计）	100
麦格纳重整（Engelhard）	双金属，E600，E800	1.0～2.4MPa	78.9～84.0	100
超重整（Amoco）	—	循环再生	77～84	99～106
强化重整（Exxon）	KX 系列双金属催化剂	半再生，78.5 循环再生，79.1	99 101	

这些催化重整过程中使用的催化剂由最初单金属催化剂改进为双金属、多金属催化剂，催化剂的活性、选择性均大大提高。催化剂的再生方式有半再生和连续再生，半再生重整工艺装置内不设催化剂单独再生系统，催化剂使用一定周期，积炭至一定数量后，活性大大下降，装置停工，催化剂在反应器内进行再生；连续再生重整工艺的系统内设有专门的催化剂连续再生回路。与半再生方式相比，连续再生催化重整的操作压力降低，催化剂的使用周期增长，空速、辛烷值、芳烃收率提高。目前世界上最为先进的催化重整工艺是 UOP 公司及 IFP 的连续再生重整过程，如图 7-3 所示。

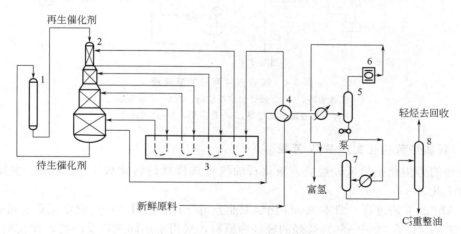

图 7-3　UOP 连续催化重整工艺流程示意图

1—再生器；2—反应器；3—加热炉；4—换热器；5—高压分离器；
6—压缩机；7—低压分离器；8—稳定塔

催化重整生产 BTX 芳烃的特点是含甲苯和二甲苯较多，含苯较少。

（2）裂解汽油生产芳烃　裂解汽油是乙烯工业生产的重要副产品。随着乙烯工业的飞速发展，裂解汽油成为石油芳烃的重要来源之一。据统计，全世界 2000 年从高温裂解制乙烯所得到的裂解汽油中副产的 BTX 芳烃约占全部 BTX 芳烃的 25%，是 BTX 芳烃的第二大来源。

裂解汽油除含有 $C_6 \sim C_9$ 芳烃外，还含有相当数量的单烯烃、二烯烃，少量的烷烃，微量的含氧、氮、硫及砷的化合物。裂解汽油中的单烯烃、二烯烃等易形成聚合物，硫化物等对催化剂有毒害作用，必须经过预处理，加氢精制后，才能作为芳烃抽提的原料。

工业上精制裂解汽油普遍采用两段加氢精制（如图 7-4 所示）。一般，第一段加氢的目的是对易产生胶质的二烯烃加氢转化为单烯烃以及烯基芳烃加氢转化为芳烃。这一段加氢反应条件缓和，大多采用贵金属钯系催化剂（Pa/Al_2O_3、$Pa\text{-}Ag/Al_2O_3$、$Pa\text{-}Ag/TiO_2$ 等），温度 $80 \sim 160℃$，压力 $2 \sim 3MPa$，液态空速 $3 \sim 8h^{-1}$。第二段加氢的目的是进行单烯烃加氢生成饱和烃及脱除含有硫、氮、氧等的有机物。采用非贵金属催化剂（$Co\text{-}Mo/Al_2O_3$ 等），温度 $280 \sim 350℃$，氢分压 $1.5 \sim 2.5MPa$，总压力 $4.5 \sim 6.5MPa$。裂解汽油加氢后的典型组成见表 7-4。

表 7-4　加氢裂解汽油的典型组成

苯/%	甲苯/%	单烯烃含量/%	二烯烃含量/%	溴价/(g/100g)	硫/$\times 10^{-6}$
39.2	21.6	<0.1	≤0.1	0.1	0.5

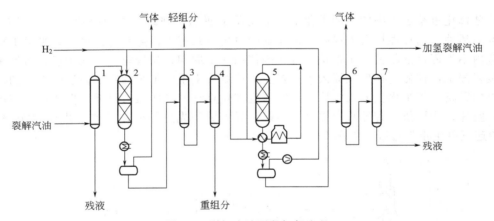

图 7-4　裂解汽油两段加氢流程

1—预蒸馏塔；2—二烯烃加氢反应器；3,4—中间蒸馏塔；
5—烯烃加氢反应器；6—稳定塔；7—蒸馏塔

7.1.2.3　轻质烃芳构化生产 BTX 芳烃

轻质烃的芳构化是指低碳烃类或液化石油气可选择性地转化成 BTX 芳烃。主要的工艺过程有如下几种。

（1）Alpha 工艺过程　日本 Asahi 化学工业公司与其子公司 Aanyo 化学工业公司联合开发的 Alpha 工艺，以含 30%～80% 烯烃的轻烃为原料，采用绝热固定床反应器，催化剂为 Zn 改性的 ZSM-5，交替再生，反应温度 $500 \sim 550℃$，反应压力 $0.3 \sim 0.5MPa$，质量空速 $2 \sim 4h^{-1}$。

（2）Aromax 工艺过程　美国 Chevron 公司开发的 Aromax 工艺，以石蜡基石脑油为原料，平均反应压力 $1.05MPa$，反应温度 $455 \sim 510℃$，氢烃摩尔比 5，液体的质量空速（LHSV）$1.5h^{-1}$，BTX 芳烃收率 74% 以上。此工艺适用于高烷烃含量的原料，催化剂是含铂的碱性 L-型分子筛。该催化剂对硫和水特别敏感，因此，此工艺与常规的固定床重整装置不同的是带有一套复杂的脱硫设施。

（3）Cyclar 工艺过程　英国 BP 公司和美国 UOP 公司联合开发的生产芳烃和氢气的工艺，以 $C_3 \sim C_4$ 烷烃或液化石油气为原料，通过连续催化芳构化反应得到芳烃。该过程使用了 BP 公司开发的具有特殊改性择形分子筛，载有非金属组成的 Ga/HZMS-5 催化剂，和 UOP 公司的移动床连续再生技术，工艺流程与 UOP 公司的连续催化重整工艺相似，反应的操作压力低于 0.689MPa，芳烃收率 62%～66%（质量），氢气产率 5%～6%（质量），纯度 95%。

（4）Z-Forming 工艺过程　日本三菱公司和千代田公司联合开发的 Z-Forming 工艺，以液化石油气为原料，采用绝热式固定床反应器，催化剂是由金属硅酸盐和特种胶黏剂组成的沸石催化剂，催化剂交替再生，反应温度 500～600℃，反应压力 0.3～0.7MPa，液态空速 0.5～2h^{-1}。

7.1.3　芳烃馏分的分离

由石脑油催化重整、裂解汽油加氢和焦炉粗苯精制得到的芳烃馏分中，除了芳烃外还含有烷烃、环烷烃等非芳烃，必须从中分离出各种纯的芳烃才能满足工业需要。由于碳原子数相近的芳烃和非芳烃的沸点很接近，且易形成共沸物，因此，利用一般的精馏法无法将它们很好地分离。目前，在工业上分离芳烃和非芳烃常用的方法是溶剂萃取法和萃取蒸馏法。前者适用于从宽馏分中分离苯、甲苯、二甲苯等；后者适用于从芳烃含量高的窄馏分中分离纯度高的单一芳烃。

7.1.3.1　溶剂萃取法

（1）原理与过程　溶剂萃取法是利用芳烃和非芳烃在一种或一种以上的溶剂中溶解度的不同将它们分离的过程。萃取的关键因素是溶剂的性能，对芳烃萃取溶剂的基本要求是：对芳烃的选择性好，溶解能力大，与萃取原料的相对密度差大，与芳烃的沸点差大，热稳定性、化学稳定性好，蒸汽压低，黏度小、凝固点低，无毒、无腐蚀性，价廉易得等。在以上的诸多要求中，最重要的要求是溶解能力和选择性。

芳烃萃取过程在萃取塔内连续进行，原料从塔的中部加入，溶剂从塔的上部加入，溶剂与原料逆流接触，将大量芳烃溶入溶剂中，从而实现芳烃和非芳烃的初步分离。

（2）工业生产方法　主要工业生产方法有美国 UOP 公司和 DOW 化学公司共同开发的 Udex 法，SHELL 公司和 UOP 公司的 Sulfolane 法，德国鲁齐公司的 Arosolvan 法，法国石油研究院 IFP 的 DMSO 法，德国 Krupp 公司的 Morphyex 法等。各种萃取方法的芳烃收率都较高，其中苯可达 99% 以上，甲苯可达 99.5%，二甲苯大于 97%。主要的芳烃萃取工艺方法如表 7-5 所示，其中 Sulfolane 法的工艺流程如图 7-5 所示。

表 7-5　液-液萃取分离芳烃的主要工业生产方法

方法	溶剂	溶剂对原料比	萃取条件	工艺特点
Udex 法	二甘醇	（6～8）:1	130～150℃ 0.5～0.8MPa	二甘醇对芳烃萃取能较低
Sulfolane 法	环丁砜	（3～6）:1	100℃ 0.2MPa	低温芳烃萃取,高温溶剂再生
Arosolvan 法	N-甲基吡咯烷酮	（4～5）:1	20～40℃ 0.1MPa	分两步,第一步蒸出非芳烃,第二步萃取芳烃
IFP 法	二甲基亚砜	（3～5）:1	20～30℃ 0.1MPa	分两步,第一步萃取芳烃,第二步低沸点脂肪烃回收溶剂
Morphyex 法	N-甲酰基吗啉	（5～6）:1	180～200℃ 0.1MPa	高能效过程

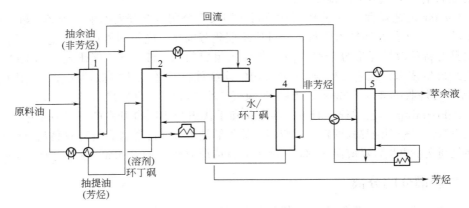

图 7-5 简化 Sulfolane 法萃取装置工艺流程图

1—萃取塔；2—汽提塔；3—芳烃罐；4—抽余油水洗塔；5—蒸馏塔

7.1.3.2 萃取蒸馏法

（1）原理 萃取蒸馏是利用某些极性溶剂与烃类化合物混合后，在降低烃类蒸气压的同时，增大了各种烃类的沸点差，从而使烃类分离的工艺过程。对溶剂的要求是：溶解能力大，选择性好；对被分离组分呈惰性；沸点高于原料，利于分馏回收；热稳定，无腐蚀；价廉易得，无毒等。

（2）工业生产方法 萃取蒸馏的主要工艺有德国 Luqi 公司开发的以 N-甲基吡咯烷酮为溶剂的 Distapex 法、Krupp Kppers 公司开发的以 N-甲酰吗啉为溶剂的 Morphylane 法和意大利 Snam Progetti 公司开发的 Formex 法。Distapex 法芳烃收率为 $95\% \sim 99\%$，苯纯度为 99.95%，甲苯纯度为 99.8%，C_8 芳烃 99.8%。Morphylane 法可回收单一芳烃，苯回收率达 99.7%，苯纯度可达 99.95%。Formex 法将溶剂萃取和萃取蒸馏相结合，先进行溶剂萃取，分离掉沸点较高的非芳烃，然后再用萃取蒸馏有效地除去沸点较低的非芳烃。Distapex 法的工艺流程如图 7-6 所示。

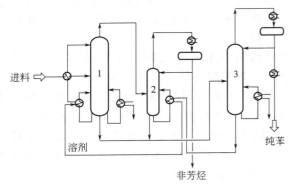

图 7-6 Distapex 法工艺流程示意图

1—萃取蒸馏塔；2—抽余油塔；3—汽提塔

苯馏分送入萃取蒸馏塔的中段，N-甲基吡咯烷酮溶剂从塔的上段送入。溶剂在下降过程中，与从塔底上升的苯和非芳烃蒸汽逆流接触，结果苯选择性地溶解在溶剂中。带有少量溶剂的非芳烃从塔顶馏出，以气态直接送入抽余油塔，经蒸馏后，塔顶引出非芳烃，塔底溶剂返回循环系统。从萃取蒸馏塔底出来的含苯的溶剂送入汽提塔，汽提塔底温度不高于 190℃，塔顶分出产品苯，溶剂经热回收后返回萃取蒸馏塔。为取得高纯度苯，抽余液的苯含量不应小于 10%。

7.1.4 芳烃转化

为了调节苯、二甲苯的不足与甲苯和 C_9 芳烃相对过剩这一问题，国内外普遍采用甲苯脱烷基制苯、甲苯歧化及甲苯-C_9 芳烃烷基转移工艺来制取苯和二甲苯，以扩大它们的来源。

7.1.4.1　芳烃转化反应的化学过程

芳烃的转化反应有歧化与烷基转移、异构化、烷基化和脱烷基化等几类反应。

主要转化反应及反应机理如下。

歧化反应

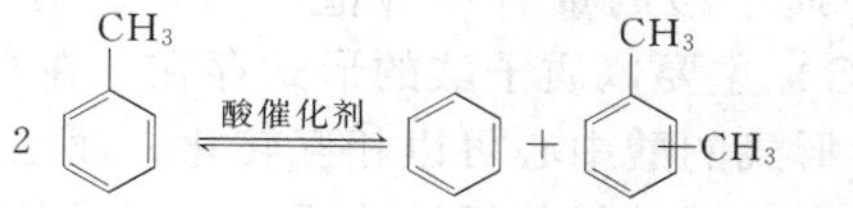

$(\Delta H = 0.84 \text{kJ/mol}, 800\text{K})$

烷基转移反应

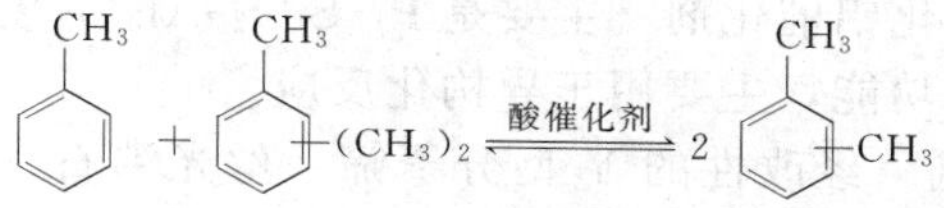

异构化反应

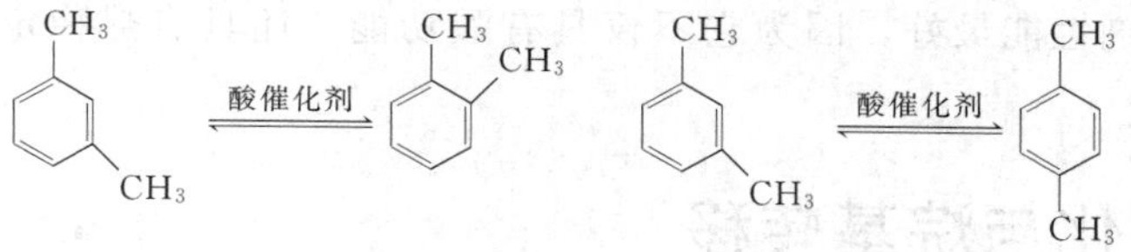

烷基化反应

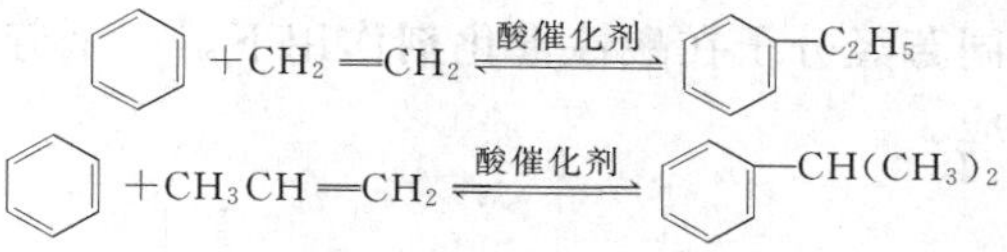

脱烷基反应

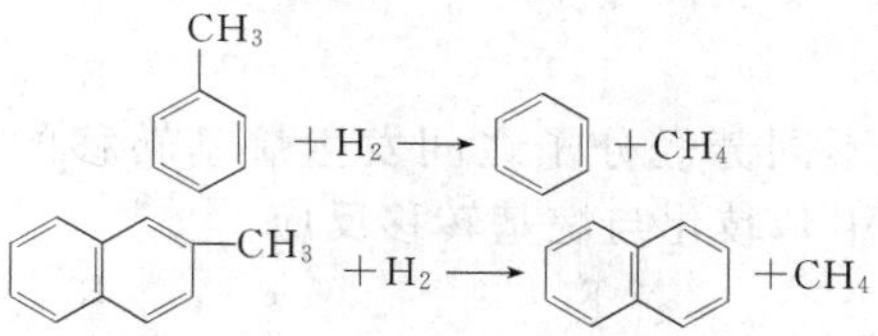

7.1.4.2　催化剂

芳烃转化反应是酸碱型催化反应，其反应速度不仅与芳烃的碱度有关，也与酸性催化剂的活性有关。芳烃转化所采用的催化剂主要有下面三类。

（1）无机酸　H_2SO_4、HF、H_3PO_4 等质子酸可以提供活泼的氢质子，很容易促使芳烃形成活性较高的正烃离子，反应可在低温液相条件下进行，但因为都是强酸，腐蚀性太大，目前工业上已很少直接使用。

（2）酸性卤化物　$AlCl_3$、$AlBr_3$、BF_3、$FeCl_3$、$ZnCl_2$ 等路易酸都具有接受一对电子的能力，可与碱络合形成正烃离子。但在绝大多数场合，这类催化剂总是与 HX 共同使用，例如 $AlCl_3$-HCl、$AlBr_3$-HBr、BF_3-HF 等。这类催化剂主要应用于芳烃的烷基化和异构化等反应，反应是在较低温度（约 100℃）和液相中进行，主要缺点是转化率较低，副反应较多，对设备腐蚀严重，且 HF 还有较大的毒性。

（3）固体酸

① 浸附在适当载体上的质子酸　载于固体表面上的 H_2SO_4、HF、H_3PO_4 等和在溶液中一样可以离解成氢离子。常用的磷酸/硅藻土，磷酸/硅胶催化剂等，主要用于烷基化反应，但活性不如液体酸高。

② 浸附在适当载体上的酸性卤化物　应用载于载体上的 $AlCl_3$、$AlBr_3$、BF_3、$FeCl_3$、

$ZnCl_2$ 和 $TiCl_4$ 等催化剂时，必须在催化剂中或反应物中添加助力催化剂 HX。已应用的有 BF_3/γ-Al_2O_3 催化剂，用于苯烷基化生产乙苯过程。

③ 混合氧化物催化剂 常用的是 SiO_2-Al_2O_3 催化剂，主要应用于异构化和烷基化反应。在不同条件下，SiO_2-Al_2O_3 催化剂表面存在有路易斯酸或/和质子酸中心，其总酸度随 Al_2O_3 加入量的增加而增加，而其中质子酸的量有一峰值；同时这两种酸的酸浓度与反应温度也有关。在较低温度下（<400℃）主要以质子酸的形式存在；在高温下（>400℃）主要以路易斯酸的形式存在，即这两种形式的酸中心可以相互转化，而在任何温度时总酸量保持不变。这类催化剂活性较低，需在高温下进行芳烃转化反应，但是价格便宜。

④ 贵金属-氧化硅-氧化铝催化剂 主要是 Pt/SiO_2-Al_2O_3 催化剂，这类催化剂不仅具有酸功能，也具有加氢脱氢功能，主要用于异构化反应。

⑤ 沸石分子筛催化剂 经改性的 Y 型分子筛、丝光沸石（亦称 M 型分子筛）和 ZSM 系列分子筛是广泛用作芳烃歧化与烷基转移、异构化和烷基化等反应的催化剂。其中尤以 ZSM-5 分子筛催化剂性能最好，因为它不仅具有酸功能，还具有热稳定性高和择形选择性等特殊功能。

7.2 芳烃歧化与烷基转移

芳烃歧化是指两个相同芳烃分子在酸性催化剂作用下，一个芳烃分子上的侧链烷基转移到另一个芳烃分子上的反应。

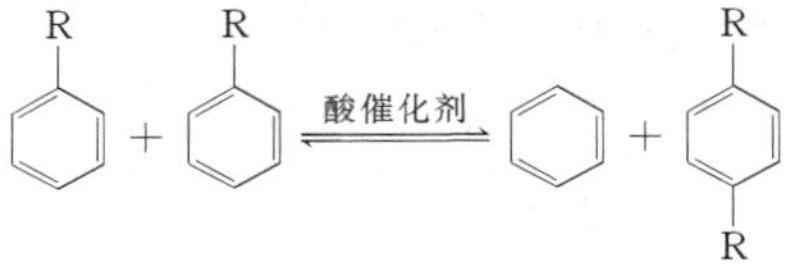

芳烃烷基转移是指两个不同芳烃分子之间发生烷基转移的过程，与歧化反应互为逆反应。在工业上应用最多的是甲苯歧化与烷基转移反应。

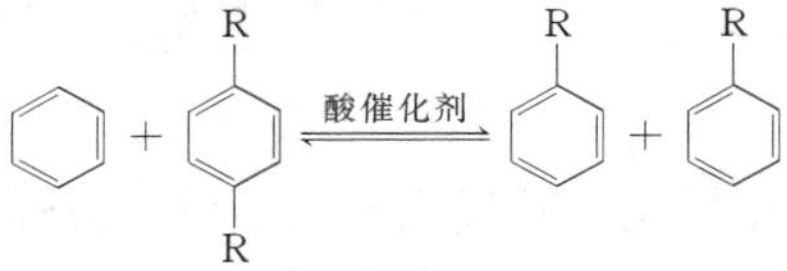

7.2.1 芳烃歧化与烷基转移反应的化学过程

（1）芳烃歧化与烷基转移反应的主反应

甲苯歧化反应：

$[\Delta H = 0.84kJ/mol（甲苯），800K]$

烷基转移反应：

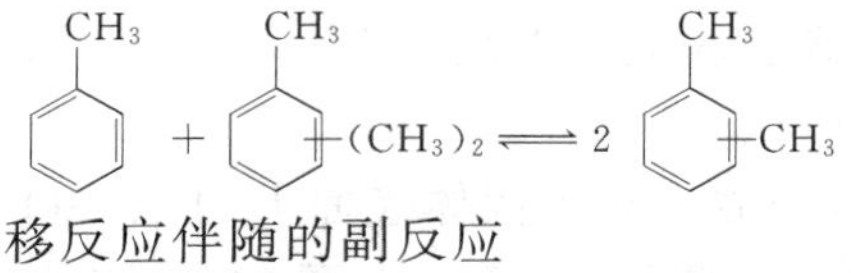

（2）芳烃歧化与烷基转移反应伴随的副反应

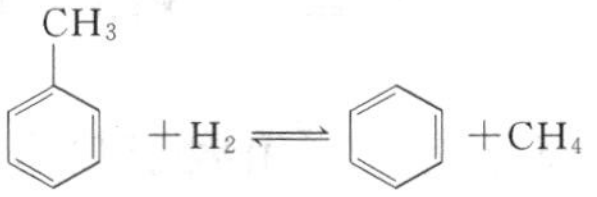

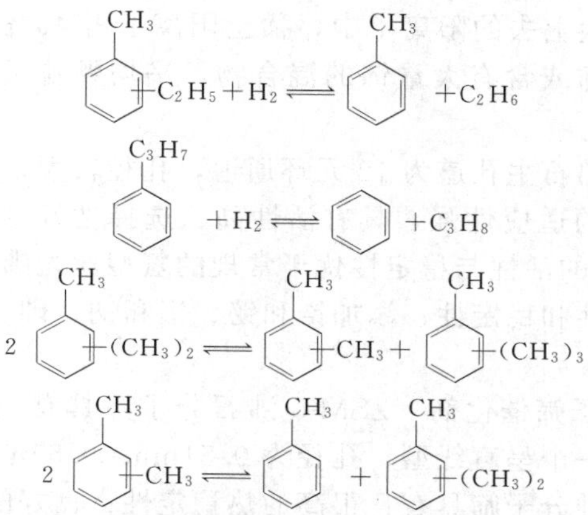

工业上甲苯歧化与烷基转移反应所采用的原料通常是甲苯与 C₉ 芳烃，C₉ 芳烃中含有相当比例的甲乙苯。

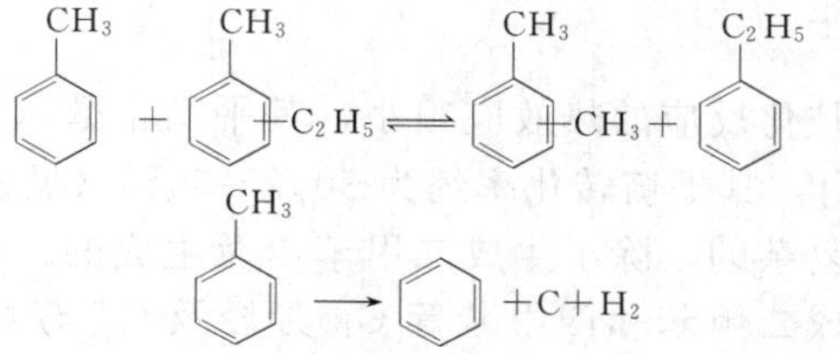

$$芳烃 \xrightarrow{裂解} 直链烷烃 + 环烷烃$$

$$芳烃 \xrightarrow{缩合} 稠环芳烃$$

甲苯脱烷基生成碳的反应及芳烃缩合生成焦的反应的发生会使催化剂表面迅速积炭和结焦，为了抑制碳和焦的生成，延长催化剂的寿命，工业上采用临氢歧化法。

7.2.2　甲苯歧化反应机理

甲苯歧化与烷基转移是在固体酸催化剂存在下进行的，属于正碳离子反应机理。

（1）正碳离子的形成　烷基芳烃与酸性催化剂提供的 H^+ 质子亲和形成正碳离子。

（2）正碳离子的进一步反应　烷基芳烃正碳离子上的烷基，容易以烷基正离子的形式转移到另一个烷基芳烃上去，然后此烷基芳烃正碳离子再脱去 H^+ 质子，生成与原来不同烷基数的两种芳烃，完成甲苯歧化反应。

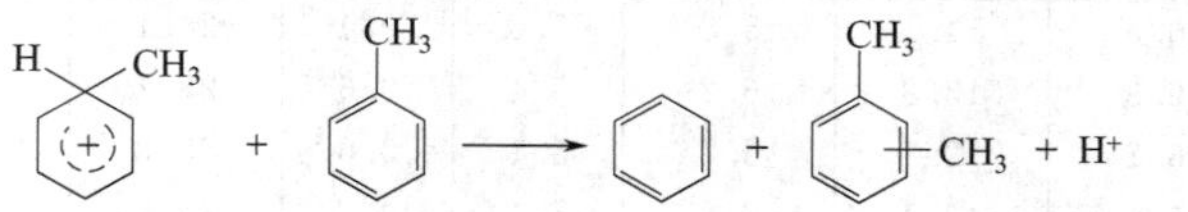

7.2.3　催化剂

甲苯歧化催化剂主要有 Friedel-Crafts 强酸型催化剂、无定形固体酸催化剂和沸石分子筛固体酸催化剂。其中沸石分子筛固体酸催化剂主要有 Y-型沸石、丝光沸石和 ZSM-5 系列沸石分子筛。

（1）Y 型沸石　Y 型沸石催化剂具有以下特点：采用移动床反应器，所用催化剂为孔径约 $1.0\sim1.3nm$ 的结晶硅铝酸盐，其中 $SiO_2\text{-}Al_2O_3$ 摩尔比为（2～6）/1，经铵离子和稀土阳离子水溶液交换，在被交换上去的阳离子中，稀土阳离子占 40%～85%，氢质子占 15%～60%，所用的稀土元素是铈或含有大量铈的混合物，平均颗粒尺寸小于 $5\mu m$。该催化剂的活性和选择性都较好。

（2）丝光沸石　丝光沸石主孔道为 12 元环通道，孔径较大，甲苯和 C_9 芳烃均可进入沸石孔内发生反应，对原料的适应性强，具有活性高、选择性好的特点。SiO_2-Al_2O_3 摩尔比为 15～23 的缺铝丝光沸石的活性与稳定性优于常规的氢型丝光沸石；加入银、氟、镍、铼、铜和钯可提高催化剂的活性和稳定性；添加锆和铋、银和钠、砷、硼可以得到活性、选择性和稳定性更高的催化剂。

（3）ZSM-5 系沸石分子筛催化剂　ZSM-5 沸石分子筛具有三维孔道结构，有由十元氧环构成的 2 个交叉孔道：一个呈直线型，孔径为 0.51nm×0.55nm；另一个呈之字形，孔径为 0.51nm×0.55nm。这种分子筛具有：很高的热稳定性；良好的耐酸性，能耐除氢氟酸以外的各种酸；对水蒸气具有良好的稳定性；不易积炭；具有优异的择形选择性。

7.2.4　反应的工艺条件

（1）反应温度　甲苯歧化反应的热效应很小，其平衡常数（K_p）随反应温度的变化不大，在 400～1000K 范围内，其平衡转化率约为 30%～50%（见表 7-6）。

甲苯歧化反应过程是复杂的，除了生成二甲苯以及生成的二甲苯会发生异构化反应外，三甲苯发生歧化反应会生成二甲苯和四甲苯等 C_{10} 芳烃及 C_{11}^+ 芳烃，表 7-7 列出了甲苯歧化反应的热力学平衡值数据。

表 7-6　甲苯歧化反应平衡常数和平衡转化率

反应温度/K	K_p 和转化率					
	邻二甲苯		间二甲苯		对二甲苯	
	K_p	转化率	K_p	转化率	K_p	转化率
400	$7.08×10^{-2}$	34.6	$2.09×10^{-1}$	47.7	$8.91×10^{-2}$	37.4
600	$9.77×10^{-2}$	38.4	$2.19×10^{-1}$	48.3	$9.77×10^{-2}$	38.4
800	$1.15×10^{-1}$	40.4	$2.29×10^{-1}$	49.0	$1.01×10^{-1}$	38.9
1000	$1.23×10^{-1}$	41.1	$2.24×10^{-1}$	48.6	$1.01×10^{-1}$	38.9

表 7-7　甲苯歧化反应热力学平衡值

反应温度/K	产物分布/%							二甲苯分布/%			甲苯转化率/%
	苯	甲苯	对二甲苯	间二甲苯	邻二甲苯	三甲苯	四甲苯	对二甲苯	间二甲苯	邻二甲苯	
600	26.7	41.7	6.3	14.1	5.8	5.0	0.4	24.1	53.8	22.1	58.3
700	27.0	41.1	6.3	13.8	6.2	5.1	0.6	23.7	52.9	23.4	58.4
800	27.1	40.6	6.2	13.7	6.7	5.1	0.6	23.3	51.5	25.2	59.4
900	27.4	40.6	6.0	13.4	6.8	5.1	0.7	22.9	51.1	26.0	59.4
1000	27.5	40.3	6.0	13.3	7.0	5.2	0.7	22.8	50.6	26.6	59.7

从以上数据可以看出，反应温度对甲苯的平衡转化率影响很小，温度对产物二甲苯三个异构体的分布影响亦不大。不同的甲苯歧化与烷基转移工艺的最佳反应温度的选择依据不同，有不同的适宜范围。

Tatoray 法甲苯歧化工艺中，最佳反应温度的选择依据是转化率、产品收率的大小及催化剂的活性。此工艺的反应温度一般控制在 360～490℃ 范围内，采用逐步提高反应温度的

方法来维持一定的转化率，转化率一般控制在
35%～48%范围内。

　　MSTDP 法中，反应温度的选择依据是甲
苯歧化反应的活化能及 PX 的选择性。改性的
ZSM-5 沸石，其孔结构特殊，不易积炭。因
此，允许在较高的温度下运转，而且甲苯歧化
的活化能较高，PX 选择性随反应温度的提高
而提高（如图 7-7 所示）。此工艺的反应温度一
般控制在 440～470℃范围内。

　　Xylene-Plus 法中，由于采用移动床连续
工艺，催化剂连续再生，催化剂的活性基本上
不随反应时间的延长而变化，因而其反应温度
基本是固定不变的，通常反应温度维持在
500～520℃范围内。

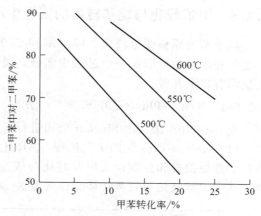

图 7-7　镁改性 ZSM-5 上甲苯歧化
反应温度对 PX 选择性的影响

　　（2）反应压力　从化学平衡考虑，反应压力对甲苯歧化或甲苯歧化与 C_9A 烷基转移反
应的化学平衡不产生影响。从动力学考虑，反应压力的选择依据是催化剂活性和稳定性及设
备投资费用。在一定的范围内，提高反应压力，催化剂的活性及稳定性提高，但较高的反应
压力势必增加设备投资。因此，工业上，一般采用恒压操作。

　　（3）液体空速　空速是指单位时间里通过单位催化剂的原料的量，它反映了装置的处理
能力。空速有两种表达形式，一种是体积空速［体积空速＝原料体积流量（20℃，$m^3 \cdot$
h^{-1}）/催化剂体积（m^3）］，另一种是质量空速［质量空速＝原料质量流量（$kg \cdot h^{-1}$）/催化
剂质量（kg）］。空速的最终单位是 h^{-1}，反映的是物料在催化剂床层的停留时间。空速越
大，停留时间越短，反应深度降低，但处理量增大；空速越小，停留时间越长，反应深度增
高，但处理量减小。

　　空速的选择依据是催化剂性能、原料油性质及要求的反应深度。催化剂的活性越高，允
许空速越高。

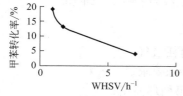

图 7-8　空速对甲苯转化率的影响

　　在甲苯选择性歧化制对二甲苯工艺（MSTDP）中，
空速提高，甲苯的转化率下降，对二甲苯的择性上升。
如图 7-8 所示，反应温度：500℃，催化剂：11.5% Mg-
ZSM-5，为了获得足够高的对二甲苯的选择性，必须采
用足够高的空速。

　　（4）临氢及氢烃比　从甲苯歧化及烷基转移的主反
应看，歧化与烷基转移反应不需要氢气。但是实践证明，非临氢条件下，甲苯歧化及烷基转
移催化剂活性中心酸位容易结焦，催化剂失活快，寿命短。为了抑制催化剂的积炭，甲苯歧
化及烷基转移反应采用临氢操作。

　　对不同的生产工艺，采用不同的氢烃比。Tatoray 工艺采用的氢烃摩尔比为 6～12，以
ZSM-5 沸石为催化剂的 MSTDP 工艺采用的氢烃比较低，仅为 1～2。

　　（5）原料杂质

　　① 水分　甲苯歧化反应使用的是固体酸催化剂。原料甲苯中水分含量过高，会使催化
剂的酸强度降低，酸中心数减少，从而降低催化剂的活性，缩短催化剂的寿命，且再生后催
化剂的活性恢复很差。因此，原料中的水分一定要控制在一定范围内。

　　② 硫化氢　硫化氢可使催化剂中毒，活性下降。

7.2.5 甲苯歧化与烷基转移的工业生产方法

以甲苯为原料通过歧化、以甲苯和 C_9 芳烃为原料通过烷基转移均可生产苯和二甲苯。上述两种反应也可以在一个过程中实现，是综合利用甲苯与 C_9 芳烃的有效途径，有代表性的技术有以下几种。

7.2.5.1 Xylene-Plus（二甲苯增产）法

Xylene-Plus 法是由 Sinclair 公司进行开发研究，ARCO 公司首次用于工业生产的。

（1）Xylene-Plus 法的工艺流程 ARCO 生产芳烃的流程包括五个操作单元：①催化重整；②芳烃抽提和分馏；③甲苯歧化与烷基转移；④二甲苯异构化；⑤对二甲苯的结果分离。其中甲苯歧化与烷基转移装置就是 Xylene-Plus 单元，该单元的流程如图 7-9 所示。

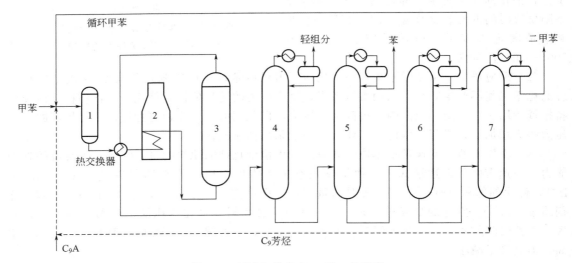

图 7-9 ARCO 的 Xylene-Plus 法流程

1—原料中间罐；2—加热炉；3—反应器；4—稳定塔；5—苯塔；6—甲苯塔；7—二甲苯塔

（2）Xylene-Plus 法的主要特点

① 采用连续再生的移动床反应器，不必临氢操作，不消耗氢气。

② 反应在常压下进行、反应温度不高，对反应器材无特殊要求。

③ 催化剂为含稀土金属的 Y-沸石分子筛，较便宜，且可循环使用。

④ 反应原料可以为纯甲苯，也可以为甲苯加 C_9 芳烃。

⑤ 转化率较低，仅为 30% 左右，生成苯和 C_8 芳烃选择性也较低。

⑥ 催化剂结焦快，造成选择性降低，原料单耗高。

7.2.5.2 Tatoray 法

Tatoray 法采用沸石型催化剂，原料组成中的重芳烃含量可在 0～50% 之间变化，芳烃单程转化率在 40% 以上，芳烃总收率达 97%。

（1）Tatoray 法的工艺流程 Tatoray 法甲苯歧化工艺流程如图 7-10 所示。

原料甲苯和 C_9 芳烃经进料泵与循环氢混合，混合后的物料与反应器出来的物料换热后，经过原料加热炉预热到反应要求的温度，自上而下通过歧化反应器，与催化剂接触发生歧化与烷基转移反应。反应产物离开反应器经换热器与原料换热，再经冷凝冷却进入气液分离器进行气液分离。

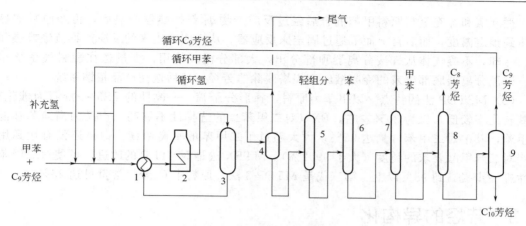

图 7-10　Tatoray 法工艺流程

1—换热器；2—加热炉；3—反应器；4—气液分离器；5—汽提塔；6—苯塔；
7—甲苯塔；8—二甲苯塔；9—C₉塔

气液分离器顶部分出的富氢气体大部分经氢循环压缩机加压循环使用，少部分作燃料使用；气液分离器下部流出的液体产物经汽提塔，从汽提塔顶部分出轻组分；汽提塔底部物料经苯塔、甲苯塔、二甲苯塔、重芳烃塔，先后分出苯、甲苯、二甲苯、C_9 芳烃和 C_{10}^+ 重芳烃。甲苯和 C_9 芳烃循环使用，作为歧化与烷基转移的原料，苯和二甲苯是本工艺的产品，C_{10}^+ 作为重芳烃副产物。

（2）Tatoray 法的主要特点

① 采用了气固相绝热固定床反应器，结构简单，反应温度控制容易，且操作温度和压力都较缓和，对设备材质无苛刻要求，操作方法简便，投资和运转费用较低。

② 可以用甲苯或者甲苯与 C_9 芳烃为原料，能够处理高 C_9^+ 芳烃的原料。

③ Tatoray 法的工艺不断进步，TA-20 催化剂稳定性明显改善，运转周期长；空速大幅提高，氢烃比大幅下降；副产物少，芳烃收率在 97% 以上，转化率提高到近 50%；产品苯和二甲苯的质量好。

7.2.5.3　MSTDP 法

Mobil 公司开发了以择形催化为基础的 Mobil 甲苯选择歧化法，已于 1988 年工业化。

（1）MSTDP 法的工艺流程　见图 7-11。

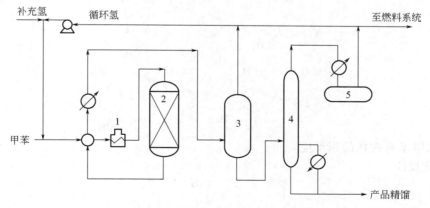

图 7-11　MSTDP 法工艺流程

1—加热炉；2—反应器；3—分离器；4—汽提塔；5—气液分离器

循环氢和补充氢与原料甲苯混合后经过反应产物-原料换热器换热后，再经原料加热炉加热到预定温度，而后自上而下通过固定床反应器。从反应器出来的反应产物流经换热和冷凝、冷却，不凝气体从气液分离器顶部分出，大部分循环使用，少量送往燃料气系统作燃料；气液分离器底部出来的冷凝液经汽提塔脱除非芳烃，然后送往产品精馏系统。

（2）MSTDP 法的特点　以甲苯为原料，择形分子筛——改性的 ZSM-5 沸石为催化剂，甲苯转化率较低，仅为 30% 左右，PX（对二甲苯）的选择性不够高。产品为高纯苯和混合二甲苯，其中对二甲苯含量达 95%，大大超过了二甲苯的平衡浓度，但是还没有达到用于生产对二苯甲酸要求的纯度（大于 99.2%）。MTPX 法是 MSTDP 的改进，可使对二甲苯选择性进一步提高到 98% 以上。第三代是 MTDP-3 法，原料中 C_9 芳烃含量可达 25%。

7.3　芳烃的异构化

C_8 芳烃包括对二甲苯、邻二甲苯、间二甲苯和乙苯。其主要来源是催化重整油、热裂解汽油，其次是甲苯歧化或烷基转移及煤焦油等。各种来源的 C_8 芳烃组成见表 7-8。

表 7-8　C_8 芳烃组成　　　　　　　　　　　　　　　　　　　　　　　/%（质量）

组分	重整油	热裂解汽油	甲苯歧化油	煤焦油
乙苯	15	30	微量	10
对二甲苯	20	15	26	20
间二甲苯	45	40	50	50
邻二甲苯	20	15	24	20

从表 7-8 数据可以看出，各种来源的 C_8 芳烃中，间二甲苯所占比例最大，而大量需要的对二甲苯在原 C_8 芳烃中约占 20%。目前，国内外的石化企业以含或少含对二甲苯的 C_8 芳烃为原料的催化异构化制备对二甲苯，从而增加其在二甲苯中的含量。

7.3.1　芳烃异构化的化学反应

芳烃异构化包括二甲苯在酸性催化剂上异构化的主反应及歧化、烷基转移、脱烷基和加氢裂解等副反应。

（1）二甲苯异构化的主反应

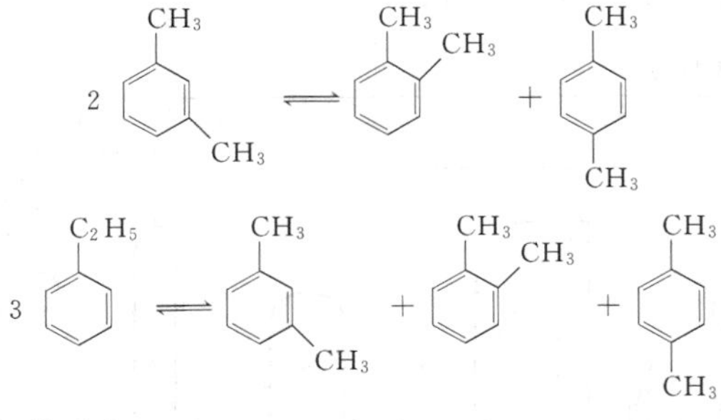

（2）二甲苯异构化的副反应

① 歧化反应

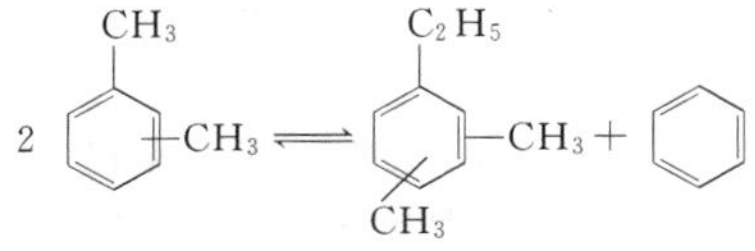

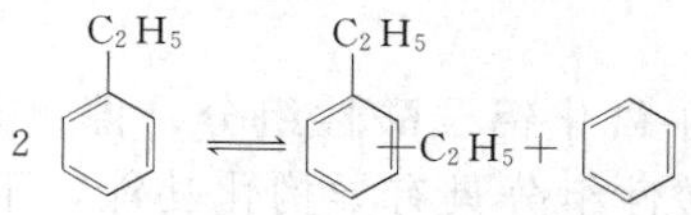

② 烷基转移反应

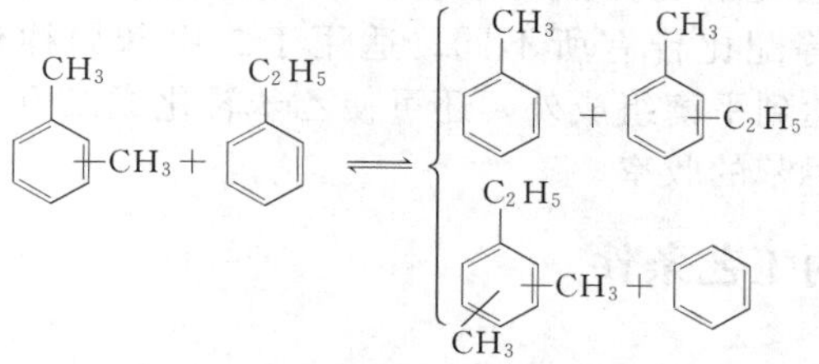

③ 脱烷基反应　在通常的异构化反应条件下，基本上不产生脱烷基，当反应条件较苛刻时，乙苯可脱烷基生成苯。

④ 加氢裂解反应

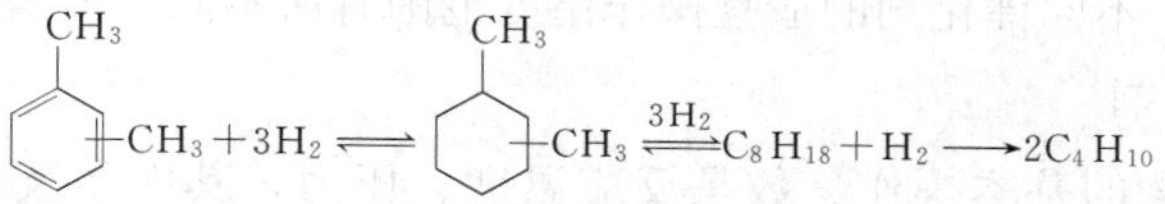

7.3.2　芳烃异构化的反应机理

二甲苯在酸性催化剂上的异构化目前提出了两种反应机理。

第一种是甲基在分子内的位移的机理；第二种是通过烷基转移的机理。第一种机理如下所示。

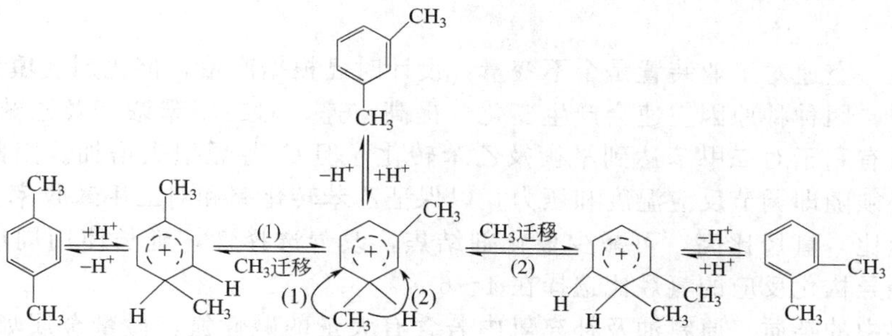

异构化在采用双功能催化剂时，乙苯在有 C_8 环烷烃存在下，可转化为二甲苯，其反应机理如下所示。

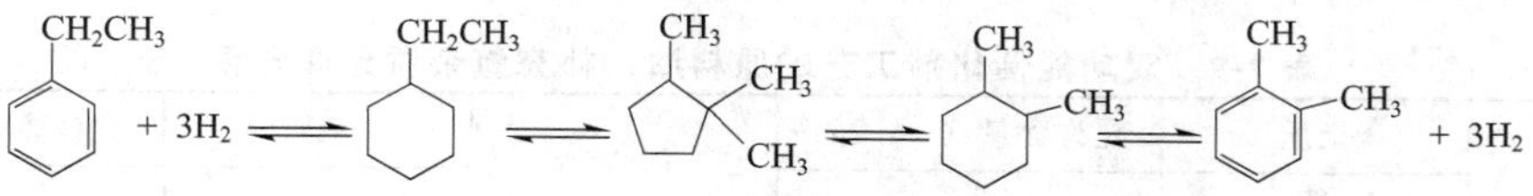

7.3.3　芳烃异构化的催化剂

二甲苯异构化的催化剂分为酸性催化剂和双功能催化剂两大类。

（1）酸性催化剂

酸性催化剂的活性组分包括无定形 $SiO_2\text{-}Al_2O_3$、沸石及卤素等。无定形 $SiO_2\text{-}Al_2O_3$ 催化剂是早期的二甲苯异构化催化剂，催化剂便宜，设备和操作较简单，但反应空速低，催化剂结焦再生频繁，目前已基本被沸石催化剂取代。结晶沸石具有活性高，选择性、稳定性好等特点。卤素型催化剂在工业上的应用较少，主要是由于卤素的腐蚀性强，对人体与环境的危害性大。

（2）双功能催化剂

双功能催化剂的组成包含铂-氧化铝及酸性组分。催化剂具有异构化和加氢两种功能，铂-氧化铝具有加氢脱氢功能，酸性组分具有异构化功能，不同的异构化工艺采用的酸性组分不同，应用较多的是以丝光沸石为酸性组分，但各工艺所用的丝光沸石的 SiO_2/Al_2O_3 比、阳离子交换度、含量等配比皆有所不同。适用于二甲苯异构化的 SiO_2/Al_2O_3 比约为10，该催化剂除使二甲苯达到平衡组成外，还可使乙苯转化成二甲苯，故可提高目的产物对二甲苯、邻二甲苯或间二甲苯的收率。

7.3.4 C₈芳烃异构化的工艺条件

7.3.4.1 固体酸型催化剂

固体酸型催化剂工艺是非临氢反应，其基本操作参数是温度，当空速一定时，反应温度决定了产物中对、邻二甲苯的浓度，温度高，有利于对、邻二甲苯达到平衡，但同时增加了副反应，C₈芳烃收率下降。不同催化剂的适宜操作温度范围有所不同，大致范围在370～480℃内。

7.3.4.2 双功能催化剂

双功能催化剂工艺的基本操作参数是反应温度、压力，其次是氢-烃比与空速。

（1）反应温度 当空速、压力一定时，提高反应温度有利于产物中对二甲苯达到热力学平衡浓度，但C₈芳烃的损失会随对二甲苯接近平衡程度的增加而增加。因此，在操作中不能单纯追求目的产物对二甲苯的高浓度。

（2）反应压力 反应温度一定时，随着压力升高，有利于乙苯向热力学平衡浓度转化，但产物中C₈环烃也随之增加，若继续提高压力，环烷烃迅速增加，而乙苯转化因受平衡限制提高特别少。

（3）空速 空速对工业装置是个不变量，设计时已根据产量，催化剂装填量决定了。但在实际操作中，因种种原因空速会产生变化。提高空速，对二甲苯浓度及乙苯转化率下降；降低空速，虽有利于对二甲苯达到平衡及乙苯转化，但C₈芳烃损失增加。因此，当空速发生变化时，必须随即调节反应温度和压力，以保证乙苯转化率和对二甲苯收率。

（4）氢烃比 氢烃比高，可减少催化剂结焦，改善选择性，延长使用周期。但能耗也高，一般芳烃异构化反应的氢烃比选择在4～6。

（5）原料中的杂质 原料油及补充氢中若含有大量的碱性氮，微量金属如钠、钾、铅、一氧化碳、硫化氢等都会使催化剂中毒。芳烃异构化原料油及补充氢中杂质含量要在一定的允许范围内，表7-9列出了双功能催化剂工艺的原料油、补充氢杂质允许含量。

表 7-9　双功能催化剂工艺的原料油、补充氢杂质允许含量

	杂质	允许含量/(mg/kg)		杂质	允许含量/(mL/m³)
异构化原料油	砷	≤2	补充氢	H_2S	≤1
	铅	≤20		CO	≤5
	铜	≤20		CO_2	≤5
	有机氮	≤1		H_2O	≤10
	总氮	≤2		NH_3	≤1
	硫	≤1		HCl	≤2
	H_2O	≤200			

7.3.5 C₈芳烃异构化工艺流程

二甲苯临氢异构化工艺流程（如图7-12所示）：异构化原料来自目的产物如对二甲苯分

离后的抽余液，与循环氢和补充氢混合后，经换热器进入加热炉，加热至反应温度入反应器，与催化剂接触，进行异构化反应，将非平衡组成的混合二甲苯转化为平衡组成，反应产物经换热器、冷凝器，进入分离器进行气液分离，氢气从顶部排出，大部分氢气经氢压机送回反应器循环使用，少量排出装置。液体产物从底部排出，经换热器加热送至脱轻组分精馏塔，脱除反应生成的轻组分，塔底的二甲苯和反应生成的 $C_9^+ A$ 重组分，送至二甲苯塔切除 $C_9^+ A$ 重组分，二甲苯馏分即为分离目的产物对二甲苯或邻二甲苯的原料。

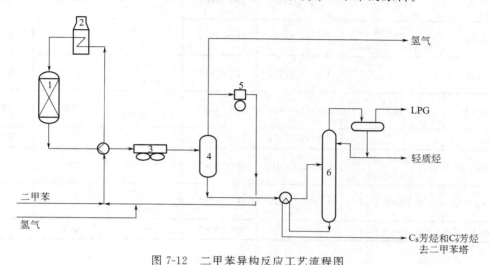

图 7-12　二甲苯异构反应工艺流程图

1—反应器；2—加热炉；3—冷凝器；4—气液分离器；5—氢气压缩机；6—脱轻组分塔

7.3.6　C_8 芳烃异构化工业生产方法

最早工业化的异构化技术是采用无定型催化剂，常用的有美国雪弗龙公司开发的 Chevron 法、英国帝国化学公司开发的 ICI 法等。这两种方法都是不临氢操作，因此，催化剂积炭快，使用周期非常短。

Mobil Oil 公司开发了 ZSM 系列沸石催化剂，并应用于二甲苯异构化工艺。相继有低温异构化（LTI）法、高温异构化（MHTI）法、气相异构化（MVPI）法、无氢气循环的低压异构化（MLPI）法、采用双床层催化剂体系的高活性异构化（MHAI）法等。日本东丽公司开发了以丝光沸石为催化剂的 Isolene-I 法和 DE 法。

含贵金属的双功能催化剂的工艺，有代表性的是 Engelhard 公司和 ARCO 公司联合开发的 Octafining 法，UOP 公司开发的 Isomar 法，Toray 公司开发的 Isolene-II 法等。在工业上已经应用的二甲苯异构化方法，催化剂、操作条件等如表 7-10 所示。

表 7-10　C_8 芳烃异构化的主要生产工艺

方法	催化剂	操作参数				乙苯转化
		反应压力	反应温度	空速/h^{-1}	氢烃摩尔比	
ICI 法	无定形 SiO$_2$-Al$_2$O$_3$	常压	430～450℃	0.5h^{-1} (LHSV)	不临氢	歧化
Chevron 法	无定形 SiO$_2$-Al$_2$O$_3$	常压	370～470℃	0.5h^{-1} (LHSV)	不临氢	歧化
LTI 法	HZSM-5	约 2.0MPa	200～260℃	3.0h^{-1} (WHSV)	—	—

方法	催化剂	操作参数				乙苯转化
		反应压力	反应温度	空速/h^{-1}	氢烃摩尔比	
MVPI法	Ni/HZSM-5	1.4MPa	255~290℃	5~10h^{-1}（WHSV）	6	歧化
MLPI法	HZSM-5	0.274MPa	290~380℃	5~8.5h^{-1}（WHSV）	不临氢	歧化
MHTI法	HZSM-5（约含0.1%铂）	1.4~1.6MPa	410~450℃	10~14h^{-1}（WHSV）	2~4	脱烷基
MHAI法	—	1.4~1.6MPa	400~480℃	5~10h^{-1}（WHSV）	1~3	脱烷基
Isolene-Ⅰ法	H-M	1.0~3.0MPa	360~450℃	0.5h^{-1}（WHSV）	临氢	歧化
DE法	—	0.8~1.5MPa	380~480℃	—	3~5	脱烷基
Octafining法	SiO$_2$-Al$_2$O$_3$(50%)-Pt(50%)	1.3~1.65MPa	425~480℃	0.6~1.6h^{-1}	4~6	—
Octafining-Ⅱ法	Pt-Al$_2$O$_3$-HM	0.9~1.3MPa	390~430℃	3.5~4.5h^{-1}（WHSV）	4~6	—
Isolene-Ⅱ法	Pt-Al$_2$O$_3$-HM	1.3~2.0MPa	380~430℃	—	临氢	—

7.4 芳烃的烷基化

芳烃的烷基化是指在金属卤化物、无机酸或硅酸铝等催化剂存在下，芳烃分子中苯环上的一个或几个氢被烷基取代而生成烷基芳烃的反应。在芳烃的烷基化反应中苯的烷基化最为重要，如乙苯、异丙苯和十二烷基苯等的合成。

7.4.1 烷基化剂

烷基化剂是指能为烃的烷基化提供烷基的物质。常见的烷基化剂有卤代烷、烯烃、醇和醚等，工业上常用的是烯烃和卤代烷。

7.4.2 苯烷基化反应的化学过程

（1）主反应

$$\text{（l）} + CH_2 = CH_2 \text{（g）} \Longrightarrow \text{—} C_2H_5 \text{（l）} \tag{1}$$

$$\Delta_r H_m^{\ominus} = -113.8\text{kJ/mol}$$

$$\text{（g）} + CH_2 = CH_2 \text{（g）} \Longrightarrow \text{—} C_2H_5 \text{（g）} \tag{2}$$

$$\Delta_r H_m^{\ominus} = -105.5\text{kJ/mol}$$

$$\text{（g）} + CH_3CH = CH_2 \text{（g）} \Longrightarrow \text{—} CH(CH_3)_2 \text{（g）} \tag{3}$$

$$\Delta_r H_m^{\ominus} = -97.8\text{kJ/mol}$$

式中　$\Delta_r H_m^{\ominus}$——标准状态下每摩尔乙烯平均反应热。

由以上三个烷基化反应的 $\Delta_r H_m^{\ominus}$ 可以看出，苯的烷基化反应是一强放热反应。上述三例中平衡常数和温度的关系为：

$$\lg K_{p(1)} = \frac{5944}{T} - 7.3$$

$$\lg K_{p(2)} = \frac{5460}{T} - 6.56$$

$$\lg K_{p(3)} = \frac{5109}{T} - 7.434$$

可见，在较宽的温度范围内，苯的烷基化反应在热力学上都是有利的。只有当温度高时，才有较明显的逆反应发生。

（2）副反应

① 多烷基苯的生成

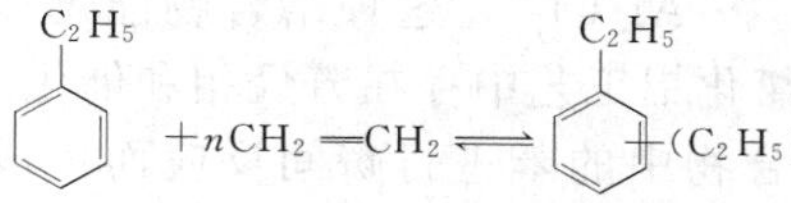

式中，$n = 1 \sim 5$。

② 烷基转移反应

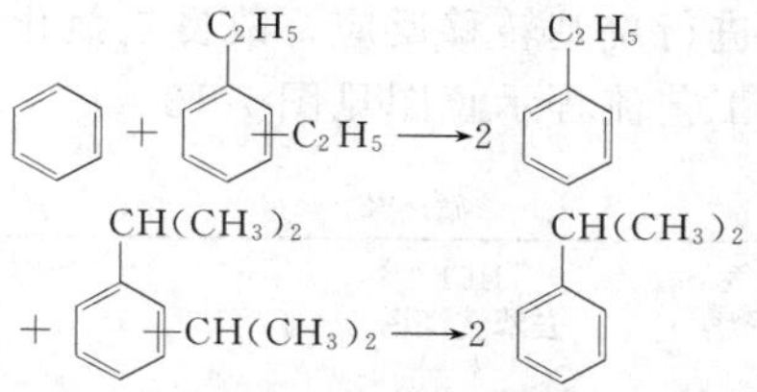

③ 芳烃缩合和烯烃聚合反应，生成高沸点的焦油和焦炭。

7.4.3　催化剂

工业上已用于苯烷基化工艺的酸性催化剂主要有下面几类。

（1）酸性卤化物的络合物　路易斯酸 $AlCl_3$、$AlBr_3$、BF_3、$ZnCl_2$、$FeCl_3$ 等络合物的活性次序为 $AlBr_3 > AlCl_3 > FeCl_3 > BF_3 > ZnCl_2$，工业上常用的是 $AlCl_3$ 络合物。

在使用无水 $AlCl_3$ 作催化剂时，必须在有 HCl 存在时才有催化作用。

（2）磷酸/硅藻土　该催化剂活性较低，生产过程中需要采用较高的反应温度和压力；又因不能使多烷基苯发生烷基转移反应，因此，为了保证单烷基苯的收率，需要原料中的苯大大过量。另外，该催化剂对烯烃的聚合反应也有催化作用，会使催化剂表面积焦而活性下降。此催化剂在工业上主要应用于苯和丙烯气相烷基化生产异丙苯。

（3）$BF_3/\gamma\text{-}Al_2O_3$　该催化剂活性较好，并对多烷基苯的烷基转移反应也具有催化作用。用于乙苯生产时还可用稀乙烯为原料，乙烯的转化率接近 100%，但有强腐蚀性和毒性。

（4）ZSM-5 分子筛催化剂　ZSM-5 分子筛催化剂的活性和选择性均较好。用于乙苯生产时，可用 $15\% \sim 20\%$ 低浓度的乙烯作为烷基化剂，乙烯的转化率可达 100%，乙苯的选择性大于 99.5%。

7.4.4　烷基苯的工业生产方法

这里主要介绍苯烷基化制乙苯生产工艺。

按反应状态分，烷基化工艺分为液相法和气相法两类。按催化剂种类分为三氯化铝法、$BF_3\text{-}Al_2O_3$ 法、固体酸法、分子筛法。三氯化铝法主要有传统无水三氯化铝法和改良三氯化铝法。目前工业上应用比较多的是改良三氯化铝法及分子筛法。

所有乙苯生产工艺的反应机理基本一致，只是工艺流程上稍有差别。

7.4.4.1 AlCl₃法生产乙苯

（1）传统三氯化铝法乙苯生产工艺　美国 Dow 化学公司首先实现了工业化生产乙苯，烷基化反应和烷基转移反应在同一反应器内进行。在烷基化反应器内，反应物和催化剂形成三相，即液态芳烃、气态乙烯和液态催化剂络合相。反应时，乙烯鼓泡进入反应器两相内，使它们分散混合。反应温度在130℃以下，反应压力为常压。由于催化剂用量大，反应介质腐蚀性强，对设备材质要求高，对环境污染严重。

（2）改良三氯化铝法生产工艺　美国 Monsanto 公司在传统三氯化铝工艺基础上进行了改进，成功开发了改良三氯化铝生产工艺。主要改进工艺是制备了一种具有重三氯化铝络合物催化剂—$(C_2H_5)_3C_6H_3\cdots H^+\cdots Al_2Cl_7^-$，这种络合物能迅速溶解在苯的混合物中，得到完全均相体系，避免了传统三氯化铝工艺中存在芳烃相和催化剂络合相两个液相的弊端，有利于乙烯与溶解于三氯化铝络合物中的苯进行瞬间反应而生成乙苯，使乙苯收率进一步提高，对环境的污染有所减轻；另外提高了烷基化反应温度，减少了催化剂三氯化铝用量；设计成功了一种具有内外圆筒的烃化反应器。乙烯和苯可在内筒中瞬间完成烷基化反应，不含乙烯的反应物流入外圆筒，进行烷基转移反应。改良三氯化铝法制乙苯生产过程包括烷基化和精馏两个主要生产单元，工艺流程示意图见图 7-13。

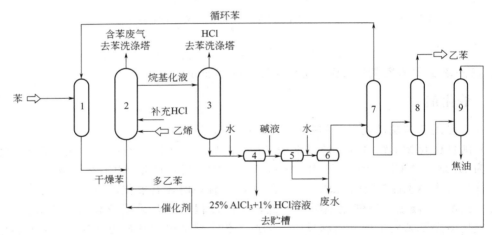

图 7-13　改良 AlCl₃法生产乙苯工艺流程示意图

1—苯干燥塔；2—烷基化反应器；3—闪蒸罐；4—水洗槽；5—碱洗槽；
6—水洗槽；7—苯塔；8—乙苯塔；9—多乙苯塔

干燥苯、乙烯及配制的三氯化铝络合物催化剂连续加入烷基化反应器的烷基化区，原料苯与乙烯的摩尔比为（5～6）:1，在反应温度160～180℃，反应压力为 0.6～0.8MPa 的条件下进行反应，在此乙烯全部反应。在烷基转移反应区，加入从精馏单元回收的多乙苯，与反应物料中的苯进行烷基转移反应，生产额外的乙苯。经烷基化、烷基转移反应后的物料（烷基化液）先经闪蒸脱除氯化氢，再经一组三级洗涤分离系统，依次用水、碱液和水洗涤，回收烷基化液中溶解的催化剂络合物后，送乙苯精馏单元。所脱除的氯化氢经苯洗涤塔用苯吸收后循环使用。洗涤分离过程中产生的废三氯化铝溶液和废碱液送三废处理工段。洗涤后的烷基化液先经苯塔脱除未反应的过量苯，苯蒸气冷凝，冷凝液沉降分离除掉水后，与新鲜苯一道进入苯干燥塔，水分从塔顶与苯一道馏出，冷凝后经沉降分离除去，苯干燥塔底部不含水的苯经冷却后作为烷基化反应器进料。脱除未反应苯的烷基化产物自苯塔底部进入乙苯塔，从塔顶馏出乙苯产品送入乙苯贮罐。含有重组分的多乙苯馏分自乙苯塔底部进入多乙苯塔，从塔顶馏出的多乙苯冷却后供烷基转移反应进料。多乙苯塔底重组分焦油送出界区作燃料用。

改良三氯化铝法与传统三氯化铝法比较具有以下优点：①可采用较高的乙烯/苯（摩尔比），并可使多乙苯的生成量控制在最低限度，乙苯收率达 99.3%（传统法为 97.5%）；②副产焦油少；③三氯化铝用量仅为传统法的 25%，并且催化剂络合物不需要循环使用，从而减少了对设备和管道的腐蚀及防腐要求；④反应温度高有利于废热回收；⑤废水排放量少。

改良三氯化铝法由于在高温下反应，要求反应器材质必须在高温下耐腐蚀。

7.4.4.2　液相分子筛法生产乙苯工艺

液相分子筛法苯与乙烯烷基化生产乙苯工艺技术，由 Unocal、Lummus 和 UOP 三家公司共同开发。该工艺的特点是烷基化反应和烷基转移反应分别在两个反应器内进行，反应温度较低，反应压力较高，反应器内的原料呈液相，有利于减缓催化剂表面结炭的形成，延长了催化剂再生周期，同时，由于反应条件比较缓和，副反应较少，产品纯度较高。液相分子筛法生产乙苯的工艺流程示意图见图 7-14。

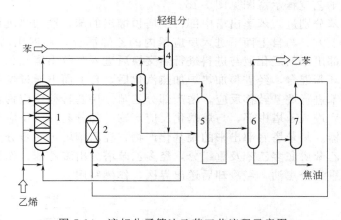

图 7-14　液相分子筛法乙苯工艺流程示意图

1—烷基化反应器；2—烷基转移反应器；3—闪蒸罐；4—脱气塔；5—苯塔；6—乙苯塔；7—多乙苯塔

新鲜苯进入脱气塔脱除水分及其他轻组分杂质后进入苯塔，在塔中与循环苯相混合并从该塔顶部馏出，经预热后进入烷基化反应器底部，乙烯分四路进入烷基化反应器各段催化剂床层下方，与苯接触，在催化剂的作用下生成乙苯。乙苯精制单元多乙苯塔回收的多乙苯与循环苯混合后进入烷基转移反应器，在反应器中，部分多乙苯与苯进行烷基转移反应，增产乙苯，反应产物从顶部出来，与从烷基化反应器顶部出来的烷基化液混合后进入闪蒸罐脱除轻组分杂质及部分未反应的苯，闪蒸气体经脱气塔回收苯，排放的气体作燃料用。闪蒸罐底部出来的烷基化物与脱气塔底部出来的液态苯一起进入苯塔，苯塔顶部馏出的苯，经冷凝后进入烷基化单元，作为烷基化反应器和烷基转移反应器的进料，苯塔底部烷基化产物在乙苯塔中进一步精制，精乙苯从乙苯塔顶馏出。乙苯塔底含多乙苯的馏分送入多乙苯塔。多乙苯塔顶馏出多乙苯，冷凝后送烷基转移反应器。多乙苯塔底重组分焦油，冷却后送出界区，作燃料用。

液相分子筛法所用催化剂为 Y 型分子筛，催化剂再生周期可达 2 年，使用寿命可达 4 年以上。其主要反应条件如表 7-11 所示。

表 7-11　液相分子筛法主要反应条件

反应类型	反应压力	反应温度	苯/乙烯	乙烯转化率	多乙苯转化率
烷基化	3.8MPa	入口温度 220℃ 出口温度 260℃	6:1(摩尔)	100%	
烷基转移	2.9MPa	220℃			83%

7.4.4.3　气相分子筛法生产乙苯工艺

气相分子筛法生产乙苯工艺，由美国 Mobil 公司开发。采用 ZSM-5 分子筛催化剂，气相烷基化所用反应器为多层固定床绝热反应器，主要反应条件如表 7-12 所示。

表 7-12　气相分子筛法主要反应条件

反应类型	反应压力	反应温度	苯/乙烯	乙烯转化率	多乙苯转化率
烷基化	1.6MPa	入口温度 390℃ 出口温度 470℃	7:1(摩尔)	100%	
烷基转移	0.69MPa	445℃			50%~60%

气相分子筛法工艺流程示意图见图 7-15。

新鲜苯与循环苯分别进入苯蒸出塔中部，从塔顶馏出的苯，经加热汽化后进入烷基化反应器各催化剂床层上方，与自上而下进入反应器内的乙烯混合，在催化剂作用下生成乙苯，从烷基化反应器底部出来的烃化液与进料进行热交换后进入苯蒸出塔底部。经多乙苯塔分离出来的多乙苯与循环苯混合，经进料加热炉加热汽化后，自上而下通过烷基转移反应器催化剂床层，多乙苯与苯进行烷基转移反应，增产部分乙苯。烷基转移反应物料进入脱气塔，脱除部分轻组分杂质后进入苯塔中部，与烷基化反应产物一起分离出未反应苯返回烷基化反应器和烷基转移反应器。从苯塔底部出来的烷基化产物，经乙苯塔进一步分离，乙苯产品从塔顶馏出送贮罐区。乙苯塔底多乙苯及重组分，经多乙苯塔分出多乙苯，作为烷基转移反应器进料，多乙苯塔底重组分焦油，经冷却后送出界区，作燃料用。

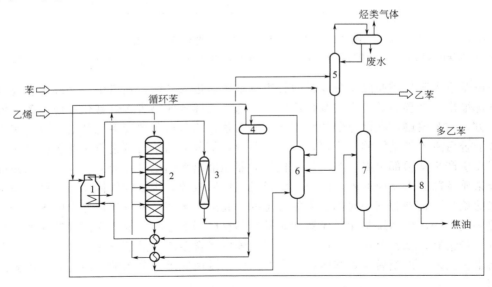

图 7-15　气相分子筛法乙苯工艺流程示意图

1—加热炉；2—烷基化反应器；3—烷基转移反应器；4—反应器进料槽；
5—脱气塔；6—苯蒸出塔；7—乙苯塔；8—多乙苯塔

7.5　芳烃的脱烷基

　　芳烃的脱烷基是指在氢气存在下，烷基芳烃发生脱烷基反应的工艺过程，主要有催化法和热解法脱烷基。

　　催化法脱烷基是指在氢气和催化剂存在的条件下进行的脱烷基反应过程。它的特点是芳环的加氢和裂化反应几乎不发生，芳环的聚合反应也很少发生，甲苯转化为苯的选择性很好，苯产品纯度可达 99.9%。

　　热解法脱烷基是利用较高的反应温度直接引发有效的脱烷基反应。由于在较高的反应温度下进行，副反应增加，反应选择性变差，芳烃的缩聚反应增加，生炭量增多，苯的纯度可达 99.99%。

7.5.1　脱烷基的化学反应

　　芳烃脱烷基反应是复杂的反应过程，除了在氢气存在条件下的一步或分步脱烷基生成苯的主反应外，还有不同条件下的副反应。

　　（1）脱烷基主反应

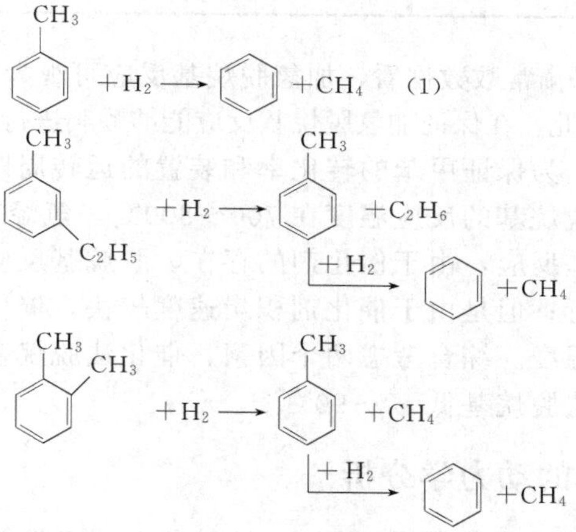

　　（2）脱烷基副反应

$$C_6H_{14}+5H_2 \longrightarrow 6CH_4 \quad (2)$$

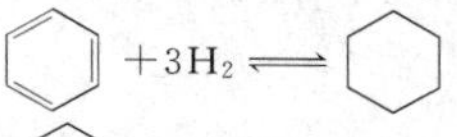

$$CH_4 \longrightarrow C+2H_2 \quad (5)$$

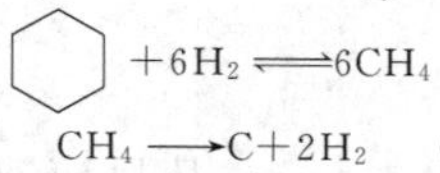

231

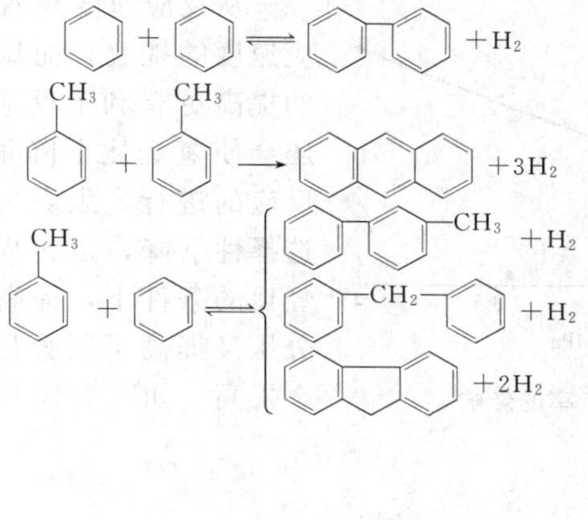

7.5.2　加氢脱烷基的热力学分析

由表 7-13 中的反应热数据看，加氢脱烷基反应是放热反应，较低反应温度有利于加氢脱烷基反应；苯环加氢、烷烃和环烷烃加氢裂化反应是强放热反应，烷烃和环烷烃的加氢裂化反应放出的热量，会导致反应器内和出口的温度大幅度上升，甚至反应温度难以控制。生炭反应是吸热的不可逆反应，较高的反应温度促进生炭反应的进行，会导致大量炭的积累，影响反应的进行。因此，反应系统内的温度不能太高。

表 7-13　加氢脱烷基的基本化学反应的反应热和平衡常数

温度/℃	标准反应热/(kJ/mol)			平衡常数 K		
	527	627	727	527	627	727
加氢脱烷基反应(1)	−49.03	−50.07	−51.00	$5.25×10^2$	$2.29×10^2$	$1.18×10^2$
烷烃加氢裂化反应(2)	−320.96	−326.99	−332.06	$7.41×10^{20}$	$3.31×10^{18}$	$3.98×10^{16}$
苯环加氢反应(3)	−220.64	−220.06	−218.68	$4.79×10^{-7}$	$1.20×10^{-8}$	$6.92×10^{-10}$
环烷烃裂化反应(4)	−367.37	−374.89	−381.71	$4.47×10^{21}$	$9.12×10^{18}$	$4.68×10^{16}$
生炭反应(5)	87.17	88.63	89.72	0.71	3.09	$1.02×10$

由表 7-13 所示的平衡常数数据看，加氢脱烷基反应可视为不可逆反应，随着反应温度的升高，平衡常数减小，因此，在保证加氢脱烷基反应能够顺利进行的情况下，较低温度更有利。

从热力学分析看，为保证甲苯的转化率和装置的运转周期，反应温度不宜太高、氢油比不宜太低，通常甲苯脱烷基的反应温度在 700～800℃，氢烃摩尔比 3～4 为宜。

对于催化法脱烷基反应，由于催化剂的存在，脱烷基反应的活化能降低，因此，可以在较低的反应温度下进行；但是由于催化剂积炭速度较快，催化剂失活速率大，为保持催化剂的活性必须提高反应温度。综合考虑两个因素，催化法脱烷基的反应温度要保持在一定的范围内，一般只比热解法脱烷基低 50～90℃。

7.5.3　加氢脱烷基的动力学分析

甲苯加氢脱烷基反应是 1.5 级反应，反应速度与甲苯分压的一次方和氢气分压的 0.5 次方成正比，方程式如下所示。

$$r = K[p_T]^{1.0}[p_H]^{0.5} \quad mol/(L·s)$$

式中　K——反应速度常数；
　　　p_T——甲苯分压；
　　　p_H——氢气分压。

从反应速度来看，提高反应压力有利于反应速度的提高，而烷基苯分压的提高比氢分压的提高更有利于反应。但是，过高的烷基苯分压会使氢烃比下降很多，导致副反应——生炭反应的进行，焦炭生成量增加，脱烷基反应的选择性下降，运转周期缩短。因此，在一定氢烃比的条件下，提高反应压力既提高了烷基苯分压又提高了氢分压，使反应速度加快，转化率提高。如图 7-16 所示。

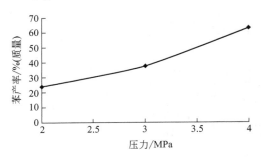

图 7-16　压力对苯产率的影响

7.5.4　脱烷基制苯的工业生产方法

脱烷基制苯的原料主要是裂解汽油和催化重整油经过溶剂抽提的甲苯或甲苯与二甲苯的混合物及煤焦油的 BTX 馏分。一般情况下，前者所含烷烃小于 1%（质量），后者除了含有一定数量的烷烃和烯烃外还含有较多的硫、氮化合物。在脱烷基反应中，饱和烃加氢裂解的反应速度远大于烷基苯脱烷基反应的速度，因此，为了提高脱烷基产品的质量，这些非芳烃组分必须通过加氢精制和抽提工艺除去。

7.5.4.1　催化脱烷基制苯

甲苯催化脱烷基生产有代表性的工艺过程有：美国 Ashland & Refining 公司和 UOP 公司开发的 Hydeal 法，美国 Houdry 公司开发的以甲苯为原料的 Detol 法，以加氢裂解汽油为原料的 Pyrotol 法和以焦化粗苯为原料的 Litol 法。它们都是在催化剂存在下的加氢脱烷基过程。几种催化脱烷基工艺见表 7-14。

表 7-14　几种主要催化脱烷基工艺

方法	Hydeal 法	Detol 法	Pyrotol 法
原料	催化重整油、裂解汽油、煤焦油、$C_6 \sim C_8$ 抽提芳烃、甲苯和二甲苯，要求非芳烃含量小于 10%。	不含非芳烃的烷基苯，如甲苯、乙苯、二甲苯和 C_9 芳烃等，其硫含量不应大于 3×10^{-6}，氯不应大于 5×10^{-6}	裂解汽油允许非芳烃含量 20%~30%
反应器	1 个（进料是纯甲苯时） 2 个（非芳烃含量高时）	1 个	2 个
催化剂	Cr_2O_3/Al_2O_3	含有碱性促进剂的 Cr_2O_3/Al_2O_3	含有碱性促进剂的 Cr_2O_3/Al_2O_3
操作条件	反应温度 600~650℃，总压约 3.5~4.5MPa，氢分压 3.0MPa，空速约 $0.5h^{-1}$，催化剂再生周期 3~4 月，寿命 1 年半以上，氢烃摩尔比 10	反应温度 600℃，反应压力 6.0MPa，催化剂再生周期 6 月，寿命 4~5 年	反应温度 550~650℃，反应压力 3.0~7.0MPa，催化剂再生周期 4~6 月，寿命 4~5 年
主要反应	烷烃加氢裂解和脱烷基	脱烷基	加氢裂解和脱烷基
氢气提浓	冷箱技术	油洗吸收法	冷箱技术
激冷剂	冷氢	甲苯	冷氢
苯收率	98% 以上（以甲苯为原料）	99%（摩尔）	98.5%
苯纯度	99.9%	99.95%	

典型 Hydeal 法的工艺流程如图 7-17 所示。

新鲜进料和循环物料及氢气（循环氢和补充氢）混合后进入加热炉，加热到脱烷基反应所需的温度，然后进入反应器。当进料是纯芳烃时，只需要一个反应器进行脱烷基反应；当进料中非芳烃含量较高时，采用二个反应器。第一个反应器进行烷烃加氢裂解反应，第二个反应器进行脱烷基反应。在两个反应器之间及第二个反应器的催化剂床层和出口均要打入冷物料，以控制反应温度和反应器出口温度，以防反应体系内温度上升太快。脱烷基反应器的流出物经过热交换和冷却后进入高压分离器和提纯氢气的冷箱，在高压分离器产生的高纯度氢气返回反应器，液体产物进入白土塔，经酸洗脱去苯的颜色后，进入苯塔，苯产品从苯塔顶部流出，塔底物料进入循环塔。没有转化的甲苯和二甲苯从循环塔顶部流出，与新鲜进料混合后循环回反应器，塔底重芳烃排出。

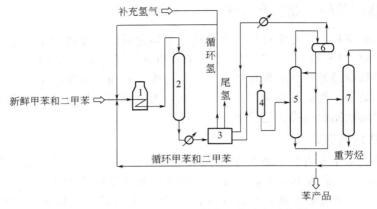

图 7-17　典型的 Hydeal 制苯工艺流程示意图

1—加热炉；2—反应器；3—高压分离器和提纯氢气的冷箱；4—白土塔；5—苯塔；6—气液分离器；7—循环塔

7.5.4.2　热法脱烷基工艺技术

甲苯热脱烷基生产苯的工艺有：美国 HRI 公司、ARCO 公司和 ESSO 公司共同开发的重芳烃加氢脱烷基的 HDA 法，Gulf 公司开发的 THD 法和日本三菱油化公司开发的 MHC 法等。

（1）HDA 法　HDA 法的原料多为甲苯或混合芳烃，个别用裂解汽油。其工艺流程如图 7-18 所示。

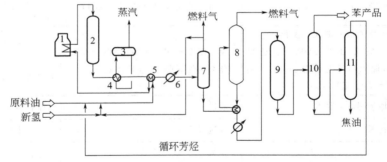

图 7-18　HDA 法甲苯加氢热法脱甲基制苯工艺流程示意图

1—加热炉；2—反应器；3—汽包；4—废热锅炉；5—换热器；6—冷却器；7—分离器；

8—稳定塔；9—白土塔；10—苯塔；11—循环塔

新鲜原料、循环原料和氢气一起预热至 677～704℃进入反应器。反应压力为 4.0～5.0MPa。反应中放出的热量由冷激氢控制。反应产物经冷却、分离、稳定、白土处理，最后分馏得到产品苯，纯度大于 99.9%（摩尔），苯的产率为理论值的 96%～100%。

HDA 法采用柱塞流式反应器，副反应少，重芳烃（蒽等）产率低，反应过程的转化率约 70%。

（2）MHC 法　MHC 法原料多数为裂解汽油，非芳烃含量可达 30%，C_9^+ 芳烃含量 15%。原料为裂解汽油时要先进行二段加氢精制：一段于液相进行，温度约 100℃，二段于气相进行，温度约 350℃。由于氢解作用，原料中含有的硫、氮化合物转化为硫化氢和氨等。二段加氢产品不需冷却分离或稳定处理，可直接进入脱烷基反应系统，因而降低了投资和成本。

MHC 法的主要特点：可直接采用低纯度氢气，无需预先脱除氢气中的 CO、CO_2、H_2S、NH_3；反应压力低；反应器仅需控制入口温度，不需急冷；反应器结焦少；反应器体积小，而单程转化率高达 90%～95%；苯产率达 98%～99%，苯的纯度可达 99.99%。

7.6　C_8芳烃的分离

7.6.1　C_8芳烃的组成及性质

C_8芳烃主要来源于催化重整生成油、裂解汽油和甲苯歧化与烷基转移。各种来源的 C_8 芳烃是邻二甲苯、间二甲苯、对二甲苯和乙苯的混合物，它们的某些性质如表 7-15 所示。

表 7-15　各种来源的 C_8芳烃的性质

组分	性　　质				
	沸点/℃	熔点/℃	相对吸收浓缩因子	相对碱度(0℃)	与 $HF-BF_3$ 形成络合物的相对稳定度
邻二甲苯	144.42	−25.18	0.2	2	2
间二甲苯	139.10	−47.87	0.3	100	20
对二甲苯	138.35	+13.26	1.0	1	1
乙苯	136.19	−94.98	0.5	0.14	—

由表 7-15 可以看出，邻二甲苯的沸点最高，与其他 C_8芳烃分离时，可以利用精馏法分离。乙苯沸点最低，但与对二甲苯仅差 2.16℃，也可以用精馏法分离，但较困难。间二甲苯和对二甲苯的沸点相差最小，不能采用一般的精馏法把它们分开。工业上分离对二甲苯的方法主要有：深冷结晶分离法、络合分离法和模拟移动床吸附分离法三种。

7.6.2　C_8芳烃分离的工业方法

7.6.2.1　深冷结晶分离

邻二甲苯、间二甲苯、对二甲苯沸点差别较小，而熔点差别较大，可以利用深冷结晶法将对二甲苯与其他 C_8芳烃分离。C_8芳烃在冷却的过程中，由于在邻二甲苯、间二甲苯、对二甲苯和乙苯之间能生成最低共熔混合物（如表 7-16 所示）。

表 7-16　C_8芳烃的共熔组成

系统	组分	共熔点/℃	组成(mol)/%			
			邻二甲苯	间二甲苯	对二甲苯	乙苯
二元	邻二甲苯-对二甲苯	−34.9	76.2	—	23.8	—
	间二甲苯-对二甲苯	−52.7	—	87.5	12.5	—
	邻二甲苯-间二甲苯	−61.1	32.0	68.0	—	—
	邻二甲苯-乙苯	−96.3	6.7	—	—	93.3
	间二甲苯-乙苯	−99.3	—	16.0	—	84.0
	对二甲苯-乙苯	−99.8	—	—	1.2	98.8
三元	邻二甲苯-间二甲苯-对二甲苯	−63.7	28.7	62.8	8.5	—
	邻二甲苯-对二甲苯-乙苯	−96.8	6.6	—	1.1	92.3
	间二甲苯-对二甲苯-乙苯	−99.6	—	15.7	1.0	83.3
	邻二甲苯-间二甲苯-乙苯	−101.0	6.0	15.0	—	79.0
四元	邻二甲苯-间二甲苯-对二甲苯-乙苯	−101.3	5.4	14.9	0.9	78.8

从液固相平衡可知，结晶温度越接近最低共熔点，结晶可分出的对二甲苯的回收率越高，但其母液中间二甲苯的浓度也越高，结果得到的对二甲苯的纯度越低。另外，在低温下也伴随着一部分其他芳烃的析出。为提高对二甲苯的纯度，工业上多采用二段结晶工艺。第一段结晶重点在于提高回收率，尽可能把对二甲苯都结晶出来，此时得到的结晶中含对二甲苯 80%~90%。第二段结晶重点在于提高产品纯度，把一段滤饼经过重新熔化-结晶或部分熔化结晶（温度－10~－20℃），分离掉其他芳烃，使对二甲苯纯度可达 99% 以上。典型的工艺流程如图 7-19 所示。

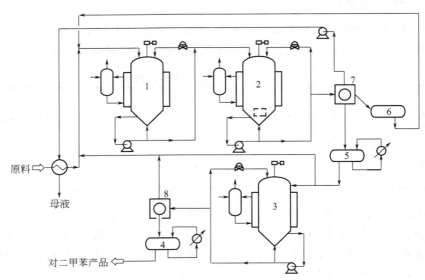

图 7-19　Amoco 对二甲苯结晶分离工艺流程示意图

1,2,3—结晶器；4,5—熔化槽；6—滤液罐；7——段离心机；8—二段离心机

原料先在换热器中预冷到比初始结晶温度略高几度（约－30℃），然后在第一结晶器中冷却到－40~－50℃，最后在第二结晶器中冷却到－62~－78℃，使产率达到最大理论值的 90%。浆料自第二结晶器进入连续式沉淀过滤离心机。离心机沉淀区的滤液含对二甲苯约 10%，经换冷后送去异构化。含母液 30%~40% 的滤饼在离心机的过滤区进一步脱除母液后，对二甲苯含量提高到 85%，进入熔化槽。离心机过滤区母液含对二甲苯约 50%，返回同原料混合。一段结晶熔化后进入二段结晶器，在－6~－10℃温度下生成的浆料于连续过滤式离心机中分成固液两相：液相约含 60%（重）的对二甲苯，送去与原料混合；固相为对二甲苯产品。

在分子筛吸附方法出现之前，结晶分离法是工业上唯一实用的分离对二甲苯的方法。结晶分离工业方法很多，主要工艺有 Chevron 公司的 Chevron 法、Krupp 公司的 Krupp 法、Amoco 公司的 Amoco 法、日本丸善公司的丸善分离法、ARCO 公司的 ARCO 法和 BEFS PROKEM 公司推出的 PROABD MSC 过程。

7.6.2.2　络合分离法

利用某些化合物与 C_8 芳烃异构体生成的络合物具有的一些特殊性能，如在某些溶剂中溶解度的不同将它们分离。络合分离法中由日本三菱（Mitsubishi）瓦斯化学公司开发的 MGCC 法，不但有利于制取高纯度的间二甲苯，同时其他三种异构体的分离大大简化。MGCC 法的工艺分为络合、分解、异构化、蒸馏和精制等工序，如图 7-20 所示。

原料 C_8 芳烃与异构化工序生成的 C_8 芳烃混合进入萃取塔中部，分解塔回收的 $HF\text{-}BF_3$

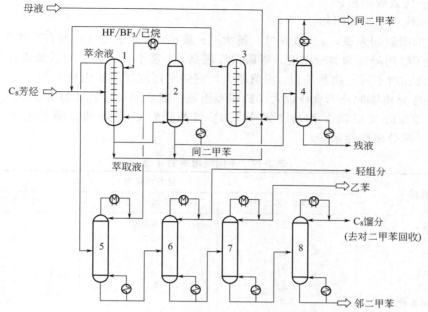

图 7-20　MGCC 法工艺的典型流程示意图

1—萃取塔；2—分解塔；3—异构化塔；4—脱重组分塔；5—提余液汽提塔；
6—脱轻组分塔；7—乙苯塔；8—邻二甲苯塔

和己烷混合进入萃取塔顶部，在塔内形成原料（烃相）和 HF 相的逆流接触，在操作温度0℃～常温，压力小于 490kPa（表压）的条件下，间二甲苯从烃相中抽出，浓缩于 HF 相中，并形成络合物。从萃取塔底部得到的萃取液，一部分送到异构化工序中作催化剂，其余大部分送到分解塔中进行络合物分解。回收的 HF-BF₃-己烷从塔顶流出，送回萃取塔。分解反应后得到的间二甲苯从塔底流出，一部分送到异构化工序，一部分送到脱重组分塔，脱去重组分余液，得到间二甲苯产品，其纯度可在 99% 以上。如果需要生产对二甲苯和邻二甲苯产品，就把分解得到的间二甲苯进行异构化。萃余液从萃取塔顶部流出，在提余液汽提塔中蒸出稀释剂己烷（己烷返回萃取塔和分解塔循环使用），又在脱轻组分塔中蒸出轻组分，在乙苯塔和邻二甲苯塔中分别蒸馏分出乙苯和邻二甲苯。邻二甲苯塔顶部流出的 C₈ 芳烃馏分去精制工序进行对二甲苯的回收。

7.6.2.3　吸附分离法

吸附分离法是利用固体吸附剂对 C₈ 芳烃各异构体吸附能力的差别进行分离的方法。该法具有单程收率高，工艺条件温和，无腐蚀，无毒性，全部液相操作，不需特殊材质制作设备，投资小，能耗低等特点，发展非常迅速。

（1）吸附剂　吸附剂对于分离效率影响极大，良好的吸附剂应具有如下条件：吸附容量大；选择分离性能好；吸附脱附速度快；粉末产生量少；操作性能稳定，使用寿命长；抗毒性能好；价格低廉，来源充足等。

吸附剂的选择性一般以选择吸附系数 α 表示。

$$\alpha = \frac{(x/y)_A}{(x/y)_R}$$

式中　x——组分 1 的摩尔分数；

y——组分 2 的摩尔分数；

　　A——代表吸附相；

　　R——代表未被吸附相。

对一定的吸附剂来说，α（或 α^{-1}）越大（α 或 α^{-1} 远远大于1）越有利于吸附分离。α 的数值取决于吸附温度和组分浓度。吸附温度越高，α 越小；对同一物系来说，平衡浓度越低，α 值越大。对不同的物系来说，α 值越大，它随平衡浓度的变化越大。

C_8 芳烃各异构体的分子直径较大，所用吸附剂一般选用孔径较大的 X 型或 Y 型分子筛。某些阳离子类型的 X 型和 Y 型分子筛于 180℃ 气相吸附 C_8 芳烃的 α 值见表 7-17。其中以 KBaX 型分子筛分离性能最好。

表 7-17　不同吸附剂的 α 值

吸附剂	选择性系数 α		
	对二甲苯/邻二甲苯	对二甲苯/间二甲苯	对二甲苯/乙苯
NaX	0.30	0.80	1.30
NaY	0.33	0.75	1.32
KY	2.38	1.83	1.16
CaY	0.21	0.35	1.17
BaY	2.33	1.27	1.85
KBaX Ba/K(重量)＝17	5.1	4.6	2.2
Ba/K(重量)＝21	3.7	3.5	2.2
Ba/K(重量)＝35	3.0	3.1	2.2

　　吸附容量是单位重量吸附剂的吸附能力。好的吸附剂，吸附容量可达 10％～20％（重量）。吸附容量随温度的升高而降低。

（2）脱附剂　在 C_8 芳烃吸附分离过程中，被分离的组分被吸附剂吸附后，需要用脱附剂再把它们从吸附剂上解吸出来，达到分离被吸附组分，再进入下一步吸附过程的目的。

本工艺用作脱附剂的物质必须满足以下几个条件：与 C_8 芳烃任一组分均能共溶；与对二甲苯有尽可能相同的吸附亲和力，即 α 脱附剂/对二甲苯 ≈ 1 或略小于1，以便与对二甲苯进行反复的吸附交换；与 C_8 芳烃的沸点有较大差别（至少差 15℃），借简单分馏方法就能分离；在它的存在下，吸附剂对对二甲苯仍能保持较高的吸附选择性和吸附能力；价廉易得，性质稳定。

模拟移动床用于对二甲苯脱附的脱附剂主要有甲苯、混合二乙苯、对二乙苯＋C_{11}～C_{13} 的正构烷烃及对二乙苯。美国 UOP 公司所用脱附剂的一些实例，见表 7-18。表中列出了脱附剂与吸附剂配套使用时，各 C_8 芳烃异构体与脱附剂的选择性系数 α 以及它们与吸附剂亲和力大小的次序。从这些实例中可以看出，好的脱附剂的亲和力要在吸出组分与吸余组分之间。

表 7-18　不同脱附剂与 C_8 芳烃异构体的选择性系数 α 及亲和力次序

脱附剂(D)	吸附剂	选择性系数 α				亲和力大小次序
		PX/D	EB/D	OX/D	MX/D	
甲苯	KBaY	2.1	1.0	0.6	0.6	PX＞EB≈D＞OX≈MX
对二乙苯	KBaX	0.68	0.42	0.2	0.18	D＞PX＞EB＞OX≈MX
对二乙苯	SrBaX	1.24	0.74	0.46	0.39	PX＞D＞EB＞OX≈MX

（3）吸附分离工艺原理

① 固定床吸附分离　吸附剂床层在吸附分离塔内固定不动，原料和脱附剂分批交替切

换，送入吸附分离塔内。当一批原料流过床层时，各组分因对吸附剂的亲和力大小不同，而导致移动速度的差别。在脱附剂的冲洗之下更提高了吸附选择性，逐渐使原料分离成互相隔离的谱带。然后把抽余液与抽出液交替从塔内取出，分别蒸出脱附剂后成为产品。由于各组分的谱带都有一定宽度，为保证前一批原料中吸附能力最强组分（在谱带尾部）不致与后一批原料中吸附能力最弱组分（后一批谱带的前端）互相重叠，就必须推迟后批原料加入时间，使床层形成一段空白，因而降低了床层和吸附剂的利用率，导致设备投资的操作费用较高，生产效率较低。

② 移动床吸附分离　为了克服上述固定床工艺间歇操作效率低的问题，开发了连续操作的移动床吸附分离工艺。图 7-21 为移动床连续吸附分离示意图。图中 A 和 B 是被分离组分，A 代表对二甲苯，B 代表间二甲苯、邻二甲苯和乙苯；D 代表脱附剂。吸附剂从下往上移动与由上而下流动的物料进行逆流接触。升至塔顶的吸附剂在塔外落至塔下，再循环使用。

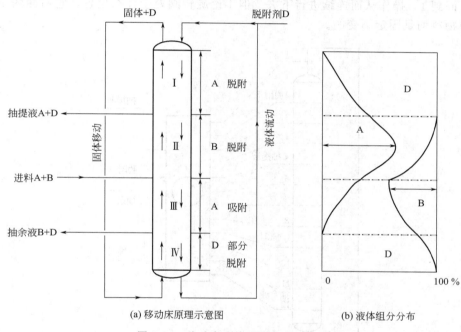

(a) 移动床原理示意图　　　　(b) 液体组分分布

图 7-21　移动床连续吸附分离示意图

原料 A＋B 从中部进入吸附塔，脱附剂 D 由塔顶进入，混有脱附剂的抽提液 A＋D 从吸附塔中部引出，混有脱附剂的抽余液 B＋D 从塔的下部引出。

根据吸附塔中不同位置所起的不同作用，可将吸附塔分成四个区。Ⅲ区是 A 吸附区，由Ⅳ区上升仅吸附 B 和 D 的吸附剂与从Ⅱ区下降的含有 A、B 和 D 的液体逆流接触。液体中的 A 被全部吸附，吸附剂中的 D 被置换而出。Ⅱ区是 B 脱附区，在Ⅱ区内，吸附有 A、B 和 D 的吸附剂和从Ⅰ区下降的仅含 A 和 D 的液体逆流接触。B 的吸附能力较弱，被 A 和 D 全部置换出来，随下降液体流送至Ⅲ区。Ⅰ区是 A 脱附区，在Ⅰ区内，仅吸附有 A 和 D 的吸附剂和从Ⅰ区顶部通入的脱附剂 D 逆流接触，D 将 A 完全置换。Ⅳ区是 D 部分脱附区，在Ⅳ区内，从底部上来的仅吸附有 D 的吸附剂和从Ⅲ区下降的含 B 和 D 的液体逆流接触，B 置换出一部分 D，而自己被全部吸附，置换出来的 D 送至Ⅰ区起脱附 A 的作用。

从图 7-21 液体组成图可以看出，在Ⅳ区仅含 B＋D，在Ⅰ区仅含 A＋D，在Ⅰ和Ⅳ分别引出抽提液和抽余液，即可得到相互分离的 A 和 B。

③ 模拟移动床分离 C$_8$ 芳烃的基本原理　移动床分离过程虽然解决了固定床吸附分离效率低的问题，但是存在吸附剂易磨损及在大直径吸附器中固相吸附剂的均匀移动难以保证的问题。美国 UOP 公司开发了模拟移动床的方法，成功地解决了这些问题。

模拟移动床就是在固定床中连续改变物料的进出口位置来模拟移动床的作用，具体来说就是将进出口点连续地向下移动，其作用与保持进出口点不动而连续自下而上移动固体吸附剂相同。在工业上通过在床上装多条液体管线并周期地把各物料移到邻近的下一条管线上来实现。如图 7-22 所示，吸附剂为固定床，分为 12 个床层，每床层有一管口分别以管线连接到一个旋转阀，旋转阀的另一端连接 4 条总管，连续地引进或引出脱附剂、抽提液、原料和抽余液。如图 7-22 中的情况，连接管线 2、5、9、12 分别为脱附剂、抽提液、原料和抽余液所占用。当旋转阀步进至下一位置时，物料即被切换至下一根邻近的管线 3、6、10 和用泵将塔顶和塔底连接起来，塔内流体的移动便构成一个闭合回路。物料的进出口点达到 12 后，即可回到 1，操作从而连续进行下去。但不论旋转阀处于什么位置，它右侧的 4 条总管中流动的物料均是固定不变的。

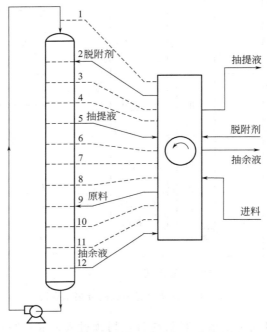

图 7-22　Parex 法模拟移动床吸附分离图

由于各区的液体流量不同，循环泵在进出口点移动时处于 4 个不同的区间，相应的也就要改变泵送量。随着旋转阀旋转，连接各床层的管线所进出的物料也将改变，为避免管线中的原料残液污染抽提液并防止抽提液残液进入抽余液造成对二甲苯损失，旋转阀每次转动后，脱附剂即自动进入相关管线进行冲洗。

（4）模拟移动床分离 C$_8$ 芳烃主要工艺方法　工业上用于分离 C$_8$ 芳烃的模拟移动床吸附分离工艺有美国 UOP 公司的 Parex 法和日本 Toray 公司的 Aromax 法。

① 美国 UOP 公司开发的 Parex 法　Parex 法的吸附剂为 KBaX 或 KBaY，含有 0.5%～7.1% 的水以提高吸附选择性。Parex 法所用原料中对二甲苯的含量不同时，所用脱附剂有所不同，有轻质和重质两类。轻质脱附剂是甲苯，重质脱附剂主要是混合二乙苯及对二乙苯＋正构烷烃。几种脱附剂的简单对比见表 7-19。

表 7-19　几种脱附剂的简单对比

脱附剂	进料中对二甲苯含量/%	对二甲苯纯度/%	对二甲苯收率/%	相对吸附剂装填量	相对分馏热负荷
甲苯	（不含非芳烃）19.6	99.3	99.7	少	中
混合二乙苯	17.3	99.1	85.2	多	中
对二乙苯＋正构烷烃	18.4	99.3	94.5	中	低

Parex 法用 24 通道旋转阀集中控制物料进出，具体工艺流程如图 7-23 所示。

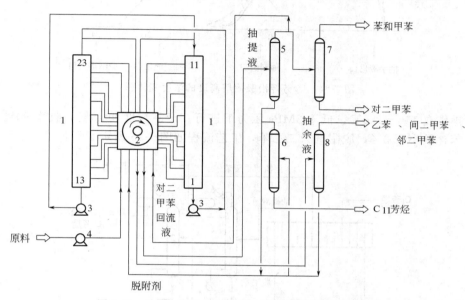

图 7-23　Parex 法立式模拟移动床吸附分离流程示意图

1—吸附塔；2—回转阀；3—循环泵；4—原料泵；5—抽提液塔；6—二乙苯精馏塔；7—精制塔；8—抽余液塔

　　Parex 法工业装置的吸附塔一般由 24 个塔节组成，通常为了降低塔的高度，把吸附塔分成两个，每个塔 12 个塔节。两个吸附塔借循环泵首尾相连，作用如同一个。每个塔节装有 1 层吸附剂，每个吸附塔装有 12 层吸附剂，层与层之间设有栅板以分布进入或送出的液体。两个吸收塔用 24 条管线与一台旋转阀相连，借旋转阀改变物料进入或送出点的位置，使床层按指定程序进行吸附或脱附操作。旋转阀每隔 1.25min 步进一次，旋转一圈共约 30min。液体按一定程序进入或送出，相当于吸附剂逆流方式在移动。

　　吸附操作在 150～180℃，0.8～1.0MPa 下进行。由吸附塔引出的抽提液和抽余液分别进入抽提液塔和抽余液塔回收脱附剂，大部分脱附剂返回吸附塔，小部分脱附剂进入二乙苯精馏塔以脱附多余二乙苯在操作温度下生成的少量缩合产物。抽提液塔馏出的粗对二甲苯在精制塔中脱除由原料带入或对二乙苯降解产生的少量苯和甲苯而得产品对二甲苯。塔内各组分浓度分布如图 7-24 所示。

　　② 日本 Toray 公司开发的 Aromax 法　Aromax 法采用的卧式吸附器，由一连串装有吸附剂的独立室组成，互相之间完全隔开，各室可同时装卸吸附剂，因而有利于缩短非生产时间。每个吸附室配有 6 根物料进出管线——原料、脱附剂、抽提液、抽余液、回流液管线及室与室的连通管线。设置在各个物料管线上的阀门，按一定程序进行切换，作用与旋转阀相仿。由于不同物料走不同的管线，管内残液不会污染抽提液，故无须用脱附剂冲洗管线。

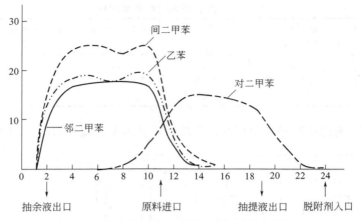

图 7-24　C₈芳烃沿吸附塔高度的浓度变化图

吸附操作在 150～180℃，低于 2MPa 压力下进行。产品纯度 99.5%，收率 90%，母液中对二甲苯含量小于 2%，脱附剂为二乙苯，工艺流程如图 7-25 所示。

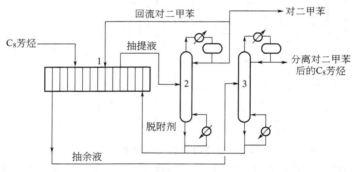

图 7-25　Aromax 法对二甲苯分离工艺流程示意图
1—吸附塔；2—抽提液塔；3—抽余液塔

经脱水干燥的 C₈芳烃送入吸附塔，含少量对二甲苯的抽余液在进料室左侧某处取出，由进料室至抽余液室之间的区段称作吸附区。富含对二甲苯的回流液在进料室右侧某处引入，由回流室至进料室之间的区段为精制区，目的是提高被吸附对二甲苯的纯度。回流室右侧为脱附区，脱附剂由脱附区右端引入，抽提液由脱附区左端取出。抽提液和抽余液分别精馏使芳烃与脱附剂相分离，回收的脱附剂送回吸附塔。

7.7　芳烃生产技术发展方向

芳烃在化工原料中占有重要的地位，因此其生产技术的发展受到了广泛重视。

催化重整技术开发重点已从生产汽油为主转向以生产芳烃和高辛烷值汽油并重，采用低压催化剂连续再生工艺的重整技术逐渐占据主导地位，采用 L 型沸石的新型重整工艺将有更大的发展。

催化剂移动床连续再生技术在催化重整和液化石油气芳构化上的应用，模拟移动床吸附分离技术在芳烃和其他烃类的分离中开发了一系列的家族技术，芳烃萃取的多升液管筛板萃取塔的应用，萃取蒸馏在芳烃分离中的应用以及催化精馏生产异丙苯等都有其突出的特色，并取得了很大突破。芳烃的膜分离技术也在加速开发，预计实现工业化将为期不远。

选择性甲苯歧化技术将成为联合芳烃装置中一个值得重视的组成部分。Mobil 公司开发的选择性甲苯歧化工艺、MTPX 工艺及 UOP 开发的 PX-Plus 工艺均能生产更高浓度的对二甲苯，因而只需更小的分离装置。随着这些工艺的开发，高选择性甲苯歧化催化剂以及相关的对二甲苯分离工艺的开发将成为各大公司开发的重点之一。

另外，能处理 C_9、C_{10} 芳烃的非选择性甲苯歧化与烷基转移工艺及催化剂的开发仍是各公司开发的重点。

总之，随着新一代芳烃联合装置工艺（催化连续再生重整工艺、萃取蒸馏工艺、选择性甲苯歧化工艺、异构化与吸附分离整合工艺等）的开发，新一代芳烃联合装置可能日趋成熟。原有的芳烃联合装置也将通过提高重芳烃的处理能力等技术改造，成为未来芳烃生产的重要组成部分。

本章小结

本章介绍了芳烃的来源，重点介绍了异构、歧化、烷基转移、烷基化、脱烷基化等芳烃转化反应的原理、主副反应、工艺流程、操作参数，及注意事项，并比较了混合二甲苯分离的深冷结晶分离、络合分离、吸附分离等分离方法。

习题与思考

1. 芳烃的主要产品有哪些？各有什么用途？
2. 简述芳烃的主要来源及主要生产过程。
3. 试述芳烃转化的意义。
4. 主要的芳烃转化反应有哪些？
5. 催化重整过程所发生的化学反应主要有哪几类？
6. 简述苯、甲苯和各种二甲苯单体的主要生产过程及各自的特点。
7. 目前工业上分离对、间二甲苯的方法主要有哪些？

参 考 文 献

[1] 孙宗海，瞿国华，张溱芳. 石油芳烃生产与技术. 北京：化学工业出版社，1986.
[2] 徐承恩. 催化重整工艺与工程. 北京：中国石化出版社，2006.
[3] 张春雷，巢华庆，肖致亮等. 芳烃化学与芳烃生产. 长春：吉林大学出版社，2000.
[4] 许晓海. 炼焦化工实用手册. 北京：冶金工业出版社，1999.
[5] 郭树才主编. 煤化工工艺学. 第 2 版. 北京：化学工业出版社，2006.
[6] 李为民，单玉华，邬国英. 石油化工概论. 第 3 版. 北京：中国石化出版社，2013.
[7] 赵仁殿等. 石油化工芳烃工学. 北京：化学工业出版社，2001.
[8] 吴指南. 基本有机化工工艺学. 第 2 版. 北京：化学工业出版社，2008.
[9] Thomas C P. Hydrocarbon process. 1967.46（11）：184.
[10] 张建成. 对二甲苯生产的技术进展. 精细石油化工. 2010.27（3）：72-75.
[11] Harold H. Hydrocarbon process. 1983.62（11）：83.
[12] David N. Hydrocarbon process. 1997.76（3）：140.
[13] 朱慎林，骆广生. 石油炼制与化工. 1997.28（1）：6.
[14] 王基铭，袁晴棠. 石油化工技术进展. 北京：中国石化出版社，2002.

第8章 催化加氢与脱氢

⟫ 导引

催化加氢与脱氢是非常重要的有机化工及精细化工单元反应,甲醇、环己烷、环己醇、苯胺等是典型的经加氢制备产品。脱氢是制备烯烃和二烯烃的主要途径,如苯乙烯、甲醛、丙酮等是重要的经脱氢获得产品,这些产品在国民经济中均占有重要地位。加氢、脱氢反应机理、催化剂等方面有不少共同之处,本章按照由一般原理到重点产品制备的顺序展开。

8.1 概述

催化加氢系指有机化合物中一个或几个不饱和的官能团在催化剂的作用下与 H_2 加成合成有机物。同时还用于许多化工产品的精制过程,如烃类裂解制得乙烯和丙烯的产物中含有少量的乙炔、丙炔和丙二烯等杂质,采用催化加氢的方法进行选择加氢,将炔类和二烯烃类转化为相应的烯炔而除去。H_2 和 N_2 反应生成合成氨以及 CO 和 H_2 反应合成甲醇及烃类亦称为加成反应。而在催化剂作用下,烃类脱氢生成两种或两种以上的新物质称为催化脱氢。催化加氢和催化脱氢反应在有机化工生产中得到广泛的应用,如合成氨、合成甲醇、乙苯脱氢制苯乙烯等。

在基本有机化学工业中,催化脱氢也是相当重要的化学反应,是生产高分子合成材料单体的基本途径。工业上应用的催化脱氢主要有烃类脱氢、含氧化合物脱氢和含氮化合物脱氢等几类,其中以乙苯脱氢制苯乙烯最为重要。苯乙烯(SM)最重要的用途是作为合成橡胶和塑料的单体,也用于与丙烯腈、丁二烯共聚制造多种用途不同的工程塑料,广泛用于家用电器和工业仪表上。此外,苯乙烯还广泛用于制药、涂料、纺织等工业。

8.2 催化加氢

8.2.1 催化加氢反应类型

催化加氢的范围十分广泛,工业上常用的催化加氢反应可分为以下几种类型。

(1) 不饱和键的加氢　如:乙烯,乙炔和芳烃中 C=C 键的加氢。

$$HC \equiv CH + H_2 \longrightarrow CH_2 = CH_2$$
$$CH_2 = CH_2 + H_2 \longrightarrow CH_3 - CH_3$$

（2）含氧化合物加氢　对带有 $\diagdown$C—O 基的化合物经催化加氢后转化为相应的醇类。如一氧化碳在铜基催化剂作用下加氢生成甲醇，丙酮加氢生成异丙醇，羧酸加氢生成伯醇。

$$\diagup\diagdown C{=}O + H_2 \longrightarrow \diagup\diagdown C{-}OH$$

$$CO + 2H_2 \Longleftrightarrow CH_3OH$$

$$(CH_3)_2C{=}O + H_2 \longrightarrow (CH_3)_2CHOH$$

$$RCOOH + 2H_2 \longrightarrow RCH_2OH + H_2O$$

（3）含氮化合物的加氢　N_2 加 H_2 合成氨是当前最大的化工产品之一。对含有-NO_2 官能团的化合物加氢后得到相应的胺类。

$$N_2 + 3H_2 \xrightarrow[400\sim500{}^\circ\!C]{20\sim32MPa} 2NH_3$$

$$\bigcirc\!\!-\!NO_2 + 3H_2 \longrightarrow \bigcirc\!\!-\!NH_2 + 2H_2O$$

（4）加氢分解　加氢反应过程同时也会发生裂解，生成小分子产物，或者生成分子量较小的两种产物。如甲苯加氢脱烷基生成苯和甲烷，硫醇加氢氢解生成烷烃和硫化氢。吡啶加氢氢解生成烷烃和氨。

$$C_6H_5CH_3 + H_2 \longrightarrow C_6H_6 + CH_4$$

$$C_2H_5SH + H_2 \longrightarrow C_2H_6 + H_2S$$

$$C_5H_5N + 5H_2 \longrightarrow C_5H_{12} + NH_3$$

（5）选择性加氢　对于不同的物质，由于被加氢官能团的结构不同，加氢反应难易程度的不同，可以通过选择不同的催化剂加以控制。有些加氢反应中被加氢的化合物分子中有两个以上官能团，而只要求在一个官能团上进行加氢，其他官能团仍旧保留，此类加氢反应称为选择性加氢。

选择性加氢的关键在于选择适宜的催化剂，对于同一反应物，选择不同的催化剂，所得产物也不同。例如：苯乙烯加氢在铜系催化剂存在下，可以仅对侧链上双键加氢而得到产物乙苯。当用镍系催化剂时，可同时对侧链上双键和苯环上的双键进行加氢，得到产物乙基环己烷。

有些加氢反应必须控制加氢深度，使加氢停止在要求的深度上。例如乙炔加氢生成乙烯、环戊二烯加氢合成环戊烯，都只允许一个双键进行浅度加氢。这种类型的选择性加氢反应，主要是在于选择合适的催化剂，但反应温度和氢分压有时也有显著的影响。

8.2.2　催化加氢反应的一般规律

8.2.2.1　热力学分析

（1）反应热效应　催化加氢反应是放热反应，但是由于被加氢的官能团的结构不同，放出的热量也不相同。如表 8-1 所示。

表 8-1 25℃时加氢反应的热效应

反应式	$\Delta H^{\ominus}/(kJ/mol)$
$C_2H_2 + H_2 \longrightarrow C_2H_4$	-174.3
$C_2H_4 + H_2 \longrightarrow C_2H_6$	-132.7
$CO + 2H_2 \longrightarrow CH_3OH$	-90.8
$CO + 3H_2 \longrightarrow CH_4 + H_2O$	-176.9
$CH_3\text{-}CO\text{-}CH_3 + H_2 \longrightarrow (CH_3)_2CHOH$	-56.2
$CH_3CH_2CH_2\text{-}CHO + H_2 \longrightarrow CH_3(CH_2)_3OH$	-69.1
$C_6H_6 + 3H_2 \longrightarrow C_6H_{12}$	-208.1
$C_6H_5CH_3 + H_2 \longrightarrow C_6H_6 + CH_4$	-42.0
$C_5H_6 + H_2 \longrightarrow C_5H_8$	-101.2

(2) 化学平衡 影响加氢反应化学平衡的因素有温度、压力和加氢用量比。

① 温度的影响 由热力学方法推导得到的平衡常数 K_p、温度 T 和热效应 $\Delta H^{\ominus}$ 之间的关系为:

$$\left(\frac{\partial \ln K_p}{\partial T}\right)_P = \frac{\Delta H^{\ominus}}{RT^2}$$

加氢反应是放热反应,热效应 $\Delta H^{\ominus} < 0$,所以

$$\left(\frac{\partial \ln K_p}{\partial T}\right)_P < 0$$

从热力学分析,加氢反应可分为三种类型。

第一类:加氢反应在热力学上是很有利的,即使在高温条件下,平衡常数仍很大。如乙炔加氢反应,这一类反应在较宽的温度范围内在热力学上是十分有利的。

$$HC \equiv CH + H_2 \longrightarrow CH_2 = CH_2$$

其平衡常数随温度变化如下。

温度/℃	127	227	427
K_p	7.63×10^{16}	1.65×10^{12}	6.5×10^6

一氧化碳加氢甲烷化反应也属这一类。

第二类:加氢反应的平衡常数随温度的变化较大,当反应温度较低时,平衡常数较大;而当温度较高时,平衡常数降低。例如苯加氢反应合成环己烷,当温度不太高时,对平衡十分有利。但当温度较高时,对平衡十分不利,要得到较高的平衡转化率,就必须适当增加压力或采用氢过量的办法。

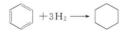

其平衡常数随温度变化如下。

温度/℃	127	227
K_p	7×10^7	1.86×10^2

第三类:加氢反应在热力学上是不利的,在很低的温度下才具有较大的平衡常数值,但在较高温度下,平衡常数又很小,这类反应常采用高压法来提高平衡转化率。例如一氧化碳加氢合成甲醇反应:

$$CO + 2H_2 \longrightarrow CH_3OH$$

其平衡常数随温度变化如下。

温度/℃	0	100	200	300	400
K_p	6.73×10^5	12.92	1.917×10^{-2}	2.407×10^{-4}	1.08×10^{-5}

② 压力的影响　加氢反应是分子数减少的反应，即加氢反应后化学计量系数的变小。因此，增加压力，可提高平衡常数，从而提高加氢产物的平衡产率。

③ 氢用量的影响　从化学平衡分析，提高反应物氢气用量，有利于反应向右进行，以提高平衡转化率。同时，氢作为良好的载体，及时移走反应热，有利于反应进行。但氢用量比也不能过大，以免造成产物浓度下降，这样不仅造成氢气大量循环，又增加产品分离困难。

8.2.2.2　动力学分析

关于化学反应机理问题，存在着不一致的看法，目前主要有两种反应机理：多位吸附机理和单位吸附机理。以苯加氢生成环己烷为例：

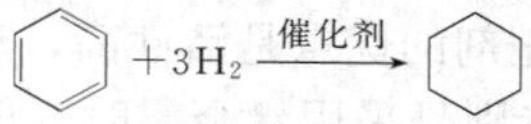

多位吸附理论认为，苯分子在催化剂表面发生多位吸附，形成 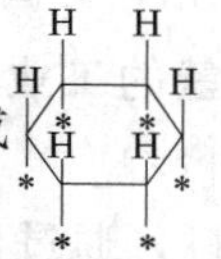　　　（＊为催化剂表面活性中心），然后发生加氢反应，生成环己烷。单位吸附机理认为，苯分子与催化剂表面活性中心发生化学吸附，形成 π-键合吸附物，然后吸附的氢原子逐步加到吸附的苯分子上，即：

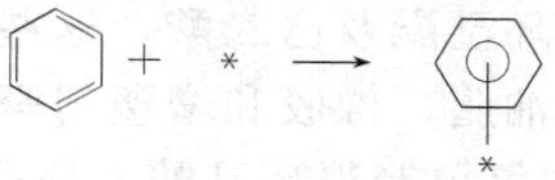

$$H_2 \longrightarrow 2H\cdots*$$

$+H\cdots* \longrightarrow C_6H_7\cdots*+H\cdots*$ 一直加到 C_6H_{12}（环己烷）

根据第二种机理，其速率方程表示为

$$r = \frac{k p_B p_H^{0.5}}{1 + K_B p_B}$$

式中　k——反应速率常数；

　　　K_B——苯的吸附常数；

　　　p_B，p_H——分别表示苯和氢的分压。

8.2.2.3　催化剂

为了提高加氢反应速率和选择性，一般都要使用催化剂。当然不同类型的加氢反应所用的加氢催化剂种类很多，其活性组分的元素分布主要是第Ⅵ和第Ⅷ族的过渡元素，这些元素对氢有较强的亲和力。最常用的元素有铁、钴、镍、铂、钯和铑，其次是铜、钼、锌、铬、钨等。其氧化物或硫化物也可作为加氢催化剂。如 Pt-Rh、Pt-Pd、Pd-Ag、Ni-Cu 等是很有前途的新型加氢催化剂。

（1）金属催化剂　金属催化剂就是把活性组分如 Ni、Pd、Pt 等负载于载体上，以提高活性组分的分散性和均匀性，增加催化剂的强度和耐热性。常用的载体有氧化铝、硅胶和硅藻土等。

(2) 骨架催化剂　将具有催化活性的金属和载体铝或硅制成合金形式，然后将制得的催化剂再用氢氧化钠溶液溶解合金中的硅或铝，得到由活性组分构成的骨架状物质，称为骨架催化剂。最常用的骨架催化剂有骨架镍催化剂，其中镍含量占合金的 $40\%\sim50\%$，可应用于各种类型的加氢反应。该催化剂的特点是具有很高的活性，足够的机械强度。此外还有骨架铜催化剂、骨架钴催化剂等，在加氢反应中也得到应用。

(3) 金属氧化物催化剂　用于加氢反应金属氧化物催化剂的氧化物主要有 MoO_3、CrO_3、ZnO、CuO、NiO 等，这些氧化物既可以单独使用，也可混合使用。此类加氢催化剂的抗毒性好，但其活性比金属催化剂低，故需要较高的加氢反应温度和压力，来提高催化活性。因此常在氧化物催化剂中加入 CrO_3、MoO_3 等高熔点组分，以提高其耐高温性能。

(4) 金属硫化物催化剂　金属硫化物催化剂通常是将活性组分以金属、金属盐、金属氢氧化物的形式载于载体上，而后硫化而制得。这类金属硫化物催化剂主要有 Mo-Co-S、MoS_2、WS_2、Ni_3S_2 等。该类催化剂活性较低，需要较高的加氢反应温度。

(5) 金属络合物催化剂　用于加氢反应的络合物催化剂除了采用贵金属 Ru、Rh、Pd 外，还有 Ni、Co、Fe、C 等元素，该催化剂的优点是活性高，选择性好，反应条件温和；缺点是催化剂和产物为同一相，分离困难。特别是采用贵金属时，催化剂回收就显得非常重要。

8.2.2.4　催化加氢的工业应用

(1) 合成有机产品

① 以苯为原料，通过催化加氢，可得到环己烷。

$$\text{（苯）} +3H_2 \xrightarrow{\text{Ni-Al}_2O_3} \text{（环己烷）}$$

环己烷主要用来生产环己醇、环己酮及己二酸，这些产品是制造尼龙-6 和尼龙-66 的重要原料，环己烷还用作合成树脂、油脂、橡胶和增塑剂等的溶剂。

② 以苯酚为原料，通过催化加氢可制得环己醇。环己醇是生产聚酰胺纤维的重要原料。

$$\text{（苯酚）—OH} +3H_2 \xrightarrow{\text{骨架镍}} \text{（环己基）—OH}$$

③ 以一氧化碳为原料，进行催化加氢反应。

在不同的催化剂和反应条件下，可以获得不同的有机产品。

a. 用铜基催化剂，在 $230\sim270℃$，100 个大气压的条件下，可以合成甲醇。

甲醇是重要的基本有机化工产品，其反应如下。

$$CO+2H_2 \rightleftharpoons CH_3OH$$

b. 用 Co、Ni 或者 Fe 催化剂，在 $160\sim230℃$，$5\sim25$ 个大气压下，可以合成烃（汽油、柴油、蜡等），即 F-T（Fischer-Tropsh）合成。

$$nCO+(2n+1)H_2 \longrightarrow C_nH_{2n+2}+nH_2O$$

④ 丙酮加氢可制得异丙醇，丁烯醛加氢可制得丁醇。

$$
\begin{array}{c}
\text{H}_3\text{C} \\
\diagdown \\
\text{C}=\text{O} \ +\text{H}_2 \ \xrightarrow{\text{Cu-浮石}} \\
\diagup \\
\text{H}_3\text{C}
\end{array}
\quad
\begin{array}{c}
\text{H}_3\text{C} \\
\diagdown \\
\text{CHOH} \\
\diagup \\
\text{H}_3\text{C}
\end{array}
$$

丙酮　　　　　　　　　　　　　　　异丙醇

$$CH_3CH=CHCHO+2H_2 \xrightarrow{\text{Ni-硅藻}} CH_3CH_2CH_2CH_2OH$$

丁烯醛　　　　　　　　　　　　　　丁醇

丁醇是多种涂料的溶剂，也用于制造丙烯酸丁酯、醋酸丁酯、乙二醇丁醚以及作为有机合成中间体和生物化学药的萃取剂，还用于制造表面活性剂。

⑤ 羧酸或酯催化加氢生产高级伯醇。

$$RCOOH + 2H_2 \xrightarrow{Cu\text{-}Cr\text{-}O} RCH_2OH + H_2O$$

$$RCOOR' + 2H_2 \xrightarrow{Cu\text{-}Cr\text{-}O} RCH_2OH + R'OH$$

高级伯醇是合成表面活性剂、洗涤剂及增塑剂工业的重要原料。

⑥ 己二腈催化加氢生产己二胺。

$$N\equiv C(CH_2)_4 C\equiv N + 4H_2 \xrightarrow{骨架镍} H_2N(CH_2)_6NH_2$$

己二胺是聚酰胺纤维（尼龙66）的重要单体。

⑦ 杂环化合物催化加氢可制得相应产品。

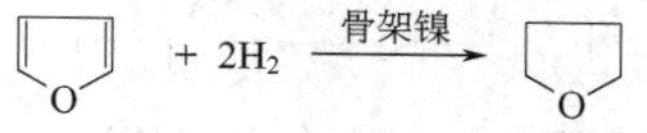

呋喃 + 2H₂ —(骨架镍)→ 四氢呋喃

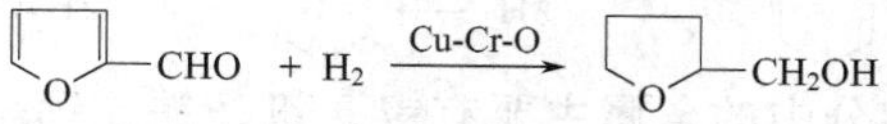

糠醛 + H₂ —(Cu-Cr-O)→ 糠醇

⑧ 甲苯和甲基萘催化加氢脱烷基制得苯和萘。

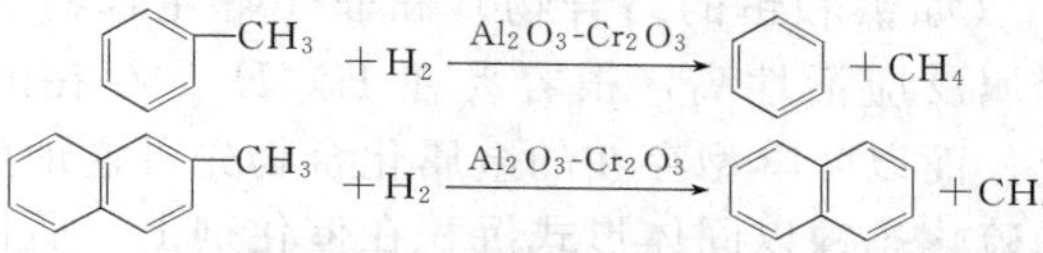

苯是重要的基本有机化工原料和溶剂，苯可以合成一系列苯的衍生物，例如：苯经取代反应、加成反应、氧化反应等生成的一系列化合物可以作为制取塑料、橡胶、纤维、染料、去污剂、杀虫剂等的原料。

萘广泛用作制备染料、树脂、溶剂等的原料，也用作驱虫剂。

（2）加氢精制　在油品的炼制过程中，含硫原油的各个直馏馏分都需要加氢精制后才能达到产品的质量要求，以及石油热加工产物含有烯烃和二烯烃等不饱和组分，也必须要通过加氢精制提高其安定性和改善其质量。为此必须进行精制将油品中的某些杂质或不理想组分除掉，以改善油品质量和颜色，提高油品的安定性等。

① 加氢精制反应

a. 加氢脱硫反应　石油馏分中的硫化物主要有硫醇、硫醚、二硫化合物及杂环硫化物，硫化物在加氢条件下发生氢解反应。例如：

$$RSH + H_2 \longrightarrow RH + H_2S$$

$$RSR' + 2H_2 \longrightarrow RH + R'H + H_2S$$

在加氢脱硫反应历程中，硫醇中 C—S 键断裂同时加氢即得到烷烃和硫化氢。

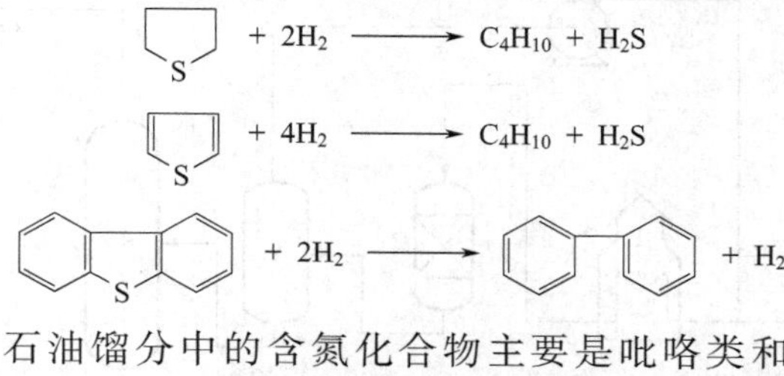

b. 加氢脱氮反应　石油馏分中的含氮化合物主要是吡咯类和吡啶类的氮杂环化合物，同时也含有少量的胺类和腈类，它们经过加氢脱氮后主要生成烃类和氨气。

$$R\text{-}NH_2 + H_2 \longrightarrow RH + NH_3$$

$$R\text{-}CN + 3H_2 \longrightarrow RCH_3 + NH_3$$

$$\text{（吡咯环）} + 4H_2 \longrightarrow C_4H_{10} + NH_3$$

$$\text{（吡啶环）} + 5H_2 \longrightarrow C_5H_{12} + NH_3$$

石油中含有相当多的含氮化合物属于氮杂环型，加氢脱氮反应速度与氮化物的分子结构和大小有关。

c. 加氢脱氧反应　石油馏分中的含氧化合物主要是环烷酸及少量的酚、脂肪酸、醛、醚及酮，这些含氧化合物在加氢条件下通过氢解生成烃和 H_2O。主要反应如下：

$$\text{（苯酚）} + H_2 \longrightarrow \text{（苯）} + H_2O$$

$$\text{（环己基甲酸）} + 3H_2 \longrightarrow \text{（甲基环己烷）} + 2H_2O$$

d. 加氢脱金属　石油馏分中的金属主要有镍、钒、铁、钙等，主要存在于重质馏分中，尤其是渣油中。这些金属对石油炼制过程，尤其对各种催化剂参与的反应影响较大。渣油中的金属可分为卟啉化合物（如镍和钒的络合物）和非卟啉化合物（如环烷酸铁、钙、镍）。以非卟啉化合物存在的金属反应活性高，很容易在 H_2/H_2S 存在的条件下，转化为金属硫化物沉积在催化剂表面上。而以卟啉型存在的金属化合物先可逆地生成中间产物，然后中间产物进一步氢解，生成的硫化态镍以固体形式沉积在催化剂上。所以工艺上在加氢脱硫、加氢脱氮、加氢脱氧的同时，也会加氢脱金属，加氢脱金属反应如下：

$$R-M-R' \xrightarrow{H_2/H_2S} MS + RH + R'H$$

② 加氢精制催化剂　加氢精制催化剂一般以ⅥB族金属（主要为 Mo 和 W）的硫化物为活性组分，Ⅷ族金属（主要为 Co 和 Ni）的硫化物为助催化剂，载体通常选用 $\gamma\text{-}Al_2O_3$、$SiO_2\text{-}Al_2O_3$ 或分子筛，在工业上常常根据加氢处理过程中所涉及的反应类型来选择不同的加氢精制催化剂。通常在加氢脱硫过程中使用 Co-Mo 催化剂，在加氢脱氮过程中主要使用 Ni-Mo 和 Ni-W 催化剂。

③ 催化加氢精制工艺流程　催化加氢精制的原料主要分为：轻质馏分、中间馏分、减压馏分及减压渣油。含硫原油的各个直馏馏分都需要加氢精制后才能达到产品的质量要求，以及石油热加工产物含有烯烃和二烯烃等不饱和组分，也必须要通过加氢精制提高其安定性和改善其质量。

加氢精制工艺流程因原料和加工目的不同而略有差别。加氢精制原理流程如图 8-1 所示。

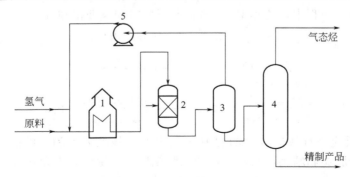

图 8-1　加氢精制原理流程图

1—加热炉；2—反应器；3—分离器；4—稳定塔；5—循环压缩机

原料油与氢气混合后送入加热炉，加热到预定温度后，再送入装有颗粒状催化剂的固定床反应器中，从反应器出来的氢气和油气进入分离器将氢气和生成气分离出来，并经过脱 H_2S、脱 NH_3 后用循环压缩机加压循环使用，产物在稳定塔中分离出生成的气态烃后，精制产品直接送出装置。

加氢精制的反应条件随原料的性质以及对产物质量要求的不同而有所差异，一般条件为：压力：3.0～10.0MPa，温度：300～400℃。

8.2.3　CO 加氢合成甲醇

甲醇是极为重要的有机化工原料和清洁液体燃料，是碳一化工的基础产品。自 1923 年，德国 BASF 公司在合成氨工业化的基础上，首先用锌铝催化剂在高温高压的操作条件下实现了由一氧化碳和氢合成甲醇的工业化生产，开创了工业合成甲醇的先河。合成甲醇成本低，产量大，促使了甲醇工业的迅猛发展。1966 年，英国 ICI 公司成功实现了铜基催化剂的低压甲醇合成工艺，随后又实现了更为经济的中压法甲醇合成工艺。与此同时德国 Lurgi 公司也成功开发了中低压甲醇合成工艺。随着甲醇合成工艺的成熟和规模扩大，甲醇工业成为化学工业中的一个重要分支，在经济发展中起着越来越重要的作用。

8.2.3.1　甲醇合成的基本原理

（1）甲醇合成的反应步骤　甲醇合成是一个多相催化反应过程，共分五个步骤进行：①合成气自气相扩散到气体-催化剂界面；②合成气在催化剂活性表面上的化学吸附；③被吸附的合成气在催化剂表面进行化学反应形成产物；④反应产物在催化剂表面脱附；⑤反应产物自催化剂界面扩散到气相中。

全过程反应速度决定于较慢步骤的完成速度，其中第三步进行的较慢，因此，整个反应决定于该反应的进行速度。

（2）合成甲醇的化学反应　CO 催化加氢合成甲醇，是工业上生产甲醇的主要方法，主反应式如下：

$$CO + 2H_2 \longrightarrow CH_3OH \qquad \Delta H = -100.4\text{kJ/mol}$$

当有二氧化碳存在时，发生如下反应：

$$CO_2 + H_2 \longrightarrow CO + H_2O \qquad \Delta H = 41.8\text{kJ/mol}$$

$$CO + 2H_2 \longrightarrow CH_3OH \qquad \Delta H = -100.4\text{kJ/mol}$$

两步反应的总反应式为：

$$CO_2 + 3H_2 \longrightarrow CH_3OH + H_2O \qquad \Delta H = -58.6\text{kJ/mol}$$

CO 加氢反应除了生成甲醇，还有许多副反应发生，例如：

$$2CO + 4H_2 \longrightarrow (CH_3)_2O + H_2O \qquad \Delta H = -200.2\text{kJ/mol}$$

$$CO + 3H_2 \longrightarrow CH_4 + H_2O \qquad \Delta H = -115.6\text{kJ/mol}$$

$$4CO + 8H_2 \longrightarrow C_4H_9OH + 3H_2O \qquad \Delta H = -49.62\text{kJ/mol}$$

生成的副产物主要有二甲醚、异丁醇及甲烷气体，此外还有少量的乙醇及微量的醛、酮、醚和酯等。因此，冷凝得到的产物是含有杂质的粗甲醇，需有精制过程。

（3）甲醇合成反应热力学

$$CO + 2H_2 \longrightarrow CH_3OH$$

一氧化碳合成甲醇是一个可逆放热反应，热效应 $\Delta H^{\ominus}(298K) = -90.8\text{kJ/mol}$。常压下不同温度的反应热可按下式计算：

$$\Delta H_T^{\ominus} = 4.186(-17920 - 15.84T + 1.142 \times 10^{-2}T^2 - 2.699 \times 10^{-6}T^3)$$

式中　$\Delta H^{\ominus}_T$——常压下合成甲醇的反应热，J/mol；

　　　　T——温度，K。

在合成甲醇反应中，反应热不仅与温度有关，而且与压力也有关。加压下反应热可按下式计算。

$$\Delta H_P = \Delta H_T - 0.5411P - 3.255 \times 10^6 T^{-2} P$$

式中　ΔH_P——压力为 p、温度为 T 时的反应热，kJ/mol；

　　　　P——反应压力，kPa；

　　　　T——温度，K。

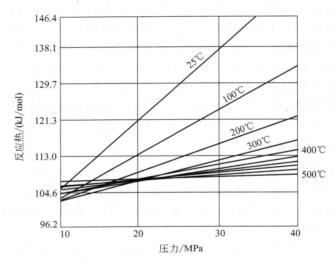

图 8-2　反应热与温度和压力的关系

当温度越低，压力越高时，反应热越大。当温度低于 200℃ 时反应热随压力变化的幅度比高温时（＞300℃）更大，所以合成甲醇低于 300℃ 时，要严格控制压力和温度的变化，以免造成温度的失控。当压力为 20MPa 时，反应温度在 300℃ 以上，此时的反应热变化较小，易于控制。所以甲醇的反应若采用高压，则同时采用高温，反之宜采用低温、低压操作。由于低温下反应速率不高，故需选择活性好的催化剂，即低温高活性催化剂，使得低压合成甲醇法逐渐取代高压合成甲醇法。

（4）甲醇合成反应动力学　有关合成甲醇反应机理，存在着不一致的看法，归结起来有三种假设：

第一种：甲醇是由 CO 直接加氢生成，CO_2 通过逆变换生成 CO 后再合成甲醇；

第二种：甲醇是由 CO_2 直接合成的，而 CO 通过变换反应后合成甲醇；

第三种：甲醇是由 CO 和 CO_2 同时直接生成的。

第一、二种假设认为合成甲醇是连串反应，第三种假设认为是平行反应。各种假设都有一定的实验数据为依据，有待进一步探索与研究。

至于活性中心和吸附类型，对于铜基催化剂而言，有几种看法：零价 Cu^0 是活性中心；溶解在 ZnO 的 Cu^+ 是活性中心；Cu^+-Cu^0 构成活性中心等。多数人认为铜基催化剂上存在不止一类活性中心，CO、CO_2 的吸附中心与 Cu 有关，而 H_2 和 H_2O 的吸附中心与 ZnO 有关。

8.2.3.2　甲醇合成工艺条件

甲醇合成反应是一个可逆放热反应，温度、压力及气体组成对反应进行的程度及速度有一定的影响。

（1）温度　在甲醇合成反应过程中，温度对于反应混合物的平衡和速率都有很大影响。温度过低则达不到催化剂的活性温度，使得反应不能进行。温度太高不仅增加了副反应，消耗了原料气，而且反应过快，温度难以控制，容易使催化剂衰老失活。一般工业生产中反应温度取决于催化剂的活性温度，不同催化剂其反应温度不同。另外为了延长催化剂寿命，反应初期宜采用较低温度，使用一段时间后再升温至适宜温度。

（2）压力　甲醇合成反应为分子数减少的反应，因此增加压力有利于反应向甲醇生成方向移动，使反应速度提高，增加装置生产能力，对甲醇合成反应有利。但压力的提高对设备的材质、加工制造的要求也会提高，原料气压缩功耗也要增加以及由于副产物的增加还会引起产品质量的变差。所以工厂对压力的选择要在技术、经济等方面综合考虑。

（3）空速　甲醇合成所选用的空速的大小，涉及到合成反应的醇净值、合成塔的生产强度、循环气量的大小和系统压力降的大小。当甲醇合成反应采用较低的空速时，气体接触催化剂的时间长，反应接近平衡，反应物的单程转化率高。由于单位时间通过的气量小，总的产量仍然是低的。由于反应物的转化率高，单位甲醇合成所需要的循环量较少，所以气体循环的动力消耗小。当空速增大时，将使出口气体中醇含量降低，即醇净值降低，催化剂床层中既定部位的醇含量与平衡醇浓度增大，反应速度也相应增大。由于醇净值降低的程度比空速增大的倍数要小，从而合成塔的生产强度在增加空速的情况下有所提高，因此可以增大空速以增加产量。但实际生产中也不能太大，否则会带来一系列的问题，如：提高空速，意味着循环气量的增加，整个系统阻力增加，使得压缩机循环功耗增加。

（4）气体组成　合成甲醇时原料气中氢碳比理论上等于 2，实际上应大于 2，一般在 2.10～2.15。氢含量高可提高反应速率，降低副反应的发生；氢气的导热系数大，有利于反应热的导出，易于反应温度的控制。此外，原料气中含有一定量的 CO_2，可减少反应热的放出，有利于床层温度的控制，同时还能抑制二甲醚的生成。

原料气中除了 H_2、CO 和 CO_2 外还有少量对甲醇合成反应起减缓作用的惰性组分（CH_4，N_2，Ar）。惰性组分不参加甲醇的合成反应，但由于循环积累的结果，其总量可达 15%～20%，使 H_2 和 CO 的分压降低，导致合成甲醇转化率降低。为了避免惰性气体的积累，必须将把部分循环气体从反应系统排出，以使反应系统中惰性气体的含量保持一定的浓度范围。

8.2.3.3　甲醇合成催化剂

目前工业生产上采用的催化剂大致可分为锌铬系和铜基催化剂。不同类型的催化剂性能不一，要求的反应条件也不相同。

（1）锌铬催化剂（ZnO/Cr_2O_3）　锌铬（ZnO/Cr_2O_3）催化剂是一种高压固体催化剂，其活性温度在 380～400℃之间，操作压力为 25～35MPa。锌铬催化剂有较好的耐热性、抗毒性和机械强度，使用寿命长，但其催化活性较低。

（2）铜基催化剂　铜基（$CuO/ZnO/Al_2O_3$）催化剂是一种中低压催化剂，其活性温度为 230～270℃，合成操作压力为 5～10MPa。中低压法合成甲醇具有能耗低，粗甲醇中的杂质少，容易得到高质量的粗甲醇，铜基催化剂广泛用于低压法合成甲醇。

铜基催化剂根据加入的不同助剂可分为以下 4 个系列：

$CuO/ZnO/Al_2O_3$ 铜锌铝系列；$CuO/ZnO/Cr_2O_3$ 铜锌铬系列；$CuO/ZnO/Si_2O_3$ 铜锌硅系列；$CuO/ZnO/ZrO$ 铜锌锆系列。

这些铜基催化剂与高压法使用的 Zn-Cr 催化剂相比（见表 8-2），具有活性温度低，选择性好，对生成甲醇的平衡有利，其缺点是该催化剂对合成原料气的杂质要求严格，特别是原料气中的 S 能使催化剂生成硫化物而使催化剂中毒，故要求原料气中的硫含量小于 $0.1cm^3/m^3$，必须精制脱硫。

表 8-2　锌铬、铜基催化剂的性能比较

操作压力/MPa	合成塔出口甲醇气体含量/%	
	锌铬催化剂出口温度 648K	铜基催化剂出口温度 543K
33	5.5	18.2
20	2.4	12.4
10	1.6	5.8
5	0.2	2.5

8.2.3.4　甲醇合成的工艺方法

目前，工业规模生产甲醇的方法有以下三种。

（1）氯甲烷水解法

$$CH_3Cl + H_2O \xrightarrow{NaOH} CH_3OH + HCl$$

此方法是在常压下进行，工艺简单，指标较好，但是速度较慢，成本较高，目前工业上已经淘汰。

（2）甲烷部分氧化生成甲醇　甲烷部分氧化生成甲醇的反应式如下：

$$CH_4 + O_2 \longrightarrow 2CH_3OH$$

这种制备甲醇的方法，工艺流程简单，建设投资节省，且将便宜的原料甲烷变成产品甲醇，是一种可取的制甲醇方法。但是，这种反应过程不易控制，常因甲烷深度氧化生成二氧化碳和水，而使原料和产品受到很大的损失，致使甲醇的总收率不高，工业化水平不高。

（3）一氧化碳与氢气合成甲醇　一氧化碳与氢气合成甲醇是目前合成甲醇的主要方法。典型的生产工艺可分为高压法、中压法和低压法三种。最早实现甲醇的合成工艺是应用锌铬催化剂，在压力 30MPa，温度 360～400℃下的高压工艺，此法的特点是技术成熟，投资及生产成本高。自铜基催化剂的研制以及脱硫净化技术成熟后，出现了低压工艺流程，操作压力 4～5MPa，温度 200～300℃，其代表性流程有 I.C.I. 低压法和 Lurgi 低压法。中压法是在低压法的基础上发展起来的，由于低压法操作压力低，导致设备体积庞大，因此发展了 10MPa 左右的甲醇合成中压流程，另外还有将合成氨与甲醇联合生产的联醇工艺流程。

① 高压法　高压法合成甲醇是发展最早、使用最广泛的工业合成甲醇技术。高压工艺流程一般使用锌铬催化剂，在 300～400℃，30.0MPa 的高温高压下合成甲醇的流程。自从 1923 年第一次用这种方法合成甲醇成功后，差不多有 50 年的时间，很多合成甲醇的生产都沿用这种方法，仅在设计上有某些细节不同，例如甲醇合成塔内移热的方法有冷管型连续换热式和冷凝型多段换热式两大类；反应气体流动的方式有轴向和径向或者二者兼有的混合型式，有副产蒸汽和不副产蒸汽的流程等。高压法生产压力过高、动力消耗大，设备复杂、产品质量较差。其工艺流程如图 8-3 所示。

经压缩后的合成气在活性炭吸附器 1 中脱除五羰基铁后，同循环气一起送入管式反应器 2 中，在温度为 350℃和压力 30.4MPa 下，一氧化碳和氢气通过催化剂层反应生成粗甲醇。含粗甲醇的气体经冷却器冷却后，迅速送入粗甲醇分离器 3 中分离，未反应的一氧化碳与氢经压缩机压缩循环回管式反应器 2。冷凝后的粗甲醇经粗甲醇储槽 4 进入精馏工序，在粗分离塔 5 顶部分离出二甲醚和甲酸甲酯及其他低沸点不凝物，重组分则在精分离塔 6 中除去水和杂醇，得到精制的甲醇。

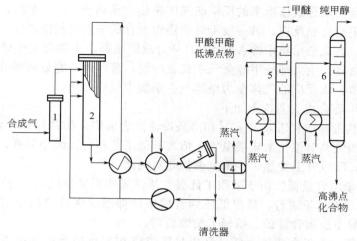

图 8-3　高压法合成甲醇的工艺流程图

1—活性炭吸附器；2—管式反应器；3—粗甲醇分离器；4—粗甲醇储槽；5—粗分离器；6—精分离塔

②　低压法　近年来，甲醇合成大多采用低温高活性的铜系催化剂，可在低压 5.0MPa 下将 CO、H_2 合成气或含有 CO_2 的 CO、H_2 合成气进行合成。该法副反应少，粗甲醇杂质含量比高压法得到的粗甲醇杂质含量低。

低压法甲醇合成技术主要有英国 I.C.I. 低压法和德国 Lurgi 低压法。典型的 I.C.I. 低压甲醇合成工艺如图 8-4 所示。该工艺使用多段冷激式合成塔，合成气进入塔内分为两股，

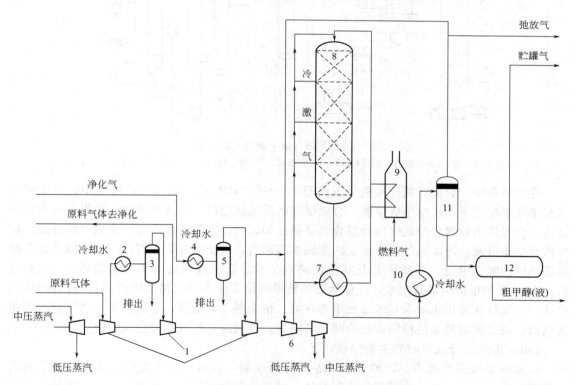

图 8-4　I.C.I. 低压法合成甲醇的工艺流程

1,6—压缩机；2,4—换热器；3,5—气液分离器；7,10—热交换器；8—冷激式绝热反应器；

9—加热炉；11—甲醇精馏塔；12—粗甲醇储槽

一股进入热交换器与从合成塔出来的反应热气体换热，预热至245℃左右，从合成塔顶部进入催化剂层进行甲醇合成反应。另一股不经预热作为合成塔催化剂冷激用，以控制合成塔内催化剂床层温度。合成塔出口甲醇含量4%，从合成塔底部出来的反应气体与入塔原料气换热后进入甲醇冷凝器。绝大部分甲醇蒸汽在此被冷凝，最后由甲醇分离器分离出粗甲醇，减压后进入粗甲醇槽。未反应的气体作为循环气在系统中循环使用。

I.C.I. 低压甲醇合成工艺特点如下。

a. 合成塔结构简单。I.C.I. 工艺采用多段冷激式合成塔，结构简单，催化剂装卸方便，通过直接通入冷激气调节催化剂床层温度。但与其他工艺相比，醇净值低，循环气量大，合成系统设备庞大，需设开工加热炉，温度调控相对较差。

b. 粗甲醇中杂质含量低。由于采用了低温、活性高的铜基催化剂，合成反应可在5MPa压力及230~270℃温度下进行。低温低压的合成条件抑制了强放热的甲烷化反应及其他副反应，因此粗甲醇中杂质含量低，减轻了精馏负荷。

c. 合成压力低。由于合成压力低，合成气压缩机在较小的生产规模下可选用离心式压缩机，设计制造容易，也安全可靠。

典型的联邦德国鲁奇公司（Lurgi）开发的低压甲醇合成工艺流程如图8-5所示。

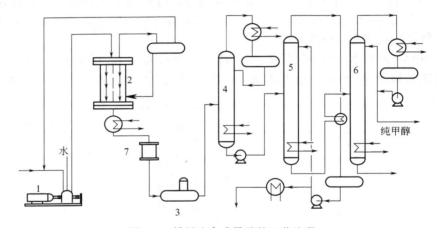

图 8-5　低压法合成甲醇的工艺流程

1—透平压缩机；2—合成塔；3—闪蒸罐；4—粗馏塔；5—第一精馏塔；6—第二精馏塔；7—分离器

在该流程中，合成气用压缩机1压缩至4.0~5.0MPa后，送入合成塔2中，合成气在铜基催化剂存在下，反应生成甲醇。合成甲醇的反应热用以产生高压蒸汽，并作为压缩机的动力。合成塔出口含甲醇的气体与混合气换热冷却，再经空气或水冷却，使粗甲醇冷凝，在分离器7中分离。冷凝后的粗甲醇至闪蒸罐3闪蒸后，送至精馏装置精制。粗甲醇首先在粗馏塔4中脱除二甲醚、甲酸甲酯及其他低沸点杂质。塔釜液即进入第一精馏塔5，经蒸馏后，有50%的甲醇由塔顶出来，气体状态的精甲醇用来作为第二精馏塔再沸器加热的热源；由第一精馏塔底部出来的含重组分的甲醇在第二精馏塔6内精馏，塔顶部采出精甲醇，底部为残液；第二精馏塔来的精甲醇经冷却至常温后，得到纯甲醇成品并送入储槽。

Lurgi 低压法合成甲醇的主要特点如下。

a. 采用管壳式合成塔。这种合成塔温度容易控制，同时，由于换热方式好，催化剂床层温度分布均匀，可以防止铜基催化剂过热，可延长催化剂寿命，且副反应大大减少，允许含CO高的新鲜气进入合成系统，因而单程气体转化率高，出口反应气体含甲醇7%左右，循环气量较少，设备、管道尺寸小，动力消耗低。

b. 无需专设开工加热炉，开车方便，开工时直接将蒸汽送入甲醇合成塔将催化剂加热升温。

c. 合成塔可以副产中压蒸汽，非常合理地利用了反应热。

d. Lurgi 低压法合成甲醇投资和操作费用低，操作方便，但合成塔结构复杂，材质要求高，装填催化剂不方便。

③ 中压法　由于低压法操作压力低，导致设备体积相当庞大，以及带来设备制作和运输的困难，不利于甲醇生产的大型化。因此在 20 世纪 70 年代出现了中压法合成甲醇的工艺流程，它是在低压法基础上开发的在 5～10MPa 压力下合成甲醇的方法，该法成功地解决了高压法的压力过高对设备、操作所带来的问题，同时也解决了低压法生产甲醇所需生产设备体积过大、生产能力小、不能进行大型化生产的困惑，有效降低了建设费用和甲醇生产成本。该法的关键在于使用了一种新型铜基催化剂（Cu-Zn-Al），综合利用指标要比低压法更好。其工艺流程如图 8-6 所示。

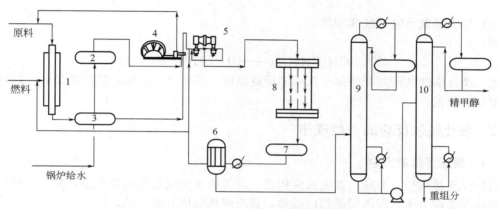

图 8-6　中压法合成甲醇的工艺流程

1—转化炉；2,3,7—换热器；4—压缩机；5—循环压缩机；6—甲醇冷凝器；8—合成塔；
9—粗分离塔；10—精制塔

合成气原料在转化炉 1 内用燃料燃烧加热，转化炉内填充镍催化剂。从转化炉出来的气体进行热量交换后送入合成气压缩机 4，经压缩与循环气一起，在循环压缩机 5 中预热，然后进入合成塔 8，其压力为 8.1MPa，温度为 220℃。在合成塔里，合成气通过催化剂生成粗甲醇。合成塔为冷激型塔，回收合成反应热产生中压蒸汽。出塔气体预热进塔气体，然后冷却，将粗甲醇在冷凝器中冷凝出来，气体大部分循环，粗甲醇在粗分离塔 9 和精制塔 10 中，经蒸馏分离出二甲醚、甲酸甲酯及杂醇油等杂质即得精甲醇产品。

8.3　催化脱氢

脱氢反应主要分为氧化脱氢和催化脱氢两类，氧化脱氢反应是指"接受体"夺取烃分子中的氢，使其被氧化而转变为相应的不饱和烃的反应，氧化脱氢主要有含氧化合物脱氢、含氮化合物脱氢等几类反应；催化脱氢反应是指在催化剂作用下，烃类脱氢生成两种或两种以上的新物质的反应，一般所说的催化脱氢即烃类脱氢，利用催化脱氢反应，可将低级烷烃、烯烃及烷基芳烃转化为相应的烯烃、二烯烃及烯基芳烃等。

8.3.1　催化脱氢的反应类型

催化脱氢反应根据脱氢反应的方向和所得产品性质的不同可分为以下几种类型。

（1）烷烃脱氢生成烯烃、二烯烃及芳烃

如：

$$C_{12}H_{26} \longrightarrow n\text{-}C_{12}H_{24} + H_2$$

$$n\text{-}C_4H_{10} \longrightarrow n\text{-}C_4H_8 \longrightarrow CH_2=CH-CH=CH_2$$

$$n\text{-}C_6H_{14} \longrightarrow C_6H_6 + 4H_2$$

（2）烯烃脱氢生成二烯烃

如：

$$i\text{-}C_5H_{10} \longrightarrow CH_2=CH-C(CH_3)=CH_2$$

（3）烷基芳烃脱氢生成烯基芳烃

如：

（4）醇类脱氢可制得醛和酮类

例：

$$CH_3CH_2OH \longrightarrow CH_3CHO + H_2$$

这几类反应的共同特征是要求很高的反应温度。其中（1）、（2）的温度最高，（4）的反应温度相对较低。

8.3.2 催化脱氢反应的一般规律

8.3.2.1 脱氢反应热力学

（1）反应热效应　与烃类加氢反应相比，烃类脱氢反应是强吸热反应，$\Delta H^{\ominus} > 0$，其吸热量与烃类结构有关，即不同结构的烃类，其反应热效应有所不同，如：

$$n\text{-}C_4H_{10}(g) \xrightarrow{\text{催化剂}} n\text{-}C_4H_8(g) + H_2 \qquad \Delta H^{\ominus}_{298} = 124.8 \text{kJ/mol}$$

$$C_4H_8(g) \xrightarrow{\text{催化剂}} CH_2=CH-CH=CH_2 + H_2 \qquad \Delta H^{\ominus}_{298} = 110.1 \text{kJ/mol}$$

$$CH_3-CH-CH=CH_2(g) \xrightarrow{\text{催化剂}} CH_2=C-CH=CH_2(g) + H_2 \qquad \Delta H^{\ominus}_{298} = 125.1 \text{kJ/mol}$$
（下为 CH_3 支链）

（2）温度对脱氢平衡的影响　大多数脱氢反应在低温下平衡常数很小，平衡常数 K_p 与温度 T 的关系为：

$$\left(\frac{d\ln K_p^{\ominus}}{dT}\right)_v = \frac{\Delta H^{\ominus}}{RT^2}$$

由于脱氢反应是强吸热反应，$\Delta H^{\ominus} > 0$，所以随着反应温度的升高，反应的平衡常数增大，平衡转化率也会有所提高。图 8-7 表示了温度对烷烃、烯烃脱氢平衡常数的影响。表 8-3 为烷基苯（乙苯）脱氢反应时温度与平衡常数的关系。

表 8-3　乙苯脱氢反应的温度与平衡常数的关系

温度/K	700	800	900	1000	1100
K_P	3.30×10^{-2}	4.71×10^{-2}	3.75×10^{-1}	2.00	7.87

由图 8-7 和表 8-3 可以看出，无论烷烃、烯烃还是烷基芳烃的脱氢反应，从热力学上分析，均应在较高温度下进行。尽管平衡常数随温度升高而增大，但是即使在高温下，平衡常数仍然很小，因此，想要增大反应平衡常数除了要升高温度外，还应该综合考虑影响反应的其他因素。

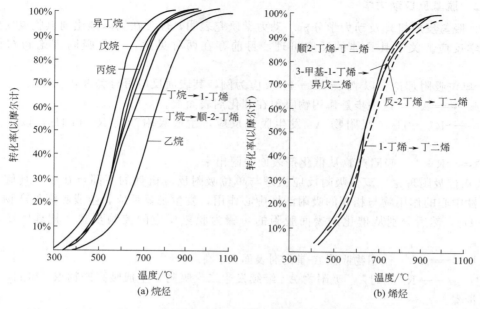

图 8-7　温度对烷烃、烯烃脱氢平衡常数的影响

（3）压力对脱氢平衡的影响　由热力学分析可知，只有在较高温度下，烃类脱氢反应才能实现较高的平衡转化率，但温度过高不但会加剧脱氢副反应，而且会给催化剂的选择、设备材质的选择及高温供热等造成困难。所以，在最佳反应温度下寻找其他提高平衡转化率的方法具有十分重要的意义。在平衡常数关系式 $K_P = K_N P^{\Delta\nu}$ 中，平衡常数 K_P 值取决于反应温度，脱氢反应是分子数增加的反应（$\Delta\nu > 0$），所以在上式中，在一定温度下降低反应体系总压力可使产物的平衡浓度 K_N 增大，从而增大反应的平衡转化率。

脱氢反应压力与平衡转化率及反应温度密切相关，图 8-8 为不同温度、不同压力下异丁烷脱氢反应的平衡转化率。

从图 8-8 可知，在同等压力下，随着反应温度的不断升高，异丁烷的转化率也在不断提高，在反应温度超过 700K 后，反应的平衡转化率有较大的提升，故增加反应温度有利于转化率的提高，但升高温度同时也会加快副反应

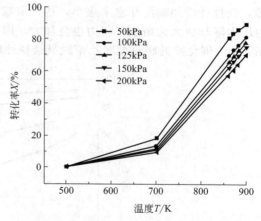

图 8-8　不同温度、不同压力下异丁烷脱氢反应的平衡转化率

的进程，导致产物的选择性降低。由图还可以看出，在相同的反应温度下，随着压力的不断降低，反应的转化率不断升高，这是因为异丁烷脱氢反应是分子数增加的可逆反应，因此降低压力有利于反应向正反应进行。

（4）惰性气体的影响　由以上对于反应温度和压力的分析可知，高温低压有利于脱氢反应的顺利进行，但是，工业上在高温下进行减压操作是不安全的，为此常采用惰性气体作稀释剂以降低烃的分压，工业上常以水蒸气作为稀释剂加入反应体系，其对反应平衡所产生的效果和降低总压是相似的。

8.3.2.2 脱氢反应动力学

（1）脱氢反应机理及动力学分析 动力学研究表明，烃类在固体催化剂上脱氢反应均为表面化学反应。关于其具体的反应机理，目前存在两种见解：单位吸附理论和双位吸附理论。

① 单位吸附理论 以 $A \rightleftharpoons R + H_2$ 反应为例，其表面反应可分为3步：

$A + * \rightleftharpoons A^*$ 这一步是作用物吸附在催化剂表面上。

$A^* \longrightarrow R^* + H_2$ 吸附物 A^* 发生脱氢反应，生成吸附产物 R^* 和 H_2，该步为控制步骤。

$R^* \rightleftharpoons R + *$ 吸附产物从催化剂表面脱附出来。

② 双位吸附理论 双位吸附反应机理与单位吸附反应机理的不同点在于：其假定被吸附在活性中心的作用物与相邻的吸附活性中心作用，发生脱氢反应，生成吸附的产物分子和吸附的 H_2，然后分别从催化剂表面脱附的步骤为脱氢反应的控制步骤。其具体反应步骤如下：

$A + * \rightleftharpoons A^*$ 作用物吸附在催化剂表面上。

$A^* + * \longrightarrow R^* + H_2^*$ 吸附物 A^* 继续发生二次吸附，生成吸附产物 R^* 和 H_2^*，该步为控制步骤。

$R^* \rightleftharpoons R + *$，$H_2^* \rightleftharpoons H_2 + *$ 吸附产物从催化剂表面脱附出来。

③ 催化剂颗粒大小对脱氢反应的影响 烃类催化脱氢时一般采用较细颗粒的催化剂，不仅可以提高脱氢反应的选择性，而且也可以加快反应速度，这是因为主反应受内扩散影响比较严重，而副反应受内扩散影响较小的缘故。所以，工业上常采用较小颗粒度的催化剂，以减少催化剂的内扩散阻力。催化剂的颗粒愈细，选择性越高，但随着催化剂颗粒越来越细，选择性增加幅度却愈来愈小，达一定粒径后，选择性几乎无变化，此时通过催化剂床层的压力降却会大大增加，阻力也会加大，因此选择催化剂颗粒细度时应综合各种因素考虑，图 8-9 为催化剂的颗粒度对乙苯脱氢选择性的影响。

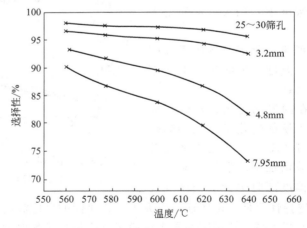

图 8-9 催化剂的颗粒度对乙苯脱氢选择性的影响

（2）反应条件 脱氢反应过程的主要操作条件包括温度、压力、稀释剂用量和原料烃的空速。

① 反应温度 由前面分析可知，反应温度高，既有利于脱氢平衡，又可加快脱氢反应速度。但是，升高温度也会加速裂解副反应，最终结果转化率虽然增加了，但选择性会有一

定幅度的下降；同时，高温也导致产物聚合生焦的副反应加速，致使催化剂的失活速度加快。表 8-4 表示了丁烯脱氢制丁二烯时温度对转化率和选择性的影响。

表 8-4　正丁烯脱氢反应温度对转化率、选择性的影响

反应温度/℃	转化率%	选择性%
620	27.7	79.9
640	36.9	73.4
650	48.0	60.4

从表 8-4 可以看出，随着温度升高，正丁烯脱氢转化率升高虽然较快，但其选择性下降亦较大，说明随温度升高，其副反应竞争能力大大加强，故正丁烯脱氢一般宜控制在较低转化率下进行，温度一般在 $600 \sim 630℃$。

② 反应压力　烃类脱氢反应是体积增大的反应，故降低压力有利于反应平衡向生成产物的方向进行。但减压操作对反应设备的制造要求较高，设备制造费用增加，故过去一般除了低级烷烃脱氢因催化剂不耐水蒸气，必须在减压下操作外，烯烃和烷基芳烃脱氢均在略高于常压下操作。

③ 原料烃的空速　减小空速可提高转化率，但会增加连串副反应，导致反应的选择性下降；空速增大，则转化率减小。表 8-5 为不同反应温度下乙苯脱氢反应的空速对转化率和选择性的影响，在反应温度为 580℃的条件下，空速减小则转化率有了明显的提高，选择性有很小幅度的降低，随反应温度的增加，减小空速仍可使转化率有明显的增加，而选择性明显降低，当反应温度达到 640℃时，空速对转化率的影响可忽略，但对选择性有较明显的影响，因此，选取最佳空速应保持反应温度在 620℃左右为宜，综合以上，最佳空速的选择必须综合考虑各方面因素而定。

表 8-5　不同反应温度下空速对乙苯脱氢反应转化率、选择性的影响

乙苯液相空速/h⁻¹	1		0.6	
反应温度/℃	转化率/%	选择性/%	转化率/%	选择性/%
580	53.0	94.3	59.8	93.6
600	62.0	93.5	72.1	92.4
620	72.5	92.0	81.4	89.3
640	87.0	89.4	87.1	84.8

（3）主要副反应

① 脂肪烃脱氢时的主要副反应

a. 平行副反应　脂肪烃脱氢时，除了主反应以外，还有一些副反应发生。如：

$$C_4H_{10} \xrightarrow{\text{催化剂}} C_3H_6 + CH_4$$

$$C_4H_{10} \xrightarrow{\text{催化剂}} C_2H_4 + C_2H_6$$

高温下 C-C 键断裂的裂解反应无论在动力学上，还是在热力学，都要比 C-H 键断裂的裂解反应更为有利，因此裂解产物是高温下烃类脱氢反应所得到的主要产物。

b. 连串副反应　这类反应主要是产物的裂解、脱氢缩合或聚合成焦油等。C_3 以上烷烃脱氢时，尚有脱氢芳构化的副反应发生。

② 烷基芳烃脱氢时的主要副反应

a. 平行副反应　以乙苯脱氢为例，除了主反应以外，还有裂解反应和加氢裂解反应两种。由于苯环比较稳定，故裂解反应均发生在侧链上。

$$\text{（苯）-C}_2\text{H}_5 \text{ (g)} \longrightarrow \text{（苯）} \text{ (g)} + \text{C}_2\text{H}_4 \qquad \Delta H^{\ominus}_{298} = 105\text{kJ/mol}$$

$$\text{（苯）-C}_2\text{H}_5 \text{ (g)} + \text{H}_2 \longrightarrow \text{（苯）-CH}_3 \text{ (g)} + \text{CH}_4 \qquad \Delta H^{\ominus}_{298} = -54.4\text{kJ/mol}$$

$$\text{（苯）-C}_2\text{H}_5 \text{ (g)} + \text{H}_2 \longrightarrow \text{（苯）} \text{ (g)} + \text{C}_2\text{H}_6 \qquad \Delta H^{\ominus}_{298} = -31.5\text{kJ/mol}$$

除了上述平行副反应以外，在加入水蒸气的情况下，也可以发生如下副反应：

$$2\text{H}_2\text{O(g)} + \text{（苯）-C}_2\text{H}_5 \text{ (g)} \xrightarrow{\text{催化剂}} 3\text{H}_2 + \text{CO}_2 + \text{（苯）-CH}_3 \qquad \Delta H_{298} = 110\text{kJ/mol}$$

b. 连串副反应　主要的连串副反应是苯乙烯聚合生成焦油和加氢裂解。

$$n\text{（苯）-CH=CH}_2 \longrightarrow \text{（苯）-[CH-CH}_2\text{]}_n$$

$$\text{（苯）-CH=CH}_2 + 2\text{H}_2 \longrightarrow \text{（苯）-CH}_3 + \text{CH}_4$$

$$\text{（苯）-CH=CH}_2 + 2\text{H}_2 \longrightarrow \text{（苯）} + \text{C}_2\text{H}_6$$

聚合副反应会导致反应的选择性下降，且其反应产物黏性较强，极易在催化剂上结焦而使催化剂活性下降。

（4）催化剂　烃类脱氢反应在热力学上处于不利地位，因此，可选用活性高、选择性好的催化剂以使其在动力学上占有绝对优势。

① 脱氢催化剂的要求　脱氢和加氢反应条件不同，除注意催化活性外，在选择催化剂时应注意以下几点。

a. 对主反应具有良好的活性和选择性，而对副反应没有或很少有催化作用，且能够尽量在较低的温度条件下达到较好的催化效果。

b. 催化剂的热稳定性好，在较高的反应温度下不失活，不烧结。

c. 化学稳定性好，在较高温度下具有抗氢气还原和抗水蒸气侵蚀的能力。

d. 有良好的抗结焦性能和易再生性能，因脱氢比加氢更易使催化剂表面结焦，故加氢催化剂应易于再生。

e. 内扩散对主反应的影响大于副反应，所以催化剂粒度要小，并且要改善孔结构，以减少内扩散阻力。

② 脱氢催化剂的种类

a. 氧化铬-氧化铝系列催化剂　Cr_2O_3-Al_2O_3 系列催化剂是一个典型的由过渡金属氧化物和载体组成的催化剂体系。其中，氧化铬是活性组分，含量一般为 $10\%\sim40\%$ 左右；通常还添加少量的碱金属或碱土金属作助剂以提高其催化性能。该类催化剂的典型组成为：

$$Cr_2O_3\ 18\%\sim20\%\text{-}Al_2O_3\ 80\%\sim82\%$$
$$Cr_2O_3\ 12\%\sim13\%\text{-}Al_2O_3\ 84\%\sim85\%\text{-}MgO\ 2\%\sim3\%$$

研究表明，由于该类催化剂在制备过程中需经高温煅烧，煅烧后会发生复杂相变，最终，催化剂体系由 γ-Al_2O_3、θ-Al_2O_3、α-Cr_2O_3 和两种分别被称为 α 相和 γ 相的氧化物固溶体组成。

该催化剂的缺点是：在烃类脱氢的反应条件下，具有强烈的结焦倾向，进而导致催化剂很快失活，因此需频繁地用含氧的烟道气进行再生。

b. 氧化锌系列催化剂　这类催化剂是以 ZnO 为主要成分的催化剂，它是典型的 n 型半导体催化剂，工业上主要用于乙苯脱氢制苯乙烯的反应，其典型的组成为：$ZnO\ 50\%$-Al_2O_3

40%-CuO10%。

此类催化剂的最大缺点是长期使用会使活性大大下降，因此可加入助催化剂来提高催化剂的寿命和周期，加入助催化剂后其一般组成为：

$$ZnO\ 85\%-Al_2O_3\ 3\%-CaO\ 5\%-K_2SO_4\ 2\%-K_2Cr_2O_3\ 3\%-KOH\ 2\%。$$

c. 氧化铁系列催化剂　氧化铁系列催化剂主要用于烷基芳烃脱氢，该类催化剂的主要活性组分是氧化铁，同时以少量比氧化铁更难还原的金属氧化物作为结构稳定剂，此外还含有少量的碱金属或碱土金属氧化物作为助催化剂。K_2O 作为助催化剂起到提高催化剂活性组分活性的作用，并且可以改变催化剂表面的酸度，以减少裂解反应的进行，同时还能够提高催化剂的抗结焦性，催化水煤气反应，从而提高催化剂的自再生能力，延长催化剂的使用寿命；但以氧化钾为助催化剂的氧化铁催化剂对氯化物是很敏感的。

d. 磷酸钙镍系列催化剂　磷酸钙镍系列催化剂是美国 Dow 化学公司首先研制成功的，一般以 DowB 型催化剂为代表，这类催化剂以磷酸钙镍为主体，添加 Cr_2O_3 和石墨，氧化铬在催化剂中起了结构稳定剂和延长催化剂寿命的作用。其典型组成如 $CaNi(PO_4)-Cr_2O_3$-石墨催化剂，其中石墨含量为 2%，氧化铬含量为 2%，其余为磷酸钙镍。该催化剂对烯烃脱氢制二烯烃具有良好的选择性，但抗结焦性能差，使用周期短，需用水蒸气和空气的混合物进行再生。

有机氯化物会使催化剂中的铬发生迁移，导致催化剂寿命缩短，因此，有机氯化物对磷酸钙镍催化剂是有害的，此外，铜等金属以及碱金属和碱土金属的氧化物也都会导致该类催化剂中毒。

③ 影响脱氢催化剂活性的因素

a. 脱氢催化剂抗硫性能　脱氢催化剂的抗硫性能是评价催化剂的关键指标，硫化物是脱氢催化剂的主要毒物，当原料中总硫含量较高时，催化剂表面会被硫化物覆盖，一方面影响活性组分与 H_2 的反应，另一方面会导致催化剂寿命缩短；而原料中总硫含量较低时，其表面活性组分可与 H_2 充分接触反应，脱氢效率有所提高。

b. 空速对催化剂活性的影响　装置高负荷运行时，催化剂空速较高，原料气在反应器中的停留时间减少，不利于脱氢反应的完全进行。

8.3.3　催化脱氢的工业应用

（1）低碳烷烃脱氢生成烯烃　我国拥有丰富的天然气和石油资源，随着这些资源的不断开发利用，天然气、油田气及炼厂气中的 $C_3 \sim C_4$ 类低碳烷烃的含量也急剧的增加，而低碳烷烃催化脱氢制取低碳烯烃可以大大提高低碳烷烃的附加值。因此，开发由低碳烷烃制取低碳烯烃过程对合理利用 $C_3 \sim C_4$ 烷烃及开辟烯烃新来源具有重要意义。对 $C_3 \sim C_4$ 烷烃脱氢的研究中常以异丁烷的催化脱氢制取异丁烯为研究对象。

① 异丁烷脱氢制异丁烯反应　反应式如下：

$$H_3C-\underset{\underset{CH_3}{|}}{CH}-CH_3 \xrightarrow{催化剂} H_3C-\underset{\underset{CH_3}{|}}{C}=CH_2 + H_2$$

该反应是吸热反应，受到热力学因素限制，通常情况下，高温低压有利于脱氢反应的进行，但高温下易发生结焦而使催化剂失活，同时会发生裂解反应。因此，目前对该反应的改进主要集中在提高催化剂的活性、选择性、稳定性以及降低反应体系温度方面。

② 异丁烷催化脱氢制异丁烯反应催化剂

a. 贵金属铂系催化剂　贵金属铂（Pt）系催化剂对正丁烷催化脱氢具有很好的活性，但 Pt 原子的集结易造成正丁烷异构化和积炭反应的发生而使催化剂失活。目前多采用双金属如 Pt-Sn、Pt-Fe 等催化剂，以 Pt-Sn 催化剂为例，引入 Sn 的催化剂能够减少催化剂的烧结并使 Pt 原子稳定分布，因而该类双金属催化剂表现出良好的催化性能，降低结焦速率从而延长催化剂寿命。

b. 铬系催化剂　该类催化剂一般以 Cr_2O_3 为活性组分，Al_2O_3 为载体，K_2O、CuO 为碱性助剂，在异丁烷催化脱氢的反应中，催化剂表面的酸中心会吸附异丁烷，这对异丁烷的活化是有利的，但是酸中心太强会导致活性中间体不能很快从催化剂表面脱附下来生成异丁烯并发生裂解反应，这就降低了催化剂的选择性，将 K_2O、CuO 引入到催化剂体系中能够调整 Cr_2O_3/Al_2O_3 催化剂的酸碱中心，从而提高催化剂的活性。Cr 系催化剂有较强的抗中毒能力，但不抗重金属，因此在使用时应注意避免引入重金属。

c. 钒系催化剂　钒系催化剂主要是氧化钒系列催化剂，所用的载体主要有 Al_2O_3、SiO_2、Zr、Mg 等可作为该类催化剂的助剂。以 Al_2O_3 为载体的这类催化剂易失活，主要原因是在脱氢反应中生成了焦炭，因此，催化剂必须经过烧炭再生。

③ 异丁烷催化脱氢生产异丁烯工业化工艺　目前，世界上已工业化的异丁烷催化脱氢工艺有美国 UOP 公司（Universal Oil Products Company）的 Oleflex 工艺、Lummus 公司的 Catofin 工艺和 Phillips 石油公司的 Star 工艺，意大利 Snamprogetti 公司和俄罗斯 Yarsintez 公司合作开发的 FBD-4 工艺，德国 Linde 公司的 Linde 工艺等，其主要工艺特点列于表 8-6。

表 8-6　国外异丁烷催化脱氢制异丁烯工业化技术特点

项目	Oleflex 工艺 （美国）	Catofin 工艺 （美国）	Star 工艺 （美国）	FBD-4 工艺 （意大利、前苏联）	Linde 工艺 （德国）
反应器	移动床	固定床	固定床	流化床	固定床
催化剂	Pt/Al_2O_3	Cr_2O_3/Al_2O_3	$Pt/ZnAl_2O_4$	Cr_2O_3/Al_2O_3	Cr_2O_3/Al_2O_3
反应温度/℃	620~650	590~650	482~621	527~627	<600
反应压力/kPa	200~250	32~49	98~1960	120~150	常压
稀释介质	氢气		蒸汽		
异丁烷单程转化率/%	40~45	60	45~55	50	45
丁烯选择性/%	91.0	91.0~93.0	94.5~98.0	91.0	94.0

④ 异丁烷催化脱氢制异丁烯工艺流程　图 8-10 所示为异丁烷催化脱氢制异丁烯反应的工艺流程图，其流程如下：原料丁烷通过计量泵进料，依次经过干燥和脱硫处理后进入混合罐；氢气经体积流量计计量后也进入混合罐，通过控制原料计量泵及氢气体积流量计从而获

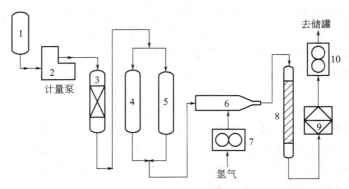

图 8-10　丁烷脱氢制丁烯工艺流程图

1—原料罐；2—计量泵；3—干燥器；4—脱硫罐 1；5—脱硫罐 2；6—混合罐；
7,10—体积流量计；8—反应管；9—气相色谱仪

得不同的氢油比和进料空速。原料丁烷和氢气的混合气经混合罐后进入固定床反应器，反应产物采用气相色谱仪进行在线分析。

（2）低碳烷烃脱氢生成芳烃　　低碳烷烃芳构化是以低碳烷烃（$C_2 \sim C_9$）为原料，在一定条件作用下，经过一系列复杂反应而转化为芳烃的工艺过程。低碳烷烃芳构化是低碳烷烃资源利用的有效途径之一，随着石油资源的日益减少，将丰富的直链低碳烷烃转变为高附加值的苯、甲苯、二甲苯的研究已逐渐引起人们的重视。研究工作常以正己烷为反应原料催化脱氢制取苯。

① 低碳烷烃脱氢生成芳烃反应　　以正己烷脱氢芳构化反应为例，反应式如下：

$$n\text{-}C_6H_{14} \xrightarrow{\text{催化剂}} \bigcirc + 4H_2$$

低碳烷烃脱氢芳构化过程是先脱氢生成烯烃，再经环化、脱氢反应生成芳烃。在其芳构化过程中，由于酸性中心的存在，会发生裂解反应，生成小分子产物，随着轻烃碳数的增多，其裂解产物会相应增多，因此对于 C_{6+} 的芳构化，其好的催化剂应能够最大限度地限制裂解反应，减少裂解产物的生成。

② 低碳烷烃脱氢芳构化反应催化剂　　低碳烷烃芳构化的催化剂一般为金属负载型催化剂，金属相作为反应脱氢活性中心，包括碱金属和碱土金属、过渡金属和 La 系金属等；载体中含有 Lewis 酸中心和布朗斯特酸中心，可作为裂解、脱氢、环化、异构化等各种反应的活性中心，载体有无定形金属氧化物，如 Al_2O_3、ZrO_2 等，还有具有规整孔道结构的分子筛，如 LTL（Linden Type L）、MCM（Mobil Composition of Material）等。

③ 低碳烷烃芳构化工艺　　国外已经开发出的低碳烷烃芳构化的工业化技术主要有英国 BP 公司（BP Amoco）和美国 UOP 公司联合开发 Cyclar 工艺，日本 Sanyo 石油公司开发的 Alpha 工艺、美国 Mobil 公司开发的 M2-Forming 工艺及法国 IFP 公司和澳大利亚 Salutec 公司共同开发的 Aroforming 工艺等，其主要工艺特点列于表 8-7。

表 8-7　国外低碳烷烃芳构化工业化技术特点

项目	Cyclar 工艺 （英国、美国）	Alpha 工艺 （日本）	M2-Forming 工艺 （美国）	Aroforming 工艺 （法国、澳大利亚）
反应器	移动床	固定床	固定床	固定床
催化剂	Ga/HZSM-5	Zn/HZSM-5	纯酸性 HZSM-5	金属氧化物改性的 择形分子筛
反应温度/℃	$482 \sim 537$℃	＞480	$425 \sim 575$℃	
反应压力/kPa	＜689	$200 \sim 500$		
芳烃收率/%	63%～65%	50%～65%		54.9%

（3）长链正构烷烃脱氢制备直链单烯烃　　长链正构烷烃脱氢制备直链单烯烃是一个重要的石油化工过程，产物单烯烃可用作许多化学制品的有机原料，例如合成洗涤剂、润滑油、胶黏剂及添加剂等，长链烷烃脱氢制备直链单烯烃的反应中，正十二烷脱氢制直链十二单烯是最有代表性的反应。

① 长链正构烷烃脱氢制备直链单烯烃反应　　以正十二烷催化脱氢反应为例，反应式如下：

$$n\text{-}C_{12}H_{26} \xrightarrow{\text{催化剂}} n\text{-}C_{12}H_{24} + H_2$$

该反应为吸热反应，体积增大且可逆，因此受热力学平衡条件的影响。反应产物转化率随分子长度和温度的增加而增加，在反应条件下，长链正构烷烃催化脱氢过程不会停止在只生成单烯烃的阶段，可继续反应生成双烯烃，三烯烃和芳香化合物，在较高的温度下还会有裂解产物生成。所以，适合的反应条件及催化剂的选取对整个反应的转化率和选择性是至关重要的。

② 长链烷烃脱氢制备直链单烯烃的催化剂　长链烷烃催化脱氢的催化剂需满足以下几点要求：高选择性的非酸性催化剂，使脱氢反应停留在只生成烯烃的阶段；反应活性要高，以适应高空速下原料和催化剂接触时间短的状况；催化剂的稳定性要好，即能够承受高温、低压、高空速和低氢烃比等较为苛刻的反应条件；有一定的抗中毒能力，最好能够再生使用。工业上所用的长链烷烃脱氢制备直链单烯烃的催化剂主要有两种。

a. 氧化物催化剂　该类催化剂主要采用周期表中Ⅵ族元素或其化合物，尤以 Cr，Mo，W，U 的氧化物沉淀于惰性载体上为多，但该催化剂的副产物较多，使用较少。

b. 贵金属负载型多组分催化剂　此类催化剂采用周期表中Ⅷ族元素，主要是以铂为主的多组分催化剂，铂族金属有高的催化活性，在长链烷烃脱氢性能方面优于氧化物催化剂。常加入金属锡（Sn）形成双金属 Pt-Sn 催化剂，但该催化剂在苛刻的反应条件易发生积炭失活，研究发现，添加一定量的碱金属（Li、Na 和 K 等）或碱土金属（Mg 和 Ca 等）可以改善催化剂酸性，提高催化剂的金属分散度，提高反应抗积炭能力，从而改善催化剂的脱氢选择性及稳定性。

（4）烯烃脱氢制取二烯烃　烯烃催化脱氢是在 20 世纪 40 年代初期，为适应当时战争对合成橡胶的迫切需要而开发的技术。该类型反应主要是脱去不饱和键旁 α、β 碳上的两个氢原子，形成与原有不饱和键组成共轭体系的双键。

① 异戊烯脱氢制取异戊二烯　异戊二烯是一种无色、易挥发的流动性液体，有特殊气味。异戊二烯分子是天然橡胶的基本结构单元，主要用于生产聚异戊二烯橡胶，也是丁基橡胶的第二单体。此外，异戊二烯还广泛应用于农药、医药、香料及黏结剂等领域。异戊烯脱氢制取异戊二烯是以丁烷为原料合成异戊二烯的路线。首先需要将正丁烷或异丁烷转变成合成异戊二烯的前驱体异戊烯，再将异戊烯脱氢制得异戊二烯。异戊烯脱氢制取异戊二烯反应式：

$$i\text{-}C_5H_{10} \xrightarrow{\text{催化剂}} CH_2\!=\!CH\!-\!\overset{\overset{\displaystyle CH_3}{|}}{C}\!=\!CH_2 \ +H_2$$

异戊烯有三个异构体：2-甲基丁烯-2、2-甲基丁烯-1、3-甲基丁烯-1，它们都能脱氢生成异戊二烯：

$$\left.\begin{array}{l} CH_2\!=\!CH\!-\!\overset{\overset{\displaystyle CH_3}{|}}{CH}\!-\!CH_2 \\[4pt] CH_2\!=\!CH\!-\!\overset{\overset{\displaystyle CH_3}{|}}{CH}\!-\!CH_2 \\[4pt] \overset{\overset{\displaystyle CH_3}{|}}{CH_2}\!-\!CH\!=\!CH\!-\!CH_2 \end{array}\right\} \Longleftrightarrow CH_2\!=\!CH\!-\!\overset{\overset{\displaystyle CH_3}{|}}{CH}\!-\!CH_2$$

② 异戊烯催化脱氢反应催化剂　用于异戊烯脱氢的催化剂主要有碱性氧化铁和钙镍磷酸盐二类，碱性氧化铁具有催化剂制法简单，成本低，寿命长，不必经常再生活化等优点，活性虽然不及磷酸盐，但是经过改进，可以改善提高。

③ 异戊烯催化脱氢制取异戊二烯反应工艺　图 8-11 所示为俄罗斯异戊二烯脱氢法工艺流程示意图。原料在进行脱氢反应后需经过回收热量、冷却、压缩等步骤，然后由 C_6 吸收剂吸收解吸系统分出副产物（C_2-C_4 馏分），再入萃取精馏系统，得到粗异戊二烯。

（5）烷基芳烃脱氢制取烯基芳烃　工业上，烷基苯脱氢主要用于制造苯乙烯、二乙烯苯和甲基苯乙烯。其中，以对甲乙苯脱氢制对甲基苯乙烯、乙基苯脱氢制苯乙烯更具有代表性。

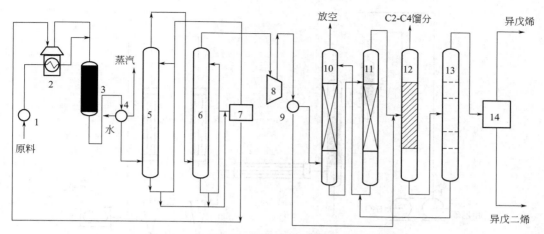

图 8-11 俄罗斯异戊二烯脱氢法工艺流程示意图

1—蒸发器；2—蒸发过热锅炉；3—反应器；4—废热锅炉；5—洗涤塔；6—分离塔；7—沉降塔；8—压缩机；
9—冷凝器；10—吸收塔；11—解吸塔；12—稳定塔；13—C5 馏分分离塔；14—萃取蒸馏装置

① 对甲乙苯脱氢制对甲基苯乙烯 甲基苯乙烯是无色透明的液体，有邻位、间位、对位三种异构体，间、对位甲基苯乙烯可用于合成树脂、表面涂料和合成橡胶等。甲基苯乙烯聚合可制备聚甲基苯乙烯，即苯乙烯系塑料，其具有比重轻、较高的热变形温度和电性能、较好的流动性以及良好的阻燃性等特点。

由烷基芳烃脱氢制烷基苯乙烯主要技术路线是以水汽为稀释剂，以金属氧化物为催化剂在常压或低压下进行。

a. 对甲乙苯催化脱氢制取对甲基苯乙烯 对甲乙苯脱氢的主反应为：

$$\text{（对甲乙苯）} \xrightarrow{\text{催化剂}} \text{（对甲基苯乙烯）} + H_2$$

该反应还会发生副反应生成苯、甲苯、二甲苯、乙苯和苯乙烯等副产物，在气相产物中还含有少量甲烷、CO_2 和 H_2 等气体。反应原料中如含有邻位甲基乙苯则易于按下式反应而积炭：

$$\text{（邻甲基乙苯）} \xrightarrow{-H_2} \text{（邻甲基苯乙烯）} \xrightarrow{-H_2} \text{（茚满）} \longrightarrow \text{积炭}$$

因此，为了脱氢反应能持续进行，原料油中应不含有邻甲基乙苯。此外，选择合适的催化剂可使主反应的活性和选择性有较大的提高。

b. 对甲乙苯催化脱氢制取对甲基苯乙烯的催化剂 一般所使用催化剂为氧化铁系脱氢催化剂，这类催化剂以氧化铁为主要活性组分，同时还含有少量的比氧化铁更难还原的金属氧化物，例如镁、铬、钼、钨、铈、钙等的氧化物作为结构稳定剂，其中最常用的是铬。此外还含有少量的碱金属或碱土金属氧化物作为助催化剂，通常用氧化钾。

c. 对甲乙苯催化脱氢制取对甲基苯乙烯工艺 如图 8-12 所示为对甲乙苯脱氢制取对甲基苯乙烯的工艺流程图。甲乙苯和蒸馏水分别以一定比例从微量泵加入汽化器中汽化并充分混合，经汽化后的混合气体进入反应器，先在预热段预热，然后在装有催化剂的反应层进行脱氢反应；反应后的气体用水冷却器冷却，冷却后的液体产物收集于液体受器中，未冷凝的气体经进一步冷却后，由湿式流量计计量后放空。

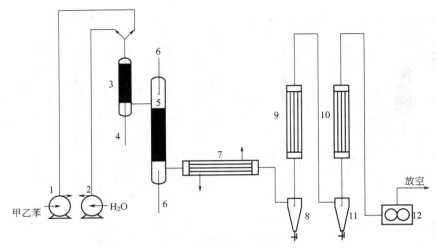

图 8-12　对甲乙苯脱氢流程示意图

1,2—微量泵；3—汽化器；4,6—热电偶；5—反应器；7,9,10—水冷却器；8,11—液体受器；12—湿式流量计

② 乙苯脱氢制苯乙烯

苯乙烯是高分子合成材料的一种重要单体，自身均聚可制得聚苯乙烯树脂，与其他单体共聚可得到多种有价值的共聚物。

8.3.4　乙苯催化脱氢制苯乙烯

苯乙烯是一种非常活泼的芳香族烯烃，所有烯烃的典型反应苯乙烯都能进行，它的乙烯基被邻近的、具有负电性的苯基活化，从而增加了苯乙烯在聚合反应中活性。

8.3.4.1　苯乙烯合成方法

目前，世界范围内苯乙烯的生产方法主要包括：乙苯脱氢制苯乙烯，环氧丙烷-苯乙烯联产法等。其中，乙苯脱氢是目前国内外生产苯乙烯的主要方法，世界上约有 90% 的苯乙烯通过该方法进行生产。近年来，人们又开发出裂解汽油抽提制苯乙烯、乙烷制苯乙烯、CO_2 氧化脱氢制备苯乙烯、非金属材料催化乙苯直接脱氢制苯乙烯、催化裂化干气制苯乙烯以及乙醇直接烃化制苯乙烯等新技术。

（1）乙苯催化脱氢法　乙苯催化脱氢是目前生成苯乙烯的主要方法。该方法首先以苯和乙烯为原料在催化剂的作用下生成乙苯，再经催化脱氢生成苯乙烯，这是工业上最早采用的生产方法。其反应式如下：

乙苯也可以通过炼油厂的重整油、烃类裂解过程中裂解汽油及焦化厂的煤焦油精馏而分离出来，然后再催化脱氢生成苯乙烯。

（2）乙苯共氧化法　乙苯共氧化法分三步进行。

第一步：乙苯经氧化生成乙苯过氧化氢。

$$\text{C}_2\text{H}_5 \quad +\text{O}_2 \longrightarrow \quad \underset{\text{OOH}}{\overset{\text{CH—CH}_3}{}}$$

乙苯过氧化氢

第二步：乙苯过氧化氢与丙烯反应，生成 α-甲基苯甲醇和环氧丙烷。

$$\underset{\text{OOH}}{\overset{\text{CH—CH}_3}{}} \quad +\text{H}_3\text{C—CH}=\text{CH}_2 \longrightarrow \quad \underset{\text{OH}}{\overset{\text{CH—CH}_3}{}} \quad + \quad \text{H}_3\text{C—CH—CH}_2$$

α-甲基苯甲醇

第三步：α-甲基苯甲醇脱水制得苯乙烯。

$$\underset{\text{OH}}{\overset{\text{CH—CH}_3}{}} \longrightarrow \quad \text{CH}=\text{CH}_2 \quad +\text{H}_2\text{O}$$

苯乙烯

（3）甲苯合成法　此法分二步进行。

第一步：采用 $\text{PbO·MgO/Al}_2\text{O}_3$ 催化剂，在水蒸气存在下使甲苯脱氢生成苯乙烯基苯。

$$2 \quad \text{CH}_3 \quad \xrightarrow[\text{H}_2\text{O (g)}]{\text{PbO·MgO/Al}_2\text{O}_3} \quad \text{CH}=\text{CH} \quad +2\text{H}_2$$

苯乙烯基苯

第二步：将苯乙烯基苯与乙烯在 $\text{WO·K}_2\text{O/SiO}_2$ 催化剂作用下生成苯乙烯。

$$\text{CH}=\text{CH} \quad +\text{C}_2\text{H}_4 \quad \xrightarrow{\text{WO·K}_2\text{O/SiO}_2} \quad 2 \quad \text{CH}=\text{CH}_2$$

（4）苯和乙烯直接合成法　此法采用贵金属（钯、铑）催化剂，在液相或气相中进行反应，副产物有乙苯、乙醛、CO_2 等。

$$+\text{C}_2\text{H}_4+1/2\text{O}_2 \quad \xrightarrow{\text{醋酸银}} \quad \text{CH}=\text{CH}_2 \quad +\text{H}_2\text{O}$$

（5）乙苯氧化脱氢法　此法特点是不受乙苯脱氢平衡限制，也不采用水蒸气。

$$\text{C}_2\text{H}_5 \quad +1/2\text{O}_2 \longrightarrow \quad \text{CH}=\text{CH}_2 \quad +\text{H}_2\text{O}$$

8.3.4.2　乙苯脱氢生产苯乙烯的反应原理

（1）乙苯脱氢的反应原理　乙苯脱氢反应的主反应式：

$$\text{C}_2\text{H}_5 \quad \rightleftharpoons \quad \text{CH}=\text{CH} \quad +\text{H}_2-124\text{kJ/mol}$$

这是一个可逆吸热增分子反应，反应向哪个方向进行，取决于反应器的操作条件，反应进行的最大程度由乙苯和苯乙烯间的平衡决定。在蒸汽存在的条件下，该可逆反应平衡常数 K_P 可表达为：

$$K_\text{p}=PX^2/(1-X)/(1+X+n_\text{s}/n_\text{EB})$$

式中　P——反应系统总压；

　　　X——乙苯的平衡转化率；

n_s/n_EB——蒸汽/乙苯摩尔比。

该反应的反应热、自由能及平衡常数随温度而变化的情况见表 8-8。

表 8-8　乙苯脱氢反应的反应热、自由能变化及平衡常数同温度的关系

温度/℃	25	127	227	327	427	527	627	727
反应热 ΔH_r/(kJ/mol)	118.1	119.9	121.6	122.9	123.8	124.5	124.9	125.2
自由能变化 ΔF/(kJ/mol)	83.75	71.23	58.94	46.19	33.31	20.36	7.34	-5.79
平衡常数 K_p/atm	2.6×10^{-15}	5.1×10^{-10}	7.1×10^{-7}	9.7×10^{-5}	3.3×10^{-3}	4.7×10^{-2}	3.8×10^{-1}	2.00

在反应器中除了发生上述主反应外，同时还有副反应发生。如裂解反应和加氢裂解反应：

$$\text{C}_6\text{H}_5\text{-C}_2\text{H}_5 \Longleftrightarrow \text{C}_6\text{H}_6 + \text{C}_2\text{H}_4$$

$$\text{C}_6\text{H}_5\text{-C}_2\text{H}_5 + \text{H}_2 \Longleftrightarrow \text{C}_6\text{H}_5\text{-CH}_3 + \text{CH}_4$$

$$\text{C}_6\text{H}_5\text{-C}_2\text{H}_5 + \text{H}_2 \Longleftrightarrow \text{C}_6\text{H}_6 + \text{C}_2\text{H}_6$$

高温裂解生碳：

$$\text{C}_6\text{H}_5\text{-C}_2\text{H}_5 \Longleftrightarrow 8\text{C} + 5\text{H}_2$$

在水蒸气存在下，发生水蒸气的转化反应：

$$\text{C}_6\text{H}_5\text{-C}_2\text{H}_5 + 16\text{H}_2\text{O} \Longleftrightarrow 8\text{CO}_2 + 21\text{H}_2\text{O}$$

在乙苯脱氢过程中，原料乙苯中的杂质也发生反应，故最终生成物中还含有其他的副产物，如二甲苯裂解，异丙苯脱氢可以生成 α-甲基苯乙烯、聚苯乙烯及焦油等副产物。

（2）乙苯脱氢催化剂 乙苯脱氢反应是个复杂反应，从热力学角度分析，高温低压有利于乙苯脱氢反应的进行。目前工业生产上大多采用负压反应器完成低压的控制，但温度的提升受很大限制，温度过高不仅使催化剂结焦积炭，也会让乙苯裂解。因此，需选用转化率高、选择性好的催化剂。

苯乙烯的工业生产以乙苯催化脱氢为主，使用的催化剂也由初期的 Zn 系和 Mg 系催化剂逐步发展为更高效的含 K 助剂的 Fe 系催化剂。壳牌公司开发了以钾、铬为助催化剂的铁系催化剂 Shell 105（Fe_2O_3-K_2O-Cr_2O_3），为世界所广泛采用。由于铁化合物 Fe_2O_3 在反应过程的高温下还原成低价氧化铁，导致催化剂因结炭而失活，而加入 Cr_2O_3 能起到稳定剂作用，K_2O（以 K_2CO_3 形式加入）能起到抑制结炭的作用。

20 世纪 80 年代以来，乙苯催化脱氢催化剂的研究经历了重要转变，首先是催化剂组成从 Fe-K-Cr 向 Fe-K-Ce 转变，消除由 Cr 引起的环境污染；其次是催化剂组成从高钾型向低钾型转变，解决高钾型催化剂存在的钾流失问题。

8.3.4.3 乙苯脱氢制苯乙烯生产工艺

1916 年美国 Dow 化学公司开发了乙苯绝热脱氢法生产苯乙烯工艺，并于 1945 年实现了苯乙烯工业化生产。1985 年 UOP 公司开发的乙苯脱氢选择性氧化技术（Styro-Plus 工艺）取得了工业化的成功，此后 Lummus、Monsanto、UOP 三家公司合作将其与乙苯催化脱氢技术集合成为一体，称为 Smart 工艺。20 世纪 70 年代，Halcon 国际公司与美国 ARCO 公司的合资公司开发了苯乙烯和环氧丙烷联产技术。20 世纪 90 年代，荷兰 DSM 公司开发出从乙烯裂解汽油中采用萃取精馏工艺生产苯乙烯的方法（STAR-TEC 技术）。

乙苯脱氢制苯乙烯是国内外生产苯乙烯的主要方法。它又包括乙苯催化脱氢和乙苯氧化脱氢两种生产工艺。乙苯催化脱氢是工业上生产苯乙烯的传统工艺，典型的生产工艺包括 Lummus/UOP 工艺，Fina/Badger 工艺等。乙苯氧化脱氢典型的生产工艺有 Styro-Plus 工艺和 Smart 工艺。

（1）乙苯催化脱氢法 乙苯催化脱氢法是指乙苯在过量水蒸气存在下经过高温催化脱氢生成苯乙烯的方法。实际反应过程中，是依靠提高水蒸气的温度来获得以上高温的，由于水的热容量大，且水蒸气经冷凝后变为水，易与目的产物苯乙烯分离，因而苯乙烯生产过程采用过热水蒸气作为脱氢介质。催化脱氢反应分为绝热和等温两种形式，反应器分为固定床式，辐射式，管式等。典型的绝热式脱氢工艺的基本流程见图 8-13。

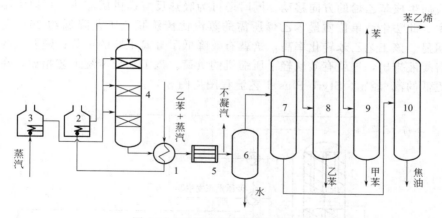

图 8-13　绝热式乙苯脱氢工艺流程

1—乙苯蒸发器；2—乙苯加热炉；3—蒸汽过热炉；4—反应器；5—冷凝器；6—油水分离器；
7—乙苯蒸馏塔；8—苯、甲苯蒸馏塔；9—苯、甲苯分离器；10—苯乙烯精馏塔

原料气与反应尾气热交换后，再经预热进入脱氢绝热反应器 4，热量靠过热蒸汽（720℃）带入，入口温度达 610～660℃，催化剂床层分三段，段与段之间加入过热蒸汽，全部蒸汽/乙苯（物质的量比）＝14。反应产物经冷凝器冷却冷凝后，气液分离，不凝气中含有大量的 H_2 及少量的 CO、CO_2 可作为燃料使用。冷凝液经精馏后分离出苯、甲苯、乙苯，最后产物是苯乙烯和焦油。绝热反应器苯乙烯的收率为 88%～91%。

a. Lummus/UOP 乙苯脱氢工艺　该工艺是乙苯催化脱氢法的一种。原料乙苯经换热至一定温度，然后与大量的过热蒸汽混合后一并进入装有催化剂的绝热反应器。脱氢反应条件为：温度 550～650℃，常压或负压。在反应器中部，另有过热蒸汽通过以提供反应热，蒸汽/乙苯质量比（水比）为 1.0～2.0。生成的脱氢产物经冷凝器冷凝后进入乙苯/苯乙烯粗馏塔，由塔底得到苯乙烯，塔顶回收未反应的乙苯，再经乙苯塔分离出少量的苯和甲苯后，循环回反应器。

脱氢液先经过乙苯/苯乙烯塔从塔顶分理出苯、甲苯、乙苯等比苯乙烯轻的组分去乙苯回收塔及苯/甲苯分离塔，从塔底出的粗苯乙烯去苯乙烯塔，然后得到苯乙烯产品。

b. Fina/Badger 乙苯脱氢工艺　该工艺采用绝热脱氢，高温蒸汽提供脱氢需要的热量并降低进料中乙苯的分压和抑制结焦。蒸汽过热至 800～950℃，与预热器内的乙苯混合后再通过催化剂，反应温度为 560～650℃，压力为负压，蒸汽和乙苯质量比为 1.5～2.2。反应器材质为铬镍，反应产物在冷凝器中冷凝。

该工艺反应系统、脱氢液分离、尾气压缩及洗涤等部分与 Lummus/UOP 的乙苯脱氢工艺基本相同，但废热回收换热器的型式及流程与 Lummus/UOP 乙苯脱氢工艺不同。此外，Fina/Badger 工艺的苯乙烯精馏工艺与 Lummus/UOP 工艺差别较大：脱氢液先经过苯/甲苯塔，从塔顶分离出苯、甲苯等比乙苯轻的组分，从塔底得到乙苯、苯乙烯等比乙苯重的组分；苯/甲苯塔底物料进入乙苯回收塔，在乙苯回收塔塔顶得到回收乙苯，塔底为含有重组分的苯乙烯；乙苯回收塔底的物料进入苯乙烯塔，去除重组分后在苯乙烯塔塔顶得到苯乙烯产品。

（2）乙苯氧化脱氢法　乙苯氧化脱氢技术利用较低温度下的放热反应代替高温下的乙苯脱氢吸热反应，这使得反应的能耗明显下降，提高了效率。氧化脱氢反应为强放热反应，在热力学上有利于苯乙烯的生成。

a. Styro-Plus 工艺　此工艺将乙苯脱氢反应生成的氢选择性地氧化，进而影响反应的平

衡，使反应向生成苯乙烯的方向移动。同时还可为吸热反应提供反应热，可以大幅度增加苯乙烯转化率。此法生产单位质量苯乙烯所需的蒸汽比传统脱氢工艺降低约 35% 左右，并且节能优势明显。该工艺乙苯转化率高，这就有效降低了分离工序的负荷；随着氢的燃烧，生成的水随着凝液排出，这就有效减轻了压缩机的负荷。该工艺较传统工艺相比，在选择性相同时具有更低的汽/烃比。Styro-Plus 工艺流程图见图 8-14。

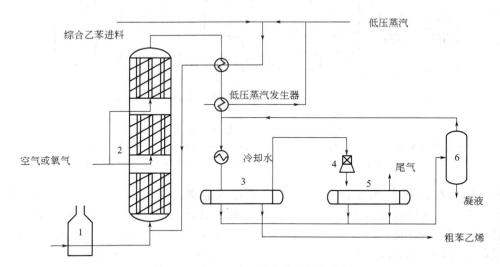

图 8-14 Styro-Plus 工艺基本工艺流程

1—蒸汽过热炉；2—反应器；3—沉降槽；4—压缩机；5—分离罐；6—水汽提塔

b. Smart 工艺 乙苯脱氢选择性氧化工艺主要是向脱氢反应器的出口物流中加入定量的氧气及蒸汽，然后进入氧化/脱氢反应器，该反应器中装有高选择性氧化催化剂及脱氢催化剂，氧与氢反应产生的热量使反应物流升温，同时使反应物中的氢分压降低，打破了传统脱氢反应的热平衡，反应向生成苯乙烯的方向移动，从而使氧化催化剂活性提高，对氢具有高选择性，同时烃损失很少。Smart 工艺流程图见图 8-15。

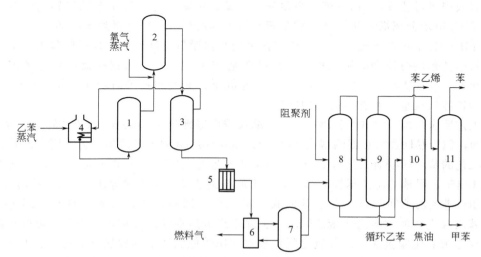

图 8-15 Smart 工艺基本工艺流程

1—蒸汽过热炉；2—氧化脱氢反应器；3—脱氢反应器；4—乙苯蒸发器；5—冷凝器；6—气体压缩机；
7—油水分离器；8—精馏塔；9—乙苯塔；10—苯乙烯精馏塔；11—苯、甲苯塔

此工艺可将乙苯单程转化率提高至 70％以上，同时有效地利用了氢气氧化反应所放出的热量，适用于对常规苯乙烯装置改造，可使生产能力提高 30％～50％。

乙苯绝热脱氢工艺，其优势是：苯乙烯的产量高。其缺点是反应温度高，且蒸汽消耗大。但总体是较好的生产工艺手段，适用广泛。

乙苯氧化脱氢技术，其优势是：以反应热代替中间换热而使得工艺耗能降低；减少乙苯返回量，提高装置产能；可用于原生产装置的改造且费用低，改造后的装置可提高生产能力 50％；减少副反应的生成；苯乙烯选择性不变的前提下，乙苯转化率提高等特点。其缺点是：氢与反应物混合后浓度需控制在爆炸极限以内，使得工艺把控严格；同时保证引入的氧气在催化剂作用下完全氧化，避免过量氧气引起脱氢催化剂中毒；高的乙苯转化率也会伴随着副产物的增多。

（3）乙苯脱氢生产苯乙烯的影响因素

① 温度 乙苯脱氢生成苯乙烯的反应为可逆吸热反应，从热力学方面分析可知，乙苯的平衡转化率随着反应温度的升高而增加。另外，当反应温度提高后，虽然提高了乙苯转化率，但副反应也将加剧，生成苯乙烯的选择性降低，因而反应温度不宜过高。因此在保证苯乙烯单程收率的前提下，应尽量采用较低的反应温度。工业上乙苯绝热脱氢反应的进口温度为 615～645℃。

② 压力 由于乙苯脱氢制苯乙烯是增分子的反应，给定反应温度和水比，乙苯的转化率随着反应压力的降低而显著增加。在相同的乙苯液体空速和水比下，随着反应压力降低，可相应降低反应温度，而苯乙烯的单程收率维持不变，苯乙烯选择性提高。

此外，苯乙烯是容易聚合的物质。反应压力高，将有利于苯乙烯自聚，生成对装置正常运转十分不利的聚合物，它会造成管道、设备的堵塞。降低系统压力，这在一定程度上可抑制苯乙烯聚合。因此，苯乙烯工业生产普遍采用负压脱氢工艺。为了保证乙苯脱氢反应在高温减压下安全操作，在工业生产中常采用加入水蒸气稀释剂的方法降低反应产物的分压，从而达到减压操作的目的。

③ 蒸汽/乙苯比（水比） 乙苯脱氢反应在高温减压下进行，但在工业生产中，高温减压下操作不安全。通常以降低物料分压的方法来提高平衡转化率，一般采用惰性气体作稀释剂。工业上常采用的稀释剂是水蒸气。目前世界上负压绝热脱氢工艺水比为 1.02～1.5（质量比）；负压等温脱氢工艺水比为 1.0～1.2（质量比）；常压绝热脱氢工艺的水比为 2.4～2.8（质量比）。

④ 乙苯液体空速（LHSV） 乙苯液体空速是指单位体积催化剂、每小时通过的乙苯液体体积。乙苯液体空速大，则乙苯单程转化率减小，苯乙烯单程收率也降低，预维持苯乙烯单程收率不变，就必须升高反应温度。乙苯液体空速小，转化率提高，但连串副反应增加，选择性下降，催化剂表面结焦增加，再生周期缩短。因此，在相同的反应条件（温度、压力、水比）下，在工艺允许范围内，追求用较大的液体空速进行生产。工业上，负压绝热脱氢工艺的乙苯液体空速一般为 $0.35\sim0.5h^{-1}$。

本章小结

本章按照由一般原理到重点产品制备的顺序分别介绍加氢和脱氢单元反应。加氢部分，在催化加氢反应类型和工业应用、催化加氢反应的一般规律和催化剂的基础上重点介绍了 CO 加氢合成甲醇的路线、工艺条件和流程。脱氢部分，在催化脱氢反应类型和工业应用、催化脱氢反应的一般规律和催化剂的基础上重点介绍了乙苯催化脱氢制苯乙烯的路线、工艺条件和流程。

习题与思考

1. 催化加氢的主要反应类型分别有哪些？

2. 催化加氢的主要有哪些工业应用？

3. 影响催化加氢反应速率的因素有哪些？

4. 催化加氢的催化剂主要有哪些？

5. 甲醇的主要化学性质有哪些？

6. 由 CO 催化加氢合成甲醇，主要发生哪些化学反应？

7. 合成甲醇受哪些工艺条件的影响？

8. 工业上合成甲醇催化剂有哪些？

9. 工业上合成甲醇的低压法、中压法和高压法工艺条件有哪些不同？

10. 简述催化脱氢共有几种类型。

11. 试述压力对催化脱氢平衡的影响。

12. 提高温度对催化脱氢平衡有哪些影响？

13. 一般脱氢催化剂催化性能影响因素有哪些？

14. 脱氢反应 A—B+H_2，目的产物为 B，同时副产 C 和 D，脱氢产物的组成如下：

	沸点	组成
A	183.6℃	49.5%
B	253.2℃	42%
C	10.0℃	8.5%
D	高沸物	少量

另产品 B 在温度高时（＞130℃）易自聚，同时聚合速度随温度升高而加快，试分析：

(1) 脱氢反应中，温度、压力的影响。

(2) 常用的工艺手段是什么？其作用是什么？

(3) 产品的分离精制流程，并说明注意事项。

15. 苯乙烯主要有哪些用途？

16. 苯乙烯合成的主要方法有哪些？

17. 乙苯脱氢生产苯乙烯过程中，主要发生哪些化学反应？

18. 乙苯脱氢生产苯乙烯的影响因素有哪些？

19. 在国内的苯乙烯装置中，苯乙烯的生产方法主要采用哪几种？

参 考 文 献

[1] 谭世语，薛荣书．化工工艺学．第3版．重庆：重庆大学出版社，2009．

[2] 曾之平，王扶明．化工工艺学．北京：化学工业出版社，2007．

[3] 吴越．催化化学．北京：科学出版社 1998．

[4] 吴指南．基本有机化工工艺学．北京：化学工业出版社，1990．

[5] 田春云．有机化工工艺学．北京：中国石化出版社，1998．

[6] 徐绍平．化工工艺学．第2版．大连：大连理工大学出版社，2012．

[7] 肖瑞华，白金锋．煤化学产品工艺学．第2版．北京：冶金工业出版社，2008．

[8] 张小华．有机精细化工生产技术．北京：化学工业出版社，2008．

[9] 白术波．石油化工工艺．北京：石油工业出版社，2008．

[10] 周亚松．煤化学产品工艺学．北京：石油工业出版社，2008．

[11] 李君．炼油装置操作与控制．北京：石油工业出版社，2011．

[12] 方向晨．加氢裂化．北京：中国石化出版社，2008．

[13] 黄艳芹，张继昌．化工工艺学．郑州：郑州大学出版社，2012．

[14] 谢克昌，李忠．甲醇及其衍生物．北京：化学工业出版社，2002．

[15] 赵忠尧，张军．甲醇生产工业．北京：化学工业出版社，2013．

[16] 彭建喜．煤气化制甲醇技术．北京：化学工业出版社，2010．

[17] 李建锁，王宪贵，王晓琴．焦炉煤气制甲醇技术．北京：化学工业出版社，2009．

[18] 中国石油化工集团公司人事部，中国石油　天然气集团公司人士服务中心．苯乙烯装置操作工．北京：中国石化出版社，2009．

[19] 王德堂，李敢，刘鹏升．苯乙烯的生产趋势及应用研究．广东化工，2014，41（14）：151～152．

[20] 熊丽萍，李国范，谭忠隽等．乙苯脱氢制苯乙烯催化剂的研究进展．石油化工，2015，44（4）：517～520．

[21] 李建韬，金月昶，金熙俊．苯乙烯生产现状及工艺技术．当代化工，2015，44（2）：359～362．

[22] 印会鸣，林宏，王继龙等．乙苯脱氢催化剂的发展现状．工业催化，2012，20（1）：19～24．

第9章 烃类选择性氧化

⟆ **导引**

化学工业中氧化反应是一大类重要化学反应，它是生产大宗化工原料和中间体的重要反应过程。有机氧化反应中烃类的氧化最有代表性。据统计，全球生产的主要化学品中50%以上和选择性氧化过程有关。化工生产中，烃类选择性氧化可生产比原料价值更高的化学品，不仅能生产含氧化合物（醇、醛、酮、酸、酸酐、环氧化物、过氧化物等），还可生产不含氧化合物［丁烯氧化脱氢制丁二烯，丙烷（丙烯）氨氧化制丙烯腈，乙烯氧氯化制二氯乙烷等］。那么烃类选择性氧化的特点是什么？既然是选择性氧化，催化剂选择至关重要，催化剂种类和应用技术如何？典型产品环氧乙烷和丙烯腈的生产方法、工艺要点、关键设备是什么？你了解氧化过程的安全技术吗？

9.1 烃类氧化概述

烃类氧化反应可分为完全氧化和部分氧化两大类型。

完全氧化是指反应物中的碳原子与氧化合生成 CO_2，氢原子与氧原子结合生成水的反应过程。

部分氧化，又称选择性氧化，是指烃类及其衍生物中少量氢原子（有时还有少量碳原子）与氧化剂（通常是氧）发生作用，而其他氢和碳原子不与氧化剂反应的过程。

9.1.1 氧化过程的特点和氧化剂的选择

9.1.1.1 氧化反应的特征

（1）反应放热量大　氧化反应是强放热反应，氧化深度越大，放出的反应热越多，完全氧化时的热效应为部分氧化时的 8～10 倍，同时可副产蒸汽。氧化反应过程中，需及时转移反应热，否则会造成温度迅速上升，反应选择性显著下降，严重时因"飞温"可能导致温度无法控制而引起爆炸。

（2）反应不可逆　一般情况下氧化反应的 $\Delta G^{\ominus} \leqslant 0$，氧化反应为热力学不可逆反应，不受化学平衡限制，理论上可达 100% 的单程转化率。大多数氧化反应为了保证较高的选择性，必须将转化率控制在一定范围内，否则因深度氧化而降低目的产物的产率。

（3）氧化途径复杂多样　同一反应物因反应条件和催化剂不同，经历的反应路径亦不同，产生不同的产物，这些产物往往比原料的反应性更强，更不稳定，易于发生深度氧化，最终生成二氧化碳和水。因此，反应条件和催化剂的选择非常重要，其中催化剂的选择是决定氧化路径的关键。

（4）过程易燃易爆 烃类与氧或空气容易形成爆炸混合物，在设计和操作时应特别注意其安全性。

9.1.1.2 氧化剂的选择

氧化反应中比较常见的氧化剂有空气和纯氧、过氧化氢和其他过氧化物。其中，空气和纯氧的使用最为普遍。但由于空气中含有大量的氮气和惰性气体，因此生产过程中动力消耗大，废气排放量大；而改成用纯氧做氧化剂则可降低废气排放量，减小反应器体积。生产过程中要依据相应的工艺条件和经济条件来决定氧化剂的种类！

近年来，过氧化氢因氧化条件温和、操作简单、反应选择性高、不易发生深度氧化反应，且对环境友好可实现清洁生产而受到关注。

9.1.2 烃类选择性氧化过程的分类

选择性氧化可分为以下三类。

（1）碳链不发生断链的氧化反应。如烷烃、烯烃、环烷烃和烷基芳烃的饱和碳原子上的氢原子与氧进行氧化反应，生成新的官能团，烯烃氧化生成二烯烃、环氧化物等。

（2）碳链发生断链的氧化反应。如异丁烷氧化生成乙醇的反应和环己烷开环氧化生成己二醇等反应。

（3）氧化缩合反应。如丙烯氨氧化生成丙烯腈、苯和乙烯氧化缩合生成苯乙烯等反应。

依据反应相态，烃类选择性氧化反应又可分为均相催化氧化和非均相催化氧化。反应组分与催化剂的相态相同的反应为均相催化氧化体系；反应组分与催化剂以不同相态存在的反应为非均相催化氧化体系。

9.2 均相催化氧化

均相催化氧化通常指气-液相氧化反应，习惯上称为液相氧化反应。目前，均相催化氧化在高级烷烃氧化制仲醇，环烷烃氧化制醇，烃类过氧化氢对烯烃进行的环氧化反应，烯烃的液相环氧化反应，Wacker 法制醛或酮，芳烃氧化制芳香酸等过程中得以应用。均相催化氧化包括自氧化和配位催化氧化两类反应。

均相催化氧化一般具有以下特点。

（1）催化剂多为贵金属，因此活性高，选择性好，但回收困难。

（2）反应条件温和，过程平稳，易于控制。

（3）反应设备简单，容积较小，生产能力较高。

（4）反应热利用率较低。

（5）反应通常在腐蚀性较强的催化体系中进行。

9.2.1 催化自氧化

9.2.1.1 催化自氧化反应

自氧化反应是指具有自由基链式反应特征，能自动加速的氧化反应。催化剂能加速链的引发，促进反应物引发生成自由基，缩短或消除反应诱导期，因此可大大加速氧化反应，称为催化自氧化。工业上常用此类反应生产有机酸和过氧化物，反应所用催化剂多为 Co、Mn 等过渡金属离子的盐类。常见催化自氧化反应实例见表 9-1。

表 9-1　几种常见的催化自氧化反应实例

原料	主要产品	催化剂	反应条件
乙醛	醋酸、醋酐	醋酸钴、醋酸锰	45℃左右，醋酸乙酯溶剂
丙醛	丙酸	丙酸钴	100℃，0.7～0.8MPa
丁烷	醋酸、甲乙酮	醋酸钴或醋酸锰	160～180℃，5～6MPa，醋酸溶剂
环己烷	环己醇和环己酮	环烷酸钴	150～170℃，0.8～1.3MPa
对二甲苯	对苯二甲酸	醋酸钴和醋酸锰，溴化物作助催化剂	217℃，2～3MPa，醋酸作溶剂
高级烷烃	高级脂肪酸	高锰酸钾	105～130℃

9.2.1.2　自氧化反应机理

烃类及其他有机化合物的自氧化反应是按自由基链式反应机理进行（链的引发机理尚未清楚）。下面以烃类的液相自氧化为例，将其自氧化的基本步骤作一简单介绍。

链的引发
$$RH + O_2 \xrightarrow{k_i} R\cdot + \cdot HO_2 \tag{9-1}$$

链的传递
$$R\cdot + O_2 \xrightarrow{k_1} ROO\cdot \tag{9-2}$$

$$ROO\cdot + RH \xrightarrow{k_2} ROOH + R\cdot \tag{9-3}$$

链的终止
$$R\cdot + R\cdot \xrightarrow{k_t} R-R \tag{9-4}$$

烃分子发生均裂反应转化为自由基的过程，需要很大的活性能，是链的引发的决定性步骤。链引发所需能量与碳原子的结构有关，通常情况下 C—H 键能大小为

叔 C—H ＜仲 C—H ＜伯 C—H

故叔 C—H 键均裂的活化能最小，其次是仲 C—H。

要使键反应开始，还必须有足够的自由基浓度，因此从链引发到链反应开始，必然有一自由基浓度的累积阶段。此阶段，一般称为诱导期（需要数小时或更长的时间），过诱导期后，反应很快加速而达到最大值。通常采用催化剂和引发剂以加速自由基的生成，缩短反应诱导期，例如 Co、Mn 等过渡金属离子盐类及易分解生成自由基的过氧化氢异丁烷，偶氮二异丁腈等化合物。这些物质通常是在链引发阶段发挥作用。而在链传递阶段，作为载体的是由作用物生成的自由基。

链的传递反应是自由基-分子反应，所需活化能较小。这一过程包括氧从气相到反应区域的传质过程和化学反应过程。各参数的影响甚为复杂，在氧的分压足够高时，式（9-2）反应速率很快，链传递反应速率是由反应式（9-3）所控制。反应式（9-3）生成的产物 ROOH，性能不稳定，在温度较高或有催化剂存在下，会进一步分解而生成新的自由基，发生分支反应，生成不同氧化物。

$$ROOH \longrightarrow RO\cdot + \cdot OH \tag{9-5}$$
$$RO\cdot + RH \longrightarrow ROH + R\cdot \tag{9-6}$$
$$\cdot OH + RH \longrightarrow H_2O + R\cdot \tag{9-7}$$
$$2ROOH \longrightarrow ROO\cdot + RO\cdot + H_2O \tag{9-8}$$
$$ROO\cdot \longrightarrow R'O\cdot + R''CHO（或酮） \tag{9-9}$$
$$RO\cdot（或 R'O\cdot） + RH \longrightarrow ROH（或 R'OH） + R\cdot \tag{9-10}$$

分支反应结果生成不同碳原子数的醇和醛，醇和醛又可进一步氧化生成酮和酸，使产物组成甚为复杂。

9.2.1.3　自氧化反应过程的影响因素

（1）溶剂的影响　在均相催化氧化体系中，溶剂的选择非常重要，它不但能改变反应，而且对反应历程会产生一定的影响。溶剂效应具有复杂多样性，它既可产生正效应促进反应，也可产生负效应阻碍反应的进行。

（2）杂质的影响　催化自氧化反应是自由基链式反应，体系中引发的自由基的数量和链的传递过程，对反应的影响至关重要。杂质的存在可能使体系中的自由基失活，从而破坏了正常的链的引发和传递，导致反应速率显著下降甚至终止反应。由于催化自氧化反应体系的自由基浓度一般很小，因此，对杂质的影响一般非常敏感。杂质对自由基链锁反应有阻化作用，杂质称为阻化剂。不同的反应体系阻化剂不尽相同，常见的有水、硫化物、酚类等。

（3）温度和氧气分压的影响　氧化反应伴有大量的反应热，在自氧化反应体系中，保持体系的放热和移出热量平衡非常重要。氧化反应需要氧源，当体系供氧能力足够时，反应由动力学控制，保持较高的反应温度有利于反应的进行；但温度过高，副产物增多，选择性降低，甚至反应失去控制。当体系供氧能力不足时，反应由传质控制，此时增大氧分压，可促进氧传递，提高反应速率，实际生产根据设备耐压能力和经济核算而定。另外，由于氧化反应的目的产物为氧化过程的中间产物，因此，氧分压的改变，会影响反应的选择性，从而对产物的构成产生影响。

（4）氧化剂用量和空速的影响　氧化剂空气或氧气的用量上限由反应排出的尾气中的氧的爆炸极限确定。氧化剂用量的下限为反应所需的理论耗氧量。工业实践中，空速的大小受尾气中氧含量要求约束，一般尾气中的氧含量应控制在 2%～6%，3%～5% 为最佳。

9.2.1.4　对二甲苯氧化制备对苯二甲酸

对苯二甲酸主要用于生产聚对苯二甲酸二乙酯（PET），也可生产聚对苯二甲酸二丁酯（PBT）和聚对苯二甲酸二丙酯（PPT）、进一步生产聚酯纤维、薄膜和工程塑料。其中聚酯纤维占世界合成纤维产量 50% 以上。目前，对苯二甲酸的主要生产方法是对二甲苯氧化法，该法主要包括氧化和加氢精制两部分，采用工艺多数为高温氧化法。

（1）氧化过程　以对二甲苯（PX）为原料，用醋酸钴、醋酸锰作催化剂，四溴乙烷作助催化剂，在一定的压力和温度下，用空气于醋酸溶剂中把对二甲苯连续地氧化成粗对苯二甲酸，反应方程式如下。

主反应：

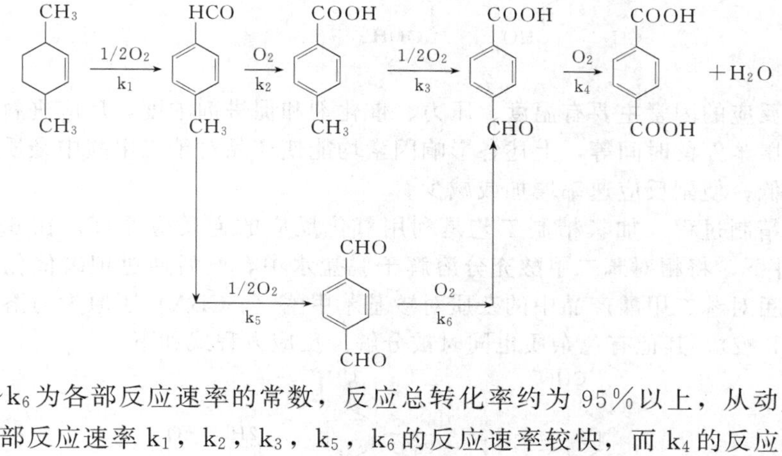

式中 $k_1 \sim k_6$ 为各部反应速率的常数，反应总转化率约为 95% 以上，从动力学数据分析上述反应的各部反应速率 k_1，k_2，k_3，k_5，k_6 的反应速率较快，而 k_4 的反应速率最慢。因此，由对羟基苯甲醛（4-CBA）进一步氧化成对苯二甲酸的反应是整个反应的控制步骤。

除以上主反应外，还伴随着一些副反应的发生。例如，溶剂醋酸和对二甲苯会产生部深度氧化，生成 CO 和 CO$_2$，氧化反应的配比不当，或原料不纯，带入某些杂质时，也会发生一些副反应。

副反应：

$$\text{（对二甲苯结构）} + O_2 \longrightarrow CO_x + H_2O \tag{9-12}$$

$$CH_3COOH + O_2 \longrightarrow CO_x + H_2O \tag{9-13}$$

（2）氧化机理　对二甲苯高温氧化采用（Co-Mn-Br）三元混合催化剂，其催化剂主体是 Co 和 Mn，但仅用 Co 和 Mn 并不能完成其反应，这是因为对二甲苯的第二个甲基很难氧化，所以加入溴化物，利用溴离子基的强烈吸氢作用，使得对二甲苯的另一个甲基分子中的氢很容易被取代，而使分子活化。

$$\text{H}_3\text{C} - \text{H} + \text{Br} \longrightarrow \cdot\text{CH}_2 + HBr \tag{9-14}$$

因此，对二甲苯的反应历程可用下列反应式表达：

$$
\begin{aligned}
R-CH_3 + Br\cdot &\longrightarrow R-CH_2\cdot + HBr \\
R-CH_2\cdot + O_2 &\longrightarrow R-CH_2OO\cdot \\
R-CH_2OO\cdot + HBr &\longrightarrow R-CH_2OOH + Br\cdot \\
R-CH_2OOH + Me^{2+} &\longrightarrow R-CH_2O\cdot + Me^{3+} + OH^- \\
R-CH_2O\cdot + Me^{3+} &\longrightarrow R-CHO + Me^{2+} + H^+ \\
R-CHO + Br\cdot &\longrightarrow R-CO\cdot + HBr \\
R-CO\cdot + O_2 &\longrightarrow R-COOO\cdot \\
R-COOO\cdot + HBr &\longrightarrow R-COOOH + Br\cdot \\
R-COOOH + Me^{2+} &\longrightarrow RCOO\cdot + Me^{3+} + OH^- \\
R-COO\cdot + HBr &\longrightarrow R-COOH + Br\cdot
\end{aligned}
\tag{9-15}
$$

式中，—R—代表 （苯环—CH$_3$），（苯环—CHO） 或 （苯环—COOH）；Me^{2+} 代表 CO^{2+}，Mn^{2+}；Me^{3+} 代表 CO^{3+}，Mn^{3+}。

影响氧化反应的因素主要有温度、压力、催化剂和促进剂浓度，反应进料中水含量，溶剂比以及对二甲苯停留时间等，上述各影响因素均能使产品对苯二甲酸中杂质对羧基苯甲醛含量增加或降低，使副反应速率增加或减少。

（3）加氢精制过程　加氢精制工艺是利用氧化反应的逆反应原理，在 6.9MPa 压力和 281℃高温条件下，将粗对苯二甲酸充分溶解于脱盐水中，然后通过钯碳催化剂床层，进行加氢反应，使粗对苯二甲酸产品中的杂质对羧基苯甲醛（4-CBA）还原为易溶于水的对甲基苯甲酸（即 PT 酸），其他有色杂质也同时被分解。反应方程式如下

$$\text{（4-CBA）} + 2H_2 \xrightarrow{\text{Pd/C}} \text{（PT 酸）} + 2H_2O + Q \tag{9-16}$$

影响加氢反应的主要因素有温度、压力、配料、浆料浓度以及反应停留时间等。反应器温度和压力的突然变化容易压碎钯碳催化剂床层。工艺参数的变化可以使得产品质量受到影响，因操作不当或系统中送入有害杂质可使钯碳催化剂活性降低，严重时导致催化剂完全失活，从而影响加氢反应效率，使得产品质量下降。生成的水溶性对甲基苯甲酸经过多级结晶从母液中分出，多次结晶的产物即为高纯度对苯二甲酸。

该工艺改进的主要目标是降低反应温度，提高反应速率和反应选择性。其途径是提高催化剂浓度，调整钴、锰、溴配比。Amoco 公司适应氧化技术的发展，通过提高催化剂的浓度，使反应温度由 224℃ 降至 190℃，对二甲苯转化率由 98.58% 提高到 99.2%，溶剂醋酸的消耗明显下降。

9.2.2 配位催化氧化

9.2.2.1 配位催化氧化反应

均相配位催化氧化又称配位催化氧化。配位催化氧化反应体系中，催化剂由中心金属离子与配位体构成。过渡金属离子与反应物形成配位键并使其活化，使反应物氧化，而金属离子或配位体被还原，还原态的催化剂再被分子氧氧化成初始状态，完成催化循环过程。

9.2.2.2 乙烯配位催化氧化制乙醛

（1）反应原理 在通常情况下，烯烃与亲核试剂不发生反应，但当它配位于高价金属离子时，由于电子云密度的降低，就可能与亲核试剂反应。在均相配位催化剂（$PdCl_2 + CuCl_2$）的作用下，乙烯氧化生成乙醛外（其他均生成相应的酮），这种方法称为瓦克（Wacker）法。Wacker 法乙烯氧化制乙醛是一个典型的配位催化氧化反应，该过程包括以下三个基本化学反应。

① 烯烃的羰化反应 烯烃在氯化钯水溶液中氧化成醛，并析出金属钯。

$$CH_2=CH_2 + PdCl_2 + H_2O \longrightarrow CH_3CHO + Pd + 2HCl \qquad (9-17)$$

在这个反应里，钯原子在还原态（0 价）与氧化态（+2 价）之间变动。$PdCl_2$ 首先与烯烃形成配位化合物将其活化，使烯烃氧化，Pd^{2+} 被还原为 Pd^0 而失去活性。催化活化烯烃的金属除了钯以外，还有 Pt^{2+}、Rh^{3+}、Ir^{4+}、Ru^{3+} 和 Ti^{3+} 等，但以 Pd^{2+} 的催化活性最高。

② 金属钯氧化反应 式(9-17)析出的金属钯由系统内的氯化铜氧化，转变成二价钯。

$$Pd + 2CuCl_2 \longleftrightarrow PdCl_2 + 2CuCl \qquad (9-18)$$

Pd^0 直接氧化为 Pd^{2+} 的速率很慢，但 $CuCl_2$ 具有更高的氧化能力，可以使 Pd^0 重新氧化为 Pd^{2+}，Cu^{2+} 还原为 Cu^+，而 $CuCl$ 在酸性溶液中易被氧氧化为 $CuCl_2$，从而实现了催化循环。在此反应体系中，$PdCl_2$ 是催化剂，$CuCl_2$ 是氧化剂，没有 $CuCl_2$ 的存在就不能形成催化循环，氯化钯和氯化铜称为共催化剂。使还原了的金属再氧化的氧化剂除 $CuCl_2$ 外，还可使用 Fe^{3+}、H_2O_2、MnO_2、叔丁基过氧化氢和苯醌等。

③ 氯化亚铜的氧化 被还原的氯化亚铜，在盐酸溶液中通入氧气就可迅速氧化转变成氯化铜。

$$2CuCl + 1/2O_2 + 2HCl \longrightarrow 2CuCl_2 + H_2O \qquad (9-19)$$

前两个反应不需要氧气，但系统中氧气的存在是必要的，其作用是将低价的铜氧化重新转变成高价的铜，这样就实现了乙烯氧化生产乙醛的完整过程。

$$CH_2=CH_2 + \frac{1}{2}O_2 \xrightarrow[\text{水溶液}]{PdCl_2\text{-}CuCl_2\text{-}HCl} CH_3CHO - \Delta H_{298}^{\ominus} \qquad (9-20)$$

$$\Delta H_{298}^{\ominus} = -243.6kJ/mol$$

三步反应中羰化反应速率最慢，是控制步骤。烯烃首先溶解在催化剂溶液中，而后中心原子

钯和烯烃以 σ-π 配位方式形成 σ-π 配位化合物 $[Pd(C_2H_4)Cl_3]^-$，从而使烯烃分子活化。

$$PdCl_2 + 2Cl^- \rightleftharpoons PdCl_4^{2-}$$

$$\begin{bmatrix} & Cl & & Cl \\ & \diagdown & Pd & \diagup \\ & Cl & & Cl \end{bmatrix}^{2-} + C_2H_4 \rightleftharpoons \begin{bmatrix} & Cl & & Cl-CH_2 \\ & \diagdown & Pd & \diagup \| \\ & Cl & & Cl \end{bmatrix}^- + Cl^- \qquad (9\text{-}21)$$

然后进行一系列反应生成乙醛并析出钯。羰化反应的动力学方程如下。

$$-\frac{d[C_2H_4]}{dt} = kK \frac{[PdCl_4^{2-}][C_2H_4]}{[Cl^-]^2[H^+]} \qquad (9\text{-}22)$$

温度对参数 k 及 K 的影响如表 9-2 所示。

表 9-2　温度对 K 及 k 的影响

温度℃	K	$k \times 10^4 (mol/L)^2 s^{-1}$	温度℃	K	$k \times 10^4 (mol/L)^2 s^{-1}$
15	187±1.4	0.53±0.08	35	9.5±1.5	5.8±0.6
25	17.4±0.4	2.0±0.2			

注：k—反应速率常数；K—配位反应平衡常数。

(2) 工艺流程　乙烯均相氧化制乙醛的过程包括三个基本反应。三个反应在同一反应器进行的是 Hoechst 公司开发的一段法。乙烯羰化与钯的氧化在一台反应器中，Cu^+ 的氧化在另一反应器中的工艺是 Wacker-Chemie 公司开发的二段法。一段法生产乙醛的工艺流程如图 9-1 所示。该工艺主要由氧化、粗醛精制和催化剂再生三部分组成。

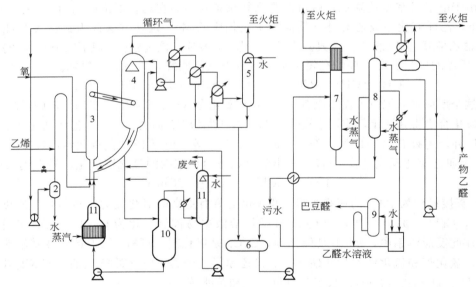

图 9-1　一段法乙烯直接氧化生产乙醛的工艺流程

1—水环压缩机；2—水分离器；3—反应器；4—除沫分离器；5—水吸收塔；6—粗乙醛贮槽；
7—脱轻组分塔；8—精馏塔；9—乙醛水溶液分离器；10—分离器；11—水洗涤塔

① 氧化部分　工业生产一般使用带循环管的鼓泡塔式反应器。原料乙烯和循环乙烯气体的混合物与氧气分别自反应器底部送入，催化剂溶液也从底部进入反应器。两种反应物料以鼓泡形式通过反应器。反应进行时释放热量，将产物乙醛及部分水汽化，从反应器上部出来的气液混合物通过两根连通管流入除沫分离器。由于在除沫分离器内气速下降，气体自顶部脱除，催化剂溶液沉积在底部，实现气体与催化剂溶液分开。由于催化剂溶液的密度比反应器内的气液混合物密度大。因此，催化剂溶液可自行通过除沫分离器底部的循环管返回到

反应器内,从而实现了催化剂在反应器和除沫分离器间的循环。除沫分离器顶部出来的气体,主要含乙醛、水蒸气、未转化的乙烯、氧气及副产物氯甲烷、氯乙烷、乙酸、丁烯醛和二氧化碳。这部分凝液中要求乙醛的含量越少越好,以免让乙醛返回到反应器,引起进一步反应形成丁烯醛。这项控制通过第一冷凝器的温度条件来实现。

在第一冷凝器内未冷凝的气体送入第二和第三冷凝器,将其中的乙醛及高沸点副产物冷凝,未冷凝的气体进入水吸收塔,吸收尚未冷凝的乙醛,水吸收液与第二和第三冷凝器的冷凝液合并,送入粗乙醛贮槽。

自吸收塔顶部出来的气体,大约含有 65% 的乙烯和 8% 的氧。此外,还含有惰性气体氮、副产物氯甲烷、氯乙烷及二氧化碳。其中的乙醛含量仅有 100×10^{-6} 左右。为了不使循环器内的惰性气体积聚,需将部分尾气排放,其余则作为循环气返回到反应器内。

② 粗乙醛的精制乙烯　氧化所得的粗乙醛水溶液中乙醛的含量大约在 10% 左右。此外,溶液中含有少量的副产物,主要是氯甲烷、氯乙烷、丁烯醛、乙酸、乙烯、二氧化碳及少量高沸物。

由表 9-3 可知,乙醛和这些副产物的沸点相差得较远,因此可通过普通精馏分离。粗乙醛的精制采用双塔精馏系统,第一精馏塔为脱轻组分塔,其作用是除去低沸点副产物氯甲烷和氯乙烷,以及溶解在液相中的乙烯和二氧化碳。由于氯乙烷和乙醛的沸点相差只有 8℃,为了避免乙醛的损失,在该塔的上部加入吸收水,用水将蒸出的乙醛加以回收。这个塔采用加压操作,塔底以直接蒸汽加热。

表 9-3　粗乙醛溶液中各组分的沸点

组分	沸点/℃	组分	沸点/℃	组分	沸点/℃
乙醛	20.8	氯乙烷	12.3	乙酸	118
氯甲烷	−24.2	丁烯醛	102.3		

第二精馏塔为成品乙醛塔,以第一精馏塔的釜液粗乙醛作为该塔加料。塔顶蒸出纯品乙醛,即最终产品;侧线采出丁烯醛与水的恒沸物,其恒沸温度为 84℃,恒沸物中含水 24.8%。塔釜液为含少量醋酸及其他高沸点副产物的废水。

③ 催化剂溶液的再生　在反应过程中生成的不挥发性副产物,树脂及草酸铜留在催化剂溶液内。草酸铜不仅使催化剂溶液受到污染,而且消耗掉一部分铜,使催化剂中的铜离子浓度下降,导致催化剂活性下降。

再生的方法是向催化剂溶液内加入一定量的盐酸,通入氧气,使一价铜氧化成二价铜。而后减压,并使温度降至 100～105℃,在分离器内使催化剂溶液和释放出来的气体-蒸汽混合物分离。气体-蒸汽混合物先通过冷却和冷凝,使其中可以液化的物料转变成液体;而后将尚未冷凝的气体用水吸收,以捕集其中夹带的乙醛和催化剂雾沫,所余尾气排至火炬进行焚烧。

含有催化剂溶液及乙醛水溶液的物料送至除沫分离器作为补充水。分离器底部排除的催化剂溶液送至分离器,直接通入水蒸气加热到 170℃,借助于催化剂溶液中的二价铜离子的氧化作用将草酸铜氧化分解,转变成一价铜并释放出二氧化碳。再生后的催化剂溶液重新返回到反应器内。

（3）工艺条件的选择

① 原料气纯度　原料乙烯中炔烃、硫化氢和一氧化碳等杂质的存在危害很大。乙炔分别与催化剂溶液中的亚铜离子和钯盐作用生成易爆炸的乙炔铜和乙炔钯化合物,使催化剂中毒,降低催化剂活性。在酸性介质中,硫化氢可与催化剂溶液中的氯化钯生成硫化钯沉淀,一氧化碳能将钯盐还原为钯。

工业上用于生产乙醛的乙烯，乙烯纯度在 99.5% 以上，乙炔含量要小于 $30×10^{-6}$，硫化氢小于 $3×10^{-6}$，O_2 纯度在 99.5% 以上。

② 转化率及反应器进气组成　乙烯直接氧化生产乙醛，催化剂对羰化反应具有良好的选择性，但在氧气存在下，可发生一系列连串副反应。为抑制副反应并使催化剂保持足够高的活性，必须控制反应的转化率维持在较低水平，使生成的乙醛迅速离开反应系统。这就需要有大量的没有转化的乙烯进行循环。为了避免爆炸，循环气体中乙烯的含量控制在 65% 左右，氧含量控制在 8% 左右，因此反应转化率的控制除过程选择性外，还要确保反应器出口气体组成在爆炸极限之外，通常反应器进料组成为：乙烯 65%，氧 17%，惰性气体 18%，此时乙烯转化率控制在 35%。

③ 反应温度与压力　从羰化动力学方程及温度对动力学参数 k、K 的影响可看出，随着温度的升高，反应速率常数 k 的数值变大，对反应有利；但是，温度升高参数 K 的数值变小，而且乙烯气体的溶解度也随着减小，对过程不利。温度升高，可使氯化钯离子 $[PdCl_4]^{2-}$ 的浓度提高，从而使羰化反应速率加快。对于氯化亚铜的氧化反应来说，温度升高，使反应速率常数变大，但氧气在液相中的溶解度却减小。

综上分析，温度对反应速率的效应需要综合两个相反效应的相互竞争。当温度不太高时，随着温度的升高反应速率加快；温度继续升高时，不利因素的影响渐明显，副反应的速率也不断地增大。基于以上原因，工业生产温度控制在 120～130℃ 范围内较为适宜。为了使得反应系统的温度恒定，需要不断地移去反应系统所产生的热量。一段法生产乙醛借助水及反应产物蒸发带走反应热，反应系统中的液相处于沸腾状态。在这种情况下，反应温度和反应压力不能独立变化，当系统温度给定后，系统压力自动确定下来。

9.2.3　烯烃液相环氧化

除乙烯外，丙烯和其他高级烯烃的气相环氧化法转化率不高，选择性很低，因此，常采用液相环氧化法生产，其中环氧丙烷的生产具有代表性。

环氧丙烷（Propylene Oxide，简称 PO），又名甲基环氧乙烷或氧化丙烯，是除了聚丙烯和丙烯腈以外的第三大丙烯衍生物，是重要的基础有机化工原料。环氧丙烷主要用于聚醚多元醇的生产，其次用于非离子表面活性剂、碳酸丙烯酯和丙二醇的生产。环氧丙烷的衍生物产品有近百种，是精细化工产品的重要原料，广泛应用于汽车、建筑、食品、烟草、医药及化妆品等行业。目前世界生产环氧丙烷的主要工业化方法为氯醇法、共氧化法和过氧化氢直接氧化法。

9.2.3.1　氯醇法

氯醇法历史悠久，工业化已有 60 多年，代表企业为美国陶氏化学（Dow Chemical）公司。氯醇法生产环氧丙烷的基本原理是以丙烯和氯气为原料，首先丙烯经氯醇化反应生成氯丙醇，然后氯丙醇经皂化反应生成环氧丙烷。

$$CH_3CH{=}CH_2+Cl_2+H_2O \xrightarrow{100℃} CH_3CH(OH)CH_2Cl+HCl$$

$$2CH_3CH(OH)CH_2Cl+Ca(OH)_2 \longrightarrow 2HC_3CH\underset{O}{-}CH_2 +CaCl_2+2H_2O \quad (9\text{-}23)$$

氯醇法采用传统的石灰（氢氧化钙）工艺，该工艺需消耗大量高能耗的氯气、石灰原料和水资源，产生大量废水和废渣，且每生产 1 吨环氧丙烷可产生 40～50 吨含氯化物的皂化废水和 2 吨以上的废渣。含氯化物的皂化废水具有温度高、pH 值高、氯根含量高、COD 含量高和悬浮物含量高的五高特点，难以处理。该工艺生产过程中产生的次氯酸对设备的腐蚀也比较严重。针对这些问题，美国陶氏化学（Dow Chemical）公司对传统的石灰（氢氧化钙）工艺进行了改进，采用 NaOH 代替石灰进行皂化反应，将生成的 NaCl 水溶液返回氯碱装置电解制氯气，基本无含盐废水排放。

9.2.3.2　共氧化法

共氧化法又称哈康法，根据原料和联产产品，可分为异丁烷共氧化法（PO/TBA 法）和乙苯共氧化法（PO/SM 法）。2003 年 5 月，日本住友（Sumitomo）化学公司开发了异丙苯氧化法（CHP 法）。共氧化法的反应方程式如下：

$$2\ (CH_3)_2CHCH_3 + 1.5O_2 \longrightarrow (CH_3)_2C(OOH)CH_3 + (CH_3)_2C(OH)CH_3$$

$$(CH_3)_3C\text{-}OOH + CH_3CH\!=\!CH_2 \longrightarrow CH_3CH\text{-}CH_2(O) + (CH_3)_3C\text{-}OH \tag{9-24}$$

$$2\ C_6H_5CH_2CH_3 + 1.5O_2 \longrightarrow C_6H_5CH(OOH)CH_3 + C_6H_5CH(OH)CH_3$$

$$C_6H_5CH(OOH)CH_3 + CH_3CH\!=\!CH_2 \longrightarrow CH_3CH\text{-}CH_2(O) + C_6H_5CH(OH)CH_3 \tag{9-25}$$

$$C_6H_5CH_2CH_3 + O_2 \longrightarrow C_6H_5C(CH_3)_2\text{-}OOH$$

$$C_6H_5C(CH_3)_2\text{-}OOH + CH_3CH\!=\!CH_2 \longrightarrow CH_3CH\text{-}CH_2(O) + C_6H_5C(CH_3)_2\text{-}OH \tag{9-26}$$

图 9-2 为共氧化法生产环氧丙烷联产苯乙烯的工艺流程。由于丙烯的临界温度为 92℃，而反应温度控制在丙烯的临界温度以上，故要采用溶剂。溶剂的性质对环氧化反应速率也有明显的影响，一般认为，选用非极性溶剂比极性溶剂效果要好。为了分离上的方便，常选用反应体系中已有的烃作溶剂，在使用过氧化氢乙苯对丙烯进行环氧化时，选用乙苯作溶剂，反应温度 115℃，压力 3.74MPa，催化剂为可溶性钼盐，过氧化氢乙苯的转化率可达 99%，丙烯转化率 10% 左右，丙烯转化为环氧丙烷的选择性为 95%。生成的副产物苯乙酮在溴化铜催化剂的作用下，可加氢还原成 α-甲基苯甲醇，后者在 225℃、TiO₂-Al₂O₃ 催化剂存在下，脱水生成苯乙烯。

在共氧化法生产环氧丙烷过程中，联产物量很大，大量联产物的销路和价格是决定生产经济性的关键。因为联产物叔丁醇、异丁烯和苯乙烯有广泛的应用，售价也高，这也是 PO/TBA 法和 PO/SM 法得以广泛应用的原因所在。CHP 法因其环氧化选择性高，对丙烯而言选择性大于 95%，对过氧化氢异丙苯而言大于 90%，过氧化氢异丙苯比过氧化氢乙苯容易生产，且可用一部分来生产苯酚和丙酮，联产物二甲基苯甲醇脱水后可制得α-甲基苯乙烯，因此也具有良好的工业前景。目前世界采用 PO/TBA 法生产的环氧丙烷占总产量的 18%，采用 PO/SM 法生产的环氧丙烷占总产量的 34%，采用 CHP 法生产的

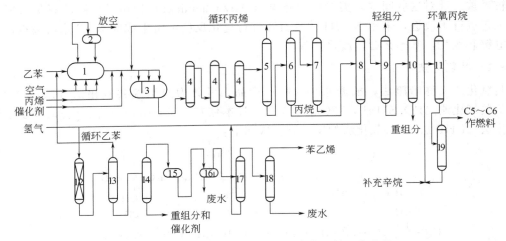

图 9-2 共氧化法生产环氧丙烷联产苯乙烯工艺流程

1—乙苯过氧化反应器；2—冷凝器；3—第一环氧化反应器；4—第二环氧化反应器；5—高压脱 C_3 塔；
6—低压脱 C_3 塔；7— C_3 分离器；8—产品粗分塔；9—脱轻组分塔；10—脱重组分塔；11—环氧丙
烷萃取塔；12—加氢反应器；13—乙苯循环塔；14—苯乙醇塔；15—脱水反应器；
16—脱水分离器；17—苯乙烯塔；18—苯乙烯精馏塔；19—辛烷塔

环氧丙烷占总产量的 2.5%。

9.2.3.3 过氧化氢直接氧化法（HPPO 法）

过氧化氢（双氧水）催化氧化丙烯制环氧丙烷新工艺，生产过程中只生成环氧丙烷和
水，其化学反应方程式为：

$$H_2O_2 + CH_3CH = CH_2 \longrightarrow CH_3CH - CH_2 + H_2O \qquad (9\text{-}27)$$

由于 HPPO 法存在 H_2O_2 的运输问题，意大利的 Clerici 等提出将丙烯环氧化过程与蒽
醌制 H_2O_2 过程结合，以甲醇水溶液为萃取剂代替原有的水萃取剂，将 H_2O_2 直接萃取后进
入环氧丙烷的反应器，极大地降低了生产的成本。该工艺在经济、环境和技术方面具有独特
的优势，是今后新建 PO 装置主要采用的生产工艺。如图 9-3 所示。

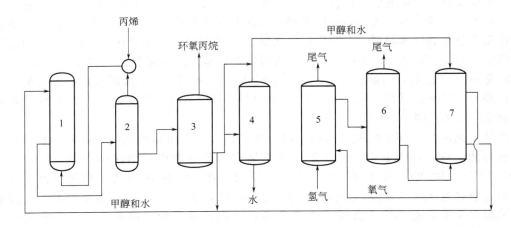

图 9-3 丙烯环氧化与蒽醌法制 H_2O_2 耦合工艺流程

1—反应器；2—闪蒸塔；3—精馏塔；4—分水塔；5—氢化塔；6—氧化塔；7—萃取塔

9.3　非均相催化氧化

通常涉及的非均相催化氧化是气-固相催化氧化，即原料和氧或空气均以气态形式通过固体催化剂床层，在固体表面发生氧化反应，近年来液-固相催化氧化反应也有所发展。与均相催化氧化相比，非均相催化氧化过程具有以下特点。

（1）固体催化剂的活性温度较高，因此，气-固相催化氧化反应通常在较高的反应温度下进行，一般高于150℃，这有利于能量的回收和节能。

（2）反应物料在反应器中流速快，停留时间短，单位体积反应器的生产能力高，适于大规模连续生产。

（3）由于反应过程要经历扩散、吸附、表面反应、脱附和扩散等多个步骤，因此，反应过程的影响因素较多，反应不仅与催化剂的组成有关，还与催化剂的结构如比表面、孔结构等有关；同时，催化剂床层间传热、传质过程复杂，对目标产物的选择性和设备的正常运作有着不可忽略的影响。

（4）反应物料与空气或氧的混合物存在爆炸极限问题，因此，在工艺条件的选择和控制方面，以及在生产操作上必须特别关注生产安全。实践中已有许多措施能保证氧化过程安全地进行。

9.3.1　重要的非均相催化氧化反应

（1）烷烃的催化氧化反应　工业上成功利用的典型是正丁烷气相催化氧化制顺丁烯二酸酐（简称顺酐），可用来代替苯法制顺酐，以减少环境污染，目前该法已在顺酐生产中占主导地位。顺酐主要用于制备不饱和聚酯，还可用来生产增塑剂、杀虫剂、涂料和 1，4-丁二醇及其下游产品。

$$C_4H_{10}+7/2O_2 \xrightarrow[400\sim500℃]{\text{V-P-O}} \text{（顺酐）} +H_2O \qquad \Delta H=-1265\text{kJ/mol} \qquad (9\text{-}28)$$

（2）烯烃的直接环氧化　工业化范例是乙烯环氧化制环氧乙烷。

$$CH_2{=}CH_2+1/2O_2 \xrightarrow[220\sim260℃]{\text{Ag/}\alpha\text{-Al}_2O_3} C_2H_4O \qquad (9\text{-}29)$$

（3）烯丙基催化氧化反应　三个碳原子以上的烯烃如丙烯、正丁烯、异丁烯等，其 α 碳原子的 C—H 键解离能比普通的 C—H 键小，易于断裂，在催化剂的作用下，可在碳原子上发生选择性氧化反应。这些氧化反应都经历烯丙基 $CH_2{=}CH_2{=}CH_2$ 反应历程，因此统称为烯丙基氧化反应。丙烯的烯丙基催化氧化反应可简单表示如下。

$$\begin{array}{c} \text{Mo-Bi-Fe-Co-O/SiO}_2 \xrightarrow[+O_2]{} CH_2{=}CHCHO \\ \downarrow O_2 \; \text{Mo-V-Cu-O/SiO}_2 \\ H_3CHC{=}CH_2 \xrightarrow{\text{Co-Mo-O/SiO}_2, +O_2} CH_2{=}CHCOOH \xrightarrow{\text{ROH}} CH_2{=}CHCOOR \\ \uparrow H_2O \\ \text{P-Mo-Bi-O/SiO}_2 \xrightarrow[+NH_3+O_2]{} CH_2{=}CHCN \end{array} \qquad (9\text{-}30)$$

（4）芳烃催化氧化反应　芳烃气-固相催化氧化，主要用来生产酸酐，比较典型的有：苯氧化生产顺酐，萘和邻二甲苯氧化生产邻苯二甲酸酐（简称苯酐），均四甲苯氧化生产均苯四酸酐等。尽管这些酸酐产物为固体结晶，但挥发性大，能升华，因此，可采用气-固相催化氧化来生产。

$$\text{（苯环）} + 9/4O_2 \xrightarrow[400℃]{V\text{-}M\text{-}O/SiO_2} \begin{array}{c}CHCO\\ \Big|\quad\rangle O\\ CHCO\end{array} + 2CO_2 + 2H_2O \qquad \Delta H = -1850kJ/mol \tag{9-31}$$

$$\text{（萘）} + 9/2O_2 \xrightarrow{V_2O_5\text{-}K_2SO_4/SiO_2} \text{（苯酐）}\begin{array}{c}CO\\ \quad\rangle O\\ CO\end{array} \qquad \Delta H = -1792kJ/mol$$

$$\underset{CH_3}{\overset{CH_3}{\text{（邻二甲苯）}}} + 3O_2 \xrightarrow[400℃]{V_2O_5\text{-}TiO_2/载体} \begin{array}{c}CO\\ \quad\rangle O\\ CO\end{array} + 3H_2O \qquad \Delta H = -1109kJ/mol \tag{9-32}$$

$$\underset{H_3C}{\overset{H_3C}{\text{（四甲苯）}}}\underset{CH_3}{\overset{CH_3}{}} + 6O_2 \xrightarrow[400℃]{V\text{-}Ti\text{-}O/载体} O\begin{array}{c}OC\\ OC\end{array}\Big\langle\text{（均苯）}\Big\rangle\begin{array}{c}CO\\ CO\end{array}O + 6H_2O \qquad \Delta H = -2700kJ/mol \tag{9-33}$$

（5）醇的催化氧化反应　醇类氧化经过不稳定的过氧化物中间体，可生产醛或酮，比较重要的是甲醇氧化制甲醛，还有乙醇氧化制乙醛，异丙醇氧化制丙酮等。甲醇氧化制甲醛可使用电解银作催化剂，620℃左右进行反应，或采用 Mo-Fe-O、Mo-Bi-O 催化剂，在 200～300℃进行反应。甲醛主要用来生产脲醛树脂、酚醛树脂、聚甲醛、季戊四醇等。

（6）烯烃乙酰基氧化反应　在催化剂的作用下，氧与烯烃或芳烃和有机酸反应生成酯类的过程，称之为乙酰基氧化反应。在这类反应中，以乙烯和醋酸进行乙酰基氧化反应生产醋酸乙烯最为重要。目前乙烯法已基本取代乙炔法生产醋酸乙烯。醋酸乙烯可用来生产维尼龙纤维，聚醋酸乙烯广泛用于生产聚乙烯醇、水溶性涂料和黏结剂，醋酸乙烯还可与氯乙烯、乙烯等共聚，形成共聚物。丙烯和醋酸乙酰基氧化反应生成醋酸丙烯，丁二烯的乙酰基氧化产物主要用来生产 1，4-丁二醇。

$$CH_2\!=\!CH_2 + CH_3COOH + 1/2O_2 \xrightarrow[165\sim180℃,0.8\sim1.2MP]{Pd\text{-}Au\text{-}CH_3COOK/SiO_2} CH_3COOCH\!=\!CH_2 + H_2O$$
$$\Delta H = -147kJ/mol \tag{9-34}$$

$$CH_3CH\!=\!CH_2 + CH_3COOH + 1/2O_2 \xrightarrow{Pd/Al_2O_3} CH_3COOC_3H_5 + H_2O$$
$$\Delta H = -167kJ/mol \tag{9-35}$$

$$CH_2\!=\!CH\!-\!CH\!=\!CH_2 + 2CH_3COOH + 1/2O_2 \xrightarrow{Pd/C} CH_3COOCH_2CH\!=\!CHCH_2OOCCH_3 + H_2O \tag{9-36}$$

（7）氧氯化反应　典型的氧氯化反应是以金属氯化物为催化剂，乙烯氧氯化制二氯乙烷，二氯乙烷高温裂解可产生重要的有机单体氯乙烯，并副产 HCl。

$$C_2H_4 + 2HCl + 1/2O_2 \xrightarrow[240℃]{CuCl_2/载体} CH_2Cl\!-\!CH_2Cl + H_2O \tag{9-37}$$

$$CH_2Cl\!-\!CH_2Cl \xrightarrow{裂解} CH_2\!=\!CHCl + HCl \tag{9-38}$$

其他氧氯化技术和甲烷氧氯化制氯甲烷、二氯乙烷氧氯化制三氯乙烯和四氯乙烯都已工业化。

$$8C_2H_4Cl_2 + 6Cl_2 + 7O_2 \xrightarrow[420℃]{CuCl_2\text{-}KCl/载体} 4C_2HCl_3 + 4C_2Cl_4 + 14H_2O \tag{9-39}$$

9.3.2　非均相催化氧化机理

烃类选择性氧化反应中的非均相催化氧化机理常见的有三种。

（1）氧化还原机理　又称晶格氧作用机理。该机理认为晶格氧参与了反应，其模型描述是：反应物首先和催化剂的晶格氧结合，生成氧化产物，催化剂变成还原态；接着还原态的活性组分再与气相中的氧气反应，重新成为氧化态的催化剂，由此氧化还原循环构成了有机物在催化剂上的氧化过程。研究表明，当催化剂被有机物还原的速度远大于催化剂的再氧化速度时，反应为催化剂的再氧化过程控制，此时有机物的反应速率只与氧分压有关，而与有机物的分压无关；当催化剂的再氧化速率较快，整个反应为催化剂的还原速率控制，此时反应速率对有机物呈一级反应，即只与有机物的分压有关，而与氧分压无关。该模型适用于烯烃、芳烃和烷烃的催化氧化过程。

（2）化学吸附氧化机理　该机理以 Langmuir 化学吸附模型为基础，假定氧是以吸附态形式化学吸附在催化剂的表面的活性中心上，再与烃分子反应。该模型简明并便于数学处理。因此，在气-固相催化反应中广为应用，对于具有复杂反应网络的体系也可较方便地推导出反应速率方程。

（3）混合反应机理　该机理是化学吸附和氧化还原机理的综合，假定反应物首先化学吸附在催化剂表面含晶格氧的氧化态活性中心上，然后与氧化态活性中心在表面反应生成产物，同时氧化态的活性中心变为还原态，它们再与气相中的氧发生表面氧化反应，重新转化为氧化态活性中心。

9.3.3　非均相氧化催化剂和反应器

非均相氧化催化剂的活性组分主要是具有可变价态的过渡金属钼、铋、钒、钴、锑等氧化物。在变价过渡金属氧化物作催化剂时，单一氧化物对特定的氧化反应而言，常表现为活性很高时选择性较差；而保证选择性好时活性又较低。为了使活性和选择性恰当而获得较高的收率，工业催化剂常采用两种或两种以上的金属氧化物构成，以产生协同效应。另外，催化剂中变价金属离子处于氧化态和还原态的比例应保持在一合适的范围内，以保持催化剂的氧化还原能力适当。

烃类气-固相催化氧化反应器常用的有固定床反应器、流化床反应器。由于氧化反应放热量很大，需要及时移出，故一般采用换热式反应器。

对于固定床反应器，常见的为列管式换热反应器，见图 9-4（左）。催化剂装填在管内，管间载热体循环以移出热量，载热体的类型和流量视反应温度而定。气体在床层内的流动接近平推流，返混较小，因此，特别适用于有串联式深度氧化副反应的反应过程，可抑制串联副反应的发生，提高选择性。同时，固定床反应器对催化剂的强度和耐磨性能的要求比流化床反应器低得多。固定床反应器的缺点是：结构复杂，催化剂装卸困难；空速较小，生产能力比流化床小；反应器内沿轴向温度分布都有一最高温度分布点，称为热点，在热点之前放热速率大于移热速率，因此轴向床层温度逐渐升高，热点之后则相反，热点的出现，使催化床层只有一小部分催化剂在最佳温度下操作，影响了催化剂效率的充分发挥。由于催化剂的耐热温度和最佳活性温度的限制，需严格控制热点温度，工业上常采用的方法有：①在原料气中加入微量的抑制剂，使催化剂部分中毒以控制活性；②在反应管进口段装填用惰性载体稀释的催化剂或部分老化的催化剂，以降低入口段的反应速率和放热速率。③采用分段冷却法。

流化床反应器见图 9-4（右）所示，床层内设置冷却管，内走热载体将反应热带出。该反应器结构简单，空速大；具有良好的传热速率，反应器内温度均一，温差小，反应温度易于控制；因易返混，原料组成可稍高于爆炸下限，以提高反应物的浓度和生产能力，这一点对氧化反应尤其有吸引力。因此，流化床反应器比较适合用于深度氧化产物主要来自平行副反应，且主、副反应的活化能相差甚大的场合。但流化床反应器内轴向返混严重，有些反应物在反应器内停留时间短，而有些产物停留时间太长，串联副反应严重，不利于高转化率的获得；另外催化剂在床层中磨损严重，因此对催化剂强度要求高，系统中需要配备高效率的旋风分离器以回收催化剂粉末；气体通过催化剂床层时，可能有大气泡产生，导致气-固接

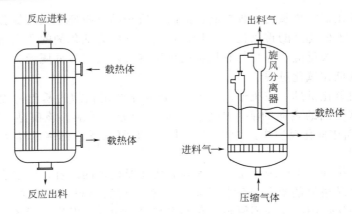

图 9-4 非均相氧化反应常用的典型反应器

触不良，反应转化率下降。因此，流化床反应器的空速受催化剂密度、反应器高度和旋风分离器回收催化剂能力的限制，空速过高会造成催化剂损失量增加，还会影响反应气后处理的难度；过低则不利于流化床反应器的流化质量，影响反应效果。根据气体空床线速度和粒子粒径的不同，流化床可分为高速流化床，细颗粒流化床，粗颗粒流化床和大颗粒流化床等。应用比较广泛的是细颗粒流化床，在该类型流化床中，催化剂平均粒径为几十微米，空床线速度在 0.2～0.6m/s。

9.4 乙烯制环氧乙烷

9.4.1 环氧乙烷的性质

环氧乙烷（C_2H_4O Epoxyethane，Ethylene Oxide 简称 EO）是最简单最重要的环氧化物，熔点为-112.2℃，常温下为气体，沸点为 10.8℃。环氧乙烷的贮槽必须清洁，并保持 0℃以下，在空气中的爆炸极限（体积分数）为 2.6%～100%。环氧乙烷的化学性质非常活泼，在一定条件下，可与水、醇、氢卤酸、氨及氨的化合物等发生开环加成反应。

环氧乙烷（EO）是乙烯工业衍生物中仅次于聚乙烯和聚氯乙烯的重要有机化工产品，主要用于生产聚酯纤维、聚酯树脂、汽车防冻剂原料单乙二醇（EG）、二乙二醇、三乙二醇及聚乙二醇等多元醇类。此外，环氧乙烷还可用于生产非离子表面活性剂乙醇盐（羟乙基盐）类、乙氧基化合物、乙醇胺类以及乙二醇醚等，在洗染、电子、医药、纺织、农药、造纸、汽车、石油开采与炼制等方面具有广泛的用途。工业上生产环氧乙烷的方法有氯醇法、空气氧化法和乙烯直接氧化法。

9.4.2 氯醇法生产环氧乙烷

环氧乙烷早期采用氯醇法工艺生产，生产分两步进行：首先氯气与水反应生成次氯酸，再与乙烯反应生成氯乙醇：然后氯乙醇用石灰乳皂化生成环氧乙烷。

$$CH_2=\!\!=CH_2+Cl_2+H_2O \xrightarrow{\text{100℃左右}} CH_2(OH)CH_2Cl+HCl \tag{9-40}$$

$$CH_2(OH)CH_2Cl+HCl+Ca(OH)_2 \longrightarrow CaCl_2+2H_2O+ H_2C\!\!\overset{O}{\diagdown}\!\!CH_2 \tag{9-41}$$

这种方法存在的严重缺点大致有：①消耗氯气，排放大量污水，造成严重污染；②乙烯次氯酸化生产氯乙醇时，同时副产二氧化碳等副产物，在氯乙醇皂化时生产的环氧乙烷可异构化为乙醛，造成环氧乙烷损失，乙烯单耗高；③氯醇法制备环氧乙烷，生成醛的质量分数很高，约为 $4×10^{-6}～5×10^{-6}$ 最低也有 $2×10^{-6}$。

9.4.3 乙烯空气氧化法生产环氧乙烷

乙烯空气氧化法生产环氧乙烷需要两个反应器（如图 9-5 所示），才能使乙烯获得最大利用率。为防止催化剂中毒，自高空吸入的空气，须经压缩机加压，再经碱洗塔及水洗塔进行净化，除去氯、硫等杂质后按一定流量进入混合器。

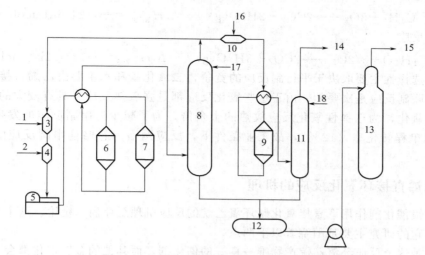

图 9-5 空气法乙烯环氧化工艺流程示意图

1—空气；2—乙烯；3—空气混合器；4—乙烯混合器；5—循环气压机；6,7——段氧化反应器；
8——段环氧乙烷吸收塔；9—二段氧化反应器；10—二段混合器；11—二段吸收塔；
12—环氧乙烷水贮罐；13—环氧乙烷精制塔；14—尾气去废气燃烧透平；
15—环氧乙烷贮罐；16—二段用空气；17,18—水

纯度 98％以上的乙烯与循环乙烯混合，经压缩机加压后，进入第一混合器，再与空气、微量二氯乙烷［约 $(1～2)×10^{-6}$］充分混合，控制乙烯的质量分数为 3％～3.5％。原料气与反应器出来的反应气体进行换热后，进入第一反应器。

反应器为列管式固定床反应器，管内充填银催化剂，管间走热载体。乙烯与空气中的氧在 240～290℃、1～2MPa 及催化剂的作用下，生成环氧乙烷和一些副产物。乙烯的转化率约为 30％，选择性为 65％～70％，收率约 20％左右。反应放出的热量，由管间的载热体带走。反应气经与原料气换热，再经串联的水冷却器及盐水冷却器将温度降低至 5～10℃，然后进入第一吸收塔。该塔顶部用 5～10℃的冷水喷淋，吸收反应气中含有的环氧乙烷。从吸收塔顶出来的尾气中还含有很多未反应的乙烯，经减压后，将其中约 85％～90％的尾气回压缩机的增压段压缩后循环使用，其余部分送往第二混合器。

在第二混合器中通入部分新鲜乙烯、空气及微量二氯乙烷，控制乙烯的浓度为 2％，混合气体经预热后进入第二反应器。混合气中的乙烯和空气中的氧在 220～260℃、1MPa 左右压力下进行反应。乙烯的转化率为 60％～70％，选择性为 65％左右，收率在 47％以上。反应后的气体经换热及冷却后进入第二吸收塔，用 5～10℃低温水吸收环氧乙烷，尾气放空。第一、二吸收塔中的吸收液约含 2％～3％的环氧乙烷，经减压后进汽提塔进行汽提，从塔顶得到 85％～90％浓度的环氧乙烷，送至精馏系统先经脱轻组分塔除去轻馏分，再经精馏

塔除去重组分，得到纯度为 99% 的环氧乙烷成品。

9.4.4 乙烯直接氧化法生产环氧乙烷

乙烯在银催化剂上的氧化反应为一平行连串复杂反应，包括选择性氧化和深度氧化，除生成目的产物环氧乙烷外，还生成副产物二氧化碳和水及少量甲醛和乙醛。

主反应

$$C_2H_4 + 1/2O_2 \longrightarrow C_2H_4O \qquad \Delta_r H_{m298}^{\ominus} = -103.4kJ/mol \qquad (9-42)$$

平行副反应

$$C_2H_4 + 3O_2 \longrightarrow 2CO_2 + 2H_2O(g) \qquad \Delta_r H_{m298}^{\ominus} = -1324.6kJ/mol \qquad (9-43)$$

串联副反应

$$C_2H_4O + 5/2O_2 \longrightarrow 2CO_2 + 3H_2O(g) \qquad \Delta_r H_{m298}^{\ominus} = -1221.2kJ/mol \qquad (9-44)$$

反应的选择性主要取决于平行副反应的竞争，二氧化碳和水主要由乙烯直接氧化生成，环氧乙烷串联副反应是次要的。由于这些氧化反应都是强放热反应，具有较大的平衡常数，尤其是深度氧化，为选择性氧化反应放热的十余倍。为了减少连串副反应的发生，生产中采用较低的单程转化率（12%），故工业条件下，反应网络为忽略连串副反应的平行复杂反应。

9.4.5 乙烯直接环氧化反应的机理

乙烯在银催化剂作用下直接氧化制环氧乙烷的反应机理至今尚未定论。这个反应体系的特征以及对它的研究主要是围绕着以下两点。

（1）银是这个反应环氧乙烷产物唯一良好的催化剂，而其他的金属催化都会导致深度氧化产物。

（2）在催化氧化反应中氧是主要原料，但是在银表面至少有三种吸附态的氧（物理吸附的分子态氧，化学吸附的分子态氧，化学吸附的原子态氧）。是何种吸附形式的氧生成了环氧化产物，而何种吸附形式的氧导致深度氧化生成 CO_2 和 H_2O？

Kilty 等根据氧在银催化剂表面的吸附、乙烯和吸附氧的作用以及选择性氧化反应，提出了银催化剂表面上存在两种化学吸附态，即原子吸附态和分子吸附态。当由四个相邻的银原子簇组成吸附位时，氧便解离形成原子态 O^{2-}，这种吸附的活化能低，在任何温度下都有较高的吸附速度，原子态吸附氧易与乙烯发生深度氧化。

$$O_2 + 4Ag \longrightarrow 2O^{2-}（吸附态）+ 4Ag^+ \qquad (9-45)$$

$$6Ag^+ + 6O^{2-}（吸附态）+ C_2H_4 \longrightarrow 2CO_2 + 6Ag + 2H_2O \qquad (9-46)$$

若活性抑制剂的存在，可使催化剂的银表面部分被覆盖，如添加二氯乙烷时，若银表面的 1/4 被氯覆盖，则无法形成四个相邻银原子簇组成的吸附位，从而抑制氧的原子态吸附和乙烯的深度氧化。

在较高温度下，在不相邻的银原子上也可形成氧的解离形成的原子态吸附，但这种吸附需要较高的活化能，因此不易形成。

$$O_2 + 4Ag（相邻）\longrightarrow 2O^{2-}（吸附态）+ 4Ag^+ \qquad (9-47)$$

在没有由四个相邻银原子簇构成的吸附位时，可发生氧的分子态吸附，即氧的非解离吸附，形成活化了的离子化氧分子，乙烯与此种分子反应生成环氧乙烷，同时产生一个吸附的原子态氧。此原子态氧与乙烯反应，则生成二氧化碳和水。

$$O_2 + Ag \longrightarrow Ag^- O_2^-（吸附态） \qquad (9-48)$$

$$C_2H_4 + Ag^- O_2^- （吸附态） \longrightarrow C_2H_4O + Ag^- O^- （吸附态） \tag{9-49}$$

$$C_2H_4 + 6Ag^- O^- （吸附态） \longrightarrow 2CO_2 + 6Ag + 2H_2O \tag{9-50}$$

由式(9-49)，式(9-50) 得出总反应式

$$7C_2H_4 + 6Ag^- O_2^- （吸附态） \longrightarrow 6C_2H_4O + 2CO_2 + 6Ag + 2H_2O \tag{9-51}$$

按照此机理，银催化剂表面上离子化分子态吸附氧 O_2^- 是乙烯氧化生成环氧乙烷反应的氧种，而原子态吸附氧 O^{2-} 是完全氧化生成二氧化碳的氧种。

Van Santen 通过对这个反应详细的研究得到了以下几个方面的结论：（1）吸附态原子氧是乙烯发生环氧化反应的关键物种，乙烯与被吸附的氧原子之间的距离不同，反应生成的产物也不同。弱吸附（亲电性）O_a 使乙烯部分氧化，而强吸附（亲核性）O_H 导致乙烯彻底氧化；（2）高氧覆盖度导致弱吸附态原子氧，低氧覆盖度导致强吸附态原子氧。凡是能减弱 O_a 与 Ag 之间键能的环境将有利于乙烯的选择氧化；（3）在银表面容易发生分子氧的解离吸附，并形成次表层氧。根据该理论，环氧乙烷的选择性不存在 85.7% 的上限。近年来的研究表明，此种机理更可能接近实际情况。

张丽萍等人提出的动力学方程忽略环氧乙烷式(9-42)、式(9-43)、式(9-44) 反应网络中，环氧乙烷进一步氧化生成二氧化碳的反应，将乙烯环氧化过程简化为式(9-42) 和式(9-43) 两个平行反应，故得生成环氧乙烷（r_b）和生成二氧化碳（r_c）的动力学方程式为：

$$r_b = \frac{k_1 P_{C_2H_4} P_{O_2}}{K_1 P_{CO_2} + K_2 P_{O_2}^{0.5} P_{H_2O}} \tag{9-52}$$

$$r_c = \frac{k_2 P_{C_2H_4} P_{O_2}}{K_1 P_{CO_2} + K_2 P_{O_2}^{0.5} P_{H_2O}} \tag{9-53}$$

9.4.6　乙烯直接氧化法的工艺条件

环氧乙烷的反应动力学方程式与反应条件、催化剂组成、制备工艺等因素有关，下面针对乙烯环氧化制环氧乙烷的反应的工艺条件进行介绍。

（1）反应温度　完全氧化平行副反应是影响乙烯环氧化选择性的主要因素。动力学研究结果表明环氧乙烷反应的活化能小于完全氧化反应的活化能，故反应温度增高，这两个反应的反应速率的增长速率是不同的，完全氧化副反应的速度增长更快，因此选择性随温度升高而下降。当反应温度在 100℃ 时，产物中几乎全部是环氧乙烷，选择性接近 100%，但反应速率甚慢，转化率很小，没有现实意义。随着温度增加，反应速率加快，转化率增加，选择性下降，放出的热量也愈大，所以必须考虑移出反应热的措施。适宜的反应温度与催化剂活性有关，权衡转化率和选择性之间的关系，工业上反应温度一般控制在 220～260℃。

（2）压力　乙烯直接氧化的主副反应在热力学上都不可逆，因此压力对主副反应的平衡和选择性无显著影响。但加压可提高反应器的生产能力，且也有利于从反应气体产物中回收环氧乙烷，故工业上大多是采用加压氧化法。但压力高，所需设备耐压程度高，投资费用增加，催化剂也易损坏。目前工业上采用的操作压力为 2MPa 左右。

（3）空速　空间速度的大小不仅影响转化率和选择性，也影响催化剂空时收率和单位时间的放热量，故必须全面衡量。空速提高，有利于传热，有利于主反应的进行。但空速太高，单程转化率就会降低，循环工程费用和操作费用增大。工业上采用的空速不但与选用的催化剂有关，还与反应器和传热速率有关，一般在 4000～8000h^{-1} 左右，目前工业上采用的混合气空速一般为 7000h^{-1} 左右。

（4）原料气的纯度　许多杂质对乙烯环氧化过程都有影响，必须严格控制。主要有害物

质及危害如下。①催化剂中毒，例如硫化物、砷化物、卤化物等能使银催化剂永久性中毒，乙炔能与银形成乙炔银，受热会发生爆炸性分解；②增大反应热效应，氢气、乙炔、C3 以上的烷烃和烯烃可发生燃烧反应放出大量热，使过程难以控制。乙炔、高碳烯烃的存在还会加快催化剂表面的积碳失活。③影响爆炸限，氩气和空气是空气和氧气中带来的主要杂质，过高会改变混合气体的爆炸限，降低氧的最大允许浓度。④选择性下降，原料气及反应器管道中带入的铁离子会加速环氧乙烷异构化为乙醛，导致生成二氧化碳和水，从而使选择性下降。因此，原料乙烯要求杂质含量：乙炔 $<5\times10^{-6}$ g/L、C3 以上烃 $<1\times10^{-5}$ g/L、硫化物 $<1\times10^{-6}$ g/L、氢气 $<5\times10^{-6}$ g/L、氯化物 $<1\times10^{-6}$ g/L。

(5) 原料配比　对于具有循环的乙烯环氧化过程，进入反应器的混合气由循环气和新鲜原料气混合形成，它的组成不仅影响过程的经济性，也与安全生产息息相关。实际生产过程中乙烯与氧的配比一定要在爆炸限以外，同时必须控制乙烯和氧的浓度在合适的范围内，过低时催化剂的生产能力小，过高时反应放出的热量大，易造成反应器的热负荷过大，产生飞温。乙烯与空气混合物的爆炸极限（体积分数）为 2.7%～36%，与氧的爆炸极限（体积分数）为 2.7%～80%，实际生产中因循环气带入二氧化碳等，二氧化碳对环氧化反应有抑制作用，但含量适当对提高反应的选择性有好处，且可提高氧的爆炸极限（质量分数），故在循环气中允许含有 9% 以下的二氧化碳。由于所用氧化剂不同，对进反应器混合气体的组成要求也不同。用空气作氧化剂时，乙烯的质量分数以 5% 左右为宜，氧的质量分数为 6% 左右。当以纯氧为氧化剂时为使反应不致太剧烈，仍需采用稀释剂，一般是以氮作为稀释剂，进反应器的混合气中，乙烯的质量分数 20%～30%，氧的质量分数 7%～8%。现有生产条件下，氧浓度对反应很有潜力，考虑到 O_2 浓度的爆炸极限 8%，所以，一方面应采取提高爆炸极限的措施，另一方面也可分段投氧，使得在整体上保持氧气在相对高度的含量。循环气中如含有环氧乙烷对反应也有抑制作用，并会造成氧化损失，故在循环气中的环氧乙烷应尽可能除去。

(6) 致稳气　为了提高乙烯和氧的浓度，可以用加入第三种气体来改变乙烯的爆炸极限，这种气体通常称为致稳气。致稳气的选择要满足以下两个要求：①致稳气是惰性的，能够减小混合气的爆炸极限，增加体系的安全性；②具有较高的比热容，能有效地移出部分反应热，增加体系稳定性。氧化法中工业上广泛采用的致稳气是氮气和甲烷。实践操作条件中，甲烷的比热是氮气的 1.35 倍，且比氮气做致稳气时更能缩小氧和乙烯的爆炸范围，使进口氧的浓度提高，还可使选择性提高 1%，延长催化剂的使用寿命。

(7) 乙烯转化率　单程转化的控制与所用氧化剂有关。用空气作氧化剂，单程转化率应控制在 30%～50%，选择性达 70% 左右；若用纯氧作氧化剂，单程转化率控制在 12%～15%，选择性可达 83%～84%。单程转化率过高时，由于放热量大，温度升高快，会加快深度氧化，环氧乙烷的选择性明显降低。为了提高乙烯的利用率，工业上采用循环流程，因此单程转化率也不能过低，否则因循环气量过大而导致能耗增加。同时，生产中要引出 10%～15% 的循环气以除去有害气体如二氧化碳、氩气等，单程转化率过低也会造成乙烯的损失增加。

9.4.7　乙烯直接氧化法生产环氧乙烷的工艺流程

乙烯直接氧化法生产环氧乙烷，工艺流程包括反应部分和环氧乙烷回收、精制两大部分。下面介绍氧气法生产环氧乙烷的工艺流程，如图 9-6 所示。

9.4.7.1　氧化反应部分

新鲜原料乙烯和含抑制剂的致稳气在循环压缩机的出口与循环气混合，然后经混合器 3

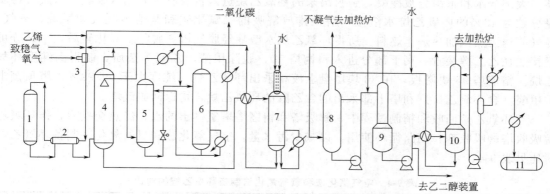

图 9-6　氧气法生产环氧乙烷工艺流程示意图

1—环氧乙烷反应器；2—热交换器；3—气体混合器；4—环氧乙烷水吸收塔；5—CO₂ 吸收塔；
6—CO₂ 吸收液再生塔；7—解吸塔；8—再吸收塔；9—脱气塔；10—精馏塔；11—环氧乙烷贮槽

与氧气混合。混合后的气体通过气-气热交换器与反应生成气换热后浸入环氧乙烷反应器。反应器流出的反应气中环氧乙烷（摩尔分数）含量通常小于 3％，经换热器 2 冷却后进入环氧乙烷水吸收塔 4，环氧乙烷可与水以任意比例互溶，采用水作吸收剂，可将环氧乙烷完全吸收。从环氧乙烷吸收塔排出的气体，含有未转化的乙烯、氧、二氧化碳和惰性气体，应循环使用。为了维持循环气中 CO_2 的含量不过高，其中 90％左右的气体作循环气，剩下的 10％送往二氧化碳吸收装置 5，用热碳酸钾溶液吸收二氧化碳，生成碳酸氢钾溶液，该溶液送至二氧化碳解吸塔 7，经加热减压解吸二氧化碳，再生后的碳酸钾溶液循环使用。自二氧化碳吸收塔排出的气体经冷却分离出夹带的液体后，返回至循环气系统。

混合器的设计非常重要，要确保迅速混合，以免因混合不好造成局部氧浓度过高而超过爆炸极限浓度，进入热交换器时引起爆炸。工业上采用多孔喷射器高速喷射氧气，以使气体迅速均匀混合，并防止乙烯循环气返混回含氧气的配管中。反应工序需安装自动分析监测系统、氧气自动切断系统和安全报警装置。混合后的气体通过气-气热交换器 2 与反应生成气换热后，进入反应器 1，由于细粒径银催化剂易结块，磨损严重，难以使用流化床反应器，工业上均采用列管式固定床反应器。随着技术的进步，目前已可设计使用直径大于 25mm 的反应管，单管年生产环氧乙烷的能力可达 10t 以上。列管式反应器管内充填催化剂，管间走冷却介质。冷却介质可以是有机载热体等或加压热水，用于移出大量的反应热。由于有机载热体闪点较低，如有泄漏，危险性大，同时传热系数比水小，因此，近年来多采用加压热水移热，还可副产蒸汽。在反应器出口端，如果催化剂粉末随气流带出，会促使生成的环氧乙烷进一步深度氧化和异构化为乙醛，这样既增加了环氧乙烷的分离提纯难度，又降低了环氧乙烷的选择性，而且反应放出的热量会使出口气体温度迅速升高，带来安全上的问题，这就是所谓的"尾烧"现象。目前工业上采用加冷却器或改进反应器下封头的办法加以解决。

9.4.7.2　环氧乙烷回收精制部分

回收和精制部分包括将环氧乙烷自水溶液中解吸出来和将解吸得到的粗环氧乙烷进一步精制两步。自环氧乙烷吸收塔塔底排出的环氧乙烷吸收液，含少量甲醛、乙醛等副产物和二氧化碳，需进一步精制。根据环氧乙烷用途的不同，提浓和精制的方法不同。

环氧乙烷吸收塔塔底排出的富环氧乙烷吸收液经热交换、减压闪蒸后进入解吸塔 7 顶部，在此环氧乙烷和其他气体组分被解吸。被解吸出来的环氧乙烷和水蒸气经过塔顶冷凝器，大部分水和重组分被冷凝，解吸出来的环氧乙烷进入再吸收塔 8 用水吸收，塔底可得质量分数为 10% 的环氧乙烷水溶液，塔顶排放解吸的二氧化碳和其他不凝气如甲烷、氧气、氮气等送至蒸汽加热炉作燃料。所得环氧乙烷水溶液经脱气塔 9 脱除二氧化碳后，一部分可直接送往乙二醇装置。剩下部分进入精馏塔 10，脱除甲醛、乙醛等杂质，制得高纯度环氧乙烷。精馏塔 95 块塔板，在 86 块塔盘上液相采出环氧乙烷，纯度大于 99.99%，塔顶蒸出的甲醛（含环氧乙烷）和塔下部采出的含乙醛的环氧乙烷，均返回脱气塔。

在环氧乙烷回收和精制过程中，解吸塔和精馏塔塔釜排出的水，经热交换后，作环氧乙烷吸收塔的吸收剂，闭路循环使用，以减少污水量。空气氧化法和氧气氧化法制备环氧乙烷对比见表 9-4。

表 9-4　空气氧化法和氧气氧化法制备环氧乙烷的对比

分类	空气氧化法	氧气直接氧化法
反应器	两台或多台反应器串联（即主反应器和副反应器）。	列管式固定床反应器。
催化剂	德国 Halcon 公司催化剂的含银量约为 20%，催化剂的使用量较高。	美国 Shell 公司催化剂的含银量约为 10%，催化剂的使用量较低。
原料费用	不存在氧气价格变动带来总费用变动的问题。乙烯的纯度必须为 98% 以上。	对原料的纯度要求很高，如氧气纯度低，就会显著增加含烃放空气体的数量，造成乙烯单耗提高。
流程	需要空气净化系统、二次反应器、吸收塔、汽提塔以及尾气催化转化器与热量回收系统。	分离装置和除去二氧化碳系统。
收率和单耗	收率低，单耗高。	收率高，单耗低。

9.4.8　环氧乙烷生产工艺技术的新进展

9.4.8.1　混合器

在氧-烃混合方面，日本触媒公司将含氧气体在吸收塔气液接触的塔盘上与反应生成气接触混合，吸收环氧乙烷后，混合气再经净化并补充乙烯，作反应原料。由于塔盘上有大量的水存在，因此，该方法安全可靠，同时，可省去以前设置的专用混合器。

9.4.8.2　回收精制

在环氧乙烷回收技术方面，美国的 Dow 化学公司采用碳酸乙烯酯代替水作吸收剂，碳酸乙烯酯与水相比，具有对环氧乙烷溶解度大、比热小等特点。因此，可减小吸收塔体积，降低解吸时的能耗。Halcon 公司采用超临界萃取技术，利用二氧化碳从环氧乙烷水溶液中萃取环氧乙烷，与水溶液解吸法相比，可节约大量的能量。SAM 公司利用膜式等温吸收器，在 50~60℃、0.1~0.3MPa 下，等温水吸收反应生成气中的环氧乙烷，在膜式吸收器底部形成高浓度环氧乙烷水溶液，送往闪蒸器闪蒸，在其底部得不含惰性气体的环氧乙烷溶液，将其中残留的乙烯回收后，可直接送往乙二醇装置作为进料。该方法具有明显的节能效果。日本触媒化学公司使用热泵精馏技术在环氧乙烷精制过程中开发利用低位能方面取得了进展。

9.4.8.3　催化剂

世界上工业化生产环氧乙烷催化剂的专业商有英荷壳牌公司（Shell），美国科学设计公司（SD），美国联合碳化学公司（UCC），日本触媒化学株式会社（NSKK），我国燕山石化研究院（YSPI）五家。Shell 公司在催化剂中添加碱金属（尤其是铯），开发了具有高活性和高选择性的 Ag—Re—Cs，Ag—Re—Cs—S 的 S-880 系列催化剂。其中，高活性催化剂的初始反应温度为 220～235℃，初始选择性为 81％～83.5％。高选择性系列催化剂的选择性提高到86％以上。日本触媒 NSKK 公司改进 Ag 催化剂的处理工艺，添加钼助催化剂，最高选择性可达 85％。中国石油化工研究院燕山分院 20 世纪 90 年代初研制的 YS-88 系列催化剂单管评价最高选择性达到 90％，以上催化剂均已进行过工业性试验，并在工业生产装置中使用。

9.5　丙烯氨氧化制丙烯腈

9.5.1　丙烯腈的性质、用途及其工艺概况

丙烯腈（C_3H_3N Acrylonitrile 简称 AN）在常温常压下是无色有刺激性气味的液体，熔点 -83.6℃，沸点 77.3℃。丙烯腈易燃，其蒸气与空气可形成爆炸性混合物，遇明火、高热易引起燃烧，并放出有毒气体。

丙烯腈是一种重要的有机化工产品，在丙烯系列产品中居第二位，仅次于聚丙烯，是合成纤维、合成橡胶和合成树脂的重要单体。除此之外，丙烯腈水解可制得丙烯酰胺和丙烯酸及其酯类，电解加氢偶联制得己二腈，由己二腈加氢又可制尼龙 66 的原料己二胺。近年来随着丙烯腈下游产品丙烯腈纤维、丙烯腈-丁二烯-苯乙烯塑料、丁腈橡胶、丁腈胶乳、己二腈和己二胺等方面的发展，特别是下游精细化工新产品的不断开发和应用，世界丙烯腈的需求量在不断增加。

丙烯腈的生产工艺有环氧乙烷法、乙炔法、丙烯氨氧化法和丙烷氨氧化法。

（1）环氧乙烷法　由环氧乙烷和氢氰酸制得氰乙醇，然后以碳酸镁为催化剂，于 200～280℃脱水制得丙烯腈。此法生产的丙烯腈原料昂贵，且氢氰酸毒性大，已被淘汰。

$$\underset{CH_2\ \ \ CH_2}{\overset{O}{\triangle}} + HCN \longrightarrow HOCH_2CH_2CN；HOCH_2CH_2CN \longrightarrow CH_2CHCN + H_2O$$

（2）乙炔法　由乙炔与氢氰酸作用而得，反应为常压，温度 80～90℃，用氯化亚铜和氯化铵为催化剂。该法特点是：生产过程简单，但副产物种类较多，不易分离。1960 年以前，该法是世界各国生产丙烯腈的主要方法，现已基本淘汰。

（3）丙烯氨氧化法　丙烯氨氧化法合成丙烯腈具有以下三个优点。一是原料来源丰富。丙烯来自石油炼制过程，也可采用油田气、轻油、渣油、原油经裂解分离获得。二是丙烯氨氧化法生产过程简单、产品易提纯，技术成熟。三是丙烯氨氧化法合成丙烯腈产品丙烯腈收率大于 80％，副产氢氰酸和乙腈是重要的化工原料。丙烯氨氧化工艺现已成为全世界生产丙烯腈的主要工艺（约占 95％）。丙烯氨氧化制丙烯腈主要有五种工艺路线，即 Sohio 法、Snam 法、Distillers-Ugine 法、Montedison-UOP 和 O.S.W 法，上述五种工艺路线的化学反应完全相同，丙烯、氨和空气通过催化剂生成丙烯腈，其中 Sohio 法和 Montedison-UOP 法采用流化床反应器，其他方法采用固定床反应器。

（4）丙烷氨氧化法　丙烷与丙烯之间存在着巨大的价格差，且丙烷资源丰富，从而使以 BP/Sohio、三菱化学公司（MCC）为代表的一些公司纷纷研究用丙烷作原料生产丙烯腈的工艺。目前，丙烷氨氧化生产丙烯腈的工艺中存在两个主要问题：一是丙烷很难活化，需要苛刻的操作条件和活性及选择性和稳定性均很高的催化剂；二是丙烯腈的稳定性较丙烷差，在工艺条件下容易生成不需要的碳氧化物和氮氧化物。因此，丙烷氨氧化工艺工业化的关键在于开发出在适宜的反应条件下可使丙烷分子活化的高活性、高选择性催化剂，并增加其他

具有商业价值的联产物产量。

9.5.2　丙烯氨氧化的反应机理

针对丙烯腈和其他产物腈的生成途径，研究者提出过多种机理，主要存在两种观点即两步法和一步法。

两步法机理认为：丙烯氨氧化过程中丙烯首先脱氢生成烯丙基，然后接受催化剂表面的晶格氧生成相应的醛-丙烯醛、甲醛和乙醛。这些醛进一步与吸附态氨作用生成丙烯腈。一氧化碳、二氧化碳可从氧化产物醛继续氧化生成，也可由丙烯完全氧化直接生成。两步法机理中丙烯氧化生成醛是合成腈的控制步骤。

一步法机理认为：由于氨的存在使丙烯氧化反应受到抑制。有研究指出，在使用钼酸铋催化剂，430℃时，烯丙基转化为丙烯腈和丙烯醛的速率常数分布为 $k_1 = 0.195s^{-1}$，$k_2 = 0.005s^{-1}$，$k_1/k_2 = 39$ 结果表明：丙烯醛很难成为生成丙烯腈的主要中间产物，反应生成的丙烯腈 90% 以上不经丙烯醛中间产物，而直接来自丙烯反应生成的丙烯腈。BP 公司的 Garsselli 及其合作者，以氘为示踪剂，在钼铋及锑铁系催化剂上丙烯氨氧化生成丙烯腈的过程进行了大量的文献和数据分析比对，他们分析了大量文献数据，证实了一步法机理。如图 9-7 所示。

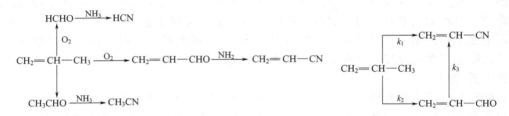

图 9-7　丙烯氨氧化两步法机理（左）和一步法机理（右）

丙烯氨氧化遵循氧化-还原机理，首先丙烯、氨与催化剂晶格氧作用，生成产物，与此同时，催化剂失去晶格氧，形成晶格氧孔穴，催化剂中活性组分被还原为低价态，如 Mo^{6+} ——→ Mo^{5+}。然后，在 Bi^{3+} 存在下，催化剂中失去活性的低价态组分 Mo^{5+} 能重新变成 Mo^{6+}，而 Bi^{3+} 则获得电子成为 Bi^{2+}，Bi^{2+} 迅速将获得的电子传递给吸附在催化剂表面上的氧，产生负氧离子，进入晶格氧孔穴，重新获得晶格氧，Bi^{2+} 自身则被氧化为 Bi^{3+} 从而完成了整个氧化-还原（redox）循环过程。催化循环过程表示如下：

$$Mo^{5+} + Bi^{3+} \longrightarrow Mo^{6+} + Bi^{2+} \tag{9-54}$$

$$2Bi^{2+} + \frac{1}{2}O_2 \longrightarrow 2Bi^{3+} + O^{2-} \tag{9-55}$$

为了保证氧化-还原循环的顺利进行，催化剂中 Mo 和 Bi 的原子比应适宜，对 P-Mo-Bi-O 催化剂，Mo：Bi＝12：9，对 P-Mo-Bi-Fe-Co-Ni-K-O/SiO₂ 七组分催化剂，由于 Fe 的协同作用，Bi 含量可大大降低，Mo：Bi＝12：1。

丙烯氨氧化反应所需的氧来自晶格氧，即真正参与反应的是催化剂中的晶格氧，反应物中的氧只起间接氧化作用。在反应过程中消耗掉的晶格氧由气相氧进行补充，通过气相氧的氧化使处于还原态的催化剂再生。因此，晶格氧的移动性与催化剂的耐还原性和活性关系很大。从氨氧化和氧化循环可以看出，丙烯氨氧化生成丙烯腈在机理上是个比选择性氧化更为复杂的过程，它涉及氨的吸附活化、丙烯的吸附、烯丙基中氮的引入、形成每个分子的产物丙烯腈所需电子的迁移、产物丙烯腈的脱附以及 redox 循环。因此，成功的工业化丙烯腈催化剂全部是多元多组分复合氧化物体系。

9.5.3 丙烯氨氧化制丙烯腈的化学原理

9.5.3.1 丙烯氨氧化的主副反应和热力学数值

丙烯氨氧化过程中，除生成主产物丙烯腈外，还有多种副产物生成。

丙烯氨氧化制丙烯腈的主副反应和热力学数值见表 9-5。

表 9-5 丙烯氨氧化制丙烯腈的主副反应和热力学数值

反应类型	反应过程	$\Delta G^{\ominus}$ (700K)/(kJ/mol)	$\Delta H^{\ominus}$ (298K)/(kJ/mol)
主反应	$C_3H_6 + NH_3 + \frac{3}{2}O_2 \longrightarrow CH_2=CH-CN_{(g)} + 3H_2O_{(g)}$	-569.67	-514.8
副反应	$C_3H_6 + \frac{3}{2}NH_3 + \frac{3}{2}O_2 \longrightarrow \frac{3}{2}CH_3CN_{(g)} + 3H_2O_{(g)}$	-595.71	-543.8
	$CH_3 + 3NH_3 + 3O_2 \longrightarrow 3HCN + 6H_2O_{(g)}$	-1144.78	-942.0
	$C_3H_6 + O_2 \longrightarrow CH_2=CHCHO_{(g)} + H_2O_{(g)}$	-338.73	-353.53
	$C_3H_6 + \frac{3}{2}O_2 \longrightarrow CH_2=CHCOOH_{(g)} + H_2O_{(g)}$	-550.12	-613.4
	$C_3H_6 + O_2 \longrightarrow CH_3CHO_{(g)} + HCHO_{(g)}$	$-298.46(298K)$	-294.1
	$C_3H_6 + \frac{1}{2}O_2 \longrightarrow CH_3COCH_{3(g)}$	$-215.66(298K)$	-237.3
	$C_3H_6 + 3O_2 \longrightarrow 3CO + 3H_2O_{(g)}$	-1276.52	-1077.3
	$C_3H_6 + \frac{9}{2}O_2 \longrightarrow 3CO_2 + 3H_2O_{(g)}$	-1491.71	-1920.9

反应副产物可分为三类：其一是氰化物，主要有乙腈和氢氰酸（主要副产物）；其二类是有机含氧化物，主要是丙烯醛、还有少量丙酮、乙醛和其他含氧化合物；其三是深度氧化产物 CO_2、水和 CO。上述主副反应均是强放热反应且 $\Delta G^{\ominus}$ 是很大负值，因此，反应已不受热力学平衡的限制，要获得主产物丙烯腈的高选择性，改进产品组成的分布，必须研制高性能的催化剂使主反应在反应动力学上占优势。

9.5.3.2 丙烯氨氧化的动力学研究结果

无论丙烯氨氧化是按照两步法和一步法的途径进行反应，丙烯脱氢生成烯丙基过程速度最慢，为速控步骤。动力学研究表明，在体系中氨和氧浓度不低于丙烯氨氧化反应的理论值时，丙烯氨氧化反应对丙烯为一级反应，对氨和氧均为零级反应，即

$$R = kp_{丙烯} \tag{9-56}$$

其中

$$k = 8.0 \exp\left(-\frac{18500}{RT}\right) s^{-1} （Mo\text{-}Bi\text{-}0.5P\text{-}O \text{ 催化剂}） \tag{9-57}$$

$$k = 2.8 \times 10^{-5} \exp\left(-\frac{16000}{RT}\right) s^{-1} （Mo\text{-}Bi\text{-}O \text{ 催化剂}） \tag{9-58}$$

9.5.4 丙烯氨氧化反应的影响因素

（1）原料纯度和配比 原料丙烯来源于烃类热裂解的裂解气或催化裂化的裂化气，经分离所得的丙烯，一般纯度较高，但还含有少量 C_2 烃、丙烷、C_4 烃等杂质。这些杂质中，丁烯及更高级的烯烃化学性质比丙烯活泼，易被氧化，消耗原料氧和氨，氧的减少会使催化活性下降，而且生成的副产物增加了分离上的困难。因此，对原料丙烯中的丁烯及更高级的烯

烃必须严格控制。乙烯分子中无 α-H，没有丙烯活泼，一般不会影响氨氧化反应。丙烷和其他烷烃在反应中呈惰性，只是稀释了丙烯浓度，因此含高浓度丙烷的丙烯也可做原料使用。硫化物的存在，会使催化剂活性下降，也应脱除。原料氨用合成氨厂生产的液氨，原料空气经除尘、酸-碱洗涤后使用。

丙烯氨氧化以空气为氧化剂（理论配比 C_3H_6：空气＝1：7.3），考虑到副反应要消耗一些氧，为保证催化剂活性组分处于氧化态，反应尾气中必须有剩余氧存在，一般控制尾气中氧含量在 0.1%～0.5%，因此丙烯与空气的配比应大于理论配比。但是空气过量太多也会带来如下一些问题。

① 过量的空气意味着带入大量的氮，使丙烯浓度下降，反应速率降低，导致反应器生产能力降低。

② 反应产物离开催化剂床层后，在气相继续发生深度氧化，使选择性下降。

③ 稀释了反应产物，给产物回收增添了难度。

④ 增大了动力消耗。

因此空气用量有一适宜值，这个数值与催化剂的性能有关。早期的 C-A 型催化剂C_3H_6：空气＝1：10.5（摩尔比）左右，使用 C-41 催化剂时 C_3H_6：空气＝1：9.8（摩尔比）左右。

丙烯与氨的摩尔比理论量为 1：1，实际为 1：（1.1～1.15）。除氨氧化反应消耗氨外，还有副反应的消耗和氨的自身氧化分解，同时过量氨可抑制副产物丙烯醛的生成，如图 9-8 所示。但氨用量过多也不经济，不仅会增加氨的消耗定额，而且未反应的氨要用硫酸中和，从而增加量硫酸的消耗量。

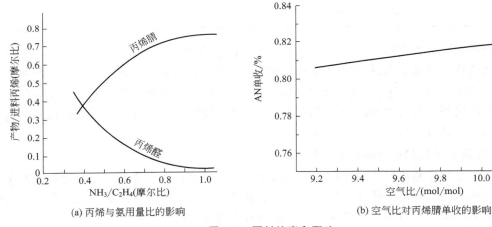

(a) 丙烯与氨用量比的影响　　　　　　　　(b) 空气比对丙烯腈单收的影响

图 9-8　原料纯度和配比

（2）反应温度　从反应动力学角度看，提高温度对副反应有利，造成深度氧化产物大量生成。对于放热反应而言，进行温度控制时要考虑催化剂的冷点温度、反应的最佳温度和催化剂的热点温度。通常情况下，温度低于 350℃ 时，氨氧化反应几乎不发生。根据图 9-9 给出了丙烯在 P-Mo-Bi-O/SiO_2 系催化剂上氨氧化温度对主副反应产物收率的影响的结果可以看出，在反应的最佳温度下，丙烯的收率达到最大值；超过最佳反应温度，丙烯腈的收率会明显下降。众所周知，适宜的反应温度具体值取决于催化剂的种类。实际生产中 C-A 型催化剂需在 470℃ 左右才具有活性；C-41 型催化剂的活性较强，适宜温度为 440～450℃ 左右，C-49 型催化剂的活化温度还可低一些。

（3）反应压力　从丙烯氨氧化生成丙烯腈反应方程式可知，低压有利于正向反应，对生成丙烯腈有利。由于丙烯氨氧化反应的主、副反应平衡常数很大，因此热力学上为不可逆，压力的变化只对反应动力学产生影响。如图 9-10 所示，加压能提高丙烯浓度，增大反应速率，提高设备的生产能力，对催化剂活性的要求更高。降压对反应过程中的气体扩散、反应器操作和设备生产能力等都会带来不利影响。在国内丙烯腈生产中，压力一般选择与后系统阻力相当水平，约 0.05～0.07MPa（G）（见图 9-10）。国外由于环保标准相对严格，吸收塔不直接放空，吸收塔放空废气依靠塔顶压力直接送入炉

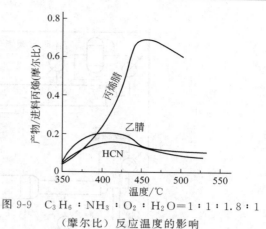

图 9-9　$C_3H_6:NH_3:O_2:H_2O=1:1:1.8:1$
（摩尔比）反应温度的影响

中燃烧，减少不经处理直接放空带来的空气污染，操作压力相对要高（0.07MPa 以上）。

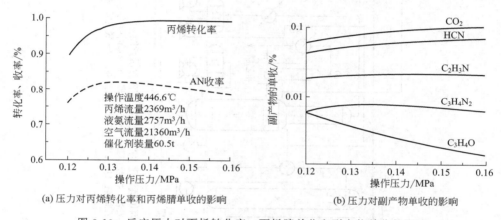

(a) 压力对丙烯转化率和丙烯腈单收的影响　　　(b) 压力对副产物单收的影响

图 9-10　反应压力对丙烯转化率、丙烯腈单收和副产物单收的影响

　　（4）线速度和停留时间　线速度是在反应条件下单位时间进入反应器的原料在反应器内的运行速度。当反应器截面和催化剂床层高度确定后，线速度和接触时间成反比。线速度太小，接触时间太长，造成设备生产能力降低，而且催化剂流化质量不好，深度氧化产物增加，丙烯腈收率下降；线速度太大，接触时间太短，原料来不及转化，丙烯腈收率同样不高。生产中一般控制线速度在 0.6m/s 左右，接触时间 8～10s。

　　（5）催化剂的粒度分布　催化剂的粒度分布对流化状态有重要影响。粒度小对提高催化剂的活性有利，但催化剂中细颗粒的比例太大，会造成催化剂的膨胀比增大到 2.5 左右（正常催化剂的膨胀比为 2.0～2.2），从而导致反应器床层超高。一方面影响生产负荷，同时造成催化剂流失严重；另一方面床层超高部分没有内构件，无法控温，流化状态差，深度氧化严重，造成单收降低。工业生产中一般要求反应器内催化剂小于 $44\mu m$ 的比例在 30% 左右，催化剂平均粒度 $50～55\mu m$ 为佳。

9.5.5　丙烯腈生产工艺流程

　　丙烯腈生产流程主要有三部分，即丙烯腈合成部分、产品和副产品的回收部分、精制部分。由于采用不同的技术，丙烯腈的生产在反应器的形式、回收和精制部分流程上有较大差异，现介绍常用的一种流程（见图 9-11）。

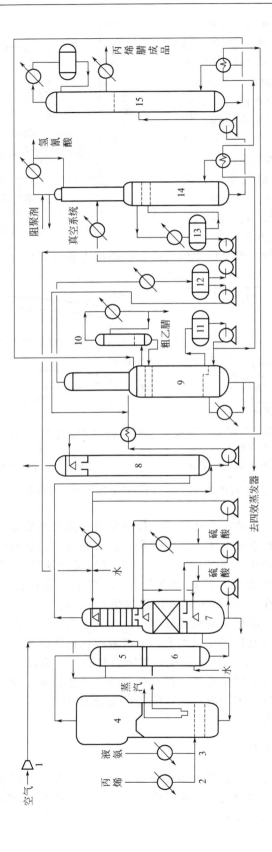

图9-11 丙烯氨氧化生产丙烯腈工艺流程示意图

1—空气压缩机；2—丙烯蒸发器；3—氨蒸发器；4—反应器；5—热交换器；6—冷却补给水加热器；7—氨中和塔；
8—水吸收塔；9—苯萃取精馏塔；10—乙腈精馏塔；11—贮槽；12，13—分层器；14—脱氰塔；15—丙烯腈精制塔；

9.5.5.1　丙烯腈的合成部分

丙烯氨氧化是强放热反应，反应温度较高，催化剂的适宜活性温度范围又比较狭窄，固定床反应器很难满足要求，因此工业上一般采用流化床反应器，以便及时排出热。目前工业上主要使用 Sohio 流化床技术。纯度为 97%～99% 的液态丙烯和 99.5%～99.9% 的液态氨，在蒸发器 2 和 3 中蒸发，从丙烯-氨混合气体分配管进入流化床反应器 4。空气经除尘、压缩，然后与反应器出口物料进行换热，预热至 300℃ 左右，从流化床底部空气分布板进入反应器。空气、丙烯和氨按一定的配比控制其流量。各原料气管路中均装有止逆阀，防止催化剂和气体倒流。

流化床反应器内设置一定数量的 U 形冷却管，通入高压热水，通过水的汽化带走反应热，从而控制反应温度。产生的高压过热蒸汽（4.0MPa 左右）作为空气压缩机和制冷机的动力，高压过热蒸汽经透平利用后成为低压蒸汽（350kPa 左右），可作回收和精制工序的热源，从而使能量得到合理利用。反应后的气体从反应器顶部出来，经热交换冷却至 200℃ 左右，送入后续工序。反应条件如表 9-6 所示。

表 9-6　采用 C-49 催化剂工业设计数据

项　　目	内　　容
生产能力	181kt/s
反应器类型	流化床（副产 4.137MPa 蒸汽）
原料	丙烯纯度≥97%；液氨纯度≥99.9%；丙烯：氨：空气＝1：1：10.2（摩尔比）
工艺条件	反应温度（出口）404℃，反应压力（出口）0.21MPa，接触时间 6s
转化率	丙烯 94%（或氨 92.8%）
选择性	丙烯腈 75%，HCN4.76%，乙腈 1.62%，CO2.44%，$CO_2$28.56%，轻组分（主要是丙烯醛）0.54%，重组分（聚合物和氰醇）1.08%

9.5.5.2　回收部分

反应器流出的物料中含有少量的氨，在碱性介质中会发生一系列副反应，例如氨与丙烯腈反应生成胺类物质 $H_2NCH_2CH_2CN$、$NH(CH_2CH_2CN)_2$ 和 $N(CH_2CH_2CN)_3$，HCN 与丙烯腈加成生成丁二腈，HCN 与丙烯醛加成为氰醇，HCN 自聚，丙烯醛聚合，CO_2 和氨反应生成碳酸氢铵等。生成的聚合物会堵塞管道；生成的碳酸氢铵在吸收液加热解吸时分解为 CO_2 和氨，然后在冷凝器中又合成碳酸氢铵，造成堵塞；各种加成反应导致产物丙烯腈和 HCN 的损失，降低了回收率，因此，氨必须及时除去。工业上采用硫酸中和法在氨中和塔中除去氨，硫酸质量分数 1.5% 左右，一般 pH 值控制在 5.5～6.0。

氨中和塔又称急冷塔，分为三段，上段为多孔筛板，中段装置填料，下段是空塔，设置液体喷淋装置。反应气从中和塔下部进入，在下段首先与酸性循环水接触，清洗夹带的催化剂粉末、高沸物和聚合物，中和大部分氨，反应气温度从 200℃ 左右急冷至 84℃ 左右，然后进入中段。在中段进一步清洗，温度从 84℃ 冷却至 80℃ 左右，此温度不应过低，以免丙烯腈、氢氰酸、乙腈等组分冷凝较多，进入液相而造成损失，也增加了废水处理的难度。反应气在经中段酸洗后进入上段，与中性水接触，洗去夹带的硫酸溶液，温度进一步降低至 40℃ 左右，进入水吸收塔 8。氨中和塔上部的洗涤水含有溶解的部分主、副产物，不能作废水排放，其中一部分循环使用，一部分与水吸收塔底流出的粗丙烯腈水溶液混合，以便送往精制工序。随着氨的吸收，氨中和塔底部稀硫酸循环液中硫铵浓度逐渐升高（5%～30%），需抽出一部分进入结晶器回收硫酸氨。

从氨中和塔出来的反应气中，有大量惰性气体，产物丙烯腈浓度很低，工业上采用水作吸收剂来回收丙烯腈和副产物。主副产物有关物理性质见表9-7。

表 9-7 丙烯腈主副产物有关物理性质

项目	丙烯腈	乙腈	氢氰酸	丙烯醛
沸点/℃	77.3	81.6	25.7	52.7
熔点/℃	−83.6	−41	−13.2	−8.7
共沸点/℃	71	76	—	52.4
共沸组成（质量比）	丙烯腈：水=88：12	乙腈：水=84：16	—	丙烯醛：水=97.4：2.6
水中溶解度（以质量计）	7.35%（25℃）	互溶	互溶	20.8%
水在该物中溶解度（以质量计）	3.1%（25℃）			6.8%

反应气进入水吸收塔8，丙烯腈、乙腈、氢氰酸、丙烯醛、丙酮等溶于水，被水吸收；不溶于水或溶解度很小的气体如惰性气体、丙烯、氧已经 CO_2 和 CO 等和微量未被吸收的丙烯腈、氢氰酸和乙腈等从塔顶排出，经焚烧后排入大气。水吸收塔要求有足够的塔板数，以便将排出气中丙烯腈和氢氰酸含量控制在最小限度。水的用量要足够，以使丙烯腈完全吸收下来，但吸收剂也不宜过量，以免造成废水处理量过大，一般水吸收液中丙烯腈含量为4%～5%（质量分数），其他有机物含量在1%（质量分数）左右。吸收水应保持较低的温度，一般在5～10℃左右。排出的水吸收液送往精制工序处理。

9.5.5.3　精制部分

精制的目的是把回收工序得到的丙烯腈与副产物的水溶液进一步分离精制，以便获得聚合级丙烯腈和较高纯度的氢氰酸。

丙烯腈与氢氰酸和水都很容易分离，丙烯腈和水能形成共沸物，冷凝后产生油水两相。丙烯腈和氢氰酸的沸点相差51.6℃，可用普通精馏方法分离。但丙烯腈和乙腈的相对挥发度比较接近（约为1.15），采用一般的精馏方法使它们分离开来，需要100块以上理论板，难以实现。工业上采用萃取精馏法来增大相对挥发度，萃取剂可采用乙二醇、丙酮和水等，由于水无毒、廉价，一般采用水作萃取剂。因为乙腈的极性比丙烯腈强，加入水可使丙烯腈对乙腈的相对挥发度大大提高，如在塔顶处水的摩尔分数为0.8时，相对挥发度以达1.8，此时只需40块实际塔板，就可实现丙烯腈和乙腈的分离。

精制部分工艺流程主要有萃取精馏塔、乙腈塔、脱氢氰酸塔和丙烯腈精制塔等组成，见图9-11。从水吸收塔底出来的水溶液进入萃取精馏塔9，该塔为一复合塔，萃取剂水与进料中丙烯腈量之比，是萃取精馏塔操作的控制因数，一般萃取用水量是丙烯腈量的8～10倍。塔顶馏出的是氢氰酸、丙烯腈和水的共沸物，由于丙烯腈和水部分互溶，冷却后溜出液在分层器12中分成两相，水相回流入塔9，油相含丙烯腈80%以上，氢氰酸10%左右，水8%左右和微量杂质，它们的沸点相差较大，可采用普通精馏法分离精制。油相采出后首先在脱氰塔14中脱除氢氰酸，脱氰塔塔顶溜出液进入氢氰酸精馏塔可制得99.5%的氢氰酸，塔釜液进入丙烯腈精制塔15除去水和高沸点杂质。萃取精馏塔中部侧线采出粗乙腈水溶液，内含有少量丙烯腈、氢氰酸以及丙烯醛等低沸点杂质，也需进一步精制，但乙腈的精制比较困难，需要物理化学方法并用。萃取精馏塔下部侧线采出一股水，经热交换后送往吸收塔8作吸收用水。塔釜出水送往四效蒸发系统。蒸发冷凝液作氨中和塔中性洗涤用水，浓缩液少量焚烧，大部分送往氨中和塔中部循环使用，以提高主副产物的收率，减少含氰废水处理量。

丙烯腈精制塔塔顶蒸出的是丙烯腈和水的共沸物，经冷凝分层，油相丙烯腈作回流液，水相采出，成品丙烯腈从塔上部侧线采出，釜液循环回萃取精馏塔作萃取剂。为防止丙烯腈聚合和氰醇分解，该塔减压操作。

回收和精制部分处理的物料丙烯腈、丙烯醛、氢氰酸等都易于自聚，聚合物会堵塞塔盘和填料、管路，因此处理中需要加入阻聚剂。由于聚合机理不同，采用的阻聚剂也不相同。丙烯腈的阻聚剂可用对苯二酚、连苯三酚或其他酚类，成品中少量水的存在也对丙烯腈有阻聚作用。氢氰酸在碱性条件下易聚合，因此需加入酸性阻聚剂，由于氢氰酸在气相和液相都能聚合，因此都需加入阻聚剂，气相时采用二氧化硫作阻聚剂，液相时使用醋酸作阻聚剂。氢氰酸的贮槽也应加入少量磷酸作稳定剂。

目前，工业化水平为，丙烯转化率达 95% 以上，选择性大于 80%，以生产每吨丙烯腈计，需液氨 0.50t，硫酸 0.092t，电 164kW·h，最先进技术的丙烯消耗定额为 1.08t。氢氰酸可用来生产氰化钠，或与丙酮反应生产丙酮氰醇，后者与甲醇反应可生产有机玻璃单体甲基丙烯酸甲酯。乙腈主要用来作萃取剂、溶剂或生产乙胺。硫酸氨可作肥料。

9.5.6　丙烯腈生产过程中的废物处理

在丙烯腈生产过程中，有大量的废水和废气产生，氰化物有剧毒，必须经过处理才能排放。中国国家标准规定，工业废水中氰化物最高允许排放的质量浓度为 0.5mg/L （以游离氰根计）。

9.5.6.1　废气处理

丙烯腈生产过程中的废气主要来自水吸收塔顶排放的气体。近年来，该工艺过程中的废气处理采用催化燃烧法，这是一种对含有低浓度可燃性有毒有机废气的重要处理方法。其要点是将废气和空气混合后，在低温下通过负载型金属催化剂，使废气中的可燃有毒有机物发生完全氧化，生成 CO_2、H_2O 和 N_2 等无毒物质。催化燃烧后的尾气可用于透平和发电，并进一步利用其余热，随后排入大气。催化燃烧法可避免直接燃烧法所消耗的燃料，因为在直接燃烧时，由于废气中有机物浓度较低，必须添加辅助燃料。

9.5.6.2　废水处理

丙烯腈生产过程有反应生成水和工艺过程用水，因此会有废水产生。对于量少而 HCN 和有机腈化物含量高的废水，添加辅助燃料后直接焚烧处理。在焚烧氨中和塔排出的含硫铵污水时，应先回收硫铵，以免燃烧时产生 SO_2 污染大气。对于量较大而氰化物（包括有机腈化合物）含量较低的废水，可采用生化法处理，常用的方法是曝气池活性污泥法。微生物形成的菌胶团透过生物吸附作用吸附废水中的有机物，在酶的催化和足够氧供给的条件下，将有毒和耗氧的有机物氧化分解为无毒或毒性较低不再耗氧的物质（主要是二氧化碳和水）而除去。这一方法的主要缺陷是曝气过程中易挥发的氰化物会随空气逸出，会造成二次污染。

近年来广泛采用生物转盘法，转盘上先挂好生物膜，在转盘转动过程中，空气中的氧不断溶入水膜中，在酶的催化下，有机物氧化分解，同时微生物以有机物为营养物，进行自身繁殖，老化的生物膜不断脱落，新的生物膜不断产生。本法不产生二次污染，对于总氰（以 -CN 计）含量在 50～60mg/mL 的丙烯腈废水，用此法处理能达到排放标准。

除上述方法以外，还可采用加压水解法、湿式氧化法和活性炭吸附法等辅助措施，来处理丙烯腈废水。

9.5.7 丙烯腈生产工艺的开发

9.5.7.1 流化床反应器的改进

流化床反应器是丙烯腈装置的关键设备之一，反应器能否稳定高效的运行直接影响到丙烯腈的产量、质量及生产成本。因此，丙烯腈流化床反应器的研究开发始终是这一领域的热点。如图 9-12 所示。

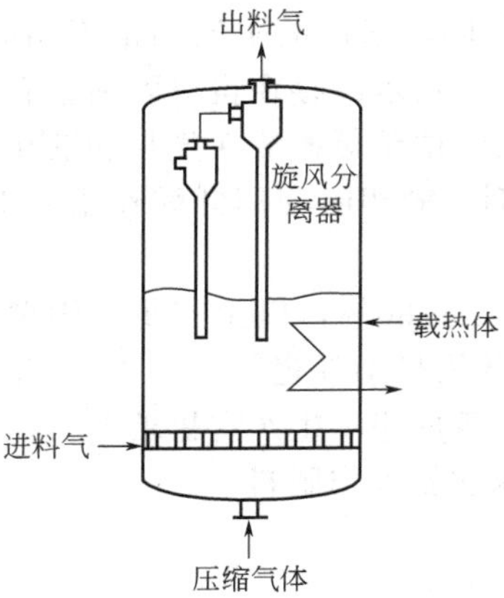

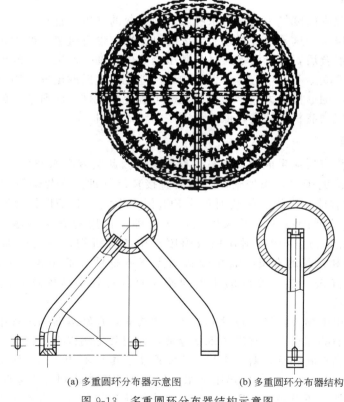

图 9-12　流化床反应器的
结构示意图

中国石化总公司在深入研究丙烯氨氧化催化剂的氧化-还原、动力学行为及提升管反应器传递特性的基础上，提出了新型的内循环挡板流化床反应器，简称为 UL 型反应器。原料以较低的氧烯比进入床层下部，得到高的丙烯腈选择性，然后通过氧的二次布气使床层上部的氧烯比较高，获得高的丙烯转化率，从而使总的丙烯腈收得到提高。反应器通过设置的内构件，使催化剂实现内循环，消除了低氧烯比区域催化剂容易失活的缺点。

清华大学在进一步研究了丙烯氨氧化反应网络和特点后，开发了多重圆环式管结构的丙烯氨分布器，见图 9-13(a)，其外形与反应器外形几何相似，实现了喷嘴的空间均匀分布。丙烯氨分布器的喷嘴结构由原来的下喷式改为侧喷式，见图 9-13(b)，抑制了丙烯和氨向床层底部富氧区的轴向逆扩散，提高了丙烯腈的选择性。

(a) 多重圆环分布器示意图　　　(b) 多重圆环分布器结构

图 9-13　多重圆环分布器结构示意图

旋风分离器是丙烯腈流化床反应器内的关键设备，它直接决定了反应器内催化剂的粒度分布、催化剂的损失量，因此，它对反应器的流化质量、反应性能和长周期稳定运行起着重要的作用。生产上曾通过调整旋风分离器筒体的高径比、料腿的长度等措施，提高了旋风分离器的效率，使催化剂损失明显降低。但随着丙烯腈装置生产能力的不断扩大，反应器原有的三级旋风分离器图 9-14（a）由于存在以下原因而成为反应器扩能的瓶颈：①旋风分离器组体积庞大，在反应器有限空间内能布置的旋风分离器组数少；②受到旋风分离器适宜操作气速及压降的限制。因此，国际大公司均致力于开发新型旋风分离器组，其中美国杜邦公司开发成功了一种"一拖二"的两级旋风分离器，即第一级为一台大直径分离器，第二级采用两台并联的小直径分离器，见图 9-14（b）。该技术取得了成功，但不足之处是仍需用 3 台旋风分离器，占据空间仍然较大。中国石化自主开发成功的新型 PV 两级旋风分离器见图 9-14（c）与杜邦公司的"一串二"两级技术相比，不仅分离性能优异，而且占据空间小，安装简便，十分适用于丙烯腈装置的扩能改造。目前，PV 二级旋风分离器已广泛应用于国内丙烯腈流化床反应器的扩能改造。

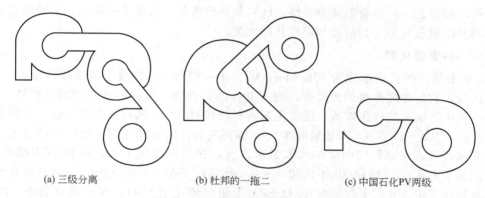

(a) 三级分离　　　　　　　　(b) 杜邦的一拖二　　　　　　　(c) 中国石化PV两级

图 9-14　旋风分离器的结构示意图

丙烯氨氧化反应是强放热反应，反应热通过设置在反应器床层的撤热水管移出。撤热水管的排布、传热面积的大小、撤热水管的高度等会影响催化剂流化质量、反应温度的控制、床层温度分布及深度氧化反应，因此，撤热水管是丙烯腈流化床反应器内的重要内构件。近年来，在新反应器的设计和老装置的改造中，通过增加特别设计的撤热水管数量和改变安装位置等来提高控温精度、减少深度氧化反应，都取得了良好的效果。

9.5.7.2　工艺技术的改进

丙烯腈生产技术的改进主要集中在节能降耗、环保等方面，焦点是中和塔污水的处理，主要的技术进展如下。

丙烯腈生产技术中，就中和塔污水处理而言有两种工艺，即不回收硫铵和回收硫铵工艺。不回收硫铵工艺中和塔一段结构酸性操作，硫铵废水直接注入深井处理。回收硫铵工艺中和塔为二段结构，下段喷淋除杂，废水经废水烧却炉烧却处理；上段喷硫酸中和未反应的氨，硫铵溶液经硫铵回收工段回收结晶硫铵。20 世纪 90 年代后 INEOS/BP 集成开发了中和塔硫酸循环使用的技术，并在新建的大型丙烯腈专利工厂中实现了工业应用。该技术中和塔采用一段式结构酸性操作，中和塔出来的稀硫铵溶液经沉降分离除去催化剂颗粒等固形物后，浓缩至 40％左右，与来自 MMA 装置的硫酸氢铵一起送至废水烧却炉焚烧，焚烧产生的 SO_2 经一氧化反应器被氧化成 SO_3，然后再经吸收制成硫酸回收系统循环使用。该技术适用于大型丙烯腈工厂，其优点在于硫酸的循环利用，节约资源，且丙烯腈回收率较高，物耗低；缺点是投资大。

INEOS/BP 开发了未反应氨回收再循环使用的工艺技术。该技术采用铵离子与磷酸根离子比为 0.7～1.3 的磷酸氢一铵溶液喷淋急冷反应气体并中和未反应的氨，急冷脱氨后的反应气体进入装置的后续系统，喷淋吸收后的液体从中和塔塔底排出进入一汽提塔，在塔中汽提回收丙烯腈、乙腈等有机物回到中和塔，汽提塔塔釜液送至一湿式氧化反应器，在此一是发生催化氧化反应，除去聚合物；二是将汽提塔塔釜液中的磷酸氢二铵加热分解成氨和磷酸氢一铵，氨被送至氨氧化反应器循环利用，磷酸氢一铵溶液送到蒸发器浓缩后再送到中和塔循环使用。该工艺的优点是未反应氨、磷酸铵回收循环使用，资源利用率高，适用于一般丙烯腈工厂。随着环保标准的不断提高，人们对丙烯腈合成后的无氨工艺越来越关注。

9.5.8 丙烯氨氧化催化剂的研究进展

工业化丙烯腈催化剂应具备以下特点：（1）活性好，活性稳定，选择性高；（2）寿命长，且耐毒、耐热；（3）足够的机械强度，具有耐磨和耐冲击性能；（4）催化剂流动性能良好，无结块倾向；（5）具有制备重复性；（6）制造价格低。丙烯氨氧化催化剂种类繁多，根据催化剂基础组成可分为钼酸盐和锑酸盐两大类。

9.5.8.1 Mo 系催化剂

Mo 系催化剂的代表组成为 $PBi_9Mo_{12}O_{52}$。单一的 MoO_3 作催化剂选择性很差。Bi_2O_3 无催化活性，它的作用是氧的传递体，加入 P 作助催化剂，可提高催化剂的选择性，P、Bi 和 Mo 的氧化物组成共催化体系，使催化剂具有较好的活性、选择性和稳定性。该催化剂活性温度较高（460～490℃），丙烯腈收率只有 60% 左右，丙烯单耗高，副产物产量大。反应时为提高选择性、在原料气中需加入大量水蒸气，在反应温度下 Mo 和 Bi 挥发损失严重，使催化剂易于失活。20 世纪 70 年代初，Sohio 公司在 P-Mo-Bi-Fe-Co-O 五组分催化剂基础上，开发成功了 P-Mo-Bi-Fe-Co-Ni-K-O/SiO_2 七组分催化剂 C-41。在该催化剂中，Bi 是催化活性的关键组分，不含 Bi 的催化剂，丙烯腈的收率很低（6%～15%）。适宜含量 Fe 与 Bi 的配合不但能提高丙烯腈的收率，还可减少乙腈的生成。Fe 的作用被认为是帮助 Bi 输送氧，使 $Mo^{+6} \Leftrightarrow Mo^{+5}$ 更易进行，Ni 和 Co 可抑制生成丙烯醛和乙醛的副产物。K_2O 的加入对催化剂的氨氧化性能有显著的影响，少量 K_2O 的存在可改变催化剂表面酸度，减少强酸中心数目，抑制深度氧化，使选择性提高；K_2O 过量则导致催化剂表面酸度明显下降，使氨氧化反应放的活性和选择性均下降。Mo-Bi-Fe 系催化剂可用通式表示为：Mo-Bi-Fe-A-B-C-D-O，其中 A 为酸性元素，如 P、As、B、Sb 等；B 为碱金属；C 为二价金属元素，Ni、Co、Mn、Mg、Ca、Sr 等；D 为三价金属元素，如 La 等；另外，Mo 可部分被 W、V 等元素所取代。

9.5.8.2 Sb 系催化剂

锑系催化剂的代表组成为 Sb-Fe-O，牌号有 NS-733A、NS-733B 等。该催化剂丙烯腈收率可达 75% 左右，副产物乙腈很少，催化剂价格也比较便宜。α-Fe_2O_3 是活性很高的氧化催化剂，但选择性差；纯氧化锑活性很低，但选择性好，两者结合，具有良好的活性和选择性。催化剂中 Fe：Sb 为 1：1（摩尔比），催化剂主体为 $FeSbO_4$，有少量的 Sb_2O_4。Sb-Fe-O 系催化剂耐还原性较差，添加 V、Mo、W 等可改变其耐还原性。

除上述两类催化剂外，工业上还有以 MoO_3 为主的 Mo-Te-O 系催化剂（如 Montedison-UOP 法采用的催化剂），其主体为 Mo-Te-Ce-O 的多元金属氧化物，催化性能与 C-49 和 NS-733B 相当，丙烯腈单程收率可达 80%。中国上海石油化工研究院在丙烯氨氧化催化剂的研制方面也做了大量的工作，先后开发了 M-82、M-86 等牌号的催化剂，主要技术指标已达到或超过国外同类产品的水平。2003 年该公司还推出全新的 SAC-2000 丙烯腈催化剂，该催化剂具有低反应温度、高丙烯腈收率、环境友好等特点。

丙烯氨氧化催化剂除需要活性组分外，还需要载体，这一方面是为了提高催化剂强度，一方面是分散活性组分并降低其用量。根据采用的反应器的不同，对载体的要求也不相同。液化床对催化剂的强度和耐磨性能要求很高，一般采用粗孔微球硅胶作载体，活性组分和载体比为 1:1（质量比），喷雾干燥成型制得。固定床反应器传热效果比流化床差，因此对催化剂载体的导热性能要求较高，一般采用导热性能良好、低比表面、无微孔结构的惰性物质作载体，如刚玉、碳化硅和石英砂等，用喷涂法或浸渍法制得。

9.6 氧化操作的安全技术

9.6.1 爆炸极限的概念

选择性氧化过程中，烃类及其衍生物的气体或蒸气与空气或氧气形成混合物，在一定的浓度范围内，由于引火源如明火、高温或静电火花等因素的作用，该混合物会自动迅速发生支链型连锁反应，导致极短时间内体系温度和压力急剧上升，火焰迅速传播，最终发生爆炸，该浓度范围称为爆炸极限，一般以体积分数表示，其最低浓度为爆炸下限，最高浓度为爆炸上限。

爆炸极限是一个很重要的概念，在防火防爆工作中有很大的实际意义：它可以用来评定可燃气体（蒸气、粉尘）燃爆危险性的大小，作为可燃气体分级和确定其火灾危险性类别的依据。目前我国把爆炸下限小于 10% 的可燃气体划为一级可燃气体，其火灾危险性列为甲类，可作为建筑物耐火等级、厂房通风系统的设计依据和安全生产操作规程的设计依据。

9.6.2 爆炸极限的计算方法

燃气爆炸极限的计算方法有多种，主要根据完全燃烧反应所需的氧原子数、化学计量浓度、燃烧热等计算出近似值。比较典型的经验计算公式如下所示。

9.6.2.1 爆炸反应当量浓度的计算

爆炸气体完全燃烧时，其化学理论体积分数可用来确定可燃物的爆炸下限，公式如下：

$$C = 20.9/(0.209 + n_0)$$

爆炸下限（LEL）$= 0.55 \times C$；爆炸上限（UEL）$= 4.8(C)^{0.5}$

式中　　C——爆炸性气体完全燃烧时的化学计量浓度；

　　0.55——常数；

　　20.9%——空气中氧体积分数；

　　n_0——可燃气体完全燃烧时所需氧分子数。

例如：求丙烷的爆炸极限。丙烷化学反应式：$C_3H_8 + 5O_2 \longrightarrow 3CO_2 + 4H_2O$

丙烷（LEL）$= 0.55 \times C = 2.21$

丙烷（UEL）$= 4.8[20.9/(0.209 + 5)]^{0.5} = 9.62$

只适用于碳氢化合物及其衍生物爆炸极限的估算，不适用于 H_2、CO、C_2H_2 气体的计算。表 9-8 为几种常用燃气爆炸极限的计算结果。从结果可以看出对烷烃气体爆炸极限计算较为准确，一般下限略高于实验值，上限略低于实验值，误差都在 10% 以内；烯烃计算结果误差较大，但比按氧原子数计算误差小，但仍可作为参考依据。

表 9-8　几种常用燃气爆炸极限按化学计量浓度的计算结果　　（％）

名称	实验值 （下限/上限）	计算值	与实验值的 绝对偏差	与实验值的 相对偏差/%
CH_4	5.0/15.0	5.2/14.3	$-0.2/-0.7$	$-4/4.7$
C_2H_6	3.0/12.5	3.1/12.2	$-0.1/0.3$	$-3.3/2.5$
C_3H_8	2.1/9.5	2.2/9.5	$-0.1/0$	$-4.8/0$
C_3H_6	2.0/11.7	2.47/10.18	$-0.47/1.62$	$-23.5/13.85$
$n\text{-}C_4H_{10}$	1.5/8.5	1.7/8.5	$0.2/0$	$-13.3/0$
$i\text{-}C_4H_{10}$	1.8/8.5	1.7/8.5	$0.1/0$	$5.6/0$

9.6.2.2　由分子中所含碳原子数估算爆炸极限

$$爆炸下限（LEL）=1/(0.1347n+0.04343)$$
$$爆炸上限（UEL）=1/(0.01337n+0.05151)$$

式中　n——分子中所含碳原子数。

9.6.2.3　两种以上可燃气体组成的混合体系爆炸极限的计算

（1）莱夏特尔定律　对于两种以上可燃气体混合体系，已知每种可燃气体的爆炸极限和所占空间体积分数，可根据莱夏特尔定律算出混合体系的爆炸极限。

$$（爆炸下限）LEL=(P_1+P_2+P_3)/(P_1/LEL_1+P_2/LEL_2+P_3/LEL_3)（V\%）$$
$$（爆炸上限）UEL=(P_1+P_2+P_3)/(P_1/UEL_1+P_2/UEL_2+P_3/UEL_3)（V\%）$$

式中　P_n——每种可燃气在混合物中的体积分数。

（2）理查特里公式　对于两种以上可燃性混合体系可用理查特里公式，该式适用于各组分间不反应、燃烧时无催化作用的可燃性混合体系。

$$EL=100/(V_1/EL_1+V_2/EL_2+\cdots\cdots+V_n/EL_n)$$

式中　EL——混合体系爆炸极限，%；

　　　EL_n——混合体系中各组分的爆炸极限，%；

　　　V_n——各组分在混合气体中的体积分数，%。

9.6.2.4　含惰性气体的可燃性混合体系的爆炸极限

对于有惰性气体混入的多元可燃性混合体系的爆炸极限，可用以下公式：

$$EL=EL_r/[1-D+(EL_r\times D)/100]$$

式中　EL——含惰性气体的可燃性混合体系的爆炸极限；

　　　EL_r——可燃性混合体系中部分可燃物的爆炸极限；

　　　D——为惰性气体含量。

9.6.3　爆炸极限的作图法

图 9-15 所示为甲烷、氧气、氮气的爆炸三角线图，图中甲烷的临界氧浓度约为 12%。用三角线图表示爆炸范围是很方便的，图 9-15 中，L_1，L_2，临界氧浓度和 U_1，U_2 围成的近似三角区为可燃性气体的爆炸范围。L_2，U_2 为可燃性气体在氧气中的爆炸下限和爆炸上限，L_1，U_1 为可燃性气体在空气中的爆炸下限和爆炸上限，通过爆炸范围与顶点 C 的直线为空气线，空气线在 $O\text{-}N$ 的起点为 O_2 浓度为 20.95% 处，现在，我们研究某一浓度的混合气体 M_1，当加入甲烷时，其浓度沿着 M_1 与 C 的连线变化至 M_2，于 M_2 中加入氧气，其浓

度又沿着 M_2 与 O 的连线变化至 M_3，由此可见，当混合物 M_1 的某一组分发生变化时，M_1 将朝着该组分的方向发生正负变化，从图中可见，M_1 中增加氧气的浓度或降低甲烷的浓度，M_1 向进入爆炸范围的方向变化，而氮气发生浓度正负变化时对 M_1 的爆炸性能的影响不大。图 9-15 中，连接顶点为 C 与 N 的一边是氧浓度为零的线。平行这条边的直线，表示氧浓度为一定值的混合物，与该边平行而与爆炸三角区顶点相切的那条线，是我们要求的含氧量安全限值，即图中所示的临氧浓度。

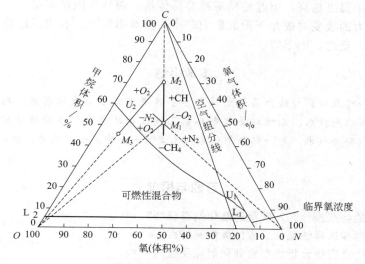

图 9-15　甲烷-氧-氮气混合体在标准大气压、26℃时的爆炸范围

上述爆炸范围三角线图对于研究可燃性气体火灾与的爆炸危险性非常有用，其制作过程如下所述。

首先画出等边三角形，顶点 F，O，N 分别表示为可燃性气体、氧气和氮气，而后画出空气线 $F\text{-}A$，在 $F\text{-}O$ 边上取可燃性气体在氧气中的爆炸上限 U_2 和爆炸下限 L_2，在 $F\text{-}A$ 线上取可燃性气体在空气中的爆炸上限 U_1 和爆炸下限 L_1，连接 U_2 和 U_1，再连接 L_2 和 L_1，将两线段延长成三角形，过顶点作平行 FN 的切线即临界氧浓度（见图 9-16）。

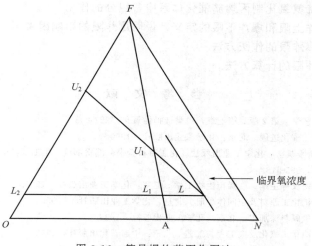

图 9-16　简易爆炸范围作图法

9.6.4 爆炸极限的影响因素

可燃气体、蒸气浓度在爆炸下限以下、上限以上，是不会爆炸的。但这是相对一定条件而说的。如果条件改变，爆炸上下限就会发生变化，原本爆炸浓度范围外不会爆炸的会因爆炸范围扩大而发生爆炸危险；相反，原本爆炸极限范围内的，也会因为爆炸范围缩小，而不会再有爆炸危险。可见爆炸极限不是一成不变的，它与体系的温度、压力、组成等因素有关。一般地，初始温度越高，引起的反应越容易传播，爆炸极限范围越大，即爆炸下限降低而上限提高。压力的改变对爆炸下限的影响较小，但对爆炸上限有明显影响。压力增高，爆炸上限明显提高，反之，则下降。

本章小结

本章按照由一般原理到特殊产品的顺序介绍了烃类选择性氧化的特点、均相催化氧化及非均相氧化的原理与应用技术、乙烯环氧化制环氧乙烷及丙烯氨氧化制丙烯腈的工艺技术，还特别介绍了氧化过程安全技术。每一部分都含有机化工的一些重要通用技术方法，应反复琢磨，触类旁通。

习题与思考

1. 氧化反应的特点是什么？常用的氧化剂有哪些？
2. 分析说明烃类选择性氧化反应的类型及特点。
3. 结合化工生产实例分析说明自催化氧化反应的特点。
4. 以 Wacker 反应为例，分析说明均相催化反应的原理。
5. 分析说明共氧化法生产环氧丙烷的原理及工艺流程。
6. 分析说明典型多相催化反应中气-固相反应的反应器类型的优缺点。
7. 阐述说明乙烯环氧化制环氧乙烷的原理、催化剂和反应流程。
8. 分析说明乙烯环氧化制环氧乙烷的工艺条件的选择依据。
9. 查阅资料列举一些环氧乙烷生产工艺技术的新进展。
10. 列举并说明丙烯氨氧化的工艺。
11. 阐述说明丙烯氨氧化化学反应原理及动力学反应的机理。
12. 分析说明丙烯氨氧化制丙烯腈工艺条件的选择依据。
13. 分析说明丙烯氨氧化制丙烯腈催化体系中各组分的作用。
14. 解释说明爆炸上限和爆炸下限的定义，说明爆炸限的影响因素。
15. 理解和掌握爆炸限的作图方法。
16. 解释说明爆炸限的计算方法。

参 考 文 献

[1] 米镇涛主编. 化学工艺学. 第 2 版. 第七章，烃类选择性氧化，222-263.
[2] 钱延龙，廖世健. 均相催化进展. 北京：化学工业出版社，1990.
[3] 《化工百科全书》编辑委员会. 化学工业出版社《化工百科全书》编辑部编. 化工百科全书·第 7 卷. 北京：化学工业出版社，1994. 513，595-613.
[4] 张旭之，陶志华，王松汉等主编. 丙烯衍生物工学. 北京：化学工业出版社，1995.
[5] 徐克勋主编. 精细有机化工原料及中间体手册. 北京：化学工业出版社，1995.
[6] 洪仲苓主编. 化学有机原料深加工. 北京：化学工业出版社，1998.
[7] 区灿琪，吕德伟. 石油化工氧化反应工程与工艺. 北京：中国石化出版社，1992.
[8] 吴指南主编. 基本有机化工工艺学. 修订版. 北京：化学工业出版社，1990.

［9］　赵仁殿，金彰礼，陶志华等主编，芳烃工学．北京：化学工业出版社，2001.

［10］　张丽萍，李晋鲁，朱起明．乙烯催化氧化制环氧乙烷动力学．石油化工，1986，15（3）：160-166.

［11］　张沛存．丙稀氨氧化合成丙烯腈的反应机理及其应用．齐鲁石油化工，2009，37（1），21-25.

［12］　王利群，朱晓芩，卢冠忠等．丙烯氨氧化催化剂物化性能研究-Ⅰ．程序升温脱附，Ⅱ．催化剂失活前后的结构表征．华东理工大学学报，1996（5）：638-643.

［13］　刘生宝，肖珍平．应用国内技术改造丙烯腈装置．化工设计，2000，10（3）：39-42.

［14］　贾玲玲．银催化剂表面修饰以及对乙烯环氧反应影响的理论研究［D］．复旦大学，2003.

［15］　陈建义，时铭显．丙烯腈反应器新型两级旋风分离器技术特性及推广应用．石油化工设备技术，2003，24（5）：10-14.

［16］　The Standard Oil Company. Process for elimination of waste material during manufacture of acrylonitrile：US，5288473［P］．1994-02-22.

［17］　The Standard Oil Company. Ammoxidation of a mixture of alcohols to a mixture of nitriles to acetonitrile and HCN：US，6204407［P］．2001-03-20.

［18］　The Standard Oil Company. Process for recovery and recycle ofammonia from an acrylonitrile reactor effluent stream using an ammonium phosphate quench system：US，5895635［P］．1999-04-20.

［19］　The Dow Chemical Company. Polymer modified adducts of epoxy resing and active hydrogen containing compounds containing mesogenic moieties：US．5235008［P］．1993-08-10.

［20］　袁兵．用于丙烯腈生产的 C49MC 催化剂性能和应用研究［D］．天津大学，2007.

［21］　许满贵，徐精彩．工业可燃气体爆炸极限及其计算．西安科技大学学报，2005，25（2）：139-142.

［22］　日本安全工学协会．安全技术手册．中国金属学会冶金安全专业委员会译，1986，339-355.

［23］　万成略，汪莉．可燃性气体含氧量安全限值的探讨．中国安全科学学报，1999，9（1）：48-52.

［24］　Kirk-Othmer, Encyclopedia of Chemical Technology. 4th. ed, Vol. 9. New York：John Wiley&Sons, Inc, 1991, 915-955.

［25］　张旭之，王松汉，戚以政主编．乙烯衍生物工学．北京：化学工业出版社，1995.

［26］　李常艳．化学工艺学的课堂教学与绿色化工意识的培养．广州化工，2013，41（1）：183-185.

［27］　毛东森，卢立义．环氧乙烷银催化剂研究的新进展．石油化工．1995.24（11），821-825.

［28］　Norton Company. Catalyst carrier：US.5100859［P］．1992-03-31.

［29］　Union Carbide chemicals. Alkylene oxide catalysts containing high silver content：US.5187140［P］．1993-02-16.

［30］　苗静，王延吉．乙烯环氧化制环氧乙烷银催化剂研究进展．工业催化，2005，13（4）：44-47.

［31］　杨杏生．丙烷氨氧化催化剂现状．石油化工．1995，24（2）：133-139.

［32］　魏文德主编．有机化工原料大全·第3卷．北京：化学工业出版社，1990.

［33］　The Standard Oil Company. Process for the manufacture of acrylonitrile and methacry Lonitrile：US.5175334［P］．1992-12-29.

［34］　《化工百科全书》编辑委员会，化学工业出版社《化学百科全书》编辑部编．化工百科全书·第1卷．北京：化学工业出版社，1990.370-384，805-821.

［35］　《中国化学工业年鉴》编辑部编．化学工业年鉴（1997/1998）．中国化工信息中心出版，1998.

［36］　冯肇瑞，杨有启主编．化工安全技术手册．北京：化学工业出版社，1993.

［37］　韦士平，庞东升．空气法乙烯氧化制环氧乙烷工艺的最优．石油化工，1986，15（2）：94-97.

［38］　严仲明．丙烯腈催化剂活性衰减原因的分析及对策．石油化，1999，28（7）：43-47.

第10章 氯 化

10.1 氯代烃种类和用途

氯代烃主要包括氯代脂肪烃、氯代脂环烃和氯代芳香烃。氯代烃的性质非常活泼，因此在工业上有着广泛的用途。例如，一氯甲烷可用于各种合成，二氯甲烷可以用作发泡剂、火箭燃料雾化剂，制取橡胶黏合剂及灭火剂等；三氯甲烷可以用在医药上作为麻醉剂及药剂等；四氯化碳可以用作灭火剂、干洗剂、农业杀虫剂等；氯乙烷主要用于四乙基铅的制备，还可用作溶剂、麻醉剂、杀虫剂和乙基化剂；1,2-二氯乙烷是合成氯乙烯、乙二胺、聚硫橡胶的原料。氯乙烯是合成聚氯乙烯、聚偏氯乙烯的单体；3-氯丙烯是合成甘油、环氧树脂的原料；丁二烯的氯代产品可以用来合成氯丁橡胶、PBT工程塑料；氯苯可以合成许多有机工业产品如苯酚、苯胺等，也是某些农药、医药和染料中间体的原料。

10.2 氯代烃的主要生产方法

生产氯代烃的原料主要是烷烃、烯烃、芳香烃、醇等，氯化剂主要有氯气、氯化氢、次氯酸及许多有机和无机氯化物（如亚硫酰氯、三氯化磷、五氯化磷、光气等）。一般在高温、光照或有催化剂存在的条件下进行反应，工业上使用的催化剂主要有氯化铁、氯化铜、氯化铝、三氯化锑、五氯化锑、氯化汞等。用于氯代烃生产过程的化学反应主要包括取代氯化、加成氯化、氢氯化、氯解、热裂解、脱氯化氢和氧氯化等。其中，取代氯化、加成氯化和氧氯化是主要生产方法。

10.2.1 取代氯化

取代氯化是在加热、光照或自由基引发剂的条件下，烃分子中的一个或几个氢原子被氯取代得到氯代烃的反应。该反应在气相或液相中进行，是强放热反应。热氯化反应在气相中进行时，温度通常在250℃以上，在液相中进行氯化时，反应速度较快。光氯化反应，常用波长为300～500nm的紫外线作为光源，一般在液相中进行。

10.2.1.1 低级烷烃的热氯化

低级烷烃的取代氯化以甲烷氯化最为重要，常用的方法是热氯化法，反应是在气相中按自由基机理进行的。

链引发：
$$Cl_2 \xrightarrow{\triangle} 2Cl \cdot \qquad \Delta H = +242.8kJ$$

链传递：
$$CH_4 + Cl \cdot \longrightarrow \cdot CH_3 + HCl \qquad \Delta H = +4.2kJ$$
$$\cdot CH_3 + Cl_2 \longrightarrow CH_3Cl + Cl \cdot \qquad \Delta H = -107.9kJ$$
$$CH_3Cl + Cl \cdot \longrightarrow \cdot CH_2Cl + HCl \qquad \Delta H = -19.3kJ$$
$$\cdot CH_2Cl + Cl_2 \longrightarrow CH_2Cl_2 + Cl \cdot \qquad \Delta H = -86.9kJ$$
$$CH_2Cl_2 + Cl \cdot \longrightarrow \cdot CHCl_2 + HCl \qquad \Delta H = -37.0kJ$$
$$\cdot CHCl_2 + Cl_2 \longrightarrow CHCl_3 + Cl \cdot \qquad \Delta H = -65.9kJ$$
$$CHCl_3 + Cl \cdot \longrightarrow \cdot CCl_3 + HCl \qquad \Delta H = -54.6kJ$$
$$\cdot CCl_3 + Cl_2 \longrightarrow CCl_4 + Cl \cdot \qquad \Delta H = -44.5kJ$$

链终止：
$$\cdot Cl + \cdot Cl \longrightarrow Cl_2$$
$$\cdot CH_3 + \cdot CH_3 \longrightarrow CH_3CH_3$$
$$\cdot CH_3 + \cdot Cl \longrightarrow CH_3Cl$$
$$\cdots\cdots \qquad \cdots\cdots$$

从甲烷氯化的反应机理可以看出，反应较难停留在一氯代甲烷阶段，往往生成 4 种产物的混合物，工业上把这种混合物作为溶剂使用。但是，通过控制一定的反应条件和原料用量比，可使其中一种氯代烷成为主要的产品。比如用极过量的甲烷，则反应几乎完全限制在一氯代反应阶段（400～450℃，甲烷：氯气＝10：1）。又如在 440℃ 左右，甲烷：氯气＝0.25：1 时（如图 10-1 所示），则主要生成四氯化碳。但是氯气过量时反应进行极为猛烈，甚至发生爆炸，因此，氯气必须逐渐引入反应器，使得甲烷和甲烷的部分氯化产物永远保持过量。

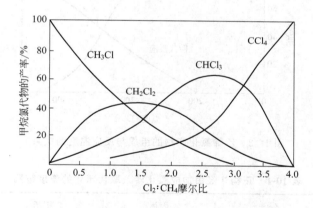

图 10-1　甲烷氯化产物组成与 Cl_2：CH_4 的关系

甲烷氯代反应中将反应气体加热至 250℃ 以上时，即到达相当程度的反应速度，如温度升至 500℃ 以上时，就会发生爆炸性的分解反应。因此，必须将反应温度严格控制在 400～450℃ 范围内。

$$CH_4 + 2Cl_2 \longrightarrow C + 4HCl \qquad \Delta H = +280kJ$$

10.2.1.2　烯烃的热氯化

烯烃气相热氯化的反应机理也是自由基型的连锁反应，以乙烯和丙烯气相热氯化为例，反应机理如下：

链引发： $$Cl_2 \xrightarrow{\triangle} 2Cl \cdot$$

链传递：氯乙烯的生成 $\begin{cases} CH_2 = CH_2 + Cl \cdot \longrightarrow CH_2 = CH \cdot + HCl \\ CH_2 = CH \cdot + Cl_2 \longrightarrow CH_2 = CHCl + Cl \cdot \end{cases}$

氯丙烯的生成 $\begin{cases} CH_3CH = CH_2 + Cl \cdot \longrightarrow \cdot CH_2CH = CH_2 + HCl \\ \cdot CH_2CH = CH_2 + Cl_2 \longrightarrow ClCH_2CH = CH_2 + Cl \cdot \end{cases}$

10.2.2　加成氯化

　　烯烃、炔烃、二烯烃等含有不饱和键的烃与氯气进行加成氯化生成二氯化物，这类反应也是工业上制取氯代烃的重要方法之一。加成氯化是放热反应，反应可在有催化剂或无催化剂的条件下进行，常用的催化剂是 $FeCl_3$、$ZnCl_2$、PCl_3 等。有催化剂存在下烯烃的加成氯化可在气相或液相中进行，气相加热反应时，除了加成氯化还可以发生取代氯化，从而形成了两类氯化反应的竞争，究竟哪个反应占优势，取决于操作条件。

　　正构烯烃与氯气反应，低温时有利于加成氯化，高温时有利于取代氯化，如图 10-2 所示。对于每一个正构烯烃，都有各自的由加成氯化过程过渡到取代氯化的温度范围，如表 10-1 所示，乙烯的气相热氯化在低于 250℃ 时是加成氯化为主，高于 350℃ 时转为取代氯化为主。对于具有 α-氢的异构烯烃（如异丁烯），在通常条件下，只发生 α-氢取代氯化，除非在极低温时（−40℃ 以下），才有加成氯化发生。

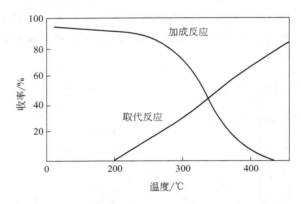

图 10-2　乙烯氯化产物的组成与反应温度的关系

表 10-1　正构烯烃由加成氯化转入取代氯化的温度范围

烯烃	乙烯	丙烯	2-丁烯	2-戊烯
过渡温度范围/℃	250～350	200～250	150～225	125～200

10.2.3　氢氯化反应

　　氢氯化反应是氯化氢与烯烃、炔烃发生的加成反应或与醇发生的取代反应，这类反应按离子反应历程进行。

　　(1) 烯烃与氯化氢的加成反应　反应一般分为两步，第一步氢质子加到烯烃分子的双键含氢原子较多的碳原子上，生成碳正离子及氯负离子，第二步氯负离子加到双键含氢原子较少的碳原子上，生成氯代烷烃。

$$RCH = CH_2 + HCl \longrightarrow R\overset{+}{C}HCH_3 + Cl^-$$

$$R\overset{+}{C}HCH_3 + Cl^- \longrightarrow RCHClCH_3$$

反应在催化剂 $AlCl_3$ 存在的条件下进行，反应的选择性好，副反应少。烯烃与氯化氢的反应是弱放热反应，反应热为 $4 \sim 21kJ/mol$。

（2）炔烃与氯化氢的加成反应

$$RC \equiv CH + HCl \longrightarrow R\overset{+}{C} = CH_2 + Cl^-$$

$$R\overset{+}{C} = CH_2 + Cl^- \longrightarrow RCCl = CH_2$$

炔烃与氯化氢的反应使用的催化剂是 $HgCl_2$，该反应是较强的放热反应，乙炔与氯化氢反应生成氯乙烯的反应热约为 $101kJ/mol$。

（3）醇与氯化氢的取代反应　醇分子中的羟基可被氯化氢分子中的氯取代生成氯化烷烃。该反应通常以 $FeCl_3$、$ZnCl_2$、$CuCl_2$ 等金属氯化物为催化剂，具有良好的选择性。

10.2.4　脱氯化氢反应

氯代烯烃的制备可以通过从饱和氯代烃中除去氯化氢来实现。典型的工业过程是从二氯乙烷生产氯乙烯和从四氯乙烷生产三氯乙烯。

$$CH_2ClCH_2Cl \longrightarrow CH_2 = CHCl + HCl$$

$$CHCl_2CHCl_2 \longrightarrow CHCl = CCl_2 + HCl$$

多氯代烃的脱氯化氢反应是吸热反应，热力学计算表明，反应温度高于 250℃对反应有利。另外，金属氯化物、无机碱、氯气和氧气的存在等能促进反应；烯烃和醇则抑制反应。

10.2.5　氧氯化反应

在氧气存在的条件下，以氯化氢为氯化剂进行的氯化反应称为氧氯化反应。烃的氧氯化反应有加成氧氯化和取代氧氯化两种类型。烯烃的氧氯化为加成氧氯化；苯氧氯化制氯苯的反应，甲烷、乙烷等烷烃的氧氯化都为取代氧氯化。烷烃的取代氧氯化比烯烃的加成氧氯化困难，发展较迟。

上述 5 种制备氯代烃的反应中，氧氯化反应最为重要，本章将作重点讨论。

10.3　氯乙烯概述

10.3.1　氯乙烯的性质和用途

氯乙烯（vinyl chloride，$CH_2 = CHCl$）在常温常压下是无色气体，容易燃烧，有特殊的香味，微溶于水，可溶于烃类、丙酮、乙醇、含氯溶剂如二氯乙烷等有机溶剂中。氯乙烯的典型物理性质如表 10-2 所示。

氯乙烯的用途主要是生产聚合物，是高分子材料工业的重要单体，能与乙烯、丙烯、异丁烯、醋酸乙烯酯、偏二氯乙烯、丙烯腈、丙烯酸酯等单体共聚，制得各种性能的聚氯乙烯树脂。此外，氯乙烯还可作为有机化工原料，制备其他有机氯化物。

表 10-2　氯乙烯的物理性质

物理性质	数　值	物理性质	数　值
分子量	62.499	蒸气压/kPa	
熔点/℃	−153.8	−30℃	50.7
沸点/℃	−13.4	−20℃	78.0
比热容/[J/(kg·K)]		−10℃	115
20℃蒸气	858	0℃	164
20℃液体	1352	黏度/mPa·s	
临界温度/℃	156.6	−40℃	0.3388
临界压力/MPa	5.6	−30℃	0.3028
临界体积/(cm³/mol)	169	−20℃	0.2730
压缩因子	0.265	−10℃	0.2481
偶极矩/C·m	$5.0×10^{-30}$	空气中爆炸极限/%(VOL)	4~22
溶解热/(J/g)	75.9	自燃温度/℃	472
气化热/(J/g)	330	闪点(开杯)/℃	−77.75
标准生成热/(kJ/mol)	35.18	液体密度/(g/cm³)(−14.2℃)	0.969
标准生成自由能/(kJ/mol)	51.5		

10.3.2　氯乙烯的生产方法

1835 年 V. Regnault 用氢氧化钾在乙醇溶液中处理二氯乙烷首先得到氯乙烯。1911 年 Klatte 和 Rollett 由乙炔和氯化氢合成氯乙烯，1913 年 Griesheim-Elektron 使用氯化汞催化剂，使这项合成技术进一步发展。1931 年，德国格里斯海姆电子公司以氯化汞为催化剂，利用氯化氢与电石乙炔加成，首先实现了氯乙烯的工业生产。1933 年美国开发了乙烯法生产氯乙烯的工艺，乙烯直接氯化生成二氯乙烷，之后在碱的作用下，二氯乙烷分子脱氯化氢得到氯乙烯。1950 年研究出二氯乙烷裂解得到氯乙烯，并和电石乙炔生产氯乙烯组合成联合法氯乙烯工艺。

随着石油化学工业的发展，1958 年美国 Dow 公司将氯乙烯的合成由电石乙炔工艺路线转向以乙烯为原料的工艺路线，建成了固定床乙烯氧氯化法生产氯乙烯的装置。1964 年 B. F. Goodrich 公司建成了流化床乙烯氧氯化法生产氯乙烯的装置。本节主要讨论乙炔法和联合法生产氯乙烯工艺。

10.3.2.1　乙炔法

$$HC\equiv CH + HCl \xrightarrow{HgCl_2} CHCl=CH_2$$

乙炔和氯化氢的反应在气相或液相中均可进行，但气相法是主要的工业方法。工业上乙炔主要是采用电石和水反应的方法生产，此外还可采用烃类高温热裂解或部分氧化法生产。因此，根据乙炔的来源分为电石乙炔法和石油（或天然气）乙炔法。

10.3.2.2　乙烯直接氯化法

以乙烯和氯气为原料合成氯乙烯，要经过两步反应，第一步是在催化剂存在下，乙烯与氯气加成生成 1,2-二氯乙烷，第二步是二氯乙烷加热裂解脱氯化氢生成氯乙烯。

$$CH_2=CH_2+Cl_2 \xrightarrow{FeCl_3} CH_2ClCH_2Cl$$

$$CH_2ClCH_2Cl \xrightarrow{480\sim530℃} CH_2=CHCl+HCl$$

由以上反应可以看出，以乙烯和氯气为原料生产氯乙烯的过程中，有大量的氯化氢产生，氯化氢在工业上的需求量较小，消耗不了大规模的氯化氢，如果排放，不仅浪费大量的氯资源，而且污染环境。因此如何利用副产物氯化氢，是氯化工业必须解决的问题。解决副产氯化氢问题的方法有联合法和平衡氧氯化法。

10.3.2.3 联合法

联合法是将乙烯氯化副产的氯化氢用于与乙炔反应，即：

$$CH_2=CH_2+Cl_2+ \quad HC\equiv CH \longrightarrow 2CH_2=CHCl$$

此方法的优点是利用已有的电石资源和乙炔生产装置，迅速提高了氯化氢的利用率及氯乙烯的生产能力。

10.3.2.4 乙烯氧氯化法

在氯乙烯的生产中利用副产氯化氢的主要方法是将氯化氢用于与乙烯的氧氯化反应。乙烯氧氯化生产氯乙烯包括以下两个化学反应：

$$CH_2=CH_2+2HCl+\frac{1}{2}O_2 \xrightarrow{220\sim240℃} CH_2ClCH_2Cl+H_2O$$

$$CH_2ClCH_2Cl \longrightarrow CH_2=CHCl+HCl$$

10.3.2.5 平衡氧氯化法

由乙烯氧氯化法的两个化学计量式可以看出，每生产 1mol 二氯乙烷需消耗 2mol 氯化氢，而 1mol 二氯乙烷裂解只产生 1mol 氯化氢，氯化氢的需要量与产出量不平衡，伴有净的氯化氢消耗。若将乙烯氧氯化法与乙烯直接氯化法结合，由乙烯直接氯化和氧氯化联合生产二氯乙烷，之后再裂解成氯乙烯和氯化氢，两个过程所生成的氯化氢正好满足乙烯氧氯化法需要的氯化氢，这种方法称为平衡氧氯化法。平衡氧氯化法包括三个反应。

$$CH_2=CH_2+Cl_2 \longrightarrow CH_2ClCH_2Cl$$

$$CH_2=CH_2+2HCl+\frac{1}{2}O_2 \longrightarrow CH_2ClCH_2Cl+H_2O$$

$$2CH_2ClCH_2Cl \longrightarrow 2CH_2=CHCl+2HCl$$

该方法的物料平衡式为：

$$2CH_2=CH_2+Cl_2+\frac{1}{2}O_2 \xrightarrow{220\sim240℃} 2CH_2=CHCl+H_2O$$

10.4 乙炔法生产氯乙烯

10.4.1 乙炔和氯化氢加成的反应

主反应

$$HC\equiv CH + HCl \xrightarrow{HgCl_2} CHCl=CH_2 \qquad \Delta H=-124.8kJ/mol$$

副反应

$$\underset{\underset{Cl}{|}}{CH}=\underset{\underset{HgCl}{|}}{CH} + HgCl_2 \longrightarrow \underset{\underset{Cl}{|}\;\underset{Cl}{|}}{ClHgCHCHHgCl}$$

$$\underset{\underset{Cl}{|}\;\underset{Cl}{|}}{ClHgCHCHHgCl} \longrightarrow \underset{\underset{Cl}{|}}{CH}=\underset{\underset{Cl}{|}}{CH} + Hg_2Cl_2$$

当氯化氢过量时，生成的氯乙烯可能和过量的氯化氢进一步加成，生成 1,1-二氯乙烷：

$$CH_2=CHCl+HCl \longrightarrow CH_3CHCl_2$$

当乙炔过量时，过剩的乙炔可使氯化汞还原为氯化亚汞，甚至转变成金属汞，从而使催化剂丧失活性。

$$HC{\equiv}CH + HgCl_2 \longrightarrow Cl{-}CH{-}CH{-}Cl$$
$$|$$
$$Hg$$

$$Cl{-}CH{-}CH{-}Cl \longrightarrow CHCl{=}CHCl + Hg$$
$$|$$
$$Hg$$

$$CH{=}CH + HgCl_2 \longrightarrow CHCl{=}CHCl + Hg_2Cl_2$$
$$|\quad\ |$$
$$Cl\ \ HgCl$$

10.4.2　乙炔和氯化氢加成反应的操作条件

（1）催化剂　工业上选用以活性炭为载体的氯化汞催化剂加速反应，活性组分氯化汞含量在10%～20%范围内。

（2）原料气的纯度　原料乙炔及氯化氢必须具有足够高的纯度，具体要求为：原料中不能含硫、磷、砷化物及氧气；氯气含量要尽量低，要求控制在0.002%以下；水分含量要求控制在0.03%以下；惰性组分含量尽量低。

（3）原料气的配比　原料乙炔和氯化氢的过量都对反应不利，特别是乙炔过量。因此，一般采用氯化氢略为过量，乙炔与氯化氢比例控制在1:1.05～1.10（摩尔）范围内。

（4）反应温度　当反应温度低于140℃时，催化剂的活性稳定。但反应速度很慢，乙炔的转化率低；反应温度升高到140℃，由于活性组分氯化汞的升华，催化剂出现明显的失活，并随着温度的升高失活现象加剧。因此，工业生产上反应温度控制在160～180℃。

（5）反应气体的空速　随着空速的提高，反应物和催化剂的接触时间下降，致使乙炔的转化率降低。相反，空速降低，乙炔的转化率提高，同时，高沸点副产物的生成量也增多，致使反应的选择性下降。因此，工业生产中乙炔的空速通常控制在30～50h^{-1}。

10.4.3　乙炔和氯化氢加成生产氯乙烯的工艺流程

由乙炔和氯化氢生产氯乙烯的生产过程包括原料气的净化，化学转化和产物的精制三部分，其中原料气的净化和化学转化如图10-3所示。

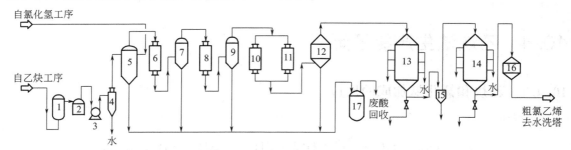

图 10-3　乙炔与氯化氢混合脱水及转化工艺流程图

1—阻火器；2—液封；3—水环式压缩机；4—旋风分离器；5—混合器；6,8—第一、第二石墨冷凝器；
7,9,12—酸雾过滤器；10,11—石墨预热器；13,14—转化器；15—分离器；16—脱汞器；17—酸罐

净化后的湿乙炔气，经过阻火器和安全液封后，通过水环式压缩机加压，再经旋风分离器除去其中夹带水分。然后与氯化氢以1:1.05～1.1（摩尔）混合，分别由切线方向进入脱水混合器。由混合器出来的气体通过第一石墨冷凝器，使混合气冷却至−15℃左右，经氯化氢高效除雾器，分离掉混合气中夹带的酸性液滴及酸雾。接着将混合气送入第二石墨冷凝器，利用冷冻水进行冷却，使其冷却到−13～−17℃，继续通过酸雾过滤器除去酸雾。

经过以上处理后的混合气通过两台并联的石墨预热器加热至 80℃ 左右，然后依次进入第一和第二反应器，以氯化汞为催化剂，使乙炔和氯化氢加成制取氯乙烯。从反应器出来的产物经脱汞除汞后，送至产品净化与精制。粗氯乙烯产品的净化和精制工艺流程如图 10-4 所示。

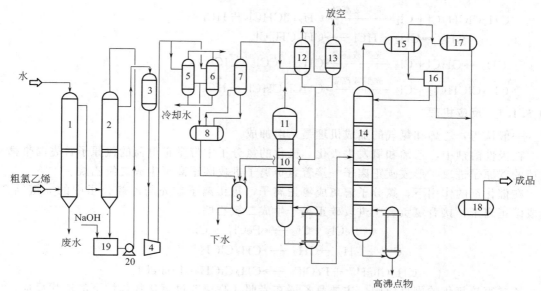

图 10-4　氯乙烯的净化与精制工艺流程图

1—水洗塔；2—碱洗塔；3—冷却器；4—压缩机；5~7—全凝器；8—缓冲器；9—水分离器；
10—低沸点塔；11—塔顶回流冷凝器；12,13—尾气冷凝器；14—高沸点塔；15,17—第一、第二成品冷凝器；
16—回流冷凝器；18—成品贮罐；19—碱槽；20—碱泵

粗氯乙烯由水洗塔底部进入塔内，水由塔顶进入，喷淋洗去粗品中含有的未反应氯化氢，然后送入碱洗塔底部，在碱洗塔内与 5%~15% 氢氧化钠溶液逆向接触，除去产物中残余的氯化氢及二氧化碳。经过以上处理的产物经由冷却器冷却降温后，送入压缩机将其加压至 500kPa，加压后的产物经油分离器除油后进入全凝器液化。液化后的氯乙烯经水分离器分出水分，然后送入低沸点塔。塔底用热水加热，温度控制在 40℃，塔顶温度为 20℃，操作压力 500kPa 左右。乙炔等轻组分由塔顶蒸出，进入尾气冷凝器，用 −30℃ 盐水进行冷却，冷凝液送入水分离器，未冷凝气体经阻火器后排放。

脱除轻组分后的液态氯乙烯由低沸点塔塔釜排出，连续送入高沸点塔，用以脱除二氯乙烷等高沸点副产物。该塔塔底利用热水加热，温度控制在 15~40℃，操作压力为 200~300kPa。塔顶蒸出成品氯乙烯，经冷凝器冷凝，除部分回流外，其余送成品贮罐。塔釜为高沸物，主要为二氯乙烷，作为副产物采出。

10.5　平衡氧氯化生产氯乙烯

10.5.1　乙烯直接氯化

乙烯与氯气加成得二氯乙烷的反应在常温、无催化剂或有催化剂的条件下均可进行，除了二氯乙烷产物外，还有多种氯化的副产物。其主要过程如下。

主反应

$$CH_2=CH_2+Cl_2 \longrightarrow CH_2ClCH_2Cl \qquad \Delta H=-171.5kJ/mol$$

可能副反应

$$CH_2=CH_2+Cl_2 \xrightarrow{\text{光照或高温}} CH_2=CHCl+HCl$$

$$CH_2ClCH_2Cl+Cl_2 \xrightarrow{\text{光照或高温}} CH_2ClCHCl_2+HCl$$

$$CH_2=CH_2+HCl \longrightarrow CH_3CH_2Cl$$

$$CH_2=CHCl+Cl_2 \xrightarrow{\text{光照或高温}} CH_2=CCl_2+HCl$$

$$CH_2ClCHCl_2+Cl_2 \xrightarrow{\text{光照或高温}} CHCl_2CHCl_2+HCl$$

10.5.1.1 反应机理

一般认为，乙烯和氯气的加成机理是亲电加成。

在极性溶剂中，乙烯和氯发生极化，极化的氯分子中带微正电荷的氯原子首先向带微负电荷的碳原子进攻，形成碳正离子，接着氯负离子进攻碳正离子生成二氯乙烷。

在催化剂的作用下，氯分子解离成氯正离子，氯正离子首先与乙烯分子中的 π 键结合，形成碳正离子，接着氯负离子进攻碳正离子生成二氯乙烷。

$$FeCl_3+Cl_2 \longrightarrow FeCl_4^-+Cl^+$$

$$Cl^++CH_2=CH_2 \longrightarrow CH_2ClCH_2^+$$

$$CH_2ClCH_2^++FeCl_4^- \longrightarrow CH_2ClCH_2Cl+FeCl_3$$

乙烯直接氯化的副反应中，主要是乙烯在光照、高温或过氧化物作用下的取代反应，反应的机理是自由基取代。

$$Cl_2 \xrightarrow[\text{或过氧化物}]{\text{光或高温}} 2Cl\cdot$$

$$Cl\cdot+CH_2=CH_2 \longrightarrow CH_2=CHCl+H\cdot$$

$$H\cdot+Cl_2 \longrightarrow HCl+Cl\cdot$$

10.5.1.2 反应的动力学

乙烯直接氯化的反应速率方程为：

$$\frac{dC_d}{dt}=kC_BC_C$$

式中 $\dfrac{dC_d}{dt}$——1,2-二氯乙烷的生成速率，kmol/(L·s)；

C_B——溶液中乙烯浓度，kmol/L；

C_C——溶液中氯气浓度，kmol/L；

k——反应速率常数，L/(kmol·s)，是温度和催化剂 $FeCl_3$ 浓度的函数。

10.5.1.3 直接氯化反应的影响因素

（1）温度 乙烯直接氯化的反应中，加成反应的同时往往伴随着取代反应的发生，但二者的反应温度范围不同，如图 10-2 所示，200℃下主要是加成反应，在 200℃以上，随着反应温度的升高，加成反应减弱，取代反应逐渐加剧。一般情况下，为了抑制取代反应的发生，乙烯与氯气的加成反应温度通常控制在 250℃以下。

（2）溶剂 乙烯与氯气的加成，可以在气相或液相中进行，但在液相中进行更有利。在液相中进行反应时，一般选择极性溶剂，通常以产物 1,2-二氯乙烷为溶剂。

（3）催化剂 乙烯与氯的加成反应在液相中进行时，体系中若有催化剂更有利于氯分子解离成氯正离子，从而促进反应的进行。常见的催化剂有 Fe、Al、P、Sb、S 的氯化物和 I_2

等，这些物质与氯发生的反应如下所示。

$$FeCl_3 + Cl_2 \longrightarrow FeCl_4^- + Cl^+$$

$$AlCl_3 + Cl_2 \longrightarrow AlCl_4^- + Cl^+$$

$$SbCl_3 + Cl_2 \longrightarrow SbCl_4^- + Cl^+$$

$$PCl_3 + Cl_2 \longrightarrow PCl_4^- + Cl^+$$

$$S_2Cl_2 + Cl_2 \longrightarrow S_2Cl_3^- + Cl^+$$

$$I_2 + Cl_2 \longrightarrow 2I^- + 2Cl^+$$

目前工业上均采用 $FeCl_3$ 催化剂，添加 NaCl 助催化剂能改善催化剂的性能。

一般情况下，催化剂用量越多，反应速率和选择性越高。但催化剂在二氯乙烷中的溶解度有限，过多的催化剂会造成设备的堵塞。因此，保持合适的催化剂用量是必要的，同时要保证催化剂在溶剂中分布均匀。

（4）原料配比　乙烯直接氯化反应是气液反应，首先反应物乙烯和氯气由气相扩散进入二氯乙烷液相，然后在液相中进行加成反应。乙烯与氯气的加成是快速反应，因此，反应速率和选择性取决于乙烯和氯气的扩散溶解性。由于相同条件下，在二氯乙烷中，乙烯比氯气的溶解度小，因此原料配比中乙烯稍过量为好。另外，液相中乙烯浓度大于氯气浓度，有利于提高反应的选择性，减小取代反应发生的概率，从而减少多氯化物的生成，且过量乙烯较易处理。一般为抑制取代反应，减少多氯化物，乙烯过量 $5\% \sim 25\%$。

（5）杂质　在高温氯化反应中，氧气可能与乙烯反应生成水，水与三氯化铁反应产生盐酸，使催化剂浓度减小，并对设备造成腐蚀；硫酸根和催化剂组分中的阳离子反应，也会使催化剂浓度减小，并降低反应的选择性。因此，应严格控制原料气中的氧气、水分和硫酸根的含量，要求氧气和水含量小于 5×10^{-5}、硫酸根含量小于 2×10^{-6}。

10.5.2　乙烯氧氯化反应

乙烯氧氯化体系中的主反应和副反应如下所示。

主反应
$$CH_2 =\!\!=\!\! CH_2 + 2HCl + \frac{1}{2}O_2 \longrightarrow CH_2ClCH_2Cl + H_2O$$

$$\Delta H = -251kJ/mol$$

主要副反应
$$CH_2 =\!\!=\!\! CH_2 + 2O_2 \longrightarrow 2CO + 2H_2O$$

$$CH_2 =\!\!=\!\! CH_2 + 3O_2 \longrightarrow 2CO_2 + 2H_2O$$

$$CH_2 =\!\!=\!\! CH_2 + HCl \longrightarrow CH_3CH_2Cl$$

$$CH_2ClCH_2Cl \longrightarrow CH_2 =\!\!=\!\! CHCl + HCl$$

$$CH_2 =\!\!=\!\! CH_2 + HCl + \frac{1}{2}O_2 \longrightarrow CH_2 =\!\!=\!\! CHCl + H_2O$$

$$CH_2 =\!\!=\!\! CHCl + 2HCl + \frac{1}{2}O_2 \longrightarrow CH_2ClCHCl_2 + H_2O$$

$$CH_2ClCH_2Cl + HCl + \frac{1}{2}O_2 \longrightarrow CH_2ClCHCl_2 + H_2O$$

10.5.2.1　乙烯氧氯化的反应机理

目前在载于 γ-氧化铝载体上的氯化铜催化剂存在的条件下，由乙烯、氯化氢和氧气进行氧氯化反应的反应机理尚有不同的认识，主要有两种看法，一种是氧化-还原机理，另一种是环氧乙烷机理。

（1）氧化-还原机理　该机理的反应过程主要包括三步。

第一步　吸附的乙烯与催化剂氯化铜作用生成1,2-二氯乙烷,同时氯化铜被还原为氯化亚铜。

$$CH_2 = CH_2 + 2CuCl_2 \longrightarrow CH_2ClCH_2Cl + Cu_2Cl_2$$

第二步　氯化亚铜被氧气氧化成二价铜,并形成含有氧化铜的络合物。

$$Cu_2Cl_2 + \frac{1}{2}O_2 \longrightarrow CuO \cdot CuCl_2$$

第三步　络合物再与氯化氢作用生成氯化铜和水。

$$CuO \cdot CuCl_2 + 2HCl \longrightarrow 2CuCl_2 + H_2O$$

反应的控制步骤是第一步。

(2) 环氧乙烷机理　该机理认为乙烯的氧氯化反应经过中间物环氧乙烷,主要包括三步。

第一步　反应组分的吸附

乙烯在催化剂活性位 s_1 上吸附:

$$CH_2 = CH_2 + s_1 \Longleftrightarrow CH_2 = CH_2 \cdot s_1$$

氧气在催化剂活性位 s_1 上解离吸附:

$$O_2 + 2s_1 \Longleftrightarrow 2O \cdot s_1$$

氯化氢在催化剂活性位 s_2 上吸附:

$$HCl + s_2 \Longleftrightarrow HCl \cdot s_2$$

第二步　表面化学反应

吸附的乙烯与氧反应生成吸附的环氧乙烷中间物:

$$CH_2 = CH_2 \cdot s_1 + O \cdot s_1 \Longleftrightarrow \underset{O}{CH_2 - CH_2} \cdot s_1 + s_1$$

吸附的环氧乙烷中间物与吸附的氯化氢反应生成吸附的1,2-二氯乙烷:

$$\underset{O}{CH_2 - CH_2} \cdot s_1 + 2HCl \cdot s_2 \Longleftrightarrow CH_2ClCH_2Cl \cdot s_1 + H_2O \cdot s_2 + s_2$$

第三步　1,2-二氯乙烷和水的脱附:

$$CH_2ClCH_2Cl \cdot s_1 \Longleftrightarrow CH_2ClCH_2Cl + s_1$$

$$H_2O \cdot s_2 \Longleftrightarrow H_2O + s_2$$

反应的控制步骤是吸附态乙烯和吸附态氧间的表面化学反应。

10.5.2.2　乙烯氧氯化催化剂

工业上乙烯氧氯化反应生产1,2-二氯乙烷常用的催化剂为金属氯化物,其中氯化铜的催化活性最高。通常制备成以 γ-氧化铝为载体的氯化铜载体型催化剂。根据催化剂的组成不同,乙烯氧氯化催化剂可以分为以下三种类型。

(1) 单组分催化剂　该催化剂又称为单铜催化剂,其活性组分为氯化铜,载体为 γ-氧化铝,即 $CuCl_2/\gamma\text{-}Al_2O_3$。这种催化剂的活性与活性组分氯化铜的含量有直接关系。如图10-5所示。

由图可见,随着催化剂的活性组分铜量的增加,催化剂的活性明显提高。在铜含量为5％～6％时,氯化氢的转化率已接近100％,催化剂的活性达到最高值。若再增加铜含量,对催化剂活性的影响不明显。但随着铜含量的增加,二氧化碳的生成率在缓慢增加,这显示催化剂的选择性逐渐变差。因此,工业用 $CuCl_2/\gamma\text{-}Al_2O_3$ 催化剂的含量控制在5％附近。

$CuCl_2/\gamma\text{-}Al_2O_3$ 催化剂的优点是具有良好的选择性,缺点主要是活性组分氯化铜在反应条件下容易挥发流失,导致催化剂活性下降。反应温度越高,氯化铜挥发流失量越大,催化剂活性下降越快。因此,反应温度不宜控制得过高。

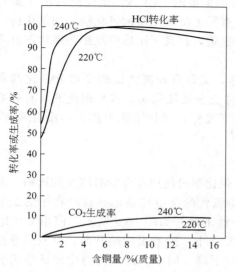

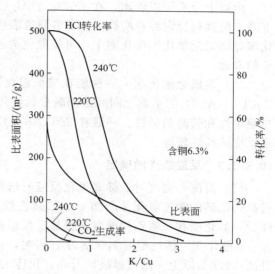

图 10-5　$CuCl_2/\gamma\text{-}Al_2O_3$ 催化剂中
铜含量与催化剂性能的关系
$C_2H_4 : HCl : O_2 = 1.16 : 2 : 0.9$

图 10-6　K/Cu 比（mol）对催化剂活性
及比表面的影响

（2）双组分催化剂　由于 $CuCl_2/\gamma\text{-}Al_2O_3$ 单组分催化剂的热稳定性较差、使用寿命较短，在该催化剂中添加碱金属或碱土金属氯化物，作为第二组分，可使催化剂性能得到较大的改善。最常用的第二组分是 KCl。在 $CuCl_2/\gamma\text{-}Al_2O_3$ 中添加 KCl 比例的大小对催化剂的活性有明显的影响，如图 10-6 所示。

由图 10-6 可见，在单组分催化剂 $CuCl_2/\gamma\text{-}Al_2O_3$ 中添加少量的 KCl，仍能维持原来催化剂的活性，并且能抑制深度氧化产物 CO_2 的生成。但是，随着 KCl 添加量的增加，催化剂的活性迅速下降。因此双组分催化剂中 KCl 的添加量不能太高。

双组分催化剂中 KCl 的添加量还对催化剂达到最高活性时的反应温度有影响，如图 10-7 所示。由图可见，在铜含量相同的情况下，催化剂中钾含量越高，显示高活性时所需的反应温度越高，比例的不同对反应的选择性没有影响，如表 10-3 所示。

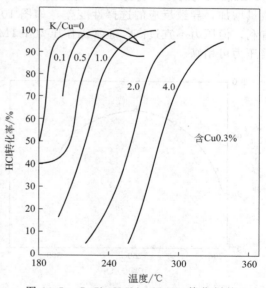

图 10-7　$CuCl_2\text{-}KCl/\gamma\text{-}Al_2O_3$ 催化剂的
活性与温度的关系

表 10-3　$CuCl_2\text{-}KCl/\gamma\text{-}Al_2O_3$ 不同 K/Cu 摩尔比对催化剂选择性的影响

K/Cu(mol)	0	0.1	0.5	1.0	2.0
反应温度/℃	240	240	240	240	260
产物中 1,2-二氯乙烷的含量/%	99.6	99.4	99.8	99.8	99.5

由以上分析可以看出，在$CuCl_2/\gamma-Al_2O_3$中添加少量的KCl后，催化剂的活性虽有所下降，但其热稳定性有所提高。还有研究表明，许多稀土金属元素的氯化物，如氯化铈、氯化镧等添加到氯化铜催化剂中，可使催化剂的活性稳定，并且所制成的双组分催化剂具有较长的寿命。

（3）多组分催化剂　一种能在较低温度下操作，又具有较高活性的多组分催化剂是在$CuCl_2/\gamma-Al_2O_3$的基础上同时添加碱金属氯化物和稀土金属氯化物。这种催化剂具有较好的热稳定性和较高的活性。一般在260℃的反应温度下操作，氯化铜很少挥发，没有腐蚀性，且反应选择性较好。

10.5.2.3　反应条件的确定

（1）温度　温度对乙烯氧氯化反应的选择性和催化剂的使用寿命均有较大的影响。温度过高，乙烯的深度氧化及产物1,2-二氯乙烷进一步氯代的反应加剧，导致产物中的二氧化碳、一氧化碳和三氯乙烷的含量增加，反应的选择性下降。如图10-8所示，使用$CuCl_2/\gamma-Al_2O_3$催化剂，活性组分铜含量为12%时，在250℃以下，随着温度的升高，反应的选择性升高；250℃以上，随着温度的升高，反应的选择性下降。同时，过高的温度使活性组分氯化铜的挥发损失增大，从而使催化剂的寿命缩短。因此，为确保氯化氢的转化率接近完全转化，反应温度要控制得低一些。最适宜的操作温度范围和使用的催化剂活性有关。当使用高活性氯化铜催化剂时，最适宜的温度范围在220～230℃附近。

（2）压力　压力对乙烯氧氯化反应的速度及选择性有影响。增加压力有利于反应向生成1,2-二氯乙烷的方向进行，从而使反应速度提高。同时随着压力的增加，反应生成副产物的数量增加，导致反应的选择性变差，如图10-9所示。由以上分析可知，稍增加压力对反应有利，但压力不宜过高。通常操作压力在1MPa以下，流化床反应器压力宜低，固定床反应器压力可稍高。

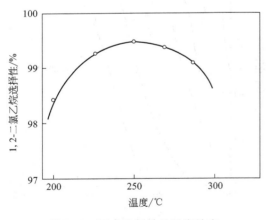

图10-8　反应选择性的温度效应

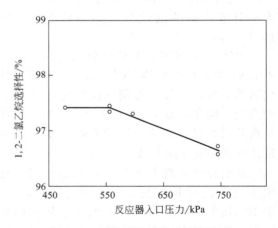

图10-9　压力对反应选择性的影响

（3）原料配比　乙烯氧氯化反应化学计量式中各原料化学计量关系为C_2H_4：HCl：$O_2 = 1:2:0.5$。由反应动力学分析知，乙烯和氧气分压越大，反应速度越快；另外，若乙烯和氧气过量，可使氯化氢接近于完全转化，同时可抑制多氯化物的生成。因此，乙烯和氧气过量对反应有利。但是乙烯和氧气不能过量太多。工业操作采用乙烯稍稍过量，氧气大约过量50%，氯化氢则为限制组分。典型工业操作的原料配比为C_2H_4：HCl：$O_2 = 1.05:2:0.75$。

（4）空速　物料通过反应器的空速对原料的转化率有很大的影响。图 10-10 为限制组分氯化氢与停留时间的关系。由图可以看出，停留时间在 5s 之前，随着停留时间的增长，氯化氢的转化率迅速增加，大约在 5s 至 10s 之间，氯化氢的转化率虽有增加，但速度减慢。停留时间超过 10s 以后，氯化氢的转化率反而下降。这可能是由于过长的停留时间会引起一系列的副反应，使得产物 1,2-二氯乙烷发生裂解，转变成氯乙烯和氯化氢。因此，物料在反应器中的停留时间不宜过长，最适宜的停留时间取决于所使用催化剂的活性。一般来说，乙烯氧氯化反应的停留时间在 15s 左右，相当于空速范围在 $SV=250\sim350h^{-1}$。

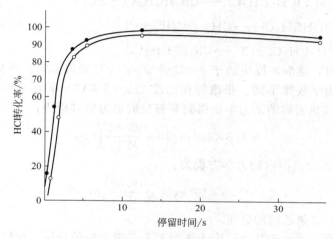

图 10-10　物料停留时间对 HCl 转化率的影响

（5）原料气纯度　原料中乙烯的浓度对氧氯化反应的影响很小，因此，可以使用稀乙烯原料进行氧氯化反应。例如使用 70% 的乙烯和 30% 的惰性组分为原料，惰性组分可以是饱和烃也可以是氮气。

原料乙烯中不允许有乙炔、丙烯和丁烯，这些烃类的存在不仅会使氧氯化反应产物 1,2-二氯乙烷的纯度降低，而且会对后续工序 1,2-二氯乙烷的裂解过程造成不利的影响。

原料中氯化氢的纯度也有严格的限制。当使用二氯乙烷裂解所产生的氯化氢时，很可能其中含有乙炔。为避免乙炔发生氧氯化反应，必须将这部分乙炔除掉。通常是采用加氢精制，使乙炔含量控制在 20×10^{-6} 以下。

10.5.3　二氯乙烷热裂解

10.5.3.1　二氯乙烷热裂解的反应原理

主反应

$$CH_2ClCH_2Cl \overset{\triangle}{\Longrightarrow} CH_2{=}CHCl+HCl \qquad \Delta H=79.5kJ/mol$$

副反应

$$CH_2ClCH_2Cl \longrightarrow 2C+H_2+2HCl$$
$$2CH_2ClCH_2Cl \longrightarrow CH_2{=}CHCH{=}CH_2+2HCl+Cl_2$$
$$2CH_2ClCH_2Cl \longrightarrow CH_2{=}CClCH{=}CH_2+3HCl$$
$$3CH_2ClCH_2Cl \longrightarrow 2CH_2{=}CHCH_3+3Cl_2$$
$$CH_2{=}CHCl \longrightarrow HC{\equiv}CH+HCl$$

$$CH_2{=\!\!=}CHCl + HCl \longrightarrow CH_3CHCl_2$$

$$nCH_2{=\!\!=}CHCl \xrightarrow[\text{生焦}]{\text{聚合}} {\left(\!CH_2CHCl\!\right)}_n$$

10.5.3.2 反应机理及动力学

1,2-二氯乙烷热裂解的主反应是按自由基机理进行的。

链的引发 $ClCH_2CH_2Cl \xrightarrow{\triangle} \dot{C}l + \dot{C}H_2CH_2Cl$

链的传递 $\dot{C}l + ClCH_2CH_2Cl \longrightarrow Cl\dot{C}HCH_2Cl + HCl$

                $Cl\dot{C}HCH_2Cl \longrightarrow CH_2{=\!\!=}CHCl + \dot{C}l$

链的终止 $\dot{C}H_2CH_2Cl + \dot{C}l \longrightarrow ClCH_2CH_2Cl$

无催化剂存在时,热裂解反应约于400℃开始,500℃变得显著。不同温度范围1,2-二氯乙烷热裂解的动力学规律不同。张濂等在温度250~550℃、压力1.0~2.5MPa条件下,研究了1,2-二氯乙烷热裂解的动力学,得到裂解反应动力学方程为:

$$r = 4.8 \times 10^7 \exp\left(-\frac{125000}{RT}\right) p_{EDC}$$

在450~550℃温度范围内动力学方程为:

$$r = 6.5 \times 10^9 \exp\left(-\frac{19900}{RT}\right) p_{EDC}$$

式中 p_{EDC}——1,2-二氯乙烷的分压。

上述动力学方程表明,热裂解反应速率对1,2-二氯乙烷的分压(浓度)是一级的;高温时反应活化能有明显下降。

10.5.3.3 反应条件的确定

(1)温度   1,2-二氯乙烷热裂解生成氯乙烯和氯化氢是可逆吸热反应,提高温度有利于反应向生成氯乙烯的方向进行,同时,升高温度,可使反应速度加快,如图10-11所示。但是,温度过高时,将伴随二氯乙烷的深度裂解及产物氯乙烯的分解、聚合等副反应的加速。因此,最适宜反应温度通常在500~550℃的范围内。

(2)压力   从化学反应方程式可以看出,1,2-二氯乙烷热裂解反应是体积增大的反应,因此提高压力对反应不利。但是,从动力学角度考虑,加压有利于提高反应速率,抑制二氯乙烷分解析碳反应的进行,可以提高产物氯乙烯的收率和设备的生产能力。同时,增加压力有利于产物氯乙烯的冷凝回收,因此工业操作都在稍加压的条件下进行。目前,工业生产中主要有低压法(~0.6MPa),中压法(~1.0MPa),高压法(>1.5MPa)。

(3)原料的纯度   原料二氯乙烷中带有杂质将对裂解反应产生不良影响,最有害的杂质是裂解抑制剂1,2-二氯丙烷,当其含量达到0.1%~0.2%时,就可使二氯乙烷转化率下降4%~10%。如果采用提高温度的办法来弥补转化率的下降,将使副反应及结焦加剧。因此,原料中二氯丙烷的含量要求小于0.3%。此外,系统中可能出现的三氯甲烷、四氯化碳等多氯代烃也对裂解反应有抑制作用。原料中如含有铁离子,可能加速二氯乙烷深度裂解反应,因此要求铁含量小于100×10^{-6}。为了减少物料对反应管的腐蚀,要求水分含量小于5×10^{-6}以下。

(4)空速   物料在反应器内的停留时间对反应转化率具有一定的影响。如图10-12所示,物料在反应器内的停留时间越长,1,2-二氯乙烷的转化率越高。但是,停留时间过长会使结焦积炭副反应迅速加剧,导致氯乙烯的产量下降。

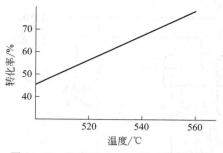

图 10-11　温度对 1,2-二氯乙烷转化率
的影响（约 0.5MPa）

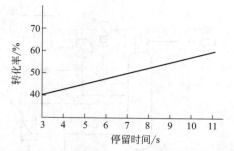

图 10-12　停留时间对 1,2-二氯乙烷裂解的影响
压力：0.5MPa，裂解温度：803K，预热温度：623K

10.5.4　平衡氧氯化生产氯乙烯的工艺

以乙烯为原料，利用平衡氧氯化法生产氯乙烯的工艺主要包括五个单元，即乙烯直接氯化单元，乙烯氧氯化单元，二氯乙烷净化单元，二氯乙烷裂解单元和氯乙烯精制单元。其简单的工艺流程框图如图 10-13 所示。

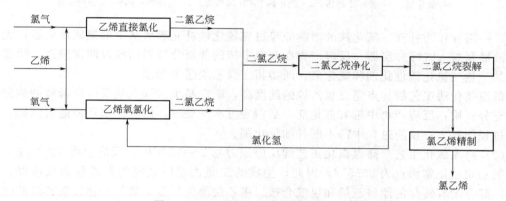

图 10-13　平衡氧氯化法的简化流程图

10.5.4.1　直接氯化单元

乙烯和氯气直接氯化生成 1,2-二氯乙烷的工艺，以三氯化铁为催化剂在液相内进行，主要有低温工艺和高温工艺。

（1）低温氯化工艺　最初开发的工艺大多数采用低温工艺，反应温度控制在 53℃ 左右，乙烯的加料量较理论量过剩 3％～5％，工艺流程如图 10-14 所示。

乙烯和氯气的氯化反应在气液相塔式反应器内进行。该反应器为内衬瓷砖的钢制设备，反应器中央安装有套筒内件，套筒内填装铁环填料，开工前向反应器内充满二氯乙烷液体。

原料氯气通过文氏喷管均匀喷出，并在此溶解于循环氯化液的二氯乙烷中，在反应器入口附近与由管道引入的原料乙烯相混，一起进入反应器的内套筒。在内套筒内与三氯化铁接触，从而完成氯化反应生成 1,2-二氯乙烷。由于乙烯和氯气的提升作用，液体二氯乙烷沿内筒上升到内筒上缘，然后沿筒外环隙向下流动，形成液体在反应器内的自动循环，从而使反应器内的温度趋于均匀一致。

随着反应的进行，产物二氯乙烷不断地在反应器内积聚，当液位达到反应器侧壁溢流口时，氯化液溢出流入过滤器，经过过滤的氯化液一部分作为氯气的溶解液循环从底部流回反

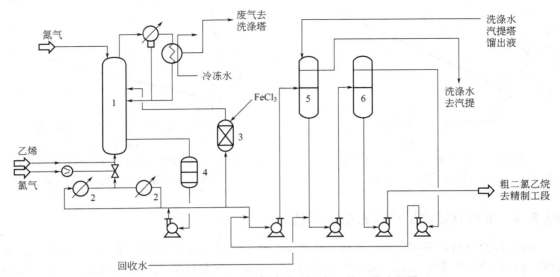

图 10-14　乙烯低温液相氯化制二氯乙烷工艺流程图

1—氯化塔；2—循环冷却器；3—催化剂 FeCl₃ 溶液罐；4—过滤器；5,6—洗涤分层器

应器；一部分作为补充三氯化铁的溶解液经过三氯化铁补充罐后从中部流回反应器；大部分氯化液经泵送入洗涤分层器。反应产物在两级串接的洗涤分层器内经过两次洗涤，除去其中包含的少量三氯化铁催化剂和氯化氢，所得粗二氯乙烷送去精制。

低温氯化法工艺的优点是二氯乙烷的纯度高，副产品少。缺点是反应所释放的热量没有得到充分利用；反应产物中带有催化剂，必须经过水洗处理，而洗涤水还需通过汽提，因此工艺过程能耗大；反应过程中需不断补加催化剂。

（2）高温氯化工艺　高温氯化工艺的反应压力 0.2～0.3MPa，反应温度 120℃ 左右。由于二氯乙烷的正常沸点为 83.5℃，因此，生成的二氯乙烷以蒸气的形式移出反应器。但是同时，部分没有转化的原料乙烯和氯气会被二氯乙烷蒸气带走，致使产物二氯乙烷的收率下降。为了解决这个问题，高温氯化反应器设计成一个 U 形管和一个分离器的组合体。高温氯化生产二氯乙烷的工艺流程如图 10-15 所示。

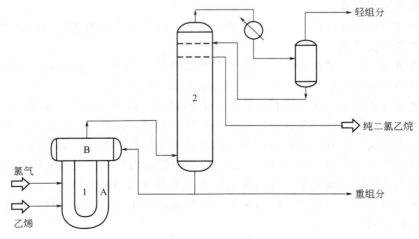

图 10-15　高温氯化法制二氯乙烷的工艺流程

A—U 形循环管；B—分离器；1—反应器；2—精馏塔

原料乙烯和氯气通过喷散器加入到反应器的 U 形管部分，溶解在二氯乙烷氯化液中迅速发生反应转变成二氯乙烷，产物处于反应器的下部，由于静压作用，不会沸腾。当其上升至 U 形管上升段的三分之二位置处，乙烯和氯气的反应已经基本完成，液体继续上升时，静压大大减小，此时液体开始沸腾，所形成的气液混合物上升进入反应器的分离器。

粗二氯乙烷气体离开分离器进入精馏塔，含有少量未转化乙烯的轻组分从塔顶引出，经塔顶冷凝器冷凝后，进入气液分离器。经气液分离后，含有少量乙烯的尾气送尾气处理系统；液体作为回流返回精馏塔塔顶。精二氯乙烷产品由塔顶侧线采出，塔釜采出的重组分中含有大量二氯乙烷，大部分返回氯化反应器，少部分与三氯乙烷等重组分送二氯乙烷-重组分分离系统，分离出三氯乙烷、四氯乙烷后，二氯乙烷仍返回氯化反应器。

采用这种型式反应器的高温氯化工艺要求严格控制反应器的循环速度，过低将导致反应物不能均匀分散，可能出现局部浓度过高；过高则可能使反应进行得不完全，导致反应转化率下降。

高温氯化流程的优点是二氯乙烷的收率高，原料利用率可以达到 99%，产物二氯乙烷的纯度通常可达到 99.99% 以上。反应热得到很好利用，反应产物中不会带出催化剂三氯化铁，能耗大大降低，反应过程中不需要补加催化剂。

10.5.4.2 乙烯氧氯化制取二氯乙烷

（1）乙烯氧氯化反应工艺 乙烯氧氯化反应制取 1,2-二氯乙烷是一强放热的气固相催化氧化反应。采用的氧化剂是空气或氧气，因此分为空气法和氧气法。空气法的原料来源丰富，价格低廉；工艺流程长，需要吸收、解吸装置处理空气中的二氯乙烷；单位体积催化剂的反应效率低；工业装置占地面积大；尾气排放量大，污染严重。氧气法需要建空分装置，成本高；但不需要吸收、解吸装置；单位体积催化剂的反应效率高，催化剂用量为空气法的 1/5~1/10；工业装置占地面积小；尾气排放量少。下面以空气法为例介绍乙烯氧氯化制取二氯乙烷的工艺，如图 10-16 所示。

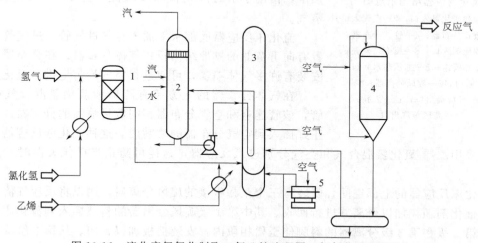

图 10-16 流化床氧氯化制取二氯乙烷流程图（氧氯化反应部分）

1—氢化器；2—汽水分离器；3—液化床氧氯化反应器；4—催化剂贮罐；5—空气压缩机

由二氯乙烷裂解得到的氯化氢进入氧氯化反应器之前先预热到 170℃，和氢气一起送入装填有载于氧化铝上的铂催化剂的加氢反应器内，在反应器内氯化氢中少量的乙炔转变成乙烯。同时原料乙烯也预热到一定温度，之后与经过加氢处理的氯化氢混合进入流化床，空气作为流化介质从底部送入流化床。在套筒式混合器内反应物料混合均匀，进入流化床层，与

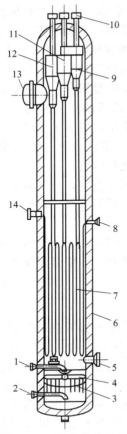

图 10-17　流化床乙烯氧
氯化反应器结构示意图
1—乙烯和氯化氢入口；2—空气入口；
3—板式分布器；4—管式分布器；
5—催化剂入口；6—反应器外壳；
7—冷却管组；8—加压热水入口；
9,11,12—旋风分离器；
10—反应器出口；13—人孔；
14—高压蒸汽出口

床层内悬浮的催化剂颗粒接触，完成反应形成产物二氯乙烷。产物中除二氯乙烷外还含有少量氯衍生物、一氧化碳、二氧化碳和水及未转化的乙烯、氧气、氯化氢和惰性气体，这样的混合气通过流化床顶部的三级旋风分离器，分离掉其中夹带的绝大部分固体催化剂颗粒，然后离开流化床进入骤冷塔，通过塔顶水喷淋，除去混合气中大部分的氯化氢和少量催化剂颗粒。从骤冷塔塔顶出来的气相通过冷凝器，冷凝下来的液体送入分层器。待分离掉水层以后，得到粗的二氯乙烷产品。骤冷塔塔底排出的水中含有盐酸和少量的二氯乙烷，经碱洗后送入汽提塔，以水蒸气汽提，回收其中的二氯乙烷，冷凝后送入分层器。

反应原料中乙烯、氯化氢和空气的配比是 1.05：2：3.6~4（mol），反应温度控制在 220~300℃ 之间，气体空速大致在 250~350h^{-1}。

（2）氧氯化反应器　氧氯化反应器是氧氯化反应过程的关键设备，当前工业生产所使用的氧氯化反应器，基本上有两种类型，即固定床反应器和流化床反应器。

① 流化床氧氯化反应器　目前使用较多的乙烯氧氯化流化床反应器如图 10-17 所示。

反应器的主体为钢制圆柱形筒体，其高度是直径的 10 倍左右。由于乙烯氧氯化是强放热反应，为了及时从反应系统内移除热量，在反应器内，由气体分布器上方至总高度十分之六位置处的一段床层内设置立式冷却管。管内通入加压热水，借助于水的汽化移除反应热，并副产一定压力的水蒸气。

流化床反应器底部水平插入空气进气管，进气管上方设置有向下弯曲的拱形结构板式气体分布器。在分布器的板上安装有许多气体喷嘴，可使进料空气均匀地进入流化床。

在气体分布器的上方装有乙烯和氯化氢混合气的进料管，该管连有和空气分布器相同数目喷嘴的分布器。其喷嘴正好插入到空气分布器的喷嘴内。这种流化床反应器的进料装置，采用乙烯-氯化氢混合气和空气分别进入反应器，这样可防止当操作失误时发生爆炸的危险。

流化床反应器的上部空间，安装有三个互相串接的旋风分离器，用以将反应气流中夹带的细小催化剂颗粒加以分离并进行回收。其中第 1 级旋风分离器的料肢插入到流化床的密相段内；第 2 级和第 3 级分离器的料脚伸至稀相段内，安装挡板加以封闭。从第 3 级旋风分离器出来的反应气体中已基本上不含催化剂。

乙烯、氧气和氯化氢的氧氯化反应过程中有水生成，如果反应器的某些部位的保温不好，温度过低，当达到露点温度时，水蒸气就会凝结，可能会导致设备的严重腐蚀。因此，在操作时必须使反应器的各部位保持在水的露点温度以上，以确保设备不受腐蚀。

流化床内装填细颗粒的 $CuCl_2/\alpha-Al_2O_3$ 催化剂。为补充催化剂的磨损消耗，自气体分布器上方用压缩空气向设备内补充新鲜的催化剂。

② 固定床氧氯化反应器　固定床反应器按床层与外界的传热方式分为绝热式、多段绝热式、列管式和自热式反应器。固定床乙烯氧氯化技术由 Stauffer 公司开发，为通常的列管式反应器。管程填充颗粒状固体催化剂，原料气自上而下流过催化剂床层进行反应；壳程通入冷却介质。为了降低热点温度，并使反应在安全范围内进行，通常采用 3 台固定床反应器串联方式。为了控制热点，并使整个床层有一个合理的温度分布，常采用大量惰性气体稀释原料气，或用惰性固体物质稀释催化剂，或用不同活性的催化剂分段填充以及原料气分布进料等。

10.5.4.3　二氯乙烷净化

二氯乙烷是氧氯化生产氯乙烯的中间体，对其质量要求是无水、无铁。工业生产中二氯乙烷的质量标准如表 10-4 所示。

表 10-4　二氯乙烷的质量标准

组分	含量	组分	含量	组分	含量
二氯乙烷	99.5%	1,1,2-三氯乙烷	$<100\times10^{-6}$	苯	$<2000\times10^{-6}$
水	$<10\times10^{-6}$	三氯乙烯	$<100\times10^{-6}$		
铁	$<0.3\times10^{-6}$	1,3-丁二烯	$<50\times10^{-6}$		

由乙烯直接氯化及乙烯氧氯化过程得到的二氯乙烷中含有一定数量的各种杂质，二氯乙烷裂解前需要除去。通过三塔精馏系统除去杂质，可获得精二氯乙烷。二氯乙烷精制的工艺流程如图 10-18 所示。

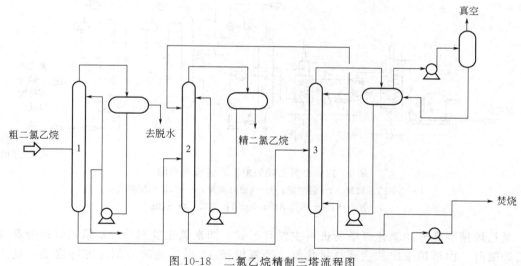

图 10-18　二氯乙烷精制三塔流程图
1—脱水塔；2—高沸塔；3—真空塔

由乙烯直接氯化及乙烯氧氯化生产的粗二氯乙烷送入脱水塔。在塔内二氯乙烷和水形成的恒沸物由塔顶蒸出，经冷凝后进入分层罐。冷凝液经静置分层后，上层水排去，下层的二氯乙烷作为回流液返回塔顶。塔釜采出液送入高沸塔，高沸塔塔顶蒸气经冷凝后得到精二氯乙烷，一部分作为回流液送回塔顶，其余送至精二氯乙烷贮槽。高沸塔塔釜采出的高沸物送入真空塔进一步处理。真空塔塔顶引出的蒸气经冷凝后送入回流罐，回流罐接至真空系统。回流罐内的液体，一部分作为真空塔的回流液，一部分作为高沸塔的回流液。真空塔塔釜采出的高沸点组分，经泵送至焚烧工段进行焚烧。

10.5.4.4 二氯乙烷裂解

二氯乙烷在管式炉内，在500～550℃的条件下进行气相均相裂解，得到氯乙烯，工艺流程如图10-19所示。

定量泵将精二氯乙烷送入裂解炉的预热段（裂解炉对流段），借助裂解烟气将二氯乙烷加热至220℃左右，部分二氯乙烷气化，所形成的气液混合物送入分离器。在分离器内，未气化的二氯乙烷由分离器底部引出，经过滤器过滤后通过蒸发炉的预热段、气化段，借助燃料燃烧直接火焰加热使二氯乙烷气化。气化后的二氯乙烷进入分离器分出其中夹带的液滴。气化的二氯乙烷由分离器顶部引出进入裂解炉的辐射段进行裂解反应生成氯乙烯。

温度为500℃的裂解气立即送入骤冷塔，由循环液态二氯乙烷进行冷却。出塔气体的温度迅速降至80～90℃，气体中主要含有氯化氢和氯乙烯，还含有少量的二氯乙烷，经水冷和深冷后将其中氯乙烯冷凝，未凝气主要是氯化氢送至氯乙烯精制部分的氯化氢塔。

骤冷塔塔底液相主要含有来自骤冷塔的喷淋液和裂解气中未转化的二氯乙烷，及少量的冷凝氯乙烯和溶解的氯化氢。这股物料自塔底引出，温度约为60℃，经冷却后温度达40℃。部分送入氯化氢塔进行分离，部分返回骤冷塔作为急冷剂。

10.5.4.5 氯乙烯精制

氯乙烯精制的工艺流程如图10-19所示。

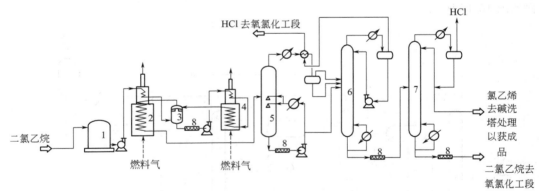

图 10-19 二氯乙烷裂解工艺流程示意图

1—二氯乙烷储罐；2—裂解炉；3—气液分离器；4—二氯乙烷蒸发炉；
5—骤冷塔；6—氯化氢塔；7—氯乙烯塔；8—过滤器

氯乙烯精制部分的氯化氢塔的进料主要有三股，即富氯化氢馏分、富氯乙烯馏分和富二氯乙烷馏分。由塔顶采出的主要是氯化氢，经氟里昂-12或其他制冷剂冷冻冷凝后，送入贮罐，部分作为塔顶回流；部分送至氧氯化工段作为乙烯氧氯化的原料。

氯化氢塔釜出料中主要含有氯乙烯和二氯乙烷，氯化氢的含量约100×10^{-6}，经过滤器过滤后进入氯乙烯塔。氯乙烯塔顶蒸气主要成分是氯乙烯，还有少量氯化氢，经冷凝后部分回流，部分作为汽提塔进料。氯乙烯塔塔釜液中主要是二氯乙烷，采出后经冷却送至二氯乙烷精制系统的高沸塔，以回收其中的二氯乙烷。

汽提塔塔顶采出的氯乙烯中含有少量的氯化氢，经冷凝后部分作为汽提塔的回流，部分送到氯化氢塔，以回收其中的氯化氢。汽提塔塔釜采出的含极微量氯化氢的氯乙烯，通过碱中和塔中和，得到氯化氢含量小于1×10^{-6}的氯乙烯产品。

10.6 平衡氧氯化法技术进展

平衡氧氯化法生产氯乙烯已趋成熟，但各公司为了降低生产成本，提高经济效益，在催化剂、能量综合利用及新工艺技术方面仍在进行开发研究，不断地取得一些新的成果。本节就研究现状作一简要介绍。

10.6.1 乙烯氧氯化催化剂

近年来，Geon 公司对添加助催化剂的双组分及多组分乙烯氧氯化催化剂进行了大量研究，最新研制出的以 $\gamma\text{-Al}_2\text{O}_3$ 为载体的含 Cu、K、Ce、Mg 的四组分催化剂，经实验室流化床反应器评价表明，其在不同温度下的氯化氢转化率、催化剂活性和二氯乙烷的选择性均高于常规使用的单组分 Cu 催化剂、双组分 Cu-Mg 催化剂和三组分 Cu-K-Ce 和 Cu-Ba-K 催化剂，如图 10-20 所示。

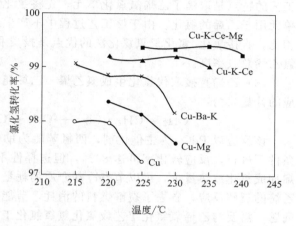

图 10-20 氯化氢转化率与温度的关系

10.6.2 能量的综合利用

二氯乙烷精制单元四塔流程的脱重塔耗能严重，再沸器易结焦。上海氯碱技术人员在脱重塔旁串联了一台塔。新塔塔顶蒸出的二氯乙烷温度达 120℃，其汽化潜热十分可观，使其在原脱重塔负压操作的再沸器中得到二次利用，从而构成双效变压精馏节能系统，同时降低了原脱重塔塔釜温度，使得重组分不易聚合。该技术在上海氯碱 10 万吨/年聚氯乙烯新装置上成功应用，达到了节能增效、提高产品质量和延长设备运转周期的效果。

10.6.3 新工艺技术

（1）乙烷直接氧氯化工艺 乙烷直接氯化制氯乙烯的三种基本反应如下。

$$CH_3CH_3 + HCl + O_2 \longrightarrow CH_2=CHCl + 2H_2O \tag{1}$$

$$CH_3CH_3 + Cl_2 + 1/2O_2 \longrightarrow CH_2=CHCl + HCl + H_2O \tag{2}$$

$$CH_3CH_3 + 2Cl_2 \longrightarrow CH_2=CHCl + 3HCl \tag{3}$$

以上的三个反应中，式（2）和式（3）均会产生难以利用的氯化氢，而式（2）产生的氯化氢可以返回反应器消耗于乙烷氧氯化反应中。因此近年来，各公司主要集中于式（1）和式（2）氧氯化的研究。乙烷氧氯化反应需要在高温的条件下进行，导致反应选择性下降，设备腐蚀严重；另外，由于氯化氢和氧气的存在，催化剂表面将发生很复杂的副反应。因此，乙烷氧氯化制氯乙烯技术的关键是开发高活性和高选择性的催化剂。

孟山都公司采用气相流化床氧氯化工艺，催化剂采用氯化铜和磷酸钾，以氧化铝为载体，制成的催化剂含铜 6%，钾 9%，反应温度控制在 550℃ 左右，乙烷的单程转化率可达 97%，氯乙烯和二氯乙烷的选择性分别为 87.3% 和 6.4%，二氯乙烷循环返回反应器或送去裂解还可以转化为氯乙烯。

欧洲乙烯公司采用高 7m、直径 1m 的流化床反应器，采用新型固体催化剂，将乙烷和氯气一步转化为氯乙烯，反应在 450～470℃ 的条件下进行，生成的氯乙烯在 50℃ 冷凝，冷凝的氯乙烯通过精馏净化，将回收的未反应氯代烃返回反应器作为氯化原料使用。

该工艺的特点是催化剂在较低的温度下具有较高的活性，较长的使用寿命，避免了高温腐蚀的问题，减少了副产品的生成。在德国兴建的一套 1kt/a 乙烷氧氯化制氯乙烯半工业化装置的连续运转结果表明，氧气转化率为 99%，乙烷转化率为 90%，氯转化率为 100%。

（2）乙烯直接氯化/氯化氢氧氯化制氯乙烯工艺　乙烯直接氯化/氯化氢氧氯化制氯乙烯工艺的特点是取消了乙烯氧氯化单元，先将氯化氢氧化生成氯气，再将氯气返回到直接氯化单元用于乙烯的氯化。由于该工艺过程中不产生水，因此避免了设备腐蚀。与平衡氧氯化法相比，直接氯化/氯化氢氧氯化法的优点是投资和生产费用低，产品纯度高，原料转化率和氯乙烯总收率高。

（3）乙烯直接取代氯化生成氯乙烯　乙烯能够与氯气发生取代反应直接生成氯乙烯，反应的计量式为：

$$CH_2\!=\!\!CH_2 + Cl_2 \longrightarrow CH_2\!=\!\!CHCl + HCl + 112.9kJ/mol$$

该反应以 $PdCl_2$ 为主催化剂，四氯苯醌为助催化剂，在 100℃ 和 2.0MPa 及乙烯过量的条件下进行，反应转化率可达 80%，但选择性不高。反应的优点是反应过程中放热量比乙烯加成氯化放热量少，可以节省冷却介质消耗量；且反应过程无二氯乙烷生成，不需要二氯乙烷的裂解反应，省去了裂解燃料的消耗，节能效果显著。但是该法存在氯化氢的平衡利用问题，需要与乙烯氧氯化工艺或氯化氢氧氯化工艺相结合；另外，需提高转化率和选择性才具有工业利用价值。

本章小结

本章介绍了氯代烃的主要生产方法，包括取代、加成、氧氯化等，涉及的工业方法有热氯化、光氯化、催化氯化等；重点介绍了国内氯乙烯生产主要采用的乙炔法和比较先进的平衡氧氯化法。应运用技术经济分析的理念分析比较生产中采用的工艺技术。

习题与思考

1. 氯代烃的生产过程所涉及的化学反应有哪些？

2. 工业上氯乙烯的生产方法有哪几种？各有什么优缺点？

3. 什么是平衡氧氯化法？其基本原理是什么？

4. 试分析氧氯化的反应机理及影响因素。

5. 试分析在乙烯氯化过程中，如何控制多氯副产物以及加压对提高二氯乙烷选择性是否有利？

6. 固定床反应器和流化床反应器各有何特点？分别适用于哪类反应？请根据乙烯氯化、氧氯化和二氯乙烷裂解反应的特点，分析上述两种反应器各适用于哪个反应？

7. 为什么氯乙烯精馏塔采用真空操作？二氯乙烷脱水塔的操作原理是什么？

参 考 文 献

[1] 张旭之，王松汉，戚以政. 乙烯衍生物工学. 北京：化学工业出版社，1995.

[2] 吴指南. 基本有机化工工艺学. 第 2 版. 北京：化学工业出版社，2008.

[3] 化工百科全书编委会. 化工百科全书. 北京：化学工业出版社，1996.

[4]　Orejas J. A. , Model evaluation for an industrial process of direct chlorination of ethylene in a bubble-column rector with external recirculation loop, Chemical Engineering Science, 2001, 56: 513-522.

[5]　 S. Zahrani M. A. , Aljodai A. M. , Wagialla K. M. , Modelling and simulation of 1,2-dichloroethane production by ethylene oxychlorination in fluidized-bed reactor, Chemical Engineering Science, 2001, 56: 621-626.

[6]　米镇涛. 化学工艺学. 北京: 化学工业出版社, 2006.

[7]　郑进. 乙烷氧氯化制备氯乙烯工艺. 中国氯碱. 2004.3 (3): 14-17.

[8]　王红霞. 氯乙烯技术现状及进展. 石油化工. 2002.31 (6): 483-487.

[9]　张新胜, 张行, 刘岭梅. 乙烯法 VCM 工艺技术发展及创新研究. 聚氯乙烯. 2002.6 (6): 14-20.

[10]　李红梅, 吴天祥, 苏保卫. 乙烯直接取代氯化合成氯乙烯的研究. 化学反应工程与工艺. 2004.20 (2): 167-174.

[11]　黄仲九, 房鼎业主编. 化学工艺学. 第 2 版. 北京: 高等教育出版社, 2008.

[12]　张秀玲, 邱玉娥主编. 化学工艺学. 北京: 化学工业出版社, 2012.

第11章 聚合物生产工艺

导引

聚合物，也称高分子，包括天然高分子和合成高分子。天然高分子包括蚕丝、羊毛、皮革、棉花、木材、天然橡胶等；合成高分子是指在适当条件下人工合成的大分子，其中以塑料、合成纤维、合成橡胶产量最大，称为三大合成材料。塑料可以在很多领域代替钢材、有色金属和木材，合成纤维比天然纤维（棉花、羊毛、蚕丝等）更为牢固耐用，应用广泛的合成橡胶还属战略物资。聚合物产品的性能千变万化，为信息技术、生物技术、空间技术、新能源等新兴技术领域，以及交通、运输、农业、建筑、环保、医疗、纺织、日用品及食品等生活服务领域提供材料保障。

石油、天然气、煤都可作生产高分子的基础原料。高分子化工是石油化工最重要的下游领域，石油化工七大基础原料（乙烯、丙烯、丁二烯；苯、甲苯、二甲苯；甲醇）的一半左右直接或间接用作生产高分子材料的单体、溶剂及添加剂。从发展看，天然气、煤未来可能成为主要基础原料。

高分子化工主要包括程高分子合成工业和高分子成型加工工业两大部门。高分子合成工业将基本有机合成工业生产的单体（小分子化合物），经过聚合反应合成高分子化合物，从而为高分子成型工业提供合成树脂、合成橡胶、合成纤维等基本原料。

聚合物的质量由生产工艺决定。聚合物生产工艺是以高分子化学、高分子物理和化学工程学为理论基础的化工生产技术。本章主要介绍聚合物概论、聚合原理、聚合实施方法、聚合物生产流程，以及某些重点产品的生产工艺。

11.1 聚合物概论

11.1.1 聚合物及其表示方法

聚合物：是指分子量很高并由许多相同的、简单的结构单元通过共价键重复连接的一类化合物。

与小分子化合物相比，高分子化合物有如下特点。

① 相对分子质量大，一般在 $10^4 \sim 10^6$；分子质量在 $10^3 \sim 10^4$ 一般称为低聚物。

② 共价键连接。

③ 由相同的化学结构重复多次而成。

例如，聚氯乙烯分子（PVC）由许多氯乙烯结构单元链接而成。其分子结构可写为：

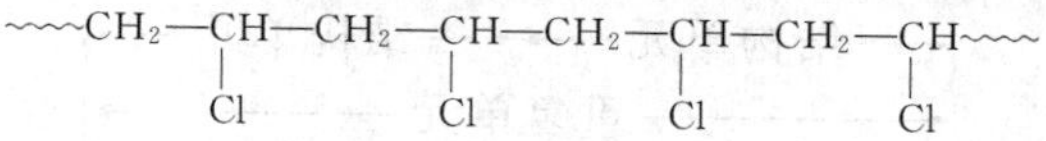

$$\sim\sim CH_2-CH-CH_2-CH-CH_2-CH-CH_2-CH \sim\sim$$

各碳原子上连有 Cl

$\sim\sim$ 代表碳链骨架，可简写成

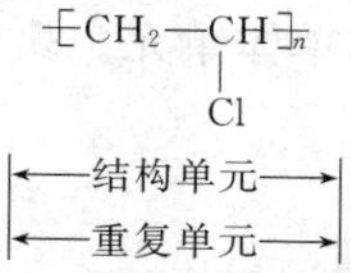

$$\left[CH_2-\underset{Cl}{CH}\right]_n$$

$\leftarrow$结构单元$\rightarrow$
$\leftarrow$重复单元$\rightarrow$

其中方括号表示重复连接；n 代表重复单元数或链节数，称为聚合度；端基只占聚合物分子很少一部分，已略去不计；$-CH_2-CH-$ 是结构单元或重复单元；PVC 由小分子氯乙烯聚合而成，氯乙烯为单体。

各碳原子上连有 Cl

对涉及的相关概念简介如下。

主链：构成高分子骨架结构，以化学键结合的原子集合。

侧链或侧基：连接在主链原子上的原子或原子集合，又称支链。支链可以较小，称为侧基；也可以较大，称为侧链。

结构单元：在大分子链中出现的以单体结构为基础的原子团，与制备时小分子原料的结构密切相关。

重复单元：聚合物中化学组成相同的最小的单元，或链节。

单体：通过反应能制高分子的物质统称为单体，是合成聚合物的起始原料。

单体单元：能形成聚合物中结构单元的低分子化合物。它是与单体具有相同化学组成但不同电子结构的单元。

均聚物：由一种单体聚合生成的高分子，如上述 PVC。

共聚物：由两种以上单体共聚而成的高分子，如氯乙烯和醋酸-乙烯酯共聚物。

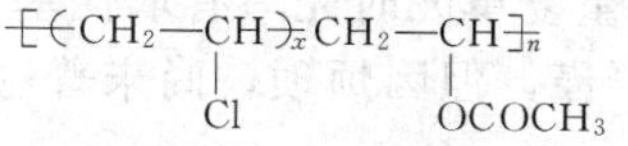

$$\left[CH_2-\underset{Cl}{CH}-CH_2-\underset{OCOCH_3}{CH}\right]_n$$

需注意，大部分共聚物中的单体单元往往无规律排列，难以找出确切的重复单元，如不加特别说明，上式只说明该共聚物有两种单体共聚而成，并不能代表它们的组成比例。

聚合度：是衡量高分子大小的一个指标，有两种表示法：

以大分子链中的结构单元数目表示，记作 $\overline{X_n}$。

以大分子链中的重复单元数目表示，记作 $\overline{DP}$。

① 由一种单体聚合生成的高分子。

对于 PVC，结构单元＝单体单元＝重复单元＝链节。

$$M=\overline{X_n}M_0=\overline{DP}M_0$$

由聚合度可计算分子量：

M 是高分子分子量，M_0 是结构单元分子量，M 为 M_0 的整数倍。例如上述 PVC 的结构单元的分子量为 62.5，若聚合度为 2200，则合成 PVC 分子量 $M=2200\times62.5=137500$

另一种情况：如氨基酸的自缩聚。

$$n\,H_2N(CH_2)_6COOH \longrightarrow H\left[HN(CH_2)_6CO\right]_n OH$$

结构单元＝重复单元＝链节≠单体单元，单体单元失水后变成结构单元。

② 由两种或两种以上单体利用官能团间缩合反应生成的聚合物，如尼龙 66。

$$\begin{matrix}\text{—NH(CH}_2)_6\text{NH—CO(CH}_2)_4\text{CO—}\\ \underset{\text{结构单元}}{\longleftrightarrow}\quad\underset{\text{结构单元}}{\longleftrightarrow}\\ \underset{\text{重复单元}}{\longleftrightarrow}\end{matrix}$$

上式中重复单元可由单体己二酸和己二胺脱水缩合构成，也可由己二酰氯与己二胺脱氯化氢缩合构成，所以结构单元不宜再称单体单元。聚酰胺类聚合物的聚合度也常表示为两种结构单元总数，即 $\overline{X_n}=2\,\overline{DP}=2n$。

11.1.2　聚合物的命名和分类

（1）命名

① 按单体来源和聚合物结构特征命名　以单体或假想单体的名称为基础，在前面加"聚"字，如聚乙烯、聚丙烯、聚苯乙烯。

取单体简名，在后面加"树脂"、"橡胶"二字，如以苯酚与甲醛为单体的酚醛树脂，以尿素与甲醛为单体的脲醛树脂，以丁二烯与苯乙烯为单体的丁苯橡胶。

以高分子链的结构特征命名，如聚酰胺、聚酯、聚氨酯、聚醚。

以两单体名称以短线相连，前加"聚"字来命名共聚物，如聚丁二烯-苯乙烯。

以两单体名称以短线相连，后加"共聚物"来命名共聚物，如乙烯-丙烯共聚物、氯乙烯-醋酸乙烯共聚物。

② 商品命名　合成纤维最普遍，以"纶"作为合成纤维的后缀。如涤纶：聚对苯二甲酸乙二醇酯（聚酯）；丙纶：聚丙烯，锦纶：聚酰胺（尼龙）。后面加数字区别，如尼龙66。数字含义：第一个数字表示二元胺的碳原子数，第二个数字表示二元酸的碳原子数，只附一个数字表示内酰胺或氨基酸的碳原子数。

③ IUPAC系统命名　按IUPAC系统命名，遵循下述程序：确定重复单元结构、排好重复单元中次级单元的次序；给出重复单元命名；最后在重复单元名称前加"聚"字。如PVC命名，属乙烯基聚合物，写重复单元时先写有取代基的部分，其学名为聚1-氯代乙烯。

按IUPAC系统命名，比较严谨，但因烦琐，尚未普遍使用。

（2）分类

① 根据性能和用途分类　根据高分子材料的性能和用途可分为塑料、橡胶、纤维、涂料、胶黏剂、功能高分子等。

塑料是以合成树脂为基本成分，加入填充剂等助剂后，可以做成各种"可塑性"的材料。它具有质轻、绝缘、耐腐蚀、美观、制品形式多样化等特点。

根据受热时行为的不同，塑料又可分为热塑性塑料和热固性塑料。热塑性塑料可反复受热软化或熔化，冷却时则凝固成型，加入溶剂能溶解，具有可溶性和可熔性，如聚乙烯、聚苯乙烯等属于这一类。热固性塑料经固化成型后，再受热则不能熔化，加入溶剂也不能溶解，即具有不溶性和不熔性。酚醛塑料、脲醛塑料等为热固性塑料。

根据生产量与使用情况，塑料可分为量大面广的通用塑料、作为工程材料使用的工程塑料，以及性能优异的特种塑料。工程塑料是指可在100℃以上长期使用，能代替金属、木材、水泥制作工程结构件的塑料或其复合物。它具有质量轻、耐腐蚀、耐疲劳、易成型等特点。

橡胶是具有高弹性的材料，在外力作用下能发生较大的形变，当外力消除后能迅速恢复其原状。合成橡胶有通用和特种橡胶两大类。通用橡胶如丁苯橡胶、顺丁橡胶等品种可代替部分天然橡胶生产轮胎、胶鞋、橡皮管等橡胶制品。特种橡胶主要制造耐热、耐油、耐老化或耐腐蚀等特殊用途的橡胶制品，如氟橡胶、氯丁橡胶、丁腈橡胶、丁基橡胶等。

纤维是线型结构高相对分子质量的合成树脂，经牵引、拉伸、定型得到。合成纤维的品种有聚酯纤维（涤纶）、聚酰胺纤维（尼龙或锦纶）、聚丙烯腈纤维（腈纶）、聚丙烯纤维（丙纶）等。合成纤维与天然纤维相比，具有强度高、耐摩擦、不被虫蛀、耐化学腐蚀等优点。

一般来说，塑料、橡胶、纤维是很难严格区分的，如聚氯乙烯是典型的塑料，但也可纺丝成纤维，又可在加入适量的增塑剂后加工成类橡胶制品。又如尼龙、涤纶是很好的纤维，但也是强度较好的工程塑料。

涂料是能涂敷于底材表面并形成坚韧连续膜的液体或固体物料的总称。它主要对被涂表面起装饰或保护作用。涂料的组成包括成膜物质、颜料、填料、涂料助剂、溶剂等。成膜物质是涂料的基本组分，其作用是黏结颜料并能形成坚韧连续的膜。它通常是用天然树脂或合成树脂，作为涂料的合成树脂要具有反应活性，一般为线型聚合物。它们大多采用溶液、乳液聚合制得可流动的聚合物溶液或乳液。

黏结剂是通过表面黏结力和内聚力把各种材料黏合在一起，并且在结合处有足够强度的物质，通常是高分子合成树脂或具有反应性的低相对分子质量合成树脂。按其外观形态可分为溶液型、乳液型、膏糊型、粉末型、胶带型等。具有黏结功能的高分子材料主要有酚醛树脂类、乙烯基树脂类、橡胶类、环氧树脂类、丙烯酸类、热熔胶类、聚氨酯类、聚酯类、有机硅类等。

功能高分子是在合成或天然高分子原有力学性能的基础上，再赋予传统使用性能以外的各种特定功能（如化学活性、光敏性、导电性、催化活性、生物相容性、药理性能、选择分类性能等）而制得的一类高分子。一般在功能高分子的主链或侧链上具有显示某种功能的基团，但其功能性的显示往往十分复杂，不仅决定于高分子链的化学结构、结构单元的序列分布、分子量及其分布、支化、立体结构等一级结构，还决定于高分子链的构象、高分子链在聚集时的高级结构等，后者对生物活性功能的显示更为重要。例如吸水树脂，它是由水溶性高分子通过适度交联而制得，遇水时将水封闭在高分子的网络内，吸水后呈透明凝胶，因而产生吸水和保水功能。

② 根据高分子的主链结构分类　碳链聚合物：主链完全由碳原子组成，大部分烯类、二烯类聚合物属于这一类。如：PE、PP、PS、PVC、PMMA。

杂链聚合物：主链中除碳原子外，还有 O、N、S 等杂原子，如：聚酯、聚酰胺、聚氨酯、聚醚。

元素有机聚合物：主链中没有碳原子，主要由 Si、B、Al、O、N、S、P 等原子组成，侧基则由有机基团组成如：硅橡胶。

无机高分子：主链和侧链均无碳原子。如聚硫、聚氯化磷腈等。

11.1.3　制备聚合物的反应类型

（1）按单体和聚合物在组成及结构上发生的变化分类

① 加聚反应　烯类、炔类、醛类等有不饱和键的小分子单体通过加成而聚合起来的反应称为加聚反应（Addition Polymerization）。该类反应无副产物。如

$$CH_2 = CH \longrightarrow \left[CH_2 - CH \right]_n$$
$$\quad\quad | \quad\quad\quad\quad\quad\quad | $$
$$\quad\quad X \quad\quad\quad\quad\quad\quad X$$

侧基 X 为不同取代基：H、C1、C_6H_5、CH_3、CN…… 时，分别制得聚合物——PE、PVC、PS、PP、PAN 等。

② 缩聚反应 小分子单体通过缩合反应连接在一起形成高分子的反应称为缩聚反应 (Condensation Polymerization)，该类反应常伴随着水、醇、氨、卤化氢等小分子的生成。缩聚物中往往留有官能团的结构特征，如酰胺键—NHCO—、酯键—OCO—、醚键—O—等，因此大部分聚合物为杂链聚合物，容易发生水解、醇解和酸解。

③ 开环聚合反应 某些环状化合物在催化剂存在下，可开环聚合生成高分子量的线型聚合物。例如，聚甲醛是通过三氧六环单体开环聚合制备

$$n \quad \underset{\text{O}}{\overset{\text{O}}{\underset{\text{CH}_2}{\bigcirc}}} \quad \xrightarrow{\text{催化剂}} \quad +\text{CH}_2-\text{O}\frac{}{}_{3n}$$

④ 高分子转化反应 使一种高分子化合物变成性质不同的另一种高分子化合物。主要包括大分子侧基官能团反应、聚合物的交联反应、聚合物的扩链反应等。

聚合物大分子侧基官能团具有与小分子相似的反应活性，提供了高分子化学改性的可能性，并已有很多的成功案例。

天然高分子改性方面，纤维素由葡萄糖单元组成，可利用环上羟甲基的活性进行改性。如纤维素与醋酸在醋酐及浓硫酸作用下反应可制备完全乙酰化和部分乙酰化纤维素。硫酸帮助纤维素溶胀，兼作催化剂；醋酐帮助脱水，使反应向右移动。

聚乙烯醇的制备及转化方面，由于乙烯醇单体不能单独存在，所以由聚醋酸乙烯酯水解制备。聚乙烯醇经纺丝、热拉伸、甲醛处理，使亲水性的羟基缩醛化，变成不溶于水的维尼纶纤维。聚乙烯醇缩丁醛或乙醛，可用作安全玻璃的黏结剂、电绝缘膜和涂料。

交联反应是聚合物在交联剂、光、热、辐射等作用下，分子链间形成共价键，产生凝胶或不溶物的反应。交联反应往往可改善聚合物的强度、弹性、硬度、形变稳定性等。交联反应在工业生产中广为应用，如天然橡胶和合成橡胶的硫化，其目的是消除永久变形，使橡胶变形后迅速恢复原状。不饱和橡胶的硫化过程是在硫磺和硫化促进剂、活化剂和生胶捏练后进行造型，然后在 130～150℃下加热，经一定时间后得硫化产物。

扩链反应是指通过适当方法，将多个分子量不高的大分子连接在一起获得大分子量聚合物的过程。遥爪预聚物工艺是很有发展前途的橡胶制备工艺。先合成端基有反应活性的低聚物，分子量一般小于10000，活性基团（如—OH，—COOH，—SH，环氧乙烷基等）居于分子链的两端，像两只爪子一样，故称为遥爪预聚物。在适当的扩链剂或交联剂（含—NCO、—COOH、—X、—NH₂、环氧乙烷基等管能团）的作用下，遥爪预聚物通过活性基团的反应、扩链或交联成高分子量的聚合物。

(2) 按反应机理分类 随着高分子化学的发展，把聚合反应分为连锁聚合和逐步聚合两大类。

① 连锁聚合反应 单体被引发形成反应的活性中心，再将分子一个一个引发激活并连接成大分子，激发和连接的速率很快，如连锁爆炸一样，称这种反应为连锁聚合。

烯类、二烯类化合物的加聚反应大部分属于连锁聚合，反应需要活性中心，根据活性中心不同，连锁聚合反应又分为：自由基聚合，活性中心为自由基；阳离子聚合，活性中心为阳离子；阴离子聚合，活性中心为阴离子；配位离子聚合，活性中心为配位离子。

② 逐步聚合 逐步聚合的特征是在低分子转变成高分子的过程中，无活性中心，单体官能团之间相互反应而使低分子转变成高分子逐步进行，相对分子质量缓慢增加。大部分缩聚反应、一部分加聚反应属于逐步聚合。

11.1.4　聚合物分子量及其分布

（1）聚合物性质与分子量的关系

① 分子量是聚合物的重要结构指标。一般高分子的强度随分子量的增高而增大，但不呈线性关系。如图 11-1 所示。

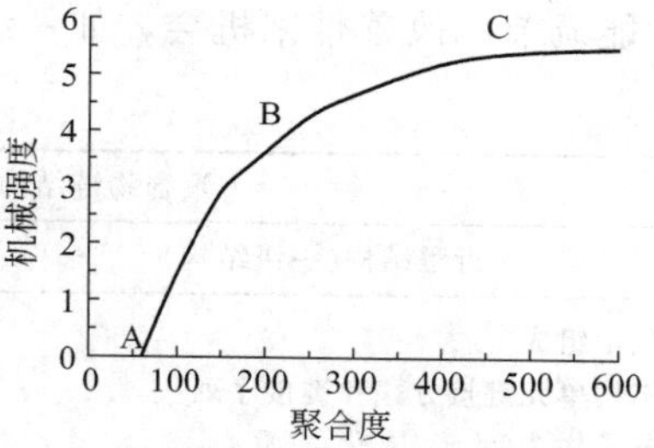

图 11-1　聚合物强度-分子量关系

A：聚合物初具力学强度最低分子量，分子量增加，力学强度明显提高。

B：临界点，此后强度增加缓慢。

C：强度饱和点，此后强度增加不再明显。

需指出，低分子与高分子并无明确界限，一般低分子<1000<过渡区<10000<高分子<10^6<超高分子量聚合物；高分子之间的作用力大，只有液态和固态，难以汽化。

② 分子的加工性能与分子量有关。合成聚合物时，必须控制分子量大小。分子量太小性能不好，太大会引起聚合物熔体黏度过高，难以成型加工。所以保证使用强度后，不必追求过高的分子量。如表 11-1 所示。

表 11-1　一些常见聚合物的分子量范围

塑料	分子量(10^4)	纤维	分子量(10^4)	橡胶	分子量(10^4)
低压聚乙烯	6~30	涤纶	1.8~2.3	天然橡胶	20~40
聚氯乙烯	5~15	尼龙-66	1.2~1.8	丁苯橡胶	15~20
聚苯乙烯	10~30	维尼纶	6~7.5	顺丁橡胶	25~30
聚碳酸酯	2~6	纤维素	50~100	氯丁橡胶	10~12

（2）聚合物的平均分子量　高分子不是由单一分子量的化合物所组成，即使是一种"纯"的高分子化合物，也是由化学组成相同、分子量不等、结构不同的同系聚合物的混合物所组成。高分子的分子量不均一的特性，就称为分子量的多分散性（polydispersity）。因此测定高分子的分子量一般都是平均分子量，聚合物的平均分子量相同，但分散性不一定相同。

平均分子量常以数均分子量、重均分子量 M_w、粘均分子量 M_η 表示。数均分子量通常通过依数性方法（冰点降低法、沸点升高法、渗透压法、蒸汽压法）和端基滴定法测定，重均分子量通常由光散射法测定，粘均分子量通常由黏度法测定。

（3）分子量分布（多分散性）　分子量分布（Molecular Weight Distribution，MWD）：由于高聚物一般由不同分子量的同系物组成的混合物，因此分子量具有一定的分布，分子量分布一般有分布指数（即重均分子量与数均分子量的比值，HI=M_w/M_n）和分子量分布曲线两种表示方法。

分子量分布是影响聚合物性能的重要因素。低分子量部分将使聚合物强度降低，分子量过高又使塑化成型困难。高分子工艺学的一项重要任务是寻找合适的工艺条件，来合成预定分子量和适当分子量分布的聚合物。

11.1.5　聚合物的结构

聚合物结构决定聚合物性能，具有多层次性，详见表 11-2。其中近程结构决定了聚合物的基本性质，而聚集态结构则直接影响聚合物使用性能。高分子结构层次繁多、复杂，给其性能调节和改善带来机会，如一级结构可通过合成工序调控。

表 11-2 聚合物的结构层次

聚合物链结构		聚合物聚集态结构	
近程结构（一级结构）	远程结构（二级结构）	三级结构	高级结构
化学组成 结构单元键接方式和键接序列 分子构造（线形，支化，交联） 构型（旋光异构，几何异构）	分子链在空间几何形态 （构象、柔顺性）	晶态结构 液晶态结构 无定型结构 取向结构	多组分聚合物体系

11.1.5.1 聚合物的链结构（微结构）

高分子的链结构包括近程结构和远程结构，主要由高分子合成时单体的化学结构、合成条件和合成方法决定的。

（1）聚合物链近程结构 近程结构又称化学结构或一次结构，是构成聚合物的最基本的微观结构，主要涉及化学组成和结构问题。分子链化学组成和结构直接影响着聚合物的某些性能，如熔点、密度、溶解性、黏度、黏附性等。分子链化学组成可由重复结构单元化学组成来表示。

① 结构单元的键接方式 结构单元的键接序列存在多样性。对于 A、B 两种单体的二元共聚物，根据不同连接键接序列：若两种不同的结构单元按一定比例无规则链接起来，称为无规则共聚物；若两种结构单元有规则的交替链接起来，称为交替共聚物；若两种不同成分的均聚链段彼此无规则的链接起来，称为嵌段共聚物；以一种成分构成的高分子主链上，链接另一种成分的侧链，构成一种主侧成分不同的带支链的结构，称为接枝共聚物。

<pre>
... A-B-A-A-A-B-B-A-B-B-B-A-A-B-...   无规共聚物
... A-B-A-B-A-B-A-B-A-B-A-B-A-...   交替共聚物
... A-A-A...-A-A-B-B...B-A-A-A...-A-...   嵌段共聚物
... A-A -A-A-A-A-A-A-A-A-A-A-A-A-...   接枝共聚物
         | |
         B-B-B-B...   B-B-B...
</pre>

② 聚合物链的构型 不同的空间排列方式叫构型。高分子链的构型包括几何异构和旋光异构。

分子主链上含有不能内旋转的双键，就会形成顺式构型和反式构型，称为几何异构体。

α-烯烃聚合物 $\left[CH_2—\overset{*}{C}H \right]$ ，每个结构单元都有一个不对称碳原子 C^*，可形成两种互为镜像的旋光异构。

③ 高分子构造 高分子构造指聚合物分子各种形状。高分子链构造的几何形状有线型、支化和交联等，如表 11-3 所示。

对于线型和支化高分子，适当溶剂可以使其溶解，具有可反复加热软化或熔化而冷却固化成型的性质，聚苯乙烯（PS）、聚氯乙烯（PVC）、聚乙烯（PE）等均属于此类，称热塑性聚合物（Thermoplastics Polymer）。受热和受力，分子间可发生滑移，易加工成型。

交联是高分子链之间通过化学键键接形成三维网状结构。交联聚合物受热后不能软化熔融，加入溶剂也不能溶解，交联度不高时可溶胀，酚醛树脂、环氧树脂、脲醛树脂等均属于此类，称为热固性聚合物（Thermosetting polymer）。交联对合成和加工成型都带来不便，必须在交联网络形成前完成合成和成型过程，否则一旦交联，就无法通过加热方法改变材料形状。交联使材料具有许多优良性能，如明显提高耐热性、尺寸稳定性及耐溶剂性能。

表 11-3　高分子链构造的类型

分　　类		溶解行为	热行为	结构
线形高分子		溶解	熔化	
支链形大分子		溶解	熔化	
体形高分子	交联度小	不溶但溶胀	软化不熔化	
	交联度大	不溶且不溶胀	不软化不熔化	

（2）聚合物远程结构（二次结构）　高分子远程结构是指单个大分子在空间存在的各种形状，也称高分子的构象。一个大分子链因为 C—C 键、C—O 键、Si—O 键等单键的内旋转和分子链的热运动，常存在一系列不同的形状，如完全伸展链、卷曲的无规则团、折叠链、螺旋链等，见图 11-2。在拉伸聚合物时，大分子链基本处于伸展状态；在无定型聚合物和高分子溶液中，大分子链常以无规则线团的构象存在；结晶聚合物往往由等周期折曲的规则的大分子组成；螺旋结构在蛋白质、核酸中占主要地位。

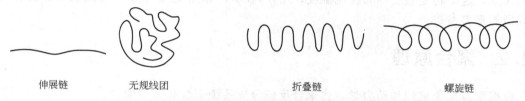

伸展链　　　　无规线团　　　　　　　折叠链　　　　　　螺旋链

图 11-2　单个高分子的几种构象示意图

11.1.5.2　聚合物的聚集态结构（三次结构）和热转变

（1）聚合物聚集态结构　高分子聚集态结构又称超分子结构、三次结构，是指高聚物材料本体内部高分子链之间排列和堆积结构，一般在聚合物材料成型加工过程中形成。尽管高分子链结构对聚合物基本性质起着决定作用，但是高分子材料使用性能主要取决于高分子的聚集态结构。

固态高分子材料按其中分子链排列的有序性，可分为结晶结构、非晶态结构和取向结构。

高聚物的结晶过程包括晶核生成和晶粒生长两个阶段。加工与成型条件的改变，会改变结晶高聚物的结晶度、结晶形态等，因而也影响了性能。实际上高聚物的结晶体中总是由晶区和非晶区两部分组成。在部分结晶的高聚物中，晶区和非晶区的界限不明确。由于结晶不完全，又有分子量分布问题，结晶高聚物的熔化发生在一个较宽的温度范围，称为熔限。在熔限范围内，边熔化边升温，把熔限的终点对应的温度叫熔点 T_m。

非晶态结构是一个比晶态更为普遍存在的聚集形态，分子链取完全无序或局部有序构象，杂乱地交叠在一起。非晶态结构通常包括玻璃体、高弹体和熔体。

聚合物在外场作用下，特别是拉伸场作用下，均可发生取向（orientation），即分子链、链段或晶粒沿某个方向或两个方向择优排列，使材料性能发生各向异性的变化。材料发生取向后，在力学性能、热学性能和光学性能等方面会产生很大变化。

高分子液晶（liquid crystal）态是在熔融态或溶液状态下所形成的有序流体的总称，这种状态是介于液态和结晶态的中间状态，其表观状态呈液体状，内部结构却具有与晶体相似的有序性。聚合物要形成液晶，必须满足以下条件：分子链具有一定刚性，并且分子是棒状或接近于棒状的构象，分子链上含有苯环或氢键等结构。高分子液晶具有独特的流动特性，在高浓度下仍有低黏度，利用这种性质进行"液晶纺丝"，可改善纺丝工艺，且其产品具有超高强度和超高模量，最著名的是称为凯夫拉（kevlar）纤维的芳香尼龙。

（2）玻璃化转变　非晶态聚合物在不同温度下，呈现三种力学状态：玻璃态、高弹态和黏流态。

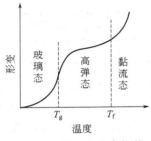

图 11-3　非晶态聚合物的形变-温度曲线

非晶态聚合物低温时呈玻璃态，通过升温从玻璃态转变为高弹态，或者通过降温从高弹态转变为玻璃态的过程称之为玻璃化转变，发生玻璃化转变的温度叫玻璃化温度 T_g。玻璃化转变导致聚合物许多物理性能（例如比容、比热、模量、导热系数、黏度、折射率等）发生急剧变化，以这些性能对温度作图，曲线斜率发生不连续突变或曲线出现极值的转变点的温度为 T_g，如图 11-3 所示。

玻璃化温度 T_g 是非晶态塑料使用的上限温度，橡胶使用的下限温度。玻璃化温度后再升温，聚合物发生由高弹态向黏流态的转变，这个转变温度称为黏流温度，用 T_f 表示，如图 11-3 所示。黏流温度是聚合物加工成型的重要参数。

11.2　聚合原理

根据聚合反应机理和动力学，将聚合反应分成连锁聚合和逐步聚合。

11.2.1　连锁聚合

连锁聚合（Chain Polymerization）是活性中心引发单体，迅速连锁增长的聚合。烯类单体聚合时，首先由引发剂先形成活性种，再由活性种打开单体的 π 键与之加成，形成单体活性种后不断与单体加成，使链增长形成大分子链；最后大分子链失去活性，使链增长终止。因此，连锁聚合反应可分成链引发、链增长、链终止等几步基元反应。

连锁聚合需要活性中心，活性中心的产生是化合物弱键的裂解，共价弱键的裂解方式分为均裂和异裂。均裂时，共价键上的一对电子断开后分属于两个基团或原子，如 R∶R $\longrightarrow$ 2R·，这种带单个电子的基团或原子呈电中性，称自由基。异裂时，共价键上的一对电子断开后全部归属于某一个基团或原子，形成阴离子；另一缺电子的基团或原子，形成阳离子，如 A∶B $\longrightarrow$ A$^{\oplus}$ + ∶B$^{\ominus}$。活性中心可以是自由基、阳离子或阴离子，因而有自由基聚合、阳离子聚合、阴离子聚合等。

单烯类、共轭双烯类、炔烃、羰基化合物和一些杂环化合物多数是热力学上能够连锁聚合的单体，其中前两类最为重要。这些单体对不同的聚合机理有明显的选择性。

乙烯基单体取代基的诱导效应和共轭效应能改变双键的电子云密度，对形成的活性种的稳定性也有影响，因此决定着单体对自由基、阳离子、阴离子等聚合的选择性。

供电基团，如烷氧基、烷基、苯基、乙烯基等，使碳-碳双键电子云密度增加，有利于阳离子进攻和结合；此外，某些供电基团因共振稳定作用使阳离子趋稳定，因此带供电基团的单体有利于阳离子聚合。阳离子聚合的单体有异丁烯、烷基乙烯基醚、苯乙烯等。

吸电子基团，如腈基、羰基、酯基等使双键电子云密度降低，并使阴离子活性中心共轭稳定，因此有利于阴离子聚合。阴离子聚合的单体有丙烯腈、丙烯酸酯类等单体。

自由基引发剂能使大多数烯烃聚合。许多带有吸电子基团的烯类单体能同时进行阴离子聚合和自由基聚合，但基团吸电子倾向过强时就只能进行阴离子聚合，如硝基乙烯。

具有共轭体系的烯类单体，如苯乙烯、丁二烯等，由于 π 电子云流动性大，易诱导极化，能按上述三种机理进行聚合。

11.2.1.1　自由基聚合

连锁聚合反应一般由链引发、链增长、链终止等基元反应组成。活性中心是自由基的就为自由基聚合。

自由基聚合产物约占聚合物总量的 60% 以上。聚氯乙烯、聚苯乙烯、聚甲基丙烯酸酯、聚丙烯腈、丁苯橡胶、ABS 树脂等聚合物都是通过自由基聚合生产的。

（1）自由基聚合反应的机理与特征　自由基聚合反应是在引发剂的引发下，产生单体活性种，按连锁聚合机理反应，直到活性种终止，反应停止。自由基聚合反应历程除链引发、链增长、链终止三个主要基元反应外，还有链转移反应。

各基元反应的特征简述如下。

① 链引发　形成单体自由基活性种的反应为链引发反应。单体自由基可以由引发剂、热能、光能、辐射能等的作用下产生。用引发剂时，链引发包含下列两个过程。

1）引发剂 I 分解形成初级自由基 $R\cdot$：

$$I \longrightarrow 2R\cdot$$

2）初级自由基与单体 M 加成，生成单体自由基：

$$R\cdot + M \longrightarrow RM\cdot$$

上述两步反应中，引发剂分解为吸热反应，活化能较高，约为 105～150kJ/mol，分解速率小；而反应 2）是放热反应，活化能低，约为 20～34kJ/mol，反应速率快，所以引发剂的分解速率为引发反应控制步骤。

② 链增长　在链引发阶段生成的单体自由基能连续不断地和单体分子结合生成链自由基，此过程称做链增长反应。

$$RM\cdot + M \longrightarrow RMM\cdot + M \longrightarrow RMMM\cdot \longrightarrow \cdots \longrightarrow RM\cdots MM\cdot$$
$$RM\cdot + nM \longrightarrow RM\cdot_{n+1}$$

链增长反应是放热反应，由单体双键变为单键所放出的能量约 55～95kJ/mol。链增长活化能低，约为 20～34kJ/mol，活性链增长速率极高，在 0.01 秒到几秒钟内聚合度可达数千，甚至上万。

③ 链终止　自由基活性高，有相互作用终止而失去活性的倾向。链自由基失去活性形成稳定聚合物的反应称为链终止反应。终止反应有偶合终止和歧化终止。

偶合终止　　　　　　　　　$M\cdot_x + M\cdot_y \longrightarrow M_{x+y}$

两自由基的独电子相互结合成共价键的终止反应称作偶合终止，其结果是两个自由基活性中心消失，形成一个聚合物大分子，所形成的大分子的聚合度为两个链自由基的单体单元数之和。

歧化终止　　　　　　　　　$M\cdot_x + M\cdot_y \longrightarrow M_x + M_y$

某链自由基夺取另一自由基的氢原子或其他原子的终止反应，则称作歧化终止。歧化终止结果，形成两条大分子，聚合度与链自由基中重复单元数相同。

链终止活化能很低，只有 8～21kJ/mol，因此终止速率极快。

任何自由基聚合都包括上述链引发、链增长、链终止三步基元反应。其中链引发速率最小，成为控制整个聚合速率的关键。

④ 链转移 在自由基聚合过程中，除发生上述三步基元反应外，链自由基还可能因夺取体系中的单体、溶剂、引发剂等分子上的一个原子而终止，而使这些失去原子的分子成为自由基，继续链的增长，使聚合反应继续进行下去。这一反应称为链转移反应

$$M\cdot_x + YS \longrightarrow M_xY + S\cdot$$

链转移的结果往往使聚合物的相对分子质量降低，如向大分子转移则有可能形成支链。

根据上述机理分析，自由基聚合有以下特征。

① 自由基聚合反应在微观上可以明显地区分为链的引发、增长、终止、转移等基元反应。其中引发速率最小，是控制聚合反应总聚合速率的关键。其机理特点可概括为慢引发、快增长、快终止。

② 只有链增长反应才能使聚合度增加。一个单体分子从引发，经过增长和终止转变成大分子，时间极短，不能停留在中间聚合度阶段；聚合体系仅由单体和聚合物组成。

③ 在聚合过程中，单体浓度逐步降低，聚合物浓度提高；延长聚合时间是为提高转化率，对相对分子质量影响较小。

(2) 引发剂 烯类单体进行自由基聚合，首先要在光能、热能、辐射能或引发剂作用下产生自由基，工业生产上要求聚合反应有一定的速率，常加入引发剂进行自由基聚合。引发剂常为分子结构上具有弱键的、容易分解成自由基的化合物。

① 引发剂种类 常用的引发剂有偶氮类化合物与过氧化物两类。最常用的有偶氮二异丁腈（AIBN）和偶氮二异庚腈（ABVN）。

过氧化合物引发剂是通过过氧键的热分解产生自由基引发单体聚合。过氧化合物引发剂可分为有机过氧化合物和无机过氧化合物两大类。

常用的无机过氧化物引发剂过硫酸钾 $K_2S_2O_8$ 和过硫酸铵 $(NH_4)_2S_2O_8$ 为水溶性引发剂。

偶氮类和有机过氧类引发剂属于油溶性引发剂，常用于本体聚合、悬浮聚合和溶液聚合，而无机过氧化物多用于乳液聚合和水溶液聚合。

另外，还有氧化还原引发剂。氧化剂有过氧化氢、过硫酸盐、氢过氧化物、过氧化二烷基、过氧化二酰基等。还原剂如亚铁盐、亚硫酸钠、叔胺、硫醇等。过氧化氢-硫酸亚铁体系、过硫酸钾-亚硫酸钠是水溶性氧化还原引发剂，过氧化二苯甲酰-N,N-二甲基苯胺是常用的油溶性氧化还原引发剂。

② 引发剂分解动力学 引发剂分解一般属于一级反应，引发剂分解速率 R_d 与引发剂浓度 $[I]$ 的一次方成正比。

$$R_d = -\frac{d[I]}{dt} = -k_d t \tag{11-1}$$

式中，$[I]$ 为时间为 t 时的引发剂浓度（单位为 mol/L）；k_d 为分解速率常数（单位为 s^{-1}）。

对于一级反应，常用半衰期来衡量反应速率的大小，所谓半衰期是指引发剂分解到起始浓度一半所需的时间，以 $T_{1/2}$ 表示，与分解速率常数有下列关系：

$$T_{1/2} = \frac{\ln 2}{k_d} = \frac{0.693}{k_d} \tag{11-2}$$

引发剂的活性可以用引发剂分解速率常数和半衰期表示。分解速率常数越大，或半衰期

越小，引发剂的活性越高。

③ 引发剂的选择　在聚合物的合成中，正确合理的选择和使用引发剂，对调控聚合物的性能、聚合反应速率、生产周期，具有重要意义。

在聚合研究和工业生产中，首先要根据聚合操作方式和反应温度，选择半衰期适当的引发剂，以缩短反应时间，提高生产率。其次是根据聚合方法选择引发剂类型，偶氮类和过氧类油溶性引发剂适合于本体、悬浮和溶液聚合；而乳液聚合则常选用水溶性引发剂。再根据聚合物的性能与用途选择引发剂，还要考虑到引发剂对聚合物有无毒性，使用、存储时是否安全等问题。

引发剂的用量对聚合速率与聚合物的相对分子质量有很大影响。

（3）自由基聚合动力学　聚合动力学主要研究聚合速率、聚合物的相对分子质量与引发剂浓度、单体浓度、聚合温度等因素之间的定量关系。动力学的研究在理论上是为探讨聚合机理，实用上为工业生产提供依据。

① 聚合速率　研究聚合速率，可以在保证质量的前提下，尽量缩短反应周期以提高生产效率。

聚合过程的速率变化常用转化率-时间曲线表示。转化率-时间曲线一般呈 s 形，如图 11-4 所示。由此可将整个聚合过程分为诱导期、聚合初期、中期、后期等阶段。

诱导期间，初级自由基可被阻聚杂质终止。无聚合物生成，聚合速率为零，这种起阻聚作用的物质称为阻聚剂。

诱导期过后，单体开始正常聚合，进入聚合初期。理论研究上把转化率为 5%～10% 称为聚合初期，而工业上则将转化率在 10%～20% 作为聚合初期。

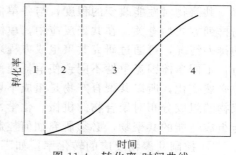

图 11-4　转化率-时间曲线
1—诱导期；2—聚合初期；
3—聚合中期；4—聚合后期

当转化率达 10%～20% 以后，聚合速率逐渐增加，出现自动加速现象，加速现象有时可延续到转化率为 50%～70%，这阶段为聚合中期。出现加速是由于随反应的进行，转化率提高，聚合物量增多，体系黏度增加，偶合终止困难，自由基浓度及寿命提高，因而使聚合速率加快。

以后聚合速率因单体的减少而逐渐减慢，进入聚合后期。当转化率到 90%～95% 后聚合速率很小，可以结束反应。

② 聚合物的相对分子质量　在聚合物的工业生产中，常利用链转移反应来控制产物相对分子质量，即在反应过程中加入适当数量的易发生链转移反应的物质，这类物质称为相对分子质量调节剂。

自由基聚合动力学的理论研究主要是研究聚合初期聚合速率与引发剂浓度、单体浓度、聚合温度等因素之间的定量关系，称为自由基微观动力学。根据聚合机理，导出聚合速率方程，从而指导应用。

11.2.1.2　自由基共聚

两种或两种以上单体放在一起进行聚合，形成的聚合物含有两种或多种单体单元，称为共聚物。根据参加反应单体的单元数，共聚反应可分为二元、三元或多元共聚。共聚合反应机理大多为连锁聚合。

前已述及，共聚物按大分子链中单体链节的排列方式可分为四种，其中无规和交替共聚物系由一般的共聚反应制得，嵌段和接枝共聚物有点类似共混体系，可由多种方法合成。

共聚物是由两种以上的单体组成，可改变大分子的结构与性能，增加品种，扩大应用范围。通过共聚反应，可以改进许多性能，如机械强度、韧性、弹性、塑性、柔软性、耐热性、染色性、表面性能等。有不少性能突出的合成橡胶、塑料、纤维都是共聚物，如丁二烯与苯乙烯共聚可获得机械强度高的丁苯橡胶，用于制造轮胎。典型共聚物性能见表11-4。

表 11-4 典型共聚物

主单体	第二单体	共聚物	改进的性能及主要用途
乙烯	丙烯	乙丙橡胶	破坏结晶性,增加柔性和弹性
异丁烯	异戊二烯	丁基橡胶	引入双键,供交联用
丁二烯	苯乙烯	丁苯橡胶	增加强度,通用合成橡胶
丁二烯	丙烯腈	丁腈橡胶	增加耐油性
苯乙烯	丙烯腈	SAN 树脂	提高抗冲强度,增韧塑料
氯乙烯	醋酸乙烯酯	氯-醋共聚物	增加塑性和溶解性能,塑料和涂料
丙烯腈	丙烯酸甲酯	腈纶树脂	改善柔软性,有利于着色,合成纤维

共聚物对性能改变的程度，与各单体的种类、数量及在共聚物大分子链中各单体的组成与排列方式均有关。在共聚反应中，单体的组成与共聚物组成的关系，单体链节在共聚物中的排列情况，可通过研究共聚组成方程来探讨。共聚组成方程是瞬时方程，随共聚反应的进行，不同单体因竞争性不同致使消耗速率不同，剩余单体的浓度比值总在变化，聚合物组成也必然变化，所以共聚合产物是组成不均一的共聚物的混合物，存在着组成分布的问题。共聚物的组成分布对聚合物的机械、化学性能以及加工性能都有很大的影响。所以，要制备预定组成性能的共聚物，必须研究如何控制组成分布均一的共聚物可行性。常用的方法如下。

① 控制共聚物反应的转化率。如丁苯橡胶生产中，两单体比例为苯乙烯：丁二烯＝28：72，转化率与共聚物组成的关系见表11-5。

表 11-5 5℃下苯乙烯-丁二烯共聚的转化率与组成的关系

转化率/%	0	20	30	60	80	90	100
共聚物中苯乙烯质量含量/%	22.2	22.3	22.5	22.8	23.9	25.3	28.0

由表11-5可见，在转化率低于60%时，共聚物中结合苯乙烯的含量变化不大，如再提高转化率，共聚物组成变化显著。因此在丁苯橡胶生产中转化率一般控制在60%，而不追求更高的转化率。

② 保持共聚单体组成比恒定。为此可不断向反应体系添加反应活性较大消耗较快的单体，使单体组成比保持不变，也可以采取添加与生成共聚物的组成相同的单体混合物，使之全部反应后再不断添加，这种方法每次添加量最好与反应速率相平衡。

11. 2. 1. 3 离子型聚合

活性中心是离子的连锁聚合称离子聚合，根据中心离子的电荷性质又可分为阳离子和阴离子聚合。

离子型聚合的引发反应，只需要很低的活化能，即使在－50℃的低温下进行离子聚合反应，大多十分剧烈。如苯乙烯的阴离子聚合要在－70℃于四氢呋喃中进行，异丁烯的阳离子聚合则要在－100℃下液化乙烯中进行。

氧正离子、硫正离子等的活性低于碳正离子，所以杂环单体经阳离子聚合反应生产高分子量聚合物可在 65℃ 以上进行。

采用离子聚合制备高分子，虽历史较早，但在机理和动力学研究方面远不及自由基聚合。这与离子聚合实验条件苛刻、聚合速率快、实验的重现性差等因素有关。但现在用离子聚合方法开发了许多性能优越的高分子材料，如聚苯撑氧、聚甲醛、聚氯醚、丁基橡胶等。在制备嵌段共聚物与结构规整的聚合物方面，离子聚合起着重要作用。因此离子聚合的工业应用已日益广泛。

（1）阳离子聚合　阳离子聚合反应通式可表示如下。

$$A^{\oplus}B^{\ominus}+M \longrightarrow AM^{\oplus}B^{\ominus}\cdots \xrightarrow{M} \cdots M_n \cdots$$

式中，$A^{\oplus}$ 表示阳离子活性中心；B 为紧靠中心离子的引发剂碎片，带相反电荷，称作反离子。

阳离子聚合反应是某些乙烯基单体或某些杂环单体如环醚、环缩醛、环亚胺、环硫醚、内酰胺、内酯等在阳离子引发剂（或称催化剂）作用下生成相应离子进行聚合的反应。

① 阳离子聚合的单体与引发剂　带有推电子取代基的烯类单体可进行阳离子聚合。推电子基使碳-碳电子云密度增加而具有亲核性，有利于阳离子活性种的进攻，同时又可使生成的碳阳离子电子云分散而稳定。

α-烯烃中按阳离子机理进行聚合的单体只有异丁烯。另外烷基乙烯基醚和苯乙烯、α-甲基苯乙烯、丁二烯等共轭二烯烃也能进行阳离子聚合。

阳离子聚合的引发剂都是亲电试剂，常用的有下列几种。

1）质子酸　如 H_2SO_4，H_3PO_4，$HClO_4$ 等普通质子酸，在水溶液中能离解产生 H^+，使烯烃质子化引发阳离子聚合。选用质子酸作引发剂时要求酸要有足够强度以产生 $H^{\oplus}$，同时要求酸根亲核性不能太强，以防和中心离子结合，使链终止。

2）Lewis 酸　广义上把缺电子的物质统称为 Lewis 酸，如 $AlCl_3$，BF_3，$SnCl_4$，$ZnCl_2$，$TiBr_4$ 等。Lewis 酸是阳离子聚合最常用的引发剂。大部分 Lewis 酸都需要共引发剂（如水）作为质子或碳阳离子的供给体，才能引发阳离子聚合。

阳离子共引发剂有两类，一类是能析出质子的物质，有 H_2O，ROH，HX，$RCOOH$ 等；有时也可用 H_2SO_4、$KHSO_4$ 引发阳离子聚合，关键是其中阴离子的亲核性不能太强。另一类是能析出碳阳离子的物质，如 RX，$RCOX$，$R(CO)_2O$ 等。

引发剂和共引发剂的不同组合致使引发活性不同，这主要决定于向单体提供质子或碳阳离子的能力。

3）其他　能进行阳离子聚合的引发剂有碘、高氯酸盐、高能射线、电荷转移络合物。

② 阳离子聚合机理与特点　阳离子聚合反应是连锁聚合，也由链引发、链增长、链终止、链转移等基元反应组成。

1）链引发　以 Lewis 酸（C）为引发剂，它先和质子给体（RH）生成络合物，离解 $H^{\oplus}$ 再引发单体 M 生成碳阳离子活性种。

$$C+RH \Longleftrightarrow H^{\oplus}(CR)^{\ominus} \qquad H^{\oplus}(CR)^{\ominus} \xrightarrow{k_i} HM^{\oplus}(CR)^{\ominus}$$

阳离子聚合引发速率很快。通常，其引发活化能 $E_i=8.4 \sim 21 kJ/mol$。

2）链增长　链引发反应生成的碳阳离子活性中心与反离子形成离子对，单体分子不断插到碳阳离子和反离子中间进行链增长。增长反应是离子与分子之间的反应，具有速率快、活化能低的特点。

$$HM^{\oplus}(CR)^{\ominus} + nM \xrightarrow{k_p} HM_nM^{\oplus}(CR)^{\ominus}$$

3）链转移和链终止　离子聚合的增长活性中心带有相同电荷，不能双分子终止，往往通过链转移终止或单基终止。向单体转移是阳离子聚合中最主要的链终止方式，其次是向反离子转移或加成终止。

另外还可以加入某些链转移剂或终止剂，如水、醇、酸、醚等使链终止。

阳离子聚合机理的特点可以概括为快引发、快增长、易转移、难终止。

阳离子聚合的活化能很小，甚至是负值，有降低温度反应速率加快的现象。聚合反应极快，若反应热不能及时移出，会造成局部过热。

③ 阳离子聚合工业应用　列举高分子合成工业中应用阳离子聚合反应生产的典型聚合物如下。

聚异丁烯：异丁烯在阳离子引发剂 $AlCl_3$、BF_3 等作用下聚合，由于聚合反应条件、反应温度、单体浓度、是否加有链转移剂等的不同而得到不同分子量的产品，因而具有不同的用途。

聚甲醛：由三聚甲醛与少量二氧五环经阳离子引发剂 $AlCl_3$、BF_3 等引发聚合。用作热熔黏合剂、橡胶配合剂等。

聚乙烯亚胺：主要是环乙胺、环丙胺等经阳离子聚合反应生成聚乙烯亚胺均聚物或共聚物，属高度分支的高聚物，用作絮凝剂、黏合剂、涂料以及表面活性剂等。

（2）阴离子聚合　阴离子聚合反应通式如下。

$$A^{\oplus}B^{\ominus} + M \longrightarrow BM^{\ominus}A^{\oplus} \cdots \xrightarrow{M} \cdots M_n \cdots$$

式中，$B^{\ominus}$ 表示阴离子活性中心，一般由亲核试剂提供；$A^{\oplus}$ 反离子，大多是金属离子。活性中心可以是自由离子、离子对，甚至是处于缔合状态的阴离子。

① 阴离子聚合的单体和引发剂　具有吸电子基的烯类单体可以进行阴离子聚合。吸电子基能使双键上电子云密度减少，有利于阴离子的进攻，并使形成的碳阴离子的电子云密度分散而稳定。同时还要求烯类单体必须是 π-π 共轭体系，单体的共轭结构使阴离子活性中心趋于稳定。具有这两个条件的烯类单体才能进行阴离子聚合，如丙烯腈、甲基丙烯酸甲酯、苯乙烯、丁二烯等。

烯类单体的聚合活性与取代基的吸电子能力有关，取代基的吸电子性越强，则单体越易阴离子聚合。

阴离子聚合的引发剂是电子给体，属亲核试剂。常用的引发剂有碱金属及其有机化合物。碱金属是电子转移型引发剂，如 K、Na 等是将电子直接或间接转移给单体，生成单体自由基-阴离子，其中自由基末端很快偶合终止，形成双阴离子活性中心再引发聚合。

有机金属化合物有金属氨基化合物、金属烷基化合物，如 $NaNH_2$、KNH_2、RLi、AlR_3，可使阴离子直接与单体反应形成碳阴离子活性中心，再引发聚合。

其他还有 R_3P、R_2N、ROH、H_2O 等含有未共用电子对的亲核试剂，它们只能引发活性高的单体进行阴离子聚合。

阴离子聚合单体与引发剂活性各不相同，只有适当引发剂才能用以引发某些单体，即单体与引发剂要匹配，表现出很强的选择性。

② 阴离子聚合机理　阴离子聚合也同样具有连锁聚合机理，只是阴离子聚合的终止反应，尤其是非极性的共轭烯烃，连链转移也不容易发生，成为无终止聚合，形成"活"的聚合物。要终止聚合，通过加入水、醇、胺等终止剂使活性聚合物终止。

阴离子聚合具有快引发、慢增长、无终止的特点。所谓慢增长，是相较引发而言，事实是阴离子聚合的链增长要比自由基聚合快得多。

③ 活性聚合物　1956 年 Szwarc 在以萘钠为引发剂，在四氢呋喃中引发苯乙烯聚合时发现，在这聚合体系反应到单体消耗尽，活性仍然存在，再继续加入单体反应仍可进行，由此提出了活性聚合的概念，形成的聚合物成为活性聚合物。

典型的活性阴离子聚合具有下列特征。

1）引发剂全部很快地转变成活性中心，碱金属形成双阴离子，烷基锂为单阴离子。

2）正常情况下所有增长同时开始，各链的增长概率相等。

3）无链转移和终止反应。

4）解聚可以忽略。

④ 阴离子聚合工业应用

1）合成分子量甚为狭窄的聚合物。

2）利用聚合反应结束时需加入终止剂这一特点，合成具有适当功能团端基的聚合物。如加入特殊试剂合成链端具有—OH、—COOH、—SH 等功能基团的聚合物。

3）利用先后加入不同种类单体进行阴离子聚合，合成 AB 型、ABA 型以及多嵌段、星形、梳形等不同形式的嵌段共聚物。热塑性橡胶的生产是工业上的重要成就。

（3）离子聚合的影响因素

① 溶剂　离子聚合中，活性中心离子近旁存在着反离子，它们之间的结合，可以是共价键、离子对，乃至自由离子，因此使增长反应复杂化。聚合速率受活性中心与反离子结合方式的影响，自由离子的速率大于松对离子速率大于紧对离子速率。大多数离子聚合的活性种，是处于离子对和自由离子。影响活性中心与反离子结合方式主要是溶剂的性质（极性和溶剂化能力）。溶剂极性和溶剂化能力大，自由离子和松对离子的比例增加，结果使聚合速率和聚合物相对分子质量增加。

$$\text{A-B} \rightleftharpoons A^{\oplus}B^{\ominus} \rightleftharpoons A^{\oplus} \parallel B^{\ominus} \rightleftharpoons A^{\oplus} + B^{\ominus}$$

共价键　　紧对离子　　　松对离子　　　　自由离子

综合考虑，阳离子聚合常选用低极性溶剂卤代烃，阴离子聚合选用极性溶剂四氢呋喃、二氧六环等。

② 反离子　反离子的性质及体积对离子聚合速率有影响。反离子的亲核性如太强，则将使链终止。反离子的体积大，离子对疏松，聚合速率大。

反离子对阴离子聚合速率的影响与溶剂的性质有关。在极性不大，而溶剂化能力较大的四氢呋喃中聚合，反离子体积小，溶剂化程度大，离子对的离解程度增加，易成松对离子，使聚合速率相对加快。如用极性小、电子给予能力不大的二氧六环作溶剂时，随反离子的离子半径增加，离子对间距离增大，单体容易插入，反应速率增快。

③ 温度　离子聚合的速率、相对分子质量均与温度有关。阳离子聚合过程中，聚合速率和相对分子质量均随温度降低而提高，同时温度低也可减少异构化。温度对阴离子聚合速率与相对分子质量的影响较小。

综上所述，离子聚合的影响因素较复杂，主要与溶剂的极性、溶剂化能力有关。

11.2.1.4　配位聚合

配位聚合，是指单体分子首先在活性种的空位上配位，形成某种形式的络合物，随后单体分子相继插入过渡金属-烷基键（Mt-R）中进行增长。配位聚合最初是 Natta 在解释 α-烯烃聚合（用 Ziegler-Natta 引发剂）机理时提出的，是从研究烯类聚合物的立构规整性和定向聚合的起因开始应用的。

配位聚合有阳离子与阴离子之分，但常见的配位聚合大多属阴离子聚合。所得聚合物有有规立构聚合物，也有无规立构聚合物。

（1）配位聚合引发剂类型　配位聚合引发剂主要有三类：Ziegler-Natta 引发剂、π-烯丙基过渡金属型引发剂、RLi 等金属有机化合物类引发剂，其中以 Ziegler-Natta 引发剂种类多、应用广。其作用是提供引发聚合的活性种及提供独特的配位能力引导定向聚合。这是由于引发剂的剩余部分紧邻引发中心，这种反离子同单体和增长链的配位促使单体分子按一定的构型进入增长链。

（2）Ziegler-Natta 引发剂　Ziegler-Natta 引发剂体系由两个组分构成：主引发剂是 Ⅳ～Ⅷ 族过渡金属卤化物，如 $TiCl_3$，VCl_4，$CrCl_3$ 等。共引发剂是 I～Ⅲ 族的金属有机化合物，如 RLi，R_2Mg，AlR_3。式中 $R = CH_3 \sim C_{11}H_{23}$ 的烷基或环烷基，其中有机铝化合物用得最多。

为改善引发剂的活性和提高聚合物的立构规整性，常在 Ziegler-Natta 引发剂的两组分中加入胺类、酯类、醚类化合物及含有 N、P、O、S 的给电子体作第三组分。第三组分的种类和用量对改进引发剂的定向能力和提高聚合速率十分重要，若选择得当，可大大简化聚合工序，降低成本，提高质量。将活性组分负载在载体上制得载体型引发剂是对 Ziegler-Natta 引发剂的巨大革新，正在聚烯烃工业等领域显示其优势。

根据 Ziegler-Natta 引发剂两组分反应后形成的络合物在烃类溶剂中的溶解性可以分为可溶性均相引发剂和不溶性非均相引发剂。

（3）金属茂引发剂　金属茂引发剂是由过渡金属锆（Zr）、钛等与两个环戊二烯基或环戊二烯基取代基及两个氯原子（也可以是甲基等）形成的有机金属络合物和助引发剂甲基铝氧烷（MAO）组成的。

金属茂引发剂具有引发活性高，聚合物相对分子质量均一、分布窄，结构规整性高的特点。金属茂引发剂具有单一的活性中心，能精密控制相对分子质量及其分布、聚合物的结构。金属茂引发剂是聚烯烃的高效引发剂，已成功地用于工业规模合成线性低密度聚乙烯（LLDPE）、高密度聚乙烯（HDPE）、等规聚丙烯（IPP）、间规聚丙烯（SPP）、无规聚丙烯（APP）、间规聚苯乙烯（SPS）等。

（4）配位聚合机理　研究较多的是关于 α-烯烃在 Ziegler-Natta 引发剂作用下立构规整化的机理。几十年来研究活跃，但至今没有一个统一的理论。

（5）配位聚合应用　合成树脂工业中高密度聚乙烯（HDPE）、聚丙烯及其共聚物，合成橡胶工业中顺丁橡胶、乙丙橡胶都是经配位聚合反应生产的。

11.2.1.5 开环聚合

环状单体在某种引发剂的作用下开环，形成线型聚合物的过程，称为开环聚合，其通式如下。

$$n R\!-\!Z \longrightarrow [R\!-\!Z]_n$$

环烷烃、环醚、环酯、环酰胺等都可能成为开环聚合的单体。环状单体能否进行开环聚合，取决于环的稳定性。在热力学上，容易开环的程度是 3、4＞8＞7、5、6，六元环难以进行开环聚合。在动力学上，带有极性键的环状单体更有利于开环聚合。

环状单体可以用离子聚合引发剂或中性分子引发剂，引发开环形成的活性种，可以是离子，也可以是中性分子，这主要取决于引发剂。

开环聚合所选用的引发剂具有离子聚合的特征，但在整个聚合过程中相对分子质量逐步增加，又具有逐步聚合的特点。因此开环聚合兼有连锁和逐步聚合的机理。

目前已实现工业化生产的开环聚合有环氧乙烷、环氧丙烷阴离子开环聚合、三聚甲醛阳离子聚合等。

11.2.2　逐步聚合

逐步聚合（Step Polymerization）的特征是在低分子转变成高分子的过程中，无活性中心，单体官能团之间相互反应而逐步增长。逐步聚合反应最大的特点是在反应中逐步形成大分子链，聚合体系中任何两分子（单体分子或聚合物分子）间都能相互反应生成聚合度更高的聚合物分子。反应是通过官能团进行的，可以分离出中间产物，相对分子质量随时间增长而逐渐增大。

缩聚反应是含有反应性官能团的单体经缩合反应折出小分子化合物，生成聚合物的反应。它是人们最早用以制造聚合物的合成反应，也是合成工程塑料的主要方法，在发展新型聚合物方面，缩聚反应具有很大的潜力。

绝大多数缩聚反应属于逐步聚合反应，如聚酰胺、聚碳酸酯、酚醛树脂、脲醛树脂、醇酸树脂等的制备。

也有许多非缩聚型逐步反应，如聚氨酯的合成、己内酰胺酸催化开环制尼龙-6 等。

限于篇幅，本教材仅就应用广泛的缩聚进行详细论述。

11.2.2.1　缩聚反应的单体

分子中能参与反应并表征反应类型的原子（团）称为官能团。

缩聚反应是官能团间的多次缩合反应，除主产物外，还有低分子副产物的生成。

官能度常用 f 表示，是指一个单体分子中能够参加反应的官能团的数目。不参加反应的官能团不计算在官能度内。

单体的平均官能度是指体系内每个单体分子平均带有的官能团数，表达式如下，

$$\overline{f}=\frac{f_A N_A+f_B N_B+f_C N_C+\cdots}{N_A+N_B+N_C+\cdots} \tag{11-3}$$

单体的平均官能度不但与体系内各种单体的官能度有关，而且还与单体的配料比有关，如醇酸树脂生产中，甘油和苯酐 2∶3。

$$\overline{f}=(2\times3+3\times2)/5=2.4$$

通过单体的平均官能度数值可直接判断缩聚反应所得产物的结构和反应类型如何：

当 $f>2$ 时，则产物为支化或网状结构，属于体型缩聚反应；

当 $f=2$ 时，则生成的产物为线型结构，属于线型缩聚反应；

当 $f<2$ 时，则反应体系有单官能团原料，不能生成分子质高的聚合物。

根据反应体系参加反应的官能度数，可将反应体系分为 1-1,2-2,2-4, 3-3 等官能度体系。如上所述，进行缩聚反应要得到高分子物，参加反应的两单体必须是 2 官能度以上的单体，如 2-2（二元酸与二元胺），2-3（二元酸与三元醇），3-3（三元酸与三元醇）官能度体系，或者是一个单体同时带有两个不同官能团的 2 官能度体系（羟基酸）。

可进行缩聚和逐步聚合的官能团有—OH，—NH₂，—COOH，—COOR，—COCl，—H，—Cl，SO₃H，—SO₃Cl 等。常用官能团单体示例，见表 11-6。

可见改变官能团种类，改变官能度，改变官能团以外的残基，就可以合成出多种类缩聚物。

缩聚反应按生成聚合物大分子的结构可分为线型缩聚和体型缩聚两类。

表 11-6　缩聚反应和逐步聚合反应常用单体示例

官能团	二元	多元
醇—OH	乙二醇 $HO(CH_2)_2OH$ 丁二醇 $HO(CH_2)_4OH$	丙三醇 $C_3H_5(OH)_3$ 季戊四醇 $C(CH_2OH)_4$
酚—OH	双酚 A 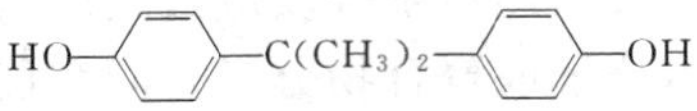　$HO-\!\!\bigcirc\!\!-C(CH_3)_2-\!\!\bigcirc\!\!-OH$	
羧—COOH	己二酸 $HOOC(CH_2)_4COOH$ 对苯二甲酸 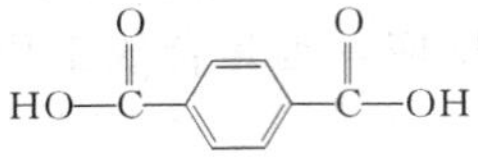	均苯四甲酸 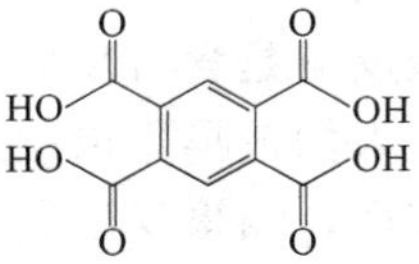
酐 $(CO)_2O$	邻苯二甲酸酐 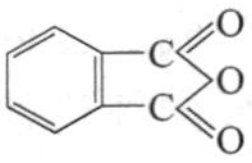	均苯二甲酸酐 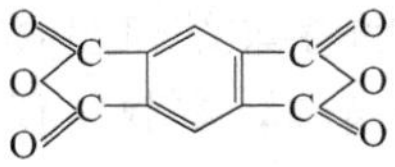
胺—NH₂	己二胺 $H_2N(CH_2)_6NH_2$	均苯四胺 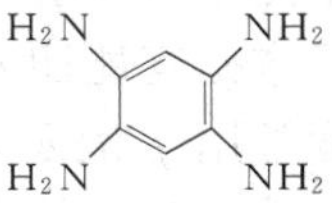
异氰酸—NCO	甲苯二异氰酸酯 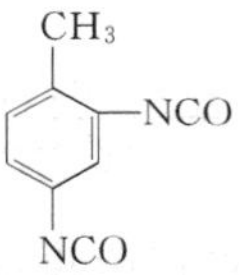	

　　由 2,2-2 官能度体系的单体参加反应，反应中形成的大分子可向两个方向发展，所得的聚合物是线型结构，该反应称为线型缩聚。线型缩聚主要用于生产热塑性塑料、合成纤维、涂料与黏合剂等，例如聚酰胺类主要用作合成纤维（尼龙-66），聚对苯二甲酸乙二酯主要用作涤纶纤维和生产薄膜。

　　采用 2-3,2-4 等多官能度体系的单体进行缩聚反应，大分子的生成反应可以向三个方向进行，得到的是体型、支链型结构的聚合物，则此缩聚反应为体型缩聚。体型缩聚主要用于生产热固性塑料、热固性涂料、热固性黏合剂。

11.2.2.2　线型缩聚

　　线型缩聚的首要条件是需要 2-2 或 2 官能度体系的单体为原料。单体通过官能团进行反应，因此单体的活性直接依赖于官能团的活性，官能团的活性次序是酰氯＞酸酐＞酸＞酯。另外，在选择单体时还要考虑到单体的成环倾向。三元环、四元环、（八～十一）元环都不稳定，难以成环，易形成线型聚合物。由于缩聚反应是双分子反应，在较高的单体浓度下进行反应，有利于线型缩聚。

　　线型缩聚反应通式可表示如下：

2-2 官能度体系：

$$naAa + nbBb \longrightarrow a \mathbin{+} AB \mathbin{+}_n b + (2n-1)ab$$

2 官能度体系：

$$naRb \longrightarrow a \mathbin{+} R \mathbin{+}_n b + (n-1)ab$$

式中，a，b 代表官能团；A，B 为残基。

线型缩聚物是合成高聚物的主要品种之一，其类型举例见表 11-7。

表 11-7　线型缩聚物的主要类型

类型	链节结构	主要品种
聚酯类	—C—R₁—C—O—R₂—O—	聚对苯二甲酸二乙酯
聚酰胺类	—NH—R₁—NH—C—R₂—C—	尼龙-66
聚氨酯类	—C—NH—R₁—NH—C—O—R₂—O—	二异氰酸酯与二元醇的缩聚物
聚砜类	—O—R₁—O— 苯环—S(O)(O)—苯环	双酚 A 与 4,4′-二氯二苯砜缩聚物
聚次苯基硫醚	苯环—S—	对二氯苯与硫化钠的缩聚物

（1）线型缩聚反应机理　官能团之间的缩合反应，有醇酸间的酯化反应、酸与氨基间的酰胺化反应等。在此以二元酸与二元醇得到聚酯的反应为例说明线型缩聚机理，其反应过程如下。

首先两种单体相互反应生成二聚体（羟基酸）。

$$HOROH + HOOCR'COOH \Longleftrightarrow HORO \cdot OCR'COOH + H_2O$$

二聚体仍可以与二元酸或二元醇单体进一步反应，形成三聚体。二聚体间也可以相互反应，形成四聚体。体系中四聚体、三聚体、二聚体和单体之间都有同等机会相互再次反应，形成多聚体。可以说，含羟基的 n-聚体和含羧基的 m-聚体都可以进行缩合反应，通式如下：

$$n-聚体 + m 聚体 \Longleftrightarrow (n+m)-聚体 + H_2O$$

缩聚反应就这样逐步进行下去，聚合度随反应时间而增加。

（2）线型缩聚反应动力学　缩聚反应是逐步反应，全过程包含许多的反应步骤。对于多数缩聚反应，从单体到高聚物每一步都存在平衡问题。通过大量实践和理论分析得出：在缩聚反应过程中，官能团的活性基本不变，即官能团的反应活性与链长无关。这就是缩聚反应中官能团等活性概念。根据这一理论可以用一个平衡常数描述整个缩聚反应，也可用两个官能团之间的反应来描述整个缩聚反应过程。

在此以聚酯化反应为例，研究缩聚反应动力学。理论与实践证明，在缩聚反应中，官能团的反应活性基本上是等同的，与链的长短无关。根据官能团等活性原理，聚酯反应可以表示为

$$\sim\!\!\!\sim COOH + HO \sim\!\!\!\sim \underset{k_{-1}}{\overset{k_1}{\rightleftharpoons}} \sim\!\!\!\sim OCO \sim\!\!\!\sim$$

聚酯化反应每一步都是可逆平衡反应，实际上是通过不断脱除副产物小分子水，促使平衡向生成聚合物方向移动，因此在这种情况下，动力学处理时可把平衡缩聚反应考虑为不可逆反应。聚合反应速率可定义为羧基消耗速率，典型的聚酯动力学方程通式可表示如下：

$$R_p = \frac{-d[COOH]}{dt} = k[COOH][OH][H^+] \tag{11-4}$$

式中，$[COOH]$，$[OH]$，$[H^+]$ 分别表示羧基、羟基和催化剂质子氢的浓度，mol/L。

Flory 认为酸催化是酯化反应的必要条件。原料羧酸本身是能够离解并提供质子的催化剂，发生"自催化作用"，也可以采用外加酸作催化剂。当参加反应的官能团是等物质的量配比、不考虑可逆反应时，外加酸催化的聚酯反应属于二级反应；当参加反应的官能团是等物质的量配比、不考虑可逆反应时，自催化属于三级反应。

（3）反应程度与聚合度的关系　转化率是指进入聚合物链的单体量占单体投料量的比例。

缩聚反应早期，大部分单体转化成低聚体，转化率已很高，但无实用意义，要用反应程度的概念来表示反应深度。

反应程度 p 的定义是参与反应的基团数占起始基团数的比率。

以等物质的量的二元酸与二元醇的缩聚反应为例，反应体系中起始羧基数或羟基数 N_0，等于二元酸与二元醇的分子总数，也等于反应时间为 t 时酸和醇的结构单元数，t 时残留羧基数或羟基数 N 等于当时的聚酯分子数。因为每一个聚酯分子两端平均含有一个羧基一个羟基。在等物质的量的前提下，如果一个聚酯分子带有两个羧端基，必然另有一个聚酯分子带有两个羟端基，则

$$p = \frac{参加反应的观能团数}{初始官能团数} = \frac{N_0 - N}{N_0} = 1 - \frac{N}{N_0} \tag{11-5}$$

如果将缩聚物大分子中结构单元定义为聚合度 $\overline{X}_n$，则

$$\overline{X}_n = \frac{结构单元总数}{大分子数} = \frac{N_0}{N} \tag{11-6}$$

由此可得等物质的量、等活性聚合时聚合度 $\overline{X}_n$ 与反应程度 p 的关系：

$$\overline{X}_n = \frac{1}{1-p} \tag{11-7}$$

由式(11-7) 知，聚合度随反应程度的增加而增加。

在工业生产中有许多因素阻碍着反应程度的提高，如单体的相对挥发度不同，设备达不到预定的真空度，高温造成的官能团分解，反应处于扩散控制等。

（4）平衡常数与聚合度的关系　还是以二元酸和二元醇的反应为例，取任意一步酯化反应为代表。

$$-COOH + -OH \underset{k_{-1}}{\overset{k_1}{\rightleftharpoons}} -OCO- + H_2O$$

0 时刻	N_0	N_0	0	0
t 时刻	N	N	$N_0 - N$	N_w

$$K = \frac{[-COO-][H_2O]}{[COOH][OH]} = \frac{(N_0 - N)(N_w)}{N^2} = \frac{\frac{N_0 - N}{N_0} \frac{N_w}{N_0}}{\frac{N}{N_0} \frac{N}{N_0}} = \frac{p n_w}{\left(\frac{1}{\overline{X}_n}\right)^2}$$

可得：
$$\overline{X}_n = \sqrt{\frac{k}{pn_w}}$$
(11-8)

式中，$n_w = \dfrac{N_w}{N_0}$，为反应体系中水分子的浓度。

讨论：

① 闭口体系　小分子副产物没有移出时，$N_w = N_0 - N$，$n_w = p$
$$\overline{X}_n = \frac{1}{p}\sqrt{K}$$
(11-9)

② 敞开体系　不断将小分子副产物移出反应区，使反应程度提高，并趋近 1 时，
$$\overline{X}_{n,p \to 1} = \sqrt{\frac{K}{pn_w}} \approx \sqrt{\frac{K}{n_w}}$$
(11-10)

式 (11-10) 是平衡缩聚中平均聚合度 $\overline{X}_n$ 与平衡常数 K 及反应区内小分子含量 n_w 三者关系的表达式，称为缩聚平衡方程。根据平衡常数 K 的大小，可将线型缩聚大致分为三类：

K 值小，如聚酯化反应，$k \approx 4$，水对分子量影响很大；

K 值中等，如聚酰胺化反应，$k \approx 300 \sim 500$，水对分子量有所影响；

K 值很大，在几千以上，如聚碳酸酯、聚砜一类的缩聚反应，小分子副产物在反应区几乎不影响聚合度的提高。

（5）线性缩聚分子量的控制　聚合物工作者最关心怎样得到一定相对分子质量的产物，对缩聚物分子量更有严格的要求。如涤纶用作纤维时分子量要达到 15000 才有好的可纺性和强度。低相对分子质量的环氧树脂适宜做黏合剂，而高相对分子质量的环氧树脂则适宜制备烘干型清漆。因此，对高聚物的分子量必须加以适当控制。要获得一定相对分子质量的缩聚物，首先要了解影响缩聚物相对分子质量的因素。

缩聚物的聚合度受反应程度、可逆平衡情况以及两单体非等物质的量等许多因素的影响。

缩聚反应多是放热反应。温度升高，平衡常数降低，但影响通常较小；会提高线型平衡缩聚反应的速率，降低体系黏度，有利于排除小分子。对于平衡缩聚反应，若反应前期在高温下进行，后期在低温下进行，就可以达到既缩短反应时间又能提高分子量的目的。还应注意，升高温度可能导致副反应的发生，所以必须通过试验确定最佳的反应温度。

在聚合反应后期减压有利于排除小分子，在反应初期减压不利于维持低沸点单体的等物质的量配比。所以，采取反应初期加压反应后期减压的方法，就能兼顾既不破坏原料单体的物质的量配比，又可以达到提高的反应程度和聚合度的目的。

催化剂可提高聚合反应速率，而反应平衡常数不改变。

原料中的微量杂质、分析误差、聚合过程中单体的挥发、分解等因素都将引起原料配比的误差，从而影响产物的相对分子质量。

体系黏度降低，有助于小分子物质的排出，加速反应，提高聚合度。

搅拌，有利于反应物料的均匀混合与扩散、强化传热过程、排除生成的小分子副产物等，但高强度的搅拌剪切可导致线型大分子链断裂，从而引发机械降解。

引入惰性气体有利于排除反应过程中生成的小分子，但可能带出单体，不利于维持低沸点单体的等物质的量配比。所以如果原料单体的沸点较低，则不宜在反应初期，而只能在反应中后期通入惰性气体。

控制反应程度法不是有效的方法。因为，通过控制反应程度虽然可以暂时控制产物的相对分子质量，但由于在大分子链端仍然存在可以再反应的官能团，使得产物在加热成型时，

还会发生缩聚反应。所以工业生产中有效控制分子量方法是官能团过量法和加入单官能团法。

缩聚反应是官能度间的缩合反应，因此相对分子质量控制的方法通常是在两官能度等物质的量的基础上，使某官能度或单体稍过量，或者另加少量单官能度物质，其目的都是使链端基的官能度失去继续反应的能力，停止大分子链的增长，即起端基封锁作用，以得到一定相对分子质量的聚合产物。

11.2.2.3 体型缩聚

分子链在三维方向发生键合，能够形成三维体型缩聚物的缩聚反应称为体型缩聚。体型缩聚的首要条件是参加反应的单体至少有一种单体的官能度大于 2，生成的聚合物为非线型多支链或交联结构。反应单体的平均官能度大于 2 是产生体型缩聚物的必要条件而非充分条件，还要看原料配比、反应程度等外界条件。

体型缩聚通常是分步进行的。第一步先生成聚合不完全的线型或支链型预聚物或者具有反应性的预聚物；第二步是预聚物的成型固化，使其转变成体型缩聚物。固化速度通常太慢，一般加入催化剂、引发剂、甚至固化剂。产物不熔融不溶解，尺寸稳定性好、耐腐蚀、耐热性好，属重要的结构材料。

体型缩聚反应进行到一定程度时，体系黏度突然急剧增大，难以流动，类似凝胶。这种现象称为凝胶化，是体型缩聚的重要特征。出现凝胶时的临界反应程度称为凝胶点，用 P_c 表示。它是高度支化的缩聚物分子过渡到体型缩聚物的转折点。凝胶不溶于任何溶剂，相对分子量可以视为无穷大。

体型缩聚的中心问题之一是关于凝胶点的理论与应用。

根据反应进行的程度，体型缩聚反应可分为三阶段。

甲阶段，$P < P_c$，生成物有良好的溶、熔性能，基本上是活性的线型聚合物。

乙阶段，$P \longrightarrow P_c$，接近凝胶点，溶、熔性能变差，黏度增大，但仍能溶、熔。这阶段的产物称作预聚物。

丙阶段，$P > P_c$，交联成型，生成不溶不熔的体型聚合物。

(1) 预聚物　预聚物分为两类，一类是结构不确定的，即无规预聚物；另一类是结构确定的，即结构预聚物。

① 无规预聚物　由 2-3 或 3-3，2-4 官能度的单体聚合得到的预聚物为无规预聚物。反应必须在凝胶点前冷却、停止反应即成预聚物。预聚物中未反应的官能团无规排布，经加热可进一步反应，无规交联起来形成体型聚合物。

无规预聚物有以碱催化的苯酚和甲醛的反应得到的酚醛树脂、脲醛树脂、醇酸树脂等。

② 结构预聚物　这类预聚物具有特定的活性端基或侧基，往往由 2-2 官能度单体间的缩聚而成的线型低聚物，相对分子质量从几百到几千不等。合成时采用线型缩聚控制相对分子质量的原理与方法。

与无规预聚物相比，结构预聚物具有预聚阶段、交联阶段，产品结构容易控制等优点。

环氧树脂、不饱和聚酯、酸催化的酚醛树脂等是重要的结构预聚物。它们通过加入交联剂形成体型聚合物。

(2) 凝胶点的预测　凝胶点是体型缩聚中的重要指标。预聚物制备阶段和交联固化阶段，凝胶点的预测和控制都很重要。

凝胶点的测定，大多是在反应体系开始明显变稠，气泡停止上升，取样分析残留官能团数，计算所得的反应程度定为凝胶点。

凝胶点的预测，对体型缩聚物的生产具有重要的意义。一是可以防止预聚阶段反应程度超过凝胶点而使预聚物在反应釜内发生"结锅"事故。二是固化阶段合理控制固化时间，确保产品质量。

P_c 的理论预测可从反应程度概念出发，也可用统计法推导。

① Carothers 理论　Carothers 理论的核心是，认为当反应体系开始出现凝胶时，数均聚合度 $\overline{X}_n \longrightarrow \infty$，然后根据数均聚合度与反应程度 P 的关系求出凝胶点时的反应程度 P_c。

1）两官能团等物质的量时　设体系中的平均官能度为 $\overline{f}$，起始单体分子的总数为 N_0，则 $N_0\overline{f}$ 为起始官能团的总数目。

$$\overline{f} = \frac{\sum N_i f_i}{\sum N_i} \tag{11-11}$$

在缩聚反应中每反应一步都要消耗两个官能团，使分子数减少 1。因此，若反应后剩余的分子总数为 N，反应消耗的官能团数为 $2(N_0 - N)$，则有

$$P = \frac{2(N_0 - N)}{N_0\overline{f}} = \frac{2}{\overline{f}}\left(1 - \frac{N}{N_0}\right) \tag{11-12}$$

$$P = \frac{2}{\overline{f}}\left(1 - \frac{1}{X_n}\right) \tag{11-13}$$

$$p_c = \frac{2}{\overline{f}} \tag{11-14}$$

这就是 Carothers 方程，它联系了凝胶点与平均官能度的关系。

Carothers 方程的不足之处是过高地估计了出现凝胶点时的反应程度，使 P 的计算值偏高。出现凝胶时 $\overline{X}_n$ 并非无穷大，这是 Carothers 理论的缺点。

例如，求 2mol 甘油（$f=3$）和 3mol 苯酐（$f=2$）的平均官能度

$$\overline{f} = \frac{3 \times 2 + 2 \times 3}{2 + 3} = \frac{12}{5} = 2.4$$

$P_c = \dfrac{2}{2.4} = 0.833$，而实测 $P_c < 0.833$

对于不等摩尔的情况，上述方法计算是不适用的。

2）两官能团不等物质的量时　在两官能团不等物质的量的情况下，$\overline{f}$ 如下式计算：

$$\overline{f} = \frac{2(N_A f_C + N_C f_C)}{N_A + N_B + N_C} \tag{11-15}$$

式中，N_A、N_B、N_C 分别是单体 A、B、C 的分子数；f_A、f_C 分别是单体 A、B、C 的官能度。

单体 A、C 含有相同的官能团，体系中 B 官能团数过量。

② Flory 理论　Flory 等用统计的方法系统地研究了多官能团单体缩聚反应的凝胶理论。根据官能团等活性的概念和分子内无反应的假定，推导出凝胶点时反应程度的表达式。为从统计的观点预测凝胶点，提出了支化系数 α 的概念。

在体型缩聚反应中，官能度大于 2 的单体是产生支化并导致形成体型产物的根本原因，所以称这种多官能单元为支化单元。一个支化点连接另一个支化点的概率为支化系数，以 α 表示。产生凝胶的临界支化系数 α_c。

$$\alpha_c = \frac{1}{f - 1} \tag{11-16}$$

式中，f 为支化单元的官能度，一般 $f > 2$。

由此得凝胶点时的反应程度：

$$P_c = \frac{1}{[r + r\rho(f-2)]^{0.5}} \tag{11-17}$$

$$\rho = \frac{N_c f_c}{N_A f_A + N_c f_c} \tag{11-18}$$

式中，r 为当量系数；ρ 为支化单元中基团 A 数和混合物中 A 总数的比值。

按 Flory 理论计算的凝胶点常比实测值要小，这是由于理论计算中未考虑到分子内的环化反应等。

11.3 聚合方法

11.3.1 方法概述

聚合物生产的实施方法，称为聚合方法。聚合方法可按单体、聚合物、引发剂、溶剂的物理性质和相互间的关系分类。在聚合反应研究的基础上，聚合方法在工程上实施才能产生经济效益。单体按何种机理、选择什么方法进行聚合，往往根据单体的特性、产品要求、控制难易、经济效益等因素，按一定的反应机理，选择一种或几种方法进行工业生产。

常用自由基聚合方法有本体聚合、溶液聚合、悬浮聚合、乳液聚合等，常用逐步缩合方法有熔融缩聚、溶液缩聚、界面缩聚、固相聚合等，常用离子和配位聚合方法有溶液聚合、本体聚合、淤浆聚合等。

11.3.2 本体聚合

（1）概念、特点及分类 本体聚合（Bulk Polymerization）：本体聚合是指不加其他介质，仅有单体本身和少量引发剂（或不加）的聚合。

本方法的优点是：产物无杂质、纯度高、聚合设备简单。缺点是本体聚合体系黏度大、散热不易，轻则造成局部过热，使相对分子质量分布变宽，最后影响到聚合物的机械强度，重则温度失控，引起爆聚。

均相本体聚合：如苯乙烯、甲基丙烯酸甲酯等生成的聚合物能溶于各自的单体中，形成均相。

非均相本体聚合：又叫沉淀聚合，如氯乙烯、丙烯腈等生成的聚合物不能溶于各自的单体，在聚合过程中会不断析出。

（2）工业应用 本体聚合广泛应用于各种链锁聚合、逐步聚合，气态、液态、固态单体均可进行本体聚合。采用本体聚合生产的重要产品有聚甲基丙烯酸甲酯、聚苯乙烯、聚氯乙烯、高压聚乙烯、聚丙烯等。

生产中的关键问题是传递问题，尤其是反应热的排出，需设计良好的搅拌和移热措施，减小局部过热，避免爆聚。

11.3.3 溶液聚合

（1）概念、分类及特点 溶液聚合（Solution Polymerization）：是指单体和引发剂溶于适当溶剂（包括水）的聚合。溶液聚合体系的组分有单体、引发剂和溶剂。

均相溶液聚合：生成的聚合物溶于溶剂的溶液聚合。如丙烯腈在二甲基酰胺中的聚合。

非均相溶液聚合：聚合产物不溶于溶剂的溶液聚合，如丙烯腈在水中的聚合。

本方法的优点是：①聚合热易扩散，聚合反应温度易控制。②体系黏度低，自动加速作用不明显，反应物料易输送。③体系中聚合物浓度低，向大分子链转移生成支化或交联产物较少，因而产物相对分子质量易控制，相对分子质量分布较窄。④可以溶液方式直接形成产品。缺点有：①由于单体浓度较低，溶液聚合速率较慢，设备生产能力和利用率较低。②单体浓度低和链自由基向溶剂链转移的结果，使聚合物相对分子质量较低。③溶剂成分高回收费用高，溶剂的使用导致环境污染问题。

（2）溶剂选择　溶液聚合中溶剂的选择十分重要，选择溶剂时，需注意以下问题。

溶剂对聚合活性的影响。通常，溶剂并不直接参与聚合反应，但溶剂往往并非绝对惰性，可能影响聚合速率和分子量。溶剂可能对引发剂有诱导分解作用，链自由基对溶剂有链转移反应。在离子聚合中溶剂的影响更大，溶剂的极性对活性离子对的存在形式和活性、聚合反应速率、聚合度、分子量及其分布以及链微观结构都会有明显影响。对于共聚反应，尤其是离子型共聚，溶剂的极性会影响到单体的竞争性，进而影响到共聚行为，如共聚组成、序列分布等。通常，芳烃、烷烃、醇类、醚类、胺类溶剂对过氧类引发剂的分解速率的影响依次增加。偶氮二异丁腈在许多溶剂中都有相似的一级分解速率。向溶剂链转移的结果，将使分子量降低。各种溶剂的链转移常数变动很大，一般水为零，苯较小，卤代烃较大。

溶剂对聚合物的溶解性能和凝胶效应的影响。选用良溶剂时，如果单体浓度不高，可能不出现凝胶效应；选用沉淀剂时，凝胶效应显著；不良溶剂的影响则介于两者之间。若要保证聚合体系在反应过程中为均相，所选用的溶剂应对引发剂或催化剂、单体和聚合物均有良好的溶解性。这样有利于降低黏度、减缓凝胶效应、导出聚合反应热。

（3）工业应用　溶液聚合可用于自由基聚合、离子聚合、配位聚合、溶液缩聚等反应类型。

工业上，溶液聚合多用于聚合物溶液直接使用的场合，如涂料、胶黏剂、浸渍液、合成纤维纺丝液。

工业上属于自由基溶液聚合的例子有醋酸乙烯在甲醇中聚合、丙烯酸酯类甲苯在丁酮中的聚合等。

属于离子和配位溶液聚合的例子有异戊橡胶、顺丁橡胶等。

溶液缩聚法常用于单体或缩聚物熔融易分解的产品生产，主要是具有特殊结构或特殊性能的缩聚物的生产，如聚芳杂环树脂、聚芳砜、聚芳酰胺等。

大规模溶液聚合一般选用连续法。

11.3.4　悬浮聚合

（1）概念和机制　悬浮聚合（Suspension Polymerization）：悬浮聚合一般是单体以液滴状悬浮在水中的聚合，体系主要由单体、水、油溶性引发剂、分散剂四部分组成。溶有引发剂的一个单体小液滴就相当于本体聚合的一个小单元，单体液滴的形成与控制是聚合反应的关键。

油相单体通过搅拌，在剪切力的作用下，单体液层变形、分散成液滴。单体液滴和水界面间存在着一定的表面张力，该表面张力有使小液滴形成球形并聚集成大液滴的趋势。界面张力越大，形成的液滴也越大。机械搅拌剪切力和界面张力对成滴作用影响相反，在一定搅拌强度和界面张力下，大小不等的液滴通过一系列分散和合一过程，构成动平衡。聚合开始后，液滴内形成聚合物而发黏，液滴碰撞粘接在一起，失去悬浮聚合特点，因此必须加入悬浮剂。

悬浮剂可分为：①水溶性有机高分子，其作用机理主要是吸附在液滴表面，形成一层保护膜，起着保护胶体的作用，同时还使表面（或界面）张力降低，有利于液滴分散。②不溶于水的无机粉末，其作用机理是细粉吸附在液滴表面，起着机械隔离的作用。

（2）特点　悬浮聚合的优点有：①体系黏度低，散热和温度控制比较容易。②产物相对分子质量高于溶液聚合而与本体聚合接近，其相对分子质量分布较本体聚合窄。③聚合物纯净度高于溶液聚合而稍低于本体聚合，杂质含量比乳液聚合产品的少。④后处理工序比溶液聚合、乳液聚合简单，生产成本较低，粒状树脂可以直接用来加工。缺点有：①必须使用分散剂，且在聚合完成后，分散剂很难从聚合产物中除去，会影响聚合产物的性能。②设备利用率较低。

（3）分类　均相悬浮聚合（珠状聚合）：聚合物可溶于其单体中，聚合物呈透明的小珠。如苯乙烯、甲基丙烯酸甲酯的悬浮聚合。

非均相悬浮聚合（沉淀聚合）：聚合物不溶于单体中，聚合物将以不透明的小颗粒沉淀下来。如氯乙烯、偏二氯乙烯、三氟氯乙烯和四氟乙烯的悬浮聚合。

（4）工业应用　悬浮聚合在工业上应用很广，在自由基聚合反应更为常见。约75%的聚氯乙烯树脂采用悬浮聚合法，聚苯乙烯及苯乙烯共聚物主要也采用悬浮聚合法生产；其他还有聚醋酸乙烯、聚丙烯酸酯类、氟树脂等。

工业悬浮聚合一般采用间歇分批进行。

11.3.5　乳液聚合

（1）概念和特点　乳液聚合（Emulsion Polymerization）：是单体在水中由乳化剂分散成乳液状而进行的聚合，体系由单体、水、水溶性引发剂、水溶性乳化剂组成。

乳液聚合法的优点：①以水作介质，价廉安全。②乳液聚合中，聚合物的相对分子质量可以很高，但体系的黏度却可以很低，故有利于传热、搅拌和管道输送，便于连续操作。③聚合速率大。④直接利用乳液的场合更宜采用乳液聚合。乳液聚合缺点是：①需要固体聚合物时，乳液需要经凝聚、过滤、洗涤、干燥等工序，生产成本较悬浮聚合高。②产品中的乳化剂难以除净，影响聚合物的性能，并可能限制其应用领域。

（2）乳化剂　乳化剂（Emulsifier）为具有乳化作用的物质称为。常用的乳化剂是水溶性阴离子表面活性剂，其作用有：①降低表面张力，使单体乳化成微小液滴。②在液滴表面形成保护层，防止凝聚，使乳液稳定。③更为重要的作用是超过某一临界浓度之后，乳化剂分子聚集成胶束，成为引发聚合的场所。

对与表面活性剂的选择与应用相关的概念简介如下。

临界胶束浓度（critical micelle concentration）：是指在一定温度下，乳化剂能够形成胶束的最低浓度。CMC值越小，乳化剂的乳化能力越强。当乳化剂浓度超过临界浓度（CMC）以后，一部分乳化剂分子聚集在一起，乳化剂的疏水基团伸向胶束内部，亲水基伸向水层。

三相平衡点：是指阴离子型乳化剂在水中能够以单个分子状态、胶束、凝胶（未完全溶解的乳化剂）三种状态稳定存在的最低温度。必须选择三相平衡点低于聚合温度的乳化剂。

浊点：（cloud point）是指非离子型乳化剂（如聚乙烯醇）具有乳化作用的最高温度。必须选择浊点高于聚合反应温度的乳化剂。

胶束成核（Micellar Nucleation）：在经典的乳液聚合体系中，由于胶束的表面积大，更有利于捕捉水相中的初级自由基和短链自由基，自由基进入胶束，引发其中单体聚合，形成活性种，这就是所谓的胶束成核。

（3）乳液聚合过程

① M（单体）/P（聚合物）乳胶粒的形成——增速期。当聚合反应开始时，溶于水相的引发剂分解产生的初级自由基由水相扩散到增溶胶束内，引发增溶胶束内的单体进行聚合，从而形成含有聚合物的增溶胶束，称 M/P 乳胶粒，随胶束中单体的消耗，胶束外的单体分子逐渐扩散进胶束内，使聚合反应持续进行。在此阶段，单体增溶胶束与 M/P 乳胶粒并存，M/P 乳胶粒逐渐增加，聚合速率加快。其特点是 M/P 乳胶粒、增溶胶束和单体液滴三者并存。

② 单体液滴与 M/P 乳胶粒并存阶段——恒速期。单体转化率 $10\%\sim50\%$，随着单体增溶胶束的消耗，M/P 乳胶粒数量不再增加，聚合速率保持恒定，而单体逐渐消耗，单体液滴不断缩小，单体液滴数量不断减少。其特点是 M/P 乳胶粒和单体液滴二者共存。

③ 单体液滴消失、M/P 乳胶粒内单体聚合阶段——降速期。M/P 乳胶粒内单体得不到补充，聚合速率逐渐下降，直至反应结束。其特点是体系中只有 M/P 乳胶粒存在。

（4）工业应用　乳液聚合在生产中应用广泛。合成橡胶中产量最大的丁苯橡胶和丁腈橡胶、醋酸乙烯酯胶乳、糊用聚氯乙烯树脂等采用连续和间歇乳液法生产。

11.3.6　熔融聚合

（1）概念和特点　无溶剂情况下，只加少量催化剂，使反应温度高于单体和生成的缩聚物熔融温度，即反应器中的物料在始终保持熔融状态下进行缩聚反应的方法称为熔融缩聚法。

熔融缩聚法是工业生产线型缩聚物的最主要方法。反应温度须高于单体和所得缩聚物的熔融温度，一般在 $150\sim350℃$ 范围内。工业生产聚酯和聚酰胺的反应温度一般在 $200\sim300℃$。

熔融缩聚法优点是：生产工艺过程简单，成本较低；可连续法生产直接纺丝；聚合设备的生产能力高。缺点有：反应温度高，要求单体和缩聚物在反应温度下不分解；单体配比要求严格；反应物料黏度高，小分子不易脱除；局部过热可能发生副反应；对聚合设备密闭性要求高。

（2）工业应用　熔融缩聚法广泛用于大品种缩聚物，如聚酯、聚酰胺的生产，以及工程塑料、聚碳酸酯的生产等。

熔融缩聚生产工艺主要分为：原料配制、缩聚、后处理等工序。产量的产品，如聚酯和聚酰胺多采取连续法生产。

11.3.7　界面聚合

（1）特点和类型　界面缩聚法，将可以发生缩聚反应的两种有高度反应活性的单体分别溶于两种互不相溶的溶剂中，使缩聚反应在两相界面进行的方法。例如二元酰氯与二元胺合成聚酰胺、光气与双酚盐合成聚碳酸酯等。

界面缩聚法的优点有：反应条件缓和，反应是不可逆的；对两种单体的配比要求不严格。缺点有：必须使用高活性单体，如酰氯；需要大量溶剂；产品不易精制。

参与界面缩聚的两种单体通常分别溶解于水相和有机相中，缩聚反应发生在两液相的界面，为液-液界面缩聚；若一种单体为气体，另一单体存在于水相或有机相中，缩聚反应发生在气-液相的界面，为气-液界面缩聚。

（2）机制　分别含有两种单体的水相与有机相静置分为两层液体时，其界面可以发生缩聚反应，为静态界面缩聚，由于接触的界面极为有限，所以无工业实际意义。工业生产中采用的是动态界面缩聚，即在搅拌力的作用下使两相中的一相为分散相，另一相为连续相，此时大大增加了两相的接触面积，而且界面层可以不断的更新，从而促进了缩聚反应的进行。

工业生产中常用的是发生在水相-有机相之间液-液界面缩聚法。典型代表是溶于水相中的二元胺与溶于有机相中的二元酰氯的界面缩聚（图 11-5），反应如下。

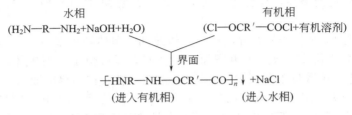

图 11-5　液-液界面缩聚机理示意

水相中加入 NaOH 的目的是中和反应生成的 HCl，以减少副反应。由于反应生成的聚酰胺亲有机相，所以其界面缩聚反应发生在界面的有机相一侧。

界面缩聚制备聚酰胺时，由于二元胺具有溶解在有机相的倾向，所以二元胺进入有机相后立即遇到高浓度的二元酰氯发生缩合反应生成低聚物。以后进入有机相的二元胺则与上述低聚物或二元酰氯反应。随着反应的深入，二元胺与端基为酰氯的低聚物的反应使产品分子量逐渐增大，且此反应不可逆。同时生成的低聚物逐渐自界面扩散入有机相中，分子量达到一定程度后生成凝胶或沉淀析出，但链增长反应却未停止，仅是减慢。所以界面缩聚易于得到高分子量产品。两相内的反应物不要求等当量。副产物 HCl 或它与二元胺生成的盐酸盐则通过界面扩散入水相中。

许多亲水性较差的聚合物在界面上或在接近界面的有机相一侧中形成。水相所起的作用是作为一种单体的储存器和酸的接受剂，并且萃取在聚合反应区生成的产物。

影响界面缩聚所得缩聚物的分子量与收率的因素包括：原料的纯度、反应速度、是否易产生副反应、混合效果、聚合物的溶胀性与溶解度、溶剂的性质与纯度、两相体积比、反应物的浓度、加入的盐和碱的种类与用量等。

（3）工业应用　具有工业应用价值的界面缩聚生产工艺，主要是间歇操作搅拌下液-液界面缩聚，现已发展为无液-液界面，即在与水可混溶的有机溶剂中缩聚，其次为气-液相界面缩聚。主要用来生产聚碳酸酯、芳香族聚酰胺以及芳香族聚酯等。

11.3.8　固相聚合

（1）概念及特点　固相缩聚法，反应温度在单体或预聚物熔融温度以下进行缩聚反应的方法。

该法优点有：反应温度低于熔融缩聚温度、反应条件缓和等。缺点有：原料需充分混合，要求达一定细度；反应速度低；小分子不易扩散脱除等。

（2）工艺方法　固相缩聚方法主要应用于两种情况：由结晶性单体进行固相缩聚；由某些预聚物进行固相缩聚。

① 结晶性单体的固相缩聚法

反应单体：适于固相缩聚的单体有环状二元酰胺、氨基酸等。

反应温度：通常低于结晶单体熔点约 5～40℃，熔点低的单体不适宜采用固相缩聚法制备缩聚物，因为此情况下反应温度过低不易进行反应。固相缩聚法适用于熔点高的结晶性单体。

　　反应时间：反应时间与单体种类和反应温度有关，可为数小时，数天甚至更长些。为提高效率，可加入催化剂，经固相缩聚得到的聚合物可为单晶或多晶聚集态。

　　小分子副产物脱除：固相缩聚过程中产生的小分子副产物应及时脱除以使平衡反应向生成聚合物的方向进行。脱除小分子副产物的方法为真空脱除、通惰性气体、共沸脱除等。

　　② 预聚物的固相缩聚法　该法以半结晶预聚物为起始原料，在其熔点以下进行固相缩聚。

　　用一般的熔融缩聚方法难以得到所要求的高分子量，将熔融缩聚法得到的适当分子量范围的产品出料后再进行固相缩聚，则可提高分子量，且所用的反应设备简单。主要用来生产分子量非常高和高质量的 PET（涤纶）树脂、PBT（聚对苯甲酸丁二酯）树脂、尼龙 6 和尼龙 66 树脂等。

　　预聚物固相缩聚的工艺条件是将具有适当分子量范围的预聚物粒料或粉料，在反应设备中于真空下或惰性气流中加热到缩聚物的玻璃化温度以上而低于其熔点的温度。使预聚物的活性官能团发生反应，同时析出小分子副产物。

　　（3）工业应用　总的来说，固相缩聚的应用技术开发还处于初级阶段。目前在聚酯生产方面获得应用。该方法适用于提高已生产的缩聚物如聚酯、聚酰胺等的分子量以及难溶的芳族聚合物的生产。

11.3.9　淤浆聚合

　　（1）概念及特点　淤浆聚合（Slurry polymerization）是指聚合反应的引发剂和形成的聚合物都不能溶于单体本身和溶剂（或稀释剂）的聚合反应过程。由于引发剂在溶剂或稀释剂中呈分散体，形成的聚合物也呈分散体析出，聚合物和溶剂混在一起，使整个聚合体系呈淤浆状态，故称淤浆聚合。

　　乙烯单体采用 Ziegler-Natta 催化剂体系的非均相聚合过程就属于淤浆聚合过程。所用的催化剂组分金属有机化合物、过渡金属化合物络合后形成活性中心，使乙烯进行配位聚合，得到立构规整的聚合物。采用的溶剂正己烷或正庚烷可以溶解乙烯，却不能溶解催化剂。随着聚合反应的进行，生成的聚乙烯或聚丙烯小颗粒从溶剂中析出，和溶剂一起形成白色的淤浆状态。由聚合釜排出，经过滤分出溶剂，聚合物再经洗涤、干燥、造粒后得到聚乙烯树脂。

　　采用这种聚合工艺的优点是聚合反应比较平和，聚合热容易导出，后处理比较简单，主要应用于用固体催化剂制造立构规整的聚合物。淤浆聚合存在因采用溶剂而增加能耗、降低生产效率、带来安全和环境问题等不足。

　　（2）工业应用　乙烯淤浆法聚合生产高密度聚乙烯是最成功的工业应用。目前研究主要集中在新型催化剂和反应器开发等方面。

11.4　聚合物生产工艺

11.4.1　聚合物生产流程

　　聚合物的生产过程可概括为图 11-6。

　　在确定上某一新产品后，对工业化设计或生产中应该考虑的工序和相关问题简述如下。

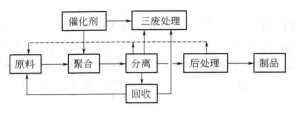

图 11-6　聚合物的生产过程

(1) 原料准备与精制　包括单体、溶剂等原料的贮存、洗涤、精制、干燥、调整浓度等过程和设备。原料中的杂质可能大大影响聚合反应和产品质量，如产生阻聚作用、发生链转移反应，分子量降低，或对催化剂产生毒害与分解；或者加速引发剂分解，过早封闭端基而降低产品平均分子量等。因此要求单体和溶剂具有很高的纯度。大多数单体易燃易爆，有毒。在贮存过程中有些单体容易自聚。

就单体贮存而言，就应考虑以下几个问题：防止与空气接触产生易爆炸的混合物或产生过氧化物；保证贮罐不会产生高压，以免贮罐爆破；防止有毒易燃的单体泄漏出贮罐、管道和泵等输送设备；防止单体自聚，可加阻聚剂，用时脱除阻聚剂；贮罐应远离反应装置，减少着火危险；一些常温下为气体，经压缩冷却液化为液体的单体用耐压容器，高沸点单体贮罐应用 N_2 保护；对于离子聚合用单体和溶剂，要注意水含量控制。

离子聚合与配位聚合所用单体纯度要求很高，含量至少为 99% 以上，有的要求达99.95%。例如：Ziegler-Natta 催化剂生产高密度聚乙烯，要求水 $< 10 \times 10^{-6}$、$O_2 < 10 \times 10^{-6}$，$CO < 5 \times 10^{-6}$。

典型的原料单体精制办法：工业上一般采用精馏的方法提纯后，再通过净化剂，如活性炭、硅胶、活性氧化铝或分子筛等脱除微量杂质及水分。

(2) 催化剂（引发剂）的配制　包括聚合用催化剂、引发剂和助剂的制造、溶解、贮存、调整浓度等过程和设备。配制条件应严格一致，以保证其活性均一。

某些载体固相催化体系，需经活化处理后才呈现活性。如 $CrO_3\text{-}Al_2O_3\text{-}SiO_2$，是载于铝胶和硅胶上的氧化铬固相催化剂，活化后用于中等压力下的乙烯聚合。活化条件为 $400 \sim 800℃$ 温度下，干燥空气氛活化，使铬原子处于 Cr^{6+} 状态。

除固相载体催化剂外，多数情况下须将催化剂分散在适当溶剂中进行加料。必要时须经陈化处理。陈化作用是使二元以上催化剂的各组分相互反应，转变为具有活性的催化剂。陈化温度、时间和各组分的加料顺序对催化剂的活性均有影响。

引发剂多数受热分解（有爆炸危险），在提纯、干燥、贮存时要格外小心，贮存在低温环境中，应防火、防撞击。液态过氧化物可用溶剂稀释以降低其浓度。

催化剂中以 RM（烷基金属化合物）最危险，接触空气自燃，遇水爆炸。

$TiCl_4$，$TiCl_3$，$FeCl_3$ 以及 BF_3-络合物等，接触潮湿空气易水解，生成腐蚀性烟雾。

由于高分子合成工业所使用的引发剂和催化剂多数是易燃、易爆危险物品，所以其贮存地点应当与生产区隔有适当的安全地带，输送过程中严格注意安全。

(3) 聚合反应过程　包括聚合和以聚合釜为中心的有关热交换设备及物料输送过程与设备。

不同反应机理对单体和反应介质以及引发剂、催化剂有不同要求，其工业实施方法不同。自由基聚合的实施方法主要有本体聚合、溶液聚合、悬浮聚合、乳液聚合。离子聚合及配位聚合的实施方法主要有本体聚合、溶液聚合、淤浆聚合。缩合聚合的实施方法主要有熔融聚合、溶液聚合、界面聚合、固相聚合。

　　根据聚合反应的操作方式，可分为间歇聚合、连续聚合。还可以根据停留时间、设备能力等设计半连续操作方式。间歇聚合操作方式是聚合物在聚合反应器中分批生产的，当反应达到要求的转化率时，聚合物将从自聚合反应器中卸出。连续聚合操作方式是单体和引发剂或催化剂等连续进入聚合反应器，反应得到的聚合物连续不断的流出聚合反应器。

　　反应条件的波动与变化，将影响产品的平均分子量与分子量分布。为了控制产品规格，需要采用自动化水平高的装置，控制反应条件仅在容许的小范围内波动。

　　进行聚合反应的设备叫做聚合反应器，根据反应器的形状可分为管式反应器、塔式反应器、沸腾床反应器、釜式反应器等，其中以釜式聚合反应器应用最为普遍。

　　聚合物在反应釜壁上的黏结是生产中经常遇到的工程问题，粘壁将造成传热效率降低、产品分子量分布加宽等。防止的方法是制造反应器时，尽可能提高不锈钢内壁的光洁度，使用过程中防止内壁表面造成伤痕，反应物料中加防黏釜剂等。

　　聚合反应是放热反应，釜式聚合反应器的排热方式有：夹套冷却、内冷管冷却、夹套附加内冷管冷却、反应物料外循环、回流冷凝器、反应物料部分闪蒸等。

　　（4）分离过程　包括未反应单体的回收、脱除溶剂、催化剂，脱除低聚物等过程与设备。

　　当乳液聚合得到的胶乳液或溶液聚合得到聚合物溶液直接用于涂料、黏合剂时，不需分离。

　　本体聚合得到的物料通常含有少量未反应单体，可采用真空除去。

　　悬浮聚合体系含少量单体和分散剂，可先闪蒸除部分单体，对沸点较高的单体进行蒸汽蒸馏，然后离心分离、水洗除分散剂。

　　乳液聚合体系需要分离时，可采用喷雾干燥分离、除单体后破乳分离。

　　（5）聚合物后处理　包括聚合物的输送、干燥、造粒、均匀化、贮存、包装等过程与设备。

　　经离心分离得到的聚合物滤饼含有 30%～50% 有机溶剂，必须进行干燥。干燥装置通常采用沸腾床干燥器、气流干燥器和回转式圆筒干燥器。

　　干燥后，生产线终端可直接连接造粒装置。将粒状树脂与必要的添加剂混合后，经熔融挤出，切粒包装后得商品树脂。合成橡胶胶粒干燥后具有弹性，工业生产中压榨为一定质量的大块，然后包装为商品。

　　（6）回收过程　主要是未反应单体、溶剂的回收与精制过程，包括离心过滤、水蒸气蒸馏、分液、精馏等措施。为此，需要设计一系列的离心机、贮罐、精馏塔等。

　　在组织工艺流程时，要根据单体与催化剂性质、聚合方法、聚合物的性质及市场需求等选择工序内容和确定整个流程。

11.4.2　生产三废处理与安全

　　在进行工厂设计时，应考虑将三废消除在生产过程中，尽可能减少三废的排放量。工业上可采用先进的不使用溶剂的聚合方法，正常生产或事故情况下都采用密闭循环系统等。必须进行排放时，应当了解三废中所含各种物质的种类和数量，有针对性地进行回收利用和处理，最后再输运到综合废水处理部门。

　　高分子合成工厂中最容易发生的安全事故有引发剂分解爆炸、催化剂引起的燃烧与爆炸，以及易燃有机溶剂的燃烧与爆炸等。在设计和生产过程中应予以充分重视。

11.4.3 聚氯乙烯（PVC）合成工艺

聚氯乙烯是乙烯基聚合物中最主要的品种之一。其分子结构通式是$\{CH_2CHCl\}_n$，相对分子质量约（4~15）万。PVC加工成型容易，可以方便地用挤出、吹塑、压延、注射等方法加工成各种管材、棒材、薄膜等。PVC可用作绝缘材料、防腐蚀材料、日用品材料、建筑材料，以及农用材料，产品有卡片、贴牌、窗帘、发泡板、吊顶、水管、电缆绝缘、塑料门窗、塑料袋、行李包、运动制品等。2007年，我国已成为全球PVC第一生产和消费大国，国内PVC生产能力已达2500万吨/年（2014年），年产量为1000万吨左右。

PVC生产工艺路线主要有电石法和乙烯法两类。

现行的氯乙烯聚合方法大体是悬浮法、本体法、乳液法（含微悬浮法）和溶液法，基本上全是自由基聚合。其中悬浮聚合工艺一直是工业生产的主要工艺。本体聚合一般采用两段法，只加入单体和引发剂，生产的PVC树脂纯度较高，结构规整，但聚合操作控制难度大，PVC树脂分子质量控制困难，生产技术成熟较晚，规模不大。溶液聚合是氯乙烯单体在溶剂中聚合，聚合速率不高，聚合得到的PVC树脂不宜于一般成型用，仅作为涂料、黏合剂，是目前产量较少的一种方法。PVC四种聚合方法比较见表11-8。

表 11-8 PVC 四种聚合方法比较

项目	本体聚合	溶液聚合	悬浮聚合	乳液聚合
配方组成	单体、引发剂	单体、引发剂	单体、引发剂、分散剂、水	单体、引发剂、乳化剂、水
聚合场所	本体内	溶液内	单体液滴内	胶束和乳胶粒内
温度控制	困难	容易	容易	容易
聚合速率	中等	小	较大	大
分子量控制	困难	容易	较困难	容易
生产特征	间歇操作	可连续生产	间歇生产	可连续生产
产物特性及主要用途	聚合物纯净、硬质注塑品	涂料、黏合剂	适合于注塑或挤塑树脂	涂料、黏结剂

下面重点介绍悬浮法和乳液法。

11.4.3.1 悬浮法

目前悬浮聚合法生产PVC树脂在全球的使用率约80%。根据分散剂的不同，树脂颗粒有紧密型（XJ型）和疏松型（SG型）。用明胶作分散剂可得规整圆球状的紧密型树脂。采用部分水解的聚乙烯醇和水溶性纤维素衍生物作分散剂，可得多孔性不规整的疏松型树脂。疏松型树脂吸收增塑剂快，易加工成型，是目前PVC树脂主要品种。

（1）聚合工艺 单体：氯乙烯单体，由乙烯氧化法和乙炔法生产，单体纯度要求大于99.98%。

去离子水：反应介质水。

分散剂：主分散剂是纤维素醚和部分水解的聚乙烯醇。如甲基纤维素（MC）、羟丙基甲基纤维素（HPMC）等。主分散剂起控制颗粒大小的作用。

助分散剂：这是小分子表面活性剂和低水解度的聚乙烯醇，可以提高颗粒的孔隙率。

引发剂：目前主要用复合型的引发剂。选择在反应温度下引发剂的半衰期为2h，以达到匀速聚合的要求。选用过氧化二月桂酰、过氧化二环己酯等。

其他助剂：链终止剂双酚A、叔丁基邻苯二酚等及链转移剂硫醇，另外还需加入防黏釜剂和抗鱼眼剂。

工艺条件：氯乙烯悬浮聚合温度为 45～65℃，要求严格控制在±0.2℃。由于氯乙烯易发生单体链转移反应，在生产中主要由控温度来调节相对分子质量，聚合时间 4～8h。

氯乙烯悬浮聚合典型配方见表 11-9。

表 11-9　氯乙烯悬浮聚合配方工艺

物　　料	份　　数	
	DP=1300	DP=800
氯乙烯	100	100
水	140	140
过氧化二碳酸二乙基己酯	0.030	—
偶氮二异庚腈	0.022	0.036
聚乙烯醇	0.022	0.018
羟丙基甲基纤维素	0.032	0.027
分散剂第三组分	0.016	0.015
巯基乙醇(链转移剂)	—	0.008
抗鱼眼剂		
防黏釜剂		
聚合温度/℃	51	61
终止时压力/MPa	0.5	0.6
单体回收温度/℃	70	70

（2）工艺流程　氯乙烯悬浮聚合大多采用间歇操作。首先将去离子水加入反应釜中，在搅拌下继续加入分散剂水溶液及各种助剂，充氮试压检漏，抽真空排除釜内空气后加入计量好的氯乙烯和引发剂。加料毕，升温到规定温度，聚合反应开始。聚合过程中通冷水控制反应温度，当聚合釜内压力降到 0.50～0.65MPa 时，加入链终止剂结束反应。聚合反应终止后，泄压，将未聚合的单体排入气柜回收再使用。脱除单体后的物料经离心分离、洗涤、干燥、包装得聚氯乙烯树脂产品。

氯乙烯悬浮聚合工艺流程，见图 11-7。

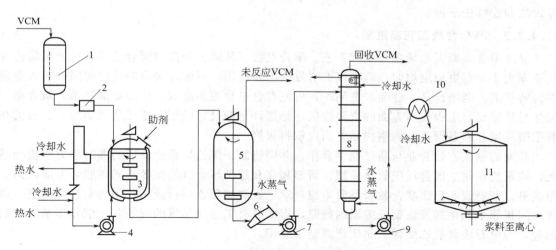

图 11-7　PVC 悬浮法生产流程图

1—计量泵；2—过滤器；3—聚合釜；4—循环水泵；5—出料槽；6—树脂过滤器；
7—浆料泵；8—汽提塔；9—浆料泵；10—浆料冷却器；11—混料槽

（3）聚合设备　氯乙烯悬浮聚合反应采用间歇操作的搅拌釜。可以切换生产不同品种的产品，操作灵活性和弹性大，投资少，适应多品种的生产过程。我国现多采用 $70m^3$ 以上的大型釜，常见容积为 $100\sim137m^3$。

搅拌主要影响反应过程的传热、传质及树脂的颗粒分布，进而影响聚氯乙烯的质量，不同生产工艺对搅拌有不同要求。PVC 聚合釜常用的桨叶形式有平桨、圆盘透平桨、折叶桨及三叶后掠式。大量试验研究表明：三叶后掠式搅拌器的传质效果好，近几年来在 PVC 聚合釜上得到了普遍的应用。

11.4.3.2　乳液聚合法

氯乙烯的乳液聚合法主要用来生产聚氯乙烯糊树脂。工业生产分为两个阶段，第一阶段是氯乙烯单体经乳液聚合生成聚氯乙烯胶乳，乳胶粒径为 $0.1\sim3\mu m$。第二阶段是将 PVC 乳胶经喷雾干燥得到聚氯乙烯糊树脂。它是由初级粒子聚集而得到的直径为 $1\sim100\mu m$ 的次级粒子。次级粒子与增塑剂混合后形成不沉降的聚氯乙烯增塑糊。

聚氯乙烯胶乳的生产方法如下。

（1）无种子乳液聚合　典型的乳液聚合法，由乳化剂和引发剂用量控制初级乳胶粒子的粒径及其分布，得到高分散性的，粒径小于 0.1um 的初级粒子。该法生产的树脂糊黏度高，只适用于特殊要求的场合或用于涂布。

（2）种子乳液聚合　制得粒径 $1.0\mu m$ 左右的胶乳最常用的生产方法。乳胶粒的大小主要取决于所用种子的粒径大小，同时在生产工艺上严格控制聚合条件，减少新粒子产生。例如采用复合乳化剂体系，连续或半连续操作法，控制乳化剂加料速率等方法，来控制乳胶粒的粒径。

（3）微悬浮聚合　使用油溶性引发剂，将它溶于单体中，并加入适量表面活性剂/溶助剂的混合物，通过机械方法使单体在水中分散粒径为 1×10^{-6} 左右的微小液滴，进行聚合生成粒径为 $0.2\sim1.2\mu m$ 的稳定的聚氯乙烯胶乳。

微悬浮聚合选用复合乳化剂一般由十二醇硫酸钠和十六醇的组合最合适，两者用量的比是 n（十二醇硫酸钠）：n（十六醇）=（1：1）$\sim$（1：3）。

在工业生产中，乳液聚合法以种子乳液聚合和微悬浮聚合为主。操作方式有间歇法、半连续法和连续法三种。

11.4.3.3　PVC 合成工艺新进展

悬浮聚合是聚氯乙烯主要生产工艺。聚合过程三种以上分散剂配合使用，可使聚氯乙烯孔隙率大小分布更稳定均匀；两种以上引发剂配合使用，可缩短聚合的反应时间；加入适量的链转移剂、链增长剂、性能改良剂等，可使聚合过程更加高效、产品更加高质。聚合釜大型化是悬浮聚合工程技术方面的重要进展，德国许尔斯公司的聚合釜已达到 $200m^3$。目前在利用微乳聚合制备聚氯乙烯糊树脂方面也取得进展。

我国的聚氯乙烯企业与高校携手合作，共同研制了氯乙烯聚合反应的即时动力学检测系统，该系统在建立聚合反应数学模型、研制超高和超低聚合度的聚氯乙烯树脂等方面取得应用成果。新疆天业集团联合数家科研单位针对电石法聚氯乙烯行业汞使用与汞污染问题，通过对固相非汞催化剂及新型反应器的研究，形成具有工业化前景的固相非汞催化体系工艺数据包，为电石法聚氯乙烯无汞化生产奠定了基础。

11.4.4　涤纶聚酯（PET 树脂）合成工艺

聚酯纤维是由对苯二甲酸与乙二醇缩聚反应制得聚对苯二甲酸乙二醇酯（简称 PET），

经熔融纺丝制成的合成纤维。它目前是合成纤维中产量最大的品种。我国称为涤纶。

PET 纤维具有强度高、耐热性高、弹性耐皱性好，良好的耐光性、耐腐蚀性、耐磨性及吸水性低等优点，外观似羊毛，纤维柔软有弹性、织物耐穿、包形性好、易洗易干，是理想的纺织材料。可用作纯织物，或与羊毛、棉花等纤维混纺，大量应用于衣着织物。PET 可用于生产电绝缘材料、轮胎帘子线、渔网、绳索、薄膜、聚酯瓶等，广泛应用于工农业生产。增强的 PET 可应用于汽车及机械设备的零部件。

11.4.4.1　合成工艺

PET 树脂的合成工艺路线有三种，即酯交换法、直接酯化法（也称直接缩聚法）和环氧乙烷法。

（1）酯交换法　由于技术原因，以前生产的对苯二甲酸（TPA）纯度不高，不易提纯，不能直接缩聚制备 PET。因而将 TPA 先与甲醇反应，生成对苯二甲酸二甲酯（DMT），再与乙二醇（EG）进行酯交换反应，生成对苯二甲酸乙二醇酯（BHET），随后缩聚成 PET。即采用甲酯化、酯交换、终缩聚三步合成 PET。

$$2CH_3OH + TPA \longrightarrow DMT + 2H_2O$$

$$DMT + 2EG \xrightarrow{\text{酯交换}} BHET + 2CH_3OH$$

$$nBHET \xrightarrow{\text{缩聚}} PET + (n-1)\ EG$$

甲酯化　对苯二甲酸与稍过量甲醇反映，先酯化成对苯二甲酸二甲酯。蒸出水分、多余甲醇、苯甲酸甲酯等低沸物，再经精馏，即得纯对苯二甲酸二甲酯。

酯交换　190～200℃下，以醋酸镉和三氧化锑作催化剂，使对苯二甲酸二甲酯与乙二醇（摩尔比约 1：2.4）进行酯交换反映，形成聚酯低聚物。馏出甲醇，使酯交换充分。

终缩聚　在高于涤纶熔点下，如 283℃，以三氧化锑为催化剂，使对苯二甲酸乙二醇酯自缩聚或酯交换，借减压和高温，不断馏出副产物乙二醇，逐步提高聚合度。

① 聚合条件　聚合原料：对苯二甲酸、甲醇、乙二醇。

催化剂：酯交换催化剂常用 Zn、Co、Mn 等的醋酸盐，用量约为对苯二甲酸二甲酯量的 0.01%～0.05%。至今找到的最合适的缩聚催化剂是 Sb_2O_3，用量为对苯二甲酸二甲酯量的 0.03% 左右。近年来也有采用溶解性好的醋酸锑或热降解作用小的锗化合物作催化剂。

稳定剂：为了防止涤纶树脂降解，常加入稳定剂，常用的稳定剂有磷酸三甲酯（TMP）、磷酸三苯酯（TPP）和亚磷酸三苯酯。

扩链剂：在缩聚后期，当乙二醇不易排出时，加入草酸二苯酯作为扩链剂，反应生成的苯酚易于排除，有利于大分子链的增长。

消光剂：TiO_2 改进反光色调，并具有增白作用，TiO_2 的加入量为 PET 量的 $w(TiO_2) = 0.5\%$。

着色剂：采用耐温型的酞菁蓝、炭黑等作为着色剂。

聚合条件：酯交换阶段反应温度控制在 180℃ 以上，酯交换结束时可 200℃ 以上。缩聚反应时在 270～280℃。反应温度高、反应速率快、达到高相对分子质量的时间较短，但高温下热降解比较严重。因此在生产中必须根据具体的工艺条件和要求的相对分子质量来确定最合适的反应温度和反应时间。

另外，由于聚酯化反应是可逆反应，平衡常数小，为了使反应向产物 PET 方向进行，必须尽量除去小分子副产物乙二醇，一般在缩聚反应的后阶段要抽高真空，要求反应压力低到 0.1kPa。

② 工艺流程　酯交换法有间歇操作和连续操作两种，其工艺流程，见图 11-8、图 11-9。

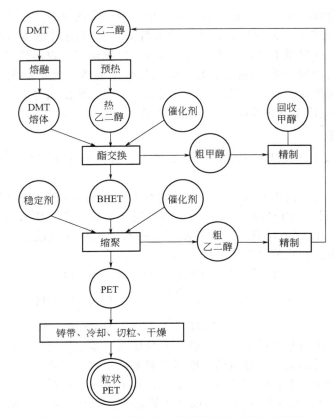

图 11-8 酯交换间歇法生产涤纶树脂的流程示意图

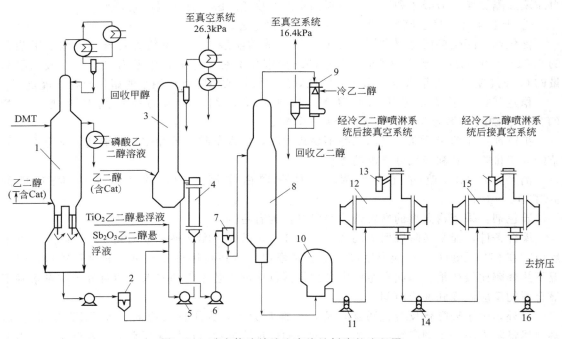

图 11-9 酯交换连续法生产涤纶树脂的流程图

1—酯交换塔；2,7—过滤器；3—脱乙二醇塔；4—加热器；5,6,11,14,16—泵；

8—预聚塔；9—洗涤器；10—中间接受罐；12,15—缩聚釜；13—低聚物收集罐

间歇法比较简单，由一个酯化（或酯交换）反应器及一个缩聚反应器组成；而连续法，则由多个反应器串联而成，最终产品 PET 可连续不断地送去铸带、切粒或直接纺丝。

连续熔融缩聚工艺近年来发展很快。其优点是生产能力大、产品质量稳定、自动化程度高。

（2）直接酯化法　对苯二甲酸的精制问题得到解决后，以纯净的对苯二甲酸与乙二醇直接进行酯化后再缩聚制取 PET 树脂，故称直接酯化法。该法省去了 DMT 的合成工序，设备能力高、固定投资少，现日益受到工业生产的重视。其反应为

$$2EG+TPA \xrightarrow{\text{酯化}} BHET+2H_2O$$

$$nBHET \xrightarrow{\text{缩聚}} PET+(n-1)EG$$

吉玛的直缩工艺分酯化、预缩聚、后缩聚三段，如图 11-10 所示。

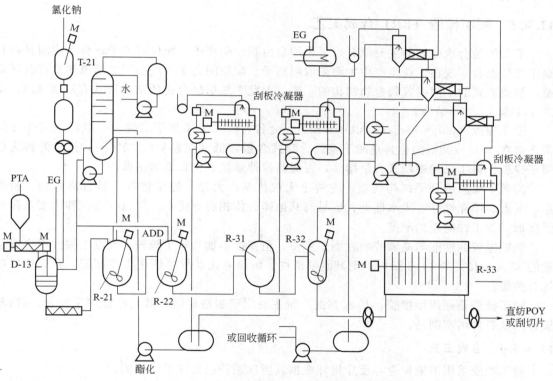

图 11-10　吉玛直接法生产涤纶示流程图

D-13—浆料制备器；R-21，R-22—酯化反应器；R-31—预缩聚反应器；R-32—缩聚反应器

R-33—圆盘反应器；T-21—EG 回收塔

（3）环氧乙烷法（EO 法）　该法是 20 世纪 70 年代开发的一条新工艺路线，是由对苯二甲酸与环氧乙烷直接酯化得到对苯二甲酸乙二醇酯，再缩聚的方法。

$$TPA+2EO \xrightarrow{\text{加成}} BHET \xrightarrow{\text{缩聚}} PET$$

目前，环氧乙烷法按所用的介质分水法、有机溶剂法和无溶剂法等。

水法因容易生成醚键，对苯二甲酸乙二醇酯易水解，影响产品质量及收率低，很少采用。

有机溶剂法采用甲苯、二甲苯、丙酮、四氯乙烷等溶剂能溶解对苯二甲酸乙二醇酯，而对苯二甲酸不溶解。溶剂的加入使反应体系的扩散状态改善、物料接触均匀，但也有使反应速率和设备利用率下降的不足。

无溶剂法反应速率大，对苯二甲酸乙二醇酯收率高。

11.4.4.2　PET 合成工艺新进展

直接酯化法聚酯工艺具有原料消耗低、反应时间短等优势，已成为聚酯的主要工艺和首选技术路线。大规模生产线为连续工艺，主要有德国吉玛公司、美国杜邦公司、瑞士伊文达公司和日本钟纺公司等几家技术。最先进的技术为 2 釜流程。目前世界大型聚酯公司都采用 DCS 控制系统进行生产控制和管理。

目前国内先进工艺为 3 釜连续工艺，国内总产能超过 4000 万吨/年，单线产能达到 60 万吨/年。国内在用 Aspen Polymer Plus 等软件模拟 PET 合成、优化聚合工艺方面也取得一些进展。

11.4.5　顺丁橡胶（BR）合成工艺

丁二烯是合成橡胶的主要原料，可采用自由基、阴离子、配位阴离子聚合反应制备得到聚丁二烯橡胶。现在工业生产中主要采取阴离子、配位阴离子方法。丁二烯单体具有共轭双键，加成方式的不同引起聚合物结构的不同。因此丁二烯聚合物的结构形式有顺式-1,4，反式-1,4 及 1，2 等结构。

顺丁橡胶（polybutadiene rubber. BR），全名为顺式-1,4-聚丁二烯。一般将顺式-1,4 结构含量在 96%～98% 的称为高顺丁橡胶，顺式含量较低（在总量的 35%～40%）的称为低顺丁橡胶。聚丁二烯中顺式含量增多，可提高拉伸强度、伸长率和回弹性。

高顺丁橡胶的分子结构规整，主链上无取代基，大分子链柔性好，具有高弹性、耐低温、耐磨、填充性好、吸水性低、容易与其他弹性体相容等优点，但也存在拉伸强度及撕裂强度低、加工性能差的缺点。

低顺橡胶的性能与高顺胶的性能差不多，但弹性不如高顺丁橡胶。低顺丁橡胶中含有总量的 35%～45% 的 1，2 结构，则其耐湿滑性、耐热老化及耐磨性优于高顺胶，具有良好的综合性能。

顺丁橡胶是通用型橡胶，其 80% 的产量主要用于制造轮胎，其余广泛用于胶管、胶带、胶鞋以及各种耐寒制品。

11.4.5.1　合成工艺

顺丁橡胶采用溶液聚合，反应机理根据其所选用的引发体系而不同。

（1）聚合工艺　单体：丁二烯，纯度要求高，不允许体系中含微量的氧、水等杂质，甚至连设备、管道中的氧、水分也必须在 $1×10^{-6}$ 以下。

引发体系：引发剂类型的选择与配制是顺丁橡胶生产的关键，它决定工艺过程、聚合速度、聚合物的微观结构和橡胶的性能等。工业中常用的是锂、钴、钛和镍四种引发体系，各有特点。锂系—常用的是丁基锂，是阴离子引发剂，制备低顺丁橡胶。钴系—可溶性配位阴离子聚合引发剂，合成高顺丁橡胶。钛系—配位阴离子聚合引发剂，不溶于反应介质，是非均相体系。聚合物的相对分子质量可高达 50 万。镍系—与钴系相似。聚合时可提高单体浓度，也可提高反应温度，增大生产能力，一般用于制备高顺丁橡胶。引发体系中各组分的配比及混合次序对引发活性很重要。

溶剂：溶剂的选择很重要，要考虑对反应和产品性能的影响。一般选择庚烷、环己烷、己烷等烷烃为溶剂，溶剂的纯度要求也很严格。

调节剂：为了调节相对分子质量，在镍系引发体系可加入醇、胺、酚及其盐类等。

终止剂：常用甲醇、乙醇、异丙醇和氨等物质来终止反应。

（2）工艺流程　顺丁橡胶多采用溶液聚合，主要工序有：①催化剂、终止剂和防老剂的配制和计量；②丁二烯的聚合；③胶液的凝聚；④后处理，橡胶的脱水和干燥；⑤单体、溶剂的回收和精制。催化剂经配制、陈化后，与单体丁二烯、溶剂一起进入聚合装置，在此合成顺丁橡胶。胶液在进入凝聚工序前加入终止剂和防老剂。胶液用水蒸气凝聚后，橡胶成颗粒状与水一起输送到脱水、干燥工序。干燥后的生胶包装后去成品仓库。在凝聚工序用水蒸气气提出的溶剂油和丁二烯经回收精制后循环使用。

合成工序典型工艺条件见表 11-10。

表 11-10　顺丁橡胶合成主要工艺条件

单体　纯度＞99.0%	反应温度　60~65℃
引发剂　环烷酸镍-BF$_3$·OEt$_3$-Al	反应压力　为单体及溶剂的蒸气压力,约 300kPa 以下
溶剂　甲苯-庚烷	

国内顺丁橡胶生产中聚合釜的挂胶问题具有普遍性，挂胶往往发生在搅拌轴、釜壁上及管道内壁，严重影响聚合，甚至不得不停车处理。其产生与很多因素有关，如原料中有块烃等杂质、催化剂用量过大、温度过高、聚合釜内壁不光滑等。解决办法有提高聚合釜内壁光滑度、提高原料纯度、减少催化剂用量、严格控制首釜转化率等。

国内某企业生产镍系顺丁橡胶的简化流程见图 11-11。

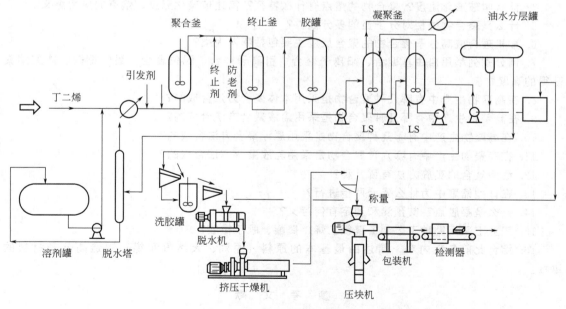

图 11-11　国内某企业生产镍系顺丁橡胶的简化流程

11.4.5.2　顺丁橡胶合成工艺新进展

全球顺丁橡胶的总产能超过 500 万吨/年，我国是目前世界上最大的生产国，总出产能在 160 万吨/年左右。目前多采用溶液法生产。

与目前溶液法顺丁橡胶生产工艺相比，本体法聚合工艺具有反应速度快，不需要凝胶及溶剂回收工艺、投资少等优点而备受关注。多年来，美国 Philips 公司、Goodyear 公司等一直在致力于研发丁二烯本体聚合工艺。由于本体聚合反应速度非常快，随转发率提高体系黏度急剧增大，传递问题变得复杂，至今未取得重大突破。

稀土顺丁橡胶是以稀土化合物（主要是稀土元素钕的化合物）为主催化剂制得的具有高顺式 1，4-结构含量的聚丁二烯橡胶。采用这种橡胶为原料制造的轮胎可以降低滚动阻力、节省油耗、减少碳排放、降低刹车打滑和爆胎概率，满足对高性能绿色轮胎在安全、节能、环保方面的更高要求，是当今发展最快的顺丁橡胶品种。我国正努力扩大稀土顺丁橡胶产能和提高生产效率。

本章小结

本章在介绍高分子化学基本知识的基础上，引入聚合原理，扩展到高分子化合物合成工艺。熟悉高分子聚合度、分子量、结构等概念对理解连锁聚合、逐步聚合的原理具有指导意义。聚合方式包括本体、乳液、悬浮、溶液、熔融、界面、固相、淤浆等，应根据聚合原理、产品性状、传递过程，以及生产成本等选择适当的聚合方法。

习题与思考

1. 举例说明单体、单体单元、结构单元、重复单元、聚合度等名词的含义，以及它们之间的相互关系和区别。

2. 写出聚氯乙烯、聚苯乙烯、涤纶、尼龙-66、顺丁橡胶的结构式(重复单元)。

3. 举例说明橡胶、纤维、塑料的结构-性能特征和主要差别。

4. 什么叫玻璃化温度？聚合物的熔点有什么特征？简述玻璃化温度、熔点的应用意义。

5. 什么是聚合物的相对分子量的多分散性？

6. 按机理合成高分子化合物的聚合反应主要包括哪两大类？

7. 请分别列举用自由基聚合、阳离子聚合、引离子聚合、配位聚合、线性缩聚、体型缩聚获得的高聚物。

8. 在高聚物生产中有哪几种聚合物是采用本体聚合方法合成的？

9. 在高聚物生产中有哪几种聚合物是采用溶液聚合方法合成的？

10. 在高聚物生产中有哪几种聚合物是采用悬浮聚合方法合成的？

11. 在高聚物生产中有哪几种聚合物是采用乳液聚合方法合成的？

12. 线型聚合的实施方法有哪几种？

13. 在体型缩聚中为什么要分两步进行？

14. 什么是凝胶点？其预测和测定有何意义？

15. 工业上采用哪种工艺制备聚氯乙烯、聚酯、顺丁橡胶？

16. 综合此前各章内容，简述由最基本的原料（原油、天然气和煤）制造高分子材料的过程。

参 考 文 献

[1] 黄仲九，房鼎业. 化学工艺学. 第 2 版. 北京：高等教育出版社，2008.

[2] 中国科学院化学学部国家自然科学基金委员会化学科学部. 展望 21 世纪的化学工程. 北京：化学工业出版社，2004.

[3] 潘祖仁. 高分子化学. 第 2 版. 北京：化学工业出版社，1997.

[4] 赵德仁，张慰盛. 高聚物合成工艺学. 北京：化学工业出版社，1997.

[5] 吴培熙，张留诚. 高聚物共混改性. 北京：中国轻工业出版社，1996.

［6］　米镇涛．化学工艺学．第 2 版．北京：化学工业出版社，2012.

［7］　韦军．高分子合成工艺学．上海：华东理工大学出版社，2011.

［8］　李克友，张菊华，向福如．高分子合成原理及工艺学．北京：科学出版社，2001.

［9］　薛之化．世界 PVC 生产技术新进展．聚氯乙烯，2016，44（1）．1-10.

［10］　丁长胜．顺丁橡胶行业进展和转型升级．化学工业，2015，33，（12）：12-16.

［11］　张留诚，闫卫东，王家喜．高分子材料进展．北京：科学出版社，2005.

［12］　申贵林，安永太，李有财等．聚氯乙烯生产技术的发展现状．山东化工，2015，44（3）：58-59.

第12章 天然产物提取工艺

导引

我国地域辽阔，蕴含着丰富的天然产物资源，拥有悠久的天然产物应用历史。然而，我国天然产物开发层次低、生产方式粗放、技术落后。近年来，随着天然产物化学的研究和新型分离技术在天然产物提取中的应用，从天然产物中提取分离的有效成分已广泛地用于医药、保健食品、食品添加剂及化妆品等行业。天然产物有效成分的提取分离与应用获得前所未有的发展。那么天然产物化学加工过程中的化学工程及工艺问题有什么特殊性呢？

12.1 概述

天然产物（natural products）指来自于天然的物质，包括生物体（如植物、动物、昆虫及微生物等）及其部位、生物体整体或部位的提取物和榨出物及从中分离得到的纯化合物，即天然化合物。我国疆土辽阔，各种陆生动植物、海洋生物及微生物资源十分丰富，并且中草药应用历史悠久，积累了丰富经验，因此对天然产物的研究与开发具有得天独厚的基础。随着科学的发展，新技术新方法的应用，从天然产物提取分离有效成分的研究与开发形成浪潮，发展迅猛。提取分离工作从高含量成分逐步发展到微量成分；物质结构的阐明从简单到复杂；有效成分的生物活性和作用机理进一步获得确认；同时也不断地发现新的活性成分和新的功效作用。天然产物的研究成果已广泛地应用于医药、保健食品、营养食品、食品添加剂、化工日用品甚至农药等各领域。

12.1.1 天然产物提取工艺学的特点

天然产物提取工艺是运用化学工程原理和方法对组成生物的化学物质进行提取、分离纯化的过程。它具有以下特点。

（1）多学科性 天然产物提取涉及的学科有生物化学、分子生物学、植物学、动物学、细胞学、微生物学等生物学科；有有机化学、植物化学、天然药物化学、天然产物化学等化学学科；有化学工程、机械工程、化工原理等工程学科以及其他应用学科。

（2）多层次、多方位性 天然产物提取包括以发展优质高产原料为主要目标的一级开发、以发展原料加工为目的的二级开发、以深度开发原料的单体化学成分及其应用为目的的三级开发。生物和天然产物的多层次研究开发是相辅相成的。它们之间既相互促进，又相互制约。天然产物提取产业是生物技术与化学化工技术相互交叉而成的一个产业，它包括以动物、植物、微生物为加工原料，用化学化工技术及手段，通过提取、分离纯化、合成、半合成得到天然产物，还包括用现代生物技术如微生物发酵、酶工程、细胞工程、基因工程等对传统化学化工技术进行创新改造，获得天然等同物的天然产物。

（3）复杂性　生物材料种类繁多，一个生物材料常包括数百种甚至数千种化合物，各种化合物的形状、大小、相对分子质量和理化性质都不同，其中有不少化合物迄今还是未知物质，而且这些化合物提取分离时仍不断发生化学结构和功能活性的变化。此外，天然产物具有不稳定性。许多具有生理活性的化合物一旦离开机体，很易变性、破坏。因此，在生产过程中要小心地保护这些化合物的生理活性，这是生化产品生产最困难的地方。生产这类具有生理活性的物质常选择温和的条件，并尽可能在较低温度和洁净环境下进行。

12.1.2　天然产物开发利用概况

人们对于天然产物资源的利用应该说从远古时期就开始了。当然，这只是简单的原料利用。至 18 世纪末，随着科学技术水平的提高，才由动植物制得一系列较纯的有机物。如 1769 年制得有机酸；1773 年，由尿中取得纯尿素；1805 年由鸦片内提到第一个生物碱-吗啡。随着科学技术的发展，新技术的应用促使科学家们发明了许多精密、准确的分离方法，如超临界流体萃取技术、膜分离技术、高效毛细管电泳法、超声提取、分子蒸馏技术等。这些分离技术的应用，不仅使研究人员可以分离到含量极微的成分，而且还可以分离过去无法分离的许多水溶性的微量成分。

传统的天然产物提取行业主要是指抗生素（如青霉素等）、制药、食品（如酒精、味精等）等行业。而在目前，它已几乎渗透到人民生活的各方面，如医药、保健、农业、环境、能源、材料等。据统计，2008 年全球用于保健食品、医药、食品添加剂和化妆品中的天然产物提取物应用规模约为 500 亿美元。近年来随着回归自然潮流的涌起，世界对天然产物的需求不断增加。

我国地域辽阔，蕴含着丰富的天然产物资源，拥有悠久的天然产物应用历史，积累了宝贵的应用经验和资料，仅中草药资源就多达 12000 多种，这为天然产物提取物的研究提供了得天独厚的条件。目前，我国专业提取物企业有 200 多家，另外还有百余家其他中药及食品添加剂企业，合计超过 300 家。不少研究机构和制药公司已开发出黄芪提取物、葛根提取物、山楂提取物等上百种天然产物提取物。

12.1.3　天然产物分离工艺设计策略和技术进展

（1）生物原料生产与天然产物提取技术结合　生物原料的生产是天然产物提取生产的第一工厂。利用植物细胞的大规模培养可以生产某些珍贵植物次生代谢产物，如生物碱、甾体化合物等，并能够培养高含量的天然产物原料。微生物菌种选育和工程菌构建也是天然产物提取上游工程的主要工作之一，一般以开发新物种和提高目的产物含量为目标。对原料的生产应该从整体出发，除了达到上述目标外，还应设法利用生物催化剂增加产物的产量，减少非目的产物的分泌（如色素、毒素、降解酶及其他干扰性杂质等），以及赋予菌种或产物某种有益的性质以改善产物的分离特性，从而简化下游加工过程。

（2）根据生物微观结构设计提取工艺　细胞是生物组成的基本结构单元。在天然产物提取中可利用细胞的结构组成设计天然产物提取的工艺方法。

（3）根据天然产物的结构设计提取工艺　天然产物的空间结构，官能团的种类、位置、数量、存在形式决定提取工艺所选用的方法。其中官能团的种类、位置、数量和存在形式是决定提取工艺的主要因素。涉及与提取工艺有关的性质主要有相对分子质量、溶解性、等电点、稳定性、相对密度、黏度、粒度、熔点、沸点等，还有官能团的解离性和化学反应的可能性。

（4）根据不同分离技术耦合设计天然产物提取工艺　近年来，生物化学、免疫学、化学的发展已促进了天然产物分离技术与生物特性的结合，天然产物加工过程发展的一个主要倾向是多种分离、纯化技术相结合，也包括新、老技术的相互交叉、渗透和融合，形成所谓融合技术。如亲和相互作用与其他分离技术的耦合，出现了亲和膜分离、亲和沉淀、亲和双水相萃取、亲和选择性絮凝沉淀及亲和吸附与亲和层析等。再比如萃取已与多种分离技术耦合衍生出新型的分离技术，如膜基萃取、微胶囊萃取、凝胶萃取、乳化液膜萃取等。这类技术具有选择性好、分离效率高、下游加工过程步骤简化、能耗低、加工过程水平高等优点，是今后的主要发展方向。

（5）提取过程前后阶段纵向统一　在天然产物提取分离中应选择不同分离机理单元组成一套工艺，应将含量多的杂质先分离除去，将最昂贵费事的分离单元放在最后阶段。有些杂质引起的分离纯化困难可通过前后协调巧妙解决。如在萃取前可通过加热、絮凝、金属离子沉淀、水解酶等预先除去可能导致乳化的蛋白。在纵向工艺过程中要考虑不同操作单元所用方法和操作条件的耦合，如在提取液中为了除去不同的杂蛋白，可以采用不同的 pH 作为工艺参数处理提取液，以除去酸性蛋白或碱性蛋白，还可以采用冷热处理构成一套工艺，还可以选用阳离子和阴离子交换树脂构成一套工艺除去杂蛋白，提高产品的纯度。

（6）从天然产物提取分离体系改性和流体流动特性来设计提取工艺　可选择适当的分离剂增大分离因子，从而提高对某一组分的选择性；向分离体系投入附加组分，改变原来体系的化学位，从而增大分离因子，利用一些相转移促进剂来增大相间的传质速率。

天然产物产生的反应液是复杂流体，具有高黏度和依赖于生物流体的剪切力等流体力学行为，给传热和两相间的接触过程都带来了特殊的问题；天然产物加工产品的工业化需要将实验室技术进行放大，这就需要借助化学工程中有关"放大效应"，结合天然产物分离过程的特点，研究大型天然产物分离装置中的流变学特性、热量和质量传递规律，探明在设备中的浓度、酸度、含量、温度等条件的分布情况，制定合理的操作规范，改善设备结构，掌握放大方法，达到增强分离因子、减少放大效应、提高分离效果的目的。

天然产物提取的每步操作主要目的是：①减少产品体积；②提高产品纯度；③增加后续操作效率。原料的选择和处理是为固液分离、初步纯化等服务的（如萃取）；初步纯化是为高度纯化（如亲和层析）提供合适的材料，减少提取分离步骤和增大单步效率是减少后期工艺难度乃至降低生产成本的关键，提取工艺过程的不同阶段间通过各种参数存在密切的相互作用和协调、耦合来纯化天然产物，使天然产物的提取形成一套系统工艺，增加天然产物的纯度。

12.1.4　天然产物提取过程选择

（1）天然产物加工的主要过程

① 细胞破碎　包括珠磨破碎、压力释放破碎、冷冻加压释放破碎、化学破碎、机械粉碎等，细胞破碎技术的成熟使得大规模生产胞内产物成为可能。

② 初步纯化　各种沉淀法如盐析法、有机溶剂沉淀、化学沉淀、大网格树脂吸附法、膜分离法（特别是超滤技术的出现）解决了对热、pH、金属离子、有机溶剂敏感的大分子物质的分离、浓缩和脱盐等难题。

③ 高度纯化　开发了各类层析技术，如亲和层析、疏水层析等，用于工业化生产的主要是离子交换层析和凝胶层析。

④ 成品加工　主要是干燥与结晶。对于生物活性物质，可根据其热稳定性的不同分别采用喷雾干燥、气流干燥、沸腾床干燥、冷冻干燥等技术。其中冷冻干燥技术在蛋白质产品的干燥上广为应用，但其能耗高、设备复杂、操作时间长，因此有待完善和改进；结晶技术实现了工业化生产。

（2）设计天然产物产品加工过程的原则

① 采用步骤数最少　天然产物的分离纯化流程都是多步骤组合完成的。几个步骤组合的策略不仅影响到产品的回收率，而且会影响到投资大小与操作成本，应尽可能采用最少步骤。

② 采用步骤的次序要相对合理　在天然产物初步纯化时，对于不同特性的产品，具有不同的纯化步骤，表面上看没有明显的单元操作次序，实际上却还是存在一些确定的次序被生产和科研上广泛采用。如蛋白质和酶的分离纯化方法有很多，但在处理时一般会按如下顺序：均质化（或细胞破裂）、沉淀、离子交换、亲和吸附、凝胶过滤。沉淀能够处理大量的物质，并且它受干扰物质影响的程度较小；离子交换用来除去对后续分离产生影响的化合物；亲和技术常在流程的后阶段使用，以避免因非专一性作用而引起亲和系统性能降低；凝胶过滤用于蛋白质聚集体的分离和脱盐，由于凝胶过滤介质的容量比较小，故过程的处理量较小，一般常在纯化过程的最后一道处理中被使用。

③ 产品的规格　产品的规格是用成品中各类杂质的最低存在量来表示的，它是确定纯化要求的程度以及由此而生的加工过程方案选择的主要依据。如果只要求产品的低度纯化，那么在大多数情况下简单的分离过程就可以达到目的；但对于一些高度的纯化，比如说注射类的药物产品，则会要求精细的分离方法，如凝胶渗透层析法。

④ 生产规模　生产规模对一些单元操作的影响是相当重要的。如用于生物分离过程中的层析载体是由柔软的多糖类凝胶制成的。用这类凝胶组成的系统，只能按比例放大到一定的规模，超过这个规模，凝胶的自重将会压塌凝胶的结构，来自液流的压降也会使凝胶颗粒破碎。再比如冷冻干燥不适合大的生产量，这是因为冷冻干燥过程是分批进行的并且需要较长的干燥周期。大规模生产需要采用真空干燥或喷雾干燥。

⑤ 进料组成　产物的定位（胞内或胞外）以及在进料中存在的产品是可溶性物质还是不溶性物质都是影响工艺条件的重要因素。

⑥ 产品的形式　最终产品的外形特征是一个重要的指标，必须与实际应用要求或规范相一致。对于固体产品，为了能有足够的保存期，需要达到一定的湿度范围；为了避免装卸困难或在最后使用时，容易重新分散，需要达到一定的粒子大小分布。如果生产的是晶体，那么必须具备特有的晶体形态和特定的晶体大小。如果所需的是液体产品，则必须在下游加工过程的最后一步进行浓缩，还可能需要过滤操作。

⑦ 产品的稳定性　通过调节操作条件，使由于热、pH 或氧化所造成的产品降解减少到最低程度。比如一些天然产物含有羟基和不饱和键等基团，一些蛋白质活性点或活性基团旁边存在巯基，为了防止在分离过程中被氧化破坏，可以在工艺中设计排除空气或加入抗氧化剂。

⑧ 物性　产物的溶解度、分子电荷、分子大小、官能团、稳定性、挥发性等均是选择分离过程的重要依据。

⑨ 危害性　产品本身、工艺条件、处理用化学品存在的潜在危害必须加以控制。

⑩ "三废" 处理　由于对过程的环境影响的关注日益增加，所以导致这方面作为天然产物加工过程选择的一个因素，其重要性在不断增加。

⑪ 分批或连续过程　发酵或生物反应过程可以用分批或连续的方式操作。某些单元操

作，例如层析分离操作，在分批操作上是可行的，若想与连续发酵过程相适应，则必须进行改进。有些单元操作被认为是连续的，例如连续超滤，但是为了膜的清洗，必须做好过程循环的准备，需要置备缓冲容器或者加倍处理能力，以便于清洗。

12.2 原料细胞结构与提取工艺特性

12.2.1 原料与天然产物提取工艺特性

（1）植物材料与天然产物提取工艺特性　根是植物重要的贮藏组织之一，除贮藏植物的大量营养外，还有许多有药用价值的活性成分。中药材中的根类药材比较多，如人参、丹参、玄参、三七、大黄等。在这类原料中还可以分为根皮类原料（如五加皮、白鲜皮）和根类原料。

根皮是根的次生组织，这类原料的次生韧皮部主要由薄壁细胞组成，所含有机物质比较丰富，如生物碱。由于其中薄壁组织较多，较易于加工如粉碎、破坏细胞膜和细胞壁等。

根类原料中有许多含有较多的淀粉，如何首乌、赤芍、栝楼中淀粉含量分别为 57％、56％和 64％。这类原料粉碎也比较容易，但是它们在用水作浸出溶剂时不宜加热，这是因为原料粉末在水中加热时能使淀粉产生糊化，使过滤困难。用冷水浸出因细胞膜和细胞壁不能被破坏，浸出效果非常不好，在这种情况下最好用有机溶剂浸出，如用乙醇等。

茎类原料根据来源可分为木质茎、根状茎、块茎、鳞茎和球茎类五类原料。木质茎常见的有苏木、沉香、降香、功劳木、樟等品种。这类原料的死细胞、木质化结构比较多，质地坚硬；细胞壁多是由纤维素、半纤维素组成，细胞组织的渗透性比较好，加以适当粉碎后即可浸出其有效成分。

根茎类原料是植物体茎的变态形态。这类原料可分成两种，一种是细长的根茎，另一种是块茎。细根茎类有甘草、大黄、川芎、黄精、白术、白茅根、玉竹和升麻等。这类原料中的大多数淀粉含量不高，在用热水浸出时不产生糊化问题。块茎类原料与块根类原料相似含有大量淀粉。这类原料的加工方法与块根类原料相似，不宜用热水浸出。

鳞茎和球茎类药材的水分高达 90％以上，果胶含量也较高。药材干燥后细胞膜受到破坏，但有的药材在用水加热浸出时可因果胶的存在产生树胶类物质，使过滤困难。

干果类原料入药时通常直接煎煮或浸出。有些种子和果实的表皮有特殊的角质结构或在表皮细胞壁或细胞膜上有蜡浸细胞壁或特种果胶质结构，有时需要适当地粉碎后加热、加酶、发酵或用化学物质进行处理。肉果的皮类药材如陈皮、青皮、丝瓜皮、冬瓜皮和西瓜皮等。这类原料的特点是在果内或细胞内含有较多的果胶质，如果用水提取其有效成分，需要先用果胶酶水解果胶再进行浸出。如果用有机溶剂浸出，果胶的影响不大。

花类药材的薄壁细胞比较多，其细胞壁和细胞膜的构造在风干或加热干燥后会自动被破坏，因此这类原料用水浸出其有效成分并不困难。对花粉类原料，其细胞壁上有坚固的角质层，需要用酶或发酵的方法处理后才能用溶剂提取出来。

对于叶片，非革质叶的表皮组织中的角质层比较薄，易于加工；革质叶角质层中的蜡浸细胞的蜡层较厚，在加工方面比较困难，有时需要首先用轻汽油、苯或氯仿等非极性有机溶剂处理，除去角质层中的蜡，然后才能用水或乙醇浸出。

地上部草类指的是不带根的草本类原料，全草是指带根的草本植物原料。这些原料都是草本植物，质地比较松软，容易粉碎、浸出，其中多数不需要特殊处理。

（2）动物材料与天然产物提取工艺特性　动物材料的主要有效成分是酶类、激素类、蛋白质类、氨基酸类和固醇类。常见的动物原料有角类、皮类、脏器类、昆虫类、贝壳类、甲壳类、骨类、蛇类和代谢产物。动物角类和骨类组织致密、坚硬，在加工前需要细粉碎才能顺利地把有效成分提取出来。皮类原料在加工时应先破碎，再用匀浆机类的设备制成浆状物再进行加热煮制，主要用于制备阿胶。

（3）海洋生物材料与天然产物提取工艺特性　海洋生物材料包括海藻类、腔肠动物、节肢动物、软体动物、棘皮动物、鱼类、爬行动物、海洋哺乳动物等。目前已从海洋生物材料中提取出了多种具有抗肿瘤、防治心血管疾病、抗病毒、抗菌等功能的生物活性物质。如从海藻中提取的烟酸甘露醇酯、六硝基甘露醇、褐藻酸等；从软体动物中分离的多糖、多肽、糖肽、毒素等；从海胆中分离的二十碳五烯酸等。

12.2.2　生物细胞的结构与天然产物成分的浸出

各种活性成分或称有效成分主要存在于细胞质中。细胞有细胞壁和细胞膜。多数细胞壁主要是由纤维素、半纤维素和果胶物质组成的。这种细胞壁上有许多小孔称为孔壁，这种细胞壁不影响水溶性物质的出入。细胞膜类似于半透膜，具有超滤作用，即对细胞外的物质的透过有分子筛作用，筛孔有一定的大小，物质的分子较小时容易透过，但较大的分子不容易透过。对外界物质的进入或细胞内物质的外出有决定作用的是细胞膜。

在植物原料外表面如叶、果实皮、茎皮等器官的表面组织上有蜡浸细胞壁。这种蜡浸细胞壁是蜡浸入细胞的纤维素壁中，形成蜡层。这种蜡层由蜡醇和脂肪酸组成，使细胞壁有很强的疏水性。革质的植物叶、果和茎的表面不沾水，就是由于在这些植物的表面有蜡浸细胞构成的表面组织。

要把有效成分提取出来，对一般细胞要设法破坏细胞膜，改变细胞膜的通透性，使浸出的溶剂能畅通无阻地进入细胞内并能把有效成分提取出来。对于某些有蜡浸细胞壁组织表面的原料要破坏其蜡浸细胞壁，改变细胞壁的通透性。

细菌细胞壁的主要成分是肽聚糖，它是由聚糖链借短肽交联而成，具有网状结构，包围在细胞周围，使细胞具有一定的形状和强度。破坏细菌的主要阻力就是来源于肽聚糖的网状结构，其网状结构的致密程度和强度取决于聚糖链上所存在的肽键的数量和其交联的程度，如果交联程度大，则网状结构就致密。

酵母细胞壁的主要成分为葡聚糖与甘露聚糖以及蛋白质等。与细菌细胞壁一样，破坏酵母细胞壁的阻力主要来自于壁结构交联的紧密程度和它的厚度。

大多数真菌的细胞壁主要由多糖组成，其次还含有较少量的蛋白质和脂类。真菌细胞壁的强度也和聚合物的网状结构有关。不仅如此，它还含有几丁质或纤维素的纤维状结构，所以强度有所提高。

12.2.3　破坏细胞膜和壁的方法

（1）风干法　原料采收后为了保护有效成分不受破坏，常采用风干法。在通风良好不见直射阳光的条件下风干，由于外界空气的蒸汽压或相对湿度较低，细胞壁先失水，随后细胞质的液泡失水，细胞液的浓度不断增高，并使涨压减低并逐渐萎缩，致使细胞受到破坏而死亡。这时细胞质附着于细胞壁一起进行收缩而形成褶皱，使细胞膜和细胞壁受到机械的伤害，改变了细胞膜的超滤性和渗透性，使细胞内的物质易于被溶剂浸出。

这个风干法可以使叶类、全草和某些根皮类原料的细胞组织受到不同程度的破坏，但对于某些具有肉质特性的根类和果类原料的破坏能力并不太大，风干后再加水可以使原料的细胞吸水后恢复涨压。

（2）加热法　对风干法破坏细胞组织不太适合的肉质特性的根类和果类原料可用加热法。加热法有两种，一种是在浸出有效成分时用加热浸出的方法，即可使细胞质和蛋白质凝聚、变性、收缩，破坏细胞膜和细胞壁，提高它们的渗透性，使细胞内物质迅速向外扩散。另一种方法是将新鲜原料切片后加热干燥，在干燥时水分急剧蒸发，细胞内原生质和蛋白质凝固、变性、细胞萎缩，使细胞膜和细胞壁破坏，改变细胞组织的渗透性。但这种方法不适合对热不稳定的物质。

（3）机械法　机械法处理量大，破碎速度快。应用较多的机械法有球磨法、高压均浆和超声波破碎。球磨法是将细胞组织悬浮液与玻璃小珠、石英砂或氧化铝一起快速搅拌或研磨，使细胞破碎。高压匀浆是大规模破碎细胞的常用方法。利用高压迫使细胞悬浮液通过针型阀，由于突然减压和高速冲击而造成细胞破裂。超声波破碎也是应用较多的一种破碎方法。通常采用的超声波破碎机在 $15\sim25kHz$ 的频率下操作，细胞的破碎是由于超声波的空穴作用。这种空穴泡由于受到超声波的迅速冲击而闭合，从而产生一个极为强烈的冲击波压力，由它引起的黏滞性漩涡在介质中的悬浮细胞上造成了剪切应力，促使细胞内液体发生流动，从而使细胞破碎。超声波振荡容易引起温度的急剧上升，操作时可以在细胞悬浮液中投入冰或在夹套中通入冷却剂进行冷却。

（4）非机械方法　许多种非机械方法都适用于微生物细胞的破碎，包括酶解、渗透压冲击、冻结和融化、热处理、化学法溶胞等。

酶解法是指利用酶的反应分解破坏细胞壁上特殊的键，从而达到破壁的目的。应用酶解需要选择适宜的酶和酶系统，并确定适宜的反应条件，有些还需要附加其他的处理，如辐照、加高浓度盐及 EDTA，或利用生物因素促使微生物对酶解作用敏感等。酶解的优点是专一性强，发生酶解的条件温和。溶菌酶是应用最多的酶，它能专一地分解细胞壁上糖蛋白分子的 β-1,4-糖苷键，使脂多糖解离，经溶菌酶处理后的细胞移至低渗溶液中使细胞破裂。自溶作用是酶解的另一种方法，所谓自溶是指溶胞的酶是由微生物本身产生的。微生物代谢过程中，大多数都能产生一种能水解细胞壁上聚合结构的酶，以促使生长过程进行下去。通过改变微生物的环境，可以诱发产生过剩的这种酶或激发产生其他的自溶酶，以达到自溶的目的。影响自溶过程的因素包括温度、时间、pH、缓冲液浓度、细胞代谢途径等。例如，对谷氨酸产生菌，可加入 $0.02mol/L\ Na_2CO_3$、$0.018mol/L\ NaHCO_3$、pH10 的缓冲液，使成为 3% 的悬浮液，加热至 70℃，保温搅拌 20min，菌体即自溶。

渗透压冲击是指将细胞放在高渗透压的介质中（如一定浓度的甘油或蔗糖溶液），达到平衡后，介质被突然稀释，或者将细胞转入水或缓冲液中。由于渗透压的突然变化，水迅速进入细胞内，引起细胞壁的破裂。

冻结-融化法是将细胞放在低温下突然冷冻和室温下融化，反复多次达到破壁的目的。冷冻一方面能使细胞膜的疏水键结构破坏，从而增加细胞的亲水性能，另一方面使胞内水结晶，使细胞内外溶液浓度变化，引起细胞突然膨胀而破裂。

此外，还可以采用化学法来溶解细胞或提取细胞组分。例如酸碱及表面活性剂处理，可以使蛋白质水解、细胞溶解或使某些组分从细胞内提取出来。如对于胞内的异淀粉酶，可加入 0.1% 十二烷基磺酸钠或 0.4% Triton X-100 于酶液中作为表面活性剂，30℃ 振荡 30h，异淀粉酶就能较完全地被抽提出来，所得活性较机械破碎高。

12.2.4　原料的质量控制

天然产物原料来源丰富，再加上伪品和混乱品种时有出现，使得原料来源和品种控制更加重要。为保证植物药的有效性和安全性，必须对同名异物的植物进行全面的调查研究，加以科学的鉴定，确定其学名，记录其来源、产地、药用部位，并留样备查。

植物中有效成分的含量可因植物器官不同有较大的差异。同类植物有效成分的含量与植物生长的环境条件（海拔高度、气温、土质、雨量、光照等）、生长季节、年龄也有较大的关系。此外，采收、干燥和贮存方法也会影响植物中有效成分的含量，甚至会导致有效成分结构的变化。

因此，在天然产物提取生产时，必须选择好适当的原料并进行初步的质量鉴定。否则，使用劣等原料，使工厂化生产失败，造成很大的损失。天然产物提取原料质量控制的主要方法如下。

（1）形态和性状相结合的鉴别方法　按生物分类学形态鉴定的方法，依各部分的形态，确定其所属分类学的科、属、种，再按其利用部位进行形态学与性状鉴定相结合的方法，做出鉴定结论。

（2）显微粉末鉴定　利用显微镜观察原料粉末的组织或细微形态，做出鉴定结论。

（3）化学鉴别法　用薄板层析法或传统的化学方法对原料的化学成分进行鉴定。其中薄板层析能发现原料成分的细微变化，对评价原料的质量有重要的价值。

（4）紫外光谱法　利用紫外光谱仪测定原料的甲醇或乙醇浸出液的紫外光谱。该方法简单、可靠。

（5）有效成分的含量测定　控制原料的质量，更重要的是考虑其化学成分和有效成分的含量是否符合提取生产和质量标准的要求。原料的采收时间、干燥方法、初加工方法、贮藏时间长短以及贮藏方法和条件等都会影响有效成分的组成和含量。常用的有效成分的定性、定量分析方法有传统的化学测定方法如比色法、紫外法、重量法，还有薄板层析扫描测定法、气相色谱法和高压液相色谱法等。这些方法分析速度快、可靠性高，用于测定原料、天然产物提取中间产物、废渣、废水和产品中有效成分含量，为控制原料、生产和产品质量提供科学依据。

12.2.5　原料的前处理

原料在投料前必须进行处理，如除杂、干燥、粉碎、发酵、脱脂、水解等，以确保原料的质量和产品的收率。原料的处理要根据原料组织的化学成分、有效成分的性质和生物化学的性质以及原料的组织和细胞结构进行处理。如含挥发油的原料采收后，应在新鲜状态进行粉碎、蒸馏、浸出加工，以免成分改变；有的原料的有效成分光照射不稳定，需要避光风干；有些为保护有效成分不被酶解需要加热灭酶；有些需要通过发酵破坏细胞壁和细胞膜。

（1）原料的除杂、洗涤、切割　原料在采收后，需要在新鲜状态进行除杂和洗涤。某些原料的切割比较容易，对木质根类原料，传统的处理方法是水浸软后切片。

（2）原料的干燥　不同的原料应采取不同的干燥方法。含有对热或对光不稳定的有效成分的原料应采取风干法。如中药材粉防己、木防己、千金藤、唐松草和金线吊乌龟等，这些药材含有双苄基异喹啉生物碱，这类生物碱对光是不稳定的，可因光的照射发生化学结构的改变。因此这类药材应采用风干法干燥。

有些含有苷类的原料细胞组织中还含有能水解苷的酶，干燥时由于细胞组织的缓慢破坏使苷和酶相互接触，可使苷水解并使疗效降低。对这类原料必须采用加热方法使酶灭活后再干燥。如苦杏仁中含有苦杏仁苷和能水解苦杏仁苷的苦杏仁酶及樱苷酶，必须先用蒸汽加热或干燥加热使酶灭活后再干燥。

（3）原料的粉碎　粉碎的目的是为了增加原料的表面积，提高浸出速度。原料的粉碎程度要根据原料的种类和性质而定。草类原料在干燥过程中因失水细胞组织和器官组织破坏比较严重，浸出时溶剂比较容易渗透，可以粉碎得粗一些。木质类原料和某些较硬、较粗的根类、根茎类、根块类和果实以及种子类原料因组织坚硬，溶剂较难渗透，所以要粉碎得细一些。

（4）发酵和水解处理法　在天然产物提取时有三种情况需要采用发酵处理法。①有效成分存在于细胞内，细胞膜不能用一般方法使其破坏，可用发酵法使难于破坏的细胞膜或细胞壁被破坏，使有效成分易于被浸出。如从花粉中浸出有效成分制备花粉浸膏时，必须先用发酵法处理花粉细胞壁。又如从玉米种子中提取药用淀粉需要先用发酵法破坏其细胞壁，并使淀粉与蛋白质分离，然后才有可能把淀粉从玉米种子中提取出来。②含强心苷的药材，多数情况下含有多种苷，其中的多糖苷效价较低，为了提得较多的单糖苷常常使用发酵法，使药材中的多糖苷转化为单糖苷，再进行提取。③需要从某些原料中提取某种苷的苷元时，也用发酵法把皂苷转化为皂苷元，然后再提取皂苷元。例如从番麻和剑麻废水中提取海可皂苷元就是应用这种方法。

（5）脱脂处理　有些原料中含有较多的油、脂或蜡，使浸出较难进行，需要进行脱脂处理。

（6）以酶和蛋白质为主要成分的原料处理　以酶为主要成分的有麦芽、地龙、木瓜等，以蛋白质为主要成分的有天花粉、胎盘和许多动物材料。酶和蛋白质都是一类易变性、非常不稳定的化合物，应该在新鲜状态，以匀浆机打破细胞壁将其分离出来。

12.2.6 提取时对有生理活性物质的保护措施

对于一些活性物质的提取，除了考虑所用的溶剂对被提取物有较大的溶解度，对杂质的溶解度较小外，还应综合考虑提取所用的溶剂中各种成分的组合及其他因素，使这些活性物质在提取时处于稳定状态。对于一些生物大分子如蛋白质、酶和核酸来说，主要的保护措施如下。

（1）采用缓冲体系　采用缓冲系统是为了防止提取过程中某些酸碱基团的解离，造成溶液中 pH 变化幅度过大，导致某些活性物质的变性。在生化制备中，提取用的缓冲系统常有磷酸盐缓冲液、柠檬酸盐缓冲液、Tris 缓冲液、醋酸盐缓冲液、碳酸盐缓冲液和巴比妥缓冲液等。

（2）加入保护剂　通过加入保护剂可防止某些生理活性基团及酶的活性中心受到破坏。如最常见的巯基是许多活性物质和酶催化的活性基团，它极易被氧化，故提取时常加一些还原剂如半胱氨酸、α-巯基乙醇、二巯基乙醇、二巯基赤藓糖醇、还原型谷胱甘肽等，以防止它的氧化；一些易受重金属离子抑制生理活性的物质，通过加入某些金属螯合剂可保持其生理活性。

（3）抑制水解酶的破坏　这是提取天然产物时最重要的保护性措施之一。可根据不同水解酶的性质采用不同方法，如需要金属离子激活的水解酶，常加入 EDTA 或用柠檬酸缓冲液除去溶液中某些金属离子，使酶的活动受到抑制。对热不稳定的水解酶，可用热提取法使之失去作用；或根据水解酶的溶解性质的不同，采用 pH 不同的缓冲体系提取，以减少水解酶释放到提取液中的机会；或选用适当 pH 范围使酶活力最低。但最有效的方法还是有针对性地加入某些抑制剂，以抑制水解酶的活性。核糖核酸酶是制备完整核糖核酸分子的最大障碍，在长期研究中已发现了许多特殊抑制剂，例如阴离子去垢剂十二烷基磺酸钠、脱氧胆酸钠、萘-1,5-二磺酸钠、三异丙基萘磺酸钠、4-氨基水杨酸钠等均已被广泛用于核酸的提取。

12.3　精油提取工艺

12.3.1　概述

精油是指通过各种方法从植物的根、茎、叶、花、果皮等提取的一种具有挥发性的油状物质。精油含有各种不同的天然化学物质，成分复杂，大多数植物精油是由一百多种以上的成分所构成，有些甚至高达数百种甚至上千种。到目前为止，人们从精油中分离出来的有机化合物成分已有 3000 多种，几乎包括了各种类型的有机化合物。根据它们的分子结构特点，大体上可分为四大类：萜类化合物、芳香族化合物、脂肪族化合物和含氮含硫化合物。

（1）萜类化合物　萜类化合物广泛存在于天然植物中，它们大多是构成各种精油的主体香成分。例如，松节油中的蒎烯（含量 80% 左右），薄荷油中的薄荷醇（含量 80% 左右），山苍子油中的柠檬醛（含量 80% 左右），樟脑油中的樟脑（含量 50% 左右）等均为萜类化合物。根据碳原子骨架中碳的个数来分类，有单萜（C_{10}），倍半萜（C_{15}），二萜（C_{20}），三萜（C_{30}）和四萜（C_{40}）；从结构角度来分类有开链萜、单环萜、双环萜、三环萜、四环萜；此外，还有不含氧萜和含氧萜等，或根据所含官能团的不同进行分类有萜烃、萜醇、萜醛和萜酮。

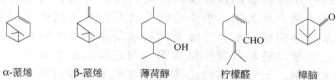

α-蒎烯　　　β-蒎烯　　　薄荷醇　　　柠檬醛　　　樟脑

（2）芳香族化合物　芳香族化合物在精油中的含量仅次于萜类。例如，玫瑰油中苯乙醇（2.8%）、香荚兰油中香兰素（2% 左右）、肉桂油中桂醛（80% 左右）、茴香油中大茴香脑（80% 左右）、丁香油中丁香酚（80% 左右）等。

香兰素　　　　桂醛　　　　　　长茴香脑　　　　　丁香酚

（3）脂肪族化合物　脂肪族化合物在精油中也广泛存在着，但其含量和作用一般不如萜类化合物和芳香族化合物。在茶叶及其他绿叶植物中含有少量的顺-3-己烯醇，由于它具有青草的清香，所以也称为叶醇。2-己烯醛亦称叶醛，是构成黄瓜清香的天然醛类。在芸香油中含有 70% 左右的甲基壬基甲酮，因是芸香油的主要成分而得名芸香酮。鸢尾油中肉豆蔻酸的含量高达 85%。

$$CH_3CH_2CH{=}CHCH_2CH_2OH \qquad CH_3\overset{\text{O}}{\underset{||}{C}}(CH_2)_8CH_3 \qquad CH_3(CH_2)_{12}COOH$$

叶醇　　　　　　　　　　　芸香酮　　　　　　　　肉豆蔻酸

（4）含氮含硫化合物　含氮含硫化合物在天然芳香植物中的存在及含量极少，但在肉类、葱蒜、谷类、可可、咖啡等食品中常有发现。虽然它们属于微量化学成分，但由于气味极强，所以不容忽视。

CH_3SCH_3　　　　　　$CH_3{-}S{-}S{-}CH_3$

二甲基硫醚（姜油、薄荷）　　二甲基二硫　　　　2-乙酰基吡咯　　　　吲哚
　　　　　　　　　　　　　　（洋葱、番茄）　　　（茶叶）　　　（茉莉、腊梅）

目前，世界上总的精油品种在 3000 种以上，其中具有商业价值的约数百种。在医学领域，植物精油在去痛、降压、消炎、提高免疫活力、保健等方面得到了广泛的应用。在化妆品方面，植物精油被广泛地用于香水、香皂、洗面奶、护肤露等各种化妆品。在食品工业，精油主要用于给食品提供浓郁的香味，增加食品的风味。此外，植物精油在饲料和害虫防治等方面也有广泛的应用价值。

12.3.2 精油的提取工艺特性

精油的提取过程一般包括：原料的准备、精油的提取和精油的分离三大步骤。

（1）原料的准备 包括原料的采收、原料的保管与贮藏以及原料的粉碎。

（2）精油的提取 精油的化学组成十分复杂，以萜类及其衍生物为主，也含有芳香族化合物。因原料来源、部位不用精油提取方法也各异，常用的方法有水蒸气蒸馏法、压榨法、浸取法和吸收法四大类。

① 水蒸气蒸馏 水蒸气蒸馏是目前应用最广泛的一种方法。通过水分子向原料细胞中渗透，使植物中的精油成分向水中扩散，形成精油与水的共沸物。蒸出的精油与水蒸气通过冷凝，油水分离后得到精油。

精油的蒸馏方法可分为间歇式和连续式两类。间歇式水蒸气蒸馏通常可分为水中蒸馏、水上蒸馏和水汽蒸馏三种类型。水中蒸馏是将原料放入蒸馏锅的水中，水高度刚漫过料层，使其与沸水直接接触。水上蒸馏又称隔水蒸馏，是把原料置于蒸馏锅内的筛板上，筛板下盛放一定水量以满足蒸馏操作所需要的足够的饱和蒸汽，水层高度以水沸腾时不溅湿原料底层为原则。水气蒸馏的操作过程与水上蒸馏法基本相同，只是水蒸气的来源和压力不同。该方法是由外来的锅炉蒸汽直接进行蒸馏。通常在筛板下锅底部位装有一条开小孔的环形管，锅炉来的蒸汽通过小孔直接喷出，通过筛板的筛孔进入原料层加热原料。

三种蒸馏方式各有所长，适应于各种不同的情况。水中蒸馏加热温度一般为 95℃ 左右，这对植物原料中高沸点成分来说，不易蒸出。水上蒸馏和水汽蒸馏不适应易结块及细粉状原料，但这两种蒸馏法生产出的精油质量较好。采用水气蒸馏在工艺操作上对温度和压力的变化可自行调节，生产出的精油质量也最佳。

随着精油用量越来越大，原料种植面积的扩大，现有的加工能力不能满足大工业生产上的需要，如果增加间歇式的小蒸馏设备，不仅会增加生产成本，而且也会增大精油的损耗，再加上间歇式蒸馏设备多为手工操作，劳动强度大，不符合现代化工业的要求，采用连续式蒸馏设备就可以克服上述缺点。

连续式水蒸气蒸馏法利用机械方法投料和排渣，增大了原料投入数量，使精油产量不断提高。蒸馏时，通过加料运输机将切碎后的原料送入加料斗，经加料螺旋输送器送入蒸馏塔内，通过蒸气进行蒸馏，馏出物经冷凝器进入油水分离器，料渣从卸料螺旋输送器排出运走，分出的油即为成品。

水蒸气蒸馏法的特点是：热水能够渗透植物组织，能有效地把精油蒸出，并且设备简单、容易操作、成本低、产量大。绝大多数芳香植物均可用水蒸气蒸馏法生产精油，但加热时成分容易发生化学变化或水溶性含量比较多的精油不适用，例如茉莉、紫罗兰、金合欢、风信子等一些鲜花。

② 压榨法 压榨法主要用于红橘、甜橙、柠檬、柚子、佛手等柑橘类精油的生产。柑橘类精油的化学成分都为热敏性物质，受热易氧化、变质。为保证精油质量，必须采用在室温下进行的压榨法。近代生产常用螺旋压榨法和整果磨橘法。

螺旋压榨法的主要生产设备是螺旋压榨机。这种压榨机既可压榨果皮生产精油，也可压榨果肉生产果汁，是最常用的现代化生产设备。由于这种机器旋转压榨力很强，果皮很容易被压得粉碎而导致果胶大量析出，产生乳化作用而使油水分离困难。如果用石灰水浸泡果皮，使果胶转变为不溶于水的果胶酸钙，在淋洗时用 0.2％～0.3％硫酸钠水溶液，可防止胶体的生成，提高油水分离效率。整果磨橘法又称整果冷磨法，其主要设备有平板式磨橘机和激振式磨橘机。这两种磨橘机都是柑橘类整果加工的现代化定型设备。装入磨橘机中的是柑橘类整果，但实际上磨破的是皮上的油胞。油胞磨破后精油渗出，然后被水喷淋下来，经分离而得到精油。

压榨法的最大特点是生产过程可在室温下进行，所得挥发油质量好，可保持原有的香味。但该法所得产品不纯，可能含有水分、叶绿素、黏液质及细胞组织等杂质而呈混浊状态，同时很难将挥发油完全压榨出来。压榨后的残渣仍可用水蒸气蒸馏法提取得到部分橘油。

③ 浸取法　浸取法也称固液萃取法，系用挥发性有机溶剂将植物原料中芳香成分提取出来，通过蒸发浓缩回收溶剂后，便得到既含有芳香成分又含有植物蜡、色素、脂肪等杂质的膏状混合物——浸膏。

浸取法的基本工艺流程如图 12-1 所示。

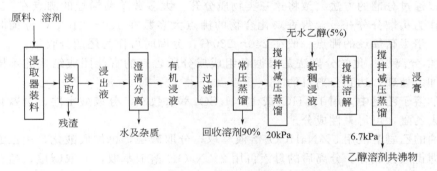

图 12-1　浸取法提取精油的基本工艺流程

由于残渣中含有大量有机溶剂，在回收溶剂时，还可以通过精馏进一步回收精油。

浸取法的特点是可以不加热在低温下进行，这点对于花精油是很必要的；除了可以提取挥发性成分外，还可以提取重要的、不挥发性呈味成分，这点对于食品香料是很有效的方法。浸取法所用的原料多为鲜花、树脂、香豆、枣子等。对浸取法所用有机溶剂的要求是沸点低，容易回收；无色无味，化学稳定性好；毒性小，安全性好。目前常用的溶剂有石油醚、乙醇、丙酮、二氯乙烷等。

④ 吸收法　吸收法手工操作多，生产周期长，效率低，一般不常使用。所加工的原料，大多是芳香化学成分容易释放，香势强的茉莉花、兰花、橙花、晚香玉、水仙等名贵花朵。

生产上吸收法基本上有两种形式：非挥发性溶剂吸收法和固体吸附吸收法。非挥发性溶剂吸收法根据吸收时的温度不同又分为温浸法和冷吸收法。温浸法所用非挥发性溶剂为精制的动物油脂、橄榄油、麻油等。生产工艺过程与搅拌浸取法类似，由于是在 50～70℃下浸取，所以称为温浸法。冷吸收法所用的非挥发性溶剂为精制的猪油和牛油。将 2 份精制猪油和 1 份精制牛油混合后，小火加热搅拌使其充分互相溶解，冷至室温后所得的膏状混合物称为脂肪基。冷吸收法的主要设备是木制花框。在花框中间夹入玻璃板，在玻璃板的两面涂上脂肪基，然后在脂肪基上铺满鲜花，铺花摘花反复多次，直至脂肪基被鲜花释放出的气体芳香成分吸收饱和。由于是在室温下用脂肪基吸收鲜花芳香成分，所以称为冷吸收法。采用冷吸收法制得的香料成本很高。但由于在生产过程中不加热，因此所得产品的品质极佳，是天然香料中的名贵佳品。以此法生产的香料品质最好，可直接用于高级化妆品中。在吸收法生产香料所得的残花中，仍含有一些芳香成分，可用挥发性溶剂浸取法进一步加工，制得副产品浸膏。

固体吸附吸收法所用的吸附剂为活性炭、硅胶等。鲜花释放出的芳香成分被固体吸附剂吸收后，再用石油醚洗涤活性炭，然后将石油醚蒸除，即可得到精油。所加工的原料为香势很强的比较娇嫩的花朵，如大花茉莉等。固体吸附吸收法在精油的生产中应用不多。

（3）精油的净化与分离　用水蒸气蒸馏法、溶剂提取法、吸收法以及压榨法等制备的精油类都是混合物，要得到单一成分还需要进一步分离，一般还需要对原油进行脱色、脱植物蜡质、脱异味或根据不同要求脱出不必要的成分等处理。早期使用的且比较成熟的方法有分馏法、化学分离法及层析法。此外，还可通过离子吸附、溶剂萃取、减压蒸馏、真空过滤等工序，在实际应用中往往几种方法配合才能达到目的。

① 分馏法　根据单萜、倍半萜等萜烯物质的沸点与含氧香料化合物之间沸点差较大的性质，可以通过分馏的方法大致将这三类物质分开。大多数单萜烯烃的沸点在 150～180℃，分馏时可作为头馏分分开，含氧香料化合物的沸点大多数在 180～240℃，分馏时可作为主馏分取出，倍半萜烯烃的沸点一般在 240～280℃，分馏时可作为尾馏分收集。

② 化学分离法　化学分离法是根据各组成成分所含有的官能团或结构的不同，用化学方法逐一加以处理，达到分离目的。

将精油溶于乙醚中，用 1％HCl 或 1％H$_2$SO$_4$ 萃取数次，分取酸水层，再碱化，用乙醚萃取，蒸去乙醚，可得碱性成分。

将精油的乙醚溶液用 5％NaHCO$_3$ 溶液萃取，分取碱层，再加酸酸化，用乙醚萃取，蒸去乙醚，即得酸性成分。分离后的母液再用 2％NaOH 溶液萃取，分取碱层，酸化后，用乙醚萃取，可得酸性或其他弱酸性成分。

对含有醛或酮基的化合物，用 NaHSO$_3$ 或 Girard 试剂加成，使亲脂性成分转变为亲水性成分的加成物而分离。如桂皮醛与 NaHSO$_3$ 加成生成二磺酸衍生物，加酸后可得原桂皮醛。

对于醇类成分，常用邻苯二酸或丙二酰氯等试剂使醇酰化，转为酸性成分，再用 NaHCO$_3$ 水溶液提取，然后皂化即可得到原来的醇。

③ 柱层析法　柱层析法（柱色谱法）主要有吸附柱色谱、分配柱色谱、凝胶过滤柱色谱、离子交换柱色谱等，是现在广泛用于植物精油分离的方法。常用的是吸附柱色谱和分配柱色谱。分离原理是基于待分离混合物中各组分分子大小不同或极性不同，在固定相和流动相之间产生不均匀分配，从而实现混合物的分离。用柱层析法分离样品时，以硅胶柱层析和氧化铝柱层析应用最多，一般方法是将精油溶于乙烷中，加到柱的顶端，先以乙烷或石油醚冲洗，萜类成分先被洗脱下来，再改用乙酸乙酯洗脱，可把含氧化合物洗脱下来。在洗脱过程中，逐渐增加溶剂的极性，分段收集，可将各类成分分开。

12.3.3　精油提取实例

12.3.3.1　大茴香醛的提取及资源综合利用

（1）性质和用途　大茴香醛的化学名称是对甲氧基苯甲醛，具有强烈的山楂花香气，同时具有较强的抗氧化性能，广泛用于调配日化香精和食用香精，此外，还用作电镀金属的光亮剂，催化剂活性增强剂，合成药物的原料等。大茴香醛存在于八角科植物八角果实中，八角果实（干）含油 8%～12%，其中含大茴香脑 80%～90%，而大茴香醛仅 0.3%。因此一般由大茴香脑制备大茴香醛。

（2）提取工艺　取大茴香果实粉碎，用水蒸气蒸馏提取出大茴香油。冷冻，析出白色大茴香脑结晶，用 80%乙醇重结晶，得到大茴香脑。

大茴香脑经氧化后制得大茴香醛。最早是用红矾钠法和硫酸-硝酸银法氧化，但收率很低，而且制备条件苛刻、操作困难、生产成本高、环境污染严重。后来又用重铬酸钾法。取大茴香脑 100 份，加重铬酸钾 162 份、45%硫酸 380 份、水 1000 份和氨基苯磺酸 20 份，于 60℃左右加热反应约 1h，即生成大茴香醛。冷却后用苯或氯仿萃取出来，再用真空精馏法精制，收率约 65%。

大茴香脑　　　　　　　　　　大茴香醛

随着社会经济的发展，现在越来越强调环保和绿色化学，传统的化学氧化法逐渐被臭氧氧化法和电氧化法所取代。臭氧具有氧化能力强、选择性好和反应速度快等特点，而且在反应结束后，臭氧会自行分解，无残留，不产生难处理的三废，是一种干净的氧化剂。以八角茴香油为原料，直接用臭氧氧化，硫脲水解可得到高收率的大茴香醛。由大茴香脑电氧化合成大茴香醛可采取直接电氧化法和间接电氧化法。直接电氧化法即反应物直接在电极表面发生氧化反应而得到最终产物。以石墨、钛基钌为阳极，不锈钢为阴极，80%～90%的乙醇水溶液为溶剂，0.25mol/L H_2SO_4 为支持电解质，当茴香脑的浓度不大于 0.15mol/L 时，控制阳极电位 1.3～1.5V 进行电解，得到茴香醛产率为 60%左右。间接电氧化法是利用水溶性无机氧化还原电偶作为媒质与有机物反应，然后将水相与有机相分离获得产物。水相中失去氧化或还原能力的媒质，通过电极反应氧化或还原后再生，可反复使用。用间接电氧化法氧化大茴香脑来制备大茴香醛具有工艺路线短、反应条件温和、产率高及对环境污染少等优点。

12.3.3.2　丁香酚的提取及资源综合利用

（1）性质和用途　丁香酚又名丁子香酚，存在于桃金娘科植物丁子香、唇形科植物毛叶罗勒和樟科植物锡兰肉桂等的精油中。丁香酚的化学名为 2-甲氧基-4-烯丙基苯酚，分子式为 $C_{10}H_{12}O_2$，相对分子质量是 164.21，结构式是

丁香酚具有强烈的丁香香气和温和的辛香香气，为无色至淡黄色液体，露置于空气中或贮存日久，渐变棕色，质渐浓稠。其熔点 −9.2～−9.1℃，沸点 253℃，相对密度（d_4^{20}）1.0580～1.0700，折射率（n_D^{20}）1.5385～1.5420，几乎不溶于水，广泛用于配制康乃馨型、东方型香精，以及制造香豆素和其他食品香料，在医药方面则是牙科常用药，具有止痛消炎效果。

（2）提取工艺　丁香酚的提取可采用水蒸气蒸馏法。取丁子香花蕾或叶用水蒸气蒸馏出精油。将油与过量的 3% 氢氧化钾水溶液混合并剧烈振摇直到全部丁香酚形成钾盐并进入溶液中。用适当的有机溶剂洗去水不溶的萜烯类杂质或用水蒸气蒸馏法将杂质除去后，加稀盐酸将丁香酚钾盐分解，丁香酚游离析出，用精馏法精制。

丁香酚的提取还可采用超临界二氧化碳萃取法。萃取压力：20MPa；萃取温度：40℃；解析压力：6MPa；解析温度：40℃；二氧化碳的流量：22L/h；萃取时间：3h。研究证实，超临界二氧化碳萃取法提油率及挥发油中丁香酚的含量较高，色泽较浅。但目前该方法尚处于实验室研究阶段。

12.4　黄酮类化合物提取工艺

12.4.1　概述

黄酮类化合物是广泛存在于自然界的一类重要的天然有机化合物。绝大多数植物体内都含有黄酮类化合物，如在松树皮提取物、绿茶提取物、银杏叶提取物、红花提取物中，都发现黄酮类化合物的存在。自然界中的一些色素如花色素等也属于黄酮类化合物。许多中草药的有效成分中也含有黄酮类化合物，如葛根中的黄豆苷与葛根素、满山红中的法尔杜鹃素、毛冬青与银杏叶中的黄酮醇苷等。甘草、百合、白果、菊花、陈皮、沙棘等药食两用的植物中也存在多种黄酮类化合物。黄酮类化合物对植物的生长、发育、开花、结果及防菌防病等方面起着重要的作用。由于最先发现的黄酮类化合物都具有一个酮式羰基结构，又呈黄色或淡黄色，故名黄酮。现在所讲的黄酮类化合物已远远超出这种范围，有的并非黄色，而是白色、橙色及红色等，分子结构也有显著差异，其共同的特征是均含有 C_6—C_3—C_6 基本碳架，即两个苯环通过三个碳原子相互连接而成。由于黄酮类化合物分布广泛，生理活性多种多样，如槲皮素、芦丁、葛根素等具有扩冠活性，牡荆素、汉黄芩素等具有抗肿瘤活性，水飞蓟宾、儿茶素等具有保肝作用等，因此一直受到国内外的广泛重视，成为研究和开发利用的热点。

最先黄酮类化合物主要是指基本母核为 2-苯基色原酮的一类化合物，现在则是泛指由两个芳香环（A 和 B）通过中央三碳链相互连接而成的一系列化合物，一般具有 C_6—C_3—C_6 的基本骨架特征，其中 C_3 部分可以是脂链，或与 C_6 部分形成六元或五元氧杂环。

色原酮　　　　2-苯基色原酮　　　　C_6-C_3-C_6

黄酮类化合物的结构特点是：A 环上的共轭大 π 键与 4-羰基上的 π 键形成 π-π 共轭；B 环上的共轭大 π 键与 2，3-位上的 π 键及 4-羰基上的 π 键形成 π-π-π 共轭；两条共轭链以 4-羰基为交点，形成一交叉共轭体系。因此分子中所有原子都在同一平面内，形成一平面结构。

（1）黄酮类化合物的结构和分类　根据中央三碳链的氧化程度，B 环（苯基）连接的位置（2-位或 3-位）以及三碳链是否与 B 环构成环状结构等特点，将主要的天然黄酮类化合物分类，如表 12-1 所示。

表 12-1　黄酮类化合物的母体结构类型

类型	基本结构	类型	基本结构
黄酮 (flavone)		二氢查耳酮 (dihydrochalcone)	
黄酮醇 (flavonol)		花色素 (anthocyanidin)	
二氢黄酮 (dihydroflavone)		黄烷-3-醇 (flavan-3-ol)	
二氢黄酮醇 (dihydroflavonol)		黄烷-3,4-二醇 (flavan-3,4-diol)	
异黄酮 (isoflavone)		双苯吡酮型 (xanthone)	
二氢异黄酮 (dihydroisoflavone)		橙酮(噢呀) (aurone)	
查耳酮 (chalcone)		双黄酮 (biflavone)	

　　天然黄酮类化合物多为上述基本母体的衍生物，其常见的取代基有—OH、—OCH₃、—OCH₂O—及异戊烯基等。此外，黄酮类化合物在植物中多以苷类形式存在。由于糖的种类不同，连接位置不同，可形成各种各样的黄酮苷，且以氧苷居多，少数为碳苷。黄酮苷糖基的连接位置与苷元的结构类型有关，如黄酮醇类多在 3-、7-、$3'$-、$4'$-位形成单糖链苷，或在 3-和 7-、3-和 $4'$、7-和 $4'$-形成双糖链苷。组成黄酮苷的糖类主要有以下三类。

　　单糖类：D-葡萄糖、D-半乳糖、D-木糖、L-鼠李糖、L-阿拉伯糖及 D-葡萄糖醛酸等。

　　双糖类：槐糖（gluβ1 $\longrightarrow$ 2gluβ）、龙胆二糖（gluβ1 $\longrightarrow$ 6gluβ）、芸香糖（rhα1 $\longrightarrow$ 6gluβ）、新橙皮糖（rhα1 $\longrightarrow$ 2gluβ）、刺槐二糖（rhα1 $\longrightarrow$ 6galβ）等。

　　三糖类：龙胆三糖（glu1 $\longrightarrow$ 6gluβ1 $\longrightarrow$ 6glu）、槐三糖（gluβ1 $\longrightarrow$ 2gluβ1 $\longrightarrow$ 2glu）等。

（2）黄酮类化合物的生物活性　黄酮类化学物在自然界广泛存在，呈现的生理功能也多种多样。黄酮类化合物的主要生物活性如下。

① 抗菌、抗病毒功能　黄酮类化合物抗病毒的机理主要是抑制溶酶体 H^+-ATP 酶、磷酸酯酶 A_2 的脱壳作用，影响病毒转移基因的磷酸化，抑制病毒和 RNA 的合成。木樨草素、黄芩素、黄芩苷等均有一定程度的抗菌作用；槲皮素、双氢槲皮素、桑色素等具有抗病毒作用。从菊花、獐牙菜中分离得到的黄酮单体化合物对 HIV 病毒有较大的抑制作用，大豆苷元、染料木素、鸡豆黄素 A 对 HIV 病毒也有一定的抑制作用。

② 镇痛、祛痰、平喘功能　金丝桃苷、芦丁及槲皮素等具有良好的镇痛作用，银杏叶总黄酮也有明显的镇痛作用。我国研究的 124 种防治气管炎植物药中就有 69 种主要成分是黄酮类化合物，包括黄酮醇、二氢黄酮及其苷，大多是较好的消炎、止咳、平喘活性成分。

③ 防治心脑血管疾病的功能　目前，黄酮类化合物是临床上治疗心血管疾病的良药，有强心、扩张冠状血管、增加冠脉血流量、抗心律失常、降压、降低血胆固醇并使其与磷脂比例趋于正常、降低毛细血管渗透性等作用。如芦丁、橙皮苷、香叶木苷能降低血管脆性及异常的通透性，可用作防治高血压及动脉硬化的辅助治疗剂。银杏叶总黄酮、葛根素、黄豆苷元等能显著降低心脑血管阻力和心肌耗氧量及乳酸的生成，对心肌缺氧损伤有明显保护作用。

④ 抗肿瘤抗癌功能　许多黄酮类化合物具有抗肿瘤抗癌的功能，其抗肿瘤抗癌方式有三种：一是通过直接灭杀肿瘤细胞，阻止其分裂繁殖而达到抗肿瘤抗癌作用，如一枝蒿总黄酮可诱导肿瘤细胞分化，对肿瘤细胞的增殖及 DNA 的合成有明显的抑制作用；二是通过增强其他物质的活性间接杀死肿瘤细胞，如葛根总黄酮可以增强体内的 NK 细胞、SOD 及 P450 酶的活性作用，而这几种生化物质可以遏制、杀伤癌细胞；三是能减少甚至消除某些化学物质的致癌活性，黄酮类化合物能阻止化学致癌物活化为有致癌活性的中间物，或诱导某些酶的活性，使致癌物脱毒，也可能与那些有致癌活性的中间物结合从而避免它们与 DNA 结合或反应。

⑤ 抗氧化、清除自由基功能　黄酮类化合物具有很强的抗氧化能力，作为天然抗氧化剂替代合成抗氧化剂 BHT（4-甲基-2,6-二叔丁基苯酚）具有高效、低毒的特点。大多数黄酮类化合物都有较强的清除自由基功能。如芸香苷、槲皮素及异槲皮苷清除超氧阴离子和羟基自由基的能力强于标准的自由基清除剂生育酚；金丝桃苷可直接抑制脑缺血过程中氧自由基的形成。

⑥ 类激素样功能　大豆异黄酮显示类雌激素作用，可通过对生长因子、癌细胞增生和细胞分化的作用而抑制乳腺癌的发生，可防止骨质疏松，预防一些妇科疾病。菟丝子的黄酮提取物则具有雄激素样活性。

此外，黄酮类化合物还具有其他重要生理功能，如抗炎、保肝、利胆、利尿、抗衰老等。

12.4.2　黄酮类化合物的提取工艺特性

黄酮类化合物的提取分离，从其过程来说，可分为两个阶段：第一阶段是提取，主要考虑提取溶剂的选择问题，这和植物所含的黄酮类化合物是苷元还是苷类有关，也和原料是植物的哪一部位有关；第二阶段是分离，目的是将黄酮类化合物与其他非黄酮类成分分开，在需要的时候还要将各黄酮类成分相互分离加以纯化。但在实际操作中，这两个阶段是相互关联的，通常不能明确划分。

（1）黄酮类化合物的提取　黄酮类化合物的提取，主要是根据被提取物的性质和提取过程伴随的杂质是否容易除去来选择适当的提取溶剂。

黄酮苷类和极性较大的苷元，如羟基黄酮、双黄酮、查耳酮等，一般可用丙酮、乙酸乙酯、乙醇、甲醇、水或极性较大的混合溶剂提取，其中用得最多是甲醇-水（1：1）或甲醇。多糖苷类可用沸水提取，以破坏水解酶的活性，避免苷类水解。在提取花青素类化合物时，可加入少量酸，如 0.1% 盐酸，但提取一般黄酮苷类成分时不应加酸，以避免发生水解。黄酮苷元的提取宜选用极性小的溶剂，如氯仿、乙醚、乙酸乙酯等。对于极性小的多甲氧基黄酮苷元，也可用苯进行提取。

对于得到的粗提取液，可进一步回收溶剂浓缩成浸膏后，再用溶剂萃取、碱提酸沉淀、大孔吸附树脂、超临界流体萃取、超声波等方法初步精制。

① 溶剂萃取法　利用黄酮类化合物与混入的杂质极性不同，选择不同的溶剂进行萃取，不仅可以使黄酮类化合物与杂质分离，还可以使苷类与苷元或极性苷元与非极性苷元相互分离。例如植物叶子的醇浸提液，用石油醚萃取，可以除去叶绿素和胡萝卜素等脂溶性色素；水提取液浓缩后加入 3～4 倍量的乙醇，可以沉淀除去蛋白质、多糖等水溶性杂质。

② 碱提酸沉淀法　黄酮类化合物大多具有酚羟基，易溶于碱水，酸化后又可沉淀析出。因此可用碱性水（5% 碳酸钠、稀氢氧化钠、氢氧化钙水溶液）或碱性稀醇（50% 乙醇）浸出，浸出液经酸化后析出黄酮类化合物。氢氧化钠水溶液的浸出能力高，但杂质较多，不利于纯化。当植物原料（如花和果实）含有较多的果胶、黏液质、鞣质及水溶性杂质时，宜采用石灰水，使它们与氢氧化钙生成钙盐沉淀滤除，如芦丁、橙皮苷、黄芩苷的提取均采用此法。从槐花米中提取芦丁的操作过程为：槐花米加约 6 倍量水，煮沸，在搅拌下缓缓加入石灰乳至 pH 8～9，在此 pH 条件下微沸 20～30min，趁热抽滤；滤渣再加 4 倍水煎煮 1 次，趁热抽滤。合并滤液在 60～70℃下，用浓盐酸调 pH 至 5，搅匀，静置 24h，抽滤。沉淀物水洗至中性，60℃ 干燥得芦丁粗品，并于水中重结晶，70～80℃ 干燥得芦丁纯品。

③ 大孔吸附树脂法　大孔吸附树脂是一种具有大孔结构的亲脂性高分子吸附剂，依靠范德华力可以从很低浓度的溶液中吸附有机物质，具有吸附容量大、吸附速度快、选择性好、再生处理简便等优点，在天然产物提取中常用此法进行提取分离。

利用大孔吸附树脂提取黄酮类化合物的一般方法是：将植物材料的水或稀醇提取液上吸附树脂柱，首先用水洗去可溶性多糖和蛋白质等杂质，再用不同浓度的含水醇洗出所需黄酮类化合物，最后用浓醇或丙酮洗脱完全。例如，银杏叶总黄酮的提取，多采用吸附树脂法提取，提取流程如图 12-2 所示。

④ 超临界流体萃取法　与有机溶剂法相比，超临界流体萃取具有提取效率高、无溶剂残留、活性成分和热不稳定成分不易被分解破坏等优点，通过控制温度和压力以及调节改性剂的种类和数量，还可以实现选择性萃取和分离纯化。例如从甘草中萃取黄酮类化合物，如果仅用 CO_2 作萃取剂，只能萃取出甘草查耳酮 A，若用二氧化碳-水-乙醇溶剂系统萃取，则可提取出甘草素、异甘草素、甘草查耳酮 A 和甘草查耳酮 B 四种黄酮类化合物，并随着乙醇浓度增大，萃取率相应提高。

⑤ 超声波提取　超声波提取是利用超声波空化作用加速植物有效成分的浸出。在从槐花米提取芦丁的过程中，超声波的聚沉作用对提高提取率和缩短提取时间起重要作用。从黄芩中提取黄芩苷，用超声波提取 10min 比煎煮法提取 3h 的提取率还高。超声波提取法节省溶剂、能耗低、效率高、提取物易分离、适应性广、绿色环保，是实验室最成熟的提取方法之一。但是利用超声波工业化扩大生产还存在瓶颈问题，而且由于使用的发生器功率较大，产生的噪声危害人体健康。

（2）黄酮类化合物的分离　要从植物总黄酮提取液中获得黄酮类化合物单体，还需要进

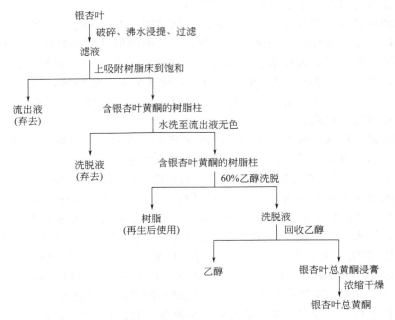

图 12-2　吸附树脂法提取银杏叶总黄酮流程图

一步分离、纯化。黄酮类化合物的分离纯化方法很多，常见的有柱层析、梯度 pH 萃取、铅盐沉淀以及近年来应用的高效液相色谱、液滴逆流层析、气相层析、微乳薄层色谱等。

①　柱层析法　分离黄酮类化合物常用的吸附剂或载体有硅胶、聚酰胺、氧化铝、氧化镁、硅藻土及纤维素等，其中以硅胶、聚酰胺最常用。

硅胶柱层析主要用于分离极性较低的黄酮类化合物如异黄酮、黄烷类、二氢黄酮（醇）和高度甲基化或乙酰化的黄酮和黄酮醇，如用乙醚-氯仿溶剂系统从野葛中分离异黄酮类。少数情况下，在加水去活化后，也可用于分离极性较大的化合物，如多羟基黄酮醇及其苷类等。通常使用的洗脱剂主要有：乙酸乙酯-石油醚，氯仿-甲醇，石油醚-丙酮。可用氯仿-甲醇-水或乙酸乙酯-丙酮-水作流动相来分离黄酮苷，以氯仿-甲醇为流动相来分离酮苷元。需要注意的是，由于黄酮类化合物与硅胶有很强的吸附能力，且易与硅胶中很多金属离子络合而不能被洗脱，所以在应用硅胶柱层析法进行分离纯化时应预先用浓盐酸处理硅胶除去金属离子，以免干扰分离效果。

对黄酮类化合物的柱层析来说，聚酰胺是较理想的吸附剂，其吸附容量较高，分辨能力也较强，适用于分离各种类型的黄酮类化合物，包括黄酮苷及其苷元。

层析用的聚酰胺主要有聚己内酰胺型、六次甲基二胺己二酸盐型及聚乙烯吡咯烷酮型三种。它们都是通过分子中的酰胺羰基与黄酮类化合物分子上的酚羟基形成氢键而产生吸附作用，其吸附强度主要取决于黄酮化合物分子中羟基的数目、位置及溶剂与黄酮类化合物或与聚酰胺之间形成氢键缔合能力的大小。溶剂分子与聚酰胺或黄酮类化合物形成氢键缔合的能力越强，则聚酰胺对黄酮类酚性物的吸附作用将越弱。

聚酰胺柱层析法分离效果好，样品容量大，但洗脱速度慢，死吸附较大（损失有时高达 30%），常有酰胺的低聚物杂质混入，装柱时可用 5% 甲醇或 10% 盐酸预洗除去低聚物。

②　梯度 pH 萃取法　梯度 pH 萃取法适合于酸性强弱不同的黄酮苷元的分离。根据黄酮酚羟基数目及位置不同，其酸性强弱也不同的属性，将植物提取的总黄酮溶于有机溶剂中，

依次按弱碱至强碱，从稀碱至浓碱的水溶液的顺序进行萃取，就可以将黄酮按较强酸性至较弱酸性的顺序分别萃取出来。如将混合物溶于有机溶剂乙醚后，依次用 5％NaHCO₃、5％Na₂CO₃、0.2％NaOH、5％NaOH 水溶液萃取，可依次萃取出 7，4′-二羟基黄酮、7-羟基黄酮或 4′-羟基黄酮、一般酚羟基黄酮、5-羟基黄酮。

③ 铅盐沉淀法　铅盐沉淀法为分离某些植物成分的经典方法之一。由于醋酸铅及碱式醋酸铅在水及醇溶液中，能与多种植物成分生成难溶的铅盐或络盐沉淀，故可利用这种性质使有效成分与杂质分离。中性醋酸铅可与酸性物质或某些酚性物质结合成不溶性铅盐，因此常用以沉淀有机酸、氨基酸、蛋白质、黏液质、鞣质、树脂、酸性皂苷和部分黄酮等。在乙醇或甲醇的提取液中加入饱和的中性醋酸铅溶液，可使具有邻二酚羟基或羧基的黄酮类化合物沉淀析出。如果所含的黄酮类化合物不具有上述结构，则加中性醋酸铅发生的沉淀为杂质，过滤除去；再向滤液中加入碱式醋酸铅，可使其他黄酮类化合物沉淀析出。

黄酮类化合物与铅盐生成的沉淀，滤集后按常法悬浮在乙醇中，通入 H₂S 进行复分解，滤除硫化铅沉淀，滤液中可得到黄酮类化合物。但初生态 PbS 沉淀具有较高的吸附性，因此现在很少用 H₂S 脱铅，而用硫酸盐或磷酸盐，或用阳离子交换树脂脱铅。

12.4.3　黄酮类化合物提取实例

12.4.3.1　大豆异黄酮的提取及资源综合利用

（1）性质和用途　大豆异黄酮主要来源于豆科植物的荚豆类，其中大豆中的含量较高，为 0.1％～0.5％。大豆异黄酮主要分布于大豆种子的子叶和胚轴中，种皮中含量极少，80%-90%的异黄酮存在于子叶中，浓度为 0.1％～0.3％；胚轴中异黄酮种类多且浓度较高，为 1％～2％。

目前发现的大豆异黄酮共有 12 种，分为游离型的苷元和结合型的糖苷两大类。其中苷元约占大豆异黄酮总量的 2％～3％，包括染料木黄酮、大豆苷元（大豆素）和黄豆苷元。糖苷约占总量的 97％～98％，主要以染料木苷、大豆苷、6″-O-丙二酰基染料木苷和 6″-O-丙二酰基大豆苷形式存在。大豆异黄酮的结构如图 12-3 所示。

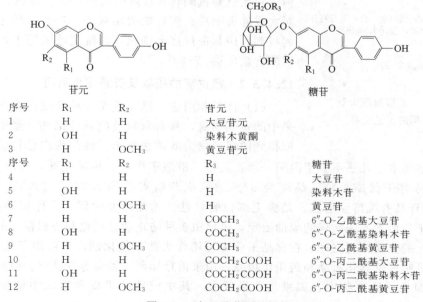

序号	R₁	R₂		苷元
1	H	H		大豆苷元
2	OH	H		染料木黄酮
3	H	OCH₃		黄豆苷元

序号	R₁	R₂	R₃	糖苷
4	H	H	H	大豆苷
5	OH	H	H	染料木苷
6	H	OCH₃	H	黄豆苷
7	H	H	COCH₃	6″-O-乙酰基大豆苷
8	OH	H	COCH₃	6″-O-乙酰基染料木苷
9	H	OCH₃	COCH₃	6″-O-乙酰基黄豆苷
10	H	H	COCH₂COOH	6″-O-丙二酰基大豆苷
11	OH	H	COCH₂COOH	6″-O-丙二酰基染料木苷
12	H	OCH₃	COCH₂COOH	6″-O-丙二酰基黄豆苷

图 12-3　大豆异黄酮的结构

大豆异黄酮是一种植物雌激素，对人体健康十分有益，尤其与女性一生的健康关系更为密切。长期的临床实验证明：大豆异黄酮对低雌激素水平者，表现弱的雌激素样作用，可防治一些和激素水平下降有关的疾病的病症，如更年期综合征、骨质疏松、血脂升高等；对于高雌激素水平者，表现为抗雌激素活性，可防治乳腺癌、子宫内膜炎，具有双向调节平衡功能。此外，大豆异黄酮还能提高机体免疫功能，抗炎，降低胆固醇，预防心血管疾病及肿瘤的发生。

（2）提取工艺　大豆异黄酮的浸提是大豆异黄酮提取分离的基础，其浸提效果直接影响大豆异黄酮的进一步纯化分离。大豆异黄酮的浸提过程就是将大豆的可溶物（包括大豆异黄酮）由固体团块中转移到液体中，从而得到含有溶质的浸提液。大豆异黄酮浸提的原料可以直接采用大豆，但是由于大豆中的油脂会影响浸提效果，浸提后的产品还需要再次脱脂，否则会增加后续纯化分离的困难，因此直接选用脱脂豆粕进行大豆异黄酮的浸提更为简便有效。对于大豆异黄酮的糖苷类成分，一般选用极性较大的溶剂；而对于其苷元成分，宜选用极性较小的溶剂。豆粕中大豆异黄酮主要以糖苷的形式存在（含量占总量的95％以上），因此通常选用甲醇、乙醇、丙酮等极性较强的溶剂作为浸提溶剂。

由于大豆的化学组分复杂，溶剂浸提法所得浸提物中大豆异黄酮含量较低。为了获得较高含量的大豆异黄酮制品，需要采用合适的纯化方法，分离除去其中的杂质（包括蛋白质、糖类、皂苷和无机盐等）。大豆异黄酮的苷类成分可溶于丙酮、乙酸乙酯、正丁醇溶液中，而皂苷类物质难溶于丙酮等有机溶剂，多糖、单糖及小分子蛋白质也难溶于乙酸乙酯和正丁醇等溶剂，利用此性质采用溶剂萃取法可以初步纯化大豆异黄酮。用乙醇提取大豆异黄酮的工艺流程如图12-4所示。

溶剂萃取法虽然工艺简单，但是溶剂消耗大，产品得率低，纯度不高，在应用上有一定的局限性。相比之下，吸附法在分离纯化中的应用日趋广泛。LSA-8 型大孔吸附树脂对大豆异黄酮具有较好的吸附特性。该树脂在 35℃ 时对大豆异黄酮具有较好的吸附效果，70％乙醇是其理想的解吸剂，用其进行柱上洗脱，其洗脱液浓缩干燥后大豆异黄酮含量可达 57.0％。

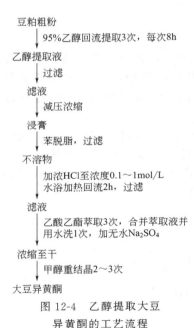

图 12-4　乙醇提取大豆异黄酮的工艺流程

流程：
豆粕粗粉
↓ 95％乙醇回流提取3次，每次8h
乙醇提取液
↓ 过滤
滤液
↓ 减压浓缩
浸膏
↓ 苯脱脂，过滤
不溶物
↓ 加浓HCl至浓度0.1～1mol/L 水浴加热回流2h，过滤
滤液
↓ 乙酸乙酯萃取3次，合并萃取液并用水洗1次，加无水Na₂SO₄
浓缩至干
↓ 甲醇重结晶2～3次
大豆异黄酮

12.4.3.2　橙皮苷的提取及资源综合利用

（1）性质和用途　橙皮苷是一种广泛存在于柑橘类水果中的黄酮物质，具有双氢黄酮氧苷结构，呈弱酸性，提取得到的粗产物为淡黄色粉末。纯品为白色针状晶体，略带苦味，难溶于水，几乎不溶于丙酮、苯、氯仿，微溶于甲醇、热冰醋酸，可溶于甲酰胺、二甲酰胺，易溶于稀碱溶液。纯度为 97％ 的橙皮苷熔点范围为 $257\sim260℃$，分子量为 610.6。橙皮苷具有维持渗透压、增强毛细血管韧性、缩短出血时间、降低胆固醇等作用，在临床上用于心血管系统疾病的辅助治疗，可培植多种防止动脉硬化和心肌梗死的药物，是成药"脉通"的主要原料之一。在食品工业中可用作天然抗氧化剂，也可用于化妆品行业。甲基橙皮苷可制成营养化妆品和药用化妆品，用来治疗黑斑、雀斑等皮肤病。橙皮苷大部分存在于柑橘加工的废弃物中，如果皮、果囊中，其中成熟的果皮和组织中橙皮苷的含量最高。

橙皮素　　　　　　　　　　　　橙皮苷

（2）提取工艺　橙皮苷不易溶于水，在水溶液中极易结晶析出，故提取较简单。现有报道中橙皮苷提取方法主要有热水提取法、醇溶剂提取法、碱浸酸析法等。

① 热水提取法　将橘皮粉碎后加入 3～4 倍量的水煮沸约 30min，进行压榨过滤，滤液在真空条件下浓缩至原溶液浓度的 3～5 倍，0～3℃条件下放置，进行结晶、过滤得粗品，将粗品用热水或乙醇重结晶，得到纯品。该工艺简单，但收率低、纯度低。

② 以醇溶剂进行提取　利用橙皮苷在一定程度上能够溶解于极性醇溶剂（如甲醇和乙醇）的原理，从植物中进行提取，再把提取液经过滤、浓缩、重结晶，即可得到橙皮苷。据资料报道，把 95% 的甲醇/水（V/V）混合作为溶剂，直接从陈皮中提取橙皮苷，最佳工艺条件为 pH 值为 4，提取时间 4h，温度 85℃，提取纯度达 85.7%。再经过两次重结晶，纯度可达 94.7%。

醇溶剂提取法工艺流程简单，反应进度易于控制且稳定可行，产品纯度高，可直接用于生产"脉通"成药。以甲醇为溶剂提取率比乙醇高，但甲醇毒性较大，对人体危害较大；乙醇较安全，对环境没有污染，但以乙醇做溶剂一次很难使橙皮苷充分溶出，需多次提取，溶剂消耗比较大。

③ 碱浸酸析法　碱浸酸析法原理即橙皮苷在碱液条件下首先开环生成易溶于水的橙皮苷查耳酮，通过过滤，去除不溶于水的杂质。滤液中的橙皮苷查耳酮在酸性条件下，关环生成水溶性较差的橙皮苷，过滤得到目标产物。其工艺过程比较简单，主要是：

浸泡——→过滤——→酸化——→保温——→沉降——→分离——→烘干——→粉碎——→包装

浸泡：将橙皮苷原料在稀碱性溶液中浸泡 6～24h，pH 达到 11 时，果胶物质凝固，橙皮苷大部分以橙皮苷查耳酮溶解于碱性溶液中。可以整果浸泡，也可以用橙皮渣浸泡，一般是将橙皮磨碎后浸泡较好，碱可以用清石灰液或清石灰乳，也可以用碱溶液。

过滤：浸泡完毕的碱液要进行过滤，除去残渣，为减少无机盐杂质含量，滤液要求透明，无细小颗粒。

酸化：滤液用盐酸酸化，促使橙皮苷从溶液中结晶析出。一般控制 pH 在 4～5，否则，橙皮苷不能完全析出。

保温、沉降：酸化的溶液要加热保温，加速分子运动，利于橙皮苷结晶。一般控制温度为 60～70℃，维持 30～40min。保温后的溶液中有大量的灰白色或黄色结晶颗粒浮动，应使其自然沉降与溶液分离。

分离、干燥：经过沉降后的溶液分为两层，上层是透明溶液，下层是橙皮苷结晶，吸取上层清液，将下层橙皮苷进行脱水分离。脱水后的橙皮苷要及时烘干，一般烘烤温度应控制在 80℃以下，水分含量低于 3% 为合格。

粉碎、包装：将产品粉碎、过筛后，即可包装。

碱浸酸析法生产的产品纯度低，特别是含有无机盐杂质，不能直接用于生产"脉通"成药。一般要进行甲基化反应，生成甲基橙皮苷才能应用。该法成本低、产率高，易于橘油生产综合利用。

本章小结

本章介绍了天然产物提取的基础知识，包括天然产物提取工艺学的特点、天然产物开发利用概况、天然产物分离工艺设计策略和技术进展、天然产物提取过程选择等，并详细介绍了精油和黄酮类化合物的提取工艺。

天然产物提取工艺是运用化学工程原理和方法对生物组成的化学物质进行提取、分离纯化的过程。生物原料细胞组织结构与提取工艺特性之间有一定的相关性。

习题与思考

1. 根据日常生活中所见的天然产物加工物品，分析一下其加工利用的过程和产品的市场。
2. 精油的主要成分是什么？精油有哪些功效？
3. 可用于提取精油的方法有哪些？如何选择合适的提取方法？
4. 如何从精油中分离得到单体化合物？
5. 从植物中提取黄酮类化合物主要有哪些方法？
6. 常用哪些方法精制黄酮类化合物的粗提物？
7. 分离黄酮类化合物的主要依据及具体方法是什么？

参 考 文 献

[1] 徐怀德主编. 天然产物提取工艺学. 北京：中国轻工业出版社，2006.
[2] 徐任生主编. 天然产物化学. 第2版. 北京：科学出版社，2004.
[3] 李炳奇，马彦梅主编. 天然产物化学. 北京：化学工业出版社，2010.
[4] 杨世林，杨学东，刘江云. 天然产物化学研究. 北京：科学出版社，2009.
[5] 刘成梅，游海主编. 天然产物有效成分的分离与应用. 北京：化学工业出版社，2003.
[6] 王俊儒主编. 天然产物提取分离与鉴定技术. 西安：西北农林科技大学出版社，2006.
[7] 张志军，刘西亮，李会珍，刘培培，张鑫. 植物挥发油提取方法及应用研究进展. 中国粮油学报. 2011，26（4）：118-122.
[8] 司辉清，沈强，庞晓莉. 国内外天然香精油提取及检测技术最新研究进展. 食品工业科技. 2010，31（2）：374-378.
[9] 安同伟，陈庆忠，孙健等. 丁香酚的最优提取方法及药理作用. 山东畜牧兽医. 2013，34（2）：5-6.
[10] 李炳超，蒋才武. 茴香脑合成茴香醛的研究进展. 广西中医学院学报. 2007，10（1）：84-86.
[11] 郭雪峰，岳永德. 黄酮类化合物的提取、分离纯化和含量测定方法的研究进展. 安徽农业科学. 2007，35（26）：8083-8086.
[12] 宋秋华，张磊，梁飞，姚小丽. 黄酮类化合物提取和纯化工艺研究进展. 山西化工. 2007，27（4）：24-27.
[13] 高富远，高明，楼云雁. 黄酮类化合物的研究概况. 中华中医药学刊. 2007，25（8）：1730-1732.
[14] 闫祥华，刘大星，何传民. 大豆异黄酮的提取工艺及其对血凝调节的影响. 食品科学，2001，22（5）：69-73.
[15] 潘廖明，姚开，贾冬英等. 大孔树脂吸附大豆异黄酮特性的研究. 食品发酵与工业. 2002，5.
[16] 王芳宁. 橙皮苷的提取工艺研究. 安徽农业科学. 2009，37（8）：3759，3850.
[17] 齐兵，何志勇，秦昉，张连富. 陈皮中橙皮苷的提取与纯化工艺研究. 食品工业科技，2012，33（24）：343-346.
[18] 曹铭希. 陈皮中橙皮苷的提取及其药理活性的研究进展. 中国医药指南，2012，10（12）：352-354.

第13章 化工过程强化与微反应工艺

导引

高科技的发展促进了化学工业的科技进步；同时，化学工业提供的物质技术基础，又为高新技术的发展创造了条件。21世纪化学工业发展的三大趋势是：化工产品的精细化和功能化；生产装置的微型化和柔性化；生产过程的绿色化和高科技化。以上这些都需要依靠过程工艺的强化来实现。

20世纪前半叶，化工工艺经历了从间歇生产向连续生产、从小规模生产向大规模生产的历史性转变，生产装置的大型化和连续化成为20世纪化工技术进步的一个重要特征。现在，生产装置的小型化和间歇化重放光彩，这是在高科技基础上的高水平重现。

生产过程的绿色化是从化学反应本身消除环境污染、充分利用资源、减少能源消耗，从而推动社会和经济的可持续发展。通过化工过程强化，实现高效、安全、环境友好、密集的生产，以推动社会和经济的可持续发展。

13.1 概述

当今化学工业发展的一个重要趋势是生产的安全、高效和无污染，其最终目标是将原料全部转化为期望的产品，并实现整个反应过程废物的"零排放"。为实现这一目标，除了综合考虑化学反应的工艺路线、原料选取、催化剂与助剂、溶剂的选择等因素，还需要进行化工过程强化。

1995年，C. Ramshaw在第一次化工过程强化国际会议上首次提出，化工过程强化是在生产能力不变的情况下，能够显著减小化工厂体积的措施。A. I. Stankiewicz和J. A. Moulign则认为，给定设备的体积减小2倍以上，或者每吨产品的能耗降低、废物或副产物大量减少，都可以看作是过程的强化。

近年来，各国因地制宜，根据本国实际情况加强了过程强化的研究。例如，英国重在基础研究；法国则重视核领域和数学模型的研究；德国重在实验技术和工程研究；日本侧重于生物工程和新材料研究等。我国在化学工程方面的研究也取得了一系列进展，如石油工业的崛起促进了催化剂、反应工程和精馏技术的发展；核燃料后处理和湿法冶金的发展推动了溶剂萃取技术水平的提高等。化工过程强化越来越引起人们的重视，包括美国在内的发达国家已将化工过程强化列为当前化学工程优先发展的三大领域之一。

化工过程强化的途径主要有两方面：过程强化设备和过程强化技术。

微化学工程（即以微型单元操作设备、微型传感技术和微化学工艺体系为核心的化学工程）作为化工过程强化的一部分，愈来愈受到人们的重视。其中，微反应工艺技术吸引了学者深入地研究，各类新型微反应器层出不穷，成为化工学科发展的一个新突破点。目前，国内外对微反应器的研究尚不成熟，对微反应器原理及应用前景看法不一。因此，本章浅显地介绍微反应器的概念、原理和特性，从化工的角度介绍微反应器的类型、制造、应用和微反应工艺实例，以期引起读者对微反应工艺和微反应器的兴趣与重视。

13.2　化工过程强化

过程强化是指在实现既定生产目标的前提下，通过大幅度减小设备尺寸和装置数目等方法以达到工厂布局更加紧凑合理、单位能耗明显降低、废料及副产品更少的目的。广义的过程强化包括新装置和新工艺的发展，具体有：①生产设备的强化，包括新型反应器、新型热交换器、高效填料、新型塔板等；②生产过程的强化，如反应和分离的耦合（例如反应精馏、反应萃取和膜反应等）、组合分离过程（如吸收、精馏、萃取等工艺与膜的结合）、外场作用（超声、离心、太阳能等）以及其他新技术（如超临界流体、动态反应操作系统等）的应用等。因此，化工过程强化是指在生产和加工过程中运用新技术、新设备，极大地减小设备体积或提高设备生产能力，以显著提高能量效率，并大幅降低"三废"的排放的过程。总之，高效、节能、清洁、可持续发展的新技术应用都属于过程强化。

13.2.1　过程强化设备

过程强化设备包括各种强化的反应器和化工过程单元设备。接下来简单介绍几种过程强化设备。

13.2.1.1　构件催化反应器

构件催化反应器是指采用在反应器尺寸规模上具有规则结构的催化剂的反应器。固定床催化反应器，其固体催化剂是以颗粒的形式随机堆积在反应器内，因此存在着流体物料分布不均匀、流体流动阻力大、容易产生固体粉尘等缺点。流体分布不均匀将导致生产能力下降、副产物增多；流动阻力大需要多消耗动力，增加费用；催化剂粉尘堵塞将进一步导致流动阻力增大，生产能力下降。采用新的构件催化反应器有可能克服固定床反应器的这些缺点。

构件催化反应器可分为整块蜂窝构件催化反应器、膜构件催化反应器和规整构件催化反应器三类。

整块蜂窝构件催化反应器是采用整块蜂窝构件催化剂的反应器。整块蜂窝构件催化反应器具有许多相互隔离的、平行的直孔，与蜂窝的结构类似，起催化作用的物质均匀地分布在孔道的内表面。整块蜂窝构件催化反应器与固定床催化反应器相比，流动阻力小，反应速度快，气体和液体在整个反应器内分布均匀，不会产生局部过热等问题。使用整块蜂窝构件催化反应器可以使设备体积大大减小。目前，整块蜂窝构件催化反应器被用作汽车尾气、火力发电厂尾气和工业排放废气的净化器，因其流动阻力很小，在净化尾气的同时，不增加燃料和动力的消耗，在经济上具有竞争力；而且火力发电厂尾气净化器不易引起堵塞，降低了维护费用。此外，由于体积小，效率高，整块蜂窝构件催化反应器还被应用于消除飞机机舱、复印机和激光打印机使用中产生的臭氧，避免危害人体健康。在化工生产中，AKZO-Nobel公司开发了年生产15万吨过氧化氢水溶液的整块蜂窝构件催化反应器。但是，整块蜂窝构件催化反应器的缺点是造价比较高，反应器内的热量不容易取走。

膜构件催化反应器是采用膜构件催化剂的反应器。该催化反应器的特点是利用膜构件的透过选择性，在一个反应器内同时实现化学反应和分离操作，这就是反应-分离耦合。也可以利用膜构件的透过选择性，在一个反应器中膜的两侧同时进行吸热和放热反应，将放热反应放出热量供给吸热反应，同时将一个反应的产物作为另一个反应的反应物，这就是反应-反应耦合。膜构件催化反应器最初用于海水脱盐生成淡水，后逐步扩展到生物技术、环境保护、天然气和石油的开采与加工、化工生产等领域。膜构件催化反应器的主要缺点是造价高、膜的透过量小、容易碎裂等。

规整构件催化反应器是采用规整构件催化剂的反应器。将颗粒状催化剂安排成各种各样规则的几何形状，就得到规整构件催化剂。在这类反应器中，催化剂颗粒被规则地装填在一个个开有许多孔的笼子内，或者将催化剂装填成串，然后合并在一起，以方便气体、液体反应物与催化剂接触。同时，气体和液体可以在各个笼子之间相互混合。因此，规整构件催化反应器具有比传统固定床小得多的流动阻力，又具有很好的热量和物质交换能力，可以克服整块蜂窝构件催化反应器取热不便的缺点。但是，由于气体在笼子内部移动比较慢，这类反应器比较适合反应速度比较慢的反应。目前，笼式规整构件催化反应器已经成功地应用于重油馏分加氢脱除硫化物和氨化物的工业生产中。串式规整构件催化反应器则在醚化和酯化反应中获得了工业应用。

13.2.1.2　串式化学反应器

固定床反应器是化学工业最常用的反应器之一，然而，对于许多气-固反应过程，压降的大小可能成为操作成本的决定性因素，如烟道气的处理在经济上可容许的压降只有 $1\sim2$kPa，传统的固定床反应器很难适用，因此开发通量大、压降小的新型固定床反应器势在必行。串式化学反应器正是这样一种新型的固定床反应器，它与传统固定床反应器的主要区别是催化剂的装填方式，结构如图 13-1 所示。在传统固定床反应器中，催化剂颗粒随意堆积在反应器内，而串式化学反应器的催化剂颗粒是用金属丝连成长串，再以均匀分布方式或串束分布方式布置在反应器内，串的方向通常与物料流向平行。这种反应器较传统固定床反应器的压力降大为降低。由于催化剂串的轻轻摇晃，粉尘不易在床层积累，可避免局部过热。根据不同的工艺要求，床层空隙率可由 10% 任意变化到 100%，适用于各种不同的工艺过程。串式化学反应器的催化剂生产成本比传统固定床反应器大 5%～10%。

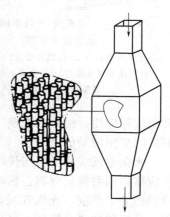

图 13-1　串式化学反应器
结构示意图

13.2.1.3　提升管-下行床耦合反应器

流化床反应器具有催化剂颗粒小，内扩散阻力小，催化剂容易再生等优点，长期以来被广泛采用。但传统流化床反应器由于大量气体以气泡形式通过床层，两相不能有效地接触，从而大大降低了反应器的转化效率。

清华大学流态化研究组开发了提升管-下行床耦合反应器，如图 13-2 所示。装置分为提升管与下行床两部分，为了实现提升管与下行床的良好过渡，装置的上段设计成双套筒结构，套筒的环隙为提升管，中心管为下行床，环隙提升管与下行床顶部的连续部分为特殊设计的折返结构，主提升管与下行床内径均为 192mm，为了保证流动的平稳性，环隙提升管部分设计成具有与主提升管、下行床基本相同的横截面积。

这种耦合反应器具有以下优点：前段为提升管，后端为下行床，形成了反应前期催化剂

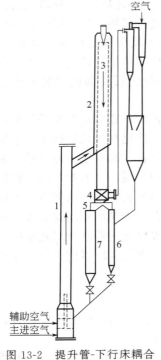

图 13-2　提升管-下行床耦合
反应器示意图
1—主提升管；2—环隙提升管；3—下行床；
4—快速分离装置；5—分布器；6—固体
通量计；7—件床

浓度较高并具有较大返混、反应后期接近平推流的效果，从而可以在前段利用提升管的优势保证反应的转化率，而在后段利用下行床的平推流效果有效地抑制二次反应，对于催化裂化、催化裂解等以中间产物为目的产品的气固催化反应极为有利；提升管与下行床有效耦合，在提升管中混合均匀的气固两相通过一种特殊设计的连接结构平稳过渡进入下行床，减小下行床入口设计对于操作的影响；在耦合反应器的不同位置进料可以实现对反应时间及颗粒停留时间分布的调节，从而适应不同的原料及产品要求。清华大学利用此反应器进行重油裂解制烯烃，裂解过程吸热，催化剂下行起催化作用的同时结焦失活，到再生器去烧焦活化（放热），被加热活化后的催化剂再去催化裂解器，实现自供热，且提高烯烃收率 14%。

13.2.1.4　光催化反应器

目前，对于各种含难降解有机污染物的废水，尤其是各种工业废水，大多采用生化、化学等方法来处理。但处理后的废水有机污染物含量仍然较高，例如有机磷农药废水利用生化法处理后，磷含量仍高达 $30mg/L$，会污染环境。利用太阳能的光催化法不但可以解决这一问题，而且对于节约能源、维持生态平衡、实现可持续发展也有重要意义。目前利用 TiO_2 作为光催化剂催化降解有机污染物的研究已逐渐由实验阶段转向实际应用，但距大规模工业化尚远，所以光催化反应器的研制与开发是一项亟待解决并有广阔应用前景的课题。

光化学反应器模型与传统反应器模型的最大差别在于，需建立辐射能量守恒方程以确定反应器内辐射能量分布。影响反应器内辐射能量分布的主要因素包括反应器的几何形状、反应器的光学厚度、光源在反应器中的位置、辐射光的波长、反应体系中多相之间的相互作用、反应器的混合特征。光化学反应速率与局部体积能量吸收速率密切相关。而局部体积能量吸收速率取决于反应器内辐射能分布。朱中南等采用修正的双通量模型模拟多相光化学反应器中的辐射能传递行为，结果表明，在其他条件不变情况下，反应器内催化剂的颗粒稠度越大或催化剂颗粒粒径越小，辐射光在反应器内的衰减越大；设计反应器时，需充分考虑光子与催化剂的良好接触，确定催化剂的填充厚度。此模型能指导气固和气液固光化学反应器的设计。下面简介几种光催化反应器。

间歇式方形板反应器是由两端带有槽的硬有机玻璃制成，玻璃片上涂有 TiO_2 粒子膜，它与水平面的夹角可以调节，玻璃片上方 10cm 处悬有紫外光源，液体通过溢流在方形板表面形成液膜，与激活光催化剂 TiO_2 作用达到降解的目的。此反应器的特点是若去掉紫外光源，就可直接应用太阳光源来催化降解有机物质，既有利于太阳光的开发利用，又便于在太阳光不足时，有效地利用反应器。其缺点是：不能充分利用紫外光；反应温度不易控制。

TiO_2 包覆玻璃珠反应器主体是一根直径 0.86cm 长 1.6m 的硼硅酸玻璃管弯曲盘绕成的螺旋体，其内部悬有 125W 汞灯，外部是冷却水夹套，用以保持恒定的反应温度。玻璃管内部是直径为 2～3mm，表面固定有 TiO$_2$ 的玻璃珠。此反应器的特点是操作简单方便，反应温度可控，紫外光利用率较高，但不能连续操作。Trillas 等用此系统光催化降解难降解的苯酚及其衍生物均取得了较好的效果。

固定床光导纤维反应器见图 13-3，由 72 根直径为 1mm，包覆有 TiO$_2$ 的光导纤维构成主体，作为光催化剂，光源为紫外灯，用透镜将光源汇聚，再由未包覆的石英纤维将光传导至催化剂，反应液在催化剂外部流动并与催化剂作用，实现光催化降解。此反应器的特点是可连续操作；直接将光传导至催化剂，减少了反应器和反应液对光的吸收和散射；通过光导纤维传导光，减少了光到暴露催化剂的误差，提高了光化学转换的量子效率；可以进行远程传递处理环境中的有毒物质；单位体积反应液内可被照射的催化剂面积大；包覆纤维使反应器内的光催化剂分散更好，减少了传质的限制。此反应器的缺点在于光导纤维过细，涂膜和反应器制作不便，易发生断裂、不易加工。

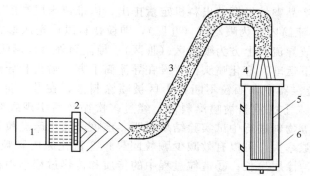

图 13-3 固定床光导纤维反应器示意图

1—紫外灯；2—石英透镜；3—未包覆的石英纤维；4—纤维分布板；
5—二氧化钛包覆纤维；6—石英反应器

多重石英管反应器见图 13-4，主体是一个直径为 0.056m、中间固定有 54 根包覆着 TiO$_2$ 的石英玻璃管的圆柱形容器，光源为 12W 氙灯。反应液在玻璃管外流动，光波在管内传播，传播同时有部分光波被涂在管外的催化剂吸收而将其激活。激活的催化剂与管外的反的应液接触，将其降解。此反应器除具有光导纤维反应器的一切优点外，还能克服不易加工的不足；缺点是由于光传导的困难，可能存在石英管末端无光照的现象，因此石英管不宜过长，导致光源功率过低，催化性能受到影响。对此，可适当提高光源功率，或研制一种可以插入石英管内的紫外光源，这样既可提高光源利用率，又可制成适合工业应用的大规模反应器。

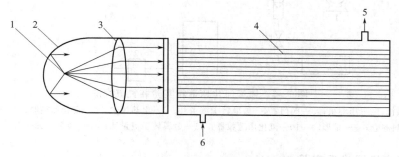

图 13-4 多重石英管反应器

1—光源；2—反射镜；3—透镜；4—二氧化钛包覆的中空石英管；5—出口；6—入口

13.2.1.5　喷雾流化床造粒器

喷雾流化床造粒是将溶液、悬浮液、熔融液或黏结液喷雾到已经干燥或部分干燥颗粒的流化床床层内,在同一设备内一步完成蒸发、结晶、干燥或化学反应的造粒过程。与传统造粒方法相比,流化床造粒不仅具有工艺流程简单、设备装置紧凑、投资省、生产强度大等优点,而且所得到的产品无灰、无块,具有良好的流动性能。近20年来,流化床造粒技术在许多化工产品造粒过程中得到广泛应用。荷兰NSM公司和日本TEC公司早在20世纪80年代初就开发成功了大型尿素流化床造粒装置。目前,国内天津大学开发了带导流筒的喷雾流化床造粒器。实验装置流程如图13-5所示。来自鼓风机的气体通过加热电炉加热后进入流化床下部的气体分布室。流化气流速利用热球风速仪测量。物料在熔料罐中经过电炉加热熔化后,由料泵经金属转子流量计,自安装在流化床底部的双流体喷嘴喷入床层中。喷嘴雾化气由压缩机提供,经过转子流量计,进入盘管加热器加热后进入流化床中。晶种颗粒由星形阀定量加入床内。产品颗粒经振动出料机定量排出,以维持床层高度不变。造粒器主体结构如图13-6所示。导流筒内称为喷动区(Ⅱ区),颗粒物料以输送床形式向上运动;颗粒出导流筒后形成喷泉,故导流筒上方为喷泉区(Ⅲ区);导流筒外为环形区(Ⅳ区),颗粒以鼓泡床或移动床形式向下运动。雾化喷头位置设在导流筒下方,喷头和导流筒之间的区域称为雾化区(Ⅰ区),在造粒器中,颗粒不断在Ⅰ区被喷涂料液,在Ⅱ、Ⅲ区中被干燥或结晶,在Ⅳ区中经预热后进入Ⅰ区重新被喷涂料液,经过多次循环后实现颗粒均匀以涂敷方式成长。以尿素、氯化钙等物料进行中试实验结果表明,该喷雾流化床造粒器具有以下优点:①雾化区和喷动区中空隙率大,可以有效减少颗粒团聚;②流化床内颗粒有规律的循环运动,有利于实现颗粒的均匀涂层生长;③造粒过程中的传质和传热过程集中在喷动区内完成,有利于操作控制和调节产量;④采用导流筒可以增加床层高度,减少流化气用量;⑤斜孔气体分布板有利于流化床造粒器的连续稳定操作。

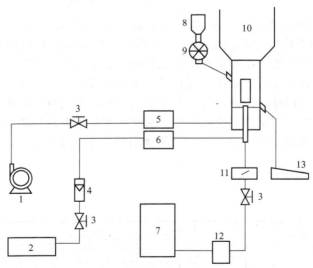

图13-5　喷雾流化床造粒实验装置流程图

1—鼓风机;2—压缩机;3—阀门;4—玻璃转子流量计;5—电热风炉;6—盘管加热器;7—熔料罐;
8—进料料仓;9—星形阀;10—流化床造粒器;11—金属转子流量计;12—料泵;13—振动出料机

13.2.1.6　热交换器式反应器

热交换器式反应器是一种结构紧凑的、由一叠扩散接合(diffusion-bonded)的薄板构成的反应器，这些薄板上有化学蚀刻法制成的流槽。该反应器由英国的 BHR Solutions 公司和 Chart 热交换器公司研制，进行的反应是硫醚两段催化氧化成亚砜中间体，然后转化成砜。此放热反应需要两种液相物质混合，通常是在一搅拌反应器中以半连续的方式进行。热交换器式反应器可使该反应连续进行，并通过改善混合和传热操作而缩短了介质在反应器中的滞留时间。首次工业规模试验已将反应时间由通常的 18h 缩短到 30min，而产率基本上不变。

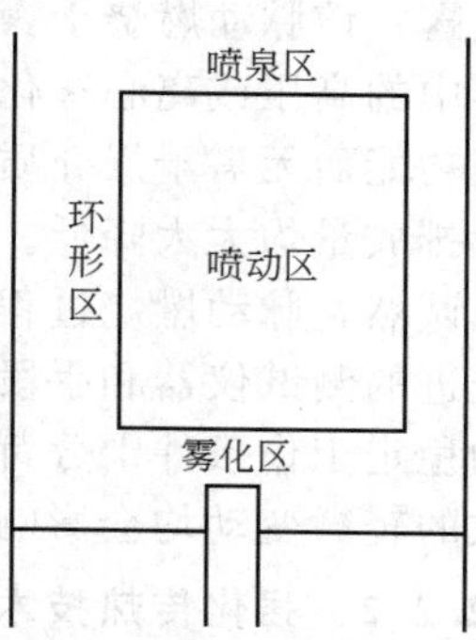

图 13-6 喷雾流化床造粒器
主体结构示意图

13.2.2 过程强化技术

过程强化技术包括将化学反应和分离操作集成在一起的多功能反应器、多种分离操作集中在一个设备内完成的组合反应和分离技术，以及各种新技术的组合。下面简介几种过程强化技术。

13.2.2.1 脉动燃烧干燥技术

脉动燃烧干燥技术是利用脉动燃烧产生的具有强振荡特性的高温尾气流对物料进行干燥。在强振荡流场（振荡频率在 50～300Hz 之间）的作用下，物料表面与干燥介质间的速度、温度及湿分浓度边界层的厚度均大大降低，从而强化了物料与气流之间的热量和质量传递过程，特别是液体物料在该强振荡流场的作用下被冲击、破碎成极小的液滴，大大提高了其表面积，再辅以高温（气流温度一般在 700～1200℃之间），在极短的时间内即可完成物料的干燥过程。蒸发效率高、强化的干燥动力学特性、短的物料热处理时间和较低的物料温度使脉动燃烧干燥成为一种理想的干燥技术。特别是在处理一些热及湿不稳定性的物料时，更有利于保证干燥后物料的质量。

一台完整的脉动燃烧干燥器应包括干燥室和其他附属装置。图 13-7 是由 Bepex 公司开发的脉动燃烧干燥器（Unison™），流体物料由干燥室的顶部引入，经尾气流冲击、雾化、干燥，最后由底部进入产品回收装置。干燥室内在排气风机的抽吸作用下呈轻微的负压以防

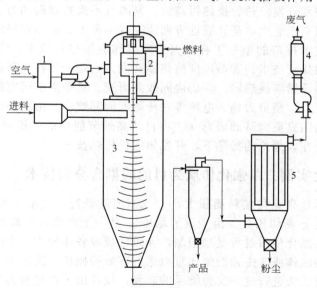

图 13-7 Unison™脉动燃烧干燥系统示意图
1—滤清器；2—脉动燃烧器；3—干燥室；4—消音器；5—袋滤器

止泄露。该脉动燃烧干燥器的特点是：自动雾化液状物料而无需附加的雾化系统（如喷雾干燥器中的高压或离心雾化装置）；可以处理黏稠或易黏结物料而无需搅拌或破碎装置；具有自吸功能而无需干燥介质泵送系统；利用尾气干燥（流量仅为 600kg/h），干燥介质用量及环境排放量均大大降低。

诚然，脉动燃烧过程机理十分复杂，干燥过程动力学及传热、传质特性的研究还需要借助先进的测试仪器和手段对高频高温的脉动流场进行动态监测、观察和分析，加之脉动燃烧器的稳定工作条件十分苛刻，其结构、尺寸、燃料的种类和用量，燃料与空气的混合比例等参数的轻微变动均会影响它的操作，所以脉动燃烧干燥技术的广泛实施尚待深入研究。

13.2.2.2 强化传热技术

强化传热技术是指能显著改善传热性能的节能新技术，其主要内容是采用强化传热元件，改进换热器结构，提高传热效率，使设备投资和运行费用最低，达到生产过程最优化的目的。该技术在 20 世纪 60 年代后得以广泛的发展和应用。

换热器不仅是保证设备正常运转不可缺少的部件，而且在金属消耗、动力消耗和投资方面占重要份额。据统计，在热电厂中，如果将锅炉也作为换热设备，则换热器的投资约占整个电厂投资的 70%左右；在石油化工企业中，换热器的投资占全部投资的 40%～50%；在现代石油化工企业中也要占 30%～40%。强化传热新技术的应用，可使上述设备能耗较常规降低 20%以上。可见，换热器的合理设计、运转和改进，对于节省资金、能源、金属和空间十分重要。

研究各种换热过程的强化问题，设计新颖的高效换热器，不仅是现代工业发展过程中必须解决的课题，同时也是开发新能源和开展节能工作的紧迫任务。强化传热技术主要集中在以下几个方面：①研制开发新型换热器，如板翅式、板棒式、平行流式和振动盘管式等紧凑式换热器。②对传统的管壳式换热器采用强化措施。由于传统的管壳式换热器具有较高的可靠性和广泛的适用性，对其换热管及整体结构的改进研究更具有普遍的现实意义。目前已开发的新型强化传热管有螺旋槽管、缩放管、波纹管、波节管、花瓣状翅片管等；管内插入物有螺旋线、纽带、螺旋片、静态混合器等；新型壳程结构有折流杆支撑、螺旋折流板、空心环支撑等。③热管技术开发。热管换热器高效、紧凑且不需要辅助动力、运行成本低，具有较好的应用前景。南京工业大学是开展这方面研究较早和工业应用较好的单位之一。江苏省也将热管工程定为技术推广的第一工程，大力发展和应用热管技术。④无机热传导技术研究。这是一种特殊的热管技术。⑤微尺度换热器开发。这是一种在高新技术领域具有广泛应用前景的前沿性新型超紧凑换热器。⑥场协同效益研究。这是当前研究的一个热点，目的是研究各种场，如速度场、超重力场、电场等对传热的协同效应。由清华大学负责，国内 8 所著名高校共同承担的国家重大基础研究 973 项目"高效节能中的关键科学问题"，力图建立强化传热新理论，并在新理论的指导下，开发第三代传热技术。

13.2.3 过程强化实例：以强化传质为目的的耦合分离技术

传质设备的传质效果除与接触面积大小、气液流动状况、气液本身的物性等因素有关外，还与重力加速度 g 密切相关。由于重力场中 g 是一个常数，一般的传质设备在重力场下操作膜流缓慢，使强化传质过程受到限制，导致常规设备体积大，空间利用率低，生产强度不高，对黏度大的液体或非牛顿型流体难以进行有效的操作。英国 ICI 公司受到美国宇航局在太空失重时传质无法进行这一实验结果的启发，设计出了在超重力场中强化传质的装置——旋转填充床，其工作原理如图 13-8 所示。气流在压力梯度作用下，自外周沿径向强制对流穿过填料，由中间导管流出。液体则由中间的液体分布进入高速旋转的填料，在离心力

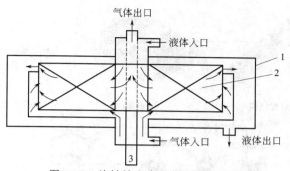

图 13-8　旋转填充床工作原理示意图
1—外壳；2—转体；3—转轴

的作用下，和气体进行逆流接触（由于液体是旋转的，故还伴有错流）并发生传质。由于离心力作用于液体，使液膜变薄，传质阻力减小，强化了传质和处理能力，在相同操作条件下，比常规塔体积缩小 20 倍以上。

旋转填充床在精馏、吸收、解吸、化学热泵（吸收解吸）、燃料电池、旋转盘换热器、旋转聚合反应器、选择吸收分离天然气中的 H_2S 和 CO_2 以及聚合物脱除挥发性物质等方面有着广泛研究，有的已达到商品化的程度。

13.3　微反应工艺

13.3.1　微反应器的定义和分类

13.3.1.1　微反应器的定义

术语"微反应器（microreactor）"最初是指一种利用微加工和精密加工技术制造，用于催化剂评价和动力学研究的小型管式反应器，其直径约为 10mm，反应器内流体的微通道尺寸在亚微米到亚毫米量级。现在的"微反应器"是指用微加工技术制造的一种新型、微型化的化学反应器，但由小型化到微型化并不仅仅是尺寸上的变化，更重要的是，它所具有的一系列新特征随着微加工技术在化学领域的推广而发展。以微反应器为核心的新型化工工艺，即微反应工艺。所以，广义的微反应器是指以反应为主要目的，以一个或多个微反应器为主，包括微混合、微换热、微分离、微萃取等辅助装置及微传感器和微执行器等关键组件所构成的一个微反应系统。

图 13-9 是微反应系统的层次结构图，其中最小的部分常被称作微结构，多为槽形，如图 13-9(a) 所示；当这些微结构以不同的方式排列起来，加上周围的进出口，就构成了微部件，如图 13-9(b) 所示；微部件和管线相连，再加上支撑部分，就构成了微单元，如图 13-9(c) 所示。为增加流量，微单元经常采用堆叠形式，尤其是在气相反应器中；当用器室把微单元封闭起来时，就构成了微装置，如图 13-9(d) 所示，它是微反应系统中可独立操作的最小单元，有时一个密闭器室内会有几种不同的微单元，从而构成一种复合微装置；把微装置串联、并联或混联起来，就构成了微系统，如图 13-9(e) 所示。

13.3.1.2　微反应器的分类

微反应器的研究正在深入发展中，现在对微反应器进行科学分类难免有失偏颇。在此借鉴传统反应器的分类标准，对微反应器进行分类归纳。

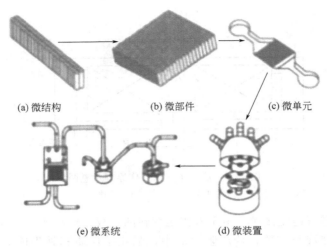

(a) 微结构　　　　　(b) 微部件　　　(c) 微单元

(e) 微系统　　　　　(d) 微装置

图 13-9　微反应系统的层次结构

按微反应器的操作模式可分为连续微反应器、半连续微反应器和间歇微反应器。本章所涉及的微反应器均为连续微反应器，间歇微反应器的报道较少，而半连续微反应器未见有报道；按微反应器的用途又可分为生产用微反应器和实验用微反应器两大类，其中实验用微反应器主要用于药物筛选、催化剂性能测试及工艺开发和优化等。

从化学反应工程的角度看，微反应器的类型与反应过程密不可分，因此对应于不同相态的反应过程，微反应器又可分为气固相催化微反应器、液液相微反应器、气液相微反应器和气液固三相催化微反应器等。

(1) 气固相催化微反应器　由于微反应器的特点适合于气固相催化反应，迄今为止微反应器的研究主要集中于气固相催化反应，因而气固相催化微反应器的种类最多。最简单的气固相催化微反应器莫过于壁面固定有催化剂的微通道。复杂的气固相催化微反应器一般都耦合了混合、换热、传感和分离等某一功能或多项功能。

(2) 液液相微反应器　到目前为止，与气固相催化微反应器相比，液液相微反应器的种类比较少。液液相反应的一个关键影响因素是充分混合，因而液液相微反应器或者与微混合器耦合在一起，或者本身就是一个微混合器。

(3) 气液相微反应器　气液相微反应器可分为两类：一类是气液分别从两根微通道汇流进一根微通道，整个结构呈 T 字形，在气液两相中，流体的流动状态与泡罩塔类似，随着气体和液体的流速变化出现了气泡流、节涌流、环状流和喷射流等典型的流型；另一类是沉降膜式微反应器。液相自上而下呈膜状流动，气液两相在膜表面充分接触。气液反应的速率和转化率等往往取决于气液两相的接触面积。这两类气液相反应器气液相接触面积都非常大，其比表面积均接近 $20000m^2/m^3$，比传统的气液相反应器大一个数量级。

(4) 气液固三相催化微反应器　气液固三相反应在化学反应中也比较常见，种类较多，在大多数情况下固体为催化剂，气体和液体为反应物或产物，微反应器也与此大致相同。

13.3.2　微反应器的制造

微反应器制造的基本步骤：在工艺计算、结构设计和强度校核以后，选择适宜的材料和加工方法，制备出微结构和微部件；然后再选择合适的连接方式，将其组装成微单元和微装置；最后通过试验验证其效果，如不能满足预期要求，则须重来。

13.3.2.1　常用材料

材料的选择除取决于介质和工况等因素，与加工方法亦有密切联系。不同的材料其加工方法不同；而加工方法也影响材料的选择，如因精度或安全要求必须采用某一种加工方法时，就应采用与此加工方法相适宜的材料。

硅材料是制造微反应器最常用的一种材料，加工制造简单、强度较高，又有稳定的化学性能。单晶硅的屈服强度可达 7.0GPa，比不锈钢大 3 倍；硅具有各向异性，便于进行选择性刻蚀。硅是半导体器件制造中最常用的材料，它的机电合一特性和优异的传感特性（如光电效应、压阻效应、霍尔效应），使它在微机电系统（MEMS）中被广泛用来制作各种微传感器、微阀、微马达、微齿轮等，加工工艺成熟。但硅的脆性对加工不利，它的各向异性也会增加力学分析的困难，因为大多常用力学模型都是基于各向同性假设的。

不锈钢、玻璃、陶瓷也是微反应器中的常用材料。不锈钢常用在一些强放热的多相催化微反应器中，对一些尺寸稍大的反应器也可用不锈钢制作，加工方便；另外不锈钢具有良好的延展性，因而成为反应器或换热器薄片制作的常用材料；玻璃因为稳定的化学性能、良好的生物兼容性和透明度好，所以在微反应器中常被广泛用做基片材料；陶瓷因化学性能稳定、抗腐蚀能力强、熔点高，在高温下仍能保持尺寸的稳定，因而在微反应器中常用于高温和强腐蚀的场合，其缺点是耗费时间长，价格昂贵。

其他材料（如塑料和聚合物）在光刻电镀和压模成形加工出现以后，也在微反应器中得到了越来越广泛的应用。

13.3.2.2　加工技术

微反应器常用加工技术大体可分为三类：①由 IC（集成电路）平面制作工艺延伸来的硅体微加工技术；②超精密加工技术；③LIGA 工艺。复杂的微反应器往往需要综合使用多种材料和加工方法。

（1）硅体微加工　所谓硅体微加工，是指利用刻蚀技术，对块状硅进行准三维结构的微加工，主要包括湿法刻蚀技术和干法刻蚀技术。

1）湿法刻蚀　湿法化学刻蚀是第一个用于大规模微机械元件制造的加工方法，其关键在于晶体各个方向上分布着许多刻蚀速率不同的刻蚀剂。由于整个加工过程中很多步骤可实现自动化，因而这种工艺对于小规模生产很有诱惑力；另一优势是通过间歇加工方法，可以在同一晶片上平行加工几种微结构。其缺点是所需设备造价相对较昂贵，同时该技术对加工环境的清洁度要求很高。

采用平版印刷及薄膜技术产生带图案的刻蚀阻滞层，可在硅晶表面制造出凹槽、通道、过滤器、悬臂或膜等多种微结构。这些微结构已在许多微反应器元件中得到了应用，如用于分析目的的泵、阀或静态混合器等。

2）干法刻蚀　干法刻蚀是利用气体进行刻蚀，它有多种实用技术，如溅射刻蚀、等离子刻蚀、反应粒子刻蚀、ASE（advanced silicon etching）等。与湿法刻蚀相比，干法刻蚀不需要有毒化学试剂，不必清洗，对环境影响小，且自动化程度高，便于实现自动操作，临界尺寸和腐蚀速率易于控制，精度高，深度比大。缺点是工艺规模难以扩大，装置成本较高。

干法刻蚀技术还可替代昂贵的 LIGA 方法（后文有介绍）来完成一些精度高、深度比大的微结构加工，以降低成本。图 13-10 是采用 ASE 方法制作的一种微混合器部件电镜照片，这种微混合器因为要与一种腐蚀性极强的溶液接触，选用任何不锈钢材料都不可靠，因而选用了抗蚀性强的硅材料。采用 LIGA 方法成本高，而采用湿法刻蚀则又难以满足精度和深宽比的要求，因而干法刻蚀就成为了一种比较理想的选择。

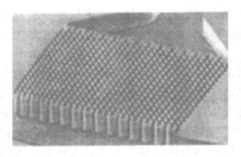

图 13-10　微混合器部件电镜照片

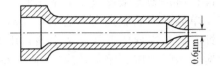

图 13-11　微细喷嘴

（2）超精密加工　微反应器中的超精密加工主要有微细放电加工和高能束加工。

1）微细放电加工　微细放电加工（MEDM，micro-electro discharge machining）是利用脉冲放电对工件进行的蚀除加工，其优点是成形能力较好，多用于穿孔和切割，但加工工件仅限于金属等导电材料，且加工精度难以保证。为此，人们又开发了一种金属丝微细放电加工（WEDG，wire electronics discharge grinding）的方法，它的工具电极为金属丝，可以沿着导轨运动，从而能够对工件进行高精度加工而无须施加外力。利用这种方法可以灵活地加工出各种形状的工件，图 13-11 便是用 WEDG 方法加工的微细喷嘴。首先用 WEDG 法加工出很细的金属型芯，并涂上一层隔离材料，然后在隔离材料上镀一层金属，接着再用 WEDG 法加工电镀后的外形，最后把型芯拔出，留下的就是高精度的喷嘴，其内径可达 $0.6\mu m$。

2）高能束加工　高能束的束流通过聚焦，束径可小到纳米量级，且焦点附近强度很高，因而可用于超微细加工。高能束加工又可分为激光束加工、电子束加工和离子束加工。

激光束加工是利用聚焦的激光束照射工件，光能被材料吸收后转变成热能，使材料熔化和气化，从而达到去除材料的目的。激光束加工功率高达 $10^8 \sim 10^{10}$ W/cm^2，精度可达 $25\mu m$，与电子束加工和离子束加工相比，它无须抽真空，因此费用较低；电子束加工是在真空下使聚焦的电子束以极高的速度冲击工件，其被冲击部位在极短的时间内可升温至几千摄氏度，从而使材料熔化和气化以达到去除的目的，加工精度可达 $0.1\mu m$；离子束加工是将聚焦后的离子束用电场加速，使其获得巨大的动能，再用它撞击工件，以去除材料，加工精度可以达到纳米级，是高能束加工中最精密的方法。离子束加工和电子束加工都是在真空环境中进行的，适于易氧化材料的加工。

高能束加工为非接触型，无须刀具，因而无变形，且几乎可加工任何材料，所以应用非常广泛，可用于钻孔、切削、刻划等。图 13-12 是采用激光束加工开出微孔的薄膜，用于萃取。此外，采用激光束加工还可实现微结构的快速原型制造，有望实现微结构的大规模、低成本制造，是一种很有前景的加工方法。

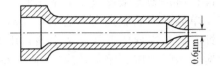

图 13-12　激光薄膜微孔加工电镜照片

（3）LIGA 工艺　LIGA 工艺分为光刻、电镀和压模 3 步，是德国喀尔斯鲁厄核研究中心首先发明的。光刻是在导电的基片上涂上一层抗蚀剂，一般为 $10\mu m$ 至 1mm 厚的有机玻璃，由同步辐射加速器产生的 X 射线束经过已确定了图形的掩模，对有机玻璃进行曝光，并用湿法腐蚀显影在聚合物上刻下立体模型；接下来以导电的金属基片作为阴极，浸入电镀液进行电镀，电解的金属离子沉积在金属基片上，逐渐填满立体模型的空间，除去聚合物材料，所得金属结构的立体模型可作为所期望的微型结构（此时的模型与聚合物模型互为阴、阳模）。压模是在上述电镀得到的金属结构的立体模型上，盖上有孔栅板，通过栅板上的注射孔注入塑料等低黏滞度的聚合物，待固化后，将塑料结构（连同栅板）从模型中拔出，就形成了塑料的微型立体结构。

LIGA 适合批量生产，深宽比不受限制，可适于多种材料的加工，LIGA 在微反应器制作上已得到广泛应用。中国科技大学国家同步辐射实验室利用自制的微反应器进行了初步的催化反应试验，表明使用该微反应器可以提高反应的选择性。

13.3.2.3　连接技术

微反应器中常用的连接方法有键合、高能束焊接、扩散焊接和粘接等。

（1）键合技术　键合是用硅及玻璃制作微反应器的主要连接方法，常用的有硅热键合和阳极键合。

硅热键合也称直接键合，是把两片抛光的硅膜面对面地接触，高温（800～1000℃）热处理 1h，使相邻原子间产生共价键，从而形成良好的结合。硅热键合成本较低，但存在较高的残余应力；阳极键合也称静电键合，可用于硅与硅或硅与玻璃之间的键合。硅与玻璃键合时，一般把硅片置于加热板上，而玻璃置于硅片上，在一定的温度（180～450℃）和电压（200～1000V）下，使两者之间产生化学键，从而牢固地接合在一起。为减小键合的残余应力，应选择与硅膨胀系数相近的玻璃。以硅和玻璃刻蚀加工出微结构，再通过键合完成连接，是微型机电系统 MEMS（Micro-Electro-Mechanical System）和微反应器中常用的制作方法之一。

（2）高能束焊接　高能束焊接分为激光焊接和电子束焊接，常用于微反应器中金属薄片之间的密封连接。

激光焊接的能量密度一般为 $10^5 \sim 10^6$ W/cm^2，稍低于激光加工，只要将工件加工区"烧熔"黏合即可。激光焊接按工作方式可分为脉冲激光焊接和连续激光焊接，前者适合于点焊，而后者则适用于缝焊。激光焊可用于不锈钢和多种合金的焊接。

电子束焊接是通过熔融将材料牢固地结合，因为焊接是在真空中进行的，因此焊缝化学成分纯净，接头强度甚至高于母材，可以实现极薄薄膜的精密焊接，或是将薄膜连接于厚钢板上。在某些有特殊要求的结构中可采用电子束穿透焊接，穿透时熔融材料的强度不变。

（3）扩散焊接　扩散焊接是压焊的一种，它是指在高温和压力的作用下，将被连接表面相互靠近和挤压，致使局部发生塑性变形，经一定时间后结合层原子间相互扩散而形成一个整体的连接方法。扩散焊接可分为 3 个阶段：①物理接触阶段，被连接表面在压力和温度的作用下，一些点首先达到塑性变形，然后扩大到整个表面；②接触面原子间的相互扩散，形成牢固的结合层；③结合层逐渐向体积方向发展，从而形成可靠的连接接头。

扩散焊接可以连接物理、化学性能差别很大的异种材料，如金属与陶瓷，也常用于金属薄片之间的连接。图 13-13（a）为德国 Mikrotechnik Mainz 研究所研制的微换热器的板片，流体在换热器内是垂直交错流动的，这些板片之间采用扩散焊实现连接密封，最后再用螺栓与两端封头连接，见图 13-13（b）。

（4）粘接　在微反应器中，粘接法常用于异种材料的连接，是一种简便廉价的方法，但不适于温度太高的场合。图 13-14 是路易斯安那理工大学设计的环己胺脱氢制苯的微反应器设计图。该反应器的三维尺寸为 20mm×14mm×3mm，它由三部分组成，上部是用聚二甲基硅氧烷制作的端盖，中间是用钯制成的折叠式隔膜，下部则是用硅制成的反应室，三者之间用聚酰亚氨连接，该反应器能在 250℃ 以下稳定工作，经气相色谱分析测试转化率可达 18.4%。

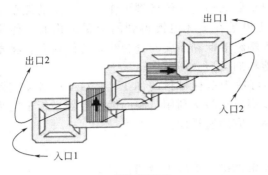
(a) 微换热器板片

(b) 微换热器组装图

图 13-13　微换热器

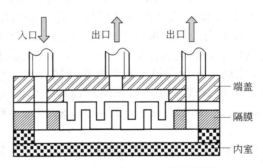

图 13-14　脱氢微反应器设计图

13.3.3　微反应器的应用

13.3.3.1　微混合器

（1）混合规则和小型混合器分类　由于微混合器的孔道尺寸很小，所以微混合器几乎到处都处于层流状态，因此很大程度上是基于扩散混合而不借助于湍流，这个过程通常是在很薄的液体层之间进行的。薄层的形成通常是将主体流体分成很小的支流，或是沿流道轴向减小通道宽度来实现。由此可见，微混合器具有很大的接触面积和很短的扩散路径。

尽管扩散是微型设备中混合的主要机理，且效率较高，但仍有一部分微混合器采用流动来强化混合。层状流体的多次分配可以通过流体区域的分割和混合来实现。弯曲、钻孔及转向流等技术也在微混合器中得到了应用。通过这些措施，扩散路径大大减小，混合时间可大大降低。例如，一个有机物小分子在水溶液中扩散 $100\mu m$ 需要 5s 的时间，但通过 $10\mu m$ 的薄层仅需要 50ms。

一些辅助扩散机理也可用于强化扩散，如机械能、热能、振动能和电能等，例如，以超声波发生器产生的振动作为流体层展开的动力。

尽管大部分微设备在层流区域操作，但是在以下几种情况中也出现了湍流混合方式，例如，采用运动的磁性球进行搅拌以实现微系统中流体的混合。另外，对于一些接近传统尺寸、直径在几百微米范围内的微型设备，当体积流速非常高时，也可形成湍流。

基于以上混合概念，列出了小型流体混合设备的几种形式，每种微型接触装置的混合方式如图 13-15 所示。

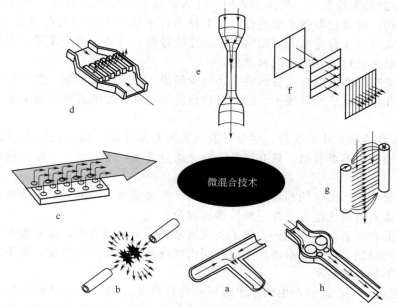

图 13-15　基于不同混合概念的混合方式示意图

a—两股直流的接触；b—两股高能支流的相互碰撞；c—将一种组分的多股支流注入另一组分的主体流体中；
d—两种组分的多股支流注入混合；e—通过提高流速降低垂直于流动方向的扩散长度；f—两组分薄层的
多次分叉和重新组合；g—外加传质动力，如搅拌、超声波、电能和热能等；h—小流体的周期性注入

1）T 形混合装置中两股支流的接触。虽然它设计简单，但是如果尺寸足够小，这种设备可以应用于多种场合。对于大通道及高流速的情况，可辅以湍流实现高效混合。

2）两股高能支流碰撞后因喷射和雾化作用形成很大的接触表面，这种流动形式的一个例子是一种由球形混合室组成的混合设备，混合室的中心是呈三角形排列的三个小通道的焦点，这些通道由超精细工艺加工制造而成。三种液体流以超音速的速度通过这些通道，随后在中心处汇合发生相互碰撞。这种混合技术的一个应用对象是通过超高能量的释放产生小颗粒的结晶。如此高的能量将使任何一股液流在与混合室壁面接触时对结构材料造成破坏，为避免这种破坏作用，通常在混合室中放入一些较大的陶瓷球，以减小高速流体对于器壁的撞击。

3）将一种组分的多股支流注入另一组分的主体流体中。筛孔或裂缝状的装置即属于这种类型的混合装置。实际上，文献中首先报道的微混合器就是基于此原理。

4）两种组分的多股支流同时注入混合。许多研究者已经开始采用这种方法，结果证明在很多情况下均能获得良好的混合效果。目前，对于这种混合器形式已经积累了很扎实的理论基础，其中一些设备已经实现商业化。同时这种混合器在多相流混合中的应用进一步提高了其重要性。

5）通过提高流速降低垂直于流动方向的扩散长度。

6）两组分流体薄层的多次分叉和重新组合。实际上，两组分流体薄层的多次分叉和重新混合已经广泛应用于宏观静态混合器。为了在微混合器中实现上述工艺，研究者们发展了不同的策略，制备出多种混合设备并对它们的性能进行了测试；一些研究者还尝试模拟这些设备中的混合过程。但是除生物化学领域的简单反应外，对上述设备的实验研究几乎没有直接面向化学工程，而且对这些设备的多相行为的研究还很少。

7）外加传质动力，如搅拌、超声波、电能和热能等。

8）小流体的周期性注入。液体的周期性注入可以有几种实现方法，一种可能的方法是通过控制微型阀，或通过类似于喷墨打印盒上排列在不同行上的两类孔交替工作实现混合。此外，流体单元可以在齿轮泵的齿轮间隙之间连续排列，或通过两个隔膜泵中每半个周期交替进行的膜运动来进行流体的分配和混合。

目前，有关这种类型混合设备的性能还很少报道，但有关微型泵、微型阀以及微孔阵列的制备早在十几年前就已经开展了，因此有理由发展这种类型的混合设备来满足特殊的混合需要。

9）上述 8 种接触方式的混合。尽管目前还需要对基于单一机理的混合设备特征进行详细的研究及比较，但不难看出，只有将几种概念组合起来，才能使一个复杂的微型设备很好地完成工作。

在微混合器中流体混合的两种最主要的方式：一种是两股或两股以上流体碰撞混合；另一种是一股流体通过射流进入另外一种流体而混合。

（2）微型混合设备的潜在优势　除了实现通常意义上的混合外，混合效率是混合过程中常常需要考虑的问题。混合效率即在一定时间内实现各组分的均匀分配，微型混合器可以达到宏观混合所不具有的效果。

1）超快混合　一些能够产生纳米级薄层的特殊设备，可以在几微秒的时间内实现低黏度流体的超快混合，这已远远突破了标准宏观设备的极限。但因混合机理不同，这些设备的应用范围受到一定的限制。

与这些特殊设备相比，大多数普通微型混合器的混合速率通常比较慢，但它们完全可以在几微秒至 1s 的时间范围内实现混合。

2）微尺度均匀混合　由于在微型混合器中可以精确地控制流体层厚，因此可以精确设计扩散距离。这种在混合之初就绝对均一的几何结构，使得混合区域内不同流体区间的局部混合时间分布很窄。这与具有搅拌器的混合釜完全不同，在搅拌釜内距离搅拌桨较近的地方，由于快速机械搅拌会形成一些小的漩涡，而在一些较大的漩涡外部则是"静止区"，因此其混合的均匀性相对较差。

通过控制层厚可以在扩散距离减小的情况下形成薄层流体。但是当需要慢速混合时，如对于含大量放热化学反应的混合体系，厚度中等的流体层将提供更好的性能。

3）复杂系统中混合功能的集成　由于系统的小型化及高度集成，可以实现微混合器和其他小型化设备如微型换热器的组合。如果混合过程中有热量释放，可能对混合过程造成负面影响，如引发混合体系的负反应或不希望的连串反应，以及混合物质的热降解等。微混合器能够实现对热量的良好控制，将混合或反应产生的热量及时移出，这是任何其他标准设备都无法达到的。

4）气/液分散及乳化　在分析微型混合器的潜在优势时，必须考虑其在互不相溶介质的相互接触混合方面的应用。已有研究证明，在微型混合器中可以实现惊人的均一分散及乳化效果，通过微型混合器的混合体系，可以观察到很小的气泡及液滴，混合体系的比表面积可高达 $5000m^2/m^3$。此外，微型混合器在乳液和糊糊的形成、多相和相转移反应中的应用也有少量报道。

目前为止还没有具体的理论对微型混合器中的多相混合过程进行描述。即使对宏观设备而言，对这些现象的模拟也是很复杂的，有时甚至是不可能的。因此对微型混合器的设计基础还需积累更多的实验数据。

13.3.3.2　微型换热器

换热器是指用于固体壁面两侧的流体间进行热量传递的一种设备。传热过程需要有传热推动力和足够大的接触表面积。作为一种工业设备，换热器的优良性能不仅可以通过热量传递来表征，而且还可通过比较热量传递与压降的比值来表征。传热与压降的最佳比例是在几十年前开发紧凑型换热器的过程中发展起来的。这种紧凑型设备的典型特点是，主流体被分割成许多空间尺寸相当小的子流体，子流体流动的雷诺数相对较低，也就是说，这些子流体更多地表现出黏度行为而不是湍动行为。

平板式换热器采纳了紧凑型换热器的设计思路，促进了大多数微型换热器设计的发展。小型板式换热器得益于温度梯度及表面积的增大，其传热效率得到极大的提高。在板式微型设备中，通常存在 3 种不同的设计形式，如图 13-16 所示，这 3 种设计形式的区别主要在于平板轴向通道的几何形状差异。

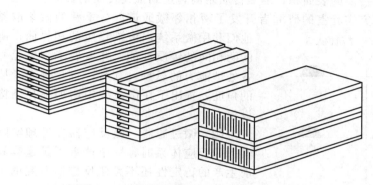

图 13-16　板式微型换热器的 3 种设计形式

第一种设计方法是将许多具有宽而扁平微型通道的薄板堆叠在一起，形成一个多流道系统，两种流体交替流过这些薄板；第二种设计方法是将两种流体引流流经同一块平板上的多个窄而深的微型通道；第三种设计方法与第一种方法类似，但它是基于穿透流道进行设计的。

第一种及第三种设计方法需要水平装配的加工技术支持，而第二种设计方法需要垂直装配技术支持，如需要可制造高纵横比微结构的技术。

对第一、第二种设计方法，可采用一面含微型通道的平板结构，也可采用两面均含微型通道的平板结构。如将两面均含微型通道的平板结构应用于第一种设计方法时，需要附加一个无通道的平板层以保证流道的密封；在第二、第三种设计方法中，无论采用何种平板结构，都需要在微设备内附加一个无通道的平板层。

带有层状结构的微型换热器通常对层与层之间的相互连接有很高的要求，原因在于热交换过程中必须避免两种流体之间的相互接触。目前普遍采用的是扩散连接技术。必须指出的是，微型换热器制作过程中采用的密封技术必须优于微型混合器所采用的密封技术，因为在微型混合器中液体在混合之前允许流体之间有一定程度的接触。

下面对这三种不同的设计方法进行简单的介绍。

(1) 带有宽而扁平流道的微型换热器　在这种结构形式中，多采用一面刻有流道结构的平板。为实现流体的均匀分布，通常采用许多微型翅片对宽而扁平的流道做进一步分割，这些微型翅片可以容易地利用水平制造技术加工制得。目前已开发了适于逆流、错流或顺流传热的微型换热器。流动模式的选择对进料通道及流体分配区域的设计有很大的影响，但对由多通道系统组成的实际传热区域没有影响。目前，多数微型换热器都采用第一种设计方法。

(2) 带有窄而深流道的微型换热器　两面均有微型通道结构的平板可应用于集成式多相微反应器中；而仅有一面具有微型通道结构的平板则可作为集成式高温气相系统的一部分。

（3）带穿透通道的微型换热器　目前这种结构的应用实例很少，不做介绍。

纵观以上三种结构形式，可知微型换热器的结构设计思路多样性远不如微型混合器。但是这些设计思路也可以有许多结构上的变化，且这些微型换热设备本身既可成为一个集成系统，也可作集成系统中的一个或多个元件。一些微型换热器已推向市场。

13.3.3.3　微型分离器

当前微分离系统的研究工作主要涉及萃取、过滤和扩散等单元，也有相当数量的研究工作是关于电泳、色谱分离等过程，这些微系统主要是以分析为目的发展起来的。

（1）微萃取器　液液萃取过程是指溶质在两个互不相溶的液相间的传递。通过小型化设备可以增加液液传质的表面积，缩短传质距离，达到强化传质的目的。

英国中心研究实验室的研究者开发了两相邻微通道部分重叠的微萃取器，见图13-17。

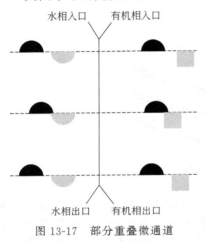

图 13-17　部分重叠微通道内流体流动示意图

他们利用微系统内液液稳定的相界面，研究了互不相溶的两相间的传质性能，并发展了多单元并列以提高微设备处理能力的思想。其后，一些研究者从提高界面稳定的角度，提出了在微系统中增加筛孔结构板和多孔膜的设想。

（2）微过滤器　微反应器在处理实际流体或应用于实际的反应体系时，一个严重不足是容易堵塞。尽管目前生产的稳定性还不是微反应器研究的主要问题，但这是微反应器应用于化学工业领域的一个重要环节，特别是对于不可拆卸的微反应器更是如此。对于可拆卸的微反应器，可将微反应器各部件拆卸后进行标准化清洗，但这样对于连续化生产十分不利。

因此，在反应前或流体进入微反应器前进行过滤可以有效地延长反应器的操作周期。目前流体的过滤均采用商业过滤器，但这些过滤过程无相关研究报道，一些研究组织还将它们作为秘密。考虑到将来微反应系统更加复杂，现有的大型商业过滤器可能不再适用，因此微过滤器的研究具有很好的应用前景。

1）等筛孔微过滤器　最常见的微过滤器为等筛孔微过滤器。其过滤介质是孔径及排布都均匀的筛孔板，这些筛孔是利用印刷电路板技术制备的，其结构如图13-18所示。这种微过滤器是一种理想的生物分离设备，可严格按组分体积大小进行分离。因此，等筛孔微过滤器往往与精密的微制造技术相关，其性能明显好于现有的过滤技术，如核孔膜过滤器，因核孔膜的孔径仍存在一定的分布。

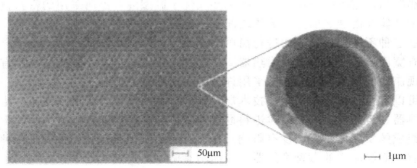

图 13-18　利用紫外光刻和电铸法生产的等筛孔微过滤器

　　微结构过滤器在微反应系统应用中最明显的不足是"死端过滤"，即过程中微孔不断被堵塞，在相同的压力下流量将不断减小，直至最后操作完全不能进行下去，这种操作模式需要定期清洗过滤器或更换过滤介质。为克服"死端过滤"的不足，人们发展了一种新型微过滤器，称为"错流过滤器"，大大降低了其对堵塞问题的灵敏度。

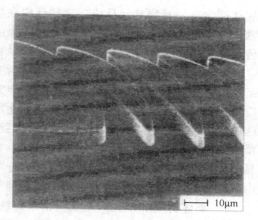

图 13-19　错流微过滤器的扫描电镜图

　　2）错流微过滤器　错流微过滤器的扫描电镜如图 13-19 所示，该微过滤器主要由多排以一定角度排列的薄板构成。由于惯性力的作用，截留在孔道口处的颗粒被浓缩的流体带走，而部分流体将穿过薄板通道，作为透过液流出微过滤器。在任何条件下，堵塞在孔隙处的微颗粒均可以有效地通过反洗的方法去掉，即将一股流体从透过室压到料液室进行反冲。因此，错流微过滤器可以有效地延长操作时间。该特点使其不仅可用于化工领域，还可能用于颗粒甚至细胞的浓缩。与其他微器件一样，微过滤器处理能力的提高可以通过平行增加单元数，即在同一平面方向或空间方向上增加微通道和薄板的数量来实现。

13.3.3.4　液相微反应器

　　与气相微反应研究工作相比，液相微反应的研究显然少得多，主要是由于液相微反应还存在一些较高的技术风险，如对黏性流体要达到高通量，就需要高压差。另外液相反应的时间尺度也比气相反应的要长，一般在几十秒到数小时，特别是对于慢反应过程，其传热、传质的要求在一些常规的设备内就可以达到，并不需要专门的设备，因此这种由动力学性质控制的反应过程并不需要通过微型化来提高它们的性能。

　　人们对于反应时间长的液相反应普遍存在误解，许多慢反应并不是由于其反应动力学的原因，而是受传热控制或要求反应物完全转化等因素造成的。对于这些液相反应，其反应动力学常数甚至是未知数。微反应系统要求液相化学反应速率快，但有副反应存在、传递过程是影响反应的主要因素，例如，反应需强放热或反应体系是多相体系等，这样传热或传质就会对反应有很大的影响。

　　目前仅有两类微反应器用于液相反应，第一类是混合和换热集成为一体的液相反应，应用微反应器在 1s 内即可使反应和传热进行得比较彻底；第二类是研究元件对反应性能的影响，如微混合器或与微混合器相连接的微通道等对反应性能的影响。因此对液相微反应器没有较为明确的分类。对液相微反应器进一步系统研究或对反应器外形标准化可能会促进分类工作的进行。

13.3.3.5　气相微反应器

　　许多微反应器的应用都涉及气相合成反应，因为小型化能够为这类反应提供理想的场所。很多气相反应，特别是快速高温反应，是由质量扩散控制而不是由反应动力学控制，微设备恰好能有效地强化传质过程。绝大多数气相反应是非均相催化反应，即反应发生在气固界面上，因此它涉及的是一个多相体系。对于多相体系而言，质量传递对其反应过程的影响是非常显著的，这样的体系特点正好能发挥微反应器的优势。

　　与强化质量传递的效果相似，微系统对热量传递也有明显的影响，利用微系统可以有效地控制反应条件，因此在微系统中进行反应焓大、放热量大的反应十分有利。此外，气相反应往往含有一系列基元反应，这些反应在生成产物的同时也会得到副产物，使得气相反应常常十分复杂。其中产物相对于副产物的生成量是十分重要的反应过程参数，它与上述提到的传递过程密切相关，因此研究气相反应微系统是非常有意义的。

（1）气相微反应器的催化剂　几乎所有的气相反应过程都不可避免地需要活性催化剂。工业上常将含有少量催化材料的小颗粒作为填充物应用于固定床反应器中；流化床反应器中应用的是在反应器内高度分散的活性催化剂粉末；对停留时间短的反应，通常使用网状材料（多数是贵金属）作为催化剂。但微反应器无法采用这些传统形式的催化剂，比如在微反应器中，粉末或小颗粒难以实现规则堆积，导致反应器内温度和浓度分布的均匀性变差，很容易形成局部高温；同样，不规则的流量分布也会导致压降增加。此外，微尺度颗粒在微设备内填充的实际问题也极大地阻碍了传统催化剂装填方式在微系统中的应用。

1）整体材料和催化剂薄膜　由于传统方法难以解决微系统的问题，人们发展了一些特殊的微反应器催化剂制备技术。例如，采用纳米多孔载体湿法浸渍来制备微结构的催化整体材料，以及采用物理气相沉积法（PVD）和化学气相沉积法（CVD）在微结构表面制备催化薄膜。

2）固定化纳米颗粒和溶胶-凝胶技术　近来在微结构材料上沉积厚度可控的纳米结构陶瓷材料的方法受到了关注。采用浸渍或沉淀的方法在纳米陶瓷层上沉积催化活性材料，得到活性催化层。经修饰的陶瓷层虽然在几何结构上与小颗粒有较大差别，但在组成上非常接近。这种方法利用了活性催化材料，并提供足够大的孔隙率和微结构表面积。

溶胶-凝胶浸渍是在微结构表面形成纳米多孔陶瓷层的另一种技术。通过该技术得到的微结构材料表面积显著增大。

3）浆态和气凝胶技术　除溶胶-凝胶和纳米尺度涂层以外，还有一种用于微反应器的催化剂制备方法——浆态技术。虽未得到广泛应用，但该技术还是有明显的优势，即可以获得更厚的催化剂载体层。溶胶-凝胶涂层一般被限制在 $1\mu m$ 左右，而浆态技术可允许陶瓷涂层的沉积厚度超过几百微米。CFD 模拟表明，在 $500\mu m$ 宽通道内的质量和热量传递特性仍可保证微反应器的优良性能。考虑到生产能力问题，可将微反应器的通道宽度与催化层厚度之比控制在 $2.5\sim10$ 左右。

由于微通道表面力主要局限在通道边缘，因此在微通道内利用湿化学沉积法进行表面涂层时，很难使涂层均匀。而采用金属盐溶液的气凝胶技术则可以在气相微反应器内均匀涂覆催化剂材料。目前，人们已经采用气凝胶沉积技术成功制备了含铂、银和锗等金属的催化剂，这些催化剂均具有很大的比表面积。

（2）气相微反应器的类型　根据催化材料的制备方式对气相微反应器进行分类还很不成熟，因为现有制造技术更多的是考虑制造本身，而不是反应工程方面的问题。气相微反应器大多数是复杂的集成系统，每个单元不是仅仅基于某个单一特征来设计的，而是对多个特征进行全面考虑的结果，如流动构件的设计需要考虑混合或传热等。一般而言，复杂的集成微系统是由一些不同功能的元件组合排布而成的。因此，依据系统复杂程度进行分类是一种可取的方法，本文主要采用这种方法对微反应器进行分类。

目前针对气相体系的微型相关元件包括微混合器、微换热器、催化结构和在线传感器等。这里并不包括外部热源，例如，环绕微反应器或内部能插入换热器的烤箱。另外，一些宏观传感设备，如热电偶等，也被排除在外。因为这些设备不能集成在微系统中，只是提供了复合微型化方法和常规方法的手段。

根据这种分类方法，现有的气相微反应器可以分为以下几类。

1）仅含催化结构层的微设备；

2）含催化结构层和换热器的微系统；

3）含催化结构层和微混合器的微系统；

4）含催化结构层、热交换器和传感器的微系统；

5）含催化结构层、热交换器、传感器和微混合器的复杂微系统。

当然，微系统的复杂程度不一定与反应器性能的优越性相对应，即不能认为系统越复杂其性能越好，如许多试验研究表明，直接采用简单的微通道催化结构层作为反应器，其性能就十分优越。考虑到微反应器的标准化问题，将来还应研究微反应器复杂程度与过程的经济性的关系。

13.3.3.6　气液微反应器

在提出有关微系统的设计概念之后，研究者们制造了首批气液接触微系统并对它们的性能进行了测试，气液接触微反应系统的研究逐渐引起人们的关注。

原则上，微混合器所涉及的所有用于互溶流体微混合的方式均适用于不互溶相间的相互混合接触。但到目前为止，研究者只对其中两种方式进行了实验研究，这两种混合方式为"两支流接触"方式和"多支流注入混合"方式。这两种方法用于气液接触体系时都能实现以气相为分散相的气/液混合状态。至于为气/液微接触而专门发展的另外一个概念——降膜接触，目前还没有发现某种互溶流体混合的概念可以与之相对应，因为实际上降膜接触的概念最初是为不互溶相的相互接触而发展起来的。

（1）气/液分散体系的流型　利用 T 形构件控制流型，实现体系的分散混合是最常用的一种微混合方法，其中 T 形构件一般是由多通道系统和混合单元相连接而构成的。通过 T 形构件将分散相分散后，分散相会在这些微通道中稳定地停留一段时间。有研究者对在单一微通道内的分散相行为进行了研究。当气相速度较低时，气液两相的流型是由交替排列的气泡和液膜所形成的气泡流或节状流（也称为节涌流）。

在节涌流情况下，气泡直径与微通道直径相当，在气泡和微通道管壁之间有一薄液层将它们分开，而气泡之间则有更厚的液膜将其分隔开来。由于气相与液相的速度不同，会有分散相返混发生。当气体表观速率较高时，会发生从节涌流到环状流的转变。环状流主要的特征是气体在由液体形成的中空通道内流动。

对于多通道微反应器，由于存在流体的分配问题，因此多通道阵列内的流型通常要比单一通道复杂得多，如在微型鼓泡塔中可以清楚地观察到节涌/环流复合流型等混合流型。复合流型的存在很可能是由非理想流动引起的，将来随着对混合区设计的改进可以有效地克服流动的非理想性。

（2）气液微反应器和传统设备的传质比表面积　为粗略地估计不同流型条件下两相的界面面积，必须已知通道壁和气泡间的液膜层厚度，若假定液膜层只有几微米厚，利用光学显微方法测量气泡尺寸和通道内液体柱的长度，即可计算出比表面积的大小。不同条件下气/液混合体系的传质比表面积结果如表 13-1 所示。由表可知，在微通道混合中气液传质的比表面积可以高达 $25300m^2/m^3$，而传统气液混合装置采用机械搅拌方式进行混合的气泡塔，传质比表面积最大值仅在 $2000m^2/m^3$ 范围内，微型鼓泡塔较标准气/液接触设备的传质比表面积大得多。

因微通道阵列中可能产生混合流型，其对应的传质比表面积较单一通道的数值要小。但与传统的气液混合装置（气泡塔和撞击流）相比，微通道阵列混合装置的数值仍高出一个数量级以上。

13.3.3.7　能源制造微反应器

能源制造微系统是指在燃料反应器内制氢，然后在燃料电池内将氢气氧化，转化为水并最终提供能量的系统。目前有关微结构燃料电池的研究还很少。随着微型电器中燃料电池技术的应用，制氢微反应器的研制、开发和利用将成为微反应工艺中的一个亮点。

目前已发展了大量的小型燃料反应器，如图 13-20 所示。这些装置一般包括气化单元、合成气生成单元、水煤气转换单元和一氧化碳（CO）选择氧化单元等。气化单元主要用于将液态烃转变为气态烃，以利于进一步将燃料转化为氢气（H_2）和 CO；在合成气生成单元内，通过部分氧化、蒸气重整或二者混合将气态烃转化为 H_2 和 CO；在将合成气通入燃料电池之前，需要降低 CO 浓度，提高 H_2 浓度，这样的反应在水煤气转换单元内进行；最后在 CO 选择氧化单元内进一步将剩余的 CO 进行氧化，以提高 H_2 的含量。如表 13-1 所示。

表 13-1　气/液接触微反应器中 2-丙醇/空气的传质比表面积

微型鼓泡塔	流型	比表面积/(m^2/m^3)
$1100\mu m \times 150\mu m$	气泡流	1700
	活塞流	8700
	环状流	8600
$300\mu m \times 100\mu m$	气泡流	5100
	活塞流	18700
	环状流	25300

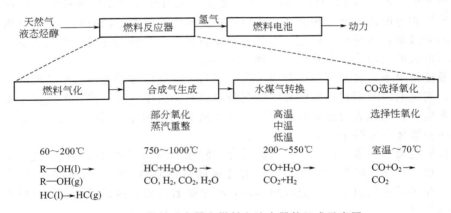

图 13-20　燃料反应器和燃料电池内器件组成示意图

13.3.4　微反应工艺实例：乙烯环氧化制环氧乙烷

环氧乙烷是一种重要的基本有机化工原料，主要生产方法是乙烯与氧气在银催化剂作用下直接氧化。该反应为强放热反应，主反应放热量为 350～550kJ/mol，由此带来的反应器"热点"现象和移热问题，使反应的选择性和催化剂的性能降低。近年来，随着微反应器技术的发展，利用微反应器传热系数大、反应体积小、传质传热速率快等特性，可以有效避免上述反应中常见的"热点"现象，提高了爆炸极限的安全控制。Kestenbaum 等设计了用于乙烯环氧化反应的微反应器，把混合器和催化剂载体集成在一起。为便于制作，采用整块多晶银代替复杂的催化剂系统，在不添加催化剂助剂和抑制剂的情况下，乙烯的转化率为 10%～12%，环氧乙烷的最高收率为 12%，其最高选择性为 50%。国内天津大学采用毛细管微反应器改进了乙烯环氧化反应，大大提高了乙烯的转化率（可达 69%）和环氧乙烷的收率（57%），环氧乙烷的最高选择性为 82%。

本章小结

化工过程强化和微反应工艺的概念、相关的技术方法、潜在优势和相关实例。通过化工过程强化，实现化工过程的高效、安全环境友好、密集的生产，是在重塑化工生产过程，是在推动化学工业的可持续发展。过程强化的方法、设备和基础在不断发展，今天称为强化技术，以后可能是通用技术，应以动态的眼光看待化工过程强化。

习题与思考

1. 简述微反应器有哪些优点？
2. 微反应器的种类有哪些？
3. 微反应器的常见加工工艺有哪些？
4. 什么是微混合器，常见的微混合器种类有哪些？
5. 微型换热器相对于传统换热器有哪些优缺点？
6. 什么是微型分离器？
7. 气相微反应器的种类有哪些？
8. 常见的气液微反应器有哪些类型？
9. 过程强化的意义和主要途径是什么？
10. 简述一些常见的化工过程强化设备。
11. 举例说明化工过程强化的技术手段。

参 考 文 献

[1]　邓建强主编.化工工艺学.北京：北京大学出版社，2009.
[2]　中国科学院化学学部，国家自然科学基金委员会化学科学部.展望 21 世纪的化学工程.北京：化学工业出版社，2004.
[3]　黄仲九，房鼎业主编.化学工艺学.第 2 版.北京：高等教育出版社，2008.
[4]　张秀玲，邱玉娥主编.化学工艺学.北京：化学工业出版社，2012.
[5]　戴遒元.化工概论.北京：化学工业出版社，2012.
[6]　米镇涛.化学工艺学.第 2 版.北京：化学工业出版社，2012.
[7]　王福安，任保增.绿色过程工程引论.北京：化学工业出版社，2002.
[8]　张懿.绿色过程工程.过程工程学报.2001，1（1）：10-15.
[9]　赵志平.2010 年中国石油和化工行业经济运行情况及 2011 年预测.当代石油石化，2011，19（2）：1-5，14.
[10]　中国石油和化学工业联合会.2013 年中国石油和化工行业经济运行回顾与展望.国际石油经济，2014，（2）：44-49.
[11]　宋启煌.精细化工绿色生产工艺.广州：广东科技出版社，2006.
[12]　戴莉，郑亚峰，颜卫等.毛细管微反应器中乙烯环氧化反应.石油化工.2007，36（2）：156-160.